普通高等教育"十一五"国家级规划教材

高等学校电子信息类教材

微波技术与天线
——电磁波导行与辐射工程
（第 2 版修订版）

Microwave Technology and Antenna

2nd Edition Revised

殷际杰 编著　贾世楼 主审

电子工业出版社

Publishing House of Electronics Industry

北京·BEIJING

内 容 简 介

本书是在作者三十多年教学及科研实践基础上编写而成的，系统讲述电磁场与电磁波、微波技术、天线的基本概念、理论、分析方法和基本技术。第 2 版广泛吸取了使用者的意见和建议，在保持初版基本结构和风格的同时，对部分章节作了调整和充实，并编制了教学课件；修订版又对全书进行了重新审校，修正了其中个别叙述不确切之处以及文字、符号错漏。全书包括绪篇（电磁场理论概要）、上篇（微波传输线与微波元件）和下篇（天线基本原理与技术），分别讲述电磁场与电磁波的基本概念与规律，电磁波导行传输与控制手段，电磁波辐射传输及相关技术问题。

本书结构紧凑、内容精练、体系完整、思路贯通，可作为高等院校电子信息类专业电磁场与微波技术、天线原理等课程的本科生教材，也可供相关专业的研究生和工程技术人员参考。

本书配有教学课件（电子版），任课教师可从华信教育资源网（www.hxedu.com.cn）免费注册后下载。

未经许可，不得以任何方式复制或抄袭本书之部分或全部内容。
版权所有，侵权必究。

图书在版编目（CIP）数据

微波技术与天线：电磁波导行与辐射工程 / 殷际杰编著. —2 版（修订本）. —北京：电子工业出版社，2012.8
高等学校电子信息类教材
ISBN 978-7-121-17728-6

Ⅰ.①微… Ⅱ.①殷… Ⅲ.①微波技术—高等学校—教材 ②微波天线—高等学校—教材 Ⅳ.①TN015 ②TN822

中国版本图书馆 CIP 数据核字（2012）第 170753 号

责任编辑：张来盛（zhangls@phei.com.cn）
印　　刷：北京天宇星印刷厂
装　　订：北京天宇星印刷厂
出版发行：电子工业出版社
　　　　　北京市海淀区万寿路 173 信箱　邮编：100036
开　　本：787×1092　1/16　印张：22.5　字数：576 千字
版　　次：2004 年 6 月第 1 版
　　　　　2012 年 8 月第 2 版修订版
印　　次：2024 年 1 月第 10 次印刷
定　　价：44.80 元

凡所购买电子工业出版社图书有缺损问题，请向购买书店调换。若书店售缺，请与本社发行部联系，联系及邮购电话：（010）88254888。
质量投诉请发邮件至 zlts@phei.com.cn，盗版侵权举报请发邮件至 dbqq@phei.com.cn。
服务热线：（010）88258888。

序

《微波技术与天线——电磁波导行与辐射工程》这本书，在讲述电磁场与电磁波基本理论的基础上，重点讨论电磁波的导行传输与辐射传输及其相关问题。基于电磁波作为信息载体的基本定位，这些基本原理和技术是电子信息科学的重要组成部分，是电子信息类专业学生和工程技术人员不可缺少的知识内容。

本书是根据作者多年来为电子信息工程、通信工程等专业本科生讲授"电磁场与微波技术"、"天线原理"等课程的讲稿整理、充实而成的，总结了作者多年教学和科研的实践经验。本书初版自 2004 年出版以来已重印多次，受到读者的欢迎和好评；第 2 版保持了初版的特色，其内容取舍更为合理，叙述语言更为准确和流畅。

本书思路贯通，注意内容的有机联系。在讲述原理的过程中，注意现象的物理内涵和必要的数学逻辑思维的有机结合，注意本课程内容与相关专业课程和工程实际的交织和衔接，注意严谨性和可读性相结合的讲述方法。本书特别注重讲清楚分析与解决问题的思路，讲清楚工程问题的理论分析方法，讲清楚分布的"场"与集总的"路"的关系。

本书在内容叙述上注意由浅入深，注意书的可读性。在每一篇的开始部分都写了提要，在每一章之后对全章内容进行小结，并附典型思考题。书后附录汇集了与本课程相关的有用资料。

本书吸收了近年来国内同类型图书的长处，又注意改进现有图书的不足之处，是一部优秀的教材和图书，既可作为电子信息类大学本科生在学习电磁场与电磁波、微波技术及天线等课程的教材，也可作为相关专业本科生教学参考书或电子信息类工程技术人员参考书。

2008 年本书正式通过了教育部评审，已纳入普通高等教育"十一五"国家级教材规划，这是对作者治学水准的充分认可。谨向作者表示祝贺！

哈尔滨工业大学　贾世楼

2009 年 2 月

前　言

《微波技术与天线——电磁波导行与辐射工程》第 1 版于 2004 年 6 月出版发行，在短短两年内印刷 3 次，这表明一些院校的教师、学生及工程技术界的同仁对本书的编写思路、内容安排和叙述方法的认同。在汲取读者意见和建议并融入我本人对一些问题进一步思考的基础上，在电子工业出版社的积极支持下，本书第 2 版于 2008 年初夏完成编写，同年 12 月出版，并入选普通高等教育"十一五"国家级规划教材。

"微波技术与天线"（以下简称场与波）课程的主旨是讲述电磁波的导行与辐射传输，及其在电子信息技术中的应用。其基本原理与技术是电子信息科学的重要组成部分，是电子信息类专业学生和工程技术人员不可缺少的知识储备内容。我本人从事本专业特别是场与波方面的教学和科研工作多年，深知这方面的知识概念多而抽象，运用数学知识多且工程性强，历来是难学和难教的课程。因此我一直在思考着：面对电子信息科学的飞速发展，场与波的课程应该让学生掌握哪些内容，达到怎样的深度；如何更便于学生接受，使之建立起学习兴趣，并给他们留有独立思考的空间等。在本书编写中一定程度上体现了我的上述思考和认识。

本书第 2 版保持了第 1 版的编写思路和框架结构，对一些章节的内容进行了调整和充实，使之能与电子信息技术的发展更好地衔接，并对叙述语言作了必要的修正，使之更为准确和顺畅。此次修订，对原书再次进行了审校，对书中个别叙述不确切之处以及文字、符号差错进行了订正。为便于课堂教学，配合本书编制了一套教学课件可供使用，任课教师可登录华信教育资源网（www.hxedu.com.cn）免费注册后下载。

本书内容由绪篇、上篇和下篇三部分组成：绪篇建立电磁场与电磁波的基本概念和基本规律，以及在不同时空条件下的具体体现；上篇讲述电磁波的导行规律和导行机构，以及对导行波控制的相关问题；下篇讲述电磁波的辐射传输及其机构——天线。第 2 版的编写还选用了王新超、李杰、孙菲和徐晶等同学毕业论文中的部分结果，这使得书中相应部分的内容更为充实和具体。本书可作为电子信息类专业大学本科生学习电磁场与电磁波、微波技术和天线等课程的教材，教学时数以 80～100 学时为宜。本书在编写时也考虑到本专业工程技术人员的阅读方便。

本书第 2 版的编写工作是由我和牛晓霞同志共同完成的。她绘制了书中用图，承担书稿的整理加工工作，并精心设计制作了配合本书的教学课件。此次修订工作由我本人完成。燕山大学信息科学与工程学院暨电子通信工程系的领导及我的同事们，对本书编写工作极为关注，并给予了全力的支持。

哈尔滨工业大学贾世楼教授审阅了书稿。他对本书给予了很高的评价，在充分肯定本书特色的同时，提出了宝贵的意见和建议，并为之作序，热情地向读者推荐本书。

电子工业出版社（特别是许楷和张来盛两位编辑）积极支持本书的编写出版和修订再版，他们的信任和鼓励使我深为感动。

在此我向以上各位同志表示衷心的感谢。

本书第 2 版的编写及修订，正值我夫人姜克敏老师罹患重病家事陷入困境之时。她在病痛之中还劝诫我：打起精神把书写好，要呈献给读者一本易读实用、值得保存的书。我把这话记述于此，是为镜鉴。

殷际杰

2012 年 5 月于秦皇岛

目 录

绪篇 电磁场理论概要

第1章 电磁场与电磁波的基本概念和规律 (3)
- 1.1 电磁场的四个基本矢量 (3)
  - 1.1.1 电场强度 E (3)
  - 1.1.2 高斯（Gauss）定律 (6)
  - 1.1.3 电通量密度 D (8)
  - 1.1.4 电位函数 φ (9)
  - 1.1.5 磁通密度 B (9)
  - 1.1.6 磁场强度 H (10)
  - 1.1.7 磁力线及磁通连续性定理 (13)
  - 1.1.8 矢量磁位 A (13)
- 1.2 电磁场的基本方程 (14)
  - 1.2.1 全电流定律：麦克斯韦第一方程 (15)
  - 1.2.2 法拉第-楞次（Faraday-Lenz）定律：麦克斯韦第二方程 (15)
  - 1.2.3 高斯定律：麦克斯韦第三方程 (16)
  - 1.2.4 磁通连续性原理：麦克斯韦第四方程 (16)
  - 1.2.5 电磁场基本方程组的微分形式 (16)
  - 1.2.6 不同时空条件下的麦克斯韦方程组 (17)
- 1.3 电磁场的媒质边界条件 (20)
  - 1.3.1 电场的边界条件 (20)
  - 1.3.2 磁场的边界条件 (23)
  - 1.3.3 理想导体与介质界面上电磁场的边界条件 (24)
  - 1.3.4 镜像法 (25)
- 1.4 电磁场的能量 (26)
  - 1.4.1 电场与磁场存储的能量 (26)
  - 1.4.2 坡印廷（Poynting）定理 (26)
- 1.5 依据电磁场理论形成的电路概念 (27)
  - 1.5.1 电路是特定条件下对电磁场的简化表示 (27)
  - 1.5.2 由电磁场方程推导出的电路基本定律 (29)
  - 1.5.3 电路参量 (31)
- 1.6 电磁波的产生——时变场源区域麦克斯韦方程的解 (36)
  - 1.6.1 达朗贝尔（D'Alembert）方程及其解 (37)
  - 1.6.2 电流元辐射的电磁波 (38)
- 1.7 平面电磁波 (42)
  - 1.7.1 无源区域的时变电磁场方程 (42)

· VII ·

		1.7.2 理想介质中的均匀平面电磁波	(43)
		1.7.3 导电媒质中的均匀平面电磁波	(46)
	1.8	均匀平面电磁波在不同媒质界面的入射、反射和折射	(50)
		1.8.1 电磁波的极化	(50)
		1.8.2 均匀平面电磁波在不同媒质界面上的垂直入射	(52)
		1.8.3 均匀平面电磁波在不同媒质界面上的斜入射	(54)
	本章小结		(62)
	习题一		(66)

上篇　微波传输线与微波元件

第 2 章	传输线的基本理论		(71)
	2.1	传输线方程及其解	(71)
		2.1.1 传输线的电路分布参量方程	(72)
		2.1.2 正弦时变条件下传输线方程的解	(73)
		2.1.3 对传输线方程解的讨论	(76)
	2.2	无耗均匀传输线的工作状态	(80)
		2.2.1 电压反射系数	(80)
		2.2.2 传输线的工作状态	(82)
		2.2.3 传输线工作状态的测定	(88)
	2.3	阻抗与导纳圆图及其应用	(89)
		2.3.1 传输线的匹配	(90)
		2.3.2 阻抗圆图的构成原理	(92)
		2.3.3 阻抗圆图上的特殊点和线及点的移动	(94)
		2.3.4 导纳圆图	(96)
		2.3.5 圆图的应用举例	(97)
	2.4	有损耗均匀传输线	(100)
		2.4.1 线上电压、电流、输入阻抗及电压反射系数的分布特性	(100)
		2.4.2 有损耗均匀传输线的传播常数	(102)
		2.4.3 有损耗均匀传输线的传输功率和效率	(103)
	本章小结		(104)
	习题二		(107)
第 3 章	微波传输线		(110)
	3.1	平行双线与同轴线	(110)
		3.1.1 平行双线传输线	(110)
		3.1.2 同轴线	(111)
	3.2	微带传输线	(113)
		3.2.1 微带线的传输模式	(114)
		3.2.2 微带线的传输特性	(116)
	3.3	矩形截面金属波导	(118)
		3.3.1 矩形截面波导中场方程的求解	(118)
		3.3.2 对解式的讨论	(124)

  3.3.3 矩形截面波导中的 TE_{10} 模 ……………………………………………………（128）
  3.3.4 矩形截面波导的使用 …………………………………………………………（135）
 3.4 圆截面金属波导 …………………………………………………………………………（136）
  3.4.1 圆截面波导中场方程的求解 …………………………………………………（136）
  3.4.2 基本结论 ………………………………………………………………………（139）
  3.4.3 圆截面波导中的三个重要模式 TE_{11}、TM_{01} 与 TE_{01} ……………………（143）
  3.4.4 同轴线中的高次模 ……………………………………………………………（146）
 3.5 光波导 ……………………………………………………………………………………（146）
  3.5.1 光纤的结构形式及导光机理 …………………………………………………（146）
  3.5.2 单模光纤的标量近似分析 ……………………………………………………（149）
本章小结 ………………………………………………………………………………………（154）
习题三 …………………………………………………………………………………………（156）

第4章 微波元件及微波网络理论概要 ………………………………………………（157）

 4.1 连接元件 …………………………………………………………………………………（157）
  4.1.1 波导抗流连接 …………………………………………………………………（157）
  4.1.2 同轴线——波导转接器 ………………………………………………………（158）
  4.1.3 同轴线——微带线转接器 ……………………………………………………（159）
  4.1.4 波导——微带线转接器 ………………………………………………………（159）
  4.1.5 矩形截面波导——圆截面波导转接器 ………………………………………（160）
 4.2 波导分支接头 ……………………………………………………………………………（161）
  4.2.1 E-T 分支 ………………………………………………………………………（161）
  4.2.2 H-T 分支 ………………………………………………………………………（162）
  4.2.3 双 T 分支 ………………………………………………………………………（162）
 4.3 波导 R, L, C 元件 ………………………………………………………………………（163）
  4.3.1 匹配负载和衰减器 ……………………………………………………………（163）
  4.3.2 电抗元件 ………………………………………………………………………（166）
 4.4 定向耦合器 ………………………………………………………………………………（169）
  4.4.1 定向耦合器的基本指标 ………………………………………………………（169）
  4.4.2 波导窄壁双孔耦合定向耦合器 ………………………………………………（170）
 4.5 阻抗变换器与阻抗调配器 ………………………………………………………………（172）
  4.5.1 阻抗变换器 ……………………………………………………………………（172）
  4.5.2 阻抗调配器 ……………………………………………………………………（177）
 4.6 微波谐振器 ………………………………………………………………………………（180）
  4.6.1 角柱腔——从传输模到谐振模 ………………………………………………（181）
  4.6.2 圆柱腔 …………………………………………………………………………（186）
 4.7 微波铁氧体元件 …………………………………………………………………………（190）
  4.7.1 微波铁氧体的物理特性 ………………………………………………………（190）
  4.7.2 场移式隔离器 …………………………………………………………………（191）
  4.7.3 环流器 …………………………………………………………………………（192）
 4.8 微波元件等效为微波网络 ………………………………………………………………（192）
  4.8.1 构成微波网络必须考虑的一些问题 …………………………………………（193）

  4.8.2 二端口微波网络 ………………………………………………………………(194)

 4.9 微波网络的散射参量与传输参量 ……………………………………………………(198)

  4.9.1 散射参量 ………………………………………………………………………(198)

  4.9.2 传输参量 ………………………………………………………………………(199)

 4.10 二端口微波网络参量 ………………………………………………………………(199)

  4.10.1 二端口微波网络参量的相互转换 ………………………………………(199)

  4.10.2 特定情况下二端口微波网络参量的性质 ………………………………(200)

  4.10.3 基本单元二端口微波网络的参量 ………………………………………(203)

  4.10.4 微波网络参量的测定 ……………………………………………………(204)

 4.11 微波网络的外特性参量 ……………………………………………………………(205)

  4.11.1 电压传输系数 T …………………………………………………………(205)

  4.11.2 插入衰减 L ………………………………………………………………(206)

  4.11.3 插入相移 θ ………………………………………………………………(206)

  4.11.4 输入驻波比 ρ ……………………………………………………………(207)

本章小结 …………………………………………………………………………………………(207)

习题四 ……………………………………………………………………………………………(209)

下篇 天线基本原理与技术

第5章 天线理论基础 …………………………………………………………………(215)

 5.1 电流元的辐射场 ………………………………………………………………………(215)

 5.2 行波长线天线 …………………………………………………………………………(218)

 5.3 自由空间中的对称振子天线 …………………………………………………………(221)

  5.3.1 对称振子上的电流 ……………………………………………………………(222)

  5.3.2 对称振子天线的辐射场 ………………………………………………………(222)

 5.4 发射天线的电特性参量 ………………………………………………………………(224)

  5.4.1 天线的方向性特性参量 ………………………………………………………(224)

  5.4.2 天线辐射波的极化 ……………………………………………………………(228)

  5.4.3 天线的辐射功率与辐射电阻 …………………………………………………(228)

  5.4.4 天线的方向系数和增益 ………………………………………………………(230)

  5.4.5 天线的输入阻抗 ………………………………………………………………(232)

  5.4.6 天线的有效长度 ………………………………………………………………(237)

  5.4.7 天线的工作频带宽度 …………………………………………………………(238)

 5.5 接收天线 ………………………………………………………………………………(238)

  5.5.1 接收天线接收电磁波的物理过程 ……………………………………………(238)

  5.5.2 天线的互易定理 ………………………………………………………………(239)

  5.5.3 天线的有效接收面积 …………………………………………………………(241)

  5.5.4 付里斯（Friis）传输公式 ……………………………………………………(242)

  5.5.5 接收天线的等效噪声温度 ……………………………………………………(243)

 5.6 天线阵列 ………………………………………………………………………………(245)

  5.6.1 二元天线阵列 …………………………………………………………………(245)

  5.6.2 N元均匀直线阵列 ……………………………………………………………(251)

5.6.3 圆阵 ··· (257)
　　　5.6.4 面阵、体阵和连续元阵 ··· (258)
　　　5.6.5 对称振子阵列的输入阻抗 ··· (261)
　5.7 相控阵与智能天线的基本原理 ··· (267)
　　　5.7.1 相控天线阵列 ··· (267)
　　　5.7.2 智能天线的基本原理——波束形成 ··· (269)
　5.8 地面对天线特性的影响 ·· (271)
　　　5.8.1 远离地面架设的天线 ·· (271)
　　　5.8.2 近地架设的天线 ··· (273)
　5.9 离散阵列中其他常用单元线状天线 ··· (278)
　　　5.9.1 折合振子 ·· (278)
　　　5.9.2 圆环天线 ·· (279)
　5.10 以时变电场和时变磁场为源的基本辐射元 ··· (286)
　　　5.10.1 基本口径面辐射源——惠更斯（Huygens）元 ··· (286)
　　　5.10.2 基本隙缝辐射元 ··· (289)
　本章小结 ··· (291)
　习题五 ·· (292)

第6章 工程中常用的典型天线 ·· (294)
　6.1 电磁波在自然环境中的传播 ·· (294)
　　　6.1.1 地表面波（地波）传播 ·· (295)
　　　6.1.2 电离层反射（天波）传播 ··· (296)
　　　6.1.3 直视（空间波）传播 ··· (298)
　　　6.1.4 各波段电磁波的传播 ··· (300)
　6.2 直立天线 ··· (300)
　　　6.2.1 直立天线的辐射场与方向性 ·· (301)
　　　6.2.2 直立天线的特性参量 ··· (302)
　　　6.2.3 直立天线性能的改善 ··· (304)
　6.3 水平偶极天线 ··· (306)
　　　6.3.1 方向函数与方向图 ·· (306)
　　　6.3.2 基本特性参量 ·· (308)
　　　6.3.3 天线架设参数的选择 ··· (308)
　6.4 菱形天线 ··· (309)
　　　6.4.1 菱形天线的构成及基本工作原理 ··· (310)
　　　6.4.2 菱形天线的架设 ··· (311)
　6.5 引向天线 ··· (312)
　　　6.5.1 引向天线的工作原理 ··· (312)
　　　6.5.2 辐射特性的分析计算方法 ··· (314)
　　　6.5.3 引向天线特性参量的近似计算 ·· (315)
　6.6 螺旋天线 ··· (317)
　　　6.6.1 螺旋天线的结构与辐射模式 ·· (317)

6.6.2　轴向辐射模式螺旋天线的方向性 ·· (318)
　6.7　正交振子与电视发射天线 ··· (320)
　　6.7.1　正交振子的辐射 ·· (321)
　　6.7.2　翼面振子 ·· (322)
　6.8　移动通信用天线 ··· (323)
　　6.8.1　手持机（移动台）用天线 ··· (323)
　　6.8.2　基站台用天线 ··· (323)
　6.9　波导隙缝阵列天线 ·· (324)
　　6.9.1　隙缝天线 ·· (325)
　　6.9.2　波导隙缝天线阵列 ··· (325)
　6.10　微带贴片天线的基本原理 ·· (327)
　　6.10.1　矩形贴片微带辐射元 ·· (327)
　　6.10.2　微带贴片天线的馈电 ·· (328)
　6.11　口径面天线 ·· (329)
　　6.11.1　波导终端口径面的辐射特性 ··· (329)
　　6.11.2　电磁喇叭 ··· (331)
　　6.11.3　抛物反射面天线 ··· (333)
　　6.11.4　双反射面天线 ··· (335)
　本章小结 ·· (336)
　习题六 ··· (337)
附录 ·· (339)
　附录 A　矢量运算公式 ·· (339)
　附录 B　矩形截面波导参数 ·· (341)
　附录 C　圆截面波导参数 ··· (342)
　附录 D　平行双线与同轴线的分布参数 ·· (344)
　附录 E　常用硬同轴线参数 ·· (344)
　附录 F　常用射频同轴电缆参数 ·· (345)
　附录 G　常用金属导体材料性能 ·· (345)
　附录 H　常用介质材料性能 ·· (346)
　附录 I　电离层的基本参数 ··· (346)
　附录 J　电磁波频谱划分 ·· (347)
　附录 K　微波波段划分 ·· (347)
　附录 L　民用电磁波频率 ··· (347)
参考文献 ··· (348)

绪 篇

电磁场理论概要

提要：导行与辐射传输的电磁波，是现代通信技术中的基本信息载体，在研究电磁波导行与辐射传输问题之时，应先建立关于电磁场与电磁波的基本概念，然后熟知它们遵循的基本规律，继而掌握它们在信息传输中的运用。本篇作为全书的基础篇，对电磁场理论只作简要的讲述，而不追求电磁学自身理论体系的完整。

本篇具体内容为，在总括电磁现象基本规律的基础上，重点研讨在不同时空条件下，特别是在正弦时变情况下，麦克斯韦方程的表述形式及媒质界面上电场、磁场服从的规律。电信技术中场与波的根本问题是求解场在空间的分布。对静电场（含恒流电场）及恒流磁场的讲述，在本书中旨在建立概念、训练方法和求算电路参量；而重点在于对正弦时变电磁场于无源区域和有源区域求解问题的研讨，为电磁波导行及辐射问题的研究做好铺垫。

第 1 章 电磁场与电磁波的基本概念和规律

人类发现电磁现象为时久远，但是建立电场、磁场的概念，确定它们各自的表征量，发现并通过实验总结出电磁现象的规律，进而揭示出时变情况下电与磁的相互依存关系等，则是近 200 年所取得的研究成果。

1.1 电磁场的四个基本矢量

1.1.1 电场强度 E

对电磁现象的研究是从静电问题开始的。作为场源的时不变电荷 Q，在其周围空间中某确定位置 P 处（称为场点）建立的**电场强度 E**，是以该点处作为检验电荷的单位正电荷 q 所受静电力 F 的量值与方向定义的（如图 1-1 所示），即

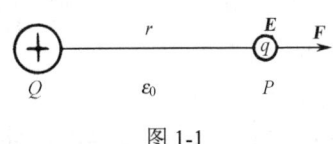

图 1-1

$$E = \frac{F}{q} \tag{1-1}$$

要求检验电荷 q 必须足够小，以不致影响 Q 的电场。

根据**库仑（Coulomb）定律**，有

$$F = \frac{1}{4\pi\varepsilon_0} \frac{Qq}{r^2} a_r \tag{1-2}$$

$$\therefore \quad E = \frac{Q}{4\pi\varepsilon_0 r^2} a_r \tag{1-3}$$

式中，ε_0 为空间（真空）中的介电常数，$\varepsilon_0 = \frac{1}{36\pi} \times 10^{-9}$ F/m（法/米）；r 是场点至源点的距离；a_r 是电场力即 q 受力方向的单位矢量。在国际单位制（SI）中，电场强度 E 的单位是 V/m（伏/米）。

这就是说，作为场源的电荷 Q 在其周围空间建立起其电场，场的存在及不同位置处场的量值、方向是用静电力来表征的。电场强度 E 是一矢量函数。

空间一点处的电场强度 E，应是不同位置处的场源在该点建立的电场强度的叠加，这是一个矢量和。因此场点处的 E 与场源电荷的分布状况密切相关。

例 1-1 长为 l 的直导线，以线密度 ρ_l（单位：C/m）均匀分布电荷，求线外距导线距离 r_0 的 P 点处的电场强度。

解：参照图 1-2，不计导线截面积，使导线 l 与 z 轴重合。导线外部空间介电常数设为 ε_0。求解此题采用圆柱坐标系方便，令导线中点为坐标原点。导线 l 上任意位置 z 处微分段 dz 的电荷量为 $\rho_l dz$，视为点电荷，它在 P 点处建立的电场强度设为 dE，则

$$dE = \frac{1}{4\pi\varepsilon_0} \cdot \frac{\rho_l dz}{R^2} \cdot \boldsymbol{a}_r$$

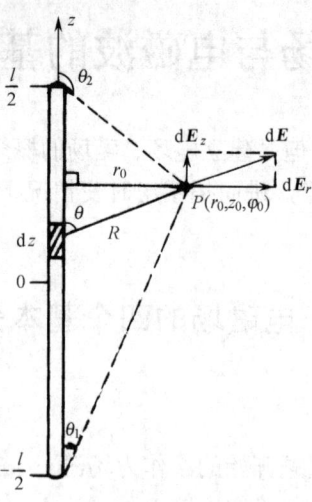

图 1-2

把 d$\boldsymbol{E}$ 用圆柱坐标系的三个坐标分量表示为

$$dE_r = dE \sin\theta$$
$$dE_z = dE \cos\theta$$
$$dE_\varphi = 0$$

场点 P 的位置在圆柱坐标系中为 $P(r_0, z_0, \varphi_0)$，由几何关系

$$R = \frac{r_0}{\sin\theta} = r_0 \csc\theta$$
$$z = z_0 - r_0 \cot\theta$$
$$dz = r_0 \csc^2\theta \, d\theta$$

$$\therefore \quad dE = \frac{1}{4\pi\varepsilon_0} \cdot \frac{\rho_l r_0 \csc^2\theta \, d\theta}{r_0^2 \csc^2\theta} = \frac{\rho_l d\theta}{4\pi\varepsilon_0 r_0}$$

$$dE_r = \frac{\rho_l \sin\theta \, d\theta}{4\pi\varepsilon_0 r_0}$$

$$dE_z = \frac{\rho_l \cos\theta \, d\theta}{4\pi\varepsilon_0 r_0}$$

全导线 l 上的电荷在 P 点建立的场，应是线上无穷多个 dz 段的电荷在 P 点的电场叠加，这是一连续叠加矢量和。其坐标方向分量为

$$E_r = \int_{\theta_1}^{\theta_2} dE_r = \frac{\rho_l}{4\pi\varepsilon_0 r_0}(\cos\theta_1 - \cos\theta_2)$$

$$E_z = \int_{\theta_1}^{\theta_2} dE_z = \frac{\rho_l}{4\pi\varepsilon_0 r_0}(\sin\theta_2 - \sin\theta_1)$$

$$E_\varphi = 0$$

表示为圆柱坐标系中的矢量为

$$E = a_r E_r + a_z E_z$$

显然，因导线 l 的对称结构，其外部空间场分布也是旋转对称的。

若导线为无限长，即 $l \to \infty$，则图 1-2 中 $\theta_1 \to 0$，$\theta_2 \to \pi$，此种情况下

$$E_r = \frac{\rho_l}{2\pi r_0 \varepsilon_0}$$

$$E_z = 0$$

$$E_\varphi = 0$$

表示成矢量形式为

$$E = \frac{a_r \rho_l}{2\pi \varepsilon_0 r_0}$$

即线外空间的电场强度方向垂直于导线表面，量值与电荷线密度 ρ_l 成正比，与距离 r_0 成反比。

例 1-2 真空中一均匀带电无限大无限薄平面，电荷面密度为 σ（单位：C/m^2），求平面前距离为 R 的 P 点处的电场强度。

解：参考图 1-3，由 P 向平面作垂线，与平面交点为 O，$|PO| = R$。在平面上以 O 为圆心，以变量 x 为半径作宽为 dx 的圆环带，此圆环带电荷元的电荷量为 $\sigma 2\pi x dx$，圆环带上一微分面积 $dldx$ 的电荷量为 $\sigma dldx$。

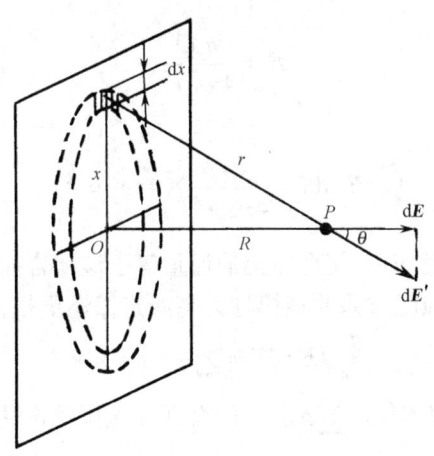

图 1-3

视此微分面积上的电荷为点电荷，其在 P 点处的电场强度 dE' 为

$$dE' = \frac{a_r \sigma dldx}{4\pi \varepsilon_0 r^2}$$

将 dE' 表示为与平面垂直和平行的分量，因对称关系，整个圆环带上各微分面积电荷在 P 点处的电场强度相互叠加，与平面平行的分量相互抵消，垂直于平面的分量和为 dE：

$$dE = \frac{\sigma 2\pi x dx}{4\pi \varepsilon_0 r^2} \cos\theta = \frac{R\sigma 2\pi x dx}{4\pi \varepsilon_0 (R^2 + x^2)^{3/2}}$$

场点 P 处的由此无限大带电平面产生的电场强度，可由 dE 沿无限大平面的积分求得（其方向垂直于平面）：

$$E = \int_0^\infty \frac{R\sigma 2\pi x}{4\pi\varepsilon_0(R^2+x^2)^{3/2}}\mathrm{d}x = \frac{\sigma}{2\varepsilon_0}$$

无限大均匀带电平面只是一种理论模型,从本例题求解结果可知,此平面外任意点处的电场强度都与平面垂直,且与距离 R 及场点的位置无关,即此平面外的电场是均匀的。在工程实际中,平行板电容器极板间电场(忽略极板边缘的电场不均匀)可与此情况近似。

1.1.2 高斯(Gauss)定律

在电场强度矢量场中,每一场点处 E 都有确定的方向和量值,场在空间的分布可表示为一矢量函数。矢量场可以用矢量线直观地表示,电场强度矢量的空间分布也可以用电场矢量线——电力线来表示。依矢量线的表述规则,电力线上任意位置处的切线方向应与此点处的电场强度矢量方向一致;而通过垂直于电场强度矢量方向的单位面积的电力线数,应正比于此点处的电场强度量值。据此,读者不难用电力线表示上面两个例题中电场强度的空间分布。

矢量函数 E 沿曲面 S 的积分称之为 E 在 S 面上的**通量**,若用 E 矢量线来表述,这个通量可看做穿越 S 面的 E 矢量线的多少。

现在考察真空中的正电荷 Q,求包围 Q 的闭合曲面上电场强度矢量 E 的通量。显然,求以电荷 Q 所在的源点为球心、r 为半径的球面上的通量是最便捷的。球面上每一点处 Q 所产生的电场强度 E 都一样,即

$$E = \frac{a_r Q}{4\pi\varepsilon_0 r^2}$$

E 在整个球面上的通量为

$$\oint_S E \cdot \mathrm{d}S = \frac{Q}{4\pi\varepsilon_0 r^2}\times 4\pi r^2 = \frac{Q}{\varepsilon_0} \tag{1-4}$$

这个结果表明,电场强度 E 在闭合面上的通量等于该闭合面所包围电荷量与介电常数之比。这一表明电荷与其电场强度关系的规律称为**高斯定律**,更规范的数学表达式为

$$\oint_S \varepsilon E \cdot \mathrm{d}S = \sum q = \int_V \rho \mathrm{d}V \tag{1-5}$$

式中,V 是闭合面 S 所包围的体积,$\sum q$ 表示闭合面 S 包围的电荷代数和,ρ 为闭合面 S 内电荷的体密度。

矢量函数的通量是标量,其正负表示矢量线穿越的方向。作为静电学基本定律之一的高斯定律,也可推广到时变电场中。

在某些特定情况下,用高斯定律求解电场问题是很简便的。

例 1-3 运用高斯定律求算在电荷均匀分布的无限长直导线外,与导线距离 r_0 的 P 点处的电场强度。电荷线密度为 ρ_l(单位:C/m)。

解: 参阅例 1-1 的图(图 1-2),由于无限长直导线的对称结构,使其电场分布具有对称性,E 只含有与导线轴垂直的径向分量 E_r,且 E_r 与 z,φ 无关。过 P 点作以导线轴线为轴、以 r_0 为半径、长为 l 的圆柱面——称之为高斯面,计算 E 在此圆柱面上的通量。因 E 与圆柱面上下端面平行,在此两端面上不存在 E 的通量,所以高斯面上 E 的通量为

$$\oint_S E \cdot \mathrm{d}S = E_r \times 2\pi r_0 l = \frac{\rho_l l}{\varepsilon_0}$$

$$\therefore \quad E_r = \frac{\rho_l}{2\pi r_0 \varepsilon_0}$$

或

$$E = \frac{a_r \rho_l}{2\pi r_0 \varepsilon_0}$$

这一结果与例 1-1 相同，但求解过程要简单得多。

例 1-4 运用高斯定律求解真空中无限大、无限薄均匀带电平面前距离 R 远处 P 点的电场强度。电荷面密度为 σ（单位：C/m^2）。

解：对照例 1-2，这个问题运用高斯定律求解非常简便。无限大、无限薄均匀带电平面外空间（带电平面两侧空间），只存在与平面垂直的电场 E_r，且均匀分布。

作以此无限大平面（为绘图方便假定此平面为矩形）为横截面的柱状高斯面，使其底面与横截面平行距离为 R，如图 1-4 所示。

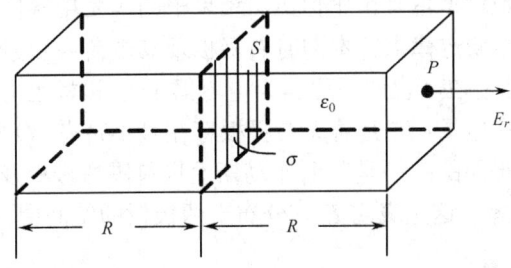

图 1-4

显然，只在柱状高斯面的两个底面上存在电场 E 的通量，根据高斯定律，有

$$2E_r S = S\sigma / \varepsilon_0$$

$$\therefore \quad E_r = \sigma / 2\varepsilon_0$$

例 1-5 求平行板电容器极板间电场强度。如图 1-5 所示，两极板面积均为 S，极板间距离 d 极小，极板上电荷分别为 $Q, -Q$，极板间介质为空气。

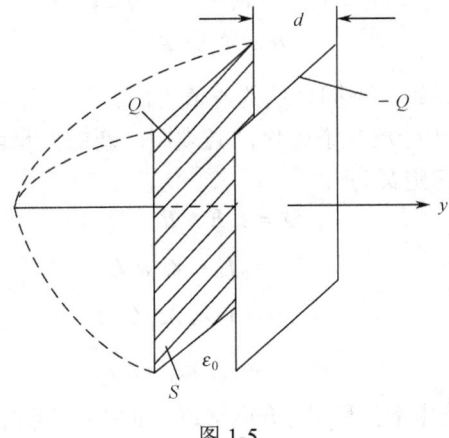

图 1-5

解：这个问题可运用高斯定律求解。因极板间距离远小于极板尺寸，除极板边缘部分，极板间的电场应是均匀分布，电场强度只有与极板垂直的分量。

参照图 1-5，作包围带有电荷 Q 的左极板的高斯面，使闭合面底面与左极板重合，其面积为 S。考虑除极板之间的其余空间区域不存在电场，所以电场强度 E 在高斯面上的通量就是在其底面上的通量，即

$$\oint_S \boldsymbol{E} \cdot \mathrm{d}\boldsymbol{S} = \frac{Q}{\varepsilon_0}$$

$$E_y S = \frac{Q}{\varepsilon_0}$$

$$E_y = \frac{Q}{\varepsilon_0 S} = \frac{\rho_S}{\varepsilon_0}$$

或

$$\boldsymbol{E} = \frac{\boldsymbol{a}_y \rho_S}{\varepsilon_0}$$

本例中空气的介电常数近似取真空中值 ε_0，结果中的 ρ_S 是电容器一个极板的电荷面密度。读者可能有疑问，在运用高斯定律求解本例时右极板及其电荷 $-Q$ 没有起到作用。对此可以这样去理解，一是若无右极板存在（也就不称其为电容器了），极板上电荷不会集中于极板内侧，极板之间以外空间也要存在电场；二是若无右极板存在且不带有 $-Q$ 电荷，极板间的电场强度不会是均匀且垂直于极板平面的；三是若所作高斯面也包围右极板及其所带电荷 $-Q$，则高斯面上电场强度 E 的通量为零，这正表明 E 只分布于两极板的空间中。

1.1.3 电通量密度 D

依电学性能可以把物质分为两大类，一类是导体，另一类是不导电的介质，它们统称为媒质。导电体内存在大量自由电子，理想导体内不能存在电场，否则在电场作用下大量自由电子的定向运动将导致无限大的电流。因此理想导体内电场强度恒为零，其表面上电场强度 E 只能存在法向分量。

在电介质中若存在电场，介质的中性分子将被极化而成为电极性分子。介质被极化的程度用极化强度 $\boldsymbol{P}$ 表示，对于线性介质 $\boldsymbol{P}$ 正比例于电场强度 $\boldsymbol{E}$，对于各向同性介质其中每点处的 $\boldsymbol{P}$ 都与该点处的 $\boldsymbol{E}$ 同方向。这样对于线性各向同性介质，有

$$\boldsymbol{P} = \chi_e \varepsilon_0 \boldsymbol{E} \tag{1-6}$$

式中，χ_e 称为电极化率，无量纲，不同介质的 χ_e 值不同。

此时介质中的电场考虑到介质分子极化，必须用一新的矢量函数**电通量密度**矢量（又称为**电位移矢量**）$\boldsymbol{D}$ 来表征，它定义为

$$\begin{aligned}\boldsymbol{D} &= \varepsilon_0 \boldsymbol{E} + \boldsymbol{P} \\ &= \varepsilon_0 \boldsymbol{E} + \chi_e \varepsilon_0 \boldsymbol{E} \\ &= (1 + \chi_e)\varepsilon_0 \boldsymbol{E}\end{aligned} \tag{1-7}$$

令

$$\varepsilon = (1 + \chi_e)\varepsilon_0 = \varepsilon_r \varepsilon_0 \tag{1-8}$$

式中，ε，ε_r 分别称为介质的介电常数和相对介电常数。在 SI 单位制中 $\boldsymbol{D}$ 的单位是 C/m^2（库/米^2）。

定义了 $\boldsymbol{D}$ 矢量之后，高斯定律的数学表达式（1-5）可改写成

$$\oint_S \boldsymbol{D} \cdot \mathrm{d}\boldsymbol{S} = \sum q = \int_V \rho \mathrm{d}V \tag{1-9}$$

显然，$\boldsymbol{D}$ 具有通量密度的含义。

1.1.4 电位函数 φ

在电荷 Q 的电场中,检验电荷 q 受电场力的作用顺电场强度方向移动,电场对 q 做功,如图 1-6 所示。

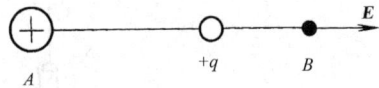

图 1-6

因为电场强度 E 就是由 q 在电场中所受静电力定义的,所以若检验电荷 q 沿电场强度方向在电场中由位置 A 移动至位置 B,则电场做功可表示为

$$\varphi_A - \varphi_B = \int_A^B (-E) \cdot dl \tag{1-10}$$

称之为电场中 A 点至 B 点的电位差。显然,积分结果与积分路径无关,而只决定于起始位置 A 和终结位置 B。积分中置负号是因为电场对 q 做功等于电场能量的减少,函数 φ 相当于力学中的位能,故称为**电位**。

若取 φ_B 为零作为参考点,则

$$\varphi_A = \int_A^B (-E) \cdot dl \tag{1-11}$$

可见 φ_A 这个标量函数具有位能的含义,电场中每一位置都有相应的电位 φ 值,在电场中把电位相同值的点联结起来构成的曲面称为**等位面**。q 在等位面上移动时电场不做功,也就是说在电场中电场强度 E 总是与等位面垂直。

对式(1-11)微分,得

$$d\varphi = -E \cdot dl$$

当 E 与 dl 方向相同时,$E \cdot dl = E \cdot dl$ 为其最大值,从而得到 $d\varphi = -E \cdot dl$,则

$$E = -\frac{d\varphi}{dl}$$

其中 $\dfrac{d\varphi}{dl}$ 为方向导数的最大值,即**梯度**。

$$\therefore \quad E = -\operatorname{grad} \varphi \tag{1-12}$$

在很多场合,求 E 的问题可转为先由场源求 φ,然后再由式(1-12)求得 E,因为场点处不同场源的电位叠加是标量运算,因此要简单得多。

1.1.5 磁通密度 B

磁场的存在及其量值方向,是通过运动电荷所受力——**洛仑兹(Lorentz)力**来表征的。如图 1-7 所示,若电荷 q 以速度 v 在磁场中运动,于场点 P 处受到洛仑兹力 F 的作用,则 P 点处磁场的性质可用该点处**磁通密度**矢量 B 来描述。它们的关系是

$$F = qv \times B \tag{1-13}$$

磁通密度 B 又称为**磁感应强度**,是表征磁场的基本物理量,在 SI 单位制中 B 的单位是 T(特斯拉)。

那么，什么是磁场的源？由物理学中电流磁效应可知，传导电流是产生磁场的源。**毕奥-沙瓦尔（Biot-Savart）定律**确立了传导电流与其产生的磁场的关系。如图 1-8 所示，长直导线 l 流有电流 i，导线周围空间媒质的导磁系数（亦称磁导率）为 μ_0（为真空中的导磁系数，空气中的导磁系数可近似取 μ_0），$\mu_0 = 4\pi \times 10^{-7}$ H/m。

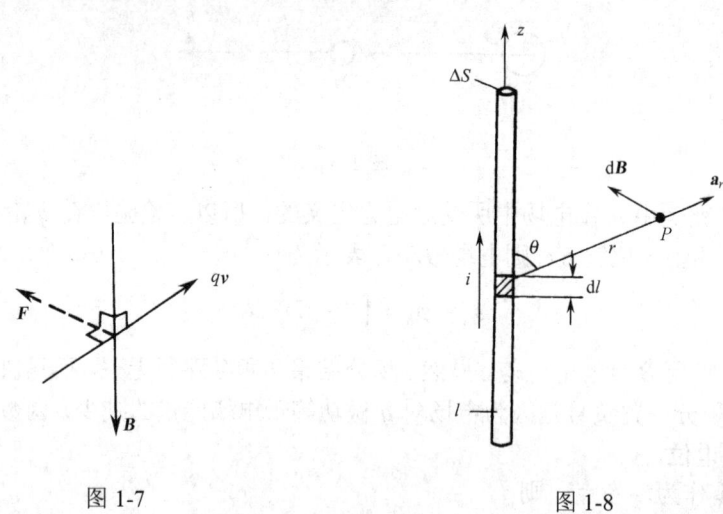

图 1-7　　　　　　　　　　图 1-8

导线上任意微分段 dl 上的电流 i 在空间任意点 P 处产生磁场的磁通密度设为 $d\boldsymbol{B}$：

$$d\boldsymbol{B} = \frac{\mu_0}{4\pi} \cdot \frac{id\boldsymbol{l} \times \boldsymbol{a}_r}{r^2} \tag{1-14}$$

式中，r 是 dl 至 P 点的观察线长度，$\boldsymbol{a}_r$ 是 r 方向的单位矢量。导线全长 l 上的电流在 P 点产生的磁通密度令为 $\boldsymbol{B}$：

$$\boldsymbol{B} = \int_l d\boldsymbol{B} = \frac{\mu_0}{4\pi} \cdot \int_l \frac{id\boldsymbol{l} \times \boldsymbol{a}_r}{r^2} \tag{1-15}$$

利用电流密度 $\boldsymbol{J}$ 的概念，$i = J\Delta S$，ΔS 为导线截面积，式（1-15）可写成

$$\boldsymbol{B} = \frac{\mu_0}{4\pi} \int_V \frac{\boldsymbol{J} \times \boldsymbol{a}_r}{r^2} dV \tag{1-16}$$

式中，积分区间 V 就是载流导线的体积。上面的式（1-14）、式（1-15）、式（1-16）就是毕奥-沙瓦尔定律的数学表达形式。

1.1.6　磁场强度 H

对于磁场，媒质也可分为导磁媒质与磁介质。与电场的情况类似，若磁介质中有磁场则磁介质将被磁化，所不同的是磁介质中的磁场用 $\boldsymbol{B}$ 即磁通密度矢量来表征，同时还必须引入一新的矢量函数**磁场强度 H**。

磁介质被磁化的程度用磁化强度 $\boldsymbol{M}$ 来表示，对于线性各向同性媒质，$\boldsymbol{M}$ 与磁场强度 $\boldsymbol{H}$ 方向相同，量值成正比，即

$$\boldsymbol{M} = \chi_m \boldsymbol{H} \tag{1-17}$$

其中 χ_m 称为媒质的磁化率，无量纲，χ_m 因媒质而不同。

这样，在媒质中磁通密度 $\boldsymbol{B}$ 与磁场强度 $\boldsymbol{H}$、磁化强度 $\boldsymbol{M}$ 相关：

$$B = \mu_0 H + \mu_0 M \tag{1-18}$$

式中，μ_0 是真空中的导磁系数。把式（1-17）代入式（1-18）得

$$B = \mu_0(1+\chi_m)H$$
$$= \mu_0\mu_r H = \mu H \tag{1-19}$$

式中，μ，μ_r 分别被称为媒质的导磁系数和相对导磁系数。在 SI 单位制中 H 的单位是 A/m。

对比电场和磁场的情况可知，电场和磁场的存在及其性质的描述都是通过作用力来体现的，电场是以对电荷的静电作用力——库仑力来表征的，磁场则是以对运动电荷的作用力——洛仑兹力来表征的。电场与磁场在媒质中分别用电通量密度 $D = \varepsilon E$ 和磁通密度 $B = \mu H$ 来表述。而 ε，μ 则是表示媒质电磁属性的参量，在绝大多数场合它们是常标量，在空气中一般可认为与真空中一样，即取 ε_0，μ_0。

在引入磁场强度矢量 H 后，可由毕奥-沙瓦尔定律导出反映磁场与其源之间关系的另一数学表达形式——**安培（Ampere）环路定律**：

$$\oint_l H \cdot dl = \sum i \tag{1-20}$$

此式的意义是磁场强度 H 沿一闭合路径 l 的积分，即**环量**，等于此路径所围电流的代数和。利用安培环路定律求解实际问题往往要比利用毕奥-沙瓦尔定律简便。

例 1-6 图 1-9 所示为半径为 R_0 的无限长圆截面导线，流有在截面上均匀分布的恒定电流 I，求线内（μ）、外（μ_0）空间磁场的分布。

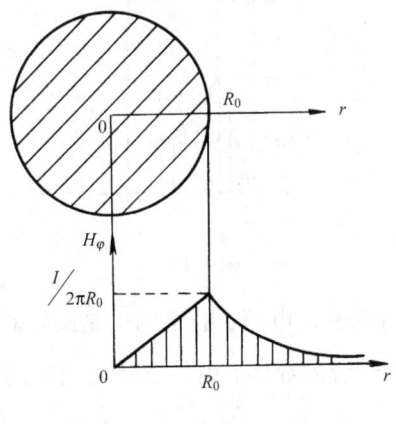

图 1-9

解：由于导线结构为旋转对称，流过导线的电流 I 在空间产生的磁场也具有对称性，且在圆柱坐标系中只有角向分量。参照图 1-9 所示的导线横截面图，取径向变量 r，运用安培环路定律：

$r < R_0$（导线内），半径为 r 的圆所围电流为 $\dfrac{I}{\pi R_0^2} \cdot \pi r^2 = \dfrac{Ir^2}{R_0^2}$，则

$$\oint_l H \cdot dl = 2\pi r H_\varphi = \frac{Ir^2}{R_0^2}$$

$$\therefore \quad H_\varphi = \frac{Ir}{2\pi R_0^2}$$

$$B_\varphi = \mu H_\varphi = \frac{\mu Ir}{2\pi R_0^2}$$

$r \geq R_0$（导线外），所围电流为 I，则

$$\oint_l \boldsymbol{H} \cdot \mathrm{d}\boldsymbol{l} = 2\pi r H_\varphi = I$$

$$\therefore \quad H_\varphi = \frac{I}{2\pi r}$$

$$B_\varphi = \mu H_\varphi = \frac{\mu_0 I}{2\pi r}$$

由所求得结果作出 H_φ 沿径向的分布示于图 1-9 的下部。

例 1-7 图 1-10 所示为同轴线的截面图，内导体半径为 R_0，外导体的内、外半径分别为 R_1、R_2，同轴线中流过恒定电流 I，求同轴线内外各层空间中的磁场强度。

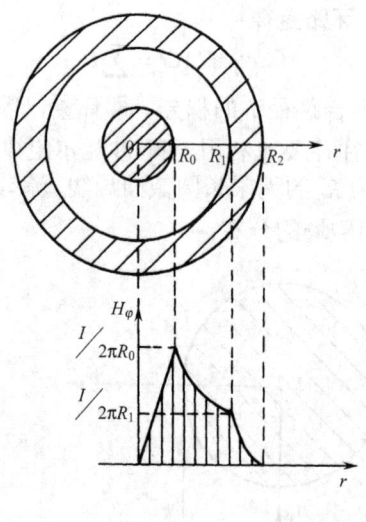

图 1-10

解： 因同轴线结构的旋转对称性，电流 I 的磁场也是旋转对称分布的，且只有 H_φ 分量。利用安培环路定律求解此题，同轴线内导体、内外导体之间空间中的磁场强度可参考例 1-6 所求得的结果，即：

当 $r < R_0$（同轴线内导体中）时，

$$H_\varphi = \frac{Ir}{2\pi R_0^2}$$

当 $R_0 \leq r \leq R_1$（内外导体之间）时，

$$H_\varphi = \frac{I}{2\pi r}$$

同轴线外导体中流过与内导体等值反向电流，且截面中电流 I 为均匀分布，则：

当 $R_1 \leq r \leq R_2$（同轴线外导体中）时，

$$\oint_l \boldsymbol{H} \cdot \mathrm{d}\boldsymbol{l} = I - \frac{I\pi(r^2 - R_1^2)}{\pi(R_2^2 - R_1^2)}$$

$$2\pi H_\varphi = \frac{I(R_2^2 - r^2)}{(R_2^2 - R_1^2)}$$

$$\therefore \quad H_\varphi = \frac{I(R_2^2 - r^2)}{2\pi r(R_2^2 - R_1^2)}$$

当 $r > R_2$（外导体外空间）时，

$$\oint_l \boldsymbol{H} \cdot \mathrm{d}\boldsymbol{l} = 2\pi r H_\varphi = 0$$

$$H_\varphi = 0$$

因内外导体电流代数和为零，外导体外部空间不产生磁场。

图 1-10 下部作出了同轴线中 H_φ 沿半径 r 方向的分布曲线。

1.1.7 磁力线及磁通连续性定理

作为一种矢量场，磁场也可以用矢量线——磁力线来直观、形象地表示磁场的性质与分布。按矢量线的规则，和电场的电力线一样，磁力线上一点的切线方向表示该点处磁场的方向，而磁力线的疏密表示磁场量值的情况。

电流产生的磁场，其磁力线是环绕电流的闭合曲线，如例 1-6、例 1-7 中电流的磁场，其磁力线是环绕导线或同轴线轴线的同心圆族。这样，以闭合磁力线表征的磁场，在空间任何闭合曲面上的通量总是零。这一结论写成数学表达式则为

$$\oint_S \boldsymbol{B} \cdot \mathrm{d}\boldsymbol{S} = 0 \tag{1-21}$$

称之为**磁通连续性定理**。式（1-21）中闭合面 S 的体积 V 可以无限趋小，磁通连续性定理依然应该成立，这就是磁场矢量的**散度**的概念：

$$\lim_{V \to 0} \frac{\oint_S \boldsymbol{B} \cdot \mathrm{d}\boldsymbol{S}}{V} = \mathrm{div}\, \boldsymbol{B} = 0$$

利用矢性微分算子，即**哈密尔顿（Hamilton）算子**（此处为直角坐标系中的形式）

$$\nabla = \boldsymbol{a}_x \frac{\partial}{\partial x} + \boldsymbol{a}_y \frac{\partial}{\partial y} + \boldsymbol{a}_z \frac{\partial}{\partial z} \tag{1-22}$$

磁通密度矢量 $\boldsymbol{B}$ 的散度可表示为

$$\nabla \cdot \boldsymbol{B} = 0 \tag{1-23}$$

这就是磁通连续性原理的微分形式。

1.1.8 矢量磁位 A

在对磁场分析和求解时，也可以像电场那样引入辅助函数。由矢量运算公式可知，任意一矢量函数 $\boldsymbol{A}$ 取旋度后再取散度恒为零，即

$$\nabla \cdot [\nabla \times \boldsymbol{A}] = 0 \tag{1-24}$$

与式（1-23）对比可知，磁通密度矢量 $\boldsymbol{B}$ 可用一矢量函数 $\boldsymbol{A}$ 的旋度来替代，即

$$\boldsymbol{B} = \nabla \times \boldsymbol{A} \tag{1-25}$$

辅助函数 $\boldsymbol{A}$ 称做**矢量磁位**。虽然 $\boldsymbol{A}$ 也是一矢量场，但在某些场合由场源求 $\boldsymbol{A}$ 比求 $\boldsymbol{B}$ 要容易实

现，如求线天线的基本辐射元——电流元的辐射场，就是通过求矢量磁位 A 而后求得辐射磁场和电场的。但 A 不像求解电场时的辅助函数标量电位 φ 那样具有确实的物理意义。

那么辅助函数 A 与场源有怎样的关系，即如何由场源求矢量磁位 A？回到毕奥-沙瓦尔定律式（1-16）：

$$B = \frac{\mu_0}{4\pi} \int_V \frac{J \times a_r}{r^2} dV$$

式中，J 是作为磁场源的电流密度，V 是电流载体体积，r 是所求场点到源点的距离，a_r 是 r 方向上的（由源点至场点）单位矢量。

首先对式中的被积函数 $\frac{J \times a_r}{r^2}$ 的表述形式作一变换，根据矢量运算公式

$$\nabla \times \left[\frac{J}{r}\right] = \nabla\left(\frac{1}{r}\right) \times J + \frac{1}{r}\nabla \times J$$

式中算子 ∇ 是对场点的微分运算，而电流密度 J 只是源点的函数，故 $\nabla \times J = 0$，上式可简化为

$$\nabla \times \left[\frac{J}{r}\right] = \nabla\left(\frac{1}{r}\right) \times J = -J \times \nabla\left(\frac{1}{r}\right)$$

注意式中 $\nabla\left(\frac{1}{r}\right)$，其中 r 只有 a_r 方向的变化。

$$\therefore \quad \nabla\left(\frac{1}{r}\right) = a_r \frac{\partial}{\partial r}\left(\frac{1}{r}\right) = -a_r \frac{1}{r^2}$$

$$\therefore \quad \nabla \times \left[\frac{J}{r}\right] = \frac{J \times a_r}{r^2}$$

这样，毕奥-沙瓦尔定律即可写为

$$B = \frac{\mu_0}{4\pi} \int_V \nabla \times \left(\frac{J}{r}\right) dV$$

式中积分是在场源体积 V 内，而旋度运算是对场点，所以旋度运算符号可移到积分号外，即

$$B = \nabla \times \left[\frac{\mu_0}{4\pi} \int_V \left(\frac{J}{r}\right) dV\right]$$

对比式（1-25），可得到

$$A = \frac{\mu_0}{4\pi} \int_V \frac{J}{r} dV \tag{1-26}$$

与毕奥-沙瓦尔定律的数学表达式比较可知，由场源电流密度 J 求矢量磁位 A 要比直接求磁通密度 B 简单，因为被积函数中没有了矢量运算。从式（1-26）可以看出，矢量磁位 A 的矢量方向与场源电流密度 J 的方向相同。

1.2 电磁场的基本方程

电磁现象所遵循的规律，是前辈学者们通过大量细致的观察和精心设计的实验总结出来的，如库仑定律、毕奥-沙瓦尔定律、法拉第（Faraday）电磁感应定律等，我们统称之为实验定律。

电与磁作为特定的物理现象，其规律一经被人们认识和掌握，便立即运用到工程实践中去，如电动机和发电机的发明使用，以及信息技术中有线电报（1837 年）和有线电话（1876 年）的发明使用等。这些成就对于现代工业，特别是对信息技术的发展具有不可估量的作用。

电磁现象的实验定律都是在特定的条件下总结出来的，因而很少有相互的关联。例如，静电场即时不变条件下电场的问题与磁无关。直至 1873 年，英国学者麦克斯韦（Maxwell）在综合电磁学实验定律的基础上，提出了著名的电磁学方程组，揭示出电磁现象的深层次关系和本质问题，完成了现代电气工程特别是电信工程的重要理论奠基。

1.2.1 全电流定律：麦克斯韦第一方程

安培环路定律是说传导电流产生磁场，并确定了场源电流与其所产生磁场的数学关系。麦克斯韦对安培环路定律的场源引入了位移电流的假设，即位移电流也可以产生磁场。

位移电流的一个实例就是通过电容器的电流。以平行板电容器为例，由前面例 1-5 的结果，电容器极板间的电场为

$$E = a_y \frac{\rho_S}{\varepsilon_0}$$

$$D = a_y \rho_S$$

式中 ρ_S 是电容器极板上的电荷面密度，a_y 是与极板垂直方向的单位矢量。当电容器充、放电时，极板上的 ρ_S 随时间变化，且与电容器外引线上的传导电流相连续，令

$$J_d = \frac{\partial \rho_S}{\partial t} = \frac{\partial D}{\partial t} \tag{1-27}$$

这里的 J_d 称为位移电流密度，其方向及量值决定于电场及其时变率。

这样便可把安培环路定律扩展为场源有传导电流和位移电流的**全电流定律**：

$$\oint_l H \cdot dl = \int_S \left[J + \frac{\partial D}{\partial t} \right] \cdot dS \tag{1-28}$$

这个数学表达式也被称为**积分形式的麦克斯韦第一方程**，特别重要的是它指出时变的电场可以产生磁场。

1.2.2 法拉第-楞次（Faraday-Lenz）定律：麦克斯韦第二方程

一闭合导体线框 l，若线框围有磁通且随时间变化，则线框中将产生电动势，其量值关系可用如下数学式表达：

$$e = -\frac{\partial \phi_m}{\partial t} \tag{1-29}$$

这就是**法拉第-楞次电磁感应定律**，是制作发电机的最基本的理论依据。

现在把导体线框扩展为媒质空间中的任意闭合路径 l，此闭合路径所围磁通可以更精确地用磁通密度 B 在 l 所围曲面上的积分表示，l 上的感生电动势用电场强度 E 在 l 上的积分表示，那么式（1-29）可改写为

$$\oint_l E \cdot dl = -\int_S \frac{\partial B}{\partial t} \cdot dS \tag{1-30}$$

这个数学表达式又被称做积分形式的**麦克斯韦第二方程**，它揭示了变化的磁场可以产生电场

这一电磁学中的深层次关系。

1.2.3 高斯定律：麦克斯韦第三方程

静电场中的高斯定律，即式（1-9）表示了电荷作为场源与其产生的电场之间的关系：

$$\oint_S \boldsymbol{D} \cdot \mathrm{d}\boldsymbol{S} = \int_V \rho \mathrm{d}V \tag{1-31}$$

即空间一闭合曲面 S 上电通量密度 $\boldsymbol{D}$ 的通量，等于该曲面所围体积 V 内的电荷总量（代数和）。

高斯定律可推广到任意电场，即不仅适用于静电场，也适应于时变电场。式（1-31）称为**积分形式的麦克斯韦第三方程**。

1.2.4 磁通连续性原理：麦克斯韦第四方程

与电场的高斯定律相对应，磁场则因磁力线总是闭合的，因此在空间任意闭合面上磁场的通量总是零，这就是磁通连续性原理。其数学表达式

$$\oint_S \boldsymbol{B} \cdot \mathrm{d}\boldsymbol{S} = 0 \tag{1-32}$$

称做积分形式的麦克斯韦第四方程。

上述的式（1-28）、式（1-30）、式（1-31）、式（1-32）四个方程组成的方程组，表述了在空间一局部区域（l, S, V）中场与其源的关系、电场与磁场的关系，称为**麦克斯韦方程组的积分形式**。它们是由电磁学的实验定律推演升华而得到的，是分析研究电磁场与电磁波的基本理论依据，被称为**电磁场的基本方程组**。

1.2.5 电磁场基本方程组的微分形式

如果把上述电磁场基本方程组界定的空间区域（l, S, V）无限趋小，方程所表述的关系依然应该成立，这样便得到在空间任意点处（空间区域无限趋小而成为一点）场源与场、电场与磁场之间的关系与性质。

对式（1-28）的麦克斯韦第一方程和式（1-30）的第二方程，利用矢量运算中的**斯托克斯（Stokes）定理**（亦称**旋度定理**），即一矢量函数 $\boldsymbol{G}$ 沿一闭合路径 l 的积分（称为环量），等于该矢量函数的旋度 $\mathrm{rot}\boldsymbol{G}$ 在此 l 所围面上的积分：

$$\oint_l \boldsymbol{G} \cdot \mathrm{d}\boldsymbol{l} = \int_S [\mathrm{rot}\boldsymbol{G}] \cdot \mathrm{d}\boldsymbol{S} \tag{1-33}$$

用于式（1-28），则

$$\int_S [\mathrm{rot}\boldsymbol{H}] \cdot \mathrm{d}\boldsymbol{S} = \int_S \left[\boldsymbol{J} + \frac{\partial \boldsymbol{D}}{\partial t} \right] \cdot \mathrm{d}\boldsymbol{S}$$

$$\therefore \quad \mathrm{rot}\boldsymbol{H} = \boldsymbol{J} + \frac{\partial \boldsymbol{D}}{\partial t} \tag{1-34}$$

同样，对式（1-30）利用斯托克斯定理可得到

$$\mathrm{rot}\boldsymbol{E} = -\frac{\partial \boldsymbol{B}}{\partial t} \tag{1-35}$$

运用矢量运算中的**散度定理**（亦称 Gauss 散度定理），即一矢量函数 $\boldsymbol{G}$ 在一闭合面 S 上的通量，等于该矢量函数的散度 $\mathrm{div}\boldsymbol{G}$ 在此 S 所围体积 V 上的积分：

$$\oint_S \boldsymbol{G} \cdot \mathrm{d}\boldsymbol{S} = \int_V [\mathrm{div}\, \boldsymbol{G}] \mathrm{d}V \tag{1-36}$$

则由麦克斯韦第三、第四方程，即式（1-31）、式（1-32），可得

$$\mathrm{div}\, \boldsymbol{D} = \rho \tag{1-37}$$

$$\mathrm{div}\, \boldsymbol{B} = 0 \tag{1-38}$$

所得到的式（1-34）、式（1-35）、式（1-37）及式（1-38），就是**麦克斯韦方程组的微分形式**。利用算子符号∇，可把麦克斯韦方程组的微分形式总括如下：

$$\begin{cases} \nabla \times \boldsymbol{H} = \boldsymbol{J} + \dfrac{\partial \boldsymbol{D}}{\partial t} \\ \nabla \times \boldsymbol{E} = -\dfrac{\partial \boldsymbol{B}}{\partial t} \\ \nabla \cdot \boldsymbol{D} = \rho \\ \nabla \cdot \boldsymbol{B} = 0 \end{cases} \tag{1-39}$$

该方程组中$\boldsymbol{D}$、$\boldsymbol{J}$与$\boldsymbol{E}$的关系，$\boldsymbol{B}$与$\boldsymbol{H}$的关系决定于媒质的性质。当媒质为线性各向同性时，其介电常数ε、导磁系数μ及导电系数（亦称电导率）σ均为常标量，则

$$\begin{cases} \boldsymbol{D} = \varepsilon \boldsymbol{E} \\ \boldsymbol{B} = \mu \boldsymbol{H} \\ \boldsymbol{J} = \sigma \boldsymbol{E} \end{cases} \tag{1-40}$$

称为**媒质方程**，或麦克斯韦方程组的辅助方程。

麦克斯韦方程组的微分形式即式（1-39），表述的是媒质空间任意点处电磁场的性质及相互关系。式（1-39）的右部是电磁场的可能场源形式，包括有电荷密度ρ、传导电流密度$\boldsymbol{J}$（在很多情况下$\boldsymbol{J}$与ρ是相关的）、时变电场$\dfrac{\partial \boldsymbol{D}}{\partial t}$（位移电流密度）和时变磁场$\dfrac{\partial \boldsymbol{B}}{\partial t}$（可称为**位移磁流密度**）；式（1-39）的左部则是场源建立的场与场源关系的数学表述。这组方程中的两个旋度方程，更揭示了时变条件下电场与磁场的互为因果、相互依存的关系，蕴涵着电磁波的产生与传播的理论依据。

方程中的旋度、散度运算，都是电场与磁场矢量对空间的微分运算，因此式（1-39）是一组微分方程。这种由一个微小区域中相关量之间的关系列出微分方程，然后求解得到所需区域中量的规律的方法，是工程中分析解决问题的普遍方法，称为**微扰方法**。在电信工程中，正是运用微扰方法基于微分形式的麦克斯韦方程来分析研究各种具体条件下导行电磁波与辐射电磁波的性质的。

还要指出的是，对于实际的电磁场工程问题，一般不能由麦克斯韦方程组中的一个方程独立求解，而往往要用其中的几个方程联立求解。

1.2.6 不同时空条件下的麦克斯韦方程组

在不同的时空条件下，表述电磁场基本规律的麦克斯韦方程组具有不同的形式。

1. 静电场

静电场由静止时不变的电荷产生，此时的静电场与磁场无关，电场与磁场是各自独立的。在这种情况下，方程组（1-39）中只有两个方程有意义，即

$$\begin{cases} \nabla \times \boldsymbol{E} = 0 \\ \nabla \cdot \boldsymbol{D} = \begin{cases} \rho, & \text{有源区域} \\ 0, & \text{无源区域} \end{cases} \end{cases} \quad (1\text{-}41)$$

这就是说，静电场是**无旋场**，又称为**保守场**。静电场的问题可借助辅助函数标量电位 φ 来求解：

$$\because \quad \boldsymbol{E} = -\nabla \varphi$$

$$\therefore \quad \nabla \cdot (\nabla \varphi) = -\frac{\rho}{\varepsilon}$$

$$\nabla^2 \varphi = -\frac{\rho}{\varepsilon} \quad (1\text{-}42)$$

此式称为**泊松（Poisson）方程**。对于无源区域（即场源电荷在区域之外），式（1-42）变为

$$\nabla^2 \varphi = 0 \quad (1\text{-}43)$$

称之为**拉普拉斯（Laplace）方程**。

例 1-8 同轴线内外导体间外加电压 U，介质为空气，线无限长，求同轴线内外导体间各点电位及电场强度。

解： 同轴线内外导体间无自由电荷，其间电位应满足拉普拉斯方程

$$\nabla^2 \varphi = 0$$

参照图 1-11，因同轴线的结构具有对称性，宜采用圆柱坐标系，且 $\frac{\partial \varphi}{\partial \theta} = 0$，即角向电位无变化。又因线为无限长，电位分布沿轴向也是均匀的，即 $\frac{\partial \varphi}{\partial z} = 0$。这样拉普拉斯方程在圆柱坐标系展开写法就简化为

$$\frac{\partial^2 \varphi}{\partial r^2} + \frac{1}{r}\frac{\partial \varphi}{\partial r} = 0$$

$$\frac{1}{r}\frac{\partial}{\partial r}\left[r\frac{\partial \varphi}{\partial r}\right] = 0$$

$$\frac{\partial}{\partial r}\left[r\frac{\partial \varphi}{\partial r}\right] = 0$$

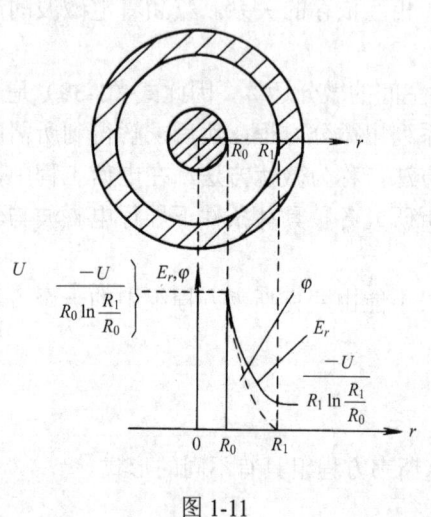

图 1-11

令

$$r\frac{\partial \varphi}{\partial r} = C_1, \quad \frac{\partial \varphi}{\partial r} = \frac{C_1}{r}$$

$$\therefore \quad \varphi = C_1 \ln r + C_2$$

设同轴线内、外导体电位分别为 U 和 0，即 $r = R_1$ 时 $\varphi = 0$，$r = R_0$ 时 $\varphi = U$，代入上式得

$$C_1 \ln R_1 + C_2 = 0$$

$$C_1 \ln R_0 + C_2 = U$$

$$\therefore \quad C_1 = \frac{U}{\ln\frac{R_0}{R_1}}, \quad C_2 = \frac{-U\ln R_1}{\ln\frac{R_0}{R_1}}$$

则

$$\varphi = \frac{U\ln\frac{r}{R_1}}{\ln\frac{R_0}{R_1}}$$

$$\begin{aligned}
\boldsymbol{E} &= -\nabla\varphi \\
&= -\left[\boldsymbol{a}_r\frac{\partial\varphi}{\partial r} + \boldsymbol{a}_\theta\frac{1}{r}\frac{\partial\varphi}{\partial\theta} + \boldsymbol{a}_z\frac{\partial\varphi}{\partial z}\right] \\
&= -\boldsymbol{a}_r\frac{\partial\varphi}{\partial r}
\end{aligned}$$

$$\therefore \quad E_r = -\frac{U}{r\ln\frac{R_0}{R_1}}$$

2. 恒流电场

导体中的电流是由导体中电荷的定向运动所致，对于恒定电流，则电荷运动的宏观效果是电荷在导体内的分布不变，即在一确定体积 $V = \Delta S\Delta l$ 内电荷的总数不变。

对于导体之外的空间，因无电荷分布而与静电场的情况一样。当然导体外部空间中有磁场存在，但与电场无关。此种情况下场方程为

$$\begin{cases}\nabla\times\boldsymbol{E} = 0 \\ \nabla\cdot\boldsymbol{D} = 0\end{cases} \tag{1-44}$$

因此求解恒流导体之外空间电场的问题同样适合使用拉普拉斯方程 $\nabla^2\varphi = 0$。

对于导体内部空间，这里只考虑导体导电系数 σ 为有限值的一般情况。用电流密度 $\boldsymbol{J}$ 来表示导体中电流，则

$$\oint_S \boldsymbol{J}\cdot\mathrm{d}\boldsymbol{S} = -\frac{\partial}{\partial t}\int_V \rho\mathrm{d}V = 0$$

由矢量运算中的散度定理，电流密度 $\boldsymbol{J}$ 在一段 Δl 长的导体体积为 V 的闭合界面上的通量，可由 $\boldsymbol{J}$ 的散度在该体积 V 上的积分代替，则

$$\int_V (\nabla\cdot\boldsymbol{J})\mathrm{d}V = -\int_V \frac{\partial\rho}{\partial t}\mathrm{d}V = 0$$

$$\therefore \quad \nabla\cdot\boldsymbol{J} = -\frac{\partial\rho}{\partial t} = 0$$

因此，在导体内部恒定电流情况的场方程为

$$\begin{cases}\nabla\times\boldsymbol{E} = 0 \\ \nabla\cdot\boldsymbol{J} = 0\end{cases} \tag{1-45}$$

3. 恒流磁场

场源是时不变的电流密度 $\boldsymbol{J}$，磁场与电场无关。在有电流分布的空间区域中，场方程为

$$\begin{cases} \nabla \times \boldsymbol{H} = \boldsymbol{J} \\ \nabla \cdot \boldsymbol{B} = 0 \end{cases} \qquad (1\text{-}46)$$

在没有电流分布的空间区域，恒流磁场的场方程为

$$\begin{cases} \nabla \times \boldsymbol{H} = 0 \\ \nabla \cdot \boldsymbol{B} = 0 \end{cases} \qquad (1\text{-}47)$$

此种情况下的磁场和无电荷分布区域的静电场完全相似。

4．谐变电磁场

对随时间变化的电场、磁场的分析研究，在电信工程中具有十分重要的意义。此种情况下电磁场所遵循的规律，就是式（1-39）给出的麦克斯韦方程组。

电场、磁场的时变规律，最重要的就是场量随时间正弦变化，即**谐变**。在电信技术中，信息的时变规律是多种多样的（如模拟信号的连续变化、数字信号的阶跃变化等），因此作为信息载体的电磁场的实际时变规律也是十分复杂的。但是基于任何时变过程从数学意义上讲都可以表示为不同频率、幅值的正弦时变量之和这一点，讨论谐变的情形具有普遍的意义。

对于谐变电磁场，$\boldsymbol{E}$ 和 $\boldsymbol{H}$ 可分别表示为

$$\boldsymbol{E} \Rightarrow \boldsymbol{E} \mathrm{e}^{\mathrm{j}\omega t} = \dot{\boldsymbol{E}}$$
$$\boldsymbol{H} \Rightarrow \boldsymbol{H} \mathrm{e}^{\mathrm{j}\omega t} = \dot{\boldsymbol{H}}$$

$\boldsymbol{E}$ 和 $\boldsymbol{H}$ 对时间的导数分别为 $\dfrac{\partial \boldsymbol{E}}{\partial t} = \mathrm{j}\omega \boldsymbol{E}$ 和 $\dfrac{\partial \boldsymbol{H}}{\partial t} = \mathrm{j}\omega \boldsymbol{H}$，则谐变条件下的麦克斯韦方程为

$$\begin{cases} \nabla \times \boldsymbol{H} = \boldsymbol{J} + \mathrm{j}\omega \varepsilon \boldsymbol{E} \\ \nabla \times \boldsymbol{E} = -\mathrm{j}\omega \mu \boldsymbol{H} \\ \nabla \cdot \boldsymbol{E} = \dfrac{\rho}{\varepsilon} \\ \nabla \cdot \boldsymbol{H} = 0 \end{cases} \qquad (1\text{-}48)$$

电信工程中分析研究导行电磁波与辐射电磁波问题时，在线性各向同性媒质条件下是以式（1-48）的谐变麦克斯韦方程组为理论依据的。

1.3　电磁场的媒质边界条件

在两种不同媒质的分界面上，由于媒质性质的变化（表现为 ε, μ, σ 为不同值），电场、磁场也将发生相应的变化。在电磁场理论中，把两种媒质界面两侧电场或磁场的关系叫做媒质分界面上的**边界条件**。讨论电磁场的边界条件更接近工程实际，而从数学意义上讲，边界条件是求解场量微分方程的定解条件。

在讨论电磁场边界条件时，因媒质界面处将发生媒质性质参量 ε, μ 等的突变，所以只能运用积分形式的麦克斯韦方程。

1.3.1　电场的边界条件

在两种媒质界面上，作一跨越界面的矩形闭合路径，如图 1-12 所示。令此矩形路径长边与界面平行，其短边 $h \to 0$。对此矩形闭合路径，考察麦克斯韦第二方程

$$\oint_l \boldsymbol{E} \cdot \mathrm{d}\boldsymbol{l} = -\frac{\partial}{\partial t}\int_S \boldsymbol{B} \cdot \mathrm{d}\boldsymbol{S}$$

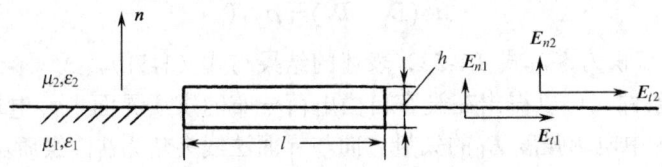

图 1-12

当 $h \to 0$ 时，矩形闭合路径所围面积亦趋于零，而磁通密度 $\boldsymbol{B}$ 为有限值函数，所以 $\boldsymbol{B}$ 在此闭合路径所围面积上的通量为零，则

$$\lim_{h\to 0}\oint_l \boldsymbol{E} \cdot \mathrm{d}\boldsymbol{l} = 0$$

上式中 $\boldsymbol{E}$ 在矩形闭合路径上的环量，因短边 $h \to 0$，而只需求 $\boldsymbol{E}$ 在两长边上的积分。考虑界面两侧 $\boldsymbol{E}_1, \boldsymbol{E}_2$ 均为恒值，它们的法向分量（与界面垂直）与 $\mathrm{d}\boldsymbol{l}$ 的点积为零，因此

$$\lim_{h\to 0}\oint_l \boldsymbol{E} \cdot \mathrm{d}\boldsymbol{l} = E_{t1}l - E_{t2}l = 0$$

$$\therefore \quad E_{t1} - E_{t2} = 0 \tag{1-49}$$

即在两种媒质界面处电场强度的切向分量相等（无条件连续），而 D_{t1} 与 D_{t2} 因 ε 的突变不连续。

式（1-49）写成矢量形式为

$$\boldsymbol{n} \times (\boldsymbol{E}_1 - \boldsymbol{E}_2) = 0 \tag{1-50}$$

其中 $\boldsymbol{n}$ 为媒质界面法线方向的单位矢量，因为电场强度的法向分量 E_{n1}, E_{n2} 与 $\boldsymbol{n}$ 的矢积为零，式（1-50）表示的就是式（1-49）的矢量形式。

下面分析界面两侧电场法向分量的关系。如图 1-13 所示，跨越两种媒质界面作一高为 h 的柱形闭合面，使其上下端面与界面平行，并令其高 $h \to 0$。考察麦克斯韦第三方程

$$\oint_S \boldsymbol{D} \cdot \mathrm{d}\boldsymbol{S} = \int_V \rho \mathrm{d}V$$

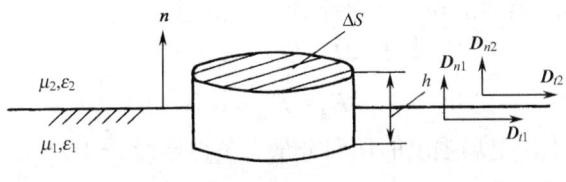

图 1-13

若媒质界面上有自由电荷分布，令其面密度为 ρ_S，那么 $\boldsymbol{D}$ 在此柱形闭合面上的通量，因 $h \to 0$，就是 $\boldsymbol{D}$ 在柱面上下端面上的通量。考虑 $\boldsymbol{D}$ 在此柱面闭合面内为恒定值，那么

$$\lim_{h\to 0}\oint_S \boldsymbol{D} \cdot d\boldsymbol{S} = D_{n1}\Delta S - D_{n2}\Delta S = \rho_S \Delta S$$

$$\therefore \quad D_{n1} - D_{n2} = \rho_S \tag{1-51}$$

若媒质界面上没有自由电荷分布，则

$$D_{n1} - D_{n2} = 0 \tag{1-52}$$

这就是说在两种媒质的界面处，电通量密度的法向分量有条件连续。显然，当媒质界面上没

有自由电荷分布时，电场强度的法向分量 E_{n1}，E_{n2} 因 ε 的突变而不可能连续。

式（1-51）、式（1-52）写成矢量形式为

$$\boldsymbol{n} \cdot (\boldsymbol{D}_1 - \boldsymbol{D}_2) = \rho_S, 0 \tag{1-53}$$

因为 $\boldsymbol{n}$ 与 $\boldsymbol{D}_{t1}$，$\boldsymbol{D}_{t2}$ 的点积为零，式（1-53）表述的结果与式（1-51）、式（1-52）完全相同。

根据上述边界条件，可以得出在没有自由电荷分布的媒质界面上，电场强度矢量方向的改变情况。令媒质 ε_1 中电场强度 $\boldsymbol{E}_1$ 的矢量方向与界面法线夹角为 θ_1，媒质 ε_2 中 $\boldsymbol{E}_2$ 的矢量方向与界面法线夹角为 θ_2，根据式（1-49）、式（1-52）的结果

$$\because \quad \tan\theta_1 = \frac{E_{t1}}{E_{n1}} = \varepsilon_1 \frac{E_{t1}}{D_{n1}}$$

$$\tan\theta_2 = \frac{E_{t2}}{E_{n2}} = \varepsilon_2 \frac{E_{t2}}{D_{n2}}$$

$$\therefore \quad \frac{\tan\theta_1}{\tan\theta_2} = \frac{\varepsilon_1}{\varepsilon_2} \tag{1-54}$$

关于电场的边界条件，最后讨论当恒定电流通过具有不同导电系数 σ_1、σ_2 的两种导电媒质界面的情况，即恒流电场的边界条件。这同样要由导电媒质中恒流电场方程的积分形式导出。由前面的分析结果可知，在恒流情况下导电媒质中电流密度 $\boldsymbol{J}$ 在其中任意闭合面上的通量为零，即

$$\oint_S \boldsymbol{J} \cdot d\boldsymbol{S} = 0$$

将此式运用于图 1-13 所示的柱形闭合面上，得

$$\oint_S \boldsymbol{J} \cdot d\boldsymbol{S} = J_{n1}\Delta S - J_{n2}\Delta S = 0$$

$$\therefore \quad J_{n1} - J_{n2} = 0 \tag{1-55}$$

这说明在两种导电媒质界面上，电流密度的法向分量是无条件连续的。

积分形式的麦克斯韦第二方程，在静电场及恒流电场情况下为

$$\oint_S \boldsymbol{E} \cdot d\boldsymbol{l} = 0$$

将此式运用于图 1-12 所示的矩形闭合路径上，得到

$$\oint_l \boldsymbol{E} \cdot d\boldsymbol{l} = E_{t1}l - E_{t2}l = 0$$

$$\therefore \quad E_{t1} - E_{t2} = 0 \tag{1-56}$$

即在两种导电媒质界面上，电场强度的切向分量无条件连续。

由 $\boldsymbol{J} = \sigma\boldsymbol{E}$，有 $J_{n1} = \sigma_1 E_{n1}$，$E_{n1} = \dfrac{J_{n1}}{\sigma_1}$，同样有 $E_{n2} = \dfrac{J_{n2}}{\sigma_2}$，那么根据式（1-55）、式（1-56）可以得到在两种导电媒质的界面两侧，电场强度矢量方向与界面法线夹角的关系

$$\because \quad \tan\theta_1 = \frac{E_{t1}}{E_{n1}} = \sigma_1 \frac{E_{t1}}{J_{n1}}$$

$$\tan\theta_2 = \frac{E_{t2}}{E_{n2}} = \sigma_2 \frac{E_{t2}}{J_{n2}}$$

$$\therefore \quad \frac{\tan\theta_1}{\tan\theta_2} = \frac{\sigma_1}{\sigma_2} \tag{1-57}$$

这就是说在两种导电媒质的界面处，电力线要改变方向。

为求解电场问题而引入的辅助函数标量电位 φ，具有确切的物理意义。计算电场中两点 P_1，P_2 间电位差的公式是

$$\varphi_{p_1} - \varphi_{p_2} = \int_{p_1}^{p_2} \boldsymbol{E} \cdot \mathrm{d}\boldsymbol{l}$$

可把 P_1，P_2 两点分置媒质界面两侧且又非常靠近界面，这样 φ_{p1} 与 φ_{p2} 就分别表示媒质界面两侧的电位。利用数学中的中值定理，上式中电场强度的积分可写为

$$\int_{p_1}^{p_2} \boldsymbol{E} \cdot \mathrm{d}\boldsymbol{l} = E_0 h$$

其中 E_0 是电场强度在 P_1，P_2 间的平均值在 $\mathrm{d}\boldsymbol{l}$ 方向的分量；h 是 $\mathrm{d}\boldsymbol{l}$ 的长，即 P_1，P_2 两点间的距离，当 P_1，P_2 无限趋近界面时，$h \to 0$。考虑电场强度在跨越界面时虽有变化但仍为有限值，这样

$$\varphi_{p_1} - \varphi_{p_2} = \lim_{p_1 \to p_2} \int_{p_1}^{p_2} \boldsymbol{E} \cdot \mathrm{d}\boldsymbol{l} = \lim_{h \to 0} E_0 h = 0$$

$$\therefore \quad \varphi_{p_1} - \varphi_{p_2} = 0$$

或

$$\varphi_1 - \varphi_2 = 0$$

因此，在两种媒质界面处，电位 φ 是连续的。

1.3.2 磁场的边界条件

用与分析电场的边界条件类似的方法，可以分析导出两种媒质界面两侧磁场的关系。

在媒质界面处作一个 $h \to 0$ 的矩形路径，运用积分形式的麦克斯韦第一方程

$$\oint_l \boldsymbol{H} \cdot \mathrm{d}\boldsymbol{l} = \int_S \left[\boldsymbol{J} + \frac{\partial \boldsymbol{D}}{\partial t} \right] \cdot \mathrm{d}\boldsymbol{S}$$

参照图 1-14，在矩形路径所围面积 S 内 $\boldsymbol{D}$ 为有限值，若其中又无传导电流，即 $\boldsymbol{J}=0$，则当 $h \to 0$ 时由第一方程可得

$$\lim_{h \to 0} \oint_l \boldsymbol{H} \cdot \mathrm{d}\boldsymbol{l} = H_{t1} l - H_{t2} l = 0$$

$$\therefore \quad H_{t1} - H_{t2} = 0 \tag{1-58}$$

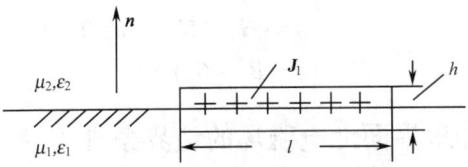

图 1-14

如果在媒质界面上存在沿界面的传导电流（比如媒质之一为导体），此传导电流可用线密度 $\boldsymbol{J}_l$ 表示，即 $\boldsymbol{J}_l = \dfrac{I}{l}$，那么式（1-58）应改写为

$$H_{t1} - H_{t2} = \boldsymbol{J}_l \tag{1-59}$$

把式（1-58）、式（1-59）写成矢量形式为

$$\boldsymbol{n} \times (\boldsymbol{H}_1 - \boldsymbol{H}_2) = \begin{cases} \boldsymbol{J}_l, & \text{沿界面有电流存在} \\ 0, & \text{界面上无电流} \end{cases} \tag{1-60}$$

所以在两种媒质界面处，磁场强度的切向分量是有条件连续的。

在媒质界面处作一高度 $h \to 0$ 的闭合柱面如图 1-15 所示，运用积分形式的麦克斯韦第四方程可得

$$B_{n1} - B_{n2} = 0 \tag{1-61}$$

写成矢量形式为

$$\boldsymbol{n} \cdot (\boldsymbol{B}_1 - \boldsymbol{B}_2) = 0 \tag{1-62}$$

即在两种媒质的界面处，磁通密度矢量的法向分量无条件连续。

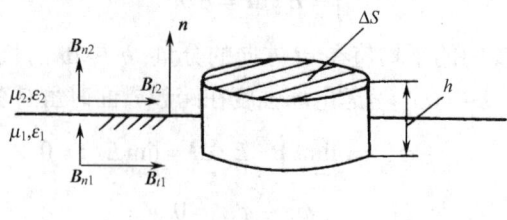

图 1-15

利用式（1-59）、式（1-61）很容易导出，在没有电流分布的媒质界面处，磁场强度矢量方向的改变规则为

$$\frac{\tan \theta_1}{\tan \theta_2} = \frac{\mu_1}{\mu_2} \tag{1-63}$$

现在将电磁场的边界条件总括如下：

$$\begin{cases} E_{t1} - E_{t2} = 0 \\ D_{n1} - D_{n2} = \rho_S, 0 \\ H_{t1} - H_{t2} = \boldsymbol{J}_l, 0 \\ B_{n1} - B_{n2} = 0 \end{cases} \tag{1-64}$$

或写成矢量形式

$$\begin{cases} \boldsymbol{n} \times (\boldsymbol{E}_1 - \boldsymbol{E}_2) = 0 \\ \boldsymbol{n} \cdot (\boldsymbol{D}_1 - \boldsymbol{D}_2) = \rho_S, 0 \\ \boldsymbol{n} \times (\boldsymbol{H}_1 - \boldsymbol{H}_2) = \boldsymbol{J}_l, 0 \\ \boldsymbol{n} \cdot (\boldsymbol{B}_1 - \boldsymbol{B}_2) = 0 \end{cases} \tag{1-65}$$

1.3.3 理想导体与介质界面上电磁场的边界条件

理想导体与介质构成界面这种情况在工程实际中最为常见。在本书分析研究导行电磁波的篇章中，用做导波机构的平行双线、同轴线的导体，微带线的导带与基板，金属波导的壁面等都被视为理想导体；而平行双线外围空间，同轴线、波导的内腔空间，微带线导带与基板间的介质层等都作为理想介质来处理。

现在假定界面一侧的媒质 1 为理想介质，其介电常数为 ε_1，导磁系数为 μ_1，而导电系数 $\sigma_1 = 0$。媒质 2 为理想导体，其介电常数一般取为 ε_0（对于理想导体而言，介电常数没有实际意义），导磁系数为 μ_2，而导电系数 $\sigma_2 \to \infty$。媒质中的传导电流密度 $\boldsymbol{J} = \sigma \boldsymbol{E}$，显然在理想导体中应有 $\boldsymbol{E}_2 = 0$，否则将导致电流密度无限大。

由麦克斯韦第二方程

$$\nabla \times \boldsymbol{E} = -\frac{\partial \boldsymbol{B}}{\partial t}$$

$$\because \quad \boldsymbol{E}_2 = 0$$

$$\therefore \quad \nabla \times \boldsymbol{E}_2 = -\frac{\partial \boldsymbol{B}_2}{\partial t} = 0$$

这就是说，在理想导体中不能存在电场和时变磁场。

这样，根据式（1-64）、式（1-65）可以得出这样的结果：在理想导体表面，有

$$\begin{cases} E_{t1} = 0 \\ D_{n1} = \rho_S \\ H_{t1} = \boldsymbol{J}_l \\ B_{n1} = 0 \end{cases} \quad (1\text{-}66)$$

写成矢量形式：

$$\begin{cases} \boldsymbol{n} \times \boldsymbol{E}_1 = 0 \\ \boldsymbol{n} \cdot \boldsymbol{D}_1 = \rho_S \\ \boldsymbol{n} \times \boldsymbol{H}_1 = \boldsymbol{J}_l \\ \boldsymbol{n} \cdot \boldsymbol{B}_1 = 0 \end{cases} \quad (1\text{-}67)$$

就是说，在理想导体表面上不能存在切向电场和法向磁场。若界面介质一侧有法向电场存在，则因界面处 D_n 发生突变，导体表面必有相应电荷分布相对应；若界面介质一侧有切向磁场存在，则因界面上 H_t 发生突变，导体表面必有相应的电流分布与之对应。

以上关于电磁场边界条件的结论，可以完全推广到时变电磁场中。

1.3.4 镜像法

在具有确定形状的导体附近的外部空间的某一确定位置处，放置作为场源的电荷，那么在该导体的表面上将出现与场源电荷极性相反的电荷。此时在场源电荷与导体表面共有的外部空间区域中的电场，应是场源电荷与导体表面上感应电荷产生的电场叠加形成的合成电场。显然，计算这种合成电场是很困难的。

如果导体形状简单，如无限大的理想导体平面，而场源电荷又可简化为点电荷或沿直线分布的电荷时，则可运用镜像原理来求算合成电场。

以求解无限大理想导体平面外的点电荷 q 的电场为例，镜像原理就是以对称于导电平面位置处的等量异性电荷 $-q$，来替代导体表面内 q 的存在感生的异性电荷。这样替代后应撤除导电平面，即把原来的导体（见图 1-16 的下部）看成是与导电平面上方相同的介质。由于对称条件，镜像电荷 $-q$ 与源电荷 q 共同建立的电场，在原来的导电平面处仍然是一等位面，即保持边界条件不变。这种镜像替代方法称为镜像法。

镜像法求解场问题，一般只适用于特殊而且形状简单的媒质边界情况。但是在处理工程实际问题时往往要用到这种方法。在讨论辐射电磁波时，架离地面较低的天线，必须考虑地面对天线参量的影响。这时一般是把地面假设为无限大理想导电平面，地面对原天线的影响即可用镜像天线的作用来代替。

图 1-16

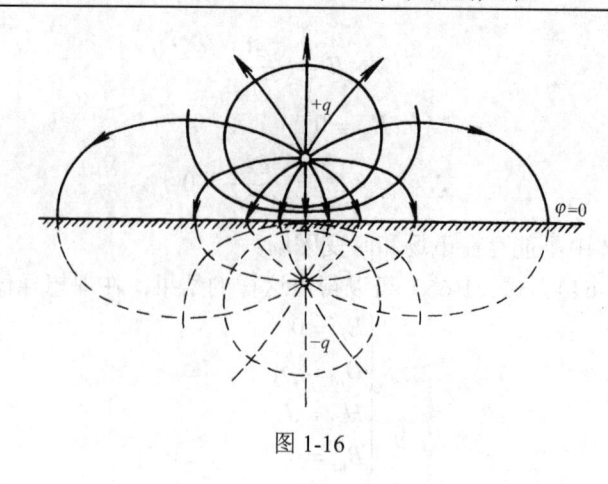

1.4 电磁场的能量

1.4.1 电场与磁场存储的能量

电荷 Q 在其周围空间产生的电场，可使此空间中另一电荷 q 受力移动而对其做功，可见电场中存在着能量。同样，一载流导体在磁场中因受洛仑兹力而移动，表明磁场对此载流导体做功，磁场中存在着能量。所以，电场、磁场作为物质存在的一种形式，具有能量且分布于场存在的整个空间。

可以证明，在电场存在的全空间体积 V 内，存储的电场能量 W_e 为

$$W_e = \frac{1}{2}\int_V \boldsymbol{E} \cdot \boldsymbol{D} \mathrm{d}V \tag{1-68}$$

其中被积函数就是电场存在空间中任意点处的能量密度，可记做 w_e。对于线性各向同性的均匀媒质，其介电常数 ε 为常标量，则有 $\boldsymbol{D} = \varepsilon \boldsymbol{E}$。所以电场的能量密度为

$$w_e = \frac{1}{2}\varepsilon E^2 \tag{1-69}$$

同样可以证明，在磁场存在的全空间体积 V 内，存储的磁场能量 W_m 为

$$W_m = \frac{1}{2}\int_V \boldsymbol{H} \cdot \boldsymbol{B} \mathrm{d}V \tag{1-70}$$

对于线性各向同性的均匀媒质，其导磁系数 μ 为常标量，$\boldsymbol{B} = \mu \boldsymbol{H}$，在磁场存在的空间任意点处，磁场的能量密度为

$$w_m = \frac{1}{2}\mu H^2 \tag{1-71}$$

对于谐变的电场和磁场，在场存在的空间中电场、磁场的能量密度仍为式（1-69）、式（1-71）的表述形式，但其中的 E 和 H 则表示出谐变电场强度和磁场强度的振幅值。

1.4.2 坡印廷（Poynting）定理

电磁场的能量应如其他形式的能量一样服从能量守恒原理。现在我们考察存在电场、磁场的体积为 V 的闭合面 S 内的能量关系。令闭合面 S 内的媒质为线性各向同性的均匀媒质，

且无外加能源。

利用矢量运算公式

$$\nabla \cdot [E \times H] = H \cdot [\nabla \times E] - E \cdot [\nabla \times H]$$

把麦克斯韦第一方程、第二方程代入到该式右部，得

$$\nabla \cdot [E \times H] = H \cdot \left[-\mu \frac{\partial H}{\partial t} \right] - E \cdot \left[J + \varepsilon \frac{\partial E}{\partial t} \right]$$

$$= -\frac{\partial}{\partial t} \left[\frac{1}{2} \mu H^2 + \frac{1}{2} \varepsilon E^2 \right] - \sigma E^2$$

将上式在闭合面 S 所围体积 V 内积分：

$$-\int_V \nabla \cdot [E \times H] dV = \frac{\partial}{\partial t} \int_V \left[\frac{1}{2} \mu H^2 + \frac{1}{2} \varepsilon E^2 \right] dV + \int_V \sigma E^2 dV$$

对左部运用散度定理，最后得到

$$-\oint_S [E \times H] \cdot dS = \frac{\partial}{\partial t} \int_V [w_m + w_e] dV + \int_V \sigma E^2 dV$$

$$= \frac{\partial}{\partial t} [W_m + W_e] + P \tag{1-72}$$

式（1-72）称为**坡印廷定理**，它表述了在一个有电场、磁场存在的空间区域 (S,V) 内，电磁场能量的守恒关系。式（1-72）等号右侧的第一项表示在该空间区域中，电场、磁场能量在单位时间的增加量，即电场、磁场能量的增长率。等号右侧的第二项 $P = \int_V \sigma E^2 dV$，表示在该空间区域内单位时间媒质损耗转变为焦耳热的能量（功率）。等号左侧的闭合面 S 上的积分，表示单位时间进入闭合面 S 内矢量 $[E \times H]$ 的通量，即进入该区域的电磁场功率。

显然，式（1-72）左侧面积分的被积矢量函数 $E \times H$，具有单位表面上功率流的含义。将其定义为电磁能流密度矢量，记做 S：

$$S = E \times H \tag{1-73}$$

矢量 S 被称为**坡印廷矢量**，它表示出通过单位面积的电磁场能量及其流动方向，其单位是 W/m^2。

对于谐变电磁场，可以推导出复数形式的坡印廷定理和坡印廷矢量。通过单位面积的谐变电磁场的平均功率（即平均功率流密度）为

$$S_{cp} = \text{Re} \left[\frac{1}{2} E \times H^* \right] \tag{1-74}$$

式中，H^* 表示谐变磁场 H 的共轭复数。

1.5 依据电磁场理论形成的电路概念

1.5.1 电路是特定条件下对电磁场的简化表示

从电工学的发展历史可知，人们先是基于电磁学的实验定律建立了电路概念并确立了电路中物理量之间所应遵循的规则——电路的基本定律。在其后形成完整的电磁场理论的背景下，可以看出电路是在特定条件下对电磁场的某种简化表述。

这里所说的条件，首先是空间区域中导体与介质的边界要非常明显、清楚，其次是场量的时变缓慢或者说电路的尺寸要远远小于其所传送电量的波长。

而所说的简化表述，以电流密度 J 为例，在场的概念中 $J = \sigma E$ 是一种空间分布，而在电路概念中 $J = \dfrac{i}{\Delta S}$ 是集总的表示。再比如，电场中的辅助函数电位 φ 是空间分布函数，在电路中不同节点之间的电位差就是电压，但电路中节点并无空间意义上的位置概念。

说电路概念是特定条件下对电磁场的简化表述，一个重要依据是电路的基本定律可由电磁场方程推演而得，电路参量电阻、电感、电容则是电磁场存在空间媒质性质的集总体现和表示。下面通过一个实例来说明路和场的关系。

例 1-9　同轴线某截面处谐变电流复振幅为 $\dot{I}$、内外导体间电压复振幅为 $\dot{U}$，计算同轴线传输的功率。

解：采用圆柱坐标系，并使同轴线的轴线与圆柱坐标系的 z 轴重合，见图 1-17。

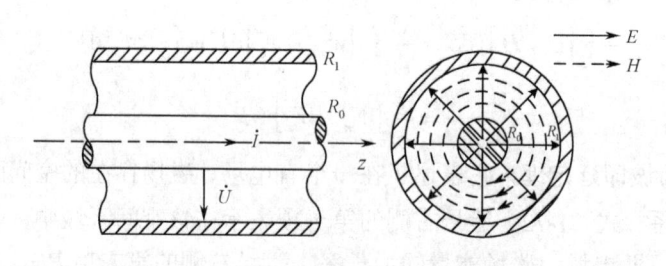

图 1-17

由例 1-7、例 1-8 的结果，同轴线内外导体间介质中的电场强度和磁场强度分别为

$$E = -a_r \frac{\dot{U}}{r \ln \dfrac{R_0}{R_1}}$$

$$H = a_\varphi \frac{\dot{I}}{2\pi r}$$

那么此截面上任意点 $P(r,\varphi,z)$ 处谐变电磁场的平均功率密度为

$$S_{cp} = \frac{1}{2} \operatorname{Re}[E \times H^*] = a_z \operatorname{Re}\left[\frac{-\dot{U}}{2r \ln\left(\dfrac{R_0}{R_1}\right)} \cdot \frac{I^*}{2\pi r}\right]$$

$$= a_z \operatorname{Re}\left[\frac{-\dot{U} I^*}{4\pi r^2 \ln\left(\dfrac{R_0}{R_1}\right)}\right]$$

因同轴线内外导体间介质中 E, H 为轴对称分布，所以穿越同轴线横截面介质的谐变电磁场功率为

$$P = \text{Re}\left[\int_S \boldsymbol{S} \cdot \mathrm{d}\boldsymbol{S}\right] = \text{Re}\left[\int_{R_0}^{R_1} \frac{-\dot{U}\dot{I}^*}{4\pi r^2 \ln\frac{R_0}{R_1}} 2\pi r \mathrm{d}r\right]$$

$$= \text{Re}\left[\frac{-\dot{U}\dot{I}^*}{2\ln\frac{R_0}{R_1}} \int_{R_0}^{R_1} \frac{1}{r}\mathrm{d}r\right]$$

$$= \text{Re}\left[\frac{1}{2}\dot{U}\dot{I}^*\right]$$

所得结果与正弦交流电路中计算有功功率的公式完全一样。这就是说，从电路概念上讲，谐变量的平均功率是由导线传输过去的；而从场的概念上讲，是由导线周围的电磁场构成的功率流传输过去的，而传输线（本例中的同轴线以及平行双线、金属波导等）只是起到定向导引电磁场功率流的作用。

1.5.2 由电磁场方程推导出的电路基本定律

1. 欧姆（Ohm）定律

由金属电子理论可知，金属导体的内部结构是由正离子点阵（晶格）及其间的自由电子（原子外层电子）所组成的。自由电子在点阵之间运动时，从原从属的原子运动到邻近原子所用时间的统计平均值，称为平均自由时间，记为 τ。

若在金属导体上外加恒定电场 $\boldsymbol{E}$，金属导体中的自由电子受电场力作用逆电场方向运动，取多个电子的统计平均速度——漂移速度令为 v_d，那么自由电子受电场力作用获得的动量 mv_d 应等于电子在 τ 内所受电场的作用力，即

$$mv_d = -eE\tau$$

$$\therefore \quad v_d = -\tau\frac{e}{m}E$$

式中，e 为电子电荷量，m 为电子质量。

在金属导体内取一微小体积，在垂直于 $\boldsymbol{E}$ 的方向取面积元 $\mathrm{d}S$，其长度沿 $\boldsymbol{E}$ 方向取值 v_d，如图 1-18 所示。则体积元 $v_d\mathrm{d}S$ 内的自由电子在单位时间内将全部穿过 $\mathrm{d}S$。令 N 为金属导体中的自由电子密度，则单位时间穿越 $\mathrm{d}S$ 的电荷量为

$$\mathrm{d}q = -Nev_d\mathrm{d}S$$

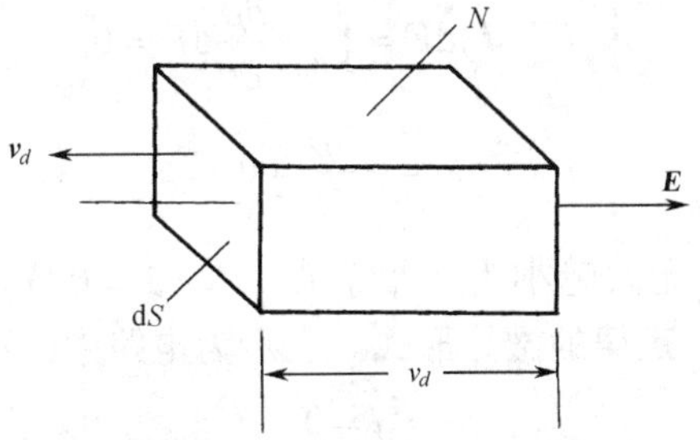

图 1-18

所产生的电流密度

$$J = \frac{dq}{dS} = -Nev_d$$

$$= Ne^2\tau\frac{E}{m} \tag{1-75}$$

或

$$\boldsymbol{J} = \sigma\boldsymbol{E} \tag{1-76}$$

此式即为式（1-40）的媒质方程之一，其中导电系数 $\sigma = Ne^2\dfrac{\tau}{m}$ 决定于金属导体的 N,τ 等特有属性。

现在考察一段长为 l，横截面为 S 的均匀金属导体，沿其长度方向外加电场 $\boldsymbol{E}$（见图 1-19），则流过横截面 S 的电流 i 及两端面（每一端面都是等位面）之间的电位差 u 分别为

$$i = JS = \sigma SE$$
$$u = El$$

从而得到

$$u = \frac{l}{\sigma S}i = Ri \tag{1-77}$$

这就是电路中的欧姆定律，集总量 $R = \dfrac{l}{\sigma S}$ 就是导电媒质的电阻。而式（1-76）也称为**欧姆定律的微分形式**。

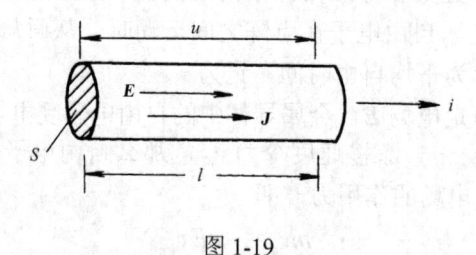

图 1-19

2. 克希荷夫（Kirchhoff）第一定律

如前面 1.2 节所讨论的，导电媒质中流有恒定电流时，在其中一体积为 V 的闭合面 S 内宏观效果电荷量是恒定不变的，因而电流密度 $\boldsymbol{J}$ 在闭合面 S 上的通量亦为零，即

$$\oint_S \boldsymbol{J}\cdot d\boldsymbol{S} = -\frac{\partial}{\partial t}\int_V \rho dV = 0$$

运用矢量运算的散度定理

$$\int_V (\nabla\cdot\boldsymbol{J})dV = \int_V -\frac{\partial\rho}{\partial t}dV = 0$$

$$\therefore \quad \nabla\cdot\boldsymbol{J} = -\frac{\partial\rho}{\partial t} = 0 \tag{1-78}$$

若把体积 V 的闭合面 S 无限趋小为一个节点，$\nabla\cdot\boldsymbol{J} = 0$ 依然成立，这就是电流的连续性——电路中的**克希荷夫第一定律的微分形式**。表示为电路中的形式则为

$$\sum i = 0 \tag{1-79}$$

3. 克希荷夫第二定律

欧姆定律的微分形式，即式（1-76），表述了一段导电媒质中一点处电流密度 J 与电场强度 E 之间的关系。这里 E 应是总电场强度，它应是外加场强 E_0 与媒质内建电场 E' 之和，即

$$E = E_0 + E'$$

$$\therefore \quad \frac{J}{\sigma} = E = E_0 + E'$$

$$E_0 = \frac{J}{\sigma} - E' \tag{1-80}$$

媒质系统中电流产生磁场 B，因而内建电场 E' 可表示为

$$\nabla \times E' = -\frac{\partial B}{\partial t} = -\frac{\partial}{\partial t}[\nabla \times A]$$

$$= -\nabla \times \left[\frac{\partial A}{\partial t}\right]$$

去掉取旋度符号，被取旋度函数中应补加一标量梯度项，因为

$$\nabla \times (\nabla \varphi) = 0$$

$$\therefore \quad E' = -\left[\frac{\partial A}{\partial t} + \nabla \varphi\right] \tag{1-81}$$

由于媒质系统内建电场 E' 是由其中电荷产生的，所以 φ 是相应的标量电位，补加于此是合理的；A 是矢量磁位。

回到式（1-80），外加电场 E_0 可表示为

$$E_0 = \frac{J}{\sigma} + \nabla \varphi + \frac{\partial A}{\partial t} \tag{1-82}$$

对于一段长为 l 的导电媒质，将式（1-82）沿 l 长取积分：

$$\int_l E_0 \cdot dl = \int_l \frac{J}{\sigma} \cdot dl + \int_l \nabla \varphi \cdot dl + \int_l \frac{\partial A}{\partial t} \cdot dl \tag{1-83}$$

等号左侧即为此段媒质上的外加电压；等号右侧第一项为此段媒质上电阻上的电压降，第二项是电容上的压降，第三项是电感上的压降。显然这个等式就是电路中的**克希荷夫第二定律**，而式（1-82）则是其微分形式。

以上关于电路定律是由电磁场的概念与基本方程导出的讨论，只是说明路与场的统一，并不拘泥于要求进行电路分析计算时要运用上述推导的场量表述形式。

1.5.3 电路参量

电阻、电容、电感作为电路的基本元件，集总地表示了电场、磁场及媒质的性质。

1. 电阻 R

电阻是媒质消耗电磁场能量在电路中的集总表现。

由坡印廷定理可知，一横截面为 S、长为 l 的均匀媒质消耗电磁场的功率为

$$P = \int_V \sigma E^2 dV = Sl\sigma E^2$$

而从电路的角度

$$P = I^2 R = (JS)^2 R = (\sigma E S)^2 R$$

$$\therefore \quad R = \frac{Sl\sigma E^2}{(\sigma E S)^2} = \frac{l}{\sigma S} \tag{1-84}$$

即电路中的电阻决定于场的边界 l, S 及媒质的导电系数 σ。

2. 电容 C

电容的定义是两个带有等值异性电荷的导体，其中一个导体上的电荷与两导体间电位差之比，即

$$C = \frac{Q}{(\varphi_1 - \varphi_2)} \tag{1-85}$$

显然电容的定义直接与导体的形状尺寸（边界）、媒质情况及电场分布情况有关。

例 1-10 求平行板电容器的电容 C，已知其中一极板面积 S，两极板间距离 l，极板间媒质介电常数为 ε。

解：参照图 1-5。令一极板所带电荷量为 Q。由例 1-5 的结果，极板间电场垂直于极板平面且均匀分布（一般 l 很小，不考虑极板边缘场分布的不均匀）

$$\boldsymbol{E} = \boldsymbol{a}_y \frac{Q}{S\varepsilon}$$

$$\therefore \quad Q = \varepsilon S E_y$$

由

$$\boldsymbol{E} = -\nabla \varphi = -\left[\boldsymbol{a}_x \frac{\partial \varphi}{\partial x} + \boldsymbol{a}_y \frac{\partial \varphi}{\partial y} + \boldsymbol{a}_z \frac{\partial \varphi}{\partial z}\right]$$

$$\therefore \quad \frac{\partial \varphi}{\partial y} = -E_y$$

两极板之间电位差

$$\varphi_2 - \varphi_1 = \int_0^l -E_y \mathrm{d}y = -E_y l$$

$$\therefore \quad C = \frac{Q}{\varphi_1 - \varphi_2} = \frac{\varepsilon S E_y}{E_y l} = \varepsilon \frac{S}{l}$$

例 1-11 无限长平行双线传输线，中心距 D 远大于线截面半径 R_0，线外空间介质介电常数为 ε_0，求单位长线间电容。

解：设线上电荷密度为 $\rho_l, -\rho_l$，线间电压为 U。根据电容定义，单位长线间电容

$$C_0 = \frac{C}{l} = \frac{Q}{Ul} = \frac{\rho_l}{U}$$

这里考虑到 $D \gg R_0$，线上电荷分布不受另一导线影响，即仍保持轴对称分布。

参照图 1-20，取两线中心连线上任意点 P，运用高斯定律可求得左、右线在该点处的场强。参考例 1-3 的求解及结果。

左导线 ρ_l，$\quad E_1 = \dfrac{\rho_l}{2\pi\varepsilon_0 r}$

右导线 $-\rho_l$，$\quad E_2 = \dfrac{\rho_l}{2\pi\varepsilon_0 (D-r)}$

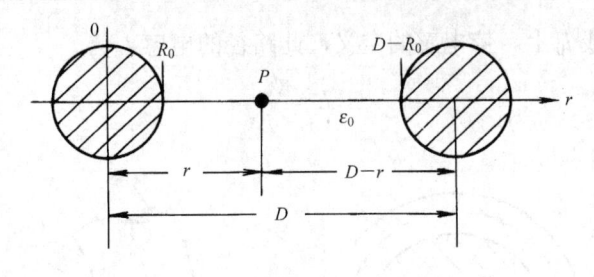

图 1-20

在 $P(r)$ 点处的场强为 E_1, E_2 两同方向场强之和，即

$$E = E_1 + E_2 = \frac{\rho_l}{2\pi\varepsilon_0}\left[\frac{1}{r} + \frac{1}{D-r}\right]$$

两线之间电位差

$$U = \int_{R_0}^{D-R_0} E\mathrm{d}r = \frac{\rho_l}{2\pi\varepsilon_0}\left[\ln r - \ln(D-r)\right]\bigg|_{R_0}^{D-R_0} = \frac{\rho_l}{\pi\varepsilon_0}\ln\frac{D-R_0}{R_0}$$

单位长线间电容

$$C_0 = \frac{\rho_l}{U} = \frac{\pi\varepsilon_0}{\ln\frac{D-R_0}{R_0}} \approx \frac{\pi\varepsilon_0}{\ln\frac{D}{R_0}}$$

例 1-12 无限长同轴线，内导体截面半径 R_0，外导体截面内半径 R_1，导体间介质为空气，求单位长同轴线内外导体的电容。

解： 参照例 1-8，令此同轴线内外导体间外加电压 U，则求得同轴线内外导体间电场为

$$\boldsymbol{E} = -\boldsymbol{a}_r\frac{U}{r\ln\frac{R_0}{R_1}} = \boldsymbol{a}_r\frac{U}{r\ln\frac{R_1}{R_0}}$$

若令同轴线上电荷线密度为 ρ_l，在同轴线内外导体间，作一以同轴线的轴线为轴、半径为 r、长为 l 的圆柱高斯面，因 $\boldsymbol{E}$ 只有径向分量而高斯面的两个端面上没有电通量，那么

$$\oint_S \boldsymbol{E} \cdot \mathrm{d}\boldsymbol{S} = E_r 2\pi rl = \frac{\rho_l l}{\varepsilon_0}$$

把 $E_r = \dfrac{U}{r\ln\dfrac{R_1}{R_0}}$ 代入

$$\therefore \quad C_0 = \frac{\rho_l}{U} = \frac{2\pi\varepsilon_0}{\ln\dfrac{R_1}{R_0}}$$

3. 电感 L

如同在静电场中定义电荷与电位差之比为电容一样，定义在恒流磁场中穿过闭合路径的磁通与该路径中的电流之比为电感。就是说作为电路参量的电容、电感都是在静态或恒定场条件下定义的。

参照图 1-21，闭合路径流有电流 i，此路径内围面积 S，其边界为 l，并假定路径中流过的

电流集中于路径中心线 l_0 上。依电感的定义，此路径的电感 L 为

$$L = \frac{\phi_m}{i} \tag{1-86}$$

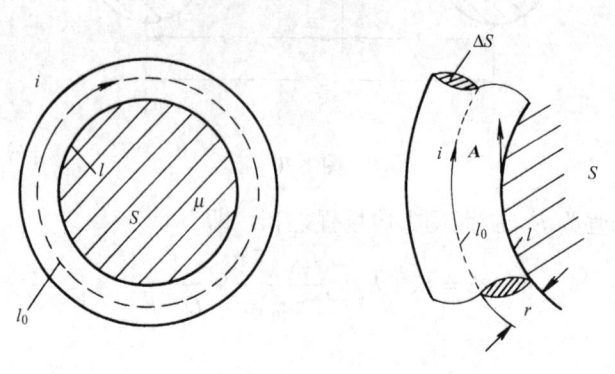

图 1-21

电流 i 在 S 内产生的磁通 ϕ_m，应为其产生的磁通密度 B 在 S 面上的积分

$$\phi_m = \int_S \boldsymbol{B} \cdot d\boldsymbol{S} = \int_S (\nabla \times \boldsymbol{A}) \cdot d\boldsymbol{S} = \oint_l \boldsymbol{A} \cdot d\boldsymbol{l}$$

其中矢量磁位 A 与场源的关系见式（1-26），令电流路径截面积为 ΔS，则

$$\boldsymbol{A} = \frac{\mu}{4\pi} \int_V \frac{\boldsymbol{J}}{r} dV = \frac{\mu}{4\pi} \oint_{l_0} \frac{J\Delta S \cdot d\boldsymbol{l}_0}{r} = \frac{\mu}{4\pi} \oint_{l_0} \frac{i}{r} d\boldsymbol{l}_0 = \frac{\mu i}{4\pi} \oint_{l_0} \frac{d\boldsymbol{l}_0}{r}$$

$$\therefore \quad \phi_m = \oint_l \left[\frac{\mu i}{4\pi} \oint_{l_0} \frac{1}{r} d\boldsymbol{l}_0 \right] \cdot d\boldsymbol{l} = \frac{\mu i}{4\pi} \oint_l \oint_{l_0} \frac{1}{r} d\boldsymbol{l}_0 d\boldsymbol{l}$$

$$\therefore \quad L = \frac{\phi_m}{i} = \frac{\mu}{4\pi} \oint_l \oint_{l_0} \frac{1}{r} d\boldsymbol{l}_0 d\boldsymbol{l} \tag{1-87}$$

式中 r 是 l 与 l_0 间距离。因 L 是路径（线圈）所围磁通 ϕ_m 与产生此磁通的电流 i 之比，故称 L 为此线圈的**自感**。又因计算中只考虑到路径导体之外的磁通，所以称此 L 为**外自感**。

对于 N 匝密绕线圈，可近似认为线圈路径重叠于同一空间位置，产生磁场的电流则为 Ni，穿过每匝线圈的磁通为 $N\phi_m$。而穿过每匝线圈的磁通都相同，那么穿过 N 匝线圈的总磁通应为 $N \cdot N\phi_m = N^2 \phi_m$，所以 N 匝线圈的外自感为

$$L_N = \frac{N^2 \phi_m}{i} = \frac{\mu N^2}{4\pi} \oint_l \oint_{l_0} \frac{1}{r} d\boldsymbol{l}_0 \cdot d\boldsymbol{l} = N^2 L \tag{1-88}$$

由以上分析可知，线圈的自感（实为外自感，工程上所说自感一般计算的就是外自感）正比于磁通所在空间媒质的导磁系数 μ 和线圈匝数的平方即 N^2，若需增大电感量可在线圈中加入高导磁系数材料做成的磁芯或增加线圈匝数。

在线圈导体内部也存在有磁通，与这部分磁通相应的自感称为**内自感**。图 1-22 为线圈导体的局部纵剖面，我们可以借助此图来分析计算线圈的内自感。

考虑线圈路径尺寸远大于线圈导线截面尺寸，线圈导体内部磁场可视为与例 1-6 分析的无限长直导线内部的磁场相同。如图 1-22 所示，假设线圈导线横截面为半径 R_0 的圆形，其导磁系数为 μ，则由例 1-6，导线内距轴线 r 处的磁通密度为

$$\boldsymbol{B} = \boldsymbol{a}_\varphi \frac{\mu r I}{2\pi R_0^2}$$

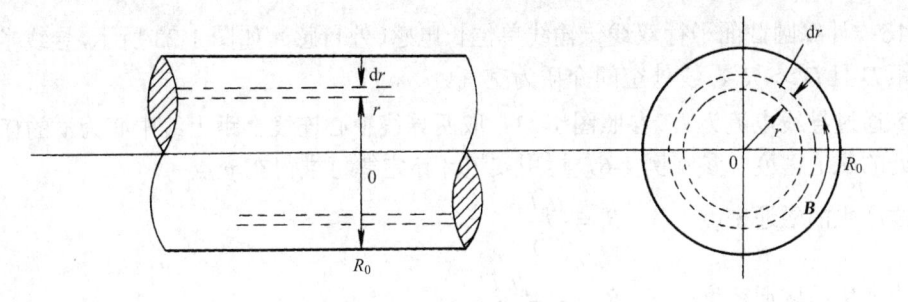

图 1-22

现在计算导线内距轴线 r，径向长 $\mathrm{d}r$，纵向长为 l 的局部纵剖面上的磁通 $\mathrm{d}\phi_m$，注意到这部分磁通并不与导线中全部电流 I 相交链，而是仅与半径为 r 的圆截面上的电流相交链，因此计算这部分磁通时要乘以系数 $\dfrac{\pi r^2}{\pi R_0^2}=\left(\dfrac{r}{R_0}\right)^2$，则

$$\mathrm{d}\phi_m = \dfrac{r^2}{R_0^2}\left(\dfrac{\mu r I}{2\pi R_0^2}\right)l\mathrm{d}r$$

这样，线圈导体内部总磁通

$$\phi_m = \int_0^{R_0}\mathrm{d}\phi_m = \int_0^{R_0}\dfrac{\mu I l r^3}{2\pi R_0^4}\mathrm{d}r = \dfrac{1}{8\pi}\mu I l$$

因此长为 l 的圆截面导线的内自感为

$$L = \dfrac{\mu l}{8\pi} \tag{1-89}$$

导线单位长度的内自感为

$$L_0 = \dfrac{\mu}{8\pi} \tag{1-90}$$

就是说单位长度导线内自感只与导线的导磁系数有关，而与其截面尺寸无关。

当两个或多个闭合路径靠近时，将发生磁通互链现象。现在分析 l_1，l_2 两个闭合路径（称为回路）之间的磁通互链。

回路 l_1 中电流 i_1 在回路 l_2 中产生的互链磁通为

$$\phi_{21} = \oint_{l_2}\boldsymbol{A}_{21}\cdot\mathrm{d}\boldsymbol{l}_2$$

这里 $\boldsymbol{A}_{21}$ 是 i_1 在 l_2 处产生的矢量磁位，令 r 为 i_1 至 l_2 场点的距离，则

$$\boldsymbol{A}_{21} = \dfrac{\mu i_1}{4\pi}\oint_{l_1}\dfrac{1}{r}\mathrm{d}\boldsymbol{l}_1$$

$$\therefore\quad \phi_{21} = \dfrac{\mu i_1}{4\pi}\oint_{l_2}\oint_{l_1}\dfrac{1}{r}\mathrm{d}\boldsymbol{l}_1\cdot\mathrm{d}\boldsymbol{l}_2$$

回路 l_1 对回路 l_2 的**互感** M_{21} 定义为 $\dfrac{\phi_{21}}{i_1}$。其表达式为

$$M_{21} = \dfrac{\phi_{21}}{i_1} = \dfrac{\mu}{4\pi}\oint_{l_2}\oint_{l_1}\dfrac{1}{r}\mathrm{d}\boldsymbol{l}_1\cdot\mathrm{d}\boldsymbol{l}_2 \tag{1-91}$$

同样，回路 l_2 对回路 l_1 的互感 $M_{12} = \dfrac{\phi_{21}}{i_2}$，不难证明 $M_{21} = M_{12} = M$。

例 1-13 计算圆截面平行双线传输线单位长电感(外自感)。如图 1-23 所示，导线半径 R_0，双线中心距 D 且 $D \gg R_0$，线外空间介质为空气。

解：令通过导线电流为 I。参照图 1-23，取两导线中心连线上距上线中心为 y 的任意点，计算该点处的磁通密度。参阅例 1-6，运用安培环路定律可求得在 y 点：

上导线产生的磁通密度 $\quad B_1 = \dfrac{\mu_0 I}{2\pi y}$

下导线产生的磁通密度 $\quad B_2 = \dfrac{\mu_0 I}{2\pi (D-y)}$

此点处 B_1 与 B_2 方向相同，故 y 点处磁通密度

$$B = B_1 + B_2 = \frac{\mu_0 I}{2\pi}\left(\frac{1}{y} + \frac{1}{D-y}\right)$$

在单位长（长度为 1）两线间面积上的磁通

$$\phi_m = \int_{R_0}^{D-R_0} B\,\mathrm{d}y = \frac{\mu_0 I}{2\pi}\int_{R_0}^{D-R_0}\left(\frac{1}{y} + \frac{1}{D-y}\right)\mathrm{d}y$$

$$= \frac{\mu_0 I}{\pi}\ln\frac{D-R_0}{R_0}$$

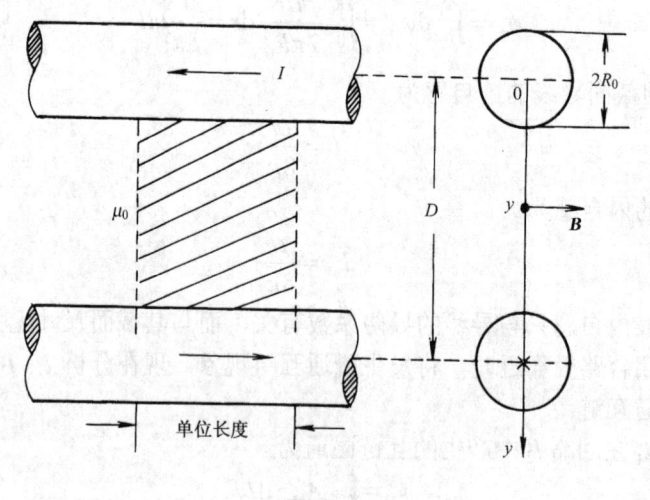

图 1-23

双线单位长电感 $L_0 = \dfrac{\phi_m}{I}$，所以

$$L_0 = \frac{\mu_0}{\pi}\ln\frac{D-R_0}{R_0} \approx \frac{\mu_0}{\pi}\ln\frac{D}{R_0}$$

1.6 电磁波的产生——时变场源区域麦克斯韦方程的解

电磁波就是传播着的时变电磁场，它是由时变的场源（亦称做电磁扰动）而引起的。

1.6.1 达朗贝尔（D'Alembert）方程及其解

假设时变场源 ρ, J 所在的空间区域，媒质为线性各向同性的均匀媒质，即媒质的 μ, ε 为常标量，式（1-39）的麦克斯韦方程可写成

$$\begin{cases} \nabla \times \boldsymbol{H} = \boldsymbol{J} + \varepsilon \dfrac{\partial \boldsymbol{E}}{\partial t} \\ \nabla \times \boldsymbol{E} = -\mu \dfrac{\partial \boldsymbol{H}}{\partial t} \\ \nabla \cdot \boldsymbol{E} = \dfrac{\rho}{\varepsilon} \\ \nabla \cdot \boldsymbol{H} = 0 \end{cases}$$

如图 1-24 所示，现假定时变场源为一流经 $\mathrm{d}l$ 导线段上的高频谐变电流 $I\mathrm{e}^{\mathrm{j}\omega t}$，且导线的横截面积 ΔS 的尺寸更小于其长 $\mathrm{d}l$，这样假设的时变场源称做**电流元**。可以认为在 $\mathrm{d}l$ 长度内高频谐变电流的幅值与相位都是不变化的。

以辅助函数 $\boldsymbol{A}, \varphi$ 替代待求的 $\boldsymbol{E}$ 和 $\boldsymbol{H}$，将

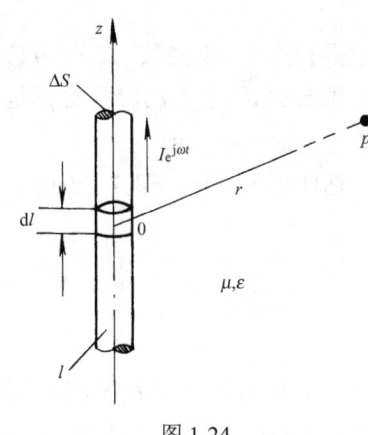

图 1-24

$$\boldsymbol{B} = \nabla \times \boldsymbol{A}$$

代入第二方程

$$\nabla \times \boldsymbol{E} = -\frac{\partial}{\partial t}(\nabla \times \boldsymbol{A}) = \nabla \times \left(-\frac{\partial \boldsymbol{A}}{\partial t}\right)$$

脱去取旋度符号时，要考虑矢量运算公式

$$\nabla \times (\nabla \varphi) = 0$$

$$\therefore \quad \boldsymbol{E} = -\left(\frac{\partial \boldsymbol{A}}{\partial t} + \nabla \varphi\right)$$

把 $\boldsymbol{E}$ 的表达式代入第三方程

$$\nabla \cdot \left(-\frac{\partial \boldsymbol{A}}{\partial t} - \nabla \varphi\right) = \frac{\rho}{\varepsilon}$$

$$\nabla^2 \varphi + \frac{\partial}{\partial t}(\nabla \cdot \boldsymbol{A}) = -\frac{\rho}{\varepsilon}$$

由 ρ 与 $\boldsymbol{J}$ 的相关而有**洛仑兹条件**

$$\nabla \cdot \boldsymbol{A} = -\mu\varepsilon \frac{\partial \varphi}{\partial t} \tag{1-92}$$

$$\therefore \quad \nabla^2 \varphi - \mu\varepsilon \frac{\partial^2 \varphi}{\partial t^2} = -\frac{\rho}{\varepsilon} \tag{1-93}$$

对第一方程乘以 μ

$$\nabla \times \boldsymbol{B} = \mu \boldsymbol{J} + \mu\varepsilon \frac{\partial \boldsymbol{E}}{\partial t}$$

把以辅助函数 $\boldsymbol{A}, \varphi$ 表示的 $\boldsymbol{B}, \boldsymbol{E}$ 代入上式

$$\nabla \times (\nabla \times \boldsymbol{A}) = \mu \boldsymbol{J} - \mu\varepsilon \frac{\partial}{\partial t}\left(\frac{\partial \boldsymbol{A}}{\partial t} + \nabla \varphi\right)$$

运用矢量运算公式

$$\nabla \times (\nabla \times \boldsymbol{A}) = \nabla(\nabla \cdot \boldsymbol{A}) - \nabla^2 \boldsymbol{A} \tag{1-94}$$

并代入洛仑兹条件，得到

$$\nabla^2 \boldsymbol{A} - \mu\varepsilon\frac{\partial^2 \boldsymbol{A}}{\partial t^2} = -\mu \boldsymbol{J} \tag{1-95}$$

以上得到的式（1-93）、式（1-95）称为达朗贝尔方程，是关于 $\boldsymbol{A}$ 和 φ 的非齐次波动方程。这组方程表示 $\boldsymbol{J}$ 是 $\boldsymbol{A}$ 的源，而 ρ 是 φ 的源。顺便指出若 ρ 从而 φ 为非时变时，式（1-93）就变成静电场的泊松方程。

达朗贝尔方程，即式（1-93）及式（1-95），作为典型的数学物理方程已有确定解式

$$\begin{cases}\varphi = \dfrac{1}{4\pi\varepsilon}\displaystyle\int_V \dfrac{\rho(t-t_0)}{r}\mathrm{d}V \\ \boldsymbol{A} = \dfrac{\mu}{4\pi}\displaystyle\int_V \dfrac{\boldsymbol{J}(t-t_0)}{r}\mathrm{d}V\end{cases} \tag{1-96}$$

解式中 V 为场源 ρ 或 $\boldsymbol{J}$ 分布的体积；r 是所求 φ 或 $\boldsymbol{A}$ 所在场点至场源的距离；t_0 是滞后时间，就是说场点处的 φ 或 $\boldsymbol{A}$ 是由 t_0 时间前的 $\rho(t-t_0)$ 或 $\boldsymbol{J}(t-t_0)$ 所产生。所以称这里的 φ 和 $\boldsymbol{A}$ 为滞后位。

解中的滞后时间 $t_0 = \sqrt{\mu\varepsilon} \cdot r = \dfrac{r}{v}$，其中 v 为电磁扰动产生的电磁波传播的速度

$$v = \frac{1}{\sqrt{\mu\varepsilon}} \tag{1-97}$$

在真空或空气中，$\mu = \mu_0 = 4\pi \times 10^{-7}\,\text{H/m}$，$\varepsilon = \varepsilon_0 = \dfrac{1}{36\pi} \times 10^{-9}\,\text{F/m}$，则

$$v = v_0 = \frac{1}{\sqrt{\mu_0\varepsilon_0}} = 3 \times 10^8\,\text{m/s} \tag{1-98}$$

1.6.2 电流元辐射的电磁波

现在回到本节开始时的问题，利用式（1-96）求电流元在距其 r 远处的滞后位

$$\boldsymbol{A} = \frac{\mu}{4\pi}\int_V \frac{\boldsymbol{J}(t-t_0)}{r}\mathrm{d}V = \frac{\mu}{4\pi}\int_0^{\mathrm{d}l} \frac{\boldsymbol{J}(t-t_0)}{r}\Delta S\mathrm{d}l$$

$$= \frac{\mu}{4\pi}\int_0^{\mathrm{d}l} \frac{1}{r}I\mathrm{e}^{\mathrm{j}\omega(t-t_0)}\mathrm{d}l$$

在积分过程中可视 r 为常数，且 $\omega t_0 = 2\pi f \dfrac{r}{v} = \dfrac{2\pi r}{\lambda} = \beta r$，其中 $\lambda = \dfrac{v}{f}$ 为**波长**，即波一周期行进的距离；β 为**相移常数**，即在波传播方向上单位距离的相位变化量。于是

$$\boldsymbol{A} = \frac{\mu}{4\pi}\int_0^{\mathrm{d}l} \frac{1}{r}I\mathrm{e}^{-\mathrm{j}\beta r}\mathrm{d}l = \frac{\mu \dot{I}\mathrm{d}l}{4\pi r}\mathrm{e}^{-\mathrm{j}\beta r} \tag{1-99}$$

可见 $\boldsymbol{A}$ 的矢量方向与电流方向（即电流元的轴线 z）一致，如图 1-25 所示。

把所求得 $\boldsymbol{A}$ 在以电流元轴线 z 为基准轴，电流元为坐标原点的球坐标系中，表示为三个坐标分量：

$$\begin{cases} \dot{A}_r = A\cos\theta = \dfrac{\mu \dot{I}\mathrm{d}l}{4\pi r}\cos\theta\mathrm{e}^{-\mathrm{j}\beta r} \\ \dot{A}_\theta = -A\sin\theta = -\dfrac{\mu \dot{I}\mathrm{d}l}{4\pi r}\sin\theta\mathrm{e}^{-\mathrm{j}\beta r} \\ \dot{A}_\varphi = 0 \end{cases} \tag{1-100}$$

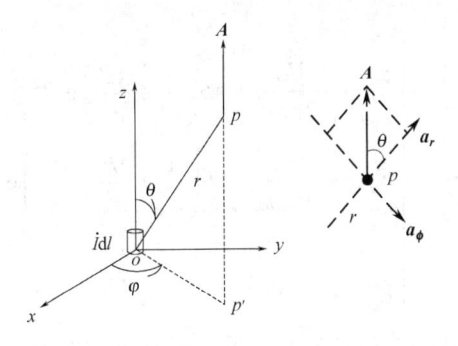

图 1-25

由矢量磁位 A 可直接求得场点处的磁场。因 $\boldsymbol{B} = \nabla \times \boldsymbol{A}$，所以

$$\boldsymbol{a}_r\dot{H}_r + \boldsymbol{a}_\theta\dot{H}_\theta + \boldsymbol{a}_\varphi\dot{H}_\varphi = \frac{1}{\mu}\begin{vmatrix} \dfrac{\boldsymbol{a}_r}{r^2\sin\theta} & \dfrac{\boldsymbol{a}_\theta}{r\sin\theta} & \dfrac{\boldsymbol{a}_\varphi}{r} \\ \dfrac{\partial}{\partial r} & \dfrac{\partial}{\partial \theta} & \dfrac{\partial}{\partial \varphi} \\ \dot{A}_r & r\dot{A}_\theta & r\sin\theta\dot{A}_\varphi \end{vmatrix}$$

等式两端对应坐标方向分量相等，则得

$$\begin{cases} \dot{H}_r = 0 \\ \dot{H}_\theta = 0 \\ \dot{H}_\varphi = \dfrac{\dot{I}\mathrm{d}l}{4\pi}\sin\theta\left(\dfrac{1}{r^2} + \mathrm{j}\dfrac{\beta}{r}\right)\mathrm{e}^{-\mathrm{j}\beta r} \end{cases} \tag{1-101}$$

在场点处无源，麦克斯韦第一方程可写成

$$\nabla \times \boldsymbol{H} = \varepsilon\frac{\partial \boldsymbol{E}}{\partial t}$$

而对于谐变场上式又可写为

$$\nabla \times \boldsymbol{H} = \mathrm{j}\omega\varepsilon\boldsymbol{E}$$

这样便可由已求得的磁场 H 直接求得 E，而不必再借助辅助函数 A 与 φ，则

$$a_r \dot{E}_r + a_\theta \dot{E}_\theta + a_\varphi \dot{E}_\varphi = \frac{1}{j\omega\varepsilon} \begin{vmatrix} \dfrac{a_r}{r^2 \sin\theta} & \dfrac{a_\theta}{r\sin\theta} & \dfrac{a_\varphi}{r} \\ \dfrac{\partial}{\partial r} & \dfrac{\partial}{\partial \theta} & \dfrac{\partial}{\partial \varphi} \\ \dot{H}_r & r\dot{H}_\theta & r\sin\theta \dot{H}_\varphi \end{vmatrix}$$

从中得到

$$\begin{cases} \dot{E}_r = -\dfrac{j\dot{I}\mathrm{d}l}{2\pi\omega\varepsilon}\cos\theta\left(\dfrac{1}{r^3} + \dfrac{j\beta}{r^2}\right)\mathrm{e}^{-j\beta r} \\ \dot{E}_\theta = -\dfrac{j\dot{I}\mathrm{d}l}{4\pi\omega\varepsilon}\sin\theta\left(\dfrac{1}{r^3} + \dfrac{j\beta}{r^2} - \dfrac{\beta^2}{r}\right)\mathrm{e}^{-j\beta r} \\ \dot{E}_\varphi = 0 \end{cases} \quad (1\text{-}102)$$

从所得结果式（1-101）和式（1-102）可见，最简单的电流元所产生的场也是很复杂的。为分析场的性质，把电流元周围空间按距离 r 的大小划分为不同区域加以讨论，但这种划分并无绝对的界限，即在各区域的衔接处并无场量的突变。

1. 远区场

距离 r 远远大于波长 λ 的区域称为远区。在远区场中，$\beta r = \dfrac{2\pi r}{\lambda} \gg 1$，那么在场的各分量 $\dot{H}_\varphi, \dot{E}_r$ 及 $\dot{E}_\theta$ 的表达式中，$\dfrac{1}{r^3}, \dfrac{1}{r^2}$ 项与 $\dfrac{1}{r}$ 项相比较均可略去不计，这样电流元产生的远区场表达式简化为

$$\begin{cases} \dot{E}_\theta = j\dfrac{\dot{I}\mathrm{d}l}{2\lambda r}\sqrt{\dfrac{\mu_0}{\varepsilon_0}}\sin\theta\,\mathrm{e}^{-j\beta r} \\ \dot{H}_\varphi = j\dfrac{\dot{I}\mathrm{d}l}{2\lambda r}\sin\theta\,\mathrm{e}^{-j\beta r} \\ \dot{E}_r, \dot{E}_\varphi, \dot{H}_r, \dot{H}_\theta = 0 \end{cases} \quad (1\text{-}103)$$

可见电流元产生的远区场只有 E_θ, H_φ 两个空间方向垂直（正交）的分量，这两个场分量同相位，量值比恒定称为波阻抗记做 η。在真空中（空气媒质近似于真空）η 的值为

$$\eta = \frac{\dot{E}_\theta}{\dot{H}_\varphi} = \sqrt{\frac{\mu_0}{\varepsilon_0}} = 120\pi \quad (1\text{-}104)$$

场量 E_θ 和 H_φ 的幅值分布具有明显的方向性，在图 1-26 中绘出用极坐标表示的电流元空间三维**方向图**，和其**子午面**（通过其基准轴的面）、**赤道面**（过坐标原点与基准轴垂直的面）上的方向图。因电流元的轴对称性，表示其场分布的方向图也是对称的。

场量表达式中 $\mathrm{e}^{-j\beta r}$ 为相位滞后因子，r 相同的点处场量的相位相同，即场的等相位面为球面。

从以上分析可知，电流元在远区产生的电磁场 $\boldsymbol{E} = \boldsymbol{a}_\theta \dot{E}_\theta$，$\boldsymbol{H} = \boldsymbol{a}_\varphi \dot{H}_\varphi$，它们构成的坡印廷矢量

$$\boldsymbol{S}_{cp} = \text{Re}\left[\frac{1}{2}\boldsymbol{E} \times \boldsymbol{H}^*\right] = \boldsymbol{a}_r \frac{1}{2}\dot{E}_\theta \overset{*}{H}_\varphi = \boldsymbol{a}_r \frac{1}{2\eta}E_\theta^2$$

这说明与 $\dfrac{1}{r}$ 成正比的场量，携带电磁能向着 r 方向的空间传播，这就是电流元产生的辐射波。

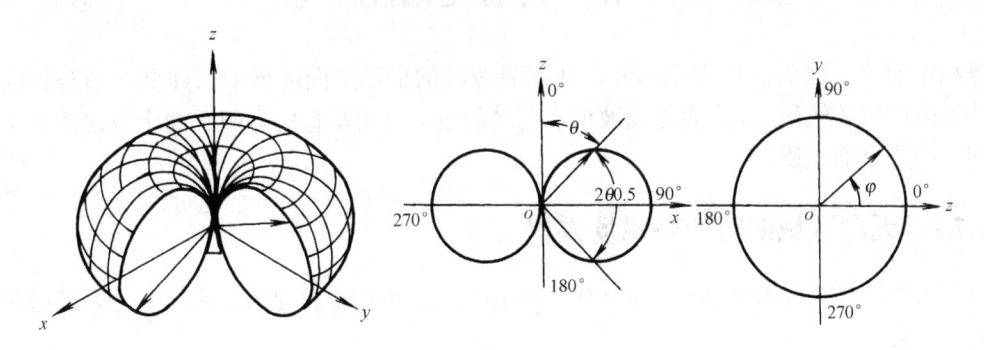

图 1-26

2. 近区场

把 $\beta r \ll 1$ 的空间区域叫做电流元的近区。此种条件下式（1-101）和式（1-102）中场量表达式内的 $\dfrac{1}{r^3}$，$\dfrac{1}{r^2}$ 项成为主要的，而 $\dfrac{1}{r}$ 项及与 $\dfrac{1}{r^3}$ 项在同一式内的 $\dfrac{1}{r^2}$ 项都可略去，并且 $e^{-j\beta r} \to 1$。这样，电流元产生的电磁场在近区的表达式为

$$\begin{cases} \dot{E}_\theta = \dfrac{\dot{I} dl \sin\theta}{j4\pi\omega\varepsilon_0 r^3} \\ \dot{E}_r = \dfrac{\dot{I} dl \cos\theta}{j2\pi\omega\varepsilon_0 r^3} \\ \dot{H}_\varphi = \dfrac{\dot{I} dl \sin\theta}{4\pi r^2} \end{cases} \quad (1\text{-}105)$$

其中磁场 $\dot{H}_\varphi$ 的表达式，与按毕奥-沙瓦尔定律式（1-14）计算的载流导线元在周围空间产生的磁场一样，只不过这里是谐变电流。而对于 $\dot{E}_\theta$，$\dot{E}_r$，因电流元上的电流 $\dot{I}$ 与其端面上聚集的电荷 Q 相关，$i = \dfrac{\partial Q}{\partial t}$，在谐变电流的情况下 $Q = \dfrac{\dot{I}}{j\omega}$，这样 $\dot{E}_\theta$，$\dot{E}_r$ 可写成为

$$\begin{cases} \dot{E}_\theta = Q \dfrac{dl \sin\theta}{4\pi\varepsilon_0 r^3} \\ \dot{E}_r = Q \dfrac{dl \cos\theta}{2\pi\varepsilon_0 r^3} \end{cases} \quad (1\text{-}106)$$

二者合成即相当于距离为 dl 的 Q、$-Q$ 电荷对（称为电偶极子）所产生的电场，只不过这里电荷对的极性交变。

以上分析表明，电流元产生的近区场虽然是交变的，但具有静电场与恒流磁场的特征。

而且 $\dot{E}_\theta$ 与 $\dot{H}_\varphi$ 相位差 $\frac{\pi}{2}$（即时间上正交），它们构成的坡印廷矢量 $S_{cp} = \mathrm{Re}\left[\frac{1}{2}\boldsymbol{E} \times \boldsymbol{H}^*\right]$ 为零，这说明近区场不是辐射场，不显现波动性而被称之为束缚场。这里必须强调的是，实际上近区内有辐射场（因为在分析时略去了次要项），只不过与束缚场比较其占有比重小得多。

1.7 平面电磁波

等相位面为平面的波称为平面波，在远离波源的局部空间区域中，如前一节分析的电流元在其远区产生的辐射波，虽为球面波但在与传播的 r 方向垂直的有限平面上场量的相位可视为相同，即为平面电磁波。

1.7.1 无源区域的时变电磁场方程

所谓无源区域，即其间 $\rho = 0$，$\boldsymbol{J} = 0$。对于线性各向同性的均匀介质，无源区域内时变的麦克斯韦方程为

$$\begin{cases} \nabla \times \boldsymbol{H} = \varepsilon \dfrac{\partial \boldsymbol{E}}{\partial t} \\ \nabla \times \boldsymbol{E} = -\mu \dfrac{\partial \boldsymbol{H}}{\partial t} \\ \nabla \cdot \boldsymbol{E} = 0 \\ \nabla \cdot \boldsymbol{H} = 0 \end{cases} \tag{1-107}$$

以下对该方程作一些数学处理，以便得到只含一个待求函数 $\boldsymbol{H}$ 或 $\boldsymbol{E}$ 的方程。

对式（1-107）中第二方程取旋度

$$\nabla \times (\nabla \times \boldsymbol{E}) = -\mu \nabla \times \left(\frac{\partial \boldsymbol{H}}{\partial t}\right) = -\mu \frac{\partial}{\partial t}(\nabla \times \boldsymbol{H})$$

$$\nabla(\nabla \cdot \boldsymbol{E}) - \nabla^2 \boldsymbol{E} = -\mu \frac{\partial}{\partial t}(\nabla \times \boldsymbol{H})$$

把式（1-107）中第一方程 $\nabla \times \boldsymbol{H} = \varepsilon \dfrac{\partial \boldsymbol{E}}{\partial t}$ 代入式右端，并考虑第三方程 $\nabla \cdot \boldsymbol{E} = 0$ 于式左端，则得

$$\nabla^2 \boldsymbol{E} - \mu\varepsilon \frac{\partial^2 \boldsymbol{E}}{\partial t^2} = 0 \tag{1-108}$$

若对式（1-107）之第一方程取旋度，并重复上述步骤则可得到

$$\nabla^2 \boldsymbol{H} - \mu\varepsilon \frac{\partial^2 \boldsymbol{H}}{\partial t^2} = 0 \tag{1-109}$$

式（1-108）和式（1-109）就是无源区均匀介质中的波动方程。此前我们推导出有源区均匀介质中关于矢量磁位 $\boldsymbol{A}$ 和标量电位 φ 的达朗贝尔方程，即式（1-93）和式（1-95），若把它们用于无源区域则有

$$\begin{cases} \nabla^2 \boldsymbol{A} - \mu\varepsilon\dfrac{\partial^2 \boldsymbol{A}}{\partial t^2} = 0 \\ \nabla^2 \varphi - \mu\varepsilon\dfrac{\partial^2 \varphi}{\partial t^2} = 0 \end{cases} \tag{1-110}$$

这样，在无源均匀媒质中，关于 $\boldsymbol{E}, \boldsymbol{H}, \boldsymbol{A}$ 和 φ 的方程，成为形式完全相同的齐次波动方程。从方程求解上考虑。求解 $\boldsymbol{E}$ 和 $\boldsymbol{H}$ 需要求解 6 个场分量，而求解 $\boldsymbol{A}$ 和 φ 只需求解 4 个标量函数，且考虑到 $\boldsymbol{A}$ 和 φ 的相关（洛仑兹条件），则只需求解 3 个标量函数。但是在求解 $\boldsymbol{A}$ 和 φ 之后，还是要运用 $\boldsymbol{A}, \varphi$ 与 $\boldsymbol{E}, \boldsymbol{H}$ 的关系再去求 $\boldsymbol{E}$ 与 $\boldsymbol{H}$，因此在很多情况下求无源均匀介质中的电磁场问题时，还是直接利用方程式（1-108）和式（1-109）。

1.7.2 理想介质中的均匀平面电磁波

为进一步建立电磁波在空间传播的概念，我们考察在线性各向同性均匀介质即理想介质中的均匀平面电磁波。所谓均匀平面波，即等相位面为平面且在该平面内场量均匀分布（在该平面内场量处处相同）。

令在图 1-27 所示直角坐标系中，xoy 面为等相位面。那么根据场量在该平面内均匀分布的前提，则有

$$\frac{\partial \boldsymbol{E}}{\partial x} = 0, \frac{\partial \boldsymbol{E}}{\partial y} = 0$$

$$\frac{\partial \boldsymbol{H}}{\partial x} = 0, \frac{\partial \boldsymbol{H}}{\partial y} = 0$$

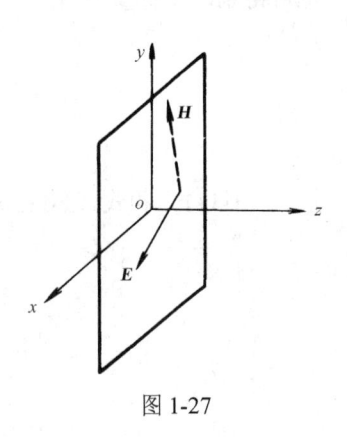

图 1-27

把麦克斯韦第二方程在理想介质无源区域内直角坐标系中展开，即

$$\nabla \times \boldsymbol{E} = -\mu \frac{\partial \boldsymbol{H}}{\partial t}$$

$$\begin{vmatrix} \boldsymbol{a}_x & \boldsymbol{a}_y & \boldsymbol{a}_z \\ \dfrac{\partial}{\partial x} & \dfrac{\partial}{\partial y} & \dfrac{\partial}{\partial z} \\ E_x & E_y & E_z \end{vmatrix} = -\boldsymbol{a}_x \mu \frac{\partial H_x}{\partial t} - \boldsymbol{a}_y \mu \frac{\partial H_y}{\partial t} - \boldsymbol{a}_z \mu \frac{\partial H_z}{\partial t}$$

其中等式两端 $\boldsymbol{a}_z$ 方向的分量

$$\boldsymbol{a}_z \left(\frac{\partial E_y}{\partial x} - \frac{\partial E_x}{\partial y} \right) = -\boldsymbol{a}_z \mu \frac{\partial H_z}{\partial t} = 0$$

而 $\dfrac{\partial H_z}{\partial t} = 0$，即 H_z 为时不变或为零。对于所讨论的电磁波而言，空间各点处的场量都是时变的，显然 $H_z = 0$。

同样地，把麦克斯韦第一方程展开，利用场量在等相位面内均匀分布的前提条件，可以确定 $E_z = 0$。由此可知，在所设坐标系的理想介质中，均匀平面电磁波 $\boldsymbol{E}, \boldsymbol{H}$ 都没有 z 方向分量，即电场与磁场矢量 $\boldsymbol{E}$ 和 $\boldsymbol{H}$ 都在 xoy 面内，由坡印廷矢量 $\boldsymbol{S} = \boldsymbol{E} \times \boldsymbol{H}$ 可知电磁能流方向（即波传播方向）为 z。这就是说，理想介质中的均匀平面电磁波是不含纵向分量的**横电磁波**，或

称 TEM 波。

下面我们转而分析均匀平面电磁波在理想介质中的传播情况。

因均匀平面电磁波为 TEM 波，把 $E_z=0$，$H_z=0$ 代入到无源区麦克斯韦第二方程 $\nabla \times \boldsymbol{E} = -\mu \dfrac{\partial \boldsymbol{H}}{\partial t}$ 在直角坐标系中的展开式，得到两个标量方程

$$\begin{cases} \dfrac{\partial E_x}{\partial z} + \mu \dfrac{\partial H_y}{\partial t} = 0 \\ \dfrac{\partial E_y}{\partial z} - \mu \dfrac{\partial H_x}{\partial t} = 0 \end{cases} \quad (1\text{-}111)$$

再把 $E_z=0$，$H_z=0$ 代入到无源区麦克斯韦第一方程 $\nabla \times \boldsymbol{H} = \varepsilon \dfrac{\partial \boldsymbol{E}}{\partial t}$ 在直角坐标系中的展开式，也可得到两个标量方程

$$\begin{cases} \dfrac{\partial H_x}{\partial z} - \varepsilon \dfrac{\partial E_y}{\partial t} = 0 \\ \dfrac{\partial H_y}{\partial z} + \varepsilon \dfrac{\partial E_x}{\partial t} = 0 \end{cases} \quad (1\text{-}112)$$

把式（1-111）和式（1-112）两组方程重组为各自只含有两个待求函数的方程组，即

$$\begin{cases} \dfrac{\partial E_x}{\partial z} + \mu \dfrac{\partial H_y}{\partial t} = 0 \\ \dfrac{\partial H_y}{\partial z} + \varepsilon \dfrac{\partial E_x}{\partial t} = 0 \end{cases} \quad (1\text{-}113)$$

$$\begin{cases} \dfrac{\partial E_y}{\partial z} - \mu \dfrac{\partial H_x}{\partial t} = 0 \\ \dfrac{\partial H_x}{\partial z} - \varepsilon \dfrac{\partial E_y}{\partial t} = 0 \end{cases} \quad (1\text{-}114)$$

对于重新组合的方程组，采用代入消元的办法各自得到两个总共是四个只含一个待求函数的方程。即

$$\begin{cases} \dfrac{\partial^2 E_x}{\partial z^2} - \mu\varepsilon \dfrac{\partial^2 E_x}{\partial t^2} = 0 \\ \dfrac{\partial^2 H_y}{\partial z^2} - \mu\varepsilon \dfrac{\partial^2 H_y}{\partial t^2} = 0 \\ \dfrac{\partial^2 E_y}{\partial z^2} - \mu\varepsilon \dfrac{\partial^2 E_y}{\partial t^2} = 0 \\ \dfrac{\partial^2 H_x}{\partial z^2} - \mu\varepsilon \dfrac{\partial^2 H_x}{\partial t^2} = 0 \end{cases} \quad (1\text{-}115)$$

这是四个形式完全相同的一维齐次标量波动方程。

我们考虑场量为谐变情况时方程的求解。以关于 E_x 的方程为例。在谐变条件下该方程应写成为

$$\dfrac{\mathrm{d}^2 \dot{E}_x}{\mathrm{d}z^2} + \omega^2 \mu\varepsilon \dot{E}_x = 0$$

令 $k^2 = \omega^2 \mu\varepsilon$，方程可写成为

$$\frac{\mathrm{d}^2 \dot{E}_x}{\mathrm{d}z^2} + k^2 \dot{E}_x = 0 \tag{1-116}$$

其解式为

$$\dot{E}_x = E_{x1}\mathrm{e}^{\mathrm{j}(\omega t - kz)} + E_{x2}\mathrm{e}^{\mathrm{j}(\omega t + kz)} \tag{1-117}$$

解式中的两项分别是向 z 方向和 $-z$ 方向传播的波，其中

$$k = \omega\sqrt{\mu\varepsilon} \tag{1-118}$$

称为波数。因这里 k 为实数，也就是相移常数。

现以向 z 方向传播的波 $E_{x1}\mathrm{e}^{\mathrm{j}(\omega t - kz)}$ 为例，将其写成瞬时值式，即

$$e_{x1}(z,t) = E_{x1}\cos(\omega t - kz)$$

令其相位为确定值的点的相位为

$$\psi = \omega t - kz = C$$

对时间求导数，得

$$\frac{\partial \psi}{\partial t} = \omega - k\frac{\partial z}{\partial t} = 0$$

从而求得波传播速度（实为等相位面推进速度称为相速度）为

$$v_p = \frac{\partial z}{\partial t} = \frac{\omega}{k} = \frac{1}{\sqrt{\mu\varepsilon}} \tag{1-119}$$

可见波的相速度 v_p 是由媒质特性决定的。

可利用式（1-113）中 H_y 与 E_x 的关系，求得正弦时变情况下的 $\dot{H}_y$，由

$$\frac{\partial \dot{E}_x}{\partial z} = -\mathrm{j}\omega\mu\dot{H}_y$$

$$\begin{aligned}
\dot{H}_y &= \frac{k}{\omega\mu}\left[E_{x1}\mathrm{e}^{\mathrm{j}(\omega t - kz)} - E_{x2}\mathrm{e}^{\mathrm{j}(\omega t + kz)}\right] \\
&= \frac{1}{Z}\left[E_{x1}\mathrm{e}^{\mathrm{j}(\omega t - kz)} - E_{x2}\mathrm{e}^{\mathrm{j}(\omega t + kz)}\right] \\
&= H_{y1}\mathrm{e}^{\mathrm{j}(\omega t - kz)} - H_{y2}\mathrm{e}^{\mathrm{j}(\omega t + kz)}
\end{aligned} \tag{1-120}$$

式中 Z 称为**波阻抗**，它表示空间同一位置处的电场 $\dot{E}_x$ 与磁场 $\dot{H}_y$ 的比值，Z 也是由媒质特性所决定的，因为

$$Z = \frac{\omega\mu}{k} = \mu v_p = \mu\frac{1}{\sqrt{\mu\varepsilon}} = \sqrt{\frac{\mu}{\varepsilon}} \tag{1-121}$$

同样我们可求得另一组的 $\dot{E}_y$ 和 $\dot{H}_x$，它们的表达式为

$$\dot{E}_y = E_{y1}\mathrm{e}^{\mathrm{j}(\omega t - kz)} + E_{y2}\mathrm{e}^{\mathrm{j}(\omega t + kz)} \tag{1-122}$$

$$\begin{aligned}
\dot{H}_x &= -\frac{1}{Z}\left[E_{y1}\mathrm{e}^{\mathrm{j}(\omega t - kz)} - E_{y2}\mathrm{e}^{\mathrm{j}(\omega t + kz)}\right] \\
&= -H_{x1}\mathrm{e}^{\mathrm{j}(\omega t - kz)} + H_{x2}\mathrm{e}^{\mathrm{j}(\omega t + kz)}
\end{aligned} \tag{1-123}$$

以上结果告知我们，这是两组（$\dot{E}_x$ 和 $\dot{H}_y$，$\dot{E}_y$ 和 $\dot{H}_x$）相互独立的沿 z 和 $-z$ 方向传播的电

磁波。在图 1-28 中给出了 $\dot{E}_x$ 和 $\dot{H}_y$ 一组沿 z 方传播的波的波动图（波的瞬时电场 $\dot{E}_x$ 磁场 $\dot{H}_y$ 的分布规律），这是没有幅值衰减的波。

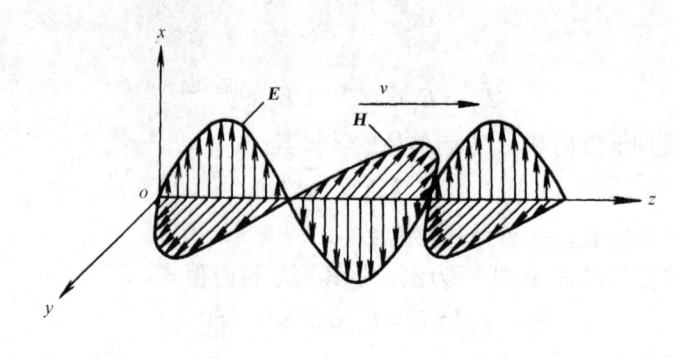

图 1-28

1.7.3 导电媒质中的均匀平面电磁波

导电媒质除了具有确定的介电常数 ε 和导磁系数 μ 外，其导电系数 σ 不为零。这样式（1-107）的麦克斯韦方程组之第一方程应为

$$\nabla \times \boldsymbol{H} = \sigma \boldsymbol{E} + \varepsilon \frac{\partial \boldsymbol{E}}{\partial t}$$

方程组中的其他方程没有改变。

在场量为正弦时变规律时，导电媒质中的麦克斯韦第一方程为

$$\nabla \times \boldsymbol{H} = \sigma \boldsymbol{E} + \mathrm{j}\omega\varepsilon \boldsymbol{E} = (\sigma + \mathrm{j}\omega\varepsilon)\boldsymbol{E}$$
$$= \mathrm{j}\omega\varepsilon\left(1 - \mathrm{j}\frac{\sigma}{\omega\varepsilon}\right)\boldsymbol{E}$$

引入复介电常数概念，令为 $\dot{\varepsilon}$

$$\dot{\varepsilon} = \varepsilon\left(1 - \mathrm{j}\frac{\sigma}{\omega\varepsilon}\right) = \varepsilon - \mathrm{j}\frac{\sigma}{\omega} \tag{1-124}$$

这样，导电媒质中麦克斯韦第一方程可写成

$$\nabla \times \boldsymbol{H} = \mathrm{j}\omega\dot{\varepsilon}\boldsymbol{E} \tag{1-125}$$

可见除了介电常数发生变化外，导电媒质中的麦克斯韦方程组，与理想介质中的麦克斯韦方程组形式完全相同。

采用与分析均匀平面电磁波在理想介质中传播时相同的步骤与方法，可以得到相似的结论，只是涉及介电常数时要有所差别。

首先，导电媒质中传播的均匀平面电磁波，同样不含有场的纵向分量，即为 TEM 波。

其次，以一组独立的 TEM 波 $\dot{E}_x$ 和 $\dot{H}_y$ 为例，它们的表达式具有与式（1-117）和式（1-120）相同的形式，但是这里的波数 $\dot{k}$ 及波阻抗 $\dot{Z}$ 变得复杂均为复数，波数 $\dot{k}$ 的实部 β 为波的相移常数，虚部 α 为衰减常数。它们的计算公式为

$$\begin{cases} \dot{k} = \omega\sqrt{\mu\dot{\varepsilon}} = \omega\sqrt{\mu\left(\varepsilon - \mathrm{j}\dfrac{\sigma}{\omega}\right)} = \beta - \mathrm{j}\alpha \\ \beta = \sqrt{\dfrac{\omega^2\mu\varepsilon}{2}}\sqrt{\sqrt{1+\left(\dfrac{\sigma}{\omega\varepsilon}\right)^2}+1} \\ \alpha = \sqrt{\dfrac{\omega^2\mu\varepsilon}{2}}\sqrt{\sqrt{1+\left(\dfrac{\sigma}{\omega\varepsilon}\right)^2}-1} \\ \dot{Z} = \sqrt{\dfrac{\mu}{\dot{\varepsilon}}} = \sqrt{\dfrac{\mu}{\left(\varepsilon - \mathrm{j}\dfrac{\sigma}{\omega}\right)}} \end{cases} \quad (1\text{-}126)$$

此时的 $\dot{E}_x$ 表达式为

$$\dot{E}_x = \dot{E}_{x1}\mathrm{e}^{-\mathrm{j}\dot{k}z} + \dot{E}_{x2}\mathrm{e}^{\mathrm{j}\dot{k}z} = \dot{E}_{x1}\mathrm{e}^{-\alpha z}\mathrm{e}^{-\mathrm{j}\beta z} + \dot{E}_{x2}\mathrm{e}^{\alpha z}\mathrm{e}^{\mathrm{j}\beta z} \quad (1\text{-}127)$$

这是两个分别向 z 和 $-z$ 方向传播的幅值按指数律衰减的波。波的幅值在传播过程中衰减的原因是导电媒质中 $\sigma \neq 0$，而不断有电磁能的损耗：

$$\dot{H}_y = \dfrac{1}{\dot{Z}}\left[\dot{E}_{x1}\mathrm{e}^{-\alpha z}\mathrm{e}^{-\mathrm{j}\beta z} - \dot{E}_{x2}\mathrm{e}^{\alpha z}\mathrm{e}^{\mathrm{j}\beta z}\right] \quad (1\text{-}128)$$

因波阻抗 $\dot{Z}$ 为复数，故 $\dot{H}_y$ 与 $\dot{E}_x$ 不再同相位。

再看波速（相速度）v_p，根据其定义在导电媒质中均匀平面波的相速应为

$$v_p = \dfrac{\omega}{\beta} \quad (1\text{-}129)$$

由式（1-126）可知，β 是频率的复杂函数，因而 v_p 也是频率的函数，就是说不同频率的电磁波在导电媒质中具有不同的相速度，这就是**色散现象**。所以导电媒质是**色散媒质**。

图 1-29 为谐变均匀平面电磁波在导电媒质中传播时的瞬时电场 $\dot{E}_x$、磁场 $\dot{H}_y$ 的分布规律。

以上我们分析了均匀平面电磁波在导电媒质中传播的一般情况，而在工程实际中常遇到两种极端的情况值得注意，现分述如下。

1. 媒质损耗很小，$\sigma \ll \omega\varepsilon$

这种情况下媒质导电系数 σ 很小但不为零。把复数波数 $\dot{k}$ 用二项式公式展开

$$\begin{aligned}\dot{k} &= \omega\sqrt{\mu\left(\varepsilon - \mathrm{j}\dfrac{\sigma}{\omega}\right)} = \omega\sqrt{\mu\varepsilon}\left(1 + \dfrac{\sigma}{\mathrm{j}\omega\varepsilon}\right)^{1/2} \\ &= \omega\sqrt{\mu\varepsilon}\left[1 + \dfrac{1}{2}\dfrac{\sigma}{\mathrm{j}\omega\varepsilon} + \dfrac{\dfrac{1}{2}\left(\dfrac{1}{2}-1\right)}{2!}\left(\dfrac{\sigma}{\mathrm{j}\omega\varepsilon}\right)^2 + \cdots\right]\end{aligned}$$

由于 $\sigma \ll \omega\varepsilon$，略去 $\left(\dfrac{\sigma}{\mathrm{j}\omega\varepsilon}\right)^2$ 项及其后更高次项，则 $\dot{k}$ 可近似为

$$\dot{k} \approx \omega\sqrt{\mu\varepsilon}\left[1+\frac{\sigma}{2\mathrm{j}\omega\varepsilon}\right] = \omega\sqrt{\mu\varepsilon} - \mathrm{j}\frac{1}{2}\sigma\sqrt{\frac{\mu}{\varepsilon}} = \beta - \mathrm{j}\alpha$$

因此
$$\begin{cases}\beta \approx \omega\sqrt{\mu\varepsilon} \\ \alpha \approx \dfrac{1}{2}\sigma\sqrt{\dfrac{\mu}{\varepsilon}}\end{cases} \tag{1-130}$$

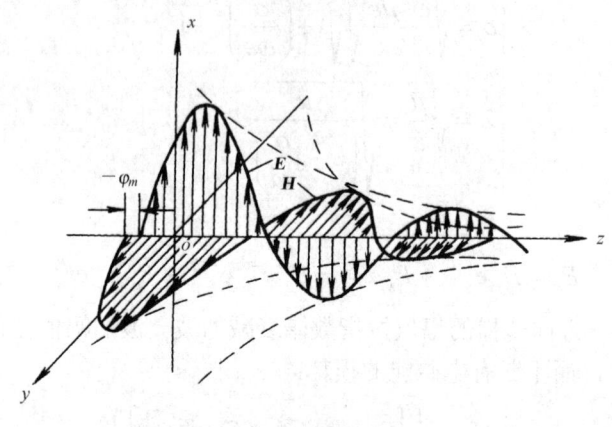

图 1-29

由 $\sigma \ll \omega\varepsilon$ 的条件，波阻抗 $\dot{Z}$ 也可简化

$$\dot{Z} = \sqrt{\frac{\mu}{\left(\varepsilon - \mathrm{j}\dfrac{\sigma}{\omega}\right)}} = \sqrt{\frac{\mu}{\varepsilon\left(1 - \mathrm{j}\dfrac{\sigma}{\omega\varepsilon}\right)}} \approx \sqrt{\frac{\mu}{\varepsilon}} \tag{1-131}$$

可见在这种情况下，波的相移常数、波阻抗均可认为与理想介质中一样。在传播距离不是很远的情况下，波的幅值衰减也不严重，完全可当做理想介质看待。

2. 媒质为良导体，$\sigma \gg \omega\varepsilon$

利用 $\sigma \gg \omega\varepsilon$ 的条件，由式（1-126）可求得在这种条件下 $\dot{k}, \beta, \alpha$ 及 $\dot{Z}$ 的近似式

$$\dot{k} = \omega\sqrt{\mu\varepsilon\left(1 - \mathrm{j}\frac{\sigma}{\omega\varepsilon}\right)} \approx \omega\sqrt{\mu\varepsilon}\sqrt{-\mathrm{j}\frac{\sigma}{\omega\varepsilon}}$$

$$= \sqrt{\omega\mu\sigma}\ \mathrm{e}^{-\mathrm{j}\frac{\pi}{4}} = \beta - \mathrm{j}\alpha$$

$$\alpha = \beta \approx \sqrt{\frac{\omega\mu\sigma}{2}} \tag{1-132}$$

$$\dot{Z} = \sqrt{\frac{\mu}{\left(\varepsilon - \mathrm{j}\dfrac{\sigma}{\omega}\right)}} \approx \sqrt{\frac{\mu}{\mathrm{j}\dfrac{\sigma}{\omega}}}$$

$$= \sqrt{\frac{\omega\mu}{\sigma}}\ \mathrm{e}^{\mathrm{j}\frac{\pi}{4}} = \sqrt{\frac{\omega\mu}{2\sigma}} + \mathrm{j}\sqrt{\frac{\omega\mu}{2\sigma}} \tag{1-133}$$

这些参量表示了均匀平面电磁波在良导体中传播的特性。

这里要特别注意的是，电磁波在良导体中传播时的衰减常数 $\alpha \approx \sqrt{\dfrac{\omega\mu\sigma}{2}}$。这表明电磁波的频率越高，导体的导电率越高，电磁波在传播过程中的衰减就越快。通常高频电磁波进入良导体后会很快衰减完，所以高频电磁场只能存在于导体表面附近的薄层之内，因而高频传导电流 $\boldsymbol{J} = \sigma\boldsymbol{E}$ 也只能存在于导体的表层，这就是电路理论课程中研讨过的趋肤效应。

工程上通常以**透入深度** δ 表示电磁波在导体内衰减的程度。定义透入深度为电磁波幅值衰减到原值的 1/e 时的传播距离，因此

$$E\mathrm{e}^{-\alpha\delta} = E/\mathrm{e}$$

$$\therefore \quad \alpha\delta = 1$$

$$\therefore \quad \delta = \frac{1}{\alpha} = \sqrt{\frac{2}{\omega\mu\sigma}} \tag{1-134}$$

可见 ω 与 σ 值越大，透入深度 δ 越小。

例 1-14 海水的 $\varepsilon_r = 81$, $\mu_r = 1$, $\sigma = 4\,\mathrm{S/m}$。频率为 300 MHz 的均匀平面电磁波自海面上垂直进入海水，海面处的电场强度 $E_0 = 10^{-3}\,\mathrm{V/m}$。求：（1）电磁波在海水中的相速和波长；（2）在海水中距海面 0.1 m 处的场强；（3）在海水中距海面多远处场强衰减为原来的 1%？

解：首先根据海水的电磁参量求出海水中电磁波的相关参量：

$$\dot{k} = \omega\sqrt{\mu\left(\varepsilon - \mathrm{j}\frac{\sigma}{\omega}\right)} = \omega\sqrt{\mu_0\varepsilon_0}\sqrt{\mu_r\varepsilon_r}\sqrt{1 - \mathrm{j}\frac{\sigma}{\omega\varepsilon_0\varepsilon_r}}$$

$$= 2\pi \times 3 \times 10^8 \frac{1}{3 \times 10^8}\sqrt{81}\sqrt{1 - \mathrm{j}\frac{4}{2\pi \times 3 \times 10^8 \times 81 \times \frac{1}{36\pi} \times 10^{-9}}}$$

$$= 81.2 - \mathrm{j}58.2$$

$$\therefore \quad \beta = 81.2\,\mathrm{rad/m}, \quad \alpha = 58.2\,\mathrm{Np/m}\,（奈培/米）\,(1\,\mathrm{Np} = 8.686\,\mathrm{dB})$$

（1）相速

$$v_p = \frac{\omega}{\beta} = \frac{2\pi \times 3 \times 10^8\,\mathrm{Hz}}{81.2\,\mathrm{rad/m}} = 0.232 \times 10^8\,\mathrm{m/s}$$

而真空、空气中的电磁波相速 $v_p = 3 \times 10^8\,\mathrm{m/s}$；

波长

$$\lambda = \frac{v_p}{f} = \frac{0.232 \times 10^8\,\mathrm{m/s}}{3 \times 10^8\,\mathrm{Hz}} \approx 0.0773\,\mathrm{m} = 7.73\,\mathrm{cm}$$

而电磁波在真空、空气中 300 MHz 时波长为 1 m。

（2）海面下 0.1 m 处场强

$$E = E_0 \mathrm{e}^{-\alpha z} = 10^{-3}\,\mathrm{V/m} \times \mathrm{e}^{-58.2 \times 0.1} = 3 \times 10^{-6}\,\mathrm{V/m}$$

（3）由 $E_0 \mathrm{e}^{-\alpha z} = 0.01 E_0$ 可求得 $\mathrm{e}^{-\alpha z} = 0.01$，$\alpha z = 4.6$，所以

$$z = \frac{4.6}{58.2} = 0.079\,(\mathrm{m}) = 7.9\,(\mathrm{cm})$$

例 1-15 铜的导电系数 $\sigma = 5.8 \times 10^7\,\mathrm{S/m}$，$\mu_r = 1$，相对介电常数取为 $\varepsilon_r = 1$。现有频率为 1 MHz 的均匀电磁波垂直进入大面积铜块中。求：（1）波在铜中的相速和波长；（2）此电磁波在铜中传播时的透入深度 δ。令波在铜表面的场强 $H_0 = 10^{-2}\,\mathrm{A/m}$。

解：首先求出铜中电磁波的传播参量

$$\dot{k} = \omega\sqrt{\mu\varepsilon}\sqrt{1-j\frac{\sigma}{\omega\varepsilon}} = \omega\sqrt{\mu_0\varepsilon_0}\sqrt{1-j\frac{\sigma}{\omega\varepsilon_0}}$$

$$\approx 2\pi\times 10^6 \times \frac{1}{3\times 10^8}\sqrt{\frac{-j5.8\times 10^7}{2\pi\times 10^6 \times \frac{1}{36\pi}\times 10^{-9}}}$$

$$= 1.51\times 10^4 - j1.51\times 10^4$$

$$\therefore \quad \beta = 1.51\times 10^4 \text{ rad/m}, \quad \alpha = 1.51\times 10^4 \text{ Np/m}$$

(1) 波在铜中的相速 $\quad v_p = \dfrac{\omega}{\beta} = \dfrac{2\pi\times 10^6 \text{ Hz}}{1.51\times 10^4 \text{ rad/m}} = 416 \text{ m/s}$

而电磁波在真空、空气中的相速 $v_p = 3\times 10^8$ m/s;

波长 $\quad \lambda = \dfrac{v_p}{f} = \dfrac{416 \text{ m/s}}{10^6 \text{ Hz}} = 4.16\times 10^{-4}$ m

而电磁波在真空、空气中 1 MHz 时波长为 300 m。

(2) $\quad \delta = \dfrac{1}{\alpha} = \dfrac{1}{1.51\times 10^4} = 66.3\times 10^{-6}$ (m) $= 66.3$ (μm)

1.8 均匀平面电磁波在不同媒质界面的入射、反射和折射

1.8.1 电磁波的极化

从前一节均匀平面波的波动方程解中,我们可以得出结论,向 z 或 $-z$ 方向传播的均匀平面波都可以存在两组场量空间正交的均匀平面波($\dot{E}_{x1}$ 与 $\dot{H}_{y1}$, $\dot{E}_{y1}$ 与 $\dot{H}_{x1}$, $\dot{E}_{x2}$ 与 $\dot{H}_{y2}$, $\dot{E}_{y2}$ 与 $\dot{H}_{x2}$),而向一个方向传播的均匀平面波是两组均匀平面波的叠加(如 $\dot{E}_{x1}$ 与 $\dot{H}_{y1}$, $\dot{E}_{y1}$ 与 $\dot{H}_{x1}$ 叠加成向 z 方向传播的均匀平面波)。

以向 z 方向传输的均匀平面波为例,其电场磁场矢量应表示为〔参照式(1-117)、式(1-120)、式(1-122)、式(1-123)〕

$$\begin{cases} \boldsymbol{E} = \boldsymbol{a}_x\dot{E}_{x1} + \boldsymbol{a}_y\dot{E}_{y1} \\ \boldsymbol{H} = -\boldsymbol{a}_x\dot{H}_{x1} + \boldsymbol{a}_y\dot{H}_{y1} \end{cases} \quad (1\text{-}135)$$

上式所表示的场量合成矢量在空间的指向,当分析波在无限大均匀媒质中传播时并不十分重要。但是在遇到媒质边界问题时,$\boldsymbol{E}$ 或 $\boldsymbol{H}$ 的矢量方向就变得重要了。工程上用极化(或偏振)这一术语来表征矢量方向问题,具体讲是以波的电场 $\boldsymbol{E}$ 矢量端点的轨迹来表示,称为**波的极化**。下面以 $\dot{E}_{x1}$ 与 $\dot{E}_{y1}$ 在不同振幅、相位情况下的合成来说明波的极化问题。

1. 线极化

$\dot{E}_{x1}$ 与 $\dot{E}_{y1}$ 相位相同。合成电场矢量写成瞬时值表达式为

$$\boldsymbol{E} = \boldsymbol{a}_x E_{x1}\cos(\omega t - kz) + \boldsymbol{a}_y E_{y1}\cos(\omega t - kz)$$

在与波传播方向 z 垂直的任一平面上（暂且就取 xoy 平面，如图 1-30 所示）

$$E = a_x E_{x1} \cos\omega t + a_y E_{y1} \cos\omega t \tag{1-136}$$

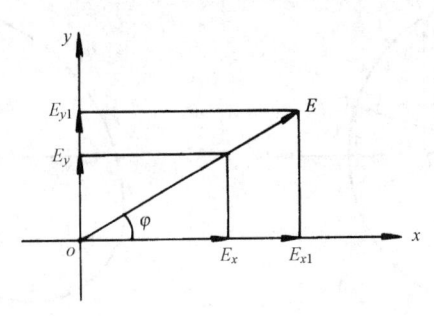

例 1-30

合成矢量的瞬时值 E 及其与 x 轴的夹角 φ 分别为

$$\begin{cases} E = \sqrt{(E_{x1}\cos\omega t)^2 + (E_{y1}\cos\omega t)^2} = \sqrt{E_{x1}^2 + E_{y1}^2}\cos\omega t \\ \varphi = \arctan\left(\dfrac{E_{y1}\cos\omega t}{E_{x1}\cos\omega t}\right) = \arctan\dfrac{E_{y1}}{E_{x1}} \end{cases} \tag{1-137}$$

可见 φ 与时间无关，所以合成矢量的空间方向不变；而矢量长短则按角频率 ω 谐变。因此电场矢量 **E** 的端点轨迹为一直线，称为**线极化波**。同时把波的极化方向与传播方向构成的面叫做波的**极化面**。

2. 圆极化

$\dot{E}_{x1}$ 与 $\dot{E}_{y1}$ 振幅相同并令为 E_0，相位相差 $\dfrac{\pi}{2}$。仍取 xoy 面（如图 1-31 所示）并设 $\dot{E}_{y1}$ 滞后于 $\dot{E}_{x1}$ $\dfrac{\pi}{2}$，则合成矢量瞬时值为

$$E = a_x E_0 \cos\omega t + a_y E_0 \sin\omega t \tag{1-138}$$

那么 E 的瞬时值及其与 x 轴的夹角分别为

$$\begin{cases} E = \sqrt{(E_0\cos\omega t)^2 + (E_0\sin\omega t)^2} = E_0 \\ \varphi = \arctan\left(\dfrac{E_0\sin\omega t}{E_0\cos\omega t}\right) = \arctan(\tan\omega t) = \omega t \end{cases} \tag{1-139}$$

可以看出，合成矢量 **E** 的模不变，但其空间方向则以角频率 ω 在 xoy 面上进行等角速度旋转，**E** 的端点轨迹为圆，故称为**圆极化波**。根据矢量 **E** 的旋转方向与波的传播方向符合右手螺旋或左手螺旋关系，分别称为**右旋圆极化波**或**左旋圆极化波**。

上面分析的即为右旋圆极化波，$\dot{E}_{y1}$ 与 $\dot{E}_{x1}$ 的相位关系为

$$\dot{E}_{y1} = -j\dot{E}_{x1} \tag{1-140}$$

那么对于左旋圆极化波，$\dot{E}_{y1}$ 与 $\dot{E}_{x1}$ 的相位关系应满足

$$\dot{E}_{y1} = j\dot{E}_{x1} \tag{1-141}$$

图 1-31　　　　　　　　　　　　　　图 1-32

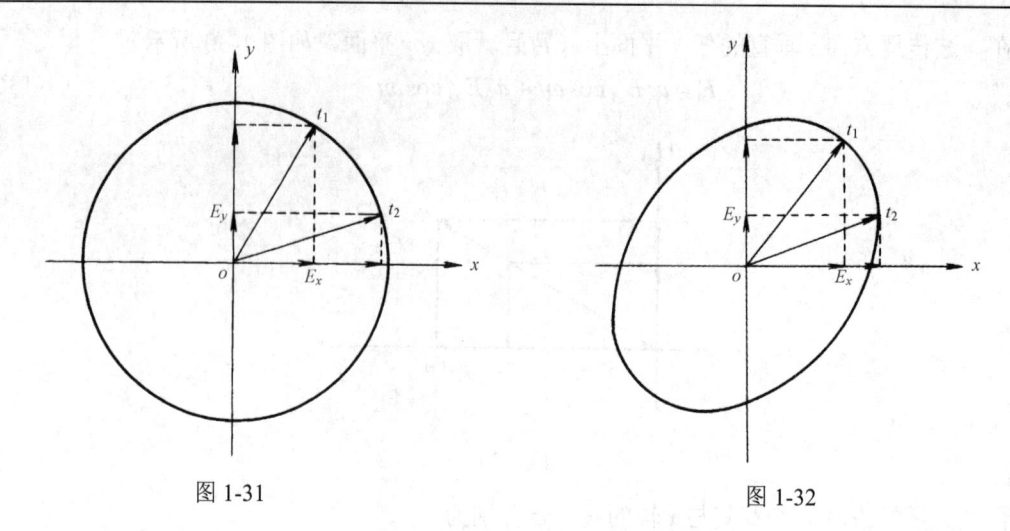

3. 椭圆极化

$\dot{E}_{x1}$ 与 $\dot{E}_{y1}$ 不等幅且有相位差 δ。在 xoy 面（如图 1-32 所示）上

$$E = a_x E_{x1} \cos\omega t + a_y E_{y1} \cos(\omega t + \delta)$$

这是最一般的情况。经过数学演算可知，合成电场强度矢量 E 的端点轨迹是一椭圆，因此称为**椭圆极化波**。由 δ 的取值是正或负可分为**右旋椭圆极化波**或**左旋椭圆极化波**。

很明显，椭圆极化波可分解为两个极化方向相互垂直的、振幅和相位都不相同的线极化波；圆极化波则可分解为两个极化方向相互垂直、振幅相同而相位差为 $\dfrac{\pi}{2}$ 的线极化波；而任一线极化波也可分解为两个振幅相等但旋向相反的圆极化波。

1.8.2　均匀平面电磁波在不同媒质界面上的垂直入射

当均匀平面电磁波垂直入射到两种不同媒质的界面时，因两种媒质的电磁参量 ε, μ 的突变，在媒质边界面上既有透过界面进入到第二种媒质的**折射波**，也有离开界面返回到第一种媒质的**反射波**。此时电磁波既要满足在媒质中的波动方程，又要满足媒质界面上的边界条件。

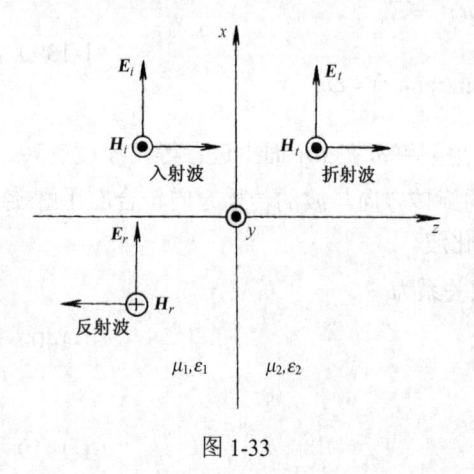

我们这里分析在无限大媒质分界平面上（如图 1-33 所示），正弦时变的均匀平面电磁波垂直界面入射的情况。

如图 1-33 所示，取界面与 xoy 面重合，$z<0$ 为 ε_1, μ_1 的第一种媒质，$z>0$ 为 ε_2, μ_2 的第二种媒质。由 1.7 节的分析求解可知，均匀平面电磁波为 TEM 波。为简化讨论，令入射电磁波的 E 与 x 轴同方向，并记为 E_i；而入射电磁波的 H 与 y 轴同方向，记为 H_i。并以 E_r, H_r, E_t, H_t 分别表示反射波和折射波。那么 E_i 就相当于式（1-117）中的 $E_{x1}\mathrm{e}^{\mathrm{j}(\omega t - kz)}$，$E_r$ 相当于该式中的反向传播波 $E_{x2}\mathrm{e}^{\mathrm{j}(\omega t + kz)}$；而 H_i、H_r 则

图 1-33

为式（1-120）中的 $H_{y1}\mathrm{e}^{\mathrm{j}(\omega t-kz)}$ 和 $-H_{y2}\mathrm{e}^{\mathrm{j}(\omega t+kz)}$。在媒质界面 $z=0$ 处，$\boldsymbol{E}_i, \boldsymbol{H}_i$ 均为切向场量，根据边界条件，由式（1-117）和式（1-120）可得出

$$\begin{cases} \dot{E}_{i0} + \dot{E}_{r0} = \dot{E}_{t0} \\ \dot{H}_{i0} - \dot{H}_{r0} = \dot{H}_{t0} \end{cases} \tag{1-142}$$

根据均匀平面波在媒质中传播时波阻抗的定义

$$Z_1 = \frac{\dot{E}_{i0}}{\dot{H}_{i0}} = \frac{\dot{E}_{r0}}{\dot{H}_{r0}} = \sqrt{\frac{\mu_1}{\varepsilon_1}}$$

$$Z_2 = \frac{\dot{E}_{t0}}{\dot{H}_{t0}} = \sqrt{\frac{\mu_2}{\varepsilon_2}}$$

那么式（1-142）可改写为

$$\begin{cases} \dot{E}_{i0} + \dot{E}_{r0} = \dot{E}_{t0} \\ \dfrac{\dot{E}_{i0}}{Z_1} - \dfrac{\dot{E}_{r0}}{Z_1} = \dfrac{\dot{E}_{t0}}{Z_2} \end{cases}$$

两式联立求解可得

$$\begin{cases} \dot{E}_{r0} = \dfrac{Z_2 - Z_1}{Z_2 + Z_1} \dot{E}_{i0} \\ \dot{E}_{t0} = \dfrac{2Z_2}{Z_2 + Z_1} \dot{E}_{i0} \end{cases} \tag{1-143}$$

$$\begin{cases} \dot{H}_{r0} = \dfrac{Z_2 - Z_1}{Z_2 + Z_1} \dot{H}_{i0} \\ \dot{H}_{t0} = \dfrac{2Z_1}{Z_2 + Z_1} \dot{H}_{i0} \end{cases} \tag{1-144}$$

令在媒质界面上反射波电场与入射波电场之比为**反射系数**，记做 $\dot{R}$；折射波电场与入射波电场之比为**折射系数**，记做 $\dot{T}$。则

$$\begin{cases} \dot{R} = \dfrac{\dot{E}_{r0}}{\dot{E}_{i0}} = \dfrac{Z_2 - Z_1}{Z_2 + Z_1} \\ \dot{T} = \dfrac{\dot{E}_{t0}}{\dot{E}_{i0}} = \dfrac{2Z_2}{Z_2 + Z_1} \end{cases} \tag{1-145}$$

这样，由媒质的波阻抗 Z_1, Z_2 即可计算出媒质界面的反射系数 $\dot{R}$ 和折射系数 $\dot{T}$，进而可根据波的传播规律求得媒质内任意点的场强。例如，在第二种媒质中距界面 z 处（$z>0$）的场强为

$$\begin{cases} \dot{E}_2 = \dot{E}_{t0}\mathrm{e}^{-\mathrm{j}k_2 z} \\ \dot{H}_2 = \dot{H}_{t0}\mathrm{e}^{-\mathrm{j}k_2 z} \end{cases}$$

式中 $k_2 = \omega\sqrt{\mu_2 \varepsilon_2}$ 为第二种媒质中的波数。

在第一种媒质中距界面 z 处（$z<0$）的场强为

$$\begin{cases} \dot{E}_1 = \dot{E}_{i0}\mathrm{e}^{-jk_1z} + \dot{E}_{r0}\mathrm{e}^{jk_1z} = \dot{E}_{i0}(\mathrm{e}^{-jk_1z} + \dot{R}\mathrm{e}^{jk_1z}) \\ \dot{H}_1 = \dot{H}_{i0}\mathrm{e}^{-jk_1z} - \dot{H}_{r0}\mathrm{e}^{jk_1z} = \dot{H}_{i0}(\mathrm{e}^{-jk_1z} - \dot{R}\mathrm{e}^{jk_1z}) \end{cases}$$

其中 $k_1 = \omega\sqrt{\mu_1\varepsilon_1}$ 为第一种媒质中的波数。

如果媒质为导电媒质，则以上所得结论中波数及媒质中的波阻抗应为复数 $\dot{k}$ 及 $\dot{Z}$。

在工程实际中常会遇到第二种媒质是理想导体的情况，理想导体（导电系数 $\sigma \to \infty$）实际上并不存在，但这个概念和假设在理论分析和工程实际中颇为有用。因为在理想导体中不可能存在电磁波，所以在理想导体表面 $\dot{E}_{t0} = 0, \dot{H}_{t0} = 0$。于是在界面处第一种媒质一侧

$$\dot{E}_{i0} + \dot{E}_{r0} = 0, \dot{E}_{r0} = -\dot{E}_{i0}$$

$$\dot{H}_{r0} = \frac{\dot{E}_{r0}}{Z_1} = -\frac{\dot{E}_{i0}}{Z_1} = -\dot{H}_{i0}$$

$$\therefore \begin{cases} \dot{E}_{10} = \dot{E}_{i0} + \dot{E}_{r0} = 0 \\ \dot{H}_{10} = \dot{H}_{i0} - \dot{H}_{r0} = 2\dot{H}_{i0} \end{cases} \quad (1\text{-}146)$$

$$\begin{cases} \dot{R} = \dfrac{\dot{E}_{r0}}{\dot{E}_{i0}} = -1 \\ \dot{T} = \dfrac{\dot{E}_{t0}}{\dot{E}_{i0}} = 0 \end{cases} \quad (1\text{-}147)$$

以上结果表明，当均匀平面电磁波垂直入射到理想导体表面时，将会发生电磁波的**全反射**。现在令离开导体表面垂直指向第一种媒质的距离为 d，以导体表面为坐标原点 $d = 0$，则可以得出在第一种媒质中的均匀平面电磁波的表达式

$$\begin{cases} \dot{E}_1 = \dot{E}_{i0}\mathrm{e}^{jk_1d} + \dot{E}_{r0}\mathrm{e}^{-jk_1d} = \dot{E}_{i0}(\mathrm{e}^{jk_1d} - \mathrm{e}^{-jk_1d}) = 2\mathrm{j}\dot{E}_{i0}\sin k_1 d \\ \dot{H}_1 = \dot{H}_{i0}\mathrm{e}^{jk_1d} - \dot{H}_{r0}\mathrm{e}^{-jk_1d} = \dot{H}_{i0}(\mathrm{e}^{jk_1d} + \mathrm{e}^{-jk_1d}) = 2\dot{H}_{i0}\cos k_1 d \end{cases} \quad (1\text{-}148)$$

这样由幅值相等、传播方向相反的入射波和反射波叠加，使第一种媒质中的电磁波为**驻波**。当 $k_1 d = \dfrac{2\pi d}{\lambda} = n\pi$（$n = 0, 1, 2, \cdots$）或 $d = \dfrac{n\lambda}{2}$ 时，电场为**波节点**而磁场为**波腹点**，在 $k_1 d = \dfrac{2\pi d}{\lambda} = \dfrac{(2n+1)\pi}{2}$ 或 $d = \dfrac{(2n+1)\lambda}{4}$ 时，为电场波腹点、磁场的波节点。而且在任何位置 d 处，电场与磁场相位差 $\dfrac{\pi}{2}$，因此 $\boldsymbol{S}_{cp} = \mathrm{Re}\left[\dfrac{1}{2}\boldsymbol{E} \times \boldsymbol{H}^*\right] = 0$，即没有电磁能的传输。图 1-34 中示出了在理想导体表面外媒质一侧空间中电磁场的驻波分布。

1.8.3 均匀平面电磁波在不同媒质界面上的斜入射

当均匀平面电磁波斜入射到不同媒质分界面上时，分析波在界面上的反射、折射规律稍显复杂。首先是如果为了处理边界条件方便，使媒质分界面与 xoy 面重合，那么就不能使 z 轴作为波的传播方向，因此有必要先确定一个能够表示向任意方向传播的电磁波的数学表达式。

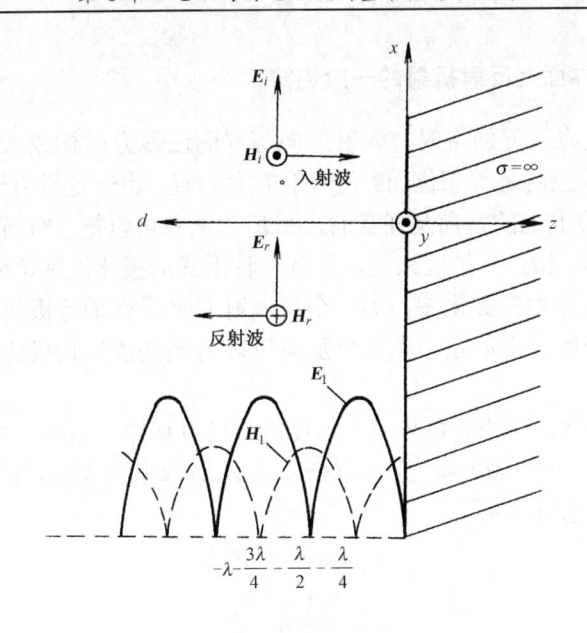

图 1-34

1. 向任意方向传播的均匀平面电磁波的数学表达式

如图 1-35 所示，令 a_n 为波传播方向上的单位矢量。与 a_n 垂直的等相位面 M 上的任一点 $P(x,y,z)$，可用由坐标原点至该点的矢径 r 来表示。若等相位面 M 至原点的距离为 ξ，那么等相位面 M 可用如下数学式表示

$$a_n \cdot r = \xi \tag{1-149}$$

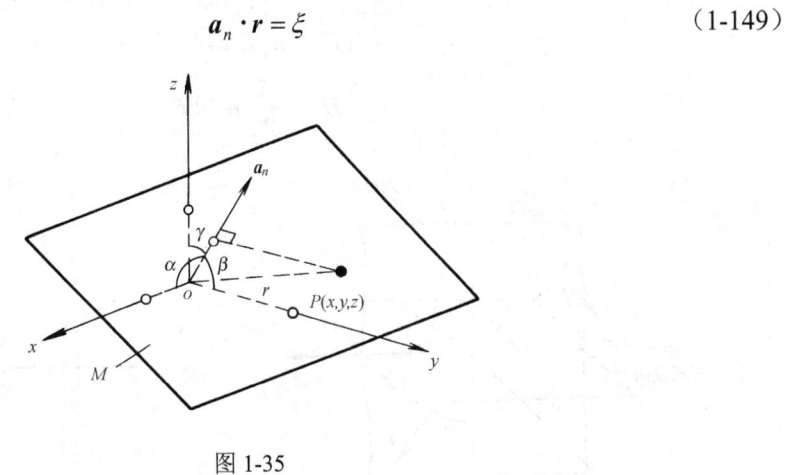

图 1-35

于是这个平面波的表达式可写成为

$$\begin{cases} \boldsymbol{E} = \dot{E}_0 \mathrm{e}^{-\mathrm{j}k\xi} = \dot{E}_0 \mathrm{e}^{-\mathrm{j}k(\boldsymbol{a}_n \cdot \boldsymbol{r})} = \dot{E}_0 \mathrm{e}^{-\mathrm{j}\boldsymbol{k} \cdot \boldsymbol{r}} \\ \boldsymbol{H} = \dfrac{1}{Z} \boldsymbol{a}_n \times \boldsymbol{E} \end{cases} \tag{1-150}$$

式中 $\boldsymbol{k} = \boldsymbol{a}_n k$，$k = \omega\sqrt{\mu\varepsilon}$ 为媒质中的波数。$\boldsymbol{k}$ 称为波矢量，其方向为波的传输方向，量值是波在媒质中的波数。Z 为媒质波阻抗。

2. 平面波在媒质界面上反射折射的一般规律

当平面波斜入射到媒质界面上时，入射方向与界面法线方向构成入射面，入射波的电场 E_i 和磁场 H_i 组成的面（也就是等相位面）与入射方向垂直，也一定垂直于入射面，见图 1-36。E_i 或 H_i 在其所在等相位面上的方向是任意的，以 E_i 为例总可以把它分解为垂直于入射面的分量 E' 和平行入射面的分量 E''。扩展来说，任意一种形式的极化波都可分解为两个线极化波，其中一个与入射面垂直称**垂直极化波**，另一个与入射面平行称**平行极化波**。这样，只要对两种极化波入射面的问题分析清楚，然后叠加就可以得到任意形式极化波斜入射到媒质界面的情况。

现以**垂直极化波**为例，讨论它在界面上的反射和折射规律。如图 1-36 和图 1-37 所示，取直角坐标系 xoz 面为入射面，xoy 面为媒质界面。则入射波电场矢量方向为 y，传播方向单位矢量为 a_i，入射波电磁场可表示为

$$\begin{cases} E_i = a_y \dot{E}_i \mathrm{e}^{-\mathrm{j}k_1 a_i \cdot r} \\ H_i = \dfrac{1}{Z_1} a_i \times E_i \end{cases} \tag{1-151}$$

以 a_r 表示波在媒质 1 中的反射方向单位矢量，以 a_t 表示波在媒质 2 中的折射方向单位矢量，那么

$$\begin{cases} E_r = a_y \dot{E}_r \mathrm{e}^{-\mathrm{j}k_1 a_r \cdot r} \\ H_r = \dfrac{1}{Z_1} a_r \times E_r \end{cases} \tag{1-152}$$

$$\begin{cases} E_t = a_y \dot{E}_t \mathrm{e}^{-\mathrm{j}k_2 a_t \cdot r} \\ H_t = \dfrac{1}{Z_2} a_t \times E_t \end{cases} \tag{1-153}$$

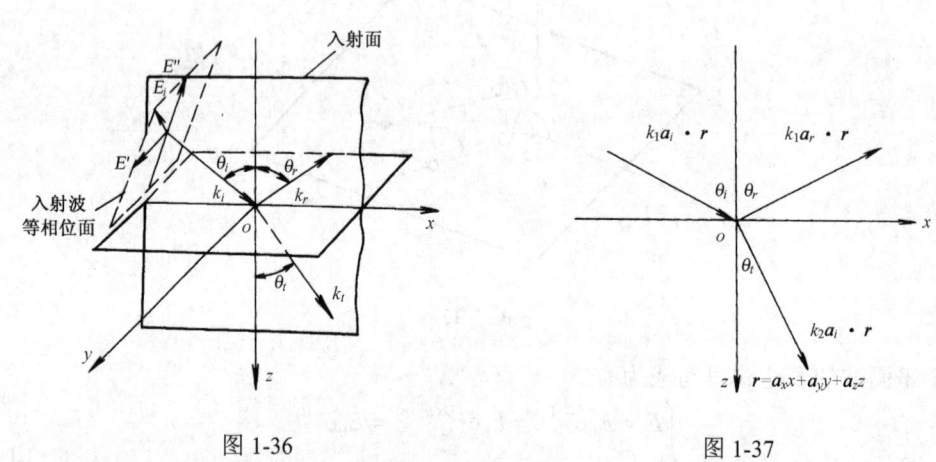

图 1-36

图 1-37

反射波与折射波电场只有 y 方向分量，这是由入射波和边界条件决定的。就是说垂直极化的入射波只可以产生垂直极化的反射波和折射波。

在媒质界面即 $z=0$ 处，电场强度的切向分量无条件连续，即

$$E_{i0} + E_{r0} = E_{t0}$$

或写为

$$\dot{E}_{i0}e^{-jk_1\bm{a}_i\cdot\bm{r}} + \dot{E}_{r0}e^{-jk_1\bm{a}_r\cdot\bm{r}} = \dot{E}_{t0}e^{-jk_2\bm{a}_t\cdot\bm{r}}$$

要使上式成立则式中指数必须相等，即

$$k_1\bm{a}_i\cdot\bm{r} = k_1\bm{a}_r\cdot\bm{r} = k_2\bm{a}_t\cdot\bm{r}$$

或写成两个等式

$$\begin{cases}\bm{a}_i\cdot\bm{r} = \bm{a}_r\cdot\bm{r} \\ k_1\bm{a}_i\cdot\bm{r} = k_2\bm{a}_t\cdot\bm{r}\end{cases} \tag{1-154}$$

令 θ_i, θ_r 和 θ_t 分别为入射方向 $\bm{a}_i$、反射方向 $\bm{a}_r$ 及折射方向 $\bm{a}_t$ 与界面法线方向 z 的夹角，如图 1-38 所示，而

$$\bm{r} = \bm{a}_x x + \bm{a}_y y + \bm{a}_z z \tag{1-155}$$

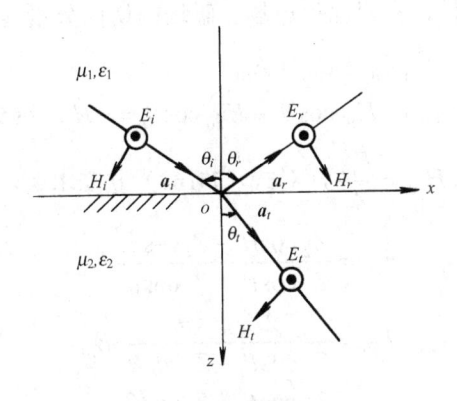

$$\bm{a}_i = \bm{a}_x \sin\theta_i + \bm{a}_z \cos\theta_i \tag{1-156}$$

图 1-38

反射波振幅 $\dot{E}_r$ 及传播方向 $\bm{a}_r$，折射波振幅 $\dot{E}_t$ 及传播方向 $\bm{a}_t$ 现在还为未知，均需由媒质界面上的边界条件来确定。$\bm{a}_r, \bm{a}_t$ 可表示为

$$\begin{cases}\bm{a}_r = \bm{a}_x\cos\alpha_r + \bm{a}_y\cos\beta_r + \bm{a}_z\cos\gamma_r \\ \bm{a}_t = \bm{a}_x\cos\alpha_t + \bm{a}_y\cos\beta_t + \bm{a}_z\cos\gamma_t\end{cases} \tag{1-157}$$

其中 $\cos\alpha_r, \cos\beta_r, \cos\gamma_r$ 是 $\bm{a}_r$ 的方向余弦，$\cos\alpha_t, \cos\beta_t$ 及 $\cos\gamma_t$ 是 $\bm{a}_t$ 的方向余弦。

式（1-154）的第一式可进一步写为

$$x\sin\theta_i + z\cos\theta_i = x\cos\alpha_r + y\cos\beta_r + z\cos\gamma_r$$

在媒质界面 $z=0$ 处，上式变为

$$x\sin\theta_i = x\cos\alpha_r + y\cos\beta_r$$

上式成立必须满足

$$\begin{cases}\cos\beta_r = 0，\beta_r = 90° \\ \sin\theta_i = \cos\alpha_r = \sin\theta_r\end{cases} \tag{1-158}$$

这就是说，反射线在入射面 xoz 内，且反射角等于入射角，即

$$\theta_i = \theta_r \tag{1-159}$$

把式（1-154）的第二式中 a_i, a_t 及 r 的表达式代入，在界面 $z=0$ 处可得

$$k_1 x \sin\theta_i = k_2 x \cos\alpha_t + k_2 y \cos\beta_t$$

于是可得

$$\begin{cases} \cos\beta_t = 0, \quad \beta_t = 90° \\ k_1 \sin\theta_i = k_2 \cos\alpha_t = k_2 \sin\theta_t \end{cases} \quad (1\text{-}160)$$

这说明折射线也在入射面 xoz 内，折射角与入射角的关系为

$$\sqrt{\mu_1 \varepsilon_1} \sin\theta_i = \sqrt{\mu_2 \varepsilon_2} \sin\theta_t \quad \text{或} \quad \frac{\sin\theta_i}{v_1} = \frac{\sin\theta_t}{v_2} \quad (1\text{-}161)$$

其中 v_1, v_2 分别是波在媒质 1 和媒质 2 中的传播速度。式（1-159）和式（1-161）就是均匀平面电磁波在媒质界面反射、折射的一般规律。

下面再进一步分析垂直极化波在媒质界面 $z=0$ 处，反射波、折射波与入射波场的量值关系。由电场与磁场的边界条件，在界面处电场、磁场的切向分量连续，则有

$$\begin{cases} \dot{E}_{i0} + \dot{E}_{r0} = \dot{E}_{t0} \\ -\dot{H}_{i0}\cos\theta_i + \dot{H}_{r0}\cos\theta_i = -\dot{H}_{t0}\cos\theta_t \end{cases} \quad (1\text{-}162)$$

并考虑 $\dot{H}_{i0} = \dfrac{\dot{E}_{i0}}{Z_1}, \dot{H}_{r0} = \dfrac{\dot{E}_{r0}}{Z_1}, \dot{H}_{t0} = \dfrac{\dot{E}_{t0}}{Z_2}$，对式（1-162）联立求解，得

$$\dot{E}_{r0} = \frac{Z_2 \cos\theta_i - Z_1 \cos\theta_t}{Z_2 \cos\theta_i + Z_1 \cos\theta_t} \dot{E}_{i0}$$

$$\dot{E}_{t0} = \frac{2 Z_2 \cos\theta_i}{Z_2 \cos\theta_i + Z_1 \cos\theta_t} \dot{E}_{i0}$$

$$\dot{H}_{r0} = \frac{Z_2 \cos\theta_i - Z_1 \cos\theta_t}{Z_2 \cos\theta_i + Z_1 \cos\theta_t} \dot{H}_{i0}$$

$$\dot{H}_{t0} = \frac{2 Z_1 \cos\theta_i}{Z_2 \cos\theta_i + Z_1 \cos\theta_t} \dot{H}_{i0}$$

那么根据反射系数与折射系数的定义，可得

$$\begin{cases} \dot{R} = \dfrac{\dot{E}_{r0}}{\dot{E}_{i0}} = \dfrac{Z_2 \cos\theta_i - Z_1 \cos\theta_t}{Z_2 \cos\theta_i + Z_1 \cos\theta_t} \\ \dot{T} = \dfrac{\dot{E}_{t0}}{\dot{E}_{i0}} = \dfrac{2 Z_2 \cos\theta_i}{Z_2 \cos\theta_i + Z_1 \cos\theta_t} \end{cases} \quad (1\text{-}163)$$

对于一般非铁磁性媒质，$\mu_1 = \mu_2 = \mu_0$，当入射角 $\theta_i = 0$ 时，由式（1-161）可知 $\theta_t = 0$，此时式（1-163）就变成为式（1-145）。这就是说均匀平面电磁波在媒质界面的垂直入射是斜入射的一个特例。

在求得两种媒质界面处垂直极化波的反射波、折射波与入射波之间的量值与方向关系之后，利用波的传播规律可以求得两种媒质中任一点处的场强。在第一种媒质中（$z<0$）

$$\begin{cases} E_1 = \dot{E}_{i0} e^{-jk_1 a_i \cdot r} + \dot{E}_{r0} e^{-jk_1 a_r \cdot r} \\ H_1 = \dot{H}_{i0} e^{-jk_1 a_i \cdot r} + \dot{H}_{r0} e^{-jk_1 a_r \cdot r} \end{cases} \quad (1\text{-}164)$$

写成坐标分量形式

$$\begin{cases} \dot{E}_{1y} = \dot{E}_{i0}(\mathrm{e}^{-jk_1 z\cos\theta_i} + \dot{R}\mathrm{e}^{jk_1 z\cos\theta_i})\mathrm{e}^{-jk_1 x\sin\theta_i} \\ \dot{H}_{1x} = -\dot{H}_{i0}\cos\theta_i(\mathrm{e}^{-jk_1 z\cos\theta_i} - \dot{R}\mathrm{e}^{jk_1 z\cos\theta_i})\mathrm{e}^{-jk_1 x\sin\theta_i} \\ \dot{H}_{1z} = \dot{H}_{i0}\sin\theta_i(\mathrm{e}^{-jk_1 z\cos\theta_i} + \dot{R}\mathrm{e}^{jk_1 z\cos\theta_i})\mathrm{e}^{-jk_1 x\sin\theta_i} \end{cases} \quad (1\text{-}165)$$

在第二种媒质中（$z > 0$）

$$\begin{cases} E_2 = \dot{E}_{t0}\mathrm{e}^{-jk_2 \boldsymbol{a}_t \cdot \boldsymbol{r}} \\ H_2 = H_{t0}\mathrm{e}^{-jk_2 \boldsymbol{a}_t \cdot \boldsymbol{r}} \end{cases} \quad (1\text{-}166)$$

写成坐标分量形式

$$\begin{cases} \dot{E}_{2y} = \dot{E}_{t0}\mathrm{e}^{-jk_2(x\sin\theta_t + z\cos\theta_t)} \\ \dot{H}_{2x} = -\dot{H}_{t0}\cos\theta_t\mathrm{e}^{-jk_2(x\sin\theta_t + z\cos\theta_t)} \\ \dot{H}_{2z} = \dot{H}_{t0}\sin\theta_t\mathrm{e}^{-jk_2(x\sin\theta_t + z\cos\theta_t)} \end{cases} \quad (1\text{-}167)$$

如图 1-39 所示，对于**平行极化波**，其电场 $\boldsymbol{E}_i$ 平行于入射面 xoz 面，磁场 $\boldsymbol{H}_i$ 则垂直于入射面 xoz 面而平行于媒质界面。平行极化波在媒质界面上的反射波、折射波与入射波之间的方向关系与垂直极化波相同，即满足式（1-159）和式（1-161）。这两个关系式确定了均匀平面电磁场在媒质界面上反射、折射的一般规律。它们与光学中反映媒质界面上反射、折射关系的斯涅尔（Snell）定律完全相同，这也再次说明光也是电磁波。

至于平行极化波的界面处量值关系，可采用与分析垂直极化波时类似的步骤方法得到，这里不再推导而只写出结果。在媒质界面 $z = 0$ 处

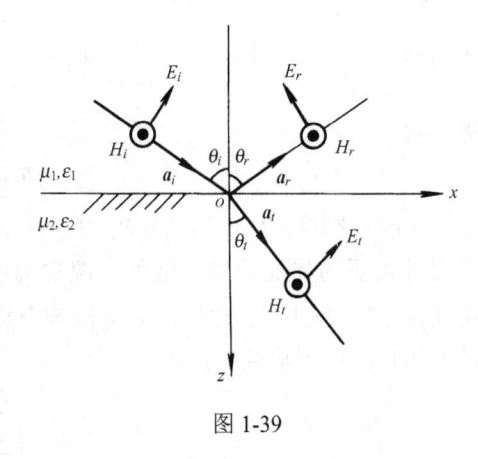

图 1-39

$$\begin{cases} \dot{H}_{i0} + \dot{H}_{r0} = \dot{H}_{t0} \\ \dot{E}_{i0}\cos\theta_i - \dot{E}_{r0}\cos\theta_i = \dot{E}_{t0}\cos\theta_t \end{cases} \quad (1\text{-}168)$$

考虑 $\dot{E}_{i0} = Z_1\dot{H}_{i0}$，$\dot{E}_{r0} = Z_1\dot{H}_{r0}$，$\dot{E}_{t0} = Z_2\dot{H}_{t0}$，联立求解上式得

$$\dot{E}_{r0} = \frac{Z_1\cos\theta_i - Z_2\cos\theta_t}{Z_1\cos\theta_i + Z_2\cos\theta_t}\dot{E}_{i0} \qquad \dot{E}_{t0} = \frac{2Z_2\cos\theta_i}{Z_1\cos\theta_i + Z_2\cos\theta_t}\dot{E}_{i0}$$

$$\dot{H}_{r0} = \frac{Z_1\cos\theta_i - Z_2\cos\theta_t}{Z_1\cos\theta_i + Z_2\cos\theta_t}\dot{H}_{i0} \qquad \dot{H}_{t0} = \frac{2Z_1\cos\theta_i}{Z_1\cos\theta_i + Z_2\cos\theta_t}\dot{H}_{i0}$$

从而得到平行极化波的反射系数与折射系数为

$$\begin{cases} \dot{R} = \dfrac{\dot{E}_{r0}}{\dot{E}_{i0}} = \dfrac{Z_1\cos\theta_i - Z_2\cos\theta_t}{Z_1\cos\theta_i + Z_2\cos\theta_t} \\ \dot{T} = \dfrac{\dot{E}_{t0}}{\dot{E}_{i0}} = \dfrac{2Z_2\cos\theta_i}{Z_1\cos\theta_i + Z_2\cos\theta_t} \end{cases} \quad (1\text{-}169)$$

在求得平行极化波在媒质界面处反射波、折射波与入射波之间的方向及量值关系后，可以写出在两种媒质中任意位置处的场强表达式。

第一种媒质中（$z<0$）

$$\begin{cases} \dot{E}_{1x} = \dot{E}_{i0}\cos\theta_i(\mathrm{e}^{-\mathrm{j}k_1z\cos\theta_i} - \dot{R}\mathrm{e}^{\mathrm{j}k_1z\cos\theta_i})\mathrm{e}^{-\mathrm{j}k_1x\sin\theta_i} \\ \dot{E}_{1z} = -\dot{E}_{i0}\sin\theta_i(\mathrm{e}^{-\mathrm{j}k_1z\cos\theta_i} + \dot{R}\mathrm{e}^{\mathrm{j}k_1z\cos\theta_i})\mathrm{e}^{-\mathrm{j}k_1x\sin\theta_i} \\ \dot{H}_{1y} = \dot{H}_{i0}(\mathrm{e}^{-\mathrm{j}k_1z\cos\theta_i} + \dot{R}\mathrm{e}^{\mathrm{j}k_1z\cos\theta_i})\mathrm{e}^{-\mathrm{j}k_1x\sin\theta_i} \end{cases} \quad (1\text{-}170)$$

第二种媒质中（$z>0$）

$$\begin{cases} \dot{E}_{2x} = \dot{E}_{t0}\cos\theta_t\mathrm{e}^{-\mathrm{j}k_2(x\sin\theta_t+z\cos\theta_t)} \\ \dot{E}_{2z} = -\dot{E}_{t0}\sin\theta_t\mathrm{e}^{-\mathrm{j}k_2(x\sin\theta_t+z\cos\theta_t)} \\ \dot{H}_{2y} = \dot{H}_{t0}\mathrm{e}^{-\mathrm{j}k_2(x\sin\theta_t+z\cos\theta_t)} \end{cases} \quad (1\text{-}171)$$

现在再让我们回到式（1-161），在式两端同乘以电磁波在真空中传播的速度 v_0（$v_0 = \dfrac{1}{\sqrt{\mu_0\varepsilon_0}}$），并令 $n_1 = \dfrac{v_0}{v_1}$，$n_2 = \dfrac{v_0}{v_2}$，称 n_1 和 n_2 分别为第一种媒质和第二种媒质的折射率，则

$$n_1\sin\theta_i = n_2\sin\theta_t$$

若 $n_1 > n_2$，则 $\theta_i < \theta_t$，当 $\theta_i = \theta_{ic}$ 时，$\theta_t = 90°$，即折射波不是在第二种媒质中传播，而是沿着两种媒质的界面传播。这种情况称为全反射，θ_{ic} 是**产生全反射的临界角**。把 $\theta_t = 90°$ 代入式（1-167）和式（1-171），便可得到全反射时垂直极化波和平行极化波在第二种媒质中的场量表达式。对于垂直极化波

$$\begin{cases} \dot{E}_{2y} = \dot{E}_{t0}\mathrm{e}^{-\mathrm{j}k_2x} \\ \dot{H}_{2x} = 0 \\ \dot{H}_{2z} = \dot{H}_{t0}\mathrm{e}^{-\mathrm{j}k_2x} \end{cases}$$

对于平行极化波

$$\begin{cases} \dot{E}_{2x} = 0 \\ \dot{E}_{2z} = -\dot{E}_{t0}\mathrm{e}^{-\mathrm{j}k_2x} \\ \dot{H}_{2y} = \dot{H}_{t0}\mathrm{e}^{-\mathrm{j}k_2x} \end{cases}$$

它们都是沿界面向 x 方向传播的波，称表面波。

3. 均匀平面波在理想导体表面的斜入射

在工程实际中经常会遇到均匀平面电磁波由理想介质向理想导体表面斜入射的问题，显然这是均匀平面波在不同媒质界面斜入射中的一种特殊情况。我们仍然按入射波电场垂直于入射面的垂直极化波与入射波电场平行于入射面的平行极化波两种情况来分析讨论。

令图1-40与图1-41中，第二种媒质（$z>0$）均为理想导体，xoz 面为入射面。因为理想导体中不能存在电磁波，所以无论是垂直极化波还是平行极化波，只能有介质（图中第一种

媒质）一侧的入射波与反射波。

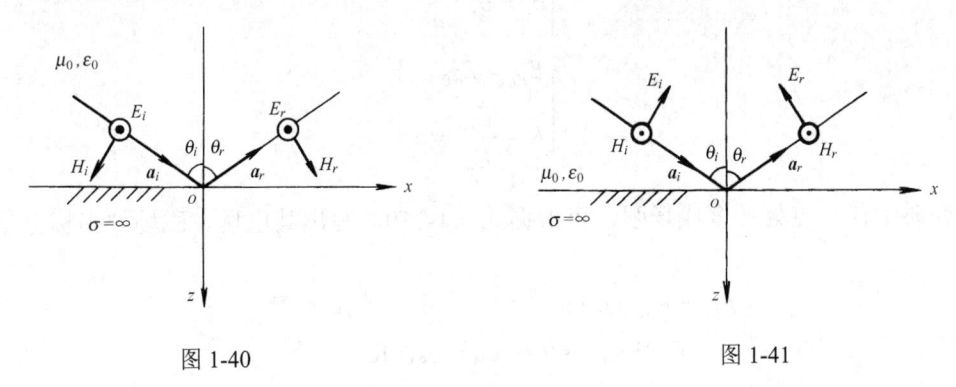

图 1-40

图 1-41

垂直极化波：介质与理想导体界面为 xoy 面。参照图 1-40，θ_i, θ_r 分别为入射角和反射角，E_i, E_r 垂直于入射面 xoz，矢量方向为 y，根据入射波与反射波的传播方向可确定 $\boldsymbol{H}_i, \boldsymbol{H}_r$ 的矢量方向。

在界面 $z = 0$ 处，由式（1-162）并考虑 $\dot{E}_{t0} = 0, \dot{H}_{t0} = 0$，则有

$$\begin{cases} \theta_i = \theta_r \\ \dot{E}_{i0} = -\dot{E}_{r0} \\ \dot{R} = \dfrac{\dot{E}_{r0}}{\dot{E}_{i0}} = -1 \end{cases} \tag{1-172}$$

在介质中任一点处的合成场强，可依据式（1-165）写出电场、磁场的坐标分量表达式：

$$\begin{cases} \dot{E}_{1y} = \dot{E}_{i0}(\mathrm{e}^{-\mathrm{j}k_1 z\cos\theta_i} - \mathrm{e}^{\mathrm{j}k_1 z\cos\theta_i})\mathrm{e}^{-\mathrm{j}k_1 x\sin\theta_i} \\ \quad\quad = -2\mathrm{j}\dot{E}_{i0}\sin(k_1 z\cos\theta_i)\mathrm{e}^{-\mathrm{j}k_1 x\sin\theta_i} \\ \dot{H}_{1x} = -\dot{H}_{i0}\cos\theta_i(\mathrm{e}^{-\mathrm{j}k_1 z\cos\theta_i} + \mathrm{e}^{\mathrm{j}k_1 z\cos\theta_i})\mathrm{e}^{-\mathrm{j}k_1 x\sin\theta_i} \\ \quad\quad = -2\dot{H}_{i0}\cos\theta_i\cos(k_1 z\cos\theta_i)\mathrm{e}^{-\mathrm{j}k_1 x\sin\theta_i} \\ \dot{H}_{1z} = \dot{H}_{i0}\sin\theta_i(\mathrm{e}^{-\mathrm{j}k_1 z\cos\theta_i} - \mathrm{e}^{\mathrm{j}k_1 z\cos\theta_i})\mathrm{e}^{-\mathrm{j}k_1 x\sin\theta_i} \\ \quad\quad = -2\mathrm{j}\dot{H}_{i0}\sin\theta_i\sin(k_1 z\cos\theta_i)\mathrm{e}^{-\mathrm{j}k_1 x\sin\theta_i} \end{cases} \tag{1-173}$$

所得结果告诉我们：第一，垂直极化斜入射到理想导体表面的电磁波，经导体表面全反射后，反射波与入射波在介质中合成为沿导体表面 x 方向行进的波，即媒质界面具有导行电磁波的作用。第二，合成波的等相位面与 yoz 面平行，仍为平面波但不再是均匀平面波，因为在等相位面内场量的幅值有所变化。第三，场各分量的幅值在横向（即与传播方向垂直的等相位面上 y, z 方向）沿 z 方向为正弦或余弦律即驻波分布，沿 y 方向为均匀分布（因为场量表达式与 y 无关）。第四，合成波的磁场有波传播方向的分量即纵向分量，因此不再是 TEM 波，因波的电场没有纵向分量而称为**横电波**（TE）。

平行极化波：坐标系及入射波、反射波的电场磁场的矢量方向，如图 1-41 所示。

在界面 $z = 0$ 处，因 $\dot{E}_t, \dot{H}_t$ 均不存在，由式（1-168）及式（1-169）可得

$$\begin{cases} \theta_i = \theta_r \\ \dot{E}_{i0} = \dot{E}_{r0} \\ \dot{R} = \dfrac{\dot{E}_{r0}}{\dot{E}_{i0}} = 1 \end{cases} \tag{1-174}$$

在介质中任一点处的合成场强,可根据式(1-170)写出其电场、磁场的坐标分量表达式为

$$\begin{cases} \dot{E}_{1x} = \dot{E}_{i0}\cos\theta_i(\mathrm{e}^{-\mathrm{j}k_1 z\cos\theta_i} - \mathrm{e}^{\mathrm{j}k_1 z\cos\theta_i})\mathrm{e}^{-\mathrm{j}k_1 x\sin\theta_i} \\ \quad\quad = -2\mathrm{j}\dot{E}_{i0}\cos\theta_i \sin(k_1 z\cos\theta_i)\mathrm{e}^{-\mathrm{j}k_1 x\sin\theta_i} \\ \dot{E}_{1z} = -\dot{E}_{i0}\sin\theta_i(\mathrm{e}^{-\mathrm{j}k_1 z\cos\theta_i} + \mathrm{e}^{\mathrm{j}k_1 z\cos\theta_i})\mathrm{e}^{-\mathrm{j}k_1 x\sin\theta_i} \\ \quad\quad = -2\dot{E}_{i0}\sin\theta_i \cos(k_1 z\cos\theta_i)\mathrm{e}^{-\mathrm{j}k_1 x\sin\theta_i} \\ \dot{H}_{1y} = \dot{H}_{i0}(\mathrm{e}^{-\mathrm{j}k_1 z\cos\theta_i} + \mathrm{e}^{\mathrm{j}k_1 z\cos\theta_i})\mathrm{e}^{-\mathrm{j}k_1 x\sin\theta_i} \\ \quad\quad = 2\dot{H}_{i0}\cos(k_1 z\cos\theta_i)\mathrm{e}^{-\mathrm{j}k_1 x\sin\theta_i} \end{cases} \tag{1-175}$$

所得结果表明,平行极化斜入射到理想导体表面的电磁波,经导体表面全反射后在介质中的合成波仍然是沿导体表面 x 方向行进的波,即导行波,因而电磁波的导行机构——传输线必须由不同媒质构成导行界面;合成波的等相位面与 yoz 面平行,仍为平面波但不是均匀平面波;场各分量幅值在横向的分布,沿 z 方向为驻波,沿 y 方向均匀分布,合成波的电场有纵向分量,不再是 TEM 波而是**横磁波**(TM)。

本 章 小 结

(1)电场强度 **E** 和磁场强度 **H**,是表征电场和磁场存在、量值方向和分布的两个基本矢量。它们都是用作用力来定义的,**E** 是用检验电荷在静电场中所受库仑力的大小和方向来定义的,**H**(实际上是磁通密度 **B**)则是由洛仑兹力的大小和方向来定义的。

(2)在不同媒质中,电场与磁场要分别通过电通量密度矢量(又称电位移矢量)**D** 与磁通密度矢量(又称磁感应强度矢量)**B** 来体现。电场和磁场作用于媒质中,分别产生电极化和磁化现象,其作用强度(或媒质反应强度)用介电常数 ε 及导磁系数 μ 来表示。介电常数 ε、导磁系数 μ 及导电系数 σ,是表明媒质电磁特性的基本参量。在媒质中传播电磁波时,波的传播速度 v、波阻抗(同一点处电场强度与磁场强度之比)Z 及波的振幅衰减程度等都决定于 μ, ε 及 σ。

在线性各向同性均匀媒质中,μ, ε 为常标量,σ 亦为常数。这种情况下 **D** 与 **E**,**B** 与 **H** 及传导电流密度 **J** 与 **E** 的关系可简单地表示为

$$D = \varepsilon E$$
$$B = \mu H$$
$$J = \sigma E$$

即等式两端的矢量方向相同而量值成正比。

（3）静电场和恒流磁场是人类认识电磁现象的开始，它们都有各自的工程应用领域。在以电磁波作为信息载体的电信技术中，学习这部分内容意在建立概念、掌握基本规律和训练方法。时变电磁场及电磁波问题的概念和规律，大多与静电场及恒流磁场一致，有些则是做了扩展和推广。

分析研究电磁场的核心问题是求解场在空间的量值与方向的分布规律。因为是求解矢量函数，所以在不同空间坐标系中的矢量运算规则和方法，是分析研究电磁场问题的重要手段和工具。

求解静电场及恒定电流的磁场问题，就是在特定空间条件下求 E 或 H 的分布，从数学上说属于边值型问题。这方面问题在电磁场理论的专著中讨论得已经够多、够细，但就解析法而言可大体上归结为三类：

一种方法是由定义或基本定律求点源在空间一点处的场：

$$E = a_r \frac{Q}{4\pi\varepsilon r^2} \quad \text{（库仑定律）}$$

$$dB = \frac{\mu}{4\pi} \cdot \frac{id\boldsymbol{l} \times a_r}{r^2} \quad \text{（毕奥-沙瓦尔定律）}$$

然后求不同位置的源在该场点处产生场的叠加和（矢量和）。根据场源的分布情况或求矢量和（离散分布的源），或求矢量积分（连续分布的源）。这种由场源求场分布的方法是最本质的方法，但对于复杂的场源分布，往往求解场分布会遇到数学上的困难。

再一种方法是运用高斯定律和安培环路定律，由场源电荷求 E，由场源电流求 H：

$$\oint_S \varepsilon \boldsymbol{E} \cdot d\boldsymbol{S} = \sum q \quad \text{（高斯定律）}$$

$$\oint_l \boldsymbol{H} \cdot d\boldsymbol{l} = \sum i \quad \text{（安培环路定律）}$$

这种方法对于规则的源分布及边界情况，往往是很简便的。

第三种方法是利用辅助函数求解。本书只给出两种辅助函数，即标量电位 φ 与矢量磁位 A，它们与电场磁场的替代关系是

$$E = -\nabla\varphi$$

$$B = \nabla \times A$$

其中 φ 具有确切的物理意义。而 φ, A 与场源的关系是

$$\nabla^2 \varphi = -\frac{\rho}{\varepsilon} \quad \text{（有源区，泊松方程）}$$

$$\nabla^2 \varphi = 0 \quad \text{（无源区，拉普拉斯方程）}$$

$$A = \frac{\mu}{4\pi} \int_V \frac{J}{r} dV$$

（4）麦克斯韦方程组总括了宏观电磁现象的基本规律，可以说所有宏观电磁学问题最终都可以归结为麦克斯韦方程组的求解。

表述一局部空间区域电磁现象规律的麦克斯韦方程组，称为积分形式，即

$$\begin{cases} \oint_l \boldsymbol{H} \cdot d\boldsymbol{l} = \int_S \left[\boldsymbol{J} + \frac{\partial \boldsymbol{D}}{\partial t} \right] \cdot d\boldsymbol{S} \\ \oint_l \boldsymbol{E} \cdot d\boldsymbol{l} = -\int_S \frac{\partial \boldsymbol{B}}{\partial t} \cdot d\boldsymbol{S} \\ \oint_S \boldsymbol{D} \cdot d\boldsymbol{S} = \int_V \rho \, dV \\ \oint_S \boldsymbol{B} \cdot d\boldsymbol{S} = 0 \end{cases}$$

表述空间一点上（即积分形式各式中，闭合路径 l 及其所围面 S，闭合面 S 及其所围体积 V 均趋于无穷小）电磁现象规律的麦克斯韦方程组，称为微分形式，即

$$\begin{cases} \nabla \times \boldsymbol{H} = \boldsymbol{J} + \frac{\partial \boldsymbol{D}}{\partial t} \\ \nabla \times \boldsymbol{E} = -\frac{\partial \boldsymbol{B}}{\partial t} \\ \nabla \cdot \boldsymbol{D} = \rho \\ \nabla \cdot \boldsymbol{B} = 0 \end{cases}$$

若场量的时变规律为正弦律（亦称谐变），则麦克斯韦方程的微分形式为

$$\begin{cases} \nabla \times \boldsymbol{H} = \boldsymbol{J} + j\omega \boldsymbol{D} \\ \nabla \times \boldsymbol{E} = -j\omega \boldsymbol{B} \\ \nabla \cdot \boldsymbol{D} = \rho \\ \nabla \cdot \boldsymbol{B} = 0 \end{cases}$$

若在场存在的空间区域中，媒质为线性各向同性均匀媒质，即 μ, ε 为常标量，σ 为常数，则谐变的麦克斯韦方程的微分形式为

$$\begin{cases} \nabla \times \boldsymbol{H} = \sigma \boldsymbol{E} + j\omega \varepsilon \boldsymbol{E} \\ \nabla \times \boldsymbol{E} = -j\omega \mu \boldsymbol{H} \\ \nabla \cdot \boldsymbol{E} = \frac{\rho}{\varepsilon} \\ \nabla \cdot \boldsymbol{H} = 0 \end{cases}$$

（5）在不同媒质分界面处，由于媒质特性（表现为 μ, ε 及 σ）发生突变，电场磁场也将发生变化。称媒质界面处两侧电场、磁场的量值关系为边界条件。电磁场的边界条件是

$$\begin{cases} E_{t1} - E_{t2} = 0 \\ D_{n1} - D_{n2} = \rho_S, 0 \\ H_{t1} - H_{t2} = J_l, 0 \\ B_{n1} - B_{n2} = 0 \end{cases}$$

其矢量形式为

$$\begin{cases} \boldsymbol{n} \times (\boldsymbol{E}_1 - \boldsymbol{E}_2) = 0 \\ \boldsymbol{n} \cdot (\boldsymbol{D}_1 - \boldsymbol{D}_2) = \rho_S, 0 \\ \boldsymbol{n} \times (\boldsymbol{H}_1 - \boldsymbol{H}_2) = \boldsymbol{J}_l, 0 \\ \boldsymbol{n} \cdot (\boldsymbol{B}_1 - \boldsymbol{B}_2) = 0 \end{cases}$$

一种特殊情况就是两种媒质之一为理想导体，另一种为理想介质。因理想导体中不可能存在电场，也不可能存在时变磁场，从而不可能存在电磁波，此种情况的边界条件（即在理想导体表面上）为

$$\begin{cases} E_t = 0 \\ D_n = \rho_S, 0 \\ H_t = J_l, 0 \\ B_n = 0 \end{cases}$$

写成矢量形式为

$$\begin{cases} \boldsymbol{n} \times \boldsymbol{E} = 0 \\ \boldsymbol{n} \cdot \boldsymbol{D} = \rho_S, 0 \\ \boldsymbol{n} \times \boldsymbol{H} = \boldsymbol{J}_l, 0 \\ \boldsymbol{n} \cdot \boldsymbol{B} = 0 \end{cases}$$

（6）坡印廷定理表述出一空间区域的电磁场能量的守恒。坡印廷矢量定义为穿过垂直于电磁能流方向单位面积的功率，其矢量方向即为电磁能流方向：

$$\boldsymbol{S} = \boldsymbol{E} \times \boldsymbol{H}$$

对于谐变电磁场，平均电磁功率流密度为

$$\boldsymbol{S}_{cp} = \mathrm{Re}\left(\frac{1}{2}\boldsymbol{E} \times \boldsymbol{H}^*\right)$$

（7）从场的概念上讲，电路是在特定条件下对电磁场的简化和集总的表示，即路与场是统一的。具体表现在电路的基本定律可由电磁场理论推导出来，电路的基本参量则是媒质中电场磁场性质的集总表现。

因为场问题的本身是分布的概念，所以在某些情况下可以把场问题简化为路来处理。如在分析导行电磁波问题时，如果不苛求波的横向幅值分布，就可以把导行电磁波转化为导行机构（传输线）上的电压、电流波。在有些情况下分析电磁场与电磁波问题，可以借用电路的概念与方法，如阻抗、匹配，网络理论与方法等。

（8）电磁波是以有限速度传播的时变电磁场，它是由电磁扰动而产生的，这种电磁扰动称为波源。

恒定场（静电场、恒流电场及恒流磁场）的场源与场不可分割。就是说只要有场源存在，其周围空间就有相应的场存在，如果场源消失，其周围空间的场也随之消失。恒定的电场和磁场是相互独立无关的。

电磁波是时变场，在波与波源的关系上与恒定场的情况不同。电磁波必须有波源产生，电磁波产生后即使波源不存在了，已产生的电磁波仍可继续传播，即脱离波源传播。其根本原因是时变电场与时变磁场的相关性。

分析讨论电磁波与其波源的关系，是通过场源求得辅助函数 A 与 φ，然后再由它们求出电磁场。时变场的辅助函数（亦称位函数，时变场中的位函数是滞后位）A 与 φ 服从达朗贝尔方程（非齐次波动方程）

$$\begin{cases} \nabla^2 \mathbf{A} - \mu\varepsilon \dfrac{\partial^2 \mathbf{A}}{\partial t^2} = -\mu \mathbf{J} \\ \nabla^2 \varphi - \mu\varepsilon \dfrac{\partial^2 \varphi}{\partial t^2} = -\dfrac{\rho}{\varepsilon} \end{cases}$$

（9）讨论电磁波的传播特性，要求解无源区域的时变电磁场方程。线性各向同性均匀媒质中的电场和磁场服从齐次波动方程

$$\begin{cases} \nabla^2 \mathbf{E} - \mu\varepsilon \dfrac{\partial^2 \mathbf{E}}{\partial t^2} = 0 \\ \nabla^2 \mathbf{H} - \mu\varepsilon \dfrac{\partial^2 \mathbf{H}}{\partial t^2} = 0 \end{cases}$$

均匀平面电磁波的等相位面是垂直于波传播方向的平面，且在等相位面上场量均匀分布。均匀平面电磁波不存在场的纵向分量，是横电磁波（TEM）。

均匀平面电磁波在理想介质（无限大，无损耗）中传播时无衰减；其电场与磁场相互垂直并垂直于传播方向；它们在时间上同相位；波速（相速）、波阻抗均取决于媒质的 μ, ε。

均匀平面电磁波在无限大导电媒质中传播时波的幅值要衰减；其电场与磁场不同相位；波速与频率有关（色散）。这些是与理想介质中的区别。

（10）用波的电场矢量端点轨迹定义电磁波的极化（偏振）形式或方向，在电信技术中波的极化是一个很重要的概念。

电磁波通过不同媒质界面时要发生反射和折射。反射波和折射波的传播方向、量值、相位等决定于界面两侧媒质的特性、边界条件、入射波的极化及入射角的大小。

均匀平面电磁波入射到理想导体表面，是电磁波通过不同媒质界面的一种特殊情况，这种情况具有重要的实际意义。垂直入射到理想导体表面时，电磁波发生全反射，介质内在导体表面法线方向形成驻波。斜入射到理想导体表面时，电磁波同样发生全反射，在导体表面法线方向形成驻波；在与导体表面及入射面平行的方向上为行进波，导体表面起到导引电磁波的作用，故称为导行波，但这种导行波含有场的纵向分量（含电场纵向分量时为 TM 波，含磁场纵向分量时为 TE 波）而不再是 TEM 波。而且由于在此导行波的等相位面（仍为与传播方向垂直的平面）上场量不是均匀分布，因此虽然仍是平面波但不是均匀平面波。

习　题　一

1-1　三个电量相同的正点电荷 q 置于边长为 a 的正三角形的各顶点上，问在此三角形中心放置什么极性、电量多少的点电荷 q，可使各顶点上的电荷受的合力为零？

1-2　如图所示的两个点电荷，$q_1 = 8 \times 10^{-6}$ C，$q_2 = -16 \times 10^{-6}$ C，置于 $x = \pm 10$ cm 处，求距它们都为 20cm 的 P 点处电场强度 $\mathbf{E}_P$。

1-3　在半径为 a 的半圆周上均匀分布电荷 q，求圆心位置处的电场强度 $\mathbf{E}_0$。

1-4　简述电磁学中几个基本定律：库仑定律、高斯定律、毕奥-沙瓦尔定律、安培环路定律和法拉第-楞次定律的内容，并写出它们的数学表达式。

1-5　简述标量场的方向导数与标量场的梯度、矢量场的通量与矢量场的散度、矢量场的环量与矢量场的旋度之间的关系。

1-6 说明散度定理(高斯散度定理)、旋度定理(斯托克斯定理)的内容,并写出数学表达式。

1-7 怎样理解"矢量场具有散度,表明该矢量场的模在矢量方向上有变化;矢量场具有旋度,表明该矢量场的模在与矢量垂直的方向上有变化"?

1-8 如图所示同轴内导体半径 R_1,外导体内半径 R_3,内外导体间填充两层均匀介质(介质分界面的半径为 R_2,内层介质介电常数 ε_1,外层介质介电常数 $\varepsilon_2(\varepsilon_2 > \varepsilon_1)$)。若同轴线传导恒定电流 I,求此同轴线内外导体间两层介质中的电场强度 $\boldsymbol{E}_1$ 与 $\boldsymbol{E}_2$。

1-9 如图所示流有恒定电流的长直导线与 y 轴重合,求穿越图中 A, B 和 C 三个矩形面的磁通。

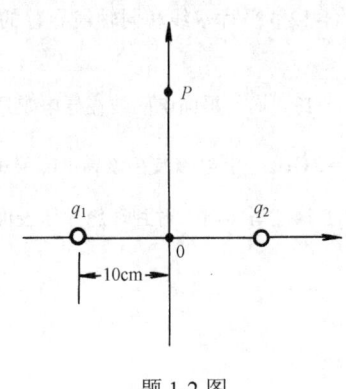

题 1-2 图

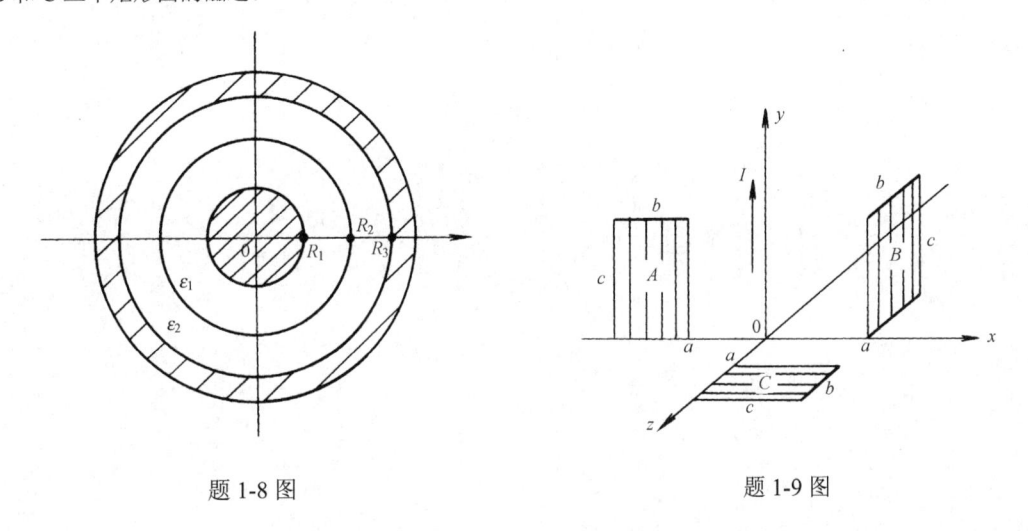

题 1-8 图

题 1-9 图

1-10 同轴线截面尺寸如图所示,传导恒定电流 I(内外导体电流等值反向),内外导体间介质的导磁系数为 μ,内外导体中导磁系数为 μ_0。求磁场强度 $\boldsymbol{H}$ 及磁通密度 $\boldsymbol{B}$ 沿半径方向的分布,并求各区域中的 $\nabla \times \boldsymbol{H}$ 和 $\nabla \cdot \boldsymbol{B}$。

1-11 如图所示,求内导体直径为 d,外导体内直径为 D 的空气(介质)同轴线的单位长度电容和单位长度外自感。

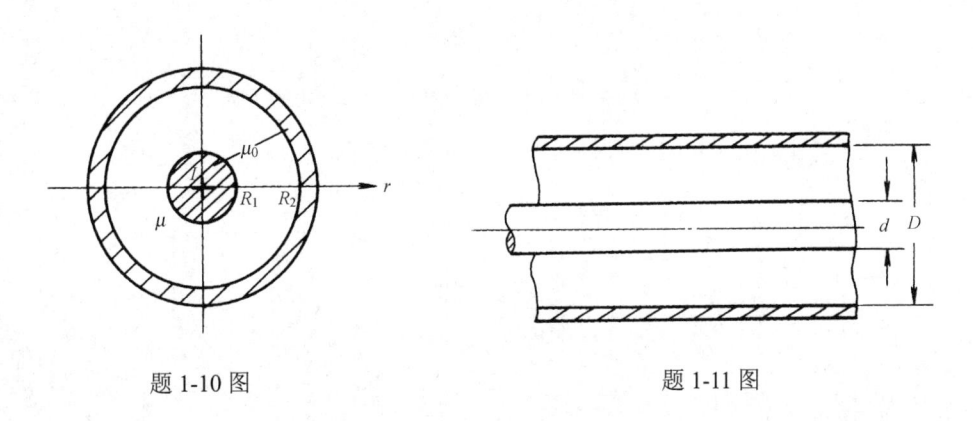

题 1-10 图

题 1-11 图

1-12 平行双线和同轴线导行的是 TEM 波,这个 TEM 波是不是平面电磁波?是不是均匀平面电磁波?

1-13 均匀平面电磁波在导电媒质中传播,媒质的 ε_r, μ_r 均等于 1,导电系数 $\sigma = 0.1\dfrac{S}{M}$,该电磁波的频率 $f = 2\,\text{GHz}$,求电磁波在该导电媒质中传播的相速度和波长。

1-14 写出斜入射到理想导体表面的垂直极化和平行极化的均匀平面电磁波遵循的规律。

上 篇

微波传输线与微波元件

提要： 导行传输是电磁波基本传输方式之一，此种情况下波动方程的求解，是典型的边值型问题。本篇首先以传输 TEM 模式的双导体导行机构为对象，沿用电路概念分析得出导行波传输的一般规律，所得结果可完全推广到导行 TE，TM 模（正规模）和混合模的微波传输线。

金属波导是微波波段最重要的传输线，作为导行机构的金属波导，其形状及截面尺寸沿电磁波传输方向应保持均匀，故称之为规则波导。微带线属于平面导行机构，它更适合于微波集成电路的需要。光导纤维属于介质波导，在本书中对其进行基本原理介绍之后，只对最常用的单模光纤用标量近似法进行分析。

由微波传输线的截面尺寸及形状的不均匀性衍生的微波元件，用以实现对导行电磁波的模式、频率、幅值、相位及极化方向等的控制，是微波系统的重要组成部分。因其形状边界的复杂性，元件内部空间场的求解将遇到数学上的困难。研究微波元件的外部特性，可借助于网络理论和方法，这样就回避了求微波元件内场的困难。本篇最后部分用来讲述微波网络的基本理论。

众所周知，任何一个信号都占有一个确定的频带宽度。随着电子信息技术的发展，需要传送的信息量越来越大，电磁波的可用频带作为一种宝贵资源已经成为电子信息技术发展的瓶颈。因此，不断开发新的频段一直是电子信息技术的热点。微波波段的频率范围一般是指 300 MHz 至 3 000 GHz 的电磁波，其频率范围约为长、中、短和超短波段频率范围总和的 1 000 倍。微波波段的传输线和电路元件，一般要用场的概念去描述，集总的电路概念已经不能再使用。但是在特定的条件下，我们仍可以把微波波段的问题和现象，等效为普通电路，这将使问题的分析和求解在不失其本质的前提下得以简化，这也是工程上常用的方法。对微波波段的充分开发和运用，一直是电子信息技术中研究的重要领域。

第 2 章 传输线的基本理论

通过对本书 1.8 节的分析讨论可知，理想导体的表面乃至两种不同媒质的界面，在一定条件下都可以导引电磁波的定向传播。导引电磁波传播的机构通称为传输线，而传输线具有明确的电路概念，在第 1 章中，我们论述了电路与电磁场的统一问题。导行波的本质是场的问题，但是在特定的条件下，比如金属导体可视为理想导体而其周围空间可视为理想介质，比如当我们注意波的传播而不过于计较波的横向分布时，就不必拘泥于场的概念，而把讲求分布的场的问题转化为集总的电路问题。这一点在学习本章内容时是必须清楚的。换句话说，本章是从电路的角度出发来研究电磁波导行传输的一般规律的。

2.1 传输线方程及其解

可导行电磁波的机构——传输线有多种，如平行双线、同轴线、微带线、金属波导管及光导纤维等。图 2-1 所示为这些典型传输线的基本结构。

平行双线　　同轴线　　矩形波导　　圆波导

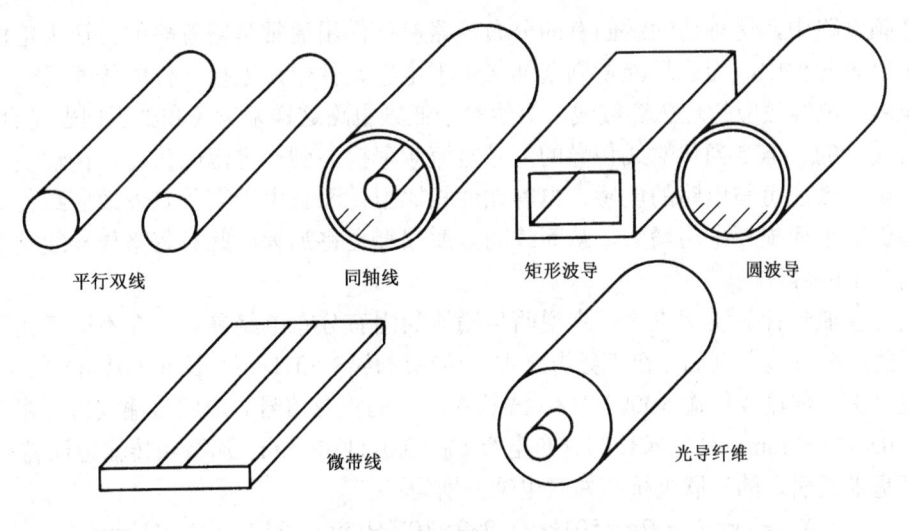

微带线　　光导纤维

图 2-1

图 2-1 中的平行双线，与用来传送低频或直流电功率的传输线，从表面上看并无差别。除了平行双线，还有同轴线和微带线的横截面的介质空间都是多连通区域，都可能传送直流电功率。而金属波导管是采用管内空腔导行电磁波，其腔内空间横截面是单连通区域，不能传送直流电功率。

实际上从电路的概念上讲，传送低频、直流或总而言之传送电力的传输线，与传送载有信号电流的线路是有重大差别的。前者一般是传送单一低频（或直流），注重其功率容量及传输损耗，线上各点处电流的相位差极其微小，可略而不计。但是用来传送信号的传输线，则要求适应很高的频率且有频带宽度要求，线上不同位置处电流的相位差非常明显因而不能不考虑传输线的位置效应。传送信号的传输线,作为信道其容量的概念不再指所能承受的电功率,而是指可用频带宽度或可实现的信息速率。

2.1.1 传输线的电路分布参量方程

如图2-2所示,一般平行双线传输线,其两线导体间存在电容,两线作为电流流经的路径存在电感,一般情况下线间有传输损耗,相当于导线的电阻及线间介质不理想而引起的漏电导。这些电路参量是沿线长分布存在的,图2-2下部的等效电路是把沿线长分布的电路参量,在单位线长中集总表示的。这样,一段传输线实际上就是由无穷多部分网络链接的系统。

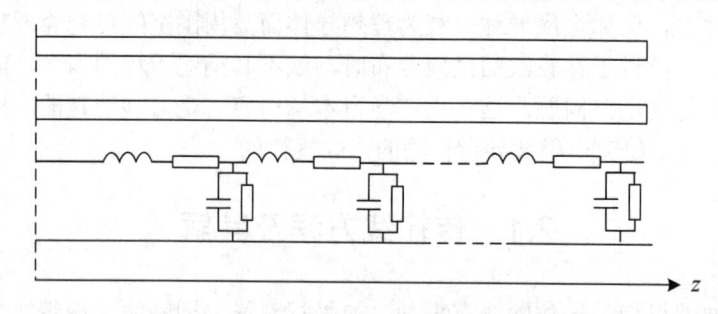

图 2-2

在低频电路中,这种传输线固有的分布电路参量作用通常是被忽略的,认为电场能量全部集中于电容元件中,而磁场能量则全部集中于电感元件中,连接元件的传输线则是既无损耗又无电感、电容效应的理想连接线。显然对于低频电路这样来考虑和处理问题是合情合理,也是符合实际的。但是当传输线传导的信号电流频率提高到一定范围值时,传输线的固有分布电感、电容效应可与电路的电感、电容元件相比拟;而且由于高频趋表效应致使导线的有效导流截面减小而损耗电阻增大,从而线间介质损耗也将加大。此时忽略传输线的固有分布参量作用是不能容许的。

我们可以通过计算实例来进一步说明传输线的固有分布电路参量,在不同工作频率下对传输信号的影响程度。例如,在工频电路中,传输线传输50 Hz(波长6 000 km)的正弦电流;在微波电路中,传输线传输5 000 MHz(波长6 cm)的正弦信号。双线传输线每毫米长的分布电感 $L_0=0.999$ nH/mm,每毫米长的分布电容 $C_0=0.0111$ pF/mm。那么当传输电流 $f_0=50$ Hz 时传输线每毫米长引入的串联电抗和并联电纳分别为:

$$X_L = 2\pi f_0 L_0 = 2\pi \times 50 \text{ Hz} \times 0.999 \times 10^{-9} \text{ H/mm} = 314 \times 10^{-3} \text{ μΩ/mm}$$

$$B_C = 2\pi f_0 C_0 = 2\pi \times 50 \text{ Hz} \times 0.0111 \times 10^{-12} \text{ F/mm} = 3.49 \times 10^{-12} \text{ S/mm}$$

而当 $f_0=5 000$ MHz 时

$$X_L = 2\pi f_0 L_0 = 2\pi \times 5 000 \times 10^6 \text{ Hz} \times 0.999 \times 10^{-9} \text{ H/mm} = 31.4 \text{ Ω/mm}$$

$$B_C = 2\pi f_0 C_0 = 2\pi \times 5 000 \times 10^6 \text{ Hz} \times 0.0111 \times 10^{-12} \text{ F/mm} = 3.49 \times 10^{-4} \text{ S/mm}$$

两种情况相比较,显然后一种情况下传输线的分布电路参量是不容忽略的。

传输线的分布电路参量决定于传输线的结构参数及线外介质的电磁参量。在本书第 1 章中,我们曾计算出均匀平行双线的 $C_0 = \dfrac{\pi\varepsilon}{\ln\dfrac{D-R_0}{R_0}}$,$L_0 = \dfrac{\mu}{\pi}\cdot\ln\dfrac{D-R_0}{R_0}$。

令传输线始端接有信号源，终端接负载。线上位置坐标原点定为始端。图2-3为传输线的一微小段Δz，图中各元件为Δz段长传输线分布电路参量（线单位长度的电感L_0，电容C_0，电阻R_0及漏电导G_0）的集总表示。根据电路定律可写出Δz端口上的电压、电流关系：

$$\begin{cases} u(z,t) - u(z+\Delta z,t) = R_0\Delta z i(z,t) + L_0\Delta z \dfrac{\partial i(z,t)}{\partial t} \\ i(z,t) - i(z+\Delta z,t) = G_0\Delta z u(z+\Delta z,t) + C_0\Delta z \dfrac{\partial u(z+\Delta z,t)}{\partial t} \end{cases} \quad (2\text{-}1)$$

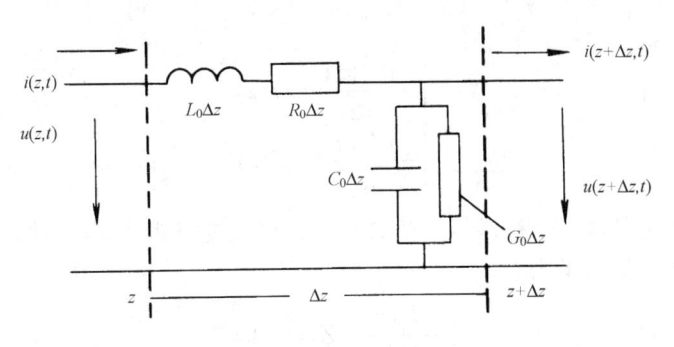

图 2-3

上式可整理为：

$$\begin{cases} -\Delta u(z,t) = \left[R_0 i(z,t) + L_0 \dfrac{\partial i(z,t)}{\partial t}\right]\Delta z \\ -\Delta i(z,t) = \left[G_0 u(z+\Delta z,t) + C_0 \dfrac{\partial u(z+\Delta z,t)}{\partial t}\right]\Delta z \end{cases} \quad (2\text{-}2)$$

对式（2-2）两端同除以Δz，并求$\Delta z \to 0$的极限，得

$$\begin{cases} -\dfrac{\partial u(z,t)}{\partial z} = R_0 i(z,t) + L_0 \dfrac{\partial i(z,t)}{\partial t} \\ -\dfrac{\partial i(z,t)}{\partial z} = G_0 u(z,t) + C_0 \dfrac{\partial u(z,t)}{\partial t} \end{cases} \quad (2\text{-}3)$$

这组含有一维空间变量z和时间变量t的微分方程称为**传输线方程**，也叫做**电报方程**，因为传输线分布电路参量效应最早是见之于有线电报技术中。显然作为方程中的参量R_0、L_0、G_0和C_0应为常数，这就要求传输线的结构必须均匀，这也是传输信号的传输线所要求的。

2.1.2 正弦时变条件下传输线方程的解

令信源角频率为ω，线上的电压、电流皆为正弦时变规律，这样具有普遍性意义，因为我们不能针对每一种具体信号去求解方程式（2-3）。$u(z, t)$与$i(z, t)$的时变规律已经设定为正弦律，则

$$u(z,t) = \text{Re}[\dot{U}(z)\mathrm{e}^{\mathrm{j}\omega t}]$$
$$i(z,t) = \text{Re}[\dot{I}(z)\mathrm{e}^{\mathrm{j}\omega t}]$$

那么

$$\frac{\partial u(z,t)}{\partial t} = \text{Re}\left[j\omega \dot{U}(z)e^{j\omega t}\right]$$

$$\frac{\partial i(z,t)}{\partial t} = \text{Re}\left[j\omega \dot{I}(z)e^{j\omega t}\right]$$

代入到式（2-3）中，并令

$$Z = R_0 + j\omega L_0$$

$$Y = G_0 + j\omega C_0$$

则得到

$$\begin{cases} -\dfrac{d\dot{U}(z)}{dz} = Z\dot{I}(z) \\ -\dfrac{d\dot{I}(z)}{dz} = Y\dot{U}(z) \end{cases} \tag{2-4}$$

把式（2-4）化为只含一个待求函数的方程。这可通过将式（2-4）对 z 求导数后再分别代入式（2-4）来实现，其结果为

$$\begin{cases} \dfrac{d^2\dot{U}(z)}{dz^2} - ZY\dot{U}(z) = 0 \\ \dfrac{d^2\dot{I}(z)}{dz^2} - ZY\dot{I}(z) = 0 \end{cases} \tag{2-5}$$

这是一组与理想介质中均匀平面电磁波场分量方程结构完全相似的一维齐次波动方程。

令 $\gamma^2 = ZY = (R_0 + j\omega L_0)(G_0 + j\omega C_0)$，方程式（2-5）的解式为

$$\begin{cases} \dot{U}(z) = A_1 e^{-\gamma z} + A_2 e^{\gamma z} \\ \dot{I}(z) = B_1 e^{-\gamma z} + B_2 e^{\gamma z} \end{cases}$$

式中积分常数 A_1, A_2, B_1, B_2 须由传输线始端或终端的电压、电流值，即边界值来确定。利用式（2-4）

$$\dot{I}(z) = -\frac{1}{Z}\frac{d\dot{U}(z)}{dz} = -\frac{1}{Z}\frac{d}{dz}(A_1 e^{-\gamma z} + A_2 e^{\gamma z}) = \frac{1}{Z_0}(A_1 e^{-\gamma z} - A_2 e^{\gamma z})$$

这样待定积分常数只有 A_1, A_2 两个，方程的解式为

$$\begin{cases} \dot{U}(z) = A_1 e^{-\gamma z} + A_2 e^{\gamma z} \\ \dot{I}(z) = \dfrac{1}{Z_0}\left[A_1 e^{-\gamma z} - A_2 e^{\gamma z}\right] \end{cases} \tag{2-6}$$

其中 γ 与 Z_0 分别称为传输线的**传播常数**和**波阻抗**，是传输线的两个重要参量

$$\gamma = \sqrt{(R_0 + j\omega L_0)(G_0 + j\omega C_0)} = \alpha + j\beta \tag{2-7}$$

$$Z_0 = \sqrt{\frac{R_0 + j\omega L_0}{G_0 + j\omega C_0}} \tag{2-8}$$

式（2-6）中的积分常数，由传输线始端或终端的边界值来确定，我们可以求得分别由传输线始端电压、电流或终端电压、电流表示的积分常数表达式。

1. 已知信源端电压 $\dot{U}_T$、电流 $\dot{I}_T$ 时的解式

在传输线始端（信源端），$z=0, \dot{U}(0)=\dot{U}_T, \dot{I}(0)=\dot{I}_T$，代入式（2-6）后解得

$$\begin{cases} A_1 = \dfrac{1}{2}(\dot{U}_T + Z_0\dot{I}_T) \\ A_2 = \dfrac{1}{2}(\dot{U}_T - Z_0\dot{I}_T) \end{cases}$$

代回到式（2-6），得到传输线任意位置 z 处的电压、电流表达式

$$\begin{cases} \dot{U}(z) = \dfrac{1}{2}(\dot{U}_T + Z_0\dot{I}_T)\mathrm{e}^{-\gamma z} + \dfrac{1}{2}(\dot{U}_T - Z_0\dot{I}_T)\mathrm{e}^{\gamma z} \\ \dot{I}(z) = \dfrac{1}{2}\left(\dfrac{\dot{U}_T}{Z_0} + \dot{I}_T\right)\mathrm{e}^{-\gamma z} - \dfrac{1}{2}\left(\dfrac{\dot{U}_T}{Z_0} - \dot{I}_T\right)\mathrm{e}^{\gamma z} \end{cases} \quad (2\text{-}9)$$

上式还可以写成双曲函数形式

$$\begin{cases} \dot{U}(z) = \dot{U}_T \operatorname{ch}\gamma z - Z_0 \dot{I}_T \operatorname{sh}\gamma z \\ \dot{I}(z) = -\dfrac{\dot{U}_T}{Z_0}\operatorname{sh}\gamma z + \dot{I}_T \operatorname{ch}\gamma z \end{cases} \quad (2\text{-}10)$$

2. 已知负载端电压 $\dot{U}_L$、电流 $\dot{I}_L$ 时的解式

在工程实际中往往是已知传输线的终端（负载端）的电压、电流值，当传输线长为 l 时，$z=l, \dot{U}(l)=\dot{U}_L, \dot{I}(l)=\dot{I}_L$，且 $\dot{U}_L = Z_L\dot{I}_L$，Z_L 为传输线终端所接负载阻抗。将 $\dot{U}_L, \dot{I}_L$ 代入式（2-6）解出

$$\begin{cases} A_1 = \dfrac{1}{2}(\dot{U}_L + Z_0\dot{I}_L)\mathrm{e}^{\gamma l} \\ A_2 = \dfrac{1}{2}(\dot{U}_L - Z_0\dot{I}_L)\mathrm{e}^{-\gamma l} \end{cases}$$

把解得的积分常数 A_1, A_2 代回到式（2-6），可以得到另一组传输线上任意位置的电压、电流表达式

$$\begin{cases} \dot{U}(z) = \dfrac{1}{2}(\dot{U}_L + Z_0\dot{I}_L)\mathrm{e}^{\gamma(l-z)} + \dfrac{1}{2}(\dot{U}_L - Z_0\dot{I}_L)\mathrm{e}^{-\gamma(l-z)} \\ \dot{I}(z) = \dfrac{1}{2}\left(\dfrac{\dot{U}_L}{Z_0} + \dot{I}_L\right)\mathrm{e}^{\gamma(l-z)} - \dfrac{1}{2}\left(\dfrac{\dot{U}_L}{Z_0} - \dot{I}_L\right)\mathrm{e}^{-\gamma(l-z)} \end{cases} \quad (2\text{-}11)$$

写成双曲函数形式的表达式为

$$\begin{cases} \dot{U}(z) = \dot{U}_L \operatorname{ch}\gamma(l-z) + Z_0\dot{I}_L \operatorname{sh}\gamma(l-z) \\ \dot{I}(z) = \dfrac{\dot{U}_L}{Z_0}\operatorname{sh}\gamma(l-z) + \dot{I}_L \operatorname{ch}\gamma(l-z) \end{cases} \quad (2\text{-}12)$$

工程计算中位置坐标方向指向信源端，并以传输线负载端为坐标原点更为方便。为此只需取新的坐标变量 $d = l - z$，并代入 $\dot{U}_L = Z_L\dot{I}_L$，则解式（2-11）、式（2-12）可写成

$$\begin{cases} \dot{U}(d) = \dfrac{1}{2}(Z_L + Z_0)\dot{I}_L e^{\gamma d} + \dfrac{1}{2}(Z_L - Z_0)\dot{I}_L e^{-\gamma d} \\ \dot{I}(d) = \dfrac{1}{2}\left(\dfrac{Z_L}{Z_0} + 1\right)\dot{I}_L e^{\gamma d} - \dfrac{1}{2}\left(\dfrac{Z_L}{Z_0} - 1\right)\dot{I}_L e^{-\gamma d} \end{cases} \tag{2-13}$$

以及

$$\begin{cases} \dot{U}(d) = \dot{U}_L \operatorname{ch}\gamma d + Z_0 \dot{I}_L \operatorname{sh}\gamma d \\ \dot{I}(d) = \dfrac{\dot{U}_L}{Z_0}\operatorname{sh}\gamma d + \dot{I}_L \operatorname{ch}\gamma d \end{cases} \tag{2-14}$$

2.1.3 对传输线方程解的讨论

1. 传输线上的入射波与反射波

传输线的传播常数通常为复数，即 $\gamma = \alpha + \mathrm{j}\beta$，其实部 α 称为**衰减常数**，虚部 β 称为**相移常数**。

考察式（2-13），为方便分析而假定式中 Z_0，Z_L 都为纯阻，代入 $\gamma = \alpha + \mathrm{j}\beta$，写出式（2-13）相应的瞬时值表达式

$$\begin{cases} \begin{aligned} u(d,t) &= \operatorname{Re}\left[\dot{U}(d)\mathrm{e}^{\mathrm{j}\omega t}\right] \\ &= \dfrac{1}{2}(Z_L + Z_0)I_L \mathrm{e}^{\alpha d}\cos(\omega t + \beta d) + \dfrac{1}{2}(Z_L - Z_0)I_L \mathrm{e}^{-\alpha d}\cos(\omega t - \beta d) \\ &= u_i(d,t) + u_r(d,t) \end{aligned} \\ \begin{aligned} i(d,t) &= \operatorname{Re}\left[\dot{I}(d)\mathrm{e}^{\mathrm{j}\omega t}\right] \\ &= \dfrac{1}{2}\left(\dfrac{Z_L}{Z_0}+1\right)I_L \mathrm{e}^{\alpha d}\cos(\omega t + \beta d) - \dfrac{1}{2}\left(\dfrac{Z_L}{Z_0}-1\right)I_L \mathrm{e}^{-\alpha d}\cos(\omega t - \beta d) \\ &= i_i(d,t) + i_r(d,t) \end{aligned} \end{cases} \tag{2-15}$$

上两式中右端第一项显然是由信源端向负载端（d 减小）传播的幅值按指数律减小的波，称为**电压入射波** $u_i(d,t)$ 和**电流入射波** $i_i(d,t)$，它们的相位越向负载越滞后。而两式右端第二项则是由负载端向信源端传播的波，越向信源波的幅值按指数律减小相位越滞后，称为**反射波电压** $u_r(d,t)$ 和**反射波电流** $i_r(d,t)$。

这就是说，接有负载的传输线在时变信源激励下，传输线上的电压、电流呈现波动过程。传输线上任意点处的电压，都是这一点上入射波电压与反射波电压的叠加；传输线上任意点处的电流，也是该点处入射波电流与反射波电流的叠加。图 2-4 为传输线上电压入射波与反射波的瞬时值分布图。

波的相位为某确定值的点（或等相位面）向前推进的速度称为**波的相速度**，记做 v_p。相速度是表征波的传播特性的重要参量之一。我们在讨论理想介质中的均匀平面电磁波时，已经导出波的相速度与波的相移常数之间的关系

$$v_p = \dfrac{\omega}{\beta} \tag{2-16}$$

波的相移常数 β，是波传播方向上单位距离的相位滞后量。由式（2-7）经过运算可得

$$\begin{cases} \beta = \sqrt{\dfrac{1}{2}\left[(\omega^2 L_0 C_0 - R_0 G_0) + \sqrt{(R_0^2 + \omega^2 L_0^2)(G_0^2 + \omega^2 C_0^2)}\right]} \\ \alpha = \sqrt{\dfrac{1}{2}\left[(R_0 G_0 - \omega^2 L_0 C_0) + \sqrt{(R_0^2 + \omega^2 L_0^2)(G_0^2 + \omega^2 C_0^2)}\right]} \end{cases} \quad (2\text{-}17)$$

可见传输线上波的相移常数 β，决定于传输线的分布电路参量及所传输信号的角频率。而且相移常数 β 与角频率 ω 的关系很复杂，因此波的相速度 v_p 与角频率 ω 的关系也很复杂。

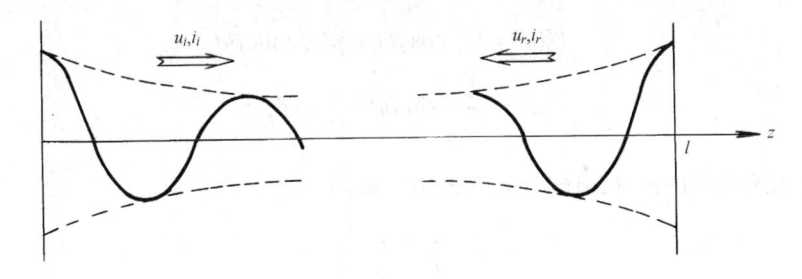

图 2-4

波在一周期 T 内，其相位为确定值的点（或等相位面）沿波传播方向移动的距离定义为**相波长**（简称为波长），记做 λ_p。相波长也是表征波的传播特性的重要参量。按其定义

$$\lambda_p = v_p T = \frac{v_p}{f} = \frac{\omega}{\beta f} = \frac{2\pi}{\beta} \quad (2\text{-}18)$$

$$\therefore \quad \beta = \frac{2\pi}{\lambda_p} \quad (2\text{-}19)$$

2. 均匀无损耗传输线

前已述及，用于传输信号的传输线其结构必须均匀，这样它的分布电路参量 R_0, G_0, L_0, C_0 乃至传播参量 $Z_0, \gamma = \alpha + \mathrm{j}\beta$、相速度 v_p 及波长 λ_p 等才会是常数。否则传输线的问题将难于分析和得出有用的结论。

线无损耗，即传输线的 $R_0 = 0, G_0 = 0$，这显然是实际上不可能存在的理想化条件。但通常传输线都是由良导体制成的，而且所用介质的高频损耗也很小，这样 $R_0 \ll \omega L_0, G_0 \ll \omega C_0$ 是可以满足的，也就是说是很接近理想情况的。这里需要指出的是，我们分析工程问题经常要把实际问题理想化，这不仅仅是一种处理问题的方法，实质上是一种突出主要矛盾的科学观念。因为在分析处理工程问题时，在很多情况下不能苛求纯数学那样的严密。

在 $R_0 = 0, G_0 = 0$ 的条件下

$$\begin{cases} \gamma = \sqrt{(\mathrm{j}\omega L_0)(\mathrm{j}\omega C_0)} = \mathrm{j}\beta \\ \beta = \omega\sqrt{L_0 C_0} \\ \alpha = 0 \\ Z_0 = \sqrt{\dfrac{\mathrm{j}\omega L_0}{\mathrm{j}\omega C_0}} = \sqrt{\dfrac{L_0}{C_0}} \end{cases} \quad (2\text{-}20)$$

即传输线的衰减常数 α 为零，线上的入射波和反射波都是幅值不衰减的波。传输线的波阻抗 Z_0

为实数,即为纯阻。这样式(2-13)可写成为

$$\begin{cases} \dot{U}(d) = \frac{1}{2}(Z_L + Z_0)\dot{I}_L e^{j\beta d} + \frac{1}{2}(Z_L - Z_0)\dot{I}_L e^{-j\beta d} \\ \dot{I}(d) = \frac{1}{2}\left(\frac{Z_L}{Z_0} + 1\right)\dot{I}_L e^{j\beta d} - \frac{1}{2}\left(\frac{Z_L}{Z_0} - 1\right)\dot{I}_L e^{-j\beta d} \end{cases} \quad (2\text{-}21)$$

而式(2-14)的双曲函数表述形式变为三角函数表述形式,即

$$\begin{cases} \dot{U}(d) = \dot{U}_L \cos\beta d + jZ_0 \dot{I}_L \sin\beta d \\ \dot{I}(d) = j\dfrac{\dot{U}_L}{Z_0}\sin\beta d + \dot{I}_L \cos\beta d \end{cases} \quad (2\text{-}22)$$

此时波的相速度可由式(2-16)、式(2-20)求得

$$v_p = \frac{\omega}{\beta} = \frac{1}{\sqrt{L_0 C_0}} \quad (2\text{-}23)$$

可见无损耗传输线的相速度与频率无关,即线所传输信号的各频率成分在传输线上以相同的相速度推送。而且信号各频率成分的幅值在传输过程中无变化(衰减常数 $\alpha = 0$)。所以均匀无损耗传输线无频率失真,即为**无色散系统**。那么对于 $\gamma = \alpha + j\beta$ 的一般情况,衰减常数 α 及相移常数 β 与频率关系复杂,是**色散系统**。

3. 传输线上任一位置处的输入阻抗

当传输线终端接有负载 Z_L 时,线上任一位置处的电压 $\dot{U}(d)$ 与电流 $\dot{I}(d)$ 之比,定义为该位置处**传输线的输入阻抗**,记做 $Z_{\text{in}}(d)$。对于均匀无损耗传输线,由式(2-22)可得

$$Z_{\text{in}}(d) = Z_0 \frac{Z_L \cos\beta d + jZ_0 \sin\beta d}{Z_0 \cos\beta d + jZ_L \sin\beta d} \quad (2\text{-}24)$$

而对于有损耗的均匀传输线,由式(2-14)可得

$$Z_{\text{in}}(d) = Z_0 \frac{Z_L \operatorname{ch}\gamma d + Z_0 \operatorname{sh}\gamma d}{Z_0 \operatorname{ch}\gamma d + Z_L \operatorname{sh}\gamma d} \quad (2\text{-}25)$$

输入阻抗 $Z_{\text{in}}(d)$ 是表征传输线工作状况的一个重要参量。由式(2-24)及式(2-25)可知,传输线的输入阻抗 $Z_{\text{in}}(d)$ 不仅与其负载 Z_L 和传输线波阻抗 Z_0 有关,而且与位置 d 有关,这是与低频时不同的概念。

例 2-1 均匀无损耗传输线的波阻抗 $Z_0 = 75\,\Omega$,终端接 $50\,\Omega$ 纯阻负载,求距负载端 $\dfrac{\lambda_p}{4}$、$\dfrac{\lambda_p}{2}$ 位置处的输入阻抗。若信源频率分别为 $50\,\text{MHz}$, $100\,\text{MHz}$,求计算输入阻抗点的具体位置。

解: 运用无耗传输线输入阻抗计算公式

$$Z_{\text{in}}(d) = Z_0 \frac{Z_L \cos\beta d + jZ_0 \sin\beta d}{Z_0 \cos\beta d + jZ_L \sin\beta d}$$

当距离为 $\dfrac{\lambda_p}{4}$ 时,$\beta d = \dfrac{2\pi}{\lambda_p} \cdot \dfrac{\lambda_p}{4} = \dfrac{\pi}{2}$,则

$$Z_{\text{in}}\left(\frac{\lambda_p}{4}\right) = \frac{Z_0^2}{Z_L} = \frac{(75)^2}{50} = 112.5\ \Omega$$

当距离为 $\frac{\lambda_p}{2}$ 时，$\beta d = \frac{2\pi}{\lambda_p} \cdot \frac{\lambda_p}{2} = \pi$，则

$$Z_{\text{in}}\left(\frac{\lambda_p}{2}\right) = Z_L = 50\ \Omega$$

信源频率 $f_1 = 50\ \text{MHz}$ 时，传输线上的相波长为

$$\lambda_{p1} = \frac{v_p}{f_1} = \frac{3 \times 10^8}{50 \times 10^6} = 6\ \text{m}$$

则传输线上距负载端 1.5 m 处，$Z_{\text{in}} = 112.5\ \Omega$；距负载端 3 m 处，$Z_{\text{in}} = 50\ \Omega$。

信源频率 $f_2 = 100\ \text{MHz}$ 时，传输线上的相波长为

$$\lambda_{p2} = \frac{v_p}{f_2} = \frac{3 \times 10^8}{100 \times 10^6} = 3\ \text{m}$$

则传输线上距负载端 0.75 m 处，$Z_{\text{in}} = 112.5\ \Omega$；距负载端 1.5 m 处，$Z_{\text{in}} = 50\ \Omega$。

由此算例可知 $Z_{\text{in}}\left(\frac{\lambda_p}{4}\right) = \frac{Z_0^2}{Z_L}$，$Z_{\text{in}}\left(\frac{\lambda_p}{2}\right) = Z_L$，称为**四分之一波长线的阻抗变换性**和**二分之一波长线的阻抗重复性**，是无损耗传输线的一个重要特性。

4. 负载匹配时的传输线

为简化对传输线问题的深入讨论，以下若不特别指出，我们分析讨论的都是指均匀无损耗传输线。式（2-21）所表示的传输线上任一位置处的电压 $\dot{U}(d)$、电流 $\dot{I}(d)$ 可简化为

$$\begin{cases} \dot{U}(d) = \dot{U}_i(d) + \dot{U}_r(d) \\ \dot{I}(d) = \dot{I}_i(d) + \dot{I}_r(d) = \frac{1}{Z_0}\left[\dot{U}_i(d) - \dot{U}_r(d)\right] \end{cases} \quad (2\text{-}26)$$

当负载阻抗 $Z_L = Z_0$ 时，由式（2-21）可知，此时传输线上反射波电压 $\dot{U}_r(d)$ 和反射波电流 $\dot{I}_r(d)$ 均为零，传输线上只存在入射波电压 $\dot{U}_i(d)$ 及入射波电流 $\dot{I}_i(d)$。这种情况称为传输线与负载**匹配**，其条件就是 $Z_L = Z_0$。显然传输线的匹配与低频电路的匹配概念不同。

传输线与其终端负载匹配时，线上任一位置处的输入阻抗

$$Z_{\text{in}}(d) = \frac{\dot{U}(d)}{\dot{I}(d)} = \frac{\dot{U}_i(d)}{\dot{I}_i(d)} = Z_0 = Z_L$$

即 $Z_{\text{in}}(d)$ 与位置 d 无关，恒等于负载 Z_L 或传输线的波阻抗 Z_0，这也可以由式（2-24）得到。这是匹配状态时传输线的重要性质之一。

同时我们还看到，传输线的波阻抗 Z_0 等于传输线同一位置处的入射波电压 $\dot{U}_i(d)$ 与入射波电流 $\dot{I}_i(d)$ 之比，即

$$Z_0 = \frac{\dot{U}_i(d)}{\dot{I}_i(d)} \quad (2\text{-}27)$$

这个结果与传输线匹配与否无关。入射波电压 $\dot{U}_i(d)$ 与传输线两导体间的电位差相关，或者说与双线导体间电场相关；入射波电流 $\dot{I}_i(d)$ 则与线外空间的磁场相关。因此可以说传输线的波阻抗与我们讨论过的均匀平面电磁波的波阻抗概念和含义是相通的。波阻抗无论对于导行电磁波（虽然我们这里使用的是电压、电流）还是自由空间中传播的电磁波，都是一个非常重要的概念和参量。

当传输线与其终端所接负载匹配时，线上任一位置处向负载方向传送的功率为

$$P_d = \frac{1}{2}\text{Re}\left[\dot{U}(d)\overset{*}{I}(d)\right] = \frac{1}{2}\text{Re}\left[\dot{U}_i(d)\overset{*}{I}_i(d)\right] = P_i$$

就是说在传输线匹配状态下，线上任一位置处向负载方向传送的功率 P_d，都等于入射功率 P_i。那么当传输线与其终端所接负载不匹配时，$P_d < P_i$，其原因是由于有反射波 $\dot{U}_r(d)$，$\dot{I}_r(d)$ 存在，这一问题在后面再作深入讨论。

5. 低频时的传输线

传输线都是用良导体制作的，低频时趋表效应不明显，而且线间介质损耗也可不计，因此低频时可认为 $R_0 = 0, G_0 = 0$。传输线的单位线长电感 L_0 及单位线长电容 C_0 都是数值很小的参量，前面我们计算过 50 Hz 频率时相应的 ωL_0 及 ωC_0 值，它们与电路集总元件参数相比较是完全可以忽略不计的，即可令 $\omega L_0 \approx 0, \omega C_0 \approx 0$。这样，$\gamma = \alpha + j\beta \approx 0$。那么式（2-21）或式（2-13）即变成

$$\dot{U}(d) = \dot{U}_L$$
$$\dot{I}(d) = \dot{I}_L$$
$$Z_{\text{in}}(d) = Z_L$$

这就完全是一般电路的概念，此时的传输线就是无损耗、无相移（也就是无时延）的理想连接导线，或者说此时的传输线显现不出波动性。

2.2 无耗均匀传输线的工作状态

通过前一节的分析可知，传输线与其终端所接负载匹配与否直接决定线上有无电压、电流的反射波；而传输线上反射波的有无或大小直接影响到传输线的工作。本节将集中讨论这个问题。

2.2.1 电压反射系数

定义终端接有负载 Z_L 的传输线上任意位置 d 处的反射波电压 $\dot{U}_r(d)$ 与入射波电压 $\dot{U}_i(d)$ 之比为**电压反射系数**，用以表示传输线上反射波的大小。由式（2-21）可得电压反射系数 $\Gamma(d)$ 的表达式

$$\Gamma(d) = \frac{\dot{U}_r(d)}{\dot{U}_i(d)} = \frac{Z_L - Z_0}{Z_L + Z_0}e^{-j2\beta d} \tag{2-28}$$

电压反射系数 $\Gamma(d)$ 是一复数，可以表示于复平面 $u + jv$ 上。如图 2-5 所示，$\Gamma(d)$ 的模值

$$|\Gamma(d)| = \left|\frac{Z_L - Z_0}{Z_L + Z_0}\right| \leqslant 1 \tag{2-29}$$

等于线上同一位置处反射波电压与入射波电压的幅值之比，无论从表达式还是从物理意义上解释，$|\Gamma(d)|$ 都不可能大于 1，因此复平面中只有单位圆及其以内区域才有意义。从式（2-29）可知，对于无耗均匀传输线，电压反射系数的模值唯一地由负载 Z_L 和传输线的波阻抗 Z_0 所决定。

电压反射系数 $\Gamma(d)$ 的辐角记为 φ_Γ

$$\varphi_\Gamma = \varphi_L - 2\beta d \tag{2-30}$$

其中 φ_L 是 $d=0$ 处即负载位置处的电压反射系数辐角，也就是复数 $\dfrac{(Z_L - Z_0)}{(Z_L + Z_0)}$ 的辐角。这样就很容易在表示 $\Gamma(d)$ 的复平面上，由 $|\Gamma(d)|$ 和 φ_L 找到负载点，如图 2-5 中的 M 点。

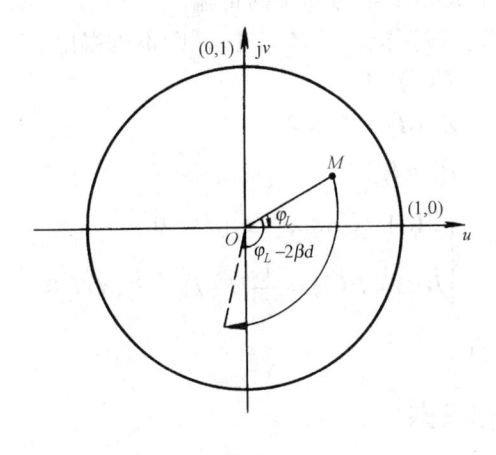

图 2-5

当在传输线上由负载点 M 向信源方向移动位置时，即 d 由 0 开始增大，$|\Gamma(d)|$ 保持不变而 φ_Γ 减小，在复平面上由点 M 开始在以 OM 为半径的圆上顺时针移动。在复平面上转过的角度 $\Delta\varphi_\Gamma$ 与传输线上移动的距离 Δd 之间的关系是

$$\Delta\varphi_\Gamma = -2\beta\Delta d = -\frac{4\pi}{\lambda_p}\Delta d \tag{2-31}$$

因为传输线上电流的入射波 $\dot{I}_i(d)$ 和反射波 $\dot{I}_r(d)$，可以用电压的入射波 $\dot{U}_i(d)$ 和反射波 $\dot{U}_r(d)$ 表示，如式（2-26）所示，所以我们不再定义电流反射系数以免造成混乱。这样可把电压反射系数简称为反射系数。

定义了电压反射系数 $\Gamma(d)$ 后，式（2-26）可改写成用 $\Gamma(d)$ 表示的形式

$$\begin{cases} \dot{U}(d) = \dot{U}_i(d)[1 + \Gamma(d)] \\ \dot{I}(d) = \dfrac{\dot{U}_i(d)}{Z_0}[1 - \Gamma(d)] \end{cases} \tag{2-32}$$

那么传输线上任一位置处的输入阻抗 $Z_{in}(d)$ 也可用 $\Gamma(d)$ 来表示

$$Z_{in}(d) = Z_0 \frac{[1 + \Gamma(d)]}{[1 - \Gamma(d)]} \tag{2-33}$$

最后我们再分析一下传输线上任一位置 d 处向负载方向传送的功率 P_d 与电压反射系数 $\Gamma(d)$ 的关系。根据正弦交流电路中平均功率的算法

$$\begin{aligned}
P_d &= \frac{1}{2}\text{Re}\left[\dot{U}(d)\dot{I}^*(d)\right] \\
&= \frac{1}{2}\text{Re}\left[\dot{U}_i(d)(1+\Gamma(d))\frac{1}{Z_0}\dot{U}_i^*(d)\left(1-\overset{*}{\Gamma}(d)\right)\right] \\
&= \frac{1}{2Z_0}|\dot{U}_i(d)|^2\text{Re}\left[1+\Gamma(d)-\overset{*}{\Gamma}(d)-|\Gamma(d)|^2\right] \\
&= P_i\left[1-|\Gamma(d)|^2\right]
\end{aligned} \tag{2-34}$$

可见电压反射系数 $\Gamma(d)$ 直接影响到信号功率的传输。

若传输线与其终端所接负载匹配，即 $Z_L = Z_0$，则不难得出以下结果

$$\Gamma(d) = 0$$
$$Z_{\text{in}}(d) = Z_0 = Z_L$$
$$P_d = P_i$$
$$\begin{cases} \dot{U}(d) = \dot{U}_i(d), & \dot{U}_r(d) = 0 \\ \dot{I}(d) = \dot{I}_i(d) = \frac{1}{Z_0}\dot{U}_i(d), & \dot{I}_r(d) = 0 \end{cases}$$

在 $\Gamma(d)$ 复平面上相当于原点 o。

2.2.2 传输线的工作状态

接有负载阻抗 Z_L 的传输线在正弦时变信源激励下，依线上电压反射系数 $\Gamma(d)$ 的有无或大小，可把传输线区别为**行波**、**驻波**和**行驻波**三种工作状态。反射系数 $\Gamma(d)$ 就是表征工作状态的参量。

1. 行波状态

实现的条件是 $Z_L = Z_0$，即传输线与其终端所接负载匹配。则有

$$\begin{cases} \dot{U}(d) = \dot{U}_i(d) = \frac{1}{2}(\dot{U}_L + Z_0\dot{I}_L)e^{j\beta d} = \dot{U}_L e^{j\beta d} \\ \dot{I}(d) = \dot{I}_i(d) = \frac{1}{2}\left(\frac{\dot{U}_L}{Z_0} + \dot{I}_L\right)e^{j\beta d} = \dot{I}_L e^{j\beta d} \end{cases} \tag{2-35}$$

$$\Gamma(d) = 0$$
$$Z_{\text{in}}(d) = Z_0 = Z_L$$
$$P_d = P_i$$

行波状态是传输线的理想工作状态。此时线上无反射波，只有自信源向负载传播的电压和电流的入射波，它们是沿线幅值不变而向负载方向相位依序滞后的行进波。传输线上不同位置处的输入阻抗都一样，都等于负载阻抗或传输线的波阻抗。信源激励的信号功率完全到达负载端并被负载吸收。

2. 驻波状态

当传输线终端开路($Z_L \to \infty$)、短路($Z_L = 0$)或接纯电抗负载($Z_L = jX_L$)时，传输线将呈现一种极端工作状态。上述条件即 $Z_L = 0,\ \infty,\ jX_L$ 的情况，在低频电路中是不允许或无意义的；而对于传输信号工作于高频或超高频（即微波段）的传输线来说，则是容许的，至少不致造成电路故障。因为在高频或超高频段，传输线本身相当于无穷多的部分网络链接的系统。

下面就传输线终端负载为开路、短路和纯电抗的三种具体情况分别加以讨论。

终端开路 $Z_L = \infty$，电压反射系数在负载点处为

$$\Gamma(0) = \frac{(Z_L - Z_0)}{(Z_L + Z_0)} = 1 \tag{2-36}$$

由式（2-32）可知

$$\begin{cases} \dot{U}_L = 2\dot{U}_i(0) \\ \dot{I}_L = 0 \end{cases}$$

入射波电压、电流在传输线终端发生全反射，在终端处反射波电压与入射波电压等幅同相位，而反射波电流与入射波电流在终端处等幅反相位。这样沿线上两等幅反方向行进的波叠加成驻波。由式（2-22）可直接写出电压、电流沿线分布的数学表达式

$$\begin{cases} \dot{U}(d) = \dot{U}_L \cos\beta d \\ \dot{I}(d) = j\dfrac{\dot{U}_L}{Z_0}\sin\beta d \end{cases} \tag{2-37}$$

传输线上不同位置处的输入阻抗

$$Z_{\text{in}}(d) = \frac{\dot{U}(d)}{\dot{I}(d)} = -jZ_0 \cot\beta d$$

为纯电抗。图 2-6 所示为终端开路传输线沿线电压、电流幅值及输入阻抗的分布。

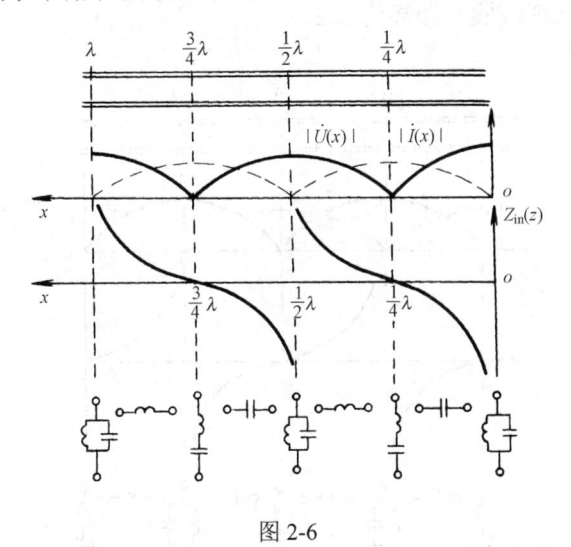

图 2-6

由图 2-6 中可以看到，在终端处是电压波腹（电流波节），由终端处沿传输线向信源方向 $\lambda_p/4$ 处为电压波节（电流波腹）、$\lambda_p/2$ 处为电压波腹（电流波节），以此类推。因为此时传

输线上每一位置处电压与电流相位差$\pi/2$，即不能形成平均功率，$P_d = 0$，这也可由式（2-34）得到印证。

终端开路的传输线其输入阻抗为纯电抗，且改变线长 d 不仅可改变电抗值还可改变电抗极性，这是一个很可利用的性质。在超短波段和微波段，常使用长度可变的开路线或短路线作为可变电抗器。

终端短路　$Z_L = 0$，终端处（短路点处）电压反射系数为

$$\Gamma(0) = \frac{(Z_L - Z_0)}{(Z_L + Z_0)} = -1 \qquad (2\text{-}38)$$

同样由式（2-32）可得

$$\begin{cases} \dot{U}_L = 0 \\ \dot{I}_L = \dfrac{2\dot{U}_i(0)}{Z_0} \end{cases}$$

在传输线终端处，入射波电压、电流发生全反射，只不过与线终端开路时不同的是终端处反射波电压与入射波电压等幅反相位，反射波电流与入射波电流在终端处等幅同相位。因此终端短路的传输线终端处为电压波节电流波腹。电流、电压沿线分布的表达式为

$$\begin{cases} \dot{U}(d) = jZ_0 \dot{I}_L \sin\beta d \\ \dot{I}(d) = \dot{I}_L \cos\beta d \end{cases} \qquad (2\text{-}39)$$

输入阻抗为

$$Z_{\text{in}}(d) = jZ_0 \tan\beta d$$

也是纯电抗。图 2-7 则为终端短路的传输线沿线电压、电流幅值及输入阻抗的分布。图中所示依然是电压波腹位置为电流波节，电压波节位置为电流波腹，电压或电流相邻的波腹波节距离为 $\lambda_p/4$，相邻两波节（或波腹）距离为 $\lambda_p/2$。

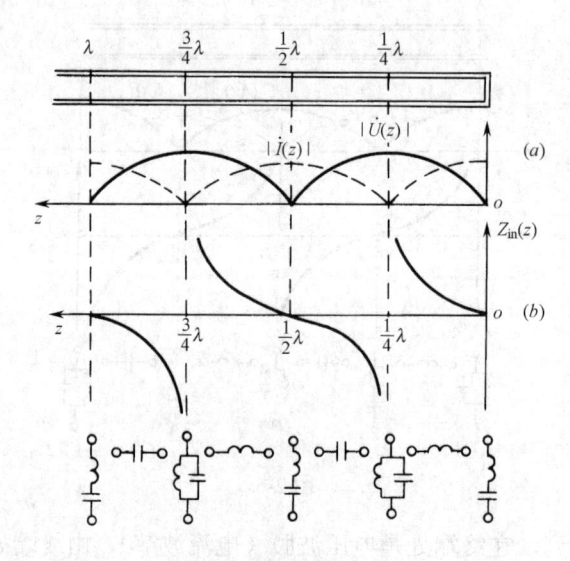

图 2-7

和终端开路的传输线一样,线上任一位置处的电压与电流相位差π/2,因此他们不能形成平均功率,即 $P_d = 0$。

终端负载为纯电抗　　$Z_L = jX_L$,此时终端处的电压反射系数为

$$\Gamma(0) = \frac{(jX_L - Z_0)}{(jX_L + Z_0)} = -\frac{(Z_0 - jX_L)}{(Z_0 + jX_L)}$$

$$= -\frac{\sqrt{Z_0^2 + X_L^2}\,e^{-j\varphi_x}}{\sqrt{Z_0^2 + X_L^2}\,e^{j\varphi_x}}$$

$$= e^{j(\pi - 2\varphi_x)} \tag{2-40}$$

其中 φ_x 是阻抗 $Z_0 + jX_L$ 的辐角。由上式可知电压反射系数的模 $|\Gamma(0)| = 1$,这就是说终端接纯电抗负载的传输线也呈驻波状态。沿线电压、电流分布的数学表达式可由式(2-21)导出:

$$\begin{cases} \dot{U}(d) = j\sqrt{Z_0^2 + X_L^2}\,\dot{I}_L \sin(\beta d + \varphi_x) \\ \dot{I}(d) = \frac{1}{Z_0}\sqrt{Z_0^2 + X_L^2}\,\dot{I}_L \cos(\beta d + \varphi_x) \end{cases} \tag{2-41}$$

线上任一位置处的输入阻抗

$$Z_{in}(d) = jZ_0 \tan(\beta d + \varphi_x)$$

也是纯电抗。线上同一位置处的电压和电流相位差π/2,因此 $P_d = 0$。传输线终端接纯电抗负载时,沿线电压、电流幅值分布与终端开路或短路时的不同之处,只是线终端处不是电压、电流的波腹或波节。这一点其实可以这样来理解:终端开路或短路的传输线,其输入阻抗均为纯电抗,那么现在传输线接纯电抗负载,就相当于在线终端处接入一段终端开路或短路的传输线。也就是说以纯电抗为负载的传输线,就相当于负载端延长一段长度的开路或短路线。

通过以上对三种负载条件下传输线工作状态的分析可知,因反射系数模值 $|\Gamma(d)| = 1$,线上由幅值相同而行进方向相反的两个波叠加成驻波,致使线上电压和电流的波腹波节位置固定,线上每一点处电压和电流只是一种分布而不再是传播的波,不可能向负载端传送信号功率。也就是说工作于驻波状态的传输线不是导行波系统,而是一个振荡系统。

3. 行驻波状态

这是当传输线终端接一般负载 $Z_L = R_L + jX_L$ 的最普遍情况。此时线上任一点处的电压反射系数

$$\Gamma(d) = \frac{R_L - Z_0 + jX_L}{R_L + Z_0 + jX_L} e^{-j2\beta d}$$

因 $(R_L - Z_0)^2 < (R_L + Z_0)^2$,此时反射系数的模值

$$0 < |\Gamma(d)| < 1 \tag{2-42}$$

也就是说传输线工作在部分反射的状态,介于行波(匹配,无反射)与驻波(全反射)之间,因而称为行驻波状态。电信工程实际中,无论是长途通信线路与终端机的连接,还是无线电

收发机的馈线与天线之间的连接，多是这种情况。此种情况下传输线上电压、电流的表达式及输入阻抗计算公式，就是前面得出的式（2-21）和式（2-24）。线上任一位置处传向负载的信号功率 P_d 也总是小于信源入射的功率 P_i。

下面我们来分析行驻波状态下，电压幅值（电流幅值情况类似）沿传输线的分布规律。用电压反射系数 $\Gamma(d)$ 表示，传输线上任一点处电压 $\dot{U}(d)$ 的模值为

$$\begin{aligned}
|\dot{U}(d)| &= |\dot{U}_i(d)| \cdot |1+\Gamma(d)| \\
&= |\dot{U}_i(d)| \cdot |1+|\Gamma(d)|e^{j\varphi_\Gamma}| \\
&= |\dot{U}_i(d)| \sqrt{[1+|\Gamma(d)|\cos\varphi_\Gamma]^2 + [|\Gamma(d)|\sin\varphi_\Gamma]^2} \\
&= |\dot{U}_i(d)| \sqrt{1+|\Gamma(d)|^2 + 2|\Gamma(d)|\cos\varphi_\Gamma}
\end{aligned} \tag{2-43}$$

由所得 $|\dot{U}(d)|$ 表达式可知，因 $|\Gamma(d)| < 1$，根式为实数。而对于无耗传输线，$|\dot{U}_i(d)|$ 及 $|\Gamma(d)|$ 均与 d 无关，只有 $\varphi_\Gamma = \varphi_L - 2\beta d$ 与 d 有关，所以 $|\dot{U}(d)|$ 沿线呈周期分布，但不是像驻波那样的正弦律分布。

进一步分析式（2-43），当 $\varphi_\Gamma = \varphi_L - 2\beta d = 2n\pi$ 时（$n = 0, \pm 1, \pm 2, \cdots$），$|\dot{U}(d)|$ 为最大值即波腹。电压波腹的位置

$$d_{\max} = \frac{\varphi_L \lambda_p}{4\pi} - n\frac{\lambda_p}{2} \tag{2-44}$$

当 $\varphi_\Gamma = \varphi_L - 2\beta d = (2n+1)\pi$ 时，$|\dot{U}(d)|$ 为最小值即波节。电压波节的位置

$$d_{\min} = \frac{\varphi_L \lambda_p}{4\pi} - (2n+1)\frac{\lambda_p}{4} \tag{2-45}$$

若负载为纯阻 R_L，且 $R_L > Z_0$，则 $\varphi_L = 0$，第一个电压波腹位置在传输线终端处，第一个电压波节点位置在距终端 $\lambda_p/4$ 处。若 $R_L < Z_0$，则 $\varphi_L = \pi$，第一个电压波腹位置距终端 $\lambda_p/4$，而第一个电压波节位置则在传输线终端处。在一般负载 $Z_L = R_L + jX_L$ 情况下，线上相邻两电压波腹或波节距离仍为 $\lambda_p/2$，相邻电压波腹与波节距离也仍然是 $\lambda_p/4$。

同样，我们可以求出行驻波状态下电流幅值沿线的分布规律

$$|\dot{I}(d)| = |\dot{I}_i(d)||1-\Gamma(d)| = |\dot{I}_i(d)|\sqrt{1+|\Gamma(d)|^2 - 2|\Gamma(d)|\cos\varphi_\Gamma} \tag{2-46}$$

可见，电流幅值沿线分布规律与电压幅值沿线分布类似，只是电压波腹位置为电流波节，电压波节位置为电流波腹。按式（2-43）、式（2-46）可画出行驻波状态下，电压电流幅值沿线的分布，如图 2-8 所示。无论是电压还是电流的波节值都不为零。

为了定量说明传输线上呈现驻波的程度，定义**电压驻波比**（简称为驻波比）S 这样一个参量，它等于电压波腹值与电压波节值之比，即

$$S = \frac{|\dot{U}(d)|_{\max}}{|\dot{U}(d)|_{\min}} \tag{2-47}$$

显然，电压驻波比 S 间接地反映了传输线上反射波的有无与大小，或者说也可以反映传输线的匹配情况。

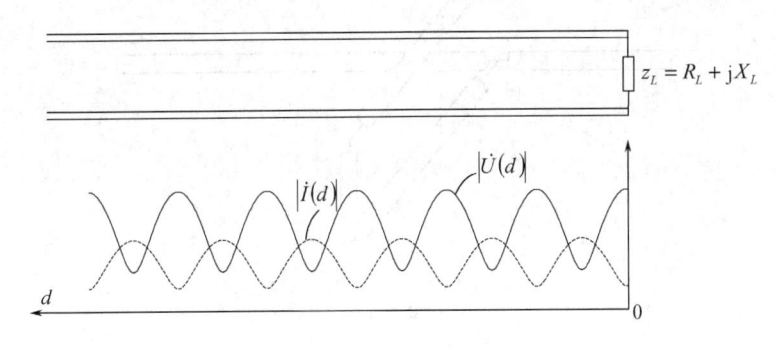

图 2-8

由式（2-43）可知，$\left|\dot{U}(d)\right|_{\max}=\left|\dot{U}_i(d)\right|\left[1+\left|\Gamma(d)\right|\right]$，即 $\varphi_\Gamma=0$，就是说电压波腹出现在反射波电压与入射波电压同相位之处，这从物理意义上也解释得通。而电压波节值 $\left|\dot{U}(d)\right|_{\min}=\left|\dot{U}_i(d)\right|\left[1-\left|\Gamma(d)\right|\right]$，即 $\varphi_\Gamma=\pi$，发生在反射波电压与入射波电压反相位之处，这样

$$S=\frac{\left|\dot{U}(d)\right|_{\max}}{\left|\dot{U}(d)\right|_{\min}}=\frac{1+\left|\Gamma(d)\right|}{1-\left|\Gamma(d)\right|} \tag{2-48}$$

那么，传输线工作在行波状态时，$\Gamma(d)=0, S=1$，驻波状态时 $\left|\Gamma(d)\right|=1, S=\infty$；行驻波状态时，$0<\left|\Gamma(d)\right|<1, S>1$。因此电压驻波比 S 与电压反射系数 $\Gamma(d)$ 都是表征传输线工作状态的参量，它们之间有式（2-48）所表示的关系。电压驻波比 S 为实数，对于无耗线它与位置无关又容易直接测量，因此在工程实际中更为方便。

当无耗传输线终端接纯阻负载 R_L 时，线上电压驻波比 S 的求算非常简单。若 $R_L>Z_0$，则

$$\left|\Gamma(d)\right|=\frac{R_L-Z_0}{R_L+Z_0}, \quad S=\frac{1+\left|\Gamma(d)\right|}{1-\left|\Gamma(d)\right|}=\frac{R_L}{Z_0} \tag{2-49}$$

若 $R_L<Z_0$，则

$$\left|\Gamma(d)\right|=\frac{Z_0-R_L}{Z_0+R_L}, \quad S=\frac{1+\left|\Gamma(d)\right|}{1-\left|\Gamma(d)\right|}=\frac{Z_0}{R_L} \tag{2-50}$$

例 2-2 图 2-9 为一传输线网络，其 AB 段、BD 段长为 $\lambda_p/4$，BC 段长 $\lambda_p/2$，各段传输线波阻抗均为 $Z_0=150\,\Omega$。传输线 CC' 端口开路，DD' 端口接纯阻负载 $Z_L=300\,\Omega$。求传输线 AA' 端口输入阻抗及各段传输线上的电压驻波比。

解：直接利用 $\lambda_p/4$ 传输线的阻抗变换性及 $\lambda_p/2$ 传输线的阻抗重复性，则

$$Z_{BB'}=并联\left\{\begin{array}{l}Z_{BB'1}=\infty \\ Z_{BB'2}=\dfrac{150^2}{300}=75\,\Omega\end{array}\right\}=75\,\Omega$$

$$Z_{AA'}=\frac{150^2}{75}=300\,\Omega$$

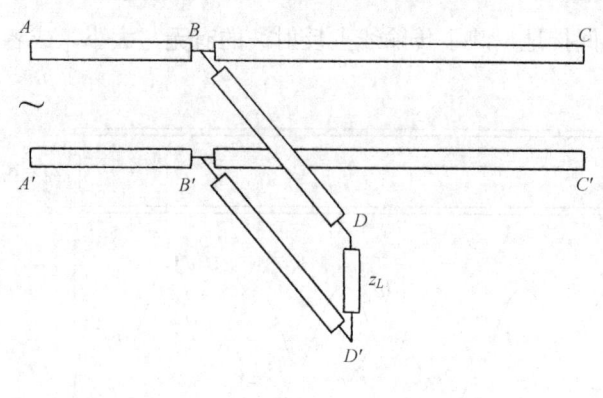

图 2-9

各段传输线的电压驻波比可用式（2-49）和式（2-50）计算：

$$S_{BD} = \frac{300}{150} = 2$$

$$S_{BC} = \infty$$

$$S_{AB} = \frac{150}{75} = 2$$

2.2.3 传输线工作状态的测定

在工程实际中，对传输线的工作状态进行理论分析计算的同时，实地测定并与理论计算结果相比较是必要的。

在微波段和超短波高端（UHF 段）最常用的传输线为同轴线及金属波导，他们都是封闭系统，因此必须构造专用的开槽线——测量线。测量线的测量探针由同轴线外导体或波导壁开的纵向槽伸入线的内部，并可沿长槽纵向移动，槽外标尺可标记探针沿纵向槽移动的位置。图 2-10 就是同轴型和波导型测量线的结构示意图。

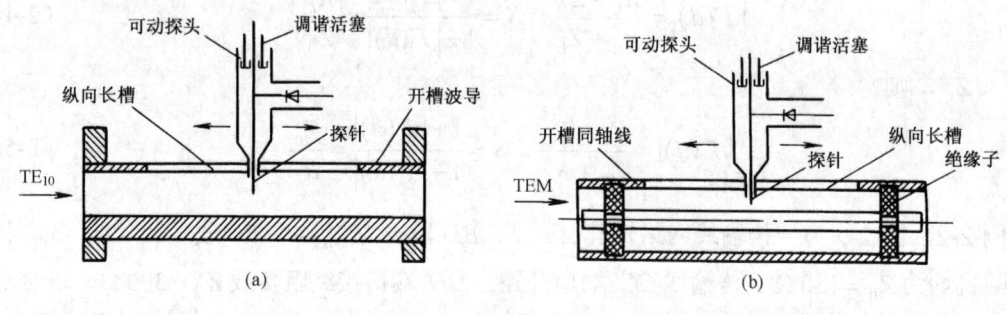

图 2-10

在实测时用这种专用的测量线替代一段实际系统的传输线接入，可在系统输入端接入信号源做模拟测试，必要时也可以进行在线测试。对于不同型号的同轴线或金属波导，必须配用相符合的测量线。

测量传输线系统的工作状态，就是实测电压驻波比 S 和电压反射系数 $\Gamma(d)$。下面简述其测量原理。

1. 测电压驻波比 S

电压驻波比 S 的测定，可按定义直接由测量传输线上电压波腹值 $|\dot{U}(d)|_{\max}$、波节值 $|\dot{U}(d)|_{\min}$ 而得。为使测试结果准确可靠，$|\dot{U}(d)|_{\max}$ 与 $|\dot{U}(d)|_{\min}$ 值尽可能由多个波腹、波节值取平均而定。

2. 测电压反射系数 $\Gamma(d)$

电压反射系数的模值 $|\Gamma(d)|$，可由已测定的电压驻波比求出。由式（2-48）可得

$$|\Gamma(d)| = \frac{S-1}{S+1} \quad (2\text{-}51)$$

电压反射系数 $\Gamma(d)$ 的辐角 $\varphi_\Gamma = \varphi_L - 2\beta d$，若要确定传输线上不同位置 d 处的 φ_Γ，须先确定终端负载点处 $\Gamma(0)$ 的辐角 φ_L。由行驻波状态时传输线上电压波节的位置，即式（2-45）可解出

$$\varphi_L = \frac{4\pi}{\lambda_p} d_{\min} + (2n+1)\pi$$

辐角 φ_L 是传输线负载点处反射波电压与入射波电压之间的相位差，其取值范围为 $-\pi < \varphi_L \leq \pi$，因此 $d_{\min}$ 应取最小值，即距负载点最近的第一个波节位置，因而 $d_{\min 1} < \lambda_p / 2$，这样 $\frac{4\pi}{\lambda_p} d_{\min 1} < 2\pi$，所以 φ_L 式中 $(2n+1)\pi$ 中的 n 应取 -1。通过以上分析我们可以最后确定 φ_L 的计算式为

$$\varphi_L = \frac{4\pi}{\lambda_p} d_{\min 1} - \pi \quad (2\text{-}52)$$

可见要确定 φ_L 须先测定距负载端最近的第一个波节位置 $d_{\min 1}$，计算公式中的 λ_p 也可直接测定，因为两相邻波节距离为 $\lambda_p/2$。

在经过测量和计算确定了 φ_L 之后，传输线上任一位置处电压反射系数 $\Gamma(d)$ 的辐角由

$$\varphi_\Gamma = \varphi_L - \frac{4\pi}{\lambda_p} d$$

来计算确定。这样就最终测定了传输线任一位置 d 处的电压反射系数 $\Gamma(d)$。

2.3 阻抗与导纳圆图及其应用

利用传输线传送信息，即导行载有信息的电磁波，首要的问题就是对于接有确知负载 Z_L 的传输线，使之工作于或接近工作于行波状态。电压反射系数 $\Gamma(d)=0$ 或电压驻波比 $S=1$ 是传输线的理想工作状态，实际工作的传输线能达到 $|\Gamma(d)|<0.1$ 或 $S<1.22$，就已经是不错的指标了。

2.3.1 传输线的匹配

对于所用的传输线，其基本传输参量为传播常数 $\gamma = \alpha + j\beta$ 和波阻抗 Z_0，当其终端连接的负载为 $Z_L = R_L + jX_L$ 时，我们很容易计算或测定其工作状态参量 $\Gamma(d)$ 和 S。改善传输线的工作状态，就是使传输线与其负载匹配。通常有两种基本方法可循。

1. 阻抗变换

由传输线输入阻抗计算式（2-24）可知，当传输线长 d 为四分之一波长时

$$Z_{in}\left(\frac{\lambda_p}{4}\right) = \frac{Z_0^2}{Z_L} \tag{2-53}$$

称为四分之一波长线的阻抗变换性。若负载为纯阻，即 $Z_L = R_L$ 时，四分之一波长传输线段就把 R_L 转换成另一纯阻 $\frac{Z_0^2}{R_L}$。选择合适的 Z_0 值，可使 $\frac{Z_0^2}{R_L}$ 与前接信源的传输线波阻抗 Z_{01} 相等，那么来自信源的入射波到达 AA' 界面时将不产生反射波，从而实现了传输线与负载的匹配。

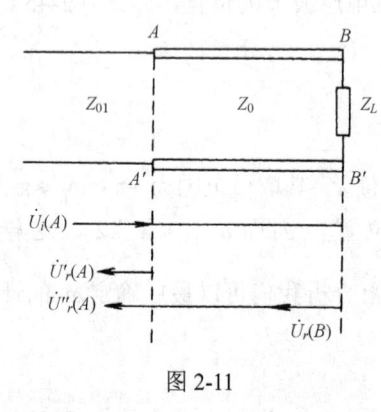

对于用四分之一波长线实现匹配可作如下物理解释，参照图 2-11。来自信源的入射波电压到达界面 AA' 时为 $\dot{U}_i(A)$，并在 AA' 界面产生反射波电压 $\dot{U}_r'(A)$。入射波电压穿过界面 AA' 后（不考虑反射损失），继续前行至界面 BB' 并产生反射波电压 $\dot{U}_r(B)$。$\dot{U}_r(B)$ 行进到界面 AA'，界面 AA' 向信源方向的反射波电压为 $\dot{U}_r'(A)$ 与 $\dot{U}_r(B)$ 到达 AA' 值 $\dot{U}_r''(A)$ 之和。即

图 2-11

$$\dot{U}_r'(A) = \Gamma(A)\dot{U}_i(A), \quad \Gamma(A) = \frac{(Z_0 - Z_{01})}{(Z_0 + Z_{01})}$$

$$\dot{U}_r(B) = \Gamma(B)\dot{U}_i(A)e^{-j\beta l}, \quad \Gamma(B) = \frac{(R_L - Z_0)}{(R_L + Z_0)}$$

$$\dot{U}_r''(A) = \dot{U}_r(B)e^{-j\beta l} = \Gamma(B)\dot{U}_i(A)e^{-j2\beta l}$$

其中 $\Gamma(A)$、$\Gamma(B)$ 分别称做界面 AA' 与 BB' 的局部反射系数。界面 AA' 上的总反射波电压为

$$\dot{U}_r(A) = \dot{U}_r'(A) + \dot{U}_r''(A) = \dot{U}_i(A)[\Gamma(A) + \Gamma(B)e^{-j2\beta d}]$$

把 $l = \frac{\lambda_p}{4}$ 及 $Z_{01} = \frac{Z_0^2}{R_L}$ 的条件代入 $\dot{U}_r(A)$ 式中，则得 $\Gamma(A) = \Gamma(B)$，$e^{-j2\beta l} = -1$，则 $\dot{U}_r(A) = 0$，即在界面 AA' 上消除了反射波。

从原则上讲，四分之一波长阻抗变换匹配方法只适合于无耗传输线（波阻抗 Z_0 为纯阻）和纯阻负载的情况。若负载不是纯阻，仍然可以用四分之一波长线实现匹配，但应由负载端向前（向信源方向）在电压波节或波腹处接入四分之一波长线，因为无损耗线电压波腹或波节处的输入阻抗为纯阻性；或者直接在负载上串、并终端开路或短路线来抵消负载的电抗，因为它们输入端呈纯电抗，改变其长度即可改变电抗极性和量值。

四分之一波长线阻抗变换是利用了传输线上的波长关系,严格地讲这只对一个频率 f_0 是准确的,可以实现理想匹配。当信源频率改变时匹配将被破坏,传输线上反射系数将增大。

当信源频率为 f_0 时,$Z_{\text{in}}(A) = \dfrac{Z_0^2}{R_L} = Z_{01}$;当 $f \neq f_0$ 时,

$$Z_{\text{in}}(A) = Z_0 \dfrac{R_L \cos \dfrac{2\pi}{\lambda} \cdot \dfrac{\lambda_0}{4} + jZ_0 \sin \dfrac{2\pi}{\lambda} \cdot \dfrac{\lambda_0}{4}}{Z_0 \cos \dfrac{2\pi}{\lambda} \cdot \dfrac{\lambda_0}{4} + jR_L \sin \dfrac{2\pi}{\lambda} \cdot \dfrac{\lambda_0}{4}} = Z_0 \dfrac{R_L + jZ_0 \tan\left[\dfrac{\pi}{2}\left(\dfrac{f}{f_0}\right)\right]}{Z_0 + jR_L \tan\left[\dfrac{\pi}{2}\left(\dfrac{f}{f_0}\right)\right]}$$

那么界面 AA' 处的电压反射系数模值为

$$|\varGamma(A)| = \left|\dfrac{Z_{\text{in}}(A) - Z_{01}}{Z_{\text{in}}(A) + Z_{01}}\right| = \dfrac{\left|\dfrac{R_L}{Z_{01}} - 1\right|}{\sqrt{\left(\dfrac{R_L}{Z_{01}} + 1\right)^2 + 4\left(\dfrac{R_L}{Z_{01}}\right)\tan^2\left[\dfrac{\pi}{2}\left(\dfrac{f}{f_0}\right)\right]}} \tag{2-54}$$

图 2-12 为根据此式作出的在不同变换系数($\dfrac{R_L}{Z_{01}}$ 或 $\dfrac{Z_{01}}{R_L}$)时,电压反射系数模与归一化频率 $\dfrac{f}{f_0}$ 之间的关系曲线。可见,四分之一波长阻抗变换方法,其匹配的频率特性是窄带的,而且变换系数越大则频率特性越差。如要展宽其工作频带,可采用多个四分之一波长阻抗变换器梯接(级联)方式,或渐变式阻抗变换器来实现。

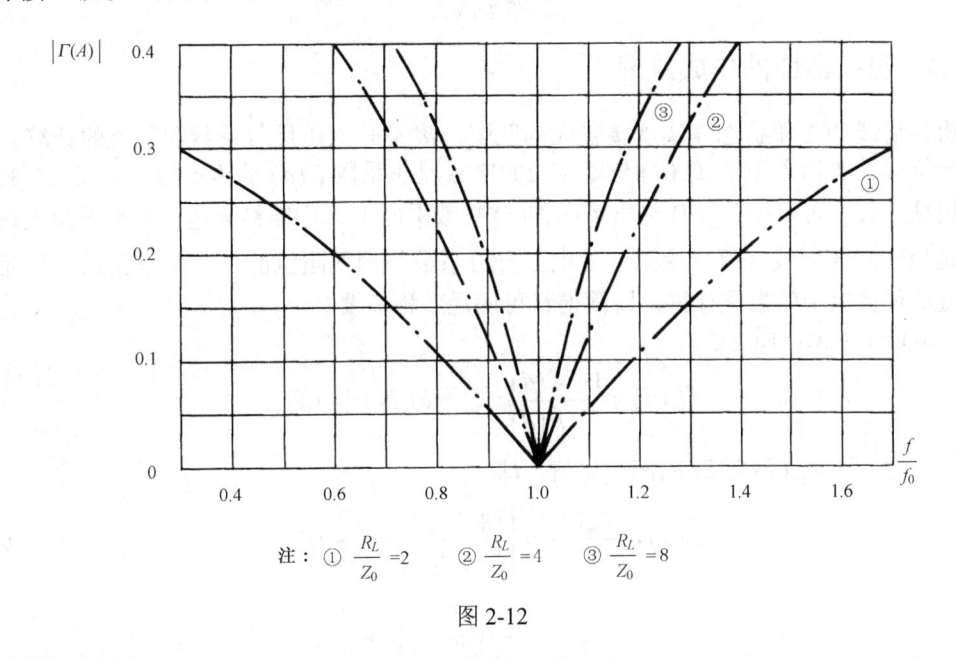

注:① $\dfrac{R_L}{Z_0} = 2$ ② $\dfrac{R_L}{Z_0} = 4$ ③ $\dfrac{R_L}{Z_0} = 8$

图 2-12

2. 阻抗调配

对于终端接有负载阻抗 Z_L,波阻抗为 Z_0 的无耗传输线,线上不同位置处的输入阻抗

$Z_{in}(d)$ 是不同的,如式(2-24)所示。此式可以写为

$$Z_{in}(d) = Z_0 \frac{Z_L + jZ_0 \tan\beta d}{Z_0 + jZ_L \tan\beta d} = R(d) + jX(d)$$

经过对给定的不同 d 值计算,总可以找到一个这样的位置 d_*,在该位置处 $R(d_*) = Z_0$,即

$$Z_{in}(d_*) = Z_0 + jX(d_*)$$

那么在 d_* 位置处串入与 $X(d_*)$ 等值反极性的电抗 $-X(d_*)$ 或并入相应的电纳,可以使 $jX(d_*)$ 被抵消,则 d_* 位置处的输入阻抗即为纯阻且等于传输线波阻抗 Z_0,从而实现了传输线与其负载的匹配。在 d_* 位置处串入或并入的电抗或电纳,这可用终端短路线或终端开路线来实现,这种调匹配方法又称为分支调配方法。阻抗调配方法的关键在于找到接入分支线的位置 d_*,如果用选择不同 d 值计算 $Z_{in}(d)$ 来逼近 d_* 将要进行大量的计算,而采用图解方法来确定 d_* 的位置将是很简便的。

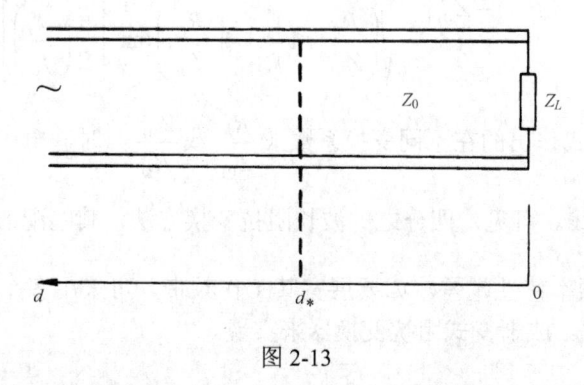

图 2-13

2.3.2 阻抗圆图的构成原理

分析传输线的工作状态和实现传输线的匹配,离不开电压反射系数和阻抗的计算。传输线上任一位置处的输入阻抗 $Z_{in}(d)$ 与该点处的电压反射系数 $\Gamma(d)$ 是相关的,如式(2-33)所示。利用这一关系可以把 $Z_{in}(d)$ 也表示在 $\Gamma(d)$ 复数平面上,这样将会建立复数平面上每一点(也就是相对应传输线上每一位置)处电压反射系数与输入阻抗的一一对应关系。从而可用图解的方法替代繁杂的数学计算,既简便又可满足工程需要。

令 $\Gamma(d) = u + jv$,而

$$Z_{in}(d) = \frac{1+\Gamma(d)}{1-\Gamma(d)} \cdot Z_0 = R(d) + jX(d)$$

考虑到通用性,取 $Z_{in}(d)$ 对 Z_0 的归一化值,即

$$\tilde{Z}(d) = \frac{Z_{in}(d)}{Z_0} = \frac{[1+\Gamma(d)]}{[1-\Gamma(d)]} = \tilde{R} + j\tilde{X} \tag{2-55}$$

则

$$\tilde{R} + j\tilde{X} = \frac{1+u+jv}{1-u-jv} \tag{2-56}$$

从中得出

$$\tilde{R} = \frac{1-(u^2+v^2)}{(1-u)^2+v^2}, \quad \tilde{X} = \frac{2v}{(1-u)^2+v^2}$$

$\tilde{R}$ 与 $\tilde{X}$ 分别为归一化电阻和归一化电抗，他们分别是 $R(d)$ 与 $X(d)$ 对 Z_0 的归一化值。由上述 $\tilde{R}$ 与 $\tilde{X}$ 的表达式，可导出分别以 $\tilde{R}$ 与 $\tilde{X}$ 为参量的两个方程

$$\left(u - \frac{\tilde{R}}{\tilde{R}+1}\right)^2 + v^2 = \frac{1}{(\tilde{R}+1)^2} \quad (2\text{-}57)$$

$$(u-1)^2 + \left(v - \frac{1}{\tilde{X}}\right)^2 = \frac{1}{\tilde{X}^2} \quad (2\text{-}58)$$

这两个方程在 $u+jv$ 复数平面上分别表示两组圆。其中式（2-57）是一组以 $\tilde{R}$ 为参量的圆，圆心坐标为 $\left[\dfrac{\tilde{R}}{(\tilde{R}+1)}, 0\right]$，半径为 $\dfrac{1}{(\tilde{R}+1)}$，圆心轨迹与 $+u$ 轴重合，所有圆都相切于（1,0）点。

图 2-14 绘出 $\tilde{R}=0, 0.5, 1, 2, \infty$ 时的圆。由图可见，$\tilde{R}$ 值越小则相应的 $\tilde{R}$ 圆越大，$\tilde{R}=0$ 的圆与单位圆（也就是 $|\Gamma(d)|=1$ 的圆）重合。$\tilde{R}$ 值越大则相应的 $\tilde{R}$ 圆越小，圆心沿 $+u$ 轴右移，$\tilde{R} \to \infty$ 时相应的 $\tilde{R}$ 圆缩小为点（1,0）。

图 2-15 是根据式（2-58）作出的以 $\tilde{X}$ 为参量的一组圆。圆心坐标为 $\left(1, \dfrac{1}{\tilde{X}}\right)$，半径为 $\dfrac{1}{|\tilde{X}|}$。圆心轨迹在直线 $u=1$ 上，所有圆都相切于（1,0）点。图中绘出 $\tilde{X}=0, \pm0.5, \pm1, \pm2$ 值时的圆在单位圆内部分。由图 2-15 可见，$\tilde{X}$ 值越小则相应的 $\tilde{X}$ 圆越大。$\tilde{X}=0$ 时的圆半径为无穷大，圆心位于 $u=1$ 直线上无穷远处，此圆在单位圆内部分就是 u 轴。因 $\tilde{X}$ 有正负极性，$\tilde{X}$ 为正值的圆均在 u 轴上方，$\tilde{X}$ 为负值的圆在 u 轴下方。$\tilde{X} \to \infty$ 的圆也缩为点（1,0）。

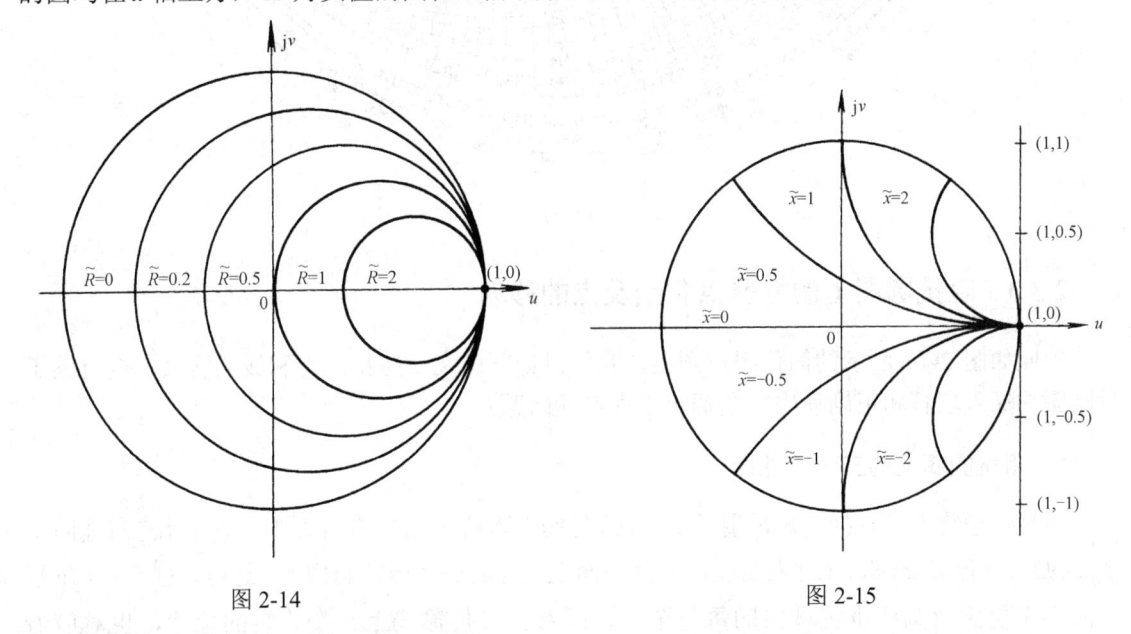

图 2-14

图 2-15

将上述以 $\tilde{R}$ 与 $\tilde{X}$ 为参量的两组圆绘于同一 $u+jv$ 复平面上，就得到如图 2-16 所示的**阻抗圆图**（Smith 圆图），之所以称为圆图是因为所有曲线都是圆。图中 $\tilde{R}$ 与 $\tilde{X}$ 取值较为密集以便

提高工程使用时的精确度。为使图面清晰，反射系数模$|\Gamma(d)|$取不同值的圆没有绘出，因为单位圆就是$|\Gamma(d)|=1$的圆，单位圆内任意点的$|\Gamma(d)|$值可由该点到坐标原点的距离按比例确定。

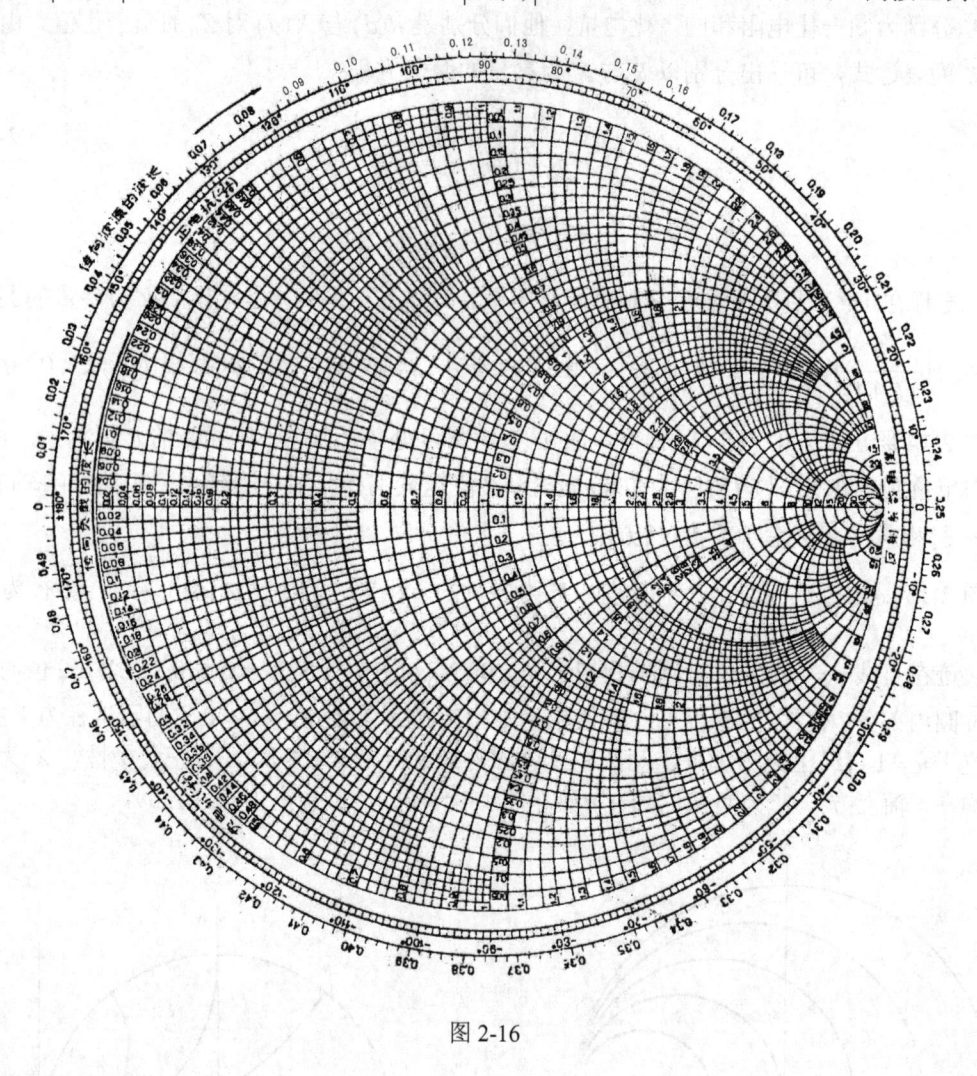

图 2-16

2.3.3 阻抗圆图上的特殊点和线及点的移动

参照如图 2-17 所示的简化阻抗圆图，我们讨论圆图上一些特殊点和线的含义，会有助于对圆图的深入理解和正确使用圆图解决工程实际问题。

1. 阻抗圆图上的三个特殊点

通过传输线上一点处电压反射系数$\Gamma(d)$与输入阻抗$Z_{in}(d)$的相关性，把$Z_{in}(d)$对波阻抗Z_0的归一化值$\tilde{Z}(d)$和$\Gamma(d)$表示在同一复平面上，这是一个巧妙的构思。这样，对于$u+jv$复平面上单位圆及其所围区域内的每一个点，既对应着传输线上一个确定的位置，也对应着$|\Gamma(d)|$，φ_r，$\tilde{R}$，$\tilde{X}$这四个量值。于是很多数值计算就可以通过读取圆图上的数据所代替。

阻抗圆图上有三个特殊的点，首先是**坐标原点**$(0,0)$。在这一点上$|\Gamma(d)|=0$，$\tilde{X}=0$，$\tilde{R}=1$

即 $\tilde{Z}(d) = \tilde{R} = 1$，则 $Z_{in}(d) = Z_0$，显然这表示匹配，即行波状态。圆图上越靠近原点的点，反射系数的模值越小，也就越接近匹配状态。

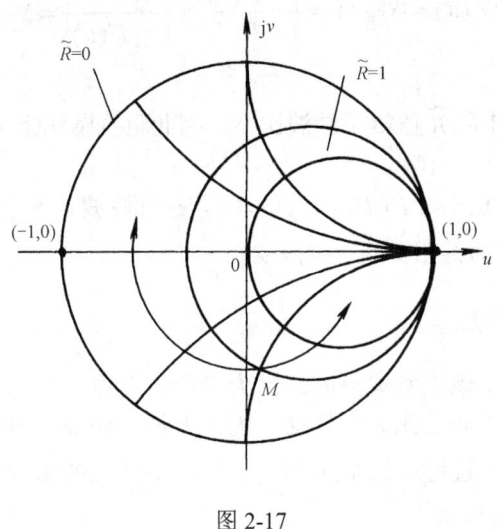

图 2-17

点 $(1,0)$ 的位置上，$|\Gamma(d)|=1$，$\varphi_\Gamma = 0$，表示全反射即驻波状态。φ_Γ 为零表示在此位置，反射波电压与入射波电压同相位，因此是电压波腹（电流的波节）位置。该点处 $\tilde{R} \to \infty$，$\tilde{X} \to \infty$，因此 $Z_{in}(d) = Z_0 \tilde{Z}(d) = Z_0(\tilde{R}+j\tilde{X}) \to \infty$，驻波状态时电压波腹位置处的输入阻抗应该是趋于无穷大的。

点 $(-1,0)$ 位置上，$|\Gamma(d)|=1$，$\varphi_\Gamma = \pi$，$\tilde{R} = 0$，$\tilde{X} = 0$，显然在此点处为全反射即驻波状态。φ_Γ 为 π 表示反射波电压与入射波电压反相位，因此这一位置处是电压波节（电流波腹），其阻抗应该是零。

2. 阻抗圆图上的一条直线两个圆

首先是 $u+jv$ 复平面上的**单位圆**，它也是 $|\Gamma(d)|=1$ 和 $\tilde{R}=0$ 的圆。此圆上各点因 $|\Gamma(d)|=1$ 是全反射，故称之为驻波圆。$\tilde{R}$ 为零表示此圆上各点阻抗为纯电抗，这也是传输线驻波状态时的特征。现在若从电压波腹点 $(1,0)$ 经下半圆周到电压波节点 $(-1,0)$，则圆图上为顺时针转过角度 π 弧度，根据反射系数辐角变化 $\Delta\varphi_\Gamma$ 与传输线位置变化的关系，即式（2-31），可算出在线上向信源方向刚好移动了 $\lambda_p/4$，即相邻波腹波节间的距离。若再从点 $(-1,0)$ 经上半圆周回到点 $(1,0)$，则相当于传输线上又向信源方向前移 $\lambda_p/4$ 到达电压波腹位置，那么两相邻波腹距离为 $\lambda_p/2$，在圆图上则是转过 2π 弧度。

阻抗圆图上 $\tilde{R}=1$ **的圆**，此圆上各点都是 $\tilde{R}=1$，即表示其与传输线对应位置上输入阻抗的实部 $R(d) = Z_0\tilde{R} = Z_0$。所以 $\tilde{R}=1$ 的圆对传输线调配是很重要的。

阻抗圆图中一条特殊的直线就是**实轴** u。$+u$ 轴上各点 $0 < |\Gamma(d)| < 1$，$\varphi_\Gamma = 0$，是行驻波状态时电压波腹位置的集合。此线段上点 $\tilde{R} > 1$，$\tilde{X} = 0$ 表示输入阻抗为纯阻，且 $R(d) > Z_0$。

由电压驻波比 S 与电压反射系数 $\Gamma(d)$ 之间关系式（2-48）及归一化阻抗 $\tilde{Z}$ 与 $\Gamma(d)$ 之间关系式（2-55），当 $\varphi_\Gamma = 0$ 时

$$\tilde{Z}(d) = \tilde{R} + j\tilde{X} = \frac{1+\Gamma(d)}{1-\Gamma(d)} = \frac{1+|\Gamma(d)|}{1-|\Gamma(d)|} = S$$

$$\therefore \quad S = \tilde{R}$$

即电压波腹点上的归一化电阻 $\tilde{R}$ 值等于驻波比 S，因此阻抗圆图上 +u 轴上 $\tilde{R}$ 圆的标数就是驻波比 S 的值。

阻抗圆图上 −u 轴上的点 $0 < |\Gamma(d)| < 1$，$\varphi_\Gamma = \pi$，是行驻波状态电压波节的集合。此线段上 $\tilde{R} < 1$，$\tilde{X} = 0$ 表示输入阻抗为纯阻，且 $R(d) < Z_0$。

3. 阻抗圆图上点的移动

阻抗圆图上一点，在以该点到原点的距离为半径，以原点为圆心的圆上顺时针移动，表示在传输线上相应的位置处向信源方向移动。因为无耗传输线上电压反射系数的模 $|\Gamma(d)|$ 是与位置无关的，所以在移动过程中 $|\Gamma(d)|$ 不变。圆图上转过的角度与线上移动的距离之间的关系如式（2-31）所示，或写成

$$\Delta d = -\Delta \varphi_\Gamma \frac{\lambda_p}{4\pi} \tag{2-59}$$

反之若点沿 $|\Gamma(d)|$ 不变的圆逆时针移动，则表示传输线上相应位置向负载方向移动。

若阻抗圆图上一点，沿所在位置处 $\tilde{R}$ 圆移动，则表示在传输线上相应位置处串入一可变电抗。电抗变化数可由所在点处 $\tilde{X}$ 圆的标度差确定。因为电抗的接入，电压反射系数的模和辐角都要发生改变。

阻抗圆图上的点沿所在位置的 $\tilde{X}$ 圆移动，相当于在传输线相应位置上串入电阻，不过这没有什么实际意义。

2.3.4　导纳圆图

在很多情况下用导纳进行计算要比用阻抗计算方便，比如把调配分支线并联接入主传输线时相当于与主传输线的导纳相加。

导纳与阻抗互为倒数，传输线的波阻抗 Z_0 也可以用波导纳表示，$Y_0 = \dfrac{1}{Z_0}$。传输线任一位置处的输入阻抗 $Z_{\text{in}}(d)$，也可以用输入导纳 $Y_{\text{in}}(d) = G + jB$ 来替代。那么归一化导纳为

$$\tilde{Y}(d) = \frac{1}{\tilde{Z}(d)} = \frac{1-\Gamma(d)}{1+\Gamma(d)} = \frac{1-u-jv}{1+u+jv} = \tilde{G} + j\tilde{B} \tag{2-60}$$

我们同样可以把归一化导纳的归一化电导 $\tilde{G}$、归一化电纳 $\tilde{B}$，表示在电压反射系数 $\Gamma(d)$ 的复数平面 $u+jv$ 上，这可以采用求作阻抗圆图同样的方法，作出分别以 $\tilde{G}$ 和 $\tilde{B}$ 为参量的两组曲线来（当然也都是圆）。

如若作一简单的函数代换，则要简便得多。令 $\Gamma'(d) = \Gamma(d)\mathrm{e}^{j\pi}$，则式（2-60）可写成

$$\tilde{Y}(d) = \tilde{G} + j\tilde{B} = \frac{1-\Gamma(d)}{1+\Gamma(d)} = \frac{1+\Gamma'(d)}{1-\Gamma'(d)} \tag{2-61}$$

将此式与式(2-55)对比可知，$\tilde{Y}(d) = \tilde{G} + j\tilde{B}$ 与 $\Gamma'(d)$ 的函数关系，与 $\tilde{Z}(d) = \tilde{R} + j\tilde{X}$ 和 $\Gamma(d)$ 的函数关系完全相同。因为 $\Gamma'(d)$ 与 $\Gamma(d)$ 相差辐角 π，所以把阻抗圆图以坐标原点为轴心旋转 180° 后就是导纳圆图，但必须把 $\tilde{R}$ 换成 $\tilde{G}$，$\tilde{X}$ 换成 $\tilde{B}$。

实际上这个 180° 也不必转，同一张圆图既可作阻抗圆图用，也可以作导纳圆图用。但是在具体使用时要注意两种圆图的相同与不同之处。

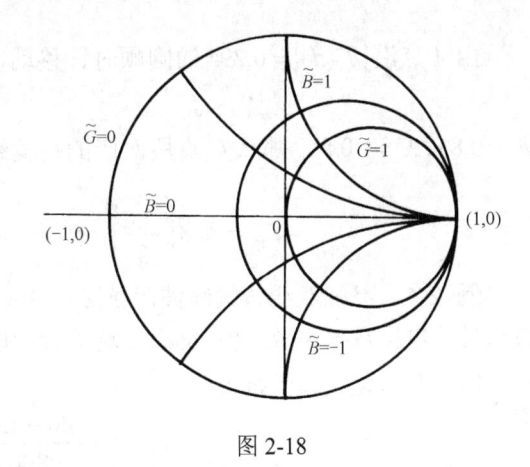

图 2-18

参照图 2-18，当圆图用做导纳圆图时，关于电压反射系数的含义未变，图上任意点由所在位置 $|\Gamma(d)|$ 为半径的圆顺时针移动，仍然表示传输线上由相应位置向信源方向移动，圆图上的转角与线上的位移关系不变。

导纳圆图上 $(-1, 0)$ 点，$\varphi'_\Gamma = \pi$，$\varphi_\Gamma = \varphi'_\Gamma - \pi = 0$，为电压波腹（电流波节）位置，$\tilde{G} = 0$，$\tilde{B} = 0$，则该点处 $\tilde{Y}(d) = 0$，$\tilde{Z}(d) = \infty$，而点 $(1, 0)$ 则为电压波节（电流波腹）位置，$\tilde{Y}(d) = \infty$，$\tilde{Z}(d) = 0$。

此图用做导纳圆图，实轴以下区域 $\tilde{B}$ 为负极性标值，实际上相当于感性。实轴以上区域 $\tilde{B}$ 为正极性标值，实际相当于容性，$\tilde{B}$ 值越大表示电容越大。

2.3.5 圆图的应用举例

利用圆图对传输线问题进行分析和工程计算是很方便的，而且也比较直观。比如已给定传输线波阻抗为 Z_0，终端负载 $Z_L = R_L + jX_L$，求出归一化阻抗 $\tilde{Z}(0) = \tilde{R}_L + j\tilde{X}_L$，在阻抗圆图上找到标值为 $\tilde{R}_L$ 的圆和标值为 $\tilde{X}_L$ 圆的交点即为负载点。由负载点的位置可直接确定电压反射系数模 $|\Gamma(0)|$ 和辐角 φ_L。由负载点沿半径为 $|\Gamma(0)|$ 的圆顺时针移动（即向信源方向移动），与 $-u$ 轴的交点为电压波节点，与 $+u$ 轴交点为电压波腹点，利用图上转角与线上位移的关系即可确定传输线上电压波节、波腹的位置，与 $\tilde{R} = 1$ 圆的交点即是传输线输入阻抗电阻部分与波阻抗相等的点，其所对应的传输线上的位置正是接入调配用电抗元件（分支线）的位置。下面举出几个求解传输线问题的算例。

例 2-3 已知传输线波阻抗 $Z_0 = 50\,\Omega$，终端负载阻抗 $Z_L = (30 + j10)\,\Omega$，利用阻抗圆图求传输线上电压反射系数的模值 $|\Gamma(d)|$ 及距负载端 $\lambda_p/3$ 处的输入阻抗 $Z_{in}(\lambda_p/3)$。

解：归一化负载阻抗

$$\tilde{Z}(0) = \frac{(30 + j10)\,\Omega}{50\,\Omega} = 0.6 + j0.2$$

在图 2-19 所示阻抗圆图上找到 $\tilde{R} = 0.6$，$\tilde{X} = 0.2$ 两圆交点 A 即为负载点。

量取 A 点与原点 O 的距离 $|OA|$，并取 $|OA|$ 与单位圆半径 $|OB|$ 之比即为 $|\Gamma(d)|$ 得

$$|\Gamma(d)| = 0.295$$

由 A 点沿 $|\Gamma(d)| = 0.295$ 的圆顺时针移动,转角 $\Delta\varphi_\Gamma = -\dfrac{4\pi}{\lambda_p}\cdot\dfrac{\lambda_p}{3} = \dfrac{4\pi}{3}$ 弧度至 C 点,C 点处 $\widetilde{R} = 0.83, \widetilde{X} = -0.5$,那么 C 点所对应的传输线上距负载端 $\dfrac{\lambda_p}{3}$ 位置处的输入阻抗为

$$Z_{\text{in}} = Z_0 \widetilde{Z}\left(\dfrac{\lambda_p}{3}\right) = 50\,\Omega \times (0.83 - \text{j}0.5) = (41.5 - \text{j}25)\,\Omega$$

例 2-4 已知双线传输线波阻抗 $Z_0 = 300\,\Omega$,终端接负载阻抗 $Z_L = (180 + \text{j}240)\,\Omega$,求负载点处的电压反射系数 $\Gamma(0)$ 及距终端最近的电压波腹位置。

解: 归一化负载阻抗为

$$\widetilde{Z}(0) = \dfrac{(180 + \text{j}240)\,\Omega}{300\,\Omega} = 0.6 + \text{j}0.8$$

在阻抗圆图上找到 $\widetilde{R} = 0.6, \widetilde{X} = 0.8$ 两圆交点 A 即为圆图上的负载点,如图 2-20 所示。

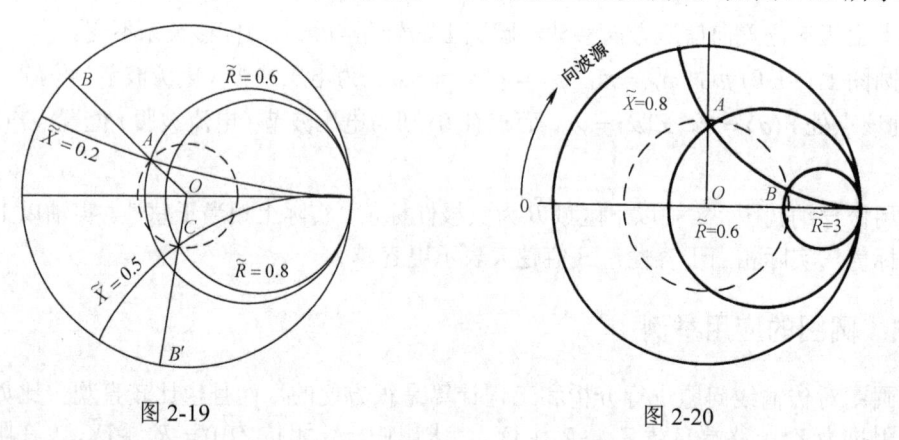

图 2-19

图 2-20

以原点 O 为圆心,$|OA|$ 为半径作一等反射系数圆,交正实轴于 B,B 点处归一化电阻 $\widetilde{R} = 3$,所以电压驻波比 $S = 3$,则

$$|\Gamma(0)| = \dfrac{S-1}{S+1} = \dfrac{3-1}{3+1} = 0.5$$

或者由 $|OA|$ 与圆图中单位圆半径之比求出 $|\Gamma(0)|$。

圆图上 $|OA|$ 与正实轴的夹角即为负载点处电压反射系数的辐角 φ_L,可直接由图确定 $\varphi_L = \pi/2$,所以负载点处电压反射系数为

$$\Gamma(0) = |\Gamma(0)|\text{e}^{\text{j}\varphi_L} = 0.5\text{e}^{\text{j}\frac{\pi}{2}}$$

由负载点 A 沿 $|\Gamma(0)| = 0.5$ 圆顺时针移动,与正实轴交于 B,B 点就是距传输线终端最近的电压波腹点,那么

$$\Delta d = -\Delta\varphi_\Gamma \dfrac{\lambda_p}{4\pi} = \dfrac{\pi}{2}\dfrac{\lambda_p}{4\pi} = 0.125\lambda_p$$

$$\therefore \quad d_{\max 1} = 0.125\lambda_p$$

例 2-5 已知同轴线波阻抗 $Z_0 = 75\,\Omega$,信源信号在同轴线中波长为 10 cm(注:在同轴线

中因内外导体间介质特性，信号在同轴线中波长与在自由空间时不同），终端电压反射系数 $\Gamma(0)=0.2\mathrm{e}^{\mathrm{j}50°}$，求终端负载阻抗 Z_L，及距终端距离最近的电压波腹和波节点位置及阻抗。

解：解题过程参照图 2-21。

由电压反射系数模 $|\Gamma(0)|=0.2$，可求得电压驻波比

$$S=\frac{1+|\Gamma(0)|}{1-|\Gamma(0)|}=\frac{1+0.2}{1-0.2}=1.5$$

电压波腹位置处 $\varphi_\Gamma=0$，则

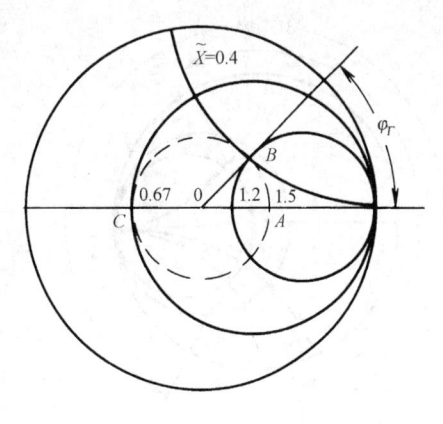

图 2-21

$$\widetilde{Z}(d_{\max})=\frac{1+|\Gamma(d)|\mathrm{e}^{\mathrm{j}\varphi_\Gamma}}{1-|\Gamma(d)|\mathrm{e}^{\mathrm{j}\varphi_\Gamma}}=\frac{1+|\Gamma(d)|}{1-|\Gamma(d)|}=S=\widetilde{R}$$

所以电压波腹处的阻抗归一化值为

$$\widetilde{Z}(d_{\max})=\widetilde{R}=S=1.5$$

而电压波节处的阻抗归一化值为

$$\widetilde{Z}(d_{\min})=1/S=2/3$$

所以电压波腹及波节处的阻抗分别为

$$Z_{\mathrm{in}}(d_{\max})=75\,\Omega\times1.5=112.5\,\Omega$$

$$Z_{\mathrm{in}}(d_{\min})=75\,\Omega\times\frac{2}{3}=50\,\Omega$$

求终端负载阻抗 Z_L。因 $\Gamma(0)=|\Gamma(0)|\mathrm{e}^{\mathrm{j}\varphi_L}=0.2\mathrm{e}^{\mathrm{j}50°}$，在圆图上作半径 $|\Gamma(0)|=0.2$ 的圆，该圆与正实轴交点 A 为电压波腹点。由 A 点逆时针（向负载方向）移动，转角 $50°$ 至 B 点，B 点即为负载点。由圆图上读出 B 点处 $\widetilde{R}_L$，$\widetilde{X}_L$ 值，则

$$\widetilde{Z}_L=\widetilde{Z}(0)=\widetilde{R}+\mathrm{j}\widetilde{X}=1.2+\mathrm{j}0.4$$

$$\therefore\quad Z_L=Z_0\widetilde{Z}_L=75\,\Omega\times(1.2+\mathrm{j}0.4)=(90+\mathrm{j}30)\,\Omega$$

由负载点 B 沿 $|\Gamma(d)|=0.2$ 圆顺时针转到 A，A 点即距负载点最近的电压波腹点，在传输线上的位置为

$$d_{\max1}=\frac{50°}{4\times180°}\times10\,\mathrm{cm}=0.694\,\mathrm{cm}$$

而相邻波腹与波节间距离为 $\dfrac{\lambda_p}{4}$，所以距终端最近的电压波节位置

$$d_{\min1}=d_{\max1}+\frac{\lambda_p}{4}=0.694\,\mathrm{cm}+2.5\,\mathrm{cm}=3.194\,\mathrm{cm}$$

无耗传输线电压波腹处阻抗相同，电压波节处阻抗也相同，所以

$$Z_{\mathrm{in}}(d_{\max1})=Z_{\mathrm{in}}(d_{\max})=112.5\,\Omega$$

$$Z_{\mathrm{in}}(d_{\min1})=Z_{\mathrm{in}}(d_{\min})=50\,\Omega$$

例 2-6 已知传输线终端负载归一化导纳 $\widetilde{Y}_L=0.5-\mathrm{j}0.6$，传输线上的波长 $\lambda_p=1\,\mathrm{m}$，利用

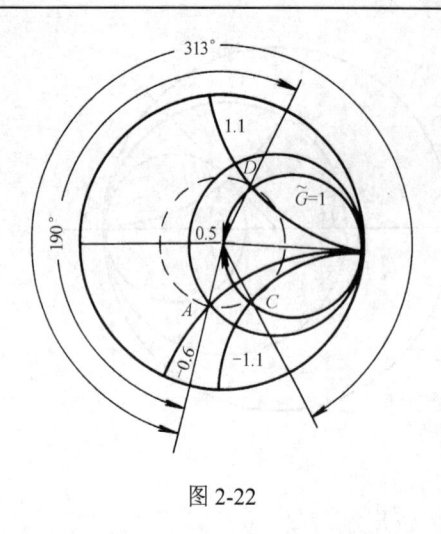

导纳圆图对此传输线系统调匹配。

解： 解题过程如图 2-22。

在导纳圆图上读取 $\tilde{Y}_L = 0.5 - j0.6$，确定负载点 A。过 A 点作等反射系数圆，沿此圆顺时针方向移动与 $\tilde{G}=1$ 圆先后交于 D, C 两点。从圆图上量得转过的角度

$$\varphi_{AD} = 190°, \quad \varphi_{AC} = 313°$$

从而可计算出传输线上对应于圆周上 D 与 C 的位置

$$d_D = 190° \times \frac{\lambda_p}{720°} = 0.265\lambda_p = 26.5 \text{ cm}$$

$$d_C = 313° \times \frac{\lambda_p}{720°} = 0.435\lambda_p = 43.5 \text{ cm}$$

图 2-22

在传输线 d_D 处（对应导纳圆图上 D 点）归一化导纳，查导纳圆图得 $\tilde{Y}(d_D) = 1 + j1.1$，故应在传输线 d_D 位置处并联归一化电纳 $\tilde{B} = -1.1$，实现匹配。

传输线 d_C 处归一化导纳 $\tilde{Y}(d_C) = 1 - j1.1$，所以也可在传输线 d_C 位置处并联归一化电纳 $\tilde{B} = 1.1$，实现匹配。

2.4 有损耗均匀传输线

实际应用的传输线都是有损耗的，即线的分布电路参量中 R_0 和 G_0 不可略去，因而有损耗均匀传输线的传输参量传播常数 γ、波阻抗 Z_0 必须按式（2-7）和式（2-8）求算，线上任一位置处的电压 $\dot{U}(d)$ 和电流 $\dot{I}(d)$ 则应按式（2-13）求得，即

$$\gamma = \sqrt{(R_0 + j\omega L_0)(G_0 + j\omega C_0)} = \alpha + j\beta$$

$$Z_0 = \sqrt{\frac{R_0 + j\omega L_0}{G_0 + j\omega C_0}}$$

$$\begin{cases} \dot{U}(d) = \frac{1}{2}(Z_L + Z_0)\dot{I}_L e^{\alpha d} e^{j\beta d} + \frac{1}{2}(Z_L - Z_0)\dot{I}_L e^{-\alpha d} e^{-j\beta d} \\ \dot{I}(d) = \frac{1}{2}\left(\frac{Z_L}{Z_0} + 1\right)\dot{I}_L e^{\alpha d} e^{j\beta d} - \frac{1}{2}\left(\frac{Z_L}{Z_0} - 1\right)\dot{I}_L e^{-\alpha d} e^{-j\beta d} \end{cases}$$

2.4.1 线上电压、电流、输入阻抗及电压反射系数的分布特性

对于接有负载阻抗 Z_L 的有损耗均匀传输线，一般情况下线上任一点处反射波与入射波并存。线上入射波与反射波相位相同点处，入射波与反射波叠加形成波腹；相位相反点处，入射波与反射波叠加形成波节。图 2-23 所示为有损耗均匀传输线，沿线电压入射波、反射波的幅值及电压电流入射波与反射波叠加后的幅值分布规律。从图中可以看到由于传输线的衰减常数 α 不为零，电压或电流的各波腹值不同，波节值也不同。这是由于入射波和反射波在传播过程中幅值衰减，靠近负载点处入射波与反射波幅值相差较小，叠加的电压或电流的分布

曲线起伏较大；而越向信源端因入射波幅值大而反射波幅值越来越小，故叠加的电压或电流的分布曲线越平缓。在图 2-23 中还示出了输入阻抗 $Z_{in}(d)$ 和电压反射系数 $\Gamma(d)$ 沿线的变化，与无损耗线的情况差异很大。

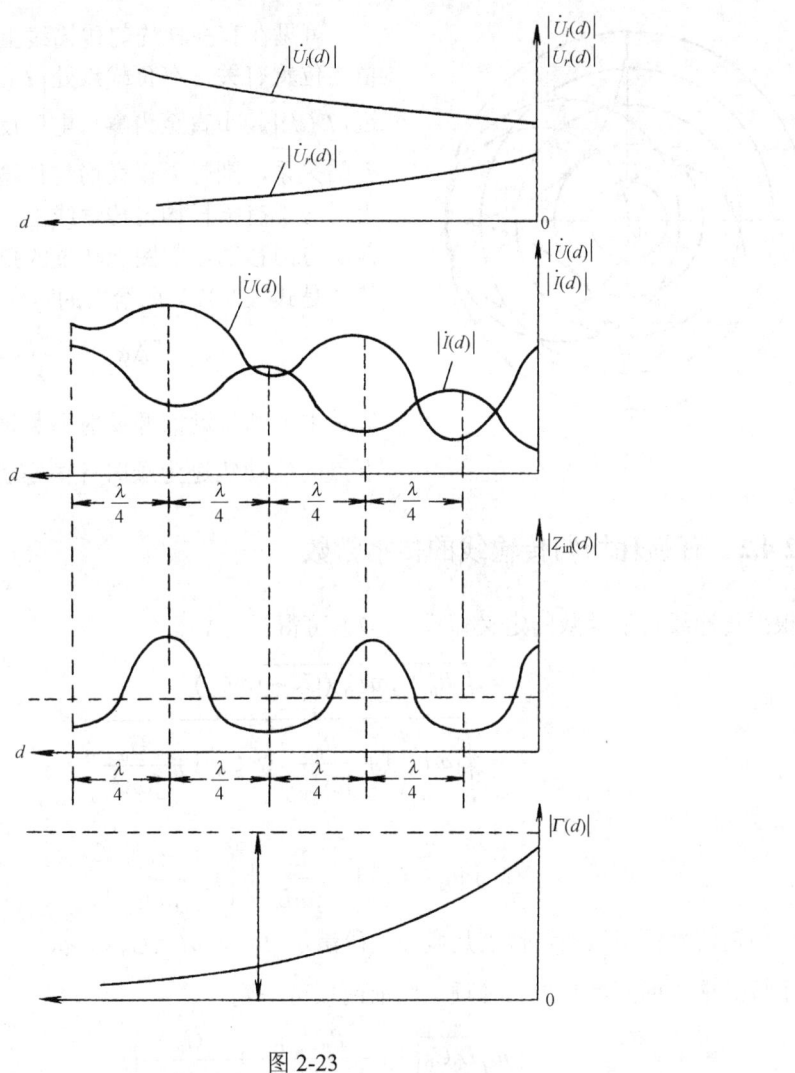

图 2-23

对于有损耗均匀传输线，线上任一位置处的输入阻抗应按式（2-25）求算，即

$$Z_{in}(d) = Z_0 \frac{Z_L \operatorname{ch} \gamma d + Z_0 \operatorname{sh} \gamma d}{Z_0 \operatorname{ch} \gamma d + Z_L \operatorname{sh} \gamma d}$$

而线上任意点处的电压反射系数为

$$\Gamma(d) = \frac{\dot{U}_r(d)}{\dot{U}_i(d)} = \frac{Z_L - Z_0}{Z_L + Z_0} e^{-2\alpha d} e^{-j2\beta d} \quad (2-62)$$

$\Gamma(d)$ 的模值和辐角分别为

$$\begin{cases} |\Gamma(d)| = \left|\dfrac{Z_L - Z_0}{Z_L + Z_0}\right| e^{-2\alpha d} \\ \varphi_\Gamma = \varphi_L - 2\beta d \end{cases} \tag{2-63}$$

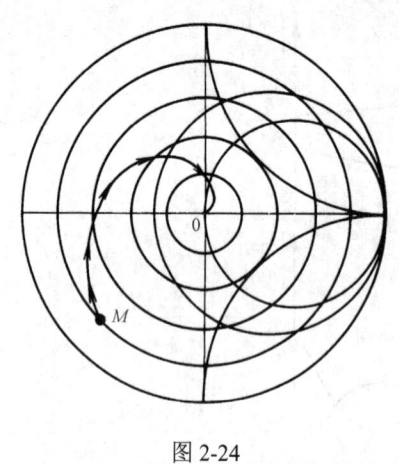

可见在有损耗均匀传输线上，电压反射系数的模值与位置有关，在负载点处$|\Gamma(d)|$最大，越向信源靠近$|\Gamma(d)|$越小直至为零。电压反射系数的辐角和位置d的关系，则与无损耗均匀传输线一样。那么在圆图上对应于有损耗均匀传输线上一点（则如负载点）向信源方向移动，圆图上转过的角度与线上位移的关系依然是式（2-31）所给出的对应关系

$$\Delta\varphi_\Gamma = -\dfrac{4\pi}{\lambda_p}\Delta d$$

但是由于越靠近信源反射系数模值$|\Gamma(d)|$越小，圆图上点的移动轨迹为顺时针内螺旋线，如图2-24所示。

图 2-24

2.4.2 有损耗均匀传输线的传播常数

根据传输线传播常数的定义即式（2-7）可得

$$\begin{aligned}
\gamma &= \sqrt{(R_0 + j\omega L_0)(G_0 + j\omega C_0)} \\
&= \sqrt{j\omega L_0\left(1 + \dfrac{R_0}{j\omega L_0}\right)j\omega C_0\left(1 + \dfrac{G_0}{j\omega C_0}\right)} \\
&= j\omega\sqrt{L_0 C_0}\left(1 + \dfrac{R_0}{j\omega L_0}\right)^{\frac{1}{2}}\left(1 + \dfrac{G_0}{j\omega C_0}\right)^{\frac{1}{2}}
\end{aligned}$$

当传输信号频率很高，特别是微波波段满足$R_0 \ll \omega L_0, G_0 \ll \omega C$，这样把上式中两个括号因子按二项式展开，略去高幂项只取前两项可得到

$$\begin{aligned}
\gamma &= j\omega\sqrt{L_0 C_0}\left(1 + \dfrac{R_0}{2j\omega L_0}\right)\left(1 + \dfrac{G_0}{2j\omega C_0}\right) \\
&= j\omega\sqrt{L_0 C_0}\left(1 + \dfrac{R_0}{2j\omega L_0} + \dfrac{G_0}{2j\omega C_0} - \dfrac{R_0 G_0}{4\omega^2 L_0 C_0}\right)
\end{aligned}$$

略去式中括号中的第四项，得

$$\begin{aligned}
\gamma &= j\omega\sqrt{L_0 C_0}\left(1 + \dfrac{R_0}{2j\omega L_0} + \dfrac{G_0}{2j\omega C_0}\right) \\
&= \dfrac{1}{2}\left(R_0\sqrt{\dfrac{C_0}{L_0}} + G_0\sqrt{\dfrac{L_0}{C_0}}\right) + j\omega\sqrt{L_0 C_0} = \alpha + j\beta
\end{aligned} \tag{2-64}$$

式中实部即衰减常数α，为两部分之和

$$\alpha = \frac{1}{2}R_0\sqrt{\frac{C_0}{L_0}} + \frac{1}{2}G_0\sqrt{\frac{L_0}{C_0}} = \alpha_d + \alpha_c$$

其中 α_d 表示因导体损耗引起的衰减常数部分

$$\alpha_d = \frac{1}{2}R_0\sqrt{\frac{C_0}{L_0}} = \frac{R_0}{2Z_{00}} \tag{2-65}$$

α_c 表示因介质损耗引起的衰减常数部分

$$\alpha_c = \frac{1}{2}G_0\sqrt{\frac{L_0}{C_0}} = \frac{G_0 Z_{00}}{2} \tag{2-66}$$

在 α_d 与 α_c 的表达式中，$Z_{00} = \sqrt{\frac{L_0}{C_0}}$，是线无损耗时的波阻抗，在这里只表示一个常数。

求算 α_d 关键在计算传输线导体的高频损耗电阻 R_0，R_0 的计算公式为

$$R_0 = \frac{1}{\sigma S} \tag{2-67}$$

式中，σ 为导体材料的导电系数；S 为导体有效导电截面积，它要小于导体的实际截面积。因为要考虑高频时导体的趋表效应。在本书第 1 章关于导电媒质中均匀平面电磁波的讨论中，给出了透入深度的概念，式（1-134）给出透入深度 δ 的计算公式

$$\delta = \sqrt{\frac{2}{\omega\mu\sigma}}$$

可见，传输线导体导电系数 σ 越大，工作频率 ω 越高，则透入深度 δ 越小，导体的有效导电截面积 S 越小。

有损耗均匀传输线的介质损耗，主要是介质的高频损耗，它与介质材料的损耗角正切，即

$$\tan\delta_c = \frac{G_0}{\omega C_0}$$

有关，介质损耗引起的衰减常数 α_c，可用 $\tan\delta_c$ 来表示

$$\alpha_c = \frac{1}{2}G_0\sqrt{\frac{L_0}{C_0}} = \frac{1}{2}\frac{G_0}{\omega C_0}\omega\sqrt{L_0 C_0} = \frac{1}{2}\omega\tan\delta_c\sqrt{L_0 C_0} \tag{2-68}$$

2.4.3 有损耗均匀传输线的传输功率和效率

令 $\dot{U}_i = \frac{1}{2}(Z_L + Z_0)\dot{I}_L$，$\dot{U}_r = \frac{1}{2}(Z_L - Z_0)\dot{I}_L$；且

$$\frac{Z_L - Z_0}{Z_L + Z_0} = \Gamma(0) = \Gamma_L$$

那么，有损耗均匀传输线上任一位置处的电压 $\dot{U}(d)$ 和电流 $\dot{I}(d)$，可写成如下形式：

$$\dot{U}(d) = \dot{U}_i e^{\alpha d} e^{j\beta d} + \dot{U}_r e^{-\alpha d} e^{-j\beta d} = \dot{U}_i e^{\alpha d} e^{j\beta d}(1 + \Gamma_L e^{-2\alpha d} e^{-j2\beta d})$$

$$\dot{I}(d) = \frac{1}{Z_0}\dot{U}_i e^{\alpha d} e^{j\beta d}(1 - \Gamma_L e^{-2\alpha d} e^{-j2\beta d})$$

我们近似令波阻抗 Z_0 为实数，那么有损耗均匀传输线的传输功率 P_d 为

$$P_d = \frac{1}{2}\text{Re}\left[\dot{U}(d)\overset{*}{I}(d)\right]$$

$$= \frac{1}{2}\text{Re}\left[\dot{U}_i e^{\alpha d} e^{j\beta d}(1+\Gamma_L e^{-2\alpha d} e^{-j2\beta d}) \times \frac{1}{Z_0}\overset{*}{U}_i e^{\alpha d} e^{-j\beta d}(1-\Gamma_L^* e^{-2\alpha d} e^{j2\beta d})\right]$$

$$= \frac{1}{2Z_0}|\dot{U}_i|^2 e^{2\alpha d}\left[1-|\Gamma_L|^2 e^{-4\alpha d}\right] \tag{2-69}$$

把 $d=0$ 代入式（2-69），求得有耗均匀传输线负载吸收的功率为

$$P_{d0} = \frac{1}{2Z_0}|\dot{U}_i|^2 (1-|\Gamma_L|^2) \tag{2-70}$$

若线长为 l，则始端输入功率为

$$P_{dl} = \frac{1}{2Z_0}|\dot{U}_i|^2 e^{2\alpha l}\left[1-|\Gamma_L|^2 e^{-4\alpha l}\right] \tag{2-71}$$

这样，有损耗均匀传输线的传输效率为

$$\eta = \frac{P_{d0}}{P_{dl}} = \frac{1-|\Gamma_L|^2}{e^{2\alpha l}(1-|\Gamma_L|^2 e^{-4\alpha l})} \tag{2-72}$$

若线终端负载 $Z_L = Z_0$，即负载与线匹配，则有 $|\Gamma_L| = 0$，此时传输效率

$$\eta = e^{-2\alpha l} \tag{2-73}$$

可见，线的衰减常数越大，线越长，其传输效率越差。

以上关于有损耗均匀传输线的分析及结论，当线长很长或传输信号功率较大时是必须考虑和遵循的。而当所用传输线比较短，且传输信号功率较小时，理论分析及工程计算仍可按理想即无损耗均匀传输线来处理。

由于有损耗线上的电压反射系数模值不再与位置无关，当从有损耗线上一点向信源方向移动时，相对应的圆图上点的移动轨迹则是顺时针内螺旋线。

本 章 小 结

（1）导行电磁波的机构通称为传输线。从电磁场与电磁波的概念上说，电路实质上就是导行电磁波的机构，其中电压与电流的概念，则是在特定条件下对被导行电磁波的简化集总表述。在不是严格要求确知被导行电磁波横向幅值分布，而只是注重电磁波传播特性的情况下，沿用电压和电流的概念是完全容许和可行的。因此本章对导行波传播规律的分析研究，还是作为电路问题来处理的。

（2）在普通电路中，传输线被视为没有损耗、没有时延的理想连接线。而在电信技术中，因工作频率高且有带宽要求，传输线本身固有的属性在传送信息中的作用和影响就很突出了。从电路的角度上说，传输线的固有属性表现为分布电路参量 R_0, G_0, L_0, C_0。这样在工作频率很高时，传输线可看做是无穷多部分网络的链接，那么对传输信号过程中的衰减和时延问题，也就很容易从电路概念上对传输线上的波动性作出物理解释。

从传输线的分布电路参量出发，由部分网络根据电路基本定律，我们可以导出传输线方程（即电报方程）

$$\begin{cases} -\dfrac{\partial u(z,t)}{\partial z} = R_0 i(z,t) + L_0 \dfrac{\partial i(z,t)}{\partial t} \\ -\dfrac{\partial i(z,t)}{\partial z} = G_0 u(z,t) + C_0 \dfrac{\partial u(z,t)}{\partial t} \end{cases}$$

在正弦时变条件下，由上述方程可以得到关于传输线上电压电流的一维齐次波动方程

$$\begin{cases} \dfrac{\mathrm{d}^2 \dot{U}(z)}{\mathrm{d} z^2} - \gamma^2 \dot{U}(z) = 0 \\ \dfrac{\mathrm{d}^2 \dot{I}(z)}{\mathrm{d} z^2} - \gamma^2 \dot{I}(z) = 0 \end{cases}$$

其解式为

$$\begin{cases} \dot{U}(z) = A_1 \mathrm{e}^{-\gamma z} + A_2 \mathrm{e}^{\gamma z} \\ \dot{I}(z) = \dfrac{1}{Z_0}(A_1 \mathrm{e}^{-\gamma z} - A_2 \mathrm{e}^{\gamma z}) \end{cases}$$

其参量为

$$\gamma = \alpha + \mathrm{j}\beta = \sqrt{(R_0 + \mathrm{j}\omega L_0)(G_0 + \mathrm{j}\omega C_0)}$$

$$Z_0 = \sqrt{\dfrac{R_0 + \mathrm{j}\omega L_0}{G_0 + \mathrm{j}\omega C_0}}$$

（3）理想化的传输线是均匀无损耗线，即 $R_0 = 0$，$G_0 = 0$，L_0 及 C_0 为常数，则

$$\gamma = \mathrm{j}\beta = \mathrm{j}\omega\sqrt{L_0 C_0}$$

$$Z_0 = \sqrt{\dfrac{L_0}{C_0}} \quad （纯阻）$$

关于传输线的一维齐次波动方程，其解式中时间已规定为正弦律，一维空间变量即传输线上的位置，从分析和处理工程问题方便考虑，多采用以线终端（即负载端）作为位置坐标的原点。这样波动方程解式为

$$\begin{cases} \dot{U}(d) = \dfrac{1}{2}(Z_L + Z_0)\dot{I}_L \mathrm{e}^{\mathrm{j}\beta d} + \dfrac{1}{2}(Z_L - Z_0)\dot{I}_L \mathrm{e}^{-\mathrm{j}\beta d} \\ \dot{I}(d) = \dfrac{1}{2}\left(\dfrac{Z_L}{Z_0} + 1\right)\dot{I}_L \mathrm{e}^{\mathrm{j}\beta d} - \dfrac{1}{2}\left(\dfrac{Z_L}{Z_0} - 1\right)\dot{I}_L \mathrm{e}^{-\mathrm{j}\beta d} \end{cases}$$

或

$$\begin{cases} \dot{U}(d) = \dot{U}_i(d) + \dot{U}_r(d) \\ \dot{I}(d) = \dot{I}_i(d) + \dot{I}_r(d) = \dfrac{1}{Z_0}[\dot{U}_i(d) - \dot{U}_r(d)] \end{cases}$$

这就告诉我们，传输线任一点处的电压或电流，都是由传播方向相反的入射波与反射波叠加而成的。而反射波的存在与否，决定于终端负载 Z_L 与传输线波阻抗 Z_0 之间的匹配情况。波的参量是

$$v_p = \dfrac{\omega}{\beta} = \dfrac{1}{\sqrt{L_0 C_0}}, \quad \lambda_p = \dfrac{v_p}{f} = \dfrac{2\pi}{\beta}, \quad \beta = \dfrac{2\pi}{\lambda_p}$$

传输线上任一位置处的输入阻抗

$$Z_{in}(d) = Z_0 \frac{Z_L \cos\beta d + jZ_0 \sin\beta d}{Z_0 \cos\beta d + jZ_L \sin\beta d}$$

（4）传输线的工作状态是以线上反射波的有无和大小来区分的。而表征传输线工作状态的参量，电压反射系数 $\Gamma(d)$ 和电压驻波比 S 的定义为

$$\Gamma(d) = \frac{\dot{U}_r(d)}{\dot{U}_i(d)} = \frac{Z_L - Z_0}{Z_L + Z_0} e^{-j2\beta d} = |\Gamma(d)| e^{j\varphi_\Gamma}$$

$$\begin{cases} |\Gamma(d)| = \left|\dfrac{Z_L - Z_0}{Z_L + Z_0}\right| \\ \varphi_\Gamma = \varphi_L - 2\beta d \end{cases}$$

$$S = \frac{|\dot{U}(d)|_{max}}{|\dot{U}(d)|_{min}} = \frac{1 + |\Gamma(d)|}{1 - |\Gamma(d)|}$$

对于无耗传输线，$|\Gamma(d)|$ 及 S 与位置 d 无关，而 φ_Γ 与位置 d 有关。定义了 $\Gamma(d)$ 之后则有

$$\begin{cases} \dot{U}(d) = \dot{U}_i(d)[1 + \Gamma(d)] \\ \dot{I}(d) = \dfrac{1}{Z_0} \dot{U}_i(d)[1 - \Gamma(d)] \end{cases}$$

$$Z_{in}(d) = Z_0 \frac{1 + \Gamma(d)}{1 - \Gamma(d)}$$

$$P_d = P_i \left[1 - |\Gamma(d)|^2\right]$$

无耗传输线的工作状态总结于如下简表：

工作状态		行波	行驻波	驻波
条件		$Z_L = Z_0$	$Z_L = R_L + jX_L$	$Z_L = 0, \infty, jX_L$
特征	$|\Gamma(d)|$	0	$0 < |\Gamma(d)| < 1$	1
	S	1	$S > 1$	∞

（5）对传输线匹配的目的是改善其工作状态，使之接近于理想的行波状态。使传输线与其终端所接负载匹配的方法，一种是利用四分之一波长线的阻抗变换性质，另一种则是通过在传输线上的合适位置接入电抗（一般使用分支短路或开路线）来实现。须知这种基于波长关系的调配结果都是窄带特性的（严格意义上讲只有对一个频率是准确的）。还要明确的是传输线匹配后，从匹配点至信源的主传输线上不再有反射波存在，但是匹配段上（即匹配点至负载之间）仍有反射波存在，这对于负载接收来自信源的信号的影响尚需作进一步的分析和讨论。

（6）传输线问题中两个最重要的参量就是线上任一点处的电压反射系数 $\Gamma(d)$ 和输入阻抗 $Z_{in}(d)$ 或输入导纳 $Y_{in}(d)$。利用传输线上任一点处输入阻抗和输入导纳与电压反射系数的关系，即

$$\tilde{Z}(d) = \frac{Z_{in}(d)}{Z_0} = \frac{1 + \Gamma(d)}{1 - \Gamma(d)}$$

$$\tilde{Y}(d) = \frac{1}{\tilde{Z}(d)} = \frac{1 - \Gamma(d)}{1 + \Gamma(d)}$$

可以把 $\tilde{Z}(d) = \tilde{R} + j\tilde{X}$ 或 $\tilde{Y}(d) = \tilde{G} + j\tilde{B}$，表示在 $\Gamma(d) = u + jv$ 的复平面上，这就是阻抗圆图和导纳圆图的构成原理。

圆图中单位圆及其以内区域中的点，与传输线上的位置具有对应关系。圆图中每一点都可告知我们四个参数，即 $|\Gamma(d)|$，φ_Γ，$\tilde{R}$，$\tilde{X}$（或 $\tilde{G}$ 与 $\tilde{B}$）。因此圆图是计算传输线的阻抗或导纳、反射系数和驻波比，以及对传输线进行匹配的重要工具。

（7）实际应用的传输线都是有损耗的线，当线长较长和传输较大信号功率时，必须考虑传输线的损耗。由于传输线的损耗（导体损耗与介质损耗）都是随频率的增高而增加，因而，损耗将直接影响传输线的可用频带宽度。

有损耗均匀传输线的入射波和反射波的幅值，沿它们各自的传播方向按指数律衰减。因而电压反射系数的模值和电压驻波比都与位置有关，越靠近负载 $|\Gamma(d)|$ 和 S 值越大，越靠近信源则 $|\Gamma(d)|$ 和 S 值越小。

当实际应用的传输线长度较短，传输功率信号较小时，可作为理想的无损耗传输线来处理。

习 题 二

2-1 铜质架空平行双线，两线中心距 30 cm，导线截面直径 0.4 cm，工作频率 100 MHz，按无损耗线考虑，求单位长度电感 L_0、电容 C_0 及波阻抗 Z_0、相移常数 β 及相速度 v_p 和相波长 λ_p。

2-2 无耗双线传输线，其 $L_0 = 1.655$ nH/mm，$C_0 = 0.666$ pF/mm，介质为空气。求其波阻抗 Z_0，并计算工作频率分别为 50 Hz，100 MHz 时，每米线长引入的串联电抗和并联电纳。

2-3 同轴线内导体直径 2 mm，外导体内直径 10 mm，计算内外导体填充空气介质、高分子材料介质（$\varepsilon_r = 2.25$）时的波阻抗 Z_0、相速度 v_p 和相波长 λ_p。

2-4 对比用于传送电力的传输线和用于传输信号的传输线有什么不同？

2-5 计算图示无耗传输线网络输入端的输入阻抗 Z_{inA}，Z_{inB}，并求系统中各段传输线上的电压驻波比。

题 2-5 图

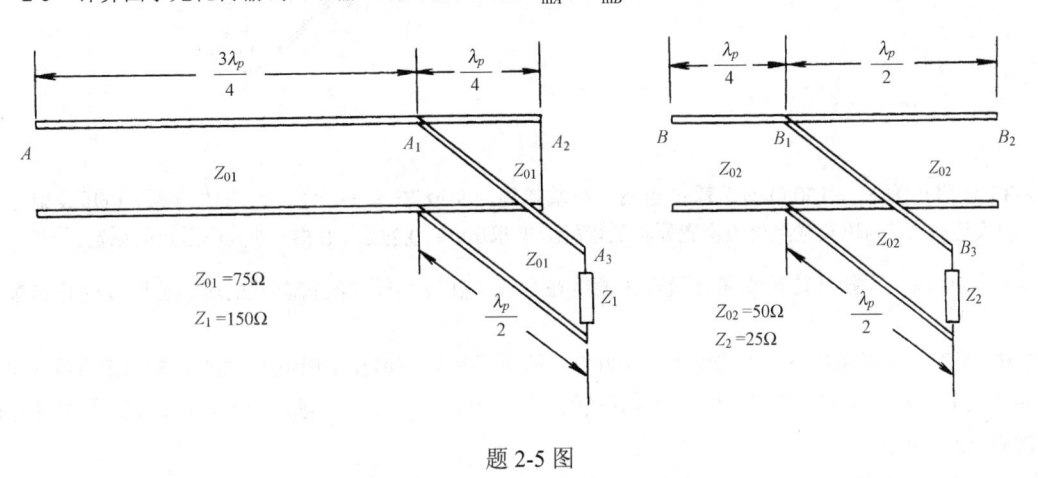

2-6 图示传输线网络各段传输线长分别为 $|AB| = 3$ m，$|BC| = |CD| = 1.5$ m，$|DE| = 0.75$ m，$|CF| = 2.25$ m，传输线的波阻抗均为 300 Ω，图中所接集总电阻均为 600 Ω，计算工作频率分别为 $f_1 = 100$ MHz 及 $f_2 = 200$ MHz 时 A 端口的输入阻抗及各段传输线上的电压驻波比。

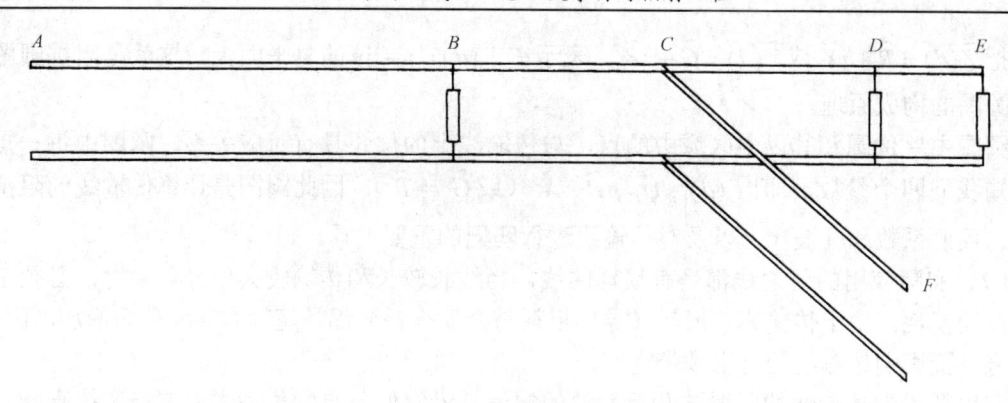

题 2-6 图

2-7 计算图示传输线网络输入端口 A 处的输入阻抗及各段传输线上电压反射系数的模值。各段传输线波阻抗均为 $50\,\Omega$，所接集总电阻 $Z_1=25\,\Omega$，$Z_2=50\,\Omega$，$Z_3=100\,\Omega$，各段传输线长为：$|AB|=1\lambda_p$，$|BC|=0.25\lambda_p$，$|CD|=1.5\lambda_p$，$|BE|=1.75\lambda_p$，$|CF|=0.5\lambda_p$。

题 2-7 图

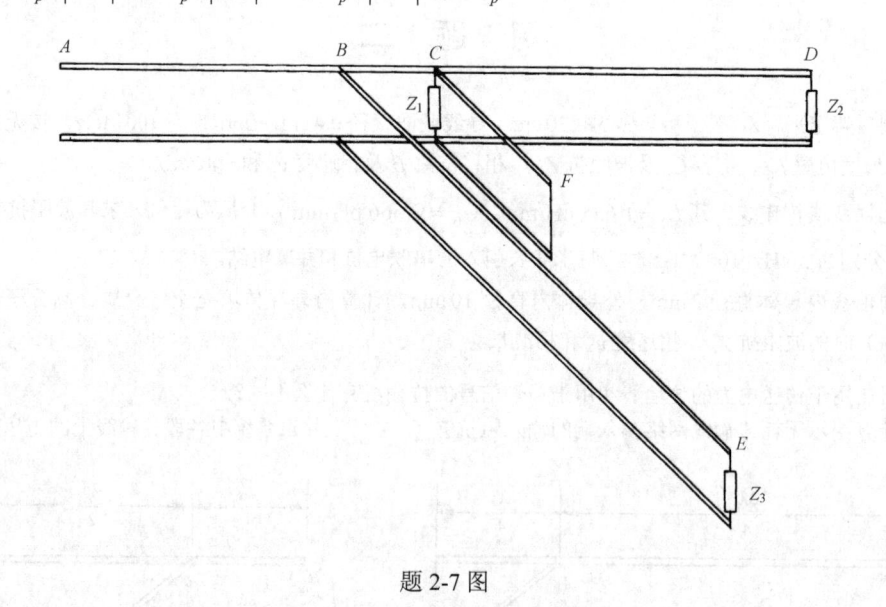

2-8 波阻抗为 $Z_0=150\,\Omega$ 的无耗传输线，终端接纯阻负载 $Z_L=250\,\Omega$，写出传输线上电压反射系数 $\Gamma(d)$ 的表达式（d 为以负载点处为位置原点的坐标）并求出 $d=0.25\lambda_p$，$0.5\lambda_p$ 处的电压反射系数。

2-9 定性画出无损耗传输线和有损耗传输线在行波、驻波及行驻波状态下电压幅值沿线的分布规律曲线。

2-10 均匀无耗传输线终端接负载 $Z_L=100\,\Omega$，信源频率为 $1\,\text{GHz}$，测得电压驻波比 $S=1.5$ 及终端电压反射系数相角 $\varphi_\Gamma(0)=180°$，求线上任一位置 d 处的电压反射系数 $\Gamma(d)$、传输线的波阻抗 Z_0 及距终端最近的电压波腹点的位置 $d_{\max 1}$。

2-11 同轴线波阻抗 $Z_0=50\,\Omega$，信源频率为 $3\,\text{GHz}$，测得电压驻波比 $S=1.5$，距负载最近的电压波节点的位置 $d_{\min 1}=10\,\text{mm}$，相邻两波节点的距离为 $50\,\text{mm}$。试计算负载 Z_L 及终端电压反射系数 $\Gamma(0)$。

2-12 无耗传输线波阻抗 $Z_0=50\,\Omega$，终端接负载 $Z_L=200\,\Omega$，信号波长 $\lambda_0=10\,\text{cm}$。若用四分之一波长阻抗变换器匹配，试求匹配段传输线的波阻抗 Z_e。若用分支短路线调配，试求分支线的接入位置及分支线长度（分支线与主传输线的波阻抗相同）。

2-13 如图所示传输系统，AB 段传输线长 $0.2\lambda_p$，波阻抗 $Z_{01} = 450\,\Omega$；BC 段传输线长 $0.25\lambda_p$，波阻抗 $Z_{02} = 600\,\Omega$；负载 $Z_L = 400\,\Omega$，电阻 $R = 900\,\Omega$，信源振幅 $|\dot{U}_i| = 9\,\text{V}$，内阻 $R_i = 450\,\Omega$。画出电压、电流幅值及阻抗的沿线分布图，并求出其最大和最小值。

2-14 图示电路中 $Z_L = (100 + j200)\,\Omega$，传输线波阻抗 $Z_0 = 50\,\Omega$，$L = 0.1\,\mu\text{H}$，$C = 20\,\text{pF}$，信源频率 $f_0 = 300\,\text{MHz}$。利用圆图求输入端至接入电容位置的传输线段上的电压驻波比。

2-15 无耗传输线波阻抗 Z_0，终端负载阻抗 Z_L（或负载导纳 Y_L），利用圆图求算：

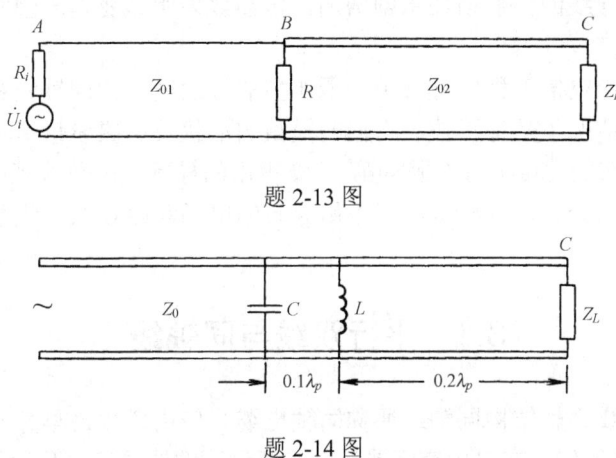

题 2-13 图

题 2-14 图

（1）$Z_0 = 50\,\Omega$，$Z_L = (100 + j75)\,\Omega$，求终端电压反射系数、电压驻波比及距终端 $\dfrac{\lambda_p}{3}$ 处的输入阻抗。

（2）$Z_0 = 100\,\Omega$，$Z_L = (80 - j120)\,\Omega$，求终端电压反射系数、距终端最近的电压波节和波腹位置。

（3）$Z_0 = 75\,\Omega$，终端电压反射系数 $\Gamma(0) = 0.5\text{e}^{j45°}$，求负载 Z_L 及距终端 $0.15\lambda_p$，$0.25\lambda_p$，$0.35\lambda_p$ 处的输入阻抗。

（4）$Z_0 = 50\,\Omega$，距终端 $0.15\lambda_p$ 处的 $Z_{\text{in}} = (30 - j60)\,\Omega$，求负载导纳 Y_L 及终端电压反射系数。

（5）$Z_0 = 600\,\Omega$，$Z_L = (400 - j300)\,\Omega$，求线上的电压驻波比，及实现匹配需在什么位置加入什么极性的电抗元件？并在圆图上标示匹配过程。

（6）$Z_0 = 100\,\Omega$，$Z_L = (60 - j80)\,\Omega$，定性在圆图上画出无耗线及有耗线由负载点向信源方向移动 $\dfrac{3\lambda_p}{8}$ 的轨迹。

2-16 无损耗传输线波阻抗 $Z_0 = 75\,\Omega$，终端接负载 $Z_L = (45 - j60)\,\Omega$，利用圆图对其实现调配，并画出调配后由负载向信源方向沿线电压的幅值分布图（令 $|\dot{U}_i| = 10\,\text{V}$）。

第 3 章 微波传输线

传输线是导行电磁波系统的通称。它的最一般形式就是平行双导线系统。在较低的频率上使用这种开放的系统是可以的，但是当频率很高，即当信号波长与双导线截面尺寸及双线间距离可相比拟时，导线的辐射损耗急剧增加，传输效果明显变差。因此真正用于微波段的传输线多为封闭系统。

本章我们分析讨论电信工程中最常用和最典型的传输线，如同轴线和金属波导管等，它们的几何形状大多数情况下是柱形体，它们的横截面形状及电磁参量沿轴线方向保持恒定，这就是均匀传输线。它们的传播特性服从第 2 章得出的导行波的普遍规律，但是我们还必须研究导行波场量的横向分布，这样就不得不用分布的电场和磁场取代集总的电压和电流来进行分析和讨论。

3.1 平行双线与同轴线

平行双线与**同轴线**（软结构同轴线通称**同轴电缆**）使用历史最早并一直沿用至今，是典型的导行 TEM 波的传输线。在自由空间或后面将要讨论的波导管中传输的电磁波，其电场与磁场互为依存。而在 TEM 波传输线中，因其为双导体结构，任一时刻的电场可看做是由一个导体的正电荷与另一导体的负电荷来支持，电力线不必是闭合线。而其磁场则可看成是由导体上的电流产生。这样在 TEM 波传输线中，同一截面上的电场（磁场）任一时刻相位相同，电场和磁场矢量方向相互垂直且垂直于传输方向。场量的横向变化规律（横截面上的分布）与恒流状态时完全相同，因此 TEM 波传输线中的电场与磁场可由确定值的电压、电流来表征，完全可以使用分布参量电路的概念。

3.1.1 平行双线传输线

平行双线传输线的结构示于图 3-1。其导线由金属良导体制作，是一种平衡传输线。根据电磁场理论可以求出它的单位长分布电路参量：

$$L_0 = \frac{\mu}{\pi} \ln \frac{D-R_0}{R_0} \approx \frac{\mu}{\pi} \ln \frac{D}{R_0}$$

$$C_0 = \frac{\pi\varepsilon}{\ln \frac{D-R_0}{R_0}} \approx \frac{\pi\varepsilon}{\ln \frac{D}{R_0}}$$

式中，μ, ε 为线的导体外空间介质的导磁系数和介电常数，当介质为空气时可取 $\mu = \mu_0$，$\varepsilon = \varepsilon_0$。

平行双线传输线的波阻抗为（不计损耗时）

$$Z_0 = \sqrt{\frac{L_0}{C_0}} = \frac{1}{\pi}\sqrt{\frac{\mu}{\varepsilon}} \ln \frac{D-R_0}{R_0} \tag{3-1}$$

图 3-1

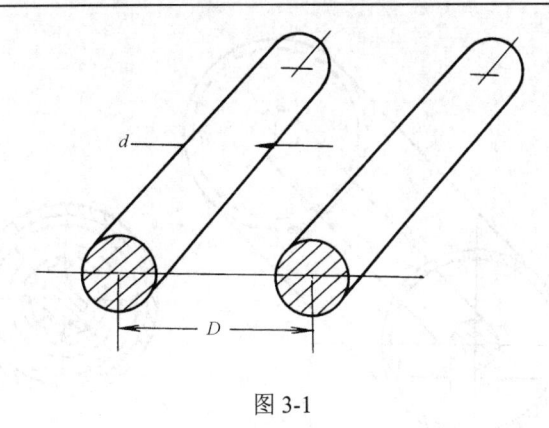

当线外介质为空气时，$\sqrt{\dfrac{\mu_0}{\varepsilon_0}} = 120\pi$，且考虑到双线中心距 D 远大于导线截面半径 R_0，则

$$Z_0 = 120\ln\left(\dfrac{D}{R_0}\right) = 246\lg\left(\dfrac{D}{R_0}\right) \tag{3-2}$$

一般情况下波阻抗 $Z_0 = 400\sim 600\,\Omega$。

当不计损耗时平行双线的传播常数 $\gamma = \mathrm{j}\beta$，由式（2-20），相移常数 $\beta = \omega\sqrt{L_0 C_0}$，因此无损耗的平行双线传输线是无色散的传输线。

导行波的相速度 $v_p = \dfrac{\omega}{\beta} = \dfrac{1}{\sqrt{L_0 C_0}}$，因此

$$v_p = \dfrac{1}{\sqrt{L_0 C_0}} = \dfrac{1}{\sqrt{\mu\varepsilon}} \tag{3-3}$$

当线外介质为空气时，$v_p = \dfrac{1}{\sqrt{\mu_0 \varepsilon_0}} = v_0 = 3\times 10^8\,\mathrm{m/s}$，与自由空间中的平面电磁波相速度 v_0 相同，即为光速。

对于平行双线传输线，线间介质多为空气或局部优良绝缘支撑物，如果要考虑传输损耗，则可只计导体损耗而不计介质损耗（即 $G_0 = 0$）。此时平行双线的衰减常数可按下式估算：

$$\alpha \approx \dfrac{R_0}{2Z_0} \tag{3-4}$$

由图 3-1 所示平行双线横截面上的场结构可知，所导行的电磁波场量集中于双线附近空间，场量幅值为不均匀分布，因此平行双线传输线导引的是不均匀平面电磁波。

平行双线传输线主要用于中波及短波无线电信中作发射机与天线间的馈线，及有线长途载波通信的传输线（现只保留使用于县乡以下小容量通信系统中，干线通信中已被光纤所取代）。

3.1.2 同轴线

同轴线是一种应用非常广泛的可以导引 TEM 波的双线传输线，它的最大优点是外导线圆筒可以完善地屏蔽周围电磁场对同轴线本身的干扰和同轴线本身传送信号向周围空间的泄漏。图 3-2（a）所示为同轴线的结构示意图，它是一种不平衡传输线。

(a) (b)

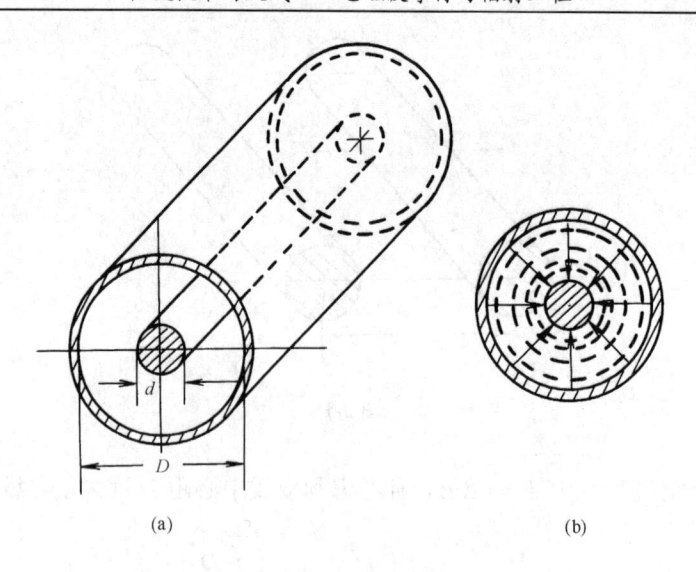

图 3-2

由电磁场理论可以得出计算同轴线分布电路参量的公式：

$$L_0 = \frac{\mu}{2\pi} \ln \frac{D}{d}$$

$$C_0 = \frac{2\pi\varepsilon}{\ln \frac{D}{d}}$$

式中，μ, ε 是同轴线内外导体间介质的电磁参数，d 为同轴线的内导体截面直径，D 为其外导体的内直径。

当不计损耗时，同轴线的波阻抗为

$$Z_0 = \sqrt{\frac{L_0}{C_0}} = 60\sqrt{\frac{\mu_r}{\varepsilon_r}} \ln \frac{D}{d} = 138\sqrt{\frac{\mu_r}{\varepsilon_r}} \lg \frac{D}{d} \tag{3-5}$$

通常同轴线介质损耗很小，即 $G_0 = 0$，其传输损耗基本上决定于导体的欧姆损失。同轴线的衰减常数仍可按下式估算，即

$$\alpha \approx \frac{R_0}{2Z_0} \tag{3-6}$$

可见同轴线的衰减常数 α 是同轴线内外导体截面直径的函数。可以导出 α 为最小值的条件是

$$\frac{D}{d} = 3.6 \tag{3-7}$$

在最小衰减常数条件下，同轴线的波阻抗

$$Z_0 = 60\sqrt{\frac{\mu_r}{\varepsilon_r}} \ln 3.6 = 138\sqrt{\frac{\mu_r}{\varepsilon_r}} \lg 3.6$$

同轴线内外导体间往往填充高分子材料作为绝缘支撑介质。例如，填充聚苯乙烯介质时，其 $\mu_r = 1$，$\varepsilon_r = 2.25$，可以计算出同轴线的波阻抗 $Z_0 = 51.2\Omega$。若介质为空气 $\mu_r = 1$，$\varepsilon_r = 1$，可计算出同轴线波阻抗 $Z_0 = 76.8\Omega$。

不计损耗时同轴线传输 TEM 波时的相速度等于

$$v_p = \frac{1}{\sqrt{L_0 C_0}} = \frac{1}{\sqrt{\mu\varepsilon}} = \frac{v_0}{\sqrt{\mu_r \varepsilon_r}} \qquad (3\text{-}8)$$

当同轴线内填充空气介质时，$v_p = 3 \times 10^8$ m/s；当填充聚苯乙烯介质时，$\mu_r = 1$，$\varepsilon_r = 2.25$，可计算得 $v_p = 2 \times 10^8$ m/s，与自由空间的电磁波速差异就很大了。若以 λ_0 表示频率为 f 的电磁波在自由空间的波长，那么在同轴线中

$$\lambda_p = \frac{v_p}{f} = \frac{\lambda_0}{\sqrt{\mu_r \varepsilon_r}} \qquad (3\text{-}9)$$

一般来说，同轴线导引的 TEM 波，较之自由空间中的电磁波，其波速要减慢，波长要缩短，这是使用同轴线时特别是涉及波长关系时要特别注意的。

无损耗的同轴线当它导引 TEM 波时，其 $\alpha = 0$，$\beta = \omega\sqrt{L_0 C_0}$，因此是无色散传输线。由图 3-2（b）所示的同轴线导引 TEM 波时的场结构可知，此 TEM 波也不是均匀的平面电磁波。后面我们在分析圆截面金属波导时将指出，同轴线除导引 TEM 波外，也可以在满足一定条件时导引具有纵向分量的波。

同轴线是一种宽频带的传输线，其频率范围可从直流一直到 100 GHz，因此广泛应用于通信设备、测量系统、计算机网络及微波元件之中。

3.2 微带传输线

随着通信技术的发展，迫切要求减小设备的体积重量，增加其工作的可靠性和稳定性。这种发展趋势也势必要反映到传输线上面来。20 世纪 50 年代，受晶体管印刷电路制作技术的影响，提出并实现了平面传输线这种半开放式结构的传输线，如**带状线**、**耦合带状线**及**微带线**等。它们的实现和应用，为解决微波电路的集成化、设备的小型化奠定了基础并使得这些技术得以实现。

微带线的结构及其导波场的结构示意图如图 3-3 所示。微带线是一种半敞开式部分填充介质的双导体传输线，它由宽为 W 的导带、金属接地底板及导带与接地板间厚为 h、介电常数 $\varepsilon = \varepsilon_r \varepsilon_0$ 的介质基片构成。介质基片采用高介电常数（ε_r 取值在 2~20 之间）、高频损耗小的陶瓷、石英及高分子材料等，它们的相对导磁系数 $\mu_r = 1$。

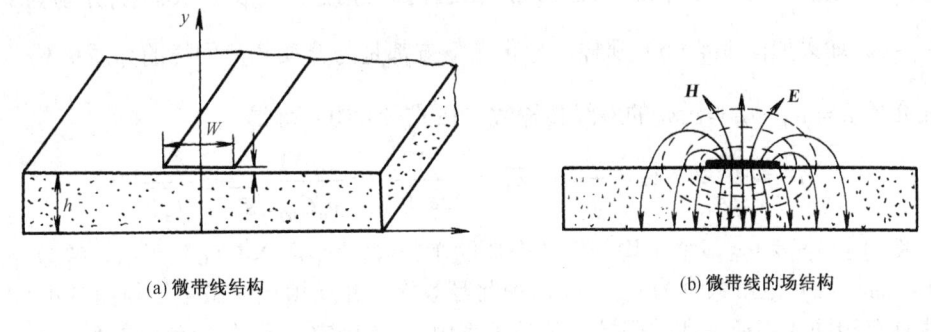

(a) 微带线结构　　　　　　　　(b) 微带线的场结构

图 3-3

微带线的制作是根据理论设计确定导带的形状和宽度的。具体工艺有两种，一种是像制

作印刷电路板那样照像制版、光刻腐蚀，把微带坯板做成电路；另一种则是采用真空镀膜技术，把理论设计确定的导带形状、宽度的具体图形蒸发到介质基片上而成。因此微带线因与电路元器件密不可分，而不能像同轴线及波导传输线那样按规格型号制作销售，只能提供坯板而由使用者根据理论设计，再由具备工艺条件的厂家制作出所需电路。

3.2.1 微带线的传输模式

对于前面讨论过的导行 TEM 波的平行双线和同轴线，其导体周围为均一填充介质，介质相对介电常数为 ε_r，则 TEM 波的相速度 v_p，波长 λ_p 及波阻抗 Z_0 分别为

$$\begin{cases} v_p = \dfrac{1}{\sqrt{L_0 C_0}} = \dfrac{1}{\sqrt{\mu \varepsilon}} = \dfrac{v_0}{\sqrt{\varepsilon_r}} \\[2mm] \lambda_p = \dfrac{\lambda_0}{\sqrt{\varepsilon_r}} \\[2mm] Z_0 = \sqrt{\dfrac{L_0}{C_0}} = \dfrac{1}{C_0}\sqrt{L_0 C_0} = \dfrac{1}{v_p C_0} \end{cases} \quad (3\text{-}10)$$

式中，$v_0 = 3 \times 10^8 \text{m/s}$ 为自由空间中平面电磁波速，λ_0 为其自由空间中波长。

微带线导带周围并非填充均一介质，导带上方是空气，导带下方是介质基片。显然在介质不连续的界面上下电磁波的相速度不同。我们借助图 3-4 的逻辑推理来分析微带线的传输特性。

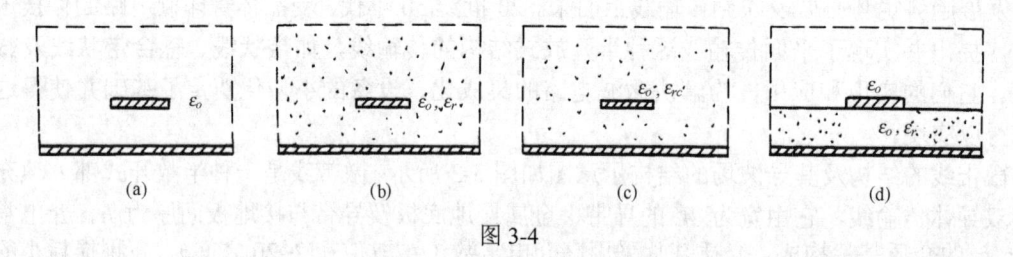

图 3-4

图 3-4（d）为微带线真实结构截面。如将其介质基片撤掉就变成图 3-4（a）的全部填充空气介质的双线传输线，则由式（3-10），相应的相速度、波长及波阻抗分别为 v_0，λ_0，$Z_{00} = \dfrac{1}{v_0 C_{00}}$。如果如图 3-4（b）那样，导带上下方都是与介质基片同样的介质材料，那就是全部填充介质 $\mu = \mu_0$、$\varepsilon = \varepsilon_r \varepsilon_0$ 的双线传输线，按式（3-10）可得

$$v_p = \frac{v_0}{\sqrt{\varepsilon_r}}, \quad \lambda_p = \frac{\lambda_0}{\sqrt{\varepsilon_r}}, \quad Z_0 = \frac{1}{v_p \varepsilon_r C_{00}} = \frac{1}{v_0 C_{00} \sqrt{\varepsilon_r}} = \frac{Z_{00}}{\sqrt{\varepsilon_r}}$$

现在我们定义一种全部填充均一等效介质的微带线，如图 3-4（c）所示。等效介质依然为 $\mu_r = 1$，而相对介电常数令为 ε_{rc}。我们令此等效均一介质填充的微带线与图 3-4（d）的真实微带线具有相同的相速度和波阻抗，等效关系由 ε_{rc} 来确定。ε_{rc} 的取值应在 $1 < \varepsilon_{rc} < \varepsilon_r$ 范围之内。那么按式（3-10）即可写出等效微带线，也就是真实微带线导引 TEM 波的相速度、波长及波阻抗的表达式

$$v_p = \frac{v_0}{\sqrt{\varepsilon_{rc}}}, \quad \lambda_p = \frac{\lambda_0}{\sqrt{\varepsilon_{rc}}}, \quad Z_0 = \frac{Z_{00}}{\sqrt{\varepsilon_{rc}}}$$

可见这种等效替代的关键在于确定等效相对介电常数 ε_{rc}，这可借助于数学上的保角变换方法来求得，ε_{rc} 是微带线结构尺寸 h 和 W 的函数。ε_{rc} 的计算公式为

$$\varepsilon_{rc} = 1 + q(\varepsilon_r - 1) \tag{3-11}$$

式中 q 称为填充系数。当 $q=0$ 时，$\varepsilon_{rc}=1$，表示导带周围全部填充空气；当 $q=1$ 时 $\varepsilon_{rc}=\varepsilon_r$，表示导带周围全部填充与介质基片一样的介质材料。$q$ 的取值范围是 $0<q<1$，q 的计算公式为

$$q = \frac{1}{2}\left[1 + \left(1 + \frac{10h}{W}\right)^{-\frac{1}{2}}\right] \tag{3-12}$$

图 3-5 是根据式（3-12）作出的微带线的 q 及导带周围全填充空气时的波阻抗 Z_{00} 与 $\frac{W}{h}$ 的关系曲线。其中 W 为导带宽度，h 为介质片厚度（多数规格的微带坯片 $h = 0.8$ mm）。

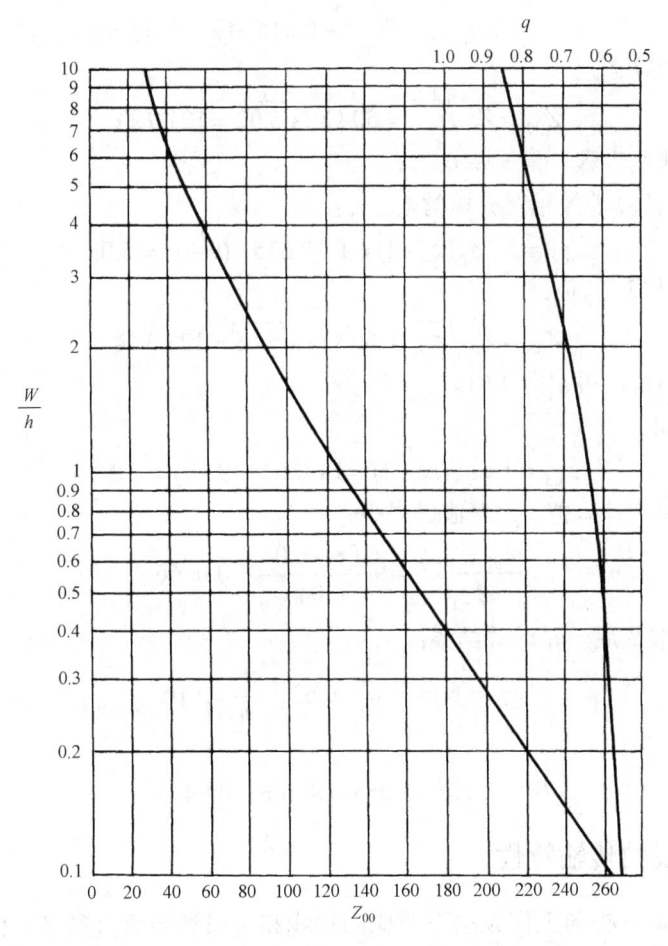

图 3-5

需要明确的是微带线中真正传输的是 TE 波与 TM 波的混合波，称做 EH 波，其纵向分量

主要是由介质与空气界面上的边缘场所引起。但是由于微带线导行的电磁波,其场量主要集中于介质基片,波的纵向分量比横向分量要小得多,因此微带线中的电磁波与 TEM 波相差很小,所以称之为**准 TEM 波**。这样,如上我们用相对介电常数 ε_{rc} 的均一介质填充的双线(导带与金属底板)传输线等效替代真实的微带线,不仅是一种方法,也有上述准 TEM 波的物理含义。

微带线的工程计算,通常是由给定的 h,ε_r 和要求的 Z_0,求导带宽度 W。

例 3-1 微带线介质基片厚度 $h=0.8$ mm,介质相对介电常数 $\varepsilon_r=9$,要求微带线波阻抗 $Z_0=50\ \Omega$,计算微带线的导带宽度 W。

解:利用图 3-5 的 Z_{00},q 与 $\dfrac{W}{h}$ 的关系曲线用逐次逼近法来确定 W。

首先以 ε_r 代替 ε_{rc} 计算出近似值 $Z_{00}=Z_0\sqrt{\varepsilon_r}=150\ \Omega$,在图 3-5 曲线上横坐标 Z_{00} 为 $150\ \Omega$ 处垂直向上作直线与 Z_{00} 特性曲线相交,由此交点向右作与横轴平行线与 q 特性曲线相交,得交点处 $q_1=0.615$。

计算等效相对介电常数的初值 ε_{rc1}:

$$\varepsilon_{rc1}=1+q_1(\varepsilon_r-1)=1+0.615\times(9-1)=5.92$$

利用所得 ε_{rc1} 计算 Z_{00} 值:

$$Z_{00}=Z_0\sqrt{\varepsilon_{rc1}}=50\ \Omega\times\sqrt{5.92}=121.7\ \Omega$$

由此 Z_{00} 值重复查曲线步骤,得 $q_2=0.635$。

由所得 q_2 再次计算等效相对介电常数 ε_{rc2}:

$$\varepsilon_{rc2}=1+q_2(\varepsilon_r-1)=1+0.635\times(9-1)=6.08$$

利用所得 ε_{rc2} 再次计算 Z_{00} 值:

$$Z_{00}=Z_0\sqrt{\varepsilon_{rc2}}=50\ \Omega\times\sqrt{6.08}=123.3\ \Omega$$

由此 Z_{00} 值再次查曲线,得 $q_3=0.63$。

由所得 q_3 计算出

$$\varepsilon_{rc3}=1+q_3(\varepsilon_r-1)=1+0.63\times(9-1)=6.04$$

计算到现在 ε_{rc3} 与前次计算值 ε_{rc2} 差值已很小:

$$\frac{\varepsilon_{rc2}-\varepsilon_{rc3}}{\varepsilon_{rc3}}=\frac{6.08-6.04}{6.04}=0.0066$$

已经足够精确了,取最后一轮计算结果:

$$\varepsilon_{rc}=6.04,\quad q=0.63,\quad \frac{W}{h}=1.05$$

最后可求出

$$W=1.05h=1.05\times0.8\ \text{mm}=0.84\ \text{mm}$$

3.2.2 微带线的传输特性

微带线的损耗,在相同工作频率下要比同轴线和金属波导管大得多。因为微带线属于半开放式结构,除了导体损耗、介质损耗外还存在辐射损耗(利用微带线半开放式结构的辐射特性可以构成微带天线)。只有当介质基片的相对介电常数 ε_r 很大,导带宽度 W 大于介质基片

厚度 h，且工作频率较低时才可忽略辐射损耗问题。

在不计辐射损耗的情况下，微带线损耗由导体衰减和介质衰减两部分构成。导体衰减常数 α_d 可按下式计算：

$$\alpha_d = \frac{R_s}{Z_0 W} = \frac{\sqrt{\pi f \mu \frac{1}{\sigma}}}{Z_0 W} \tag{3-13}$$

式中，R_s 是导体的表面电阻，σ 为导体导电系数。

微带线介质衰减常数 α_c 可按下式近似计算：

$$\alpha_c \approx \frac{\beta}{2} q \frac{\varepsilon_r}{\varepsilon_{rc}} \tan\delta_c \tag{3-14}$$

式中，$\tan\delta_c$ 是介质材料的损耗角正切，β 为微带线的相移常数。

微带线工作在 10 GHz 频率以下时，导体损耗远大于介质损耗。当工作频率提高时介质损耗将随之增加。

微带线的工作频率提高时，除了传输准 TEM 波还可能出现高次模式波。一类是 TE 或 TM 模，这是因为宽为 W 的导带与底板构成了高为 h、填充介质为相对介电常数 ε_r 的平板波导。此平板波导导引的 TE 或 TM 模中最低次模是 TE_{10} 模，它的存在条件是

$$\lambda < 2W\sqrt{\varepsilon_r}$$

因此微带线中不出现这类模式波的条件是

$$\lambda_{\min} > 2W\sqrt{\varepsilon_r} \tag{3-15}$$

另一类可能出现的高次模是表面波模，就是沿介质表面传输的模式。其中 TM 类表面波最低次模无条件存在（任何波长时都存在），而 TE 类表面波最低次模的存在条件为

$$\lambda < 4h\sqrt{\varepsilon_r - 1}$$

因此微带线中不出现最低次 TE 类表面波模的条件是

$$\lambda_{\min} > 4h\sqrt{\varepsilon_r - 1} \tag{3-16}$$

总之，微带传输线是色散传输系统，其原因是存在有损耗和有场的纵向分量。但是在工作频率不是很高，又能够满足一些限制条件的情况下，我们可把它看做导行 TEM 波的传输线（准确地说是准 TEM 波传输线）。信号进入微带线后，相速度、相波长都要发生改变（变小），即

$$\begin{cases} v_p = \dfrac{v_0}{\sqrt{\varepsilon_{rc}}} = \dfrac{1}{\sqrt{\varepsilon_{rc}}} \times 3\times 10^8 \text{ m/s} \\ \lambda_p = \dfrac{\lambda_0}{\sqrt{\varepsilon_{rc}}} \end{cases} \tag{3-17}$$

式中的等效相对介质常数 ε_{rc}，要根据具体微带线（确知其介质的 ε_r、导带宽 W、介质基片厚度 h）和设定的波阻抗 Z_0 值来求得（见例 3-1）。

微带线作为一种导行电磁波的机构其使用频率范围一般在 5～15 GHz 之间，由于其自身结构特点而不能用于大功率传输系统中，而且也不适合于长距离作为传输线。前面已经说到，微带线更适合于构造成各种微波电路元件，并与其他微波器件、元件组合，作为小型平面化和集成微波电路单元。这对于微波电路和设备的小型化、集成化具有重要的意义。

3.3 矩形截面金属波导

与同轴线一样，用金属良导体制作的波导管也是封闭的传输线。为使同轴线工作在 TEM 波模式，当工作频率升高时，同轴线的横向尺寸要相应减小，其内导体的损耗增加，能够传输的功率也要受到限制。**金属波导**的问世和应用，不仅有效地防止了辐射损耗，而且还有针对性地解决了同轴线的上述限制，把微波技术发展推进到一个新的水平。

波导管作为定向导引电磁波传输的机构，是微波传输线的一种典型类型，它已不再是普通电路意义上的传输线。虽然电磁波在波导中的传播特性仍然符合本书第 2 章中关于传输线的概念和规律，但是深入研究导行电磁波在波导中的存在模式及条件、横向分布规律等问题，则必须从场的角度根据电磁场基本方程来分析研究。

导行电磁波的传输形态受导体或介质边界条件的约束，边界条件和边界形状决定了导行电磁波的电磁场分布规律、存在条件及传播特性。常用金属波导有矩形截面和圆截面两种基本类型。

3.3.1 矩形截面波导中场方程的求解

1．讨论问题的前提

如图 3-6 所示的**矩形截面波导**，设波导内壁面为理想导体，沿其管长方向，波导内横截面形状、尺寸及填充介质分布状况及其电磁参量均不变化，波导管为无限长。这样的波导我们称之为**规则波导**。

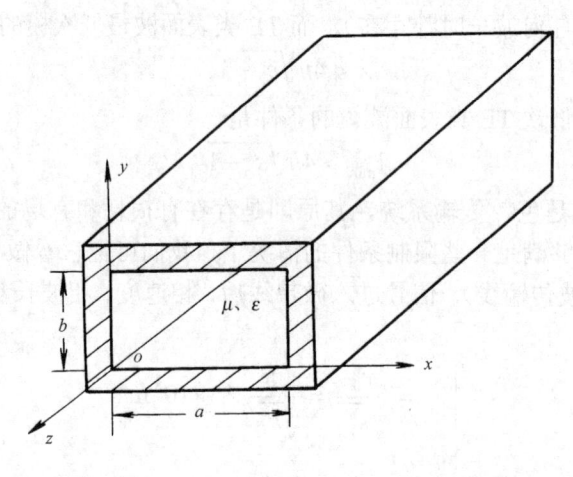

图 3-6

波导内腔中介质，其导磁系数 μ、介电常数 ε 皆为常标量，导电系数 $\sigma = 0$（则 $\boldsymbol{J} = \sigma \boldsymbol{E} = 0$），无自由电荷分布，即 $\rho = 0$。

我们还设定波导内腔中的电场和磁场为正弦时变规律。

显然求解矩形截面波导的问题，采用直角坐标系更加方便。如图 3-6 中所标示，z 为波导轴线方向，xoy 面及其平行平面为横截面。

在以上前提条件下，波导内腔中麦克斯韦方程为

$$\begin{cases} \nabla \times \boldsymbol{H} = \mathrm{j}\omega\varepsilon\boldsymbol{E} \\ \nabla \times \boldsymbol{E} = -\mathrm{j}\omega\mu\boldsymbol{H} \\ \nabla \cdot \boldsymbol{E} = 0 \\ \nabla \cdot \boldsymbol{H} = 0 \end{cases} \tag{3-18}$$

2. 矢量波动方程

把方程组（3-18）化为只含一个待求函数 $\boldsymbol{E}$ 或 $\boldsymbol{H}$ 的方程。由式（3-18）的第二式解出

$$\boldsymbol{H} = \mathrm{j}\frac{1}{\omega\mu}\nabla \times \boldsymbol{E}$$

将 $\boldsymbol{H}$ 代入式（3-18）的第一方程，得

$$\nabla \times \left(\mathrm{j}\frac{1}{\omega\mu}\nabla \times \boldsymbol{E}\right) = \mathrm{j}\omega\varepsilon\boldsymbol{E}$$

$$\therefore \quad \nabla \times (\nabla \times \boldsymbol{E}) = \omega^2 \mu\varepsilon\boldsymbol{E}$$

令

$$k^2 = \omega^2 \mu\varepsilon \tag{3-19}$$

并运用矢量运算公式

$$\nabla \times (\nabla \times \boldsymbol{E}) = \nabla(\nabla \cdot \boldsymbol{E}) - \nabla^2 \boldsymbol{E}$$

同时考虑式（3-18）中第三方程 $\nabla \cdot \boldsymbol{E} = 0$，则得

$$\nabla^2 \boldsymbol{E} + k^2 \boldsymbol{E} = 0 \tag{3-20}$$

同样的步骤，我们可以得到关于 $\boldsymbol{H}$ 的方程：

$$\nabla^2 \boldsymbol{H} + k^2 \boldsymbol{H} = 0 \tag{3-21}$$

式（3-20）和式（3-21）就是关于正弦时变矢量函数 $\boldsymbol{E}$ 和 $\boldsymbol{H}$ 的波动方程，或称赫姆霍兹（Helmholtz）方程。如果把算符在直角坐标系中展开来写是较长的，以 $\boldsymbol{E}$ 为例

$$\boldsymbol{E} = \boldsymbol{a}_x \dot{E}_x + \boldsymbol{a}_y \dot{E}_y + \boldsymbol{a}_z \dot{E}_z$$

$$\begin{aligned} \nabla^2 \boldsymbol{E} &= \boldsymbol{a}_x \nabla^2 \dot{E}_x + \boldsymbol{a}_y \nabla^2 \dot{E}_y + \boldsymbol{a}_z \nabla^2 \dot{E}_z \\ &= \boldsymbol{a}_x \left(\frac{\partial^2 \dot{E}_x}{\partial x^2} + \frac{\partial^2 \dot{E}_x}{\partial y^2} + \frac{\partial^2 \dot{E}_x}{\partial z^2}\right) + \\ &\quad \boldsymbol{a}_y \left(\frac{\partial^2 \dot{E}_y}{\partial x^2} + \frac{\partial^2 \dot{E}_y}{\partial y^2} + \frac{\partial^2 \dot{E}_y}{\partial z^2}\right) + \\ &\quad \boldsymbol{a}_z \left(\frac{\partial^2 \dot{E}_z}{\partial x^2} + \frac{\partial^2 \dot{E}_z}{\partial y^2} + \frac{\partial^2 \dot{E}_z}{\partial z^2}\right) \end{aligned}$$

3. 标量波动方程及其分离变量法求解

把式（3-20）和式（3-21）的矢量波动方程在直角坐标系中展开来写，即

$$\boldsymbol{a}_x(\nabla^2 \dot{E}_x + k^2 \dot{E}_x) + \boldsymbol{a}_y(\nabla^2 \dot{E}_y + k^2 \dot{E}_y) + \boldsymbol{a}_z(\nabla^2 \dot{E}_z + k^2 \dot{E}_z) = 0$$

$$\boldsymbol{a}_x(\nabla^2 \dot{H}_x + k^2 \dot{H}_x) + \boldsymbol{a}_y(\nabla^2 \dot{H}_y + k^2 \dot{H}_y) + \boldsymbol{a}_z(\nabla^2 \dot{H}_z + k^2 \dot{H}_z) = 0$$

这两个等式都是三个坐标方向分量之和为零，则须每个坐标方向分量为零，则得

$$\begin{cases} \nabla^2 \dot{E}_x + k^2 \dot{E}_x = 0 \\ \nabla^2 \dot{E}_y + k^2 \dot{E}_y = 0 \\ \nabla^2 \dot{E}_z + k^2 \dot{E}_z = 0 \\ \nabla^2 \dot{H}_x + k^2 \dot{H}_x = 0 \\ \nabla^2 \dot{H}_y + k^2 \dot{H}_y = 0 \\ \nabla^2 \dot{H}_z + k^2 \dot{H}_z = 0 \end{cases} \tag{3-22}$$

所得六个标量方程称为标量赫姆霍兹方程。这组方程并不需要逐一求解，我们可选择两个场分量求出解后，其余场分量可利用式（3-18）的第一、第二方程找出场分量之间的关系写出它们的解式。

从由边界条件定解方便考虑，我们这里选择求解场的两个纵向分量 $\dot{E}_z$ 和 $\dot{H}_z$。把式（3-22）关于 $\dot{E}_z$ 和 $\dot{H}_z$ 的方程在直角坐标系展开写

$$\frac{\partial^2 \dot{E}_z}{\partial x^2} + \frac{\partial^2 \dot{E}_z}{\partial y^2} + \frac{\partial^2 \dot{E}_z}{\partial z^2} + k^2 \dot{E}_z = 0 \tag{3-23}$$

$$\frac{\partial^2 \dot{H}_z}{\partial x^2} + \frac{\partial^2 \dot{H}_z}{\partial y^2} + \frac{\partial^2 \dot{H}_z}{\partial z^2} + k^2 \dot{H}_z = 0 \tag{3-24}$$

这两个偏微分方程可用通常求解数学物理方程的分离变量法求解。所谓分离变量就是设定待求的未知函数解式中各自变量函数以独立因子形式存在，解式就是这些因子的积。一般的物理函数都是可分离变量或按可分离变量作近似处理的。

那么对于 $\dot{E}_z$ 或 $\dot{H}_z$ 的解式，根据正弦时变的假定，解式中应含有 $e^{j\omega t}$ 因子；它们沿波导轴线方向应是传输波，在不考虑波衰减的情况下，解式中应含有 $e^{-j\beta z}$ 因子，其中 β 为相移常数；它们在波导横向分布规律可设为 $X(x)$ 和 $Y(y)$。这样我们可设定 $\dot{E}_z$ 和 $\dot{H}_z$ 的解式

$$\begin{pmatrix} \dot{E}_z \\ \dot{H}_z \end{pmatrix} = X(x)Y(y)e^{j(\omega t - \beta z)} \tag{3-25}$$

将所设解式（3-25）代回方程式（3-23）和式（3-24），并注意到

$$\frac{\partial^2}{\partial z^2}\begin{pmatrix} \dot{E}_z \\ \dot{H}_z \end{pmatrix} = -\beta^2 \begin{pmatrix} \dot{E}_z \\ \dot{H}_z \end{pmatrix}$$

令

$$k_c^2 = k^2 - \beta^2 = \omega^2 \mu\varepsilon - \beta^2 \tag{3-26}$$

则得

$$\frac{\partial^2 X(x)}{\partial x^2}Y(y)e^{j(\omega t-\beta z)} + X(x)\frac{\partial^2 Y(y)}{\partial y^2}e^{j(\omega t-\beta z)} + k_c^2 X(x)Y(y)e^{j(\omega t-\beta z)} = 0$$

用解式（3-25）除该式，得

$$\frac{1}{X(x)}\frac{\partial^2 X(x)}{\partial x^2} + \frac{1}{Y(y)}\frac{\partial^2 Y(y)}{\partial y^2} = -k_c^2$$

这是两个独立变量 x 与 y 的函数之和，它们的和为常数 $-k_c^2$，则它们应各等于一常数，即

$$\frac{1}{X(x)}\frac{\partial^2 X(x)}{\partial x^2} = -\xi^2$$

$$\frac{1}{Y(y)}\frac{\partial^2 Y(y)}{\partial y^2} = -\eta^2$$

$$\therefore \quad k_c^2 = \xi^2 + \eta^2 \tag{3-27}$$

将变量分离后得到的方程中偏导数改写为导数，得

$$\begin{cases} \dfrac{\mathrm{d}^2 X(x)}{\mathrm{d}x^2} + \xi^2 X(x) = 0 \\ \dfrac{\mathrm{d}^2 Y(y)}{\mathrm{d}y^2} + \eta^2 Y(y) = 0 \end{cases} \tag{3-28}$$

所得到的两个结构完全相同的二阶线性齐次常微分方程，它们的解式为

$$X(x) = C_1 \mathrm{e}^{\mathrm{j}\xi x} + C_2 \mathrm{e}^{-\mathrm{j}\xi x}$$
$$= A_1 \cos\xi x + A_2 \sin\xi x$$
$$Y(y) = B_1 \cos\eta y + B_2 \sin\eta y$$

代回到式（3-25），得到

$$\begin{pmatrix} \dot{E}_z \\ \dot{H}_z \end{pmatrix} = (A_1 \cos\xi x + A_2 \sin\xi x)(B_1 \cos\eta y + B_2 \sin\eta y)\mathrm{e}^{\mathrm{j}(\omega t - \beta z)} \tag{3-29}$$

4. 由场的纵向分量求横向分量

在求解出场的纵向分量 $\dot{E}_z$ 和 $\dot{H}_z$ 后，我们可由式（3-18）的第一、第二方程找出各横向分量与纵向分量的关系，从而求得横向分量。由

$$\nabla \times \boldsymbol{H} = \mathrm{j}\omega\varepsilon \boldsymbol{E}$$

$$\begin{vmatrix} \boldsymbol{a}_x & \boldsymbol{a}_y & \boldsymbol{a}_z \\ \dfrac{\partial}{\partial x} & \dfrac{\partial}{\partial y} & \dfrac{\partial}{\partial z} \\ \dot{H}_x & \dot{H}_y & \dot{H}_z \end{vmatrix} = \boldsymbol{a}_x \mathrm{j}\omega\varepsilon \dot{E}_x + \boldsymbol{a}_y \mathrm{j}\omega\varepsilon \dot{E}_y + \boldsymbol{a}_z \mathrm{j}\omega\varepsilon \dot{E}_z$$

得到

$$\begin{cases} \dfrac{\partial \dot{H}_z}{\partial y} - \dfrac{\partial \dot{H}_y}{\partial z} = \mathrm{j}\omega\varepsilon \dot{E}_x \\ \dfrac{\partial \dot{H}_x}{\partial z} - \dfrac{\partial \dot{H}_z}{\partial x} = \mathrm{j}\omega\varepsilon \dot{E}_y \\ \dfrac{\partial \dot{H}_y}{\partial x} - \dfrac{\partial \dot{H}_x}{\partial y} = \mathrm{j}\omega\varepsilon \dot{E}_z \end{cases} \tag{3-30}$$

而由 $\nabla \times \boldsymbol{E} = -\mathrm{j}\omega\mu \boldsymbol{H}$ 在直角坐标系展开可得

$$\begin{cases} \dfrac{\partial \dot{E}_z}{\partial y} - \dfrac{\partial \dot{E}_y}{\partial z} = -\mathrm{j}\omega\mu\dot{H}_x \\ \dfrac{\partial \dot{E}_x}{\partial z} - \dfrac{\partial \dot{E}_z}{\partial x} = -\mathrm{j}\omega\mu\dot{H}_y \\ \dfrac{\partial \dot{E}_y}{\partial x} - \dfrac{\partial \dot{E}_x}{\partial y} = -\mathrm{j}\omega\mu\dot{H}_z \end{cases} \tag{3-31}$$

因为已设定场量沿 z 方向为传输波，各横向分量和纵向分量一样，解式中变量 z 的因子为 $e^{-\mathrm{j}\beta z}$，所以上两式中场量对 z 的偏导数可化简。我们仅取式（3-30）和式（3-31）中有关 $\dot{E}_z$ 和 $\dot{H}_z$ 的四个式子：

$$\begin{cases} \dfrac{\partial \dot{H}_z}{\partial y} + \mathrm{j}\beta \dot{H}_y = \mathrm{j}\omega\varepsilon \dot{E}_x \\ -\mathrm{j}\beta \dot{H}_x - \dfrac{\partial \dot{H}_z}{\partial x} = \mathrm{j}\omega\varepsilon \dot{E}_y \\ \dfrac{\partial \dot{E}_z}{\partial y} + \mathrm{j}\beta \dot{E}_y = -\mathrm{j}\omega\mu \dot{H}_x \\ -\mathrm{j}\beta \dot{E}_x - \dfrac{\partial \dot{E}_z}{\partial x} = -\mathrm{j}\omega\mu \dot{H}_y \end{cases} \tag{3-32}$$

由以上四个方程联立求解，可得到用 $\dot{E}_z$ 和 $\dot{H}_z$ 表示的场的各横向分量，即

$$\begin{cases} \dot{E}_x = -\dfrac{1}{k_c^2}\left(\mathrm{j}\beta\dfrac{\partial \dot{E}_z}{\partial x} + \mathrm{j}\omega\mu\dfrac{\partial \dot{H}_z}{\partial y}\right) \\ \dot{E}_y = -\dfrac{1}{k_c^2}\left(\mathrm{j}\beta\dfrac{\partial \dot{E}_z}{\partial y} - \mathrm{j}\omega\mu\dfrac{\partial \dot{H}_z}{\partial x}\right) \\ \dot{H}_x = -\dfrac{1}{k_c^2}\left(\mathrm{j}\beta\dfrac{\partial \dot{H}_z}{\partial x} - \mathrm{j}\omega\varepsilon\dfrac{\partial \dot{E}_z}{\partial y}\right) \\ \dot{H}_y = -\dfrac{1}{k_c^2}\left(\mathrm{j}\beta\dfrac{\partial \dot{H}_z}{\partial y} + \mathrm{j}\omega\varepsilon\dfrac{\partial \dot{E}_z}{\partial x}\right) \end{cases} \tag{3-33}$$

5．边界条件定解

已设定波导内壁面为理想导体，因此其表面切向电场 $E_t = 0$，$\dot{E}_z$ 在四个壁面都是切向场。当 $x = 0$ 时，式（3-29）之 $\dot{E}_z$ 应为零，即

$$(A_1 \times 1 + A_2 \times 0)(B_1 \cos\eta y + B_2 \sin\eta y)\mathrm{e}^{\mathrm{j}(\omega t - \beta z)} = 0$$
$$\therefore \quad A_1 = 0$$

当 $x = a$ 时，$\dot{E}_z$ 也应为零，即

$$(A_2 \sin\xi a)(B_1 \cos\eta y + B_2 \sin\eta y)\mathrm{e}^{\mathrm{j}(\omega t - \beta z)} = 0$$
$$\therefore \quad A_2 \sin\xi a = 0$$
$$\sin\xi a = 0$$

$$\therefore \xi = \frac{m\pi}{a}, \quad m = 0,1,2,\cdots$$

由 $y = 0, b$，因 $\dot{E}_z = 0$，可确定

$$B_1 = 0$$

$$\eta = \frac{n\pi}{b}, \quad n = 0,1,2,\cdots$$

将以上结果代入式（3-29），并令 $E_0 = A_2 B_2$，则

$$\dot{E}_z = \sum_{\substack{m=0 \\ n=0}}^{\infty} E_0 \sin(\frac{m\pi}{a}x)\sin(\frac{n\pi}{b}y)\mathrm{e}^{\mathrm{j}(\omega t - \beta z)} \tag{3-34}$$

对于 $\dot{H}_z$ 则不能直接利用理想导体表面的磁场边界条件，因为在壁面上 $\dot{H}_z$ 不是法向磁场而使其值为零。但注意到式（3-32）中的第二式

$$-\mathrm{j}\beta\dot{H}_x - \frac{\partial \dot{H}_z}{\partial x} = \mathrm{j}\omega\varepsilon\dot{E}_y$$

当 $x = 0, a$ 时，壁面法向磁场 $\dot{H}_x = 0$，切向电场 $\dot{E}_y = 0$，则 $\frac{\partial \dot{H}_z}{\partial x} = 0$。由式（3-29）

$$\frac{\partial \dot{H}_z}{\partial x} = (-A_1\xi\sin\xi x + A_2\xi\cos\xi x)(B_1\cos\eta y + B_2\sin\eta y)\mathrm{e}^{\mathrm{j}(\omega t - \beta z)}$$

当 $x = 0$ 时，

$$(-A_1\xi\sin\xi x + A_2\xi\cos\xi x)(B_1\cos\eta y + B_2\sin\eta y)\mathrm{e}^{\mathrm{j}(\omega t - \beta z)} = 0$$

$$\therefore A_2 = 0$$

当 $x = a$ 时，$\xi = \frac{m\pi}{a}, \quad m = 0,1,2,\cdots$

由式（3-32）的第一式，

$$\frac{\partial \dot{H}_z}{\partial y} + \mathrm{j}\beta\dot{H}_y = \mathrm{j}\omega\varepsilon\dot{E}_x$$

当 $y = 0, b$ 时，法向磁场 $\dot{H}_y = 0$，切向电场 $\dot{E}_x = 0$，则 $\frac{\partial \dot{H}_z}{\partial y} = 0$。由式（3-29）

$$\frac{\partial \dot{H}_z}{\partial y} = (A_1\cos\xi x + A_2\sin\xi x)(-B_1\eta\sin\eta y + B_2\eta\cos\eta y)\mathrm{e}^{\mathrm{j}(\omega t - \beta z)}$$

将 $y = 0, b$ 分别代入上式并使 $\frac{\partial \dot{H}_z}{\partial y} = 0$，可确定

$$B_2 = 0$$

$$\eta = \frac{n\pi}{b}, \quad n = 0,1,2,\cdots$$

把以上确定的结果代入式（3-29），并令 $H_0 = A_1 B_1$，则

$$\dot{H}_z = \sum_{\substack{m=0 \\ n=0}}^{\infty} H_0 \cos(\frac{m\pi}{a}x)\cos(\frac{n\pi}{b}y)\mathrm{e}^{\mathrm{j}(\omega t - \beta z)} \tag{3-35}$$

这样，由式（3-34）、式（3-35）及式（3-33），我们便求得了矩形截面波导内电磁波各分量的数学表达式。

3.3.2 对解式的讨论

1. 传输模式及其存在条件

首先考虑所得解式的 $\dot{E}_z$ 和 $\dot{H}_z$（$\dot{E}_x, \dot{E}_y, \dot{H}_x, \dot{H}_y$ 现在还是以隐函数形式给出），因 m, n 可取多个值，矩形截面波导中可同时存在多种独立的**模式**，每一种模式都满足麦克斯韦方程和边界条件。而且 $\dot{E}_z$ 和 $\dot{H}_z$ 不可同时为零，即矩形截面波导不能导行 TEM 模式电磁波，因为 $\dot{E}_z$ 和 $\dot{H}_z$ 同为零将导致横向场分量也都为零。

解式中场量沿波导轴线 z 方向是传输波，这是我们预先设定的；沿 x 和 y 方向即横向，幅值分布规律为正弦或余弦律，也就是呈驻波分布。

解式六个场分量都存在（称为混合模）的情况很复杂，可以避免其出现。一类 $\dot{H}_z = 0$，$\dot{E}_z \neq 0$ 的模式，称 TM 类模（或 E 波）；另一类 $\dot{E}_z = 0$，$\dot{H}_z \neq 0$ 的模式，称 TE 类模（或 H 波），这两类模式统称正规模，是矩形截面波导中的主要传输模式。

TM 类模（E 波）：$\dot{H}_z = 0$，由式（3-33）可写出 TM 类模的场量表达式

$$\begin{cases}
\dot{E}_z = \sum_{m,n}^{\infty} \dot{E}_0 \sin(\frac{m\pi}{a}x)\sin(\frac{n\pi}{b}y)e^{-j\beta z} \\
\dot{E}_x = \sum_{m,n}^{\infty} -\frac{1}{k_c^2} j\beta \frac{m\pi}{a} \dot{E}_0 \cos(\frac{m\pi}{a}x)\sin(\frac{n\pi}{b}y)e^{-j\beta z} \\
\dot{E}_y = \sum_{m,n}^{\infty} -\frac{1}{k_c^2} j\beta \frac{n\pi}{b} \dot{E}_0 \sin(\frac{m\pi}{a}x)\cos(\frac{n\pi}{b}y)e^{-j\beta z} \\
\dot{H}_x = \sum_{m,n}^{\infty} \frac{1}{k_c^2} j\omega\varepsilon \frac{n\pi}{b} \dot{E}_0 \sin(\frac{m\pi}{a}x)\cos(\frac{n\pi}{b}y)e^{-j\beta z} \\
\dot{H}_y = \sum_{m,n}^{\infty} -\frac{1}{k_c^2} j\omega\varepsilon \frac{m\pi}{a} \dot{E}_0 \cos(\frac{m\pi}{a}x)\sin(\frac{n\pi}{b}y)e^{-j\beta z}
\end{cases} \quad (3-36)$$

式中，$k_c^2 = \omega^2\mu\varepsilon - \beta^2 = \xi^2 + \eta^2 = (\frac{m\pi}{a})^2 + (\frac{n\pi}{b})^2$，由 TM 模表达式可知，其**标数** m 和 n 都不可取零值，最低标数的模式是 TM_{11}（或 E_{11}）。

TE 类模（H 波）：$\dot{E}_z = 0$，其场量表达式为

$$\begin{cases}
\dot{H}_z = \sum_{m,n}^{\infty} \dot{H}_0 \cos(\frac{m\pi}{a}x)\cos(\frac{n\pi}{b}y)e^{-j\beta z} \\
\dot{H}_x = \sum_{m,n}^{\infty} \frac{1}{k_c^2} j\beta \frac{m\pi}{a} \dot{H}_0 \sin(\frac{m\pi}{a}x)\cos(\frac{n\pi}{b}y)e^{-j\beta z} \\
\dot{H}_y = \sum_{m,n}^{\infty} \frac{1}{k_c^2} j\beta \frac{n\pi}{b} \dot{H}_0 \cos(\frac{m\pi}{a}x)\sin(\frac{n\pi}{b}y)e^{-j\beta z} \\
\dot{E}_x = \sum_{m,n}^{\infty} \frac{1}{k_c^2} j\omega\mu \frac{n\pi}{b} \dot{H}_0 \cos(\frac{m\pi}{a}x)\sin(\frac{n\pi}{b}y)e^{-j\beta z} \\
\dot{E}_y = \sum_{m,n}^{\infty} -\frac{1}{k_c^2} j\omega\mu \frac{m\pi}{a} \dot{H}_0 \sin(\frac{m\pi}{a}x)\cos(\frac{n\pi}{b}y)e^{-j\beta z}
\end{cases} \quad (3-37)$$

TE 类模标数 m 和 n 不能同时取零值，其最低标数的模式是 TE_{10}（或 H_{10}）、TE_{01}（或 H_{01}）。

从 TE_{mn} 和 TM_{mn} 表达式中可以看出标数 m 和 n 决定场量幅值 x 和 y 方向分布的驻波数（从波节到波节，或从波腹到波腹）。每一组 m, n 的取值就确定了一个独立的模式，但要注意这些模式是同一频率的电磁波的不同存在形态，它们之间不是基波与谐波的关系。

下面我们来讨论各模式波的存在条件。由式（3-26）和式（3-27）

$$k_c^2 = \omega^2 \mu\varepsilon - \beta^2 = \xi^2 + \eta^2 = (\frac{m\pi}{a})^2 + (\frac{n\pi}{b})^2$$

$$\therefore \quad \beta = \sqrt{\omega^2\mu\varepsilon - \left[(\frac{m\pi}{a})^2 + (\frac{n\pi}{b})^2\right]} \tag{3-38}$$

作为相移常数 β 本身应为实数，若 β 本身为虚数，$j\beta$ 就变为衰减常数。所以式（3-38）根式中被减数与减数的相对大小将决定 β 是实数还是虚数，也就决定了场量沿 z 方向是否是传输波。那么其界限式就是

$$\omega^2\mu\varepsilon - \left[(\frac{m\pi}{a})^2 + (\frac{n\pi}{b})^2\right] = 0$$

解出 ω 的界限值

$$\omega_c = \frac{\sqrt{(\frac{m\pi}{a})^2 + (\frac{n\pi}{b})^2}}{\sqrt{\mu\varepsilon}} \tag{3-39}$$

那么界限频率值 f_c 为

$$f_c = \frac{1}{2\pi\sqrt{\mu\varepsilon}}\sqrt{(\frac{m\pi}{a})^2 + (\frac{n\pi}{b})^2} \tag{3-40}$$

所以波的存在条件是 $f > f_c$，即

$$f > \frac{1}{2\pi\sqrt{\mu\varepsilon}}\sqrt{(\frac{m\pi}{a})^2 + (\frac{n\pi}{b})^2} \tag{3-41}$$

这样，对于给定的波导型号（尺寸确定的 a 和 b），对于不同标数 m 和 n 的模式，便可计算出其 f_c 值（称为该模式的截止频率），判断对于要传输的信号频率该种模式是否存在。

在微波波段更习惯用波长来表示频率，则有

$$\lambda_c = \frac{\frac{1}{\sqrt{\mu\varepsilon}}}{f_c} = \frac{2}{\sqrt{(\frac{m}{a})^2 + (\frac{n}{b})^2}} \tag{3-42}$$

可见矩形截面波导 TE_{mn} 模和 TM_{mn} 模的截止波长 λ_c 决定于波导口径尺寸 a 和 b 及模式标数；而截止频率 f_c 除了波导尺寸和模式标数，还要考虑波导内腔填充介质的 μ 和 ε。同一口径的矩形截面波导，不同模式的截止波长 λ_c 不同；而不同口径尺寸的矩形截面波导相同标数模式的截止波长 λ_c 当然也不同。以截止波长 λ_c 表示的模式存在的条件为

$$\lambda < \lambda_c \tag{3-43}$$

我们对给定口径尺寸 a 和 b 的矩形截面波导，计算出各模式的截止波长 λ_c，并汇集示于波长轴上，称为**模式图**。计算并作出模式图，对判定波导对给定频率信号的传输情况是很方便的。

图 3-7 表下所示为国产 BJ-100 型矩形截面波导的模式图。我国国产型矩形截面波导的型号及参数可参阅本书附录。

模式	TE_{10}	TE_{20}	TE_{01}	TE_{30}	TE_{11} TM_{11}	TE_{02}	TE_{12} TM_{12}	...
λ_c	$2a$	a	$2b$	$\dfrac{2a}{3}$	$\dfrac{2ab}{\sqrt{a^2+b^2}}$	b	$\dfrac{2a}{\sqrt{1+(\dfrac{2a}{b})^2}}$	

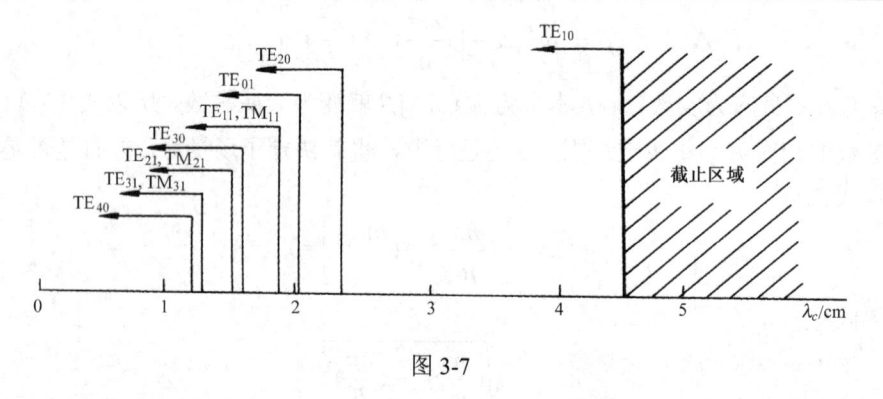

图 3-7

由式（3-42）及模式图可知，标数相同的 TE 和 TM 模截止波长 λ_c 相同，如 TE_{11} 模和 TM_{11} 模存在条件相同，这称之为**简并**。矩形截面波导中截止波长最长的模式为 TE_{10} 模，其 $\lambda_c = 2a$，长于此波长的信号在波导中不能传输，可见波导传输信号对频率是有限制条件的，波导为高通的传输线。

2．波导的传输特性

矩形截面波导导行的电磁波，其相移常数如式（3-38）所表述

$$\beta = \sqrt{\omega^2\mu\varepsilon - [(\frac{m\pi}{a})^2 + (\frac{n\pi}{b})^2]}$$

$$= \omega\sqrt{\mu\varepsilon}\sqrt{1 - \frac{1}{\omega^2\mu\varepsilon}[(\frac{m\pi}{a})^2 + (\frac{n\pi}{b})^2]}$$

将截止角频率的表达式（3-39）代入，则 β 可表为

$$\beta = \omega\sqrt{\mu\varepsilon}\sqrt{1 - (\frac{\omega_c}{\omega})^2}$$

$$= \omega\sqrt{\mu\varepsilon}\sqrt{1 - (\frac{\lambda}{\lambda_c})^2} \tag{3-44}$$

这个结果表明，矩形截面波导导行的电磁波，其相移常数 β 与角频率 ω 不是简单的正比关系，而且 β 与模式的截止波长 λ_c 有关，因此矩形截面波导是色散系统。不过由于所传送信号的频带宽度与波导传送的电磁波频率相比是很小的，即为窄带信号，而且通常波导不用做为长距离传输线，所以其色散造成的影响不大。

矩形截面波导导行的电磁波的相速度 v_p，可利用式（3-44）导出

$$v_p = \frac{\omega}{\beta} = \frac{\frac{1}{\sqrt{\mu\varepsilon}}}{\sqrt{1-(\frac{\lambda}{\lambda_c})^2}} = \frac{v}{\sqrt{1-(\frac{\lambda}{\lambda_c})^2}} \quad (3\text{-}45)$$

其相波长

$$\lambda_p = \frac{v_p}{f} = \frac{\frac{v}{f}}{\sqrt{1-(\frac{\lambda}{\lambda_c})^2}} = \frac{\lambda}{\sqrt{1-(\frac{\lambda}{\lambda_c})^2}} \quad (3\text{-}46)$$

式中，v 和 λ 分别是在与波导填充介质相同的自由空间中平面电磁波的相速度和相波长。通常波导内填充的是空气介质，则 $v = v_0 = 3 \times 10^8$ m/s，$\lambda = \lambda_0 = \frac{v_0}{f}$。此时将有

$$v_p = \frac{v_0}{\sqrt{1-(\frac{\lambda_0}{\lambda_c})^2}} > v_0$$

$$\lambda_p = \frac{\lambda_0}{\sqrt{1-(\frac{\lambda_0}{\lambda_c})^2}} > \lambda_0$$

就是说矩形截面波导在内充空气介质时，波导导行波的相速 v_p 和相波长 λ_p 都分别大于无限大空气介质中平面电磁波的相速度 v_0（也就是光速）和相波长 λ_0。波导中波的相速度大于光速，可用部分波的概念加以解释。波导中导行的含有场的纵向分量的波，可看做是平面电磁波斜入射到波导壁面的反射波与入射波叠加的结果，图 3-8 中表示出平面波的相速度 v_0 与其反映在波导传输方向上的相速度 v_p，及平面波在波导轴线方向上能量传输速度 v_g（称为**群速度**）之间的关系。也就是说波的相速度表示波的等相位面传播的速度，并不表示指定方向上波的能量传播速度。对于 TEM 波则 $v_p = v_g$。

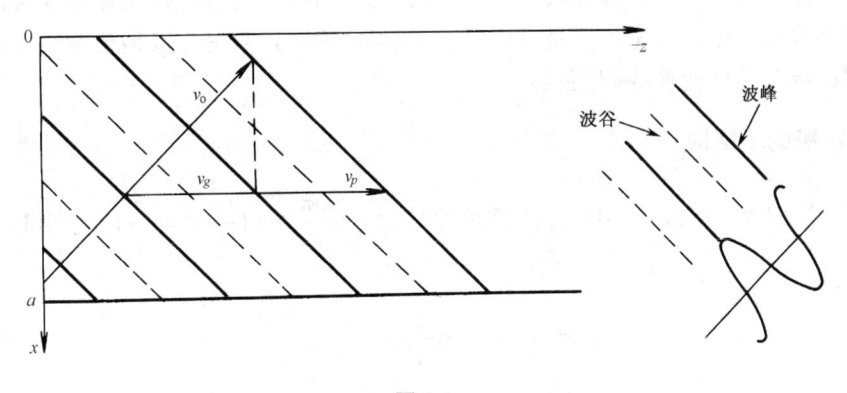

图 3-8

波导导行的电磁波，其相波长 λ_p 要按式（3-46）来计算，当波导内充空气介质时，波导中波的 λ_p 要大于无限大空气介质中平面电磁波的波长 λ_0，这是因为波导导行的波不是 TEM

波。而同轴线导行的 TEM 波、微带线中导行的准 TEM 波，其 λ_p 变化（缩短）则是由填充介质所引起的。因为导行波问题常用波长来计量位置和长度，电磁波在传输线中波长的变化必须加以注意。

例 3-2 今有国产 BJ-100 型矩形截面波导，欲用此波导传输中心频率分别为 5 GHz，10 GHz 及 15 GHz 的窄带信号情况如何？

解：查 BJ-100 型波导的参数得 $a = 22.86$ mm，$b = 10.16$ mm，据此可计算出部分模式的 λ_c（从 λ_c 值最大的算起），并列表如下（模式图见图 3-7）：

模式	TE_{10}	TE_{20}	TE_{01}	TE_{11}，TM_{11}	TE_{30}	...
λ_c	$2a$	a	$2b$	$\dfrac{2ab}{\sqrt{a^2+b^2}}$	$\dfrac{2a}{3}$	
λ_c/mm	45.72	22.86	20.32	18.00	15.24	

所欲传送的信号由频率换算成波长，得：

$$\lambda(5\ \text{GHz}) = \frac{3 \times 10^8\ \text{m/s}}{5 \times 10^9\ \text{Hz}} = 6\ \text{cm}$$

$$\lambda(10\ \text{GHz}) = 3\ \text{cm}$$

$$\lambda(15\ \text{GHz}) = 2\ \text{cm}$$

根据传输条件 $\lambda < \lambda_c$，与计算出的 λ_c 数表作出的模式图对比可知：5 GHz 信号处于截止区，不能传输；10 GHz 信号以 TE_{10} 模单模传输；15 GHz 信号以 TE_{10}，TE_{20}，TE_{01} 三种模式传输，其中 TE_{01} 模截止波长 λ_c 与信号波长相差很小，传输衰减大且不稳定。

3.3.3 矩形截面波导中的 TE_{10} 模

TE_{10} 模是矩形截面波导中截止波长最长的模式，称为**主模**。TE_{10} 模的截止波长 $\lambda_c = 2a$。波导作为传输线要**单模传输**，这样可使信号能量集中，减小损耗，而且可以避免模式间干扰和因多模式而引起的附加色散。

从模式图可以看出，利用 TE_{10} 模单模传输最为有利。一是它最容易和其余的高次模分离，只要合适地根据传输信号频率选择波导型号（尺寸）即可；二是以 TE_{10} 模单模传输的可用波长范围（或换算成频带）最宽；三是 TE_{10} 模的场结构简单，容易与其他传输线实现模式转换（从而实现波导与其他传输线的连接）。

1. TE_{10} 模的场结构

式（3-37）中令 $m = 1$，$n = 0$，并注意到此时 $k_c^2 = (\dfrac{m\pi}{a})^2 + (\dfrac{n\pi}{b})^2 = (\dfrac{\pi}{a})^2$，则可写出 TE_{10} 模的场量表达式

$$\begin{cases} \dot{H}_z = \dot{H}_0 \cos(\dfrac{\pi}{a}x) e^{-j\beta z} \\ \dot{H}_x = j\beta \dfrac{a}{\pi} \dot{H}_0 \sin(\dfrac{\pi}{a}x) e^{-j\beta z} \\ \dot{E}_y = -j\omega\mu \dfrac{a}{\pi} \dot{H}_0 \sin(\dfrac{\pi}{a}x) e^{-j\beta z} \end{cases} \quad (3\text{-}47)$$

可见，TE$_{10}$模只有$\dot{H}_z$，$\dot{H}_x$和$\dot{E}_y$三个场分量，其余$\dot{E}_z$，$\dot{E}_x$，$\dot{H}_y$均为零。

由式(3-47)可知，TE$_{10}$模电场只有$\dot{E}_y$一个分量，它的振幅沿x方向呈正弦律分布，$x=0$，a时为零，是满足边界条件的，$x=\dfrac{a}{2}$即波导宽壁中央位置时$\dot{E}_y$的振幅值最大。图3-9(a)、(b)中分别用函数曲线和电力线表示了$\dot{E}_y$振幅沿x方向的分布。

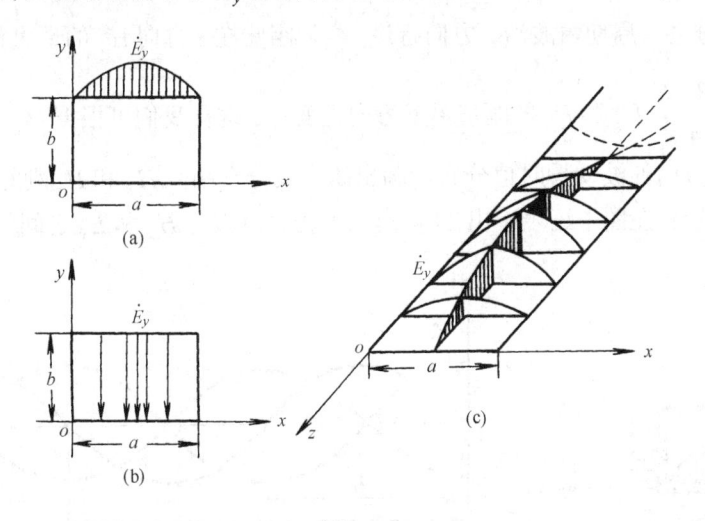

图3-9

图3-9(c)表示某一瞬间$\dot{E}_y$的幅值沿x方向的分布，及$\dot{E}_y$沿z方向的波动瞬时值。$\dot{E}_y$的幅值沿y方向无变化。若用电力线的疏密来表示$\dot{E}_y$沿x方向的幅值变化和沿z方向的波动瞬时值分布，则如图3-10所示。

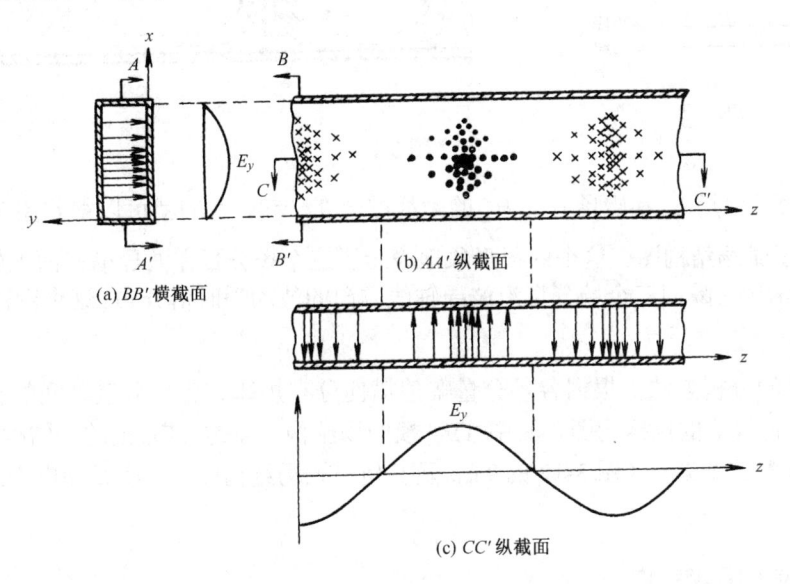

图3-10

TE$_{10}$模的磁场有$\dot{H}_z$和$\dot{H}_x$两个分量，$\dot{H}_z$沿x方向的幅值分布为余弦律，用磁力线来表示则是在宽壁的两边最密集，而在宽壁中央则稀疏至零。$\dot{H}_x$ 的幅值沿 x 方向的分布为正弦律，用磁力线表示则是在宽壁中央最密集，向两边逐渐稀疏，到宽壁的边上时为零。从式（3-47）还可看出 $\dot{H}_x$ 的表达式比 $\dot{H}_z$ 多一个 j 因子，这表明在同一 z 处 $\dot{H}_x$ 相位超前 $\dot{H}_z$ $\frac{\pi}{2}$，也就是说在同一 z 处 $\dot{H}_x$ 的最大值比 $\dot{H}_z$ 的最大值提前四分之一周期出现。由于 $\dot{H}_x$ 和 $\dot{H}_z$ 都是向 z 方向传输的波，在四分之一周期内波沿 z 方向行进 $\frac{\lambda_p}{4}$，因此在 z 方向 $\dot{H}_x$ 的最大值位置要比 $\dot{H}_z$ 的最大值位置超前 $\frac{\lambda_p}{4}$。$\dot{H}_x$ 和 $\dot{H}_z$ 的幅值沿 y 方向无变化。这样我们可根据 $\dot{H}_x$ 和 $\dot{H}_z$ 沿 x 方向的幅值变化和沿 z 方向的波动瞬时值分布，画出磁力线分布图，$\dot{H}_x$ 和 $\dot{H}_z$ 刚好构成磁力线闭合环，如图 3-11 所示。在图中还表示出 TE_{10} 模三个场分量 $\dot{H}_z$，$\dot{H}_x$ 和 $\dot{E}_y$ 之间的相位关系。

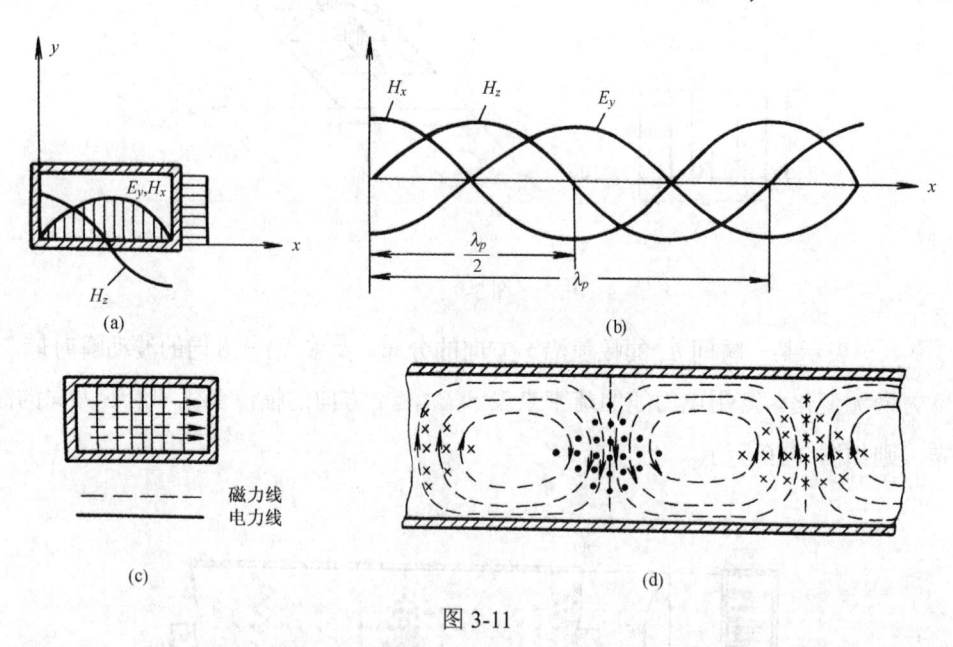

图 3-11

把 TE_{10} 模的电场 $\dot{E}_y$ 和磁场 $\dot{H}_z$，$\dot{H}_x$ 的力线图合在一起，我们就可以得到图 3-12（a）所示的 TE_{10} 模的三维场结构图。这个图很形象地表示了三个场分量在波导横截面上的幅值分布规律，同时也表示出一瞬间三个场分量沿波导轴线方向的波动瞬时值分布。这个图形以相速度 v_p 向 z 方向移动。

按照同样的分析方法，根据各场分量幅值横向分布规律、各场分量之间的相位关系，我们可以画出其他模式的场结构图。其中 TE_{01} 模的场结构，就是 TE_{10} 模的场结构以传播方向 z 为轴线旋转 90°的结果。在图 3-12 的 TE_{10} 及其他模式场结构图中，实线为电力线，虚线为磁力线。

2. TE_{10} 模的传输特性

作为矩形截面波导中的主要工作模式，TE_{10} 模单模工作的波长范围为

$$a \quad \text{或} \quad 2b < \lambda < 2a \tag{3-48}$$

式中，λ 为所欲传输的信号波长。

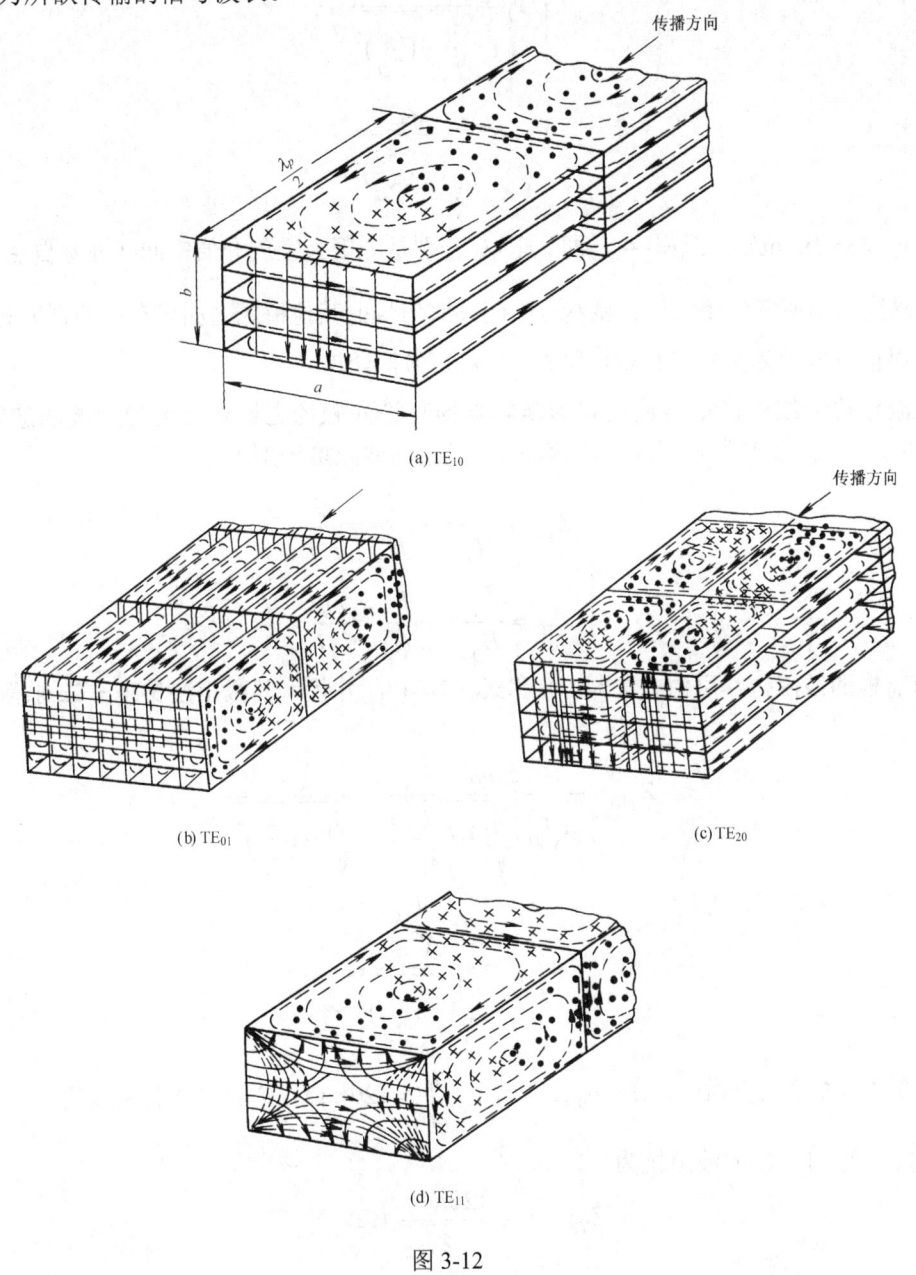

(a) TE_{10}

(b) TE_{01}

(c) TE_{20}

(d) TE_{11}

图 3-12

由式（3-45）和式（3-46）可知，矩形截面波导中相速度 v_p、相波长 λ_p 与模式的截止波长及波导内腔中填充的介质有关。在波导内填充空气介质情况下，TE_{10} 模的相速度 v_p 和相波长 λ_p 分别为

$$\begin{cases} v_p = \dfrac{v_0}{\sqrt{1-(\dfrac{\lambda_0}{2a})^2}} \\ \lambda_p = \dfrac{\lambda_0}{\sqrt{1-(\dfrac{\lambda_0}{2a})^2}} \end{cases} \tag{3-49}$$

式中，$v_0 = 3 \times 10^8$ m/s，$\lambda_0 = \dfrac{v_0}{f}$，即 v_0 和 λ_0 分别是无限大空气介质空间（亦称**自由空间**）中平面电磁波的相速度和相波长。显然对于同频率信号的其他模式（如果存在的话）v_p 和 λ_p 与 TE_{10} 模时值不同，须按式（3-45）和式（3-46）另行计算。

在波导传输线中，把传输模式的横向电场与横向磁场之比定义为导行波的**波阻抗**。由式（3-36）和式（3-37）可得 TM 类模和 TE 类模的波阻抗分别为

$$\begin{cases} Z_{TM} = \dfrac{\dot{E}_x}{\dot{H}_y} = -\dfrac{\dot{E}_y}{\dot{H}_x} = \dfrac{\beta}{\omega \varepsilon} \\ Z_{TE} = \dfrac{\dot{E}_x}{\dot{H}_y} = -\dfrac{\dot{E}_y}{\dot{H}_x} = \dfrac{\omega \mu}{\beta} \end{cases} \tag{3-50}$$

那么 TE_{10} 模的波阻抗，可由式（3-50）和式（3-44），并代入其截止波长 $\lambda_c = 2a$ 求得

$$Z_{TE} = \dfrac{\omega \mu}{\omega \sqrt{\mu \varepsilon} \sqrt{1-(\dfrac{\lambda}{\lambda_c})^2}} = \dfrac{\sqrt{\dfrac{\mu}{\varepsilon}}}{\sqrt{1-(\dfrac{\lambda}{\lambda_c})^2}} \tag{3-51}$$

$$Z_{TE_{10}} = \dfrac{\sqrt{\dfrac{\mu}{\varepsilon}}}{\sqrt{1-(\dfrac{\lambda}{2a})^2}} \tag{3-52}$$

当波导内充空气介质时，$\mu = \mu_0$，$\varepsilon = \varepsilon_0$，$\sqrt{\dfrac{\mu_0}{\varepsilon_0}} = 120\pi \ \Omega$，是均匀平面电磁波在自由空间中的波阻抗，则 TE_{10} 模的波阻抗为

$$Z_{TE_{10}} = \dfrac{120\pi}{\sqrt{1-(\dfrac{\lambda_0}{2a})^2}} \ (\Omega) \tag{3-53}$$

由 TE_{10} 模的波阻抗 $Z_{TE_{10}}$ 表达式可知，$Z_{TE_{10}}$ 与波导内填充介质特性及波导宽壁尺寸 a 有关，而与波导窄壁尺寸 b 无关。这样 a 相同而 b 不同的波导的 $Z_{TE_{10}}$ 可以相同，但若将 a 相同而 b 不同的波导连接将会产生反射（不匹配），因此对于波导用波阻抗的概念来处理波导的连接和匹配问题是不妥当的，必须把波导窄壁尺寸这个因素也考虑进去。这样，在工程上又引入了等效阻抗的概念，这是一种人为的修正。TE_{10} 模的等效阻抗定义为

$$Z_e = \dfrac{b}{a} Z_{TE_{10}} \tag{3-54}$$

3. 传输功率与功率容量

矩形截面波导工作于 TE_{10} 模,在行波状态下可计算出传输的功率。波导导行波的平均功率 P_d 可由波导横截面上波印廷矢量的积分求得,以 $\dot{E}_T$,$\dot{H}_T$ 表示场的横向分量,则

$$P_d = \int_s \frac{1}{2} \text{Re}(\dot{E}_T \times \dot{H}_T^*) \cdot ds$$

$$= \frac{1}{2} \int_0^a \int_0^b \text{Re}(\dot{E}_x \dot{H}_y^* - \dot{E}_y \dot{H}_x^*) dxdy \quad (3-55)$$

对于 TE_{10} 模,$\dot{E}_x = 0$,$\dot{H}_y = 0$,$\dot{H}_x = -\dfrac{\dot{E}_y}{Z_{TE_{10}}}$,则

$$P_d = \frac{1}{2Z_{TE_{10}}} \int_0^a \int_0^b [\omega\mu \frac{a}{\pi} H_0 \sin(\frac{\pi}{a}x)]^2 dxdy$$

$$= \frac{1}{2Z_{TE_{10}}} \int_0^a \int_0^b [E_0 \sin(\frac{\pi}{a}x)]^2 dxdy$$

$$= \frac{ab}{4Z_{TE_{10}}} E_0^2 \quad (3-56)$$

若波导内腔填充空气介质时,TE_{10} 模传输功率为

$$P_d = \frac{abE_0^2}{480\pi} \sqrt{1 - (\frac{\lambda_0}{2a})^2} \quad (3-57)$$

式中,E_0 为常数,须最后由激励波导的信号功率来确定。

这样,波导中存在的每一种模式,都可按式(3-55)计算它传输的平均功率。若波导中有多种模式并存,则激励波导的信号功率将在这些模式中分配,这也是波导作为传输线要工作在单模传输的原因之一。

所谓功率容量,就是波导所能承受的最大极限功率。它决定于介质的击穿场强 E_m,空气的电击穿电场强度为 $E_m = 30 \text{ kV/m}$,那么当波导内充空气,工作在 TE_{10} 模时的功率容量,可把式(3-57)中的 E_0 换成 E_m,则其功率容量 P_m 为

$$P_{md} = \frac{abE_m^2}{480\pi} \sqrt{1 - (\frac{\lambda_0}{2a})^2} \quad (3-58)$$

上式是在波导工作于行波状态下导出的,当波导中有反射波存在时,按上式计算的 P_m 就要打折扣。在实际工作时为使系统安全可靠,传输功率一般不超过行波状态下功率容量 P_m 的 30%。

4. 波导管壁电流

在波导的传输损耗中,介质损耗很小,主要是由于波导壁电流造成的导体损耗,因为波导内壁面的导电系数为有限值。

波导管壁上的电流,与管壁上磁场的切向分量相关。由式(1-67),它们之间的关系为

$$\boldsymbol{J}_l = \boldsymbol{n} \times \boldsymbol{H}_t$$

式中,$\boldsymbol{n}$ 为波导内壁面的法线方向单位矢量,$\boldsymbol{H}_t$ 为波导内壁面上切线方向磁场,从而可确定波导内壁面上电流线密度的方向和量值。

对于 TE_{10} 模，在 $x=0$ 的窄壁面上，由式（3-47）可知
$$H_t = a_z \dot{H}_0 e^{-j\beta z}$$
$$J_l = n \times H_t = a_x \times a_z \dot{H}_0 e^{-j\beta z} = -a_y \dot{H}_0 e^{-j\beta z}$$

即此窄壁面上电流为 $-y$ 方向。同样我们可以确定 $x=a$ 的窄壁面上电流也是 $-y$ 方向。

在 $y=0$ 的宽壁面上，由式（3-47）可知
$$H_t = a_x \dot{H}_x + a_z \dot{H}_z$$
$$= a_x j \frac{\beta a}{\pi} \dot{H}_0 \sin(\frac{\pi}{a}x) e^{-j\beta z} + a_z \dot{H}_0 \cos(\frac{\pi}{a}x) e^{-j\beta z}$$
$$J_l = a_y \times [a_x j \frac{\beta a}{\pi} \dot{H}_0 \sin(\frac{\pi}{a}x) e^{-j\beta z} + a_z \dot{H}_0 \cos(\frac{\pi}{a}x) e^{-j\beta z}]$$
$$= -a_z j \frac{\beta a}{\pi} \dot{H}_0 \sin(\frac{\pi}{a}x) e^{-j\beta z} + a_x \dot{H}_0 \cos(\frac{\pi}{a}x) e^{-j\beta z}$$
$$= -a_z j \dot{J}_{lz} + a_x \dot{J}_{lx}$$

这个结果表示，在波导底宽壁面上既有 z 方向壁电流，又有 x 方向壁电流。在同一 z 位置处 z 方向电流 $\dot{J}_{lz}$ 与 x 方向电流 $\dot{J}_{lx}$ 有 $\frac{\pi}{2}$ 相位差。

在 $y=b$ 的宽壁面上，磁场分布与 $y=0$ 的宽壁面上相同，但因 n 方向相反，所以壁电流分布形态与 $y=0$ 宽壁面相同，只是方向相反。

根据以上分析，参照 TE_{10} 模的磁场分布，便可画出与 TE_{10} 模相对应的波导内壁上一瞬间的壁电流分布形态，如图 3-13 所示。

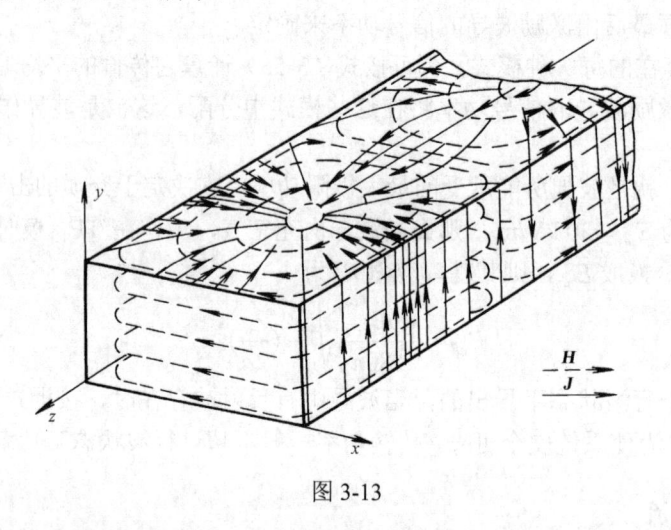

图 3-13

显然，对于不同传输模式，都有其各自对应的壁电流分布。这里还须指出的是，从所画出的 TE_{10} 模壁电流的分布形态中可以看到，波导内壁面上的电流似乎在流出、流入位置上发生中断，实际上它是靠着相对壁面间的位移电流连续的。

波导壁面上的电流分布形态，是与波导传输模式的场结构密不可分的。掌握了壁电流分布形态，使我们可对波导传输线的导体损耗进行估算，而且对于处理相关技术问题和设计由波导衍生的元件等都具有指导意义。例如，当波导工作在 TE_{10} 模时，在波导宽壁面中心线即 $\frac{a}{2}$

处开纵向窄缝（或称开槽），对壁电流影响最小，从而对波导内场结构也影响最小，根据这个道理可以做成专用测量用波导（称为**测量线**），来实现对波导这种封闭系统中场量沿传输方向的变化情况的探测。

5. 模式电压与模式电流

波导作为一种传输线，其传输波的基本特性即工作状态，与负载匹配，工作状态的表征等与在第 2 章中讨论的传输线的一般特性理论从概念上说应该是一致的。但就波导作为传输线而言，要考虑模式及其存在条件问题，要考虑其场量幅值的横向分布问题，除此而外的区别就是在普通传输线中，我们是用电压和电流来表示传输量的。

那么当波导工作在确定模式时，我们是可以找到相当于电压 $\dot{U}(d)$ 和电流 $\dot{I}(d)$ 的场量的，当然这只能是横向场分量，因为只有横向电场和磁场才能构成波导传输方向的波印廷矢量。这种对于波导中确定模式中代表 $\dot{U}(d)$ 和 $\dot{I}(d)$ 的场量，称为**模式电压**和**模式电流**。

就 TE$_{10}$ 模而言，由式（3-47）的场量表达式可知，以 $\dot{E}_y$ 代表电压、$\dot{H}_x$ 代表电流是合理的。式（3-47）表示的向 z 方向导行的波，相当于入射波，因为我们分析波导导行电磁波问题的前提之一是波导为无限长，所以不涉及负载问题。这种以 $\dot{E}_y$ 为模式电压、$\dot{H}_x$ 为模式电流的约定，其缺陷之处是波阻抗（$\dot{E}_y$ 与 $\dot{H}_x$ 的比）只反映了 a 而与 b 无关，这在讨论诸如波导连接及匹配时就不确切了。因为按此约定，a 相同而 b 不同的两段波导其波阻抗 $Z_{TE_{10}}$ 是相同的，按传输线理论它们的连接是无反射连接，而实际上口径不完全相同的波导是不能直接连接的，因为会造成反射。

另一方面，电压、电流是集总量，电场与磁场是分布量，比如 $\dot{E}_y$，我们以哪一位置的值来表示电压呢？于是就出现其他的模式电压与模式电流的定义方法，当然这些都是人为的。

对 TE$_{10}$ 模有如下定义模式电压、模式电流的方法

$$\begin{cases} U = \int_0^b |\dot{E}_y|_{x=\frac{a}{2}} dy = \dfrac{\mu\omega H_0 ab}{\pi} \\ I = \int_0^a |\dot{H}_x| dx = \dfrac{2\beta H_0 a^2}{\pi^2} \end{cases} \quad (3-59)$$

U, I 表示模式电压、模式电流的幅值，它们的比值为此种定义下的波阻抗，记为 Z_w

$$Z_w = \frac{U}{I} = \frac{\pi}{2}\frac{b}{a}\frac{\omega\mu}{\beta} = \frac{\pi}{2}\frac{b}{a}Z_{TE_{10}} = \frac{\pi}{2}Z_e \quad (3-60)$$

建立了模式电压、模式电流的概念之后，我们就完全可以把波导等效为以电压、电流表示传输量的普通传输线。在工作模式确定之后（一般都是 TE$_{10}$ 模），除去场量横向分布及波长变化而外，波导传输问题便可完全纳入传输线的一般理论中。

3.3.4 矩形截面波导的使用

矩形截面金属波导，按不同截面尺寸做成若干种型号，可用于传输频率从数百兆赫到数十万兆赫的信号。但是频率越低相应的波导尺寸越大，一则过于笨重，二则耗费金属量大，一般情况下完全可用同轴线替代。而频率越高则相应的波导尺寸越小，一是加工制作困难，二是功率容量变小。

波导作为传输线的一个基本使用原则是，在工作频带内保证只传输一个模式，而且一般无特殊要求时只用 TE_{10} 模。前面已经分析知道 TE_{10} 模单模传输的条件是

$$a \text{ 或 } 2b < \lambda < 2a$$

由于接近截止波长 λ_c 时，波导损耗急剧增加而功率容量则急剧下降，因此工作波长 λ 不能等于 λ_c，而且这样也不稳定。综合兼顾几方面因素，一般按以下经验数据选用波导

$$b = (0.4 \sim 0.5)a \tag{3-61}$$

$$1.05a \leq \lambda \leq 1.6a \tag{3-62}$$

为了增加矩形截面波导以 TE_{10} 模单模工作的带宽，制作出如图 3-14 所示的**脊波导**。这相当于把普通波导的宽壁弯折而增加了宽边的长度，使 TE_{10} 模的截止波长变长。而脊波导中的 TE_{20} 模的截止波长却比相同尺寸普通波导中的要短。这样，脊波导以主模 TE_{10} 模单模传输的频带变宽。此外，脊波导的等效阻抗降低，可用于高阻抗的矩形截面波导与低阻抗的同轴线或微带线之间的过渡。由于脊波导宽壁有向内突出的脊，该位置处的 b 减小将使其抗电场击穿能力下降，即功率容量变小。

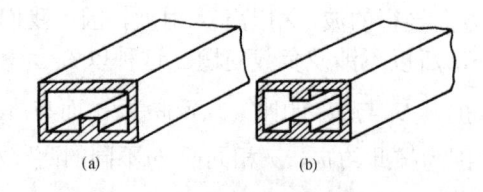

图 3-14

3.4 圆截面金属波导

除矩形截面波导外，**圆截面波导**是另一种广泛使用的金属波导。圆截面波导具有一些与矩形截面波导不同的特点，而且在相同截面积时，圆截面波导管壁面积最小，另外圆截面波导制作工艺要比矩形截面波导容易。这些也是它的优点。

3.4.1 圆截面波导中场方程的求解

分析圆截面波导导行电磁波的方法步骤，与分析矩形截面波导时相似，不过对于圆截面波导采用圆柱坐标系会更加方便。如图 3-15 所示，圆截面波导轴线与坐标系 z 轴重合，其横向有变量 r（最大值为横截面圆半径 R）和 φ。

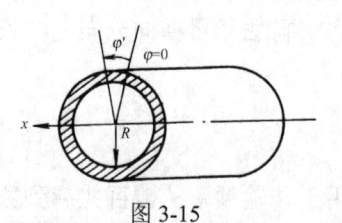

在与分析矩形截面波导相同的前提条件下同样可以得到矢量波动方程

$$\begin{cases} \nabla^2 \boldsymbol{E} + k^2 \boldsymbol{E} = 0 \\ \nabla^2 \boldsymbol{H} + k^2 \boldsymbol{H} = 0 \end{cases} \tag{3-63}$$

$$k^2 = \omega^2 \mu \varepsilon \tag{3-64}$$

图 3-15

在圆柱坐标系中

$$\nabla^2 \boldsymbol{E} = \boldsymbol{a}_r(\nabla^2 \dot{E}_r - \frac{1}{r^2}\dot{E}_r - \frac{2}{r^2}\frac{\partial \dot{E}_\varphi}{\partial \varphi}) + \boldsymbol{a}_\varphi(\nabla^2 \dot{E}_\varphi - \frac{1}{r^2}\dot{E}_\varphi + \frac{2}{r^2}\frac{\partial \dot{E}_r}{\partial \varphi}) + \boldsymbol{a}_z \nabla^2 \dot{E}_z$$

$$\boldsymbol{E} = \boldsymbol{a}_r \dot{E}_r + \boldsymbol{a}_\varphi \dot{E}_\varphi + \boldsymbol{a}_z \dot{E}_z$$

这样，我们可把矢量波动方程化为关于 $\boldsymbol{E}$ 和 $\boldsymbol{H}$ 的各三个标量方程，其中关于电场 $\boldsymbol{E}$ 的三个标量方程是

$$\begin{cases} \nabla^2 \dot{E}_r - \frac{1}{r^2}\dot{E}_r - \frac{2}{r^2}\frac{\partial \dot{E}_\varphi}{\partial \varphi} + k^2 \dot{E}_r = 0 \\ \nabla^2 \dot{E}_\varphi - \frac{1}{r^2}\dot{E}_\varphi + \frac{2}{r^2}\frac{\partial \dot{E}_r}{\partial \varphi} + k^2 \dot{E}_\varphi = 0 \\ \nabla^2 \dot{E}_z + k^2 \dot{E}_z = 0 \end{cases} \tag{3-65}$$

关于磁场 $\boldsymbol{H}$ 也可得到同以上结构形式完全相同的三个标量方程。我们注意到只有纵向分量 $\dot{E}_z$ 和 $\dot{H}_z$ 的方程仍具有矢量方程的形式，且只含一个待求函数，即在圆柱坐标系中只有纵向分量满足赫姆霍兹方程

$$\begin{cases} \nabla^2 \dot{E}_z + k^2 \dot{E}_z = 0 \\ \nabla^2 \dot{H}_z + k^2 \dot{H}_z = 0 \end{cases} \tag{3-66}$$

以关于 $\dot{E}_z$ 的标量方程为例，在圆柱坐标系中展开来写应为

$$\frac{\partial^2 \dot{E}_z}{\partial r^2} + \frac{1}{r}\frac{\partial \dot{E}_z}{\partial r} + \frac{1}{r^2}\frac{\partial^2 \dot{E}_z}{\partial \varphi^2} + \frac{\partial^2 \dot{E}_z}{\partial z^2} + k^2 \dot{E}_z = 0 \tag{3-67}$$

用分离变量法求解，设方程解式为

$$\begin{pmatrix} \dot{E}_z \\ \dot{H}_z \end{pmatrix} = R(r)\Phi(\varphi)\mathrm{e}^{\mathrm{j}(\omega t - \beta z)} \tag{3-68}$$

将所设解式代入方程，并令

$$k_c^2 = k^2 - \beta^2 = \omega^2 \mu \varepsilon - \beta^2 \tag{3-69}$$

经过整理后可得

$$\frac{r^2}{R(r)} \cdot \frac{\partial^2 R(r)}{\partial r^2} + \frac{r}{R(r)} \cdot \frac{\partial R(r)}{\partial r} + k_c^2 r = -\frac{1}{\Phi(\varphi)} \cdot \frac{\partial^2 \Phi(\varphi)}{\partial \varphi^2}$$

这个等式为两不同变量的函数式相等，则要求它们应等于同一常数，令为 m^2。这样便可实现变量分离，得到如下两个常微分方程

$$r^2 \frac{\mathrm{d}^2 R(r)}{\mathrm{d} r^2} + r \frac{\mathrm{d} R(r)}{\mathrm{d} r} + (k_c^2 r^2 - m^2)R(r) = 0 \tag{3-70}$$

$$\frac{\mathrm{d}^2 \Phi(\varphi)}{\mathrm{d}\varphi^2} + m^2 \Phi(\varphi) = 0 \tag{3-71}$$

方程（3-71）的解式写成三角函数形式则为

$$\Phi(\varphi) = B_1 \cos m\varphi + B_2 \sin m\varphi$$
$$= B \cos(m\varphi + \varphi_0)$$

方程（3-70）是含参型贝塞尔（Bessel）方程，其解为
$$R(r) = A_1 J_m(k_c r) + A_2 N_m(k_c r)$$
式中，$J_m(k_c r)$ 是第一类 m 阶贝塞尔函数，$N_m(k_c r)$ 是第二类 m 阶贝塞尔函数（亦称 Neumann 函数），它们的数学表达式很复杂，通常只给出函数曲线或函数表。图 3-16 所示为整阶函数 $J_m(k_c r)$，$N_m(k_c r)$ 及 $J'_m(k_c r)$ 的曲线。这样就可写出 $\dot{E}_z$ 和 $\dot{H}_z$ 的通解

$$\begin{pmatrix} \dot{E}_z \\ \dot{H}_z \end{pmatrix} = [A_1 J_m(k_c r) + A_2 N_m(k_c r)](B_1 \cos m\varphi + B_2 \sin m\varphi) e^{j(\omega t - \beta z)} \quad (3\text{-}72)$$

解式中的常数 A_1，A_2，B_1，B_2 要由波源及边界条件来确定。

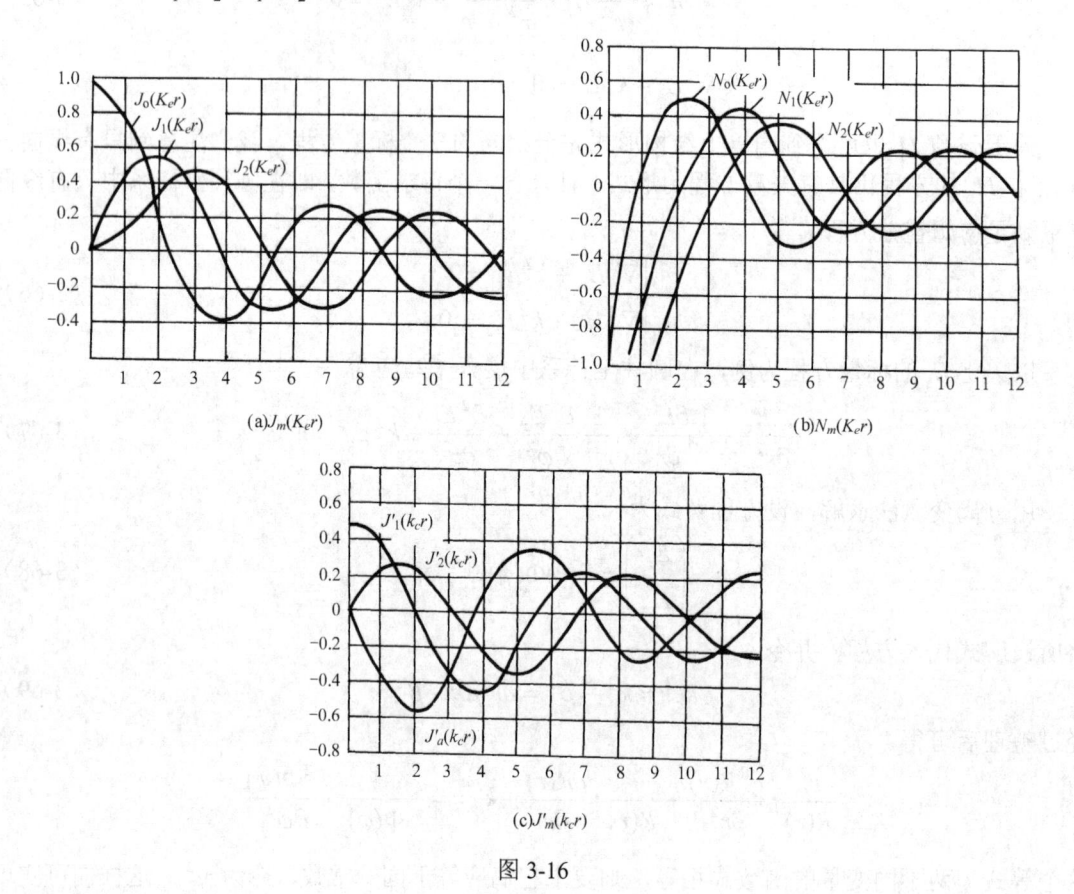

(a) $J_m(K_c r)$

(b) $N_m(K_c r)$

(c) $J'_m(k_c r)$

图 3-16

考察解式（3-72），其中 $B_1 \cos m\varphi + B_2 \sin m\varphi = B \cos(m\varphi + \varphi_0)$。当 $\varphi \to \varphi + 2\pi$ 时函数值应不变，即
$$\cos(m\varphi + \varphi_0) = \cos[m(\varphi + 2\pi) + \varphi_0]$$
那么参数 m 应为整数。

再则，当 $r = 0$，即波导轴线上，解式中
$$N_m(k_c r)|_{r=0} \to -\infty$$
这不符合圆波导内导行波的场量为有限值的事实，因此
$$A_2 = 0$$

这样我们可把解式（3-72）简化并写成

$$\begin{pmatrix} \dot{E}_z \\ \dot{H}_z \end{pmatrix} = A_1 J_m(k_c r)(B_1 \cos m\varphi + B_2 \sin m\varphi) e^{j(\omega t - \beta z)}$$

$$= \begin{pmatrix} \dot{E}_0 \\ \dot{H}_0 \end{pmatrix} J_m(k_c r) \begin{matrix} \cos m\varphi \\ \sin m\varphi \end{matrix} e^{-j\beta z} \quad (3\text{-}73)$$

由麦克斯韦方程中两个旋度方程在圆柱坐标系中的展开式，可得到圆截面波导内场的横向分量用纵向分量表示的关系式

$$\begin{cases} \dot{E}_r = -\dfrac{1}{k_c^2} j\beta (\dfrac{\partial \dot{E}_z}{\partial r} + \dfrac{\omega\mu}{\beta} \dfrac{\partial \dot{H}_z}{r\partial \varphi}) \\ \dot{E}_\varphi = \dfrac{1}{k_c^2} j\beta (-\dfrac{1}{r}\dfrac{\partial \dot{E}_z}{\partial \varphi} + \dfrac{\omega\mu}{\beta}\dfrac{\partial \dot{H}_z}{\partial r}) \\ \dot{H}_r = \dfrac{1}{k_c^2} j\beta (\dfrac{\omega\varepsilon}{\beta}\dfrac{\partial \dot{E}_z}{r\partial \varphi} - \dfrac{\partial \dot{H}_z}{\partial r}) \\ \dot{H}_\varphi = -\dfrac{1}{k_c^2} j\beta (\dfrac{\omega\varepsilon}{\beta}\dfrac{\partial \dot{E}_z}{\partial r} + \dfrac{\partial \dot{H}_z}{r\partial \varphi}) \end{cases} \quad (3\text{-}74)$$

3.4.2 基本结论

首先，由式（3-74）可知，圆波导不能导行 TEM 波，因为 $\dot{E}_z$ 和 $\dot{H}_z$ 不可同时为零，否则将导致全部场量为零。这一点和矩形截面波导是一致的。

其次，圆波导中也同样可以存在多种模式，因为从式（3-73）可知，参数 m 可以任取整数。在圆截面波导中 $\dot{E}_z$ 和 $\dot{H}_z$ 之一为零是可以的，这就是 TM 类模和 TE 类模，统称为正规模。

1. TM 类模（E 波，$\dot{H}_z = 0$）

当 $r = R$，即波导内壁面上时，作为切向电场的 $\dot{E}_z = 0$，即

$$\dot{E}_z = \dot{E}_0 J_m(k_c R) \begin{matrix} \cos m\varphi \\ \sin m\varphi \end{matrix} e^{-j\beta z} = 0$$

$$\therefore \quad J_m(k_c R) = 0 \quad (3\text{-}75)$$

满足式（3-75）的 $k_c R$，即其根，就是图 3-16 所示 $J_m(k_c R)$ 曲线与横轴交点的横轴坐标值，它应有无穷多个，令为 P_{mn}，即 m 阶第一类贝塞尔函数的第 n 个根。当 $k_c R = P_{mn}$，$J_m(k_c R) = 0$，$\dot{E}_z = 0$ 时，有

$$k_c = \frac{P_{mn}}{R} \quad (3\text{-}76)$$

$$\therefore \quad \dot{E}_z = \dot{E}_0 J_m(\frac{P_{mn}}{R} r) \begin{matrix} \cos m\varphi \\ \sin m\varphi \end{matrix} e^{-j\beta z} \quad (3\text{-}77)$$

将式（3-77）及 $\dot{H}_z = 0$ 代入到式（3-74），可写出圆波导中 TM 类模的场量表达式

$$\begin{cases}
\dot{E}_z = \sum\limits_{m,n}^{\infty} \dot{E}_0 J_m\left(\dfrac{P_{mn}}{R}r\right) \begin{matrix}\cos m\varphi \\ \sin m\varphi\end{matrix} e^{-j\beta z} \\
\dot{E}_r = \sum\limits_{m,n}^{\infty} -j\dfrac{\beta R}{P_{mn}} \dot{E}_0 J'_m\left(\dfrac{P_{mn}}{R}r\right) \begin{matrix}\cos m\varphi \\ \sin m\varphi\end{matrix} e^{-j\beta z} \\
\dot{E}_\varphi = \sum\limits_{m,n}^{\infty} \pm j\dfrac{\beta m R^2}{r P_{mn}^2} \dot{E}_0 J_m\left(\dfrac{P_{mn}}{R}r\right) \begin{matrix}\sin m\varphi \\ \cos m\varphi\end{matrix} e^{-j\beta z} \\
\dot{H}_r = \sum\limits_{m,n}^{\infty} \mp j\dfrac{\omega\varepsilon m R^2}{r P_{mn}^2} \dot{E}_0 J_m\left(\dfrac{P_{mn}}{R}r\right) \begin{matrix}\sin m\varphi \\ \cos m\varphi\end{matrix} e^{-j\beta z} \\
\dot{H}_\varphi = \sum\limits_{m,n}^{\infty} -j\dfrac{\omega\varepsilon R}{P_{mn}} \dot{E}_0 J'_m\left(\dfrac{P_{mn}}{R}r\right) \begin{matrix}\cos m\varphi \\ \sin m\varphi\end{matrix} e^{-j\beta z}
\end{cases} \quad (3\text{-}78)$$

由 $k_c^2 = \omega^2 \mu\varepsilon - \beta^2 = (\dfrac{P_{mn}}{R})^2$ 得

$$\beta = \sqrt{\omega^2\mu\varepsilon - (\dfrac{P_{mn}}{R})^2} \quad (3\text{-}79)$$

若 β 为实数，即为传输波，其截止角频率为

$$\omega_c = \dfrac{1}{\sqrt{\mu\varepsilon}}(\dfrac{P_{mn}}{R}) \quad (3\text{-}80)$$

用截止波长表示，TM 类模式的截止波长 λ_c 为

$$\lambda_c = \dfrac{2\pi R}{P_{mn}} \quad (3\text{-}81)$$

这样，对于每一组 m 和 n 的取值，就是一个确定的模式，记为 TM_{mn}。标数 m 和 n，其中贝塞尔函数的阶数 m 表示在横面上圆周方向上场量幅值分布的驻波数，根序数 n 则表示半径方向上场量幅值分布的过零次数。这就是说，圆波导中不同模式波的幅值横向分布是不一样的。

那么，圆波导中导行 TM_{mn} 波的条件是

$$\lambda < \lambda_c \quad (3\text{-}82)$$

2. TE 类模（H 波，$\dot{E}_z = 0$）

由式（3-74），有

$$\dot{H}_r = \dfrac{1}{k_c^2} j\beta\left(\dfrac{\omega\varepsilon}{\beta}\dfrac{\partial \dot{E}_z}{r\partial\varphi} - \dfrac{\partial \dot{H}_z}{\partial r}\right)$$

当 $r = R$ 时，管壁面上切向电场 $\dot{E}_z = 0$，法向磁场 $\dot{H}_r = 0$，则 $\dfrac{\partial \dot{H}_z}{\partial r} = 0$，即

$$\dfrac{\partial \dot{H}_z}{\partial r} = \dot{H}_0 J'_m(k_c R) \begin{matrix}\cos m\varphi \\ \sin m\varphi\end{matrix} e^{-j\beta z} = 0$$

$$\therefore \quad J'_m(k_c R) = 0 \quad (3\text{-}83)$$

令 P'_{mn} 为方程（3-83）的根，n 为根序数，则

第3章 微波传输线

$$k_c R = P'_{mn}, \quad J'_m(k_c R) = 0, \quad \frac{\partial \dot{H}_z}{\partial r} = 0$$

$$\therefore \quad k_c = \frac{P'_{mn}}{R} \tag{3-84}$$

$$\therefore \quad \dot{H}_z = \dot{H}_0 J_m\left(\frac{P'_{mn}}{R} r\right) \begin{matrix} \cos m\varphi \\ \sin m\varphi \end{matrix} e^{-j\beta z} \tag{3-85}$$

将 $\dot{E}_z = 0$ 及 $\dot{H}_z$ 表达式（3-85）代入式（3-74），可得出圆波导中 TE 类模式的场量表达式

$$\begin{cases} \dot{H}_z = \sum_{m,n}^{\infty} \dot{H}_0 J_m\left(\frac{P'_{mn}}{R} r\right) \begin{matrix} \cos m\varphi \\ \sin m\varphi \end{matrix} e^{-j\beta z} \\ \dot{H}_r = \sum_{m,n}^{\infty} -j\frac{\beta R}{P'_{mn}} \dot{H}_0 J'_m\left(\frac{P'_{mn}}{R} r\right) \begin{matrix} \cos m\varphi \\ \sin m\varphi \end{matrix} e^{-j\beta z} \\ \dot{H}_\varphi = \sum_{m,n}^{\infty} \pm j\frac{\beta m R^2}{r(P'_{mn})^2} \dot{H}_0 J_m\left(\frac{P'_{mn}}{R} r\right) \begin{matrix} \sin m\varphi \\ \cos m\varphi \end{matrix} e^{-j\beta z} \\ \dot{E}_r = \sum_{m,n}^{\infty} \pm j\frac{\omega\mu m R^2}{r(P'_{mn})^2} \dot{H}_0 J_m\left(\frac{P'_{mn}}{R} r\right) \begin{matrix} \sin m\varphi \\ \cos m\varphi \end{matrix} e^{-j\beta z} \\ \dot{E}_\varphi = \sum_{m,n}^{\infty} j\frac{\omega\mu R}{P'_{mn}} \dot{H}_0 J'_m\left(\frac{P'_{mn}}{R} r\right) \begin{matrix} \cos m\varphi \\ \sin m\varphi \end{matrix} e^{-j\beta z} \end{cases} \tag{3-86}$$

由

$$k_c^2 = \omega^2 \mu\varepsilon - \beta^2 = \left(\frac{P'_{mn}}{R}\right)^2$$

可求得 TE 类模的截止波长为

$$\lambda_c = \frac{2\pi R}{P'_{mn}} \tag{3-87}$$

圆截面波导导行 TE$_{mn}$ 波的条件是

$$\lambda < \lambda_c \tag{3-88}$$

从以上分析可知，圆截面波导中正规模的截止波长 λ_c 与波导口径尺寸 R 有关。正规模场量幅值的横向分布，在圆周 φ 方向服从正弦、余弦规律，在半径 r 方向服从第一类贝塞尔函数规律。

根据式（3-81）和式（3-87）可以作出圆截面波导的模式图，为此须先求 P_{mn} 和 P'_{mn}，之后求 λ_c，如下表所示。

模式	P_{mn}（TM$_{mn}$）	P'_{mn}（TE$_{mn}$）	λ_c
TE$_{11}$		1.841	3.41R
TM$_{01}$	2.405		2.62R
TE$_{21}$		3.054	2.06R
TE$_{01}$, TM$_{11}$	3.832	3.832	1.64R
TM$_{21}$	5.135		1.22R
TM$_{02}$	5.520		1.14R
TE$_{02}$, TM$_{12}$	7.016	7.016	0.9R
...			

由图 3-17 所示模式图可知，圆截面波导中截止波长 λ_c 最长的模式，即主模是 TE_{11} 模，其截止波长 $\lambda_c = 3.41R$。以 TE_{11} 模单模传输的波长范围是

$$2.62R < \lambda < 3.41R \tag{3-89}$$

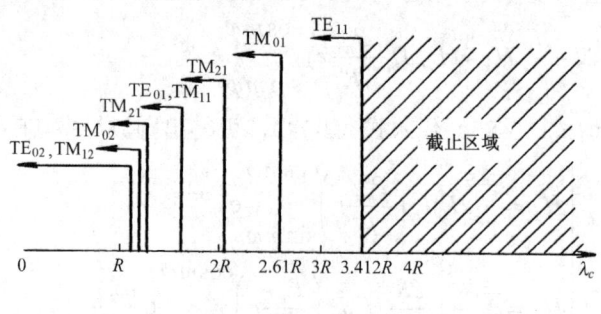

图 3-17

圆截面波导中的简并情况比较复杂。一类是**极化简并**，即同一组 m，n 取值的模式，沿圆周 φ 方向存在 $\sin m\varphi$ 和 $\cos m\varphi$ 两种分布，二者传播特性相同而极化面相互垂直。显然除了 TM_{0n} 和 TE_{0n} 模之外，其余所有模式都存在极化简并。另一类是模式简并，即两种不同模式的截止波长 λ_c 相同。贝塞尔函数有这样的性质，即 $J_0'(x) = -J_1(x)$，就是说 $J_0'(x)$ 与 $J_1(x)$ 有相同的根，所以 TM_{1n} 和 TE_{0n} 具有相同的截止波长 λ_c，它们是简并模，如 TE_{01} 与 TM_{11} 模，TE_{02} 与 TM_{12} 模，等等。

圆截面波导中相移常数为

$$\beta = \sqrt{\omega^2 \mu\varepsilon - \left(\frac{P_{mn} \text{或} P'_{mn}}{R}\right)^2} \tag{3-90}$$

因此圆截面波导也是色散的传输线。由其相移常数 β，我们可以导出圆截面波导导行波的相速度 v_p 及相波长 λ_p

$$v_p = \frac{\omega}{\beta} = \frac{\frac{1}{\sqrt{\mu\varepsilon}}}{\sqrt{1-\left(\frac{\lambda}{\lambda_c}\right)^2}} \tag{3-91}$$

$$\lambda_p = \frac{v_p}{f} = \frac{\lambda}{\sqrt{1-\left(\frac{\lambda}{\lambda_c}\right)^2}} \tag{3-92}$$

若波导内填充空气介质，则

$$v_p = \frac{v_0}{\sqrt{1-\left(\frac{\lambda}{\lambda_c}\right)^2}} \tag{3-93}$$

$$\lambda_p = \frac{\lambda_0}{\sqrt{1-\left(\frac{\lambda_0}{\lambda_c}\right)^2}} \tag{3-94}$$

即圆截面波导中计算相速度 v_p 及相波长 λ_p 的公式，与矩形截面波导时的公式形式完全一样。v_p 与 λ_p 都与模式的截止波长 λ_c 有关，也与填充介质特性有关。在填充空气介质时，$v_p > v_0$，相波长 λ_p 也要比无限大空气介质中平面电磁波的相波长要长。

圆截面波导中的波阻抗，也是定义为横向电场与横向磁场之比。对于 TM_{mn} 和 TE_{mn} 模，波阻抗分别为

$$\begin{cases} Z_{TM} = \dfrac{\dot{E}_r}{\dot{H}_\varphi} = -\dfrac{\dot{E}_\varphi}{\dot{H}_r} = \dfrac{\beta}{\omega\varepsilon} \\ Z_{TE} = \dfrac{\dot{E}_r}{\dot{H}_\varphi} = -\dfrac{\dot{E}_\varphi}{\dot{H}_r} = \dfrac{\omega\varepsilon}{\beta} \end{cases} \quad (3-95)$$

3.4.3 圆截面波导中的三个重要模式 TE_{11}、TM_{01} 与 TE_{01}

TE_{11} 模是圆截面波导中截止波长最长的模式，其 $\lambda_c = 3.41R$，容易实现单模传输，是圆截面波导中的主模。但是如果波导由于加工不完善造成微小的不均匀性时，TE_{11} 模往往会出现极化面偏转。TE_{11} 模还存在极化简并问题。由于这些原因，一般情况下工作于 TE_{11} 模的圆截面波导仅用做短距离传输。

将 $m=1$，$n=1$ 及 $P'_{11} = 1.841$ 代入式（3-86），得到 TE_{11} 模的场量表达式：

$$\begin{cases} \dot{H}_z = \dot{H}_0 J_1\left(\dfrac{1.841}{R}r\right)\genfrac{}{}{0pt}{}{\cos\varphi}{\sin\varphi} e^{-j\beta z} \\ \dot{H}_r = -j\dfrac{\beta R}{1.841}\dot{H}_0 J'_1\left(\dfrac{1.841}{R}r\right)\genfrac{}{}{0pt}{}{\cos\varphi}{\sin\varphi} e^{-j\beta z} \\ \dot{H}_\varphi = \pm j\dfrac{\beta R^2}{(1.841)^2 r}\dot{H}_0 J_1\left(\dfrac{1.841}{R}r\right)\genfrac{}{}{0pt}{}{\sin\varphi}{\cos\varphi} e^{-j\beta z} \\ \dot{E}_r = \pm j\dfrac{\omega\mu R^2}{(1.841)^2 r}\dot{H}_0 J_1\left(\dfrac{1.841}{R}r\right)\genfrac{}{}{0pt}{}{\sin\varphi}{\cos\varphi} e^{-j\beta z} \\ \dot{E}_\varphi = j\dfrac{\omega\mu R}{1.841}\dot{H}_0 J'_1\left(\dfrac{1.841}{R}r\right)\genfrac{}{}{0pt}{}{\cos\varphi}{\sin\varphi} e^{-j\beta z} \end{cases} \quad (3-96)$$

如图 3-18 所示为 TE_{11} 模的三维场结构图，图中实线为电力线，虚线为磁力线。从 TE_{11} 模的结构图可以看出，它与矩形截面波导中的主模 TE_{10} 模很相似，所以它很容易通过矩形截面波导的 TE_{10} 模过渡得到。

圆截面波导中的 TM_{01} 模的截止波长 $\lambda_c = 2.62R$，将 $m=0$，$n=1$ 及 $P_{01} = 2.405$ 代入式（3-78），并注意贝赛尔函数的性质 $J'_0 = -J_1(x)$，则可得到圆截面波导 TM_{01} 模式的场量表达式：

$$\begin{cases} \dot{E}_z = \dot{E}_0 J_0\left(\dfrac{2.405}{R}r\right) e^{-j\beta z} \\ \dot{E}_r = j\dfrac{\beta R}{2.405}\dot{E}_0 J_1\left(\dfrac{2.405}{R}r\right) e^{-j\beta z} \\ \dot{H}_\varphi = j\dfrac{\omega\varepsilon R}{2.405}\dot{E}_0 J_1\left(\dfrac{2.405}{R}r\right) e^{-j\beta z} \end{cases} \quad (3\text{-}97)$$

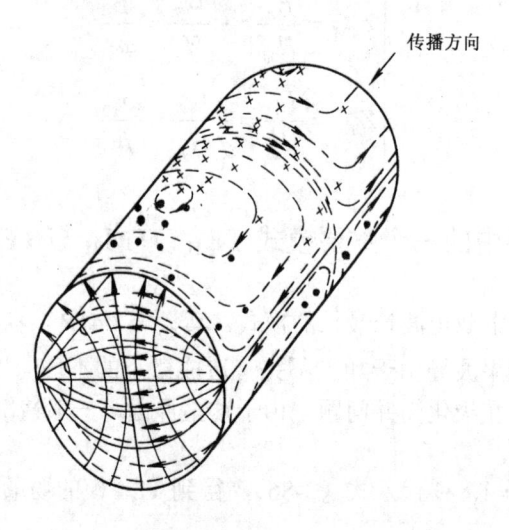

图 3-18

其场结构如图 3-19 所示。TM_{01} 模的特点是其场结构以波导轴线为轴旋转对称，因此当两段工作于 TM_{01} 模的圆截面波导相对转动时，并不影响其中电磁波的传输，不会发生传输模式的变化。所以当需要天线作机械转动搜索或跟踪目标时，天线馈线可采用工作于 TM_{01} 模的圆截面波导。

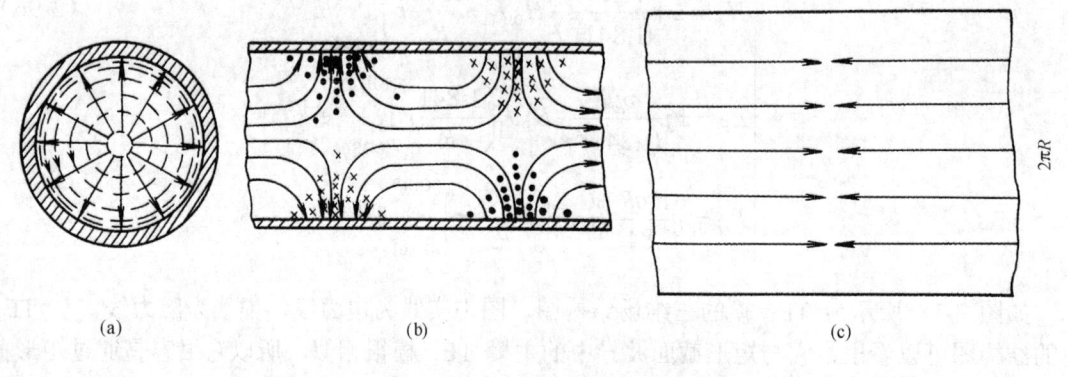

图 3-19

圆截面波导中另一重要模式是 TE_{01} 模，它的截止波长 $\lambda_c = 1.64R$，将 $m=0$，$n=1$ 及 $P'_{01} = 3.832$ 代入式 （3-86），并用 $-J_1(x)$ 替代 $J'_0(x)$，就得到了圆截面波导中 TE_{01} 模式的场量表达式：

$$\begin{cases} \dot{H}_z = \dot{H}_0 J_0\left(\frac{3.832}{R}r\right)\mathrm{e}^{-\mathrm{j}\beta z} \\ \dot{H}_r = \mathrm{j}\frac{\beta R}{3.832}\dot{H}_0 J_1\left(\frac{3.832}{R}r\right)\mathrm{e}^{-\mathrm{j}\beta z} \\ \dot{E}_\varphi = -\mathrm{j}\frac{\omega\mu R}{3.832}\dot{H}_0 J_1\left(\frac{3.832}{R}r\right)\mathrm{e}^{-\mathrm{j}\beta z} \end{cases} \qquad (3\text{-}98)$$

其场结构也是以波导轴线为基准旋转对称的，如图 3-20 所示。从场量表达式及场结构图可以看出 TE_{01} 模的电场和磁场刚好与 TM_{01} 模时的位置互换，不过 TE_{01} 模的磁力线是纵向的闭合环线。

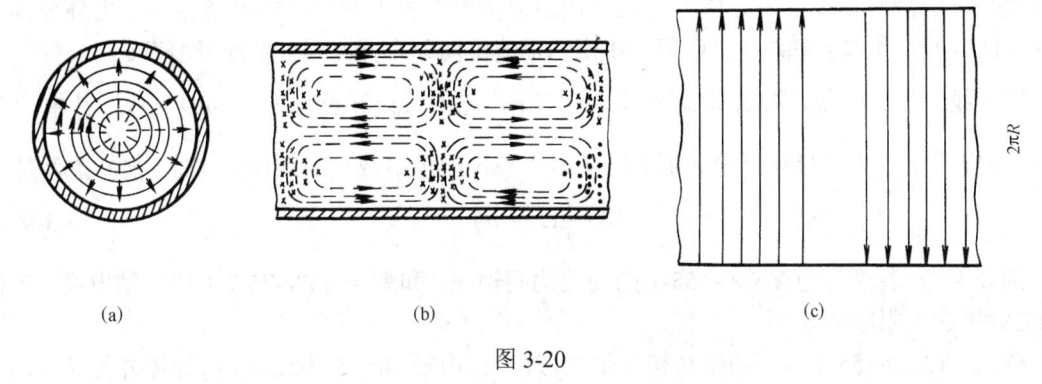

图 3-20

TE_{01} 模的场结构，使得该种模式同样可用于转动天线的可旋转馈线。而且由于 TE_{01} 模的管壁电流是横向环流（见图 3-20（c）），其导体损耗随工作频率增高而单调下降，在毫米波段这是一个非常重要的优点。但是 TE_{01} 模也不是圆截面波导中截止波长最长的模式，而且 TE_{01} 模与 TM_{11} 模简并，当采用 TE_{01} 模工作时要设法抑制其他模式，所以 TE_{01} 模的实际应用还存在很多困难。

图 3-21 中给出了圆截面波导中三种重要模式 TE_{11}，TM_{01} 与 TE_{01} 的导体损耗造成的衰减频率特性。从中可以看出，当 $f<11\,\mathrm{GHz}$ 时 TE_{11} 模衰减最小；当 $f>12\,\mathrm{GHz}$ 时 TE_{01} 模的衰减最小，且随频率增加衰减单调下降。

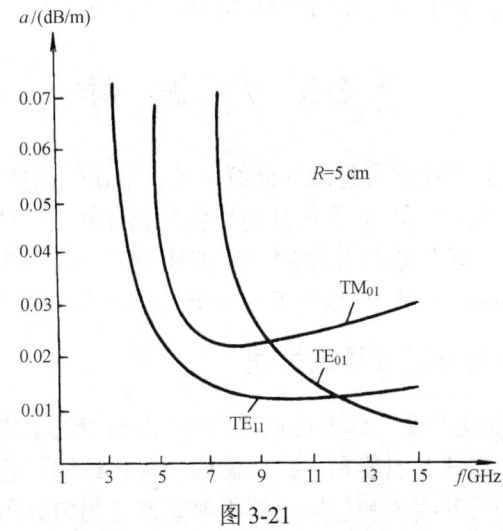

图 3-21

3.4.4 同轴线中的高次模

在前面作为双导体传输线的变形,我们讨论过同轴线导行电磁波的问题。从结构上说同轴线相当于圆截面波导中加入一纵向内导体,因此也可以把它称做同轴圆柱波导。同轴线可分为硬结构和软结构两类。硬结构同轴线内外导体间通常用空气介质填充,间隔一定距离用高频介质垫圈支撑内导体。软结构同轴线就是通常所说的**同轴电缆**,其内外导体间填充高频介质,内导体由单根或多股铜线做成,外导体为导线编织网,最外层为塑料保护套。

从电磁场的概念上说,同轴线的边界条件既满足传输 TEM 模,也能满足传输 TE 和 TM 模——我们称它们为同轴线中的高次模。分析同轴线中 TE 和 TM 模的步骤方法与分析圆截面波导类似。但因同轴线中内导体的存在致使边界情况发生了变化,电磁场存在于内外导体之间的空间区域,所以同轴线中 TE 和 TM 模的幅值横向分布要比圆截面波导复杂。

同轴线中高次模截止波长最长的模式是 TE_{11},它的截止波长为 $\lambda_c = \frac{\pi}{2}(D+d)$,其中 D 为外导体内直径,d 为内导体直径。那么同轴线避免高次模出现,即工作于 TEM 模的条件是

$$\lambda > \frac{\pi}{2}(D+d) \tag{3-99}$$

例 3-3 计算型号为 YX50-155-1 的硬结构同轴线,和型号 SYV-75-7-1 的同轴电缆,工作在 TEM 模的上限频率。

解: 查 YX50-155-1 型号的硬结构同轴线,外导体内径 $D=151.92\,\text{mm}$,内导体外径 $d=66\,\text{m}$,则高次模 TE_{11} 的截止波长 λ_c 为

$$\lambda_c = \frac{\pi}{2}(D+d) = \frac{1}{2}\pi \times (151.92\,\text{mm} + 66\,\text{mm}) = 342.3\,\text{mm}$$

那么为抑制高次模的条件是信号波长 $\lambda > 342.3\,\text{mm}$,或信号频率应低于 876.4 MHz。

查 SYV-75-7-1 的同轴电缆,外导体内径 $D=7.25\,\text{mm}$,内导体外径 $d=1.2\,\text{mm}$,则高次模 TE_{11} 的截止波长 λ_c 为

$$\lambda_c = \frac{\pi}{2}(D+d) = \frac{1}{2}\pi \times (7.25\,\text{mm} + 1.2\,\text{mm}) = 13.27\,\text{mm}$$

则信号波长应满足 $\lambda > 13.27\,\text{mm}$,或信号频率应低于 22.6 GHz。

3.5 光 波 导

光波导是一个统称,其中**光导纤维**(**光纤**)是目前在信息技术中应用最广泛的导波机构。光波导属于介质波导,在本书第 1 章的讨论中我们已经知道,两种媒质的界面具有导引电磁波的可能。但是光纤与一般微波段使用的介质波导相比,其工作频率要高得多(光波长为微米级),横截面的尺寸也小得多,所以称其为光导纤维,简称为光纤。

3.5.1 光纤的结构形式及导光机理

图 3-22 是光纤的结构简图。作为传输线用的光纤绝大多数是用石英(SiO_2)材料高温熔化后拉制而成的,它由**芯线**、**包层**和保护层做成圆柱体结构,芯线的介电常数大于包层的介电常数,最早制作的光纤芯线内和包层中的折射率都是均匀分布的,由于芯线和包层界面发

生折射率 n 的突变,故称阶跃折射率光纤。

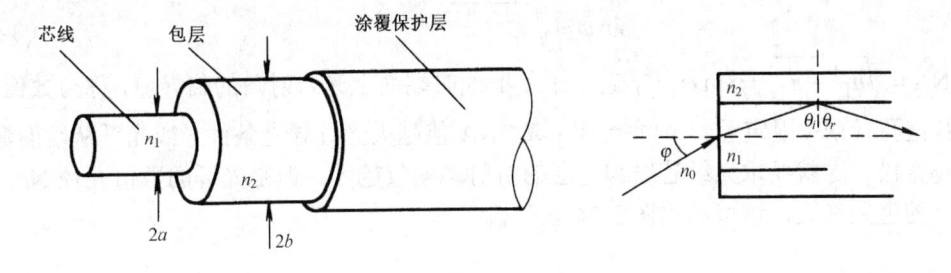

图 3-22

材料的折射率 n 是个光学术语,它表示光在真空中传播的速度 v_0 与在该材料中传播速度 v 的比值,即

$$n = \frac{v_0}{v} = \frac{\frac{1}{\sqrt{\mu_0 \varepsilon_0}}}{\frac{1}{\sqrt{\mu \varepsilon}}} = \sqrt{\mu_r \varepsilon_r} \quad (3\text{-}100)$$

石英玻璃的导磁系数 $\mu = \mu_0$,这样光在石英玻璃中的折射率为

$$n = \sqrt{\varepsilon_r}$$

ε_r 是石英玻璃的相对介电常数。若以 n_1 和 n_2 分别表示光纤芯线与包层的折射率,那么光纤要求 $n_1 > n_2$,也就是要求 $\varepsilon_{r1} > \varepsilon_{r2}$。

下面以阶跃折射率光纤为例,来说明光纤导光的机理。光的传输媒质尺寸远大于光波长时,我们可把光看成是传播方向的射线。参照图 3-23,根据斯涅尔定律,光从芯线斜入射到芯线与包层界面时应满足

$$\begin{cases} \theta_r = \theta_i \\ n_1 \sin \theta_i = n_2 \sin \theta_t \end{cases} \quad (3\text{-}101)$$

式中,θ_i,θ_r 和 θ_t 分别为入射角、反射角和折射角。因为光纤中要求 $n_1 > n_2$,所以当 $\theta_t = 90°$ 时对应 $\theta_i = \theta_{ic}$。只要 $\theta_i \geq \theta_{ic}$,芯线与包层界面上将发生全反射,那么光将限制在界面及芯线中传播,这就是光纤导行光的原理。

临界角 θ_{ic} 可由式(3-96)代入 $\theta_t = 90°$ 求得

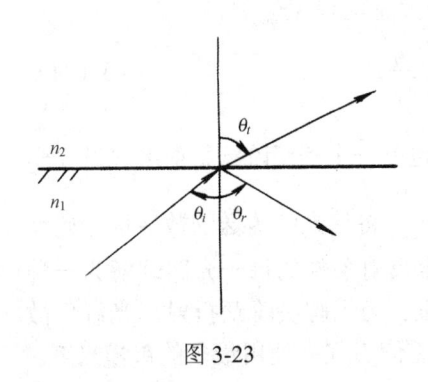

$$\sin \theta_{ic} = \frac{n_2}{n_1} \quad (3\text{-}102)$$

即 θ_{ic} 仅由两种媒质,即芯线与包层的折射率来决定,或者说仅由它们的相对介电常数 ε_{r1},ε_{r2} 来决定。

为使光在芯线和包层界面产生全反射,将对从光纤端面投射入光纤的光的入射角提出要求。这里我们只考虑最简单的情况,即如图 3-22 所示那样,光从端面中心与光纤轴线成 φ 角射入,这种射线称**子午射线**(入射面是光纤的子午面)。光纤端面外为空气,其折射率 $n_0 = 1$,那么很容

图 3-23

易导出,满足光纤正常导光条件,即满足光纤芯线与包层界面全反射,则需

$$\sin\varphi \leqslant \sqrt{n_1^2 - n_2^2} \qquad (3\text{-}103)$$

令 $NA = \sqrt{n_1^2 - n_2^2} = \sin\varphi_{\max}$,它是子午射线时端面上光入射角的临界值,称为**数值孔径**。显然,数值孔径 NA 限定了一个圆锥形区域,NA 值越大光纤导光条件(或光纤从端面激励的条件)越宽松,这就要求光纤芯线和包层的折射率差值越大。但是光纤的数值孔径 NA 越大,将使光纤的色散增大,这可利用图 3-24 来分析。

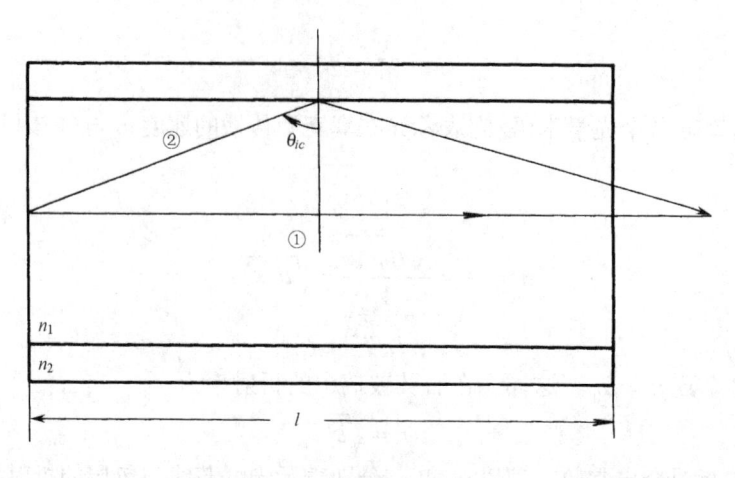

图 3-24

图 3-24 所示为一段长为 l 的阶跃折射率光纤,图中光路②是刚好满足全反射条件时光射线的路径。那么满足 $\theta_i \geqslant \theta_{ic}$ 条件入射到光纤芯线和包层界面的入射光,可以有多条光路,其中最短的就是与光纤轴线平行的光路①。令光在芯线中的速度为 v_1,那么光路①经过 l 长光纤的时延为(最小)

$$\tau_1 = \frac{l}{v_1} = \frac{n_1 l}{v_0}$$

光路②的轴向速度为 $v_1 \sin\theta_{ic}$,那么光路②经过 l 长光纤的时延为(最大)

$$\tau_2 = \frac{l}{v_1 \sin\theta_{ic}} = \frac{n_1 l}{v_0 \frac{n_2}{n_1}} = \frac{n_1^2 l}{v_0 n_2}$$

于是,满足全反射条件的诸多光路,经过 l 长光纤的最大时延差 $\Delta\tau_{\max}$ 为

$$\Delta\tau_{\max} = \tau_2 - \tau_1 = \frac{n_1(n_1 - n_2)l}{v_0 n_2} \approx l \frac{n_1}{v_0} \Delta \qquad (3\text{-}104)$$

其中 $\Delta = \frac{n_1^2 - n_2^2}{2n_1^2} \approx \frac{n_1 - n_2}{n_1} \approx \frac{n_1 - n_2}{n_2}$,称为**相对折射率差**,也是一个表示阶跃折射率光纤光学特性的参量。可见最大时延差与 n_1 和 n_2 的差值成正比,$\Delta\tau_{\max}$ 将使光纤传送的数字信号码元**展宽**,这是光纤色散的直接结果。实际上我们可以把满足全反射条件的每一光路理解为一种传输模式,光纤的 NA 值越大,传输模式越多,色散越严重。为了解决阶跃折射率光纤色散问题,开发出了**梯度光纤**(亦称渐变折射率光纤)和现在通信工程中使用最多的**单模光纤**。

图 3-25 所示为**单模阶跃折射率光纤**、**多模阶跃折射率光纤**和**多模渐变折射率光纤**的结构及折射率分布。

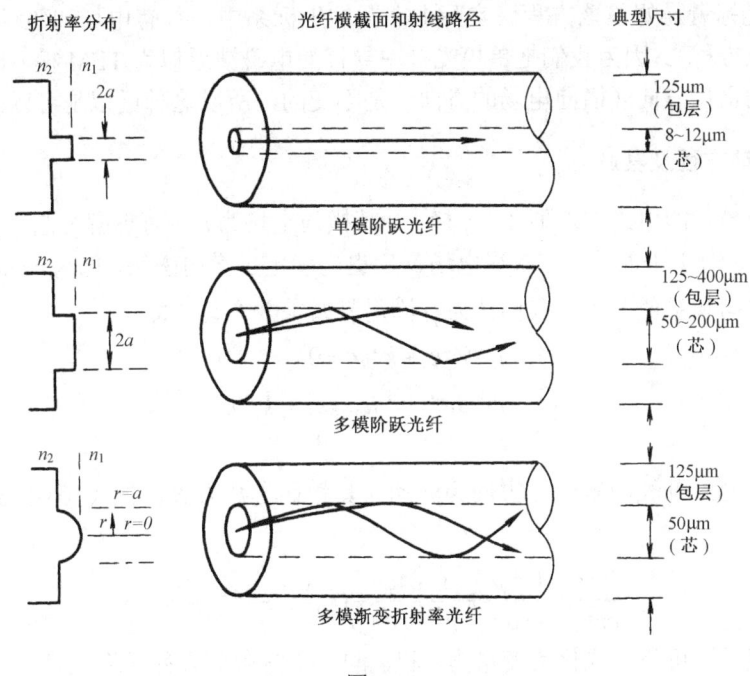

图 3-25

简要地讲，在渐变折射率光纤中，满足全反射条件的诸多光路之中，偏离光纤轴线越远的光路越长，但其传播速度却因折射率减小而增大；而靠近轴线的光路最短，但其传播速度却因折射率增大而变小。这样只要选择芯线中折射率 $n_1(r)$ 的合适分布规律，就可使不同光路的光射线消除时延差，从而消除至少是减小光在光纤中的多径（多模）传输引起的色散。渐变折射率光纤要求芯线中折射率 $n_1(r)$ 按一定的梯度（按一定的分布规律）变化，可以想象其制造工艺要求之严，目前在通信工程中已很少使用。

近些年来作为光传输线广泛使用的单模光纤，其结构特点是芯线直径要比阶跃折射率光纤和梯度光纤小得多，而且其 n_1 和 n_2 的差值很小（这称为**弱导光纤**），因此其数值孔径 NA 很小，进入光纤的光射线几乎与光纤轴线平行（$\theta_{ic} \approx 90°$），从而实现单一路径也就是单模传输。单模光纤的导光机理、单模传输条件的深入分析，要用电磁场理论进行严格的数学求解，因为光本身也是电磁波。

3.5.2 单模光纤的标量近似分析

单模光纤的基本结构如图 3-25 所示，芯线和包层的折射率都是均匀分布的（近年来为改善单模光纤的传输特性，芯线有做成折射率 n_1 呈阶梯分布的新产品），这样我们完全可按求解圆截面金属波导那样的步骤和方法，去求解光纤中电磁场方程的解答。但是由于光纤的芯线与包层界面为**非齐次边界**（在界面上场量不出现零值），将使求解过程非常繁冗。

前已述及，单模光纤因芯线与包层的折射率 n_1 和 n_2 的差值极小，$\sin\theta_{ic} = \dfrac{n_2}{n_1} \approx 1$，即

$\theta_{ic} \approx 90°$，芯线中的光射线近似于平行光纤轴线，光的电场、磁场纵向分量将非常之小，芯线中的光可近似看做是 TEM 模。所谓**标量近似**，就是把这种弱导光纤中光的横向电场和磁场作为标量，且满足标量赫姆霍兹方程（实际上在圆柱坐标系中，只有电场和磁场的纵向分量满足标量赫姆霍兹方程）。因为我们把单模光纤中导行的电磁波近似为 TEM 模，即平面电磁波，而平面电磁波的极化方向（横向电场的方向）是不变的，所以这种近似是可以的。

1. 标量波动方程及其解

单模光纤中导行的电磁波近似 TEM 模，令其横向电场为 ψ（可理解为圆柱坐标系中 E_r 与 E_φ 的合成）。那么对于平面波，在求得电场 ψ 后也就确定了横向磁场，因为平面波的磁场和电场有着确定的方向和量值关系。我们认为 ψ 满足赫姆霍兹方程，即

$$\nabla^2 \psi + k^2 \psi = 0 \tag{3-105}$$

其中

$$k^2 = \omega^2 \mu \varepsilon = \omega^2 \mu_0 \varepsilon_0 \varepsilon_r = k_0^2 n^2 \tag{3-106}$$

式中 $k_0^2 = \omega \mu_0 \varepsilon_0$。

考虑到 ψ 沿光纤轴线即坐标 z 方向为波动，其相移常数为 β，把式（3-105）在圆柱坐标系中展开，即

$$\frac{\partial^2 \psi}{\partial r^2} + \frac{1}{r}\frac{\partial \psi}{\partial r} + \frac{1}{r^2}\frac{\partial^2 \psi}{\partial \varphi^2} + (k_0^2 n^2 - \beta^2)\psi = 0$$

运用分离变量法可将上式化为变量为 r 和 φ 的两个常微分方程，为此设

$$\psi = R(r)\Phi(\varphi)e^{j(\omega t - \beta z)} \tag{3-107}$$

把所设 ψ 解式代回方程，整理后得

$$\frac{d^2 \Phi(\varphi)}{d\varphi^2} + m^2 \Phi(\varphi) = 0 \tag{3-108}$$

$$r^2 \frac{d^2 R(r)}{dr^2} + r\frac{dR(r)}{dr} + [(k_0^2 n^2 - \beta^2)r^2 - m^2]R(r) = 0 \tag{3-109}$$

方程式（3-108）的解为

$$\Phi(\varphi) = B_1 \cos m\varphi + B_2 \sin m\varphi = B\cos(m\varphi - \varphi_0) \tag{3-110}$$

可记做 $B \begin{matrix} \cos m\varphi \\ \sin m\varphi \end{matrix}$。

方程式（3-109）是贝塞尔方程类，若令 $k_c^2 = k_0^2 n^2 - \beta^2 > 0$，则方程是含参型贝塞尔方程，其解为

$$R(r) = A_1 J_m(k_c r) + A_2 N_m(k_c r) \tag{3-111}$$

若令 $k_c'^2 = \beta^2 - k_0^2 n^2 > 0$，则方程式（3-109）是含参修正型贝塞尔方程，其解为

$$R(r) = A_3 I_m(k_c' r) + A_4 K_m(k_c' r) \tag{3-112}$$

解式中 $J_m(k_c r)$ 和 $N_m(k_c r)$ 为第一类和第二类贝塞尔函数；$I_m(k_c' r)$ 和 $K_m(k_c' r)$ 为第一类和第二类修正贝塞尔函数。而且由于光纤结构的旋转对称性，常数 m 应为整数，解式中各类贝塞尔函数均为整阶函数。其中函数 $J_m(k_c r)$ 和 $N_m(k_c r)$ 的曲线如图 3-16 所示，图 3-26 中给出了函数 $I_m(k_c' r)$ 和 $K_m(k_c' r)$ 的曲线。

图 3-26

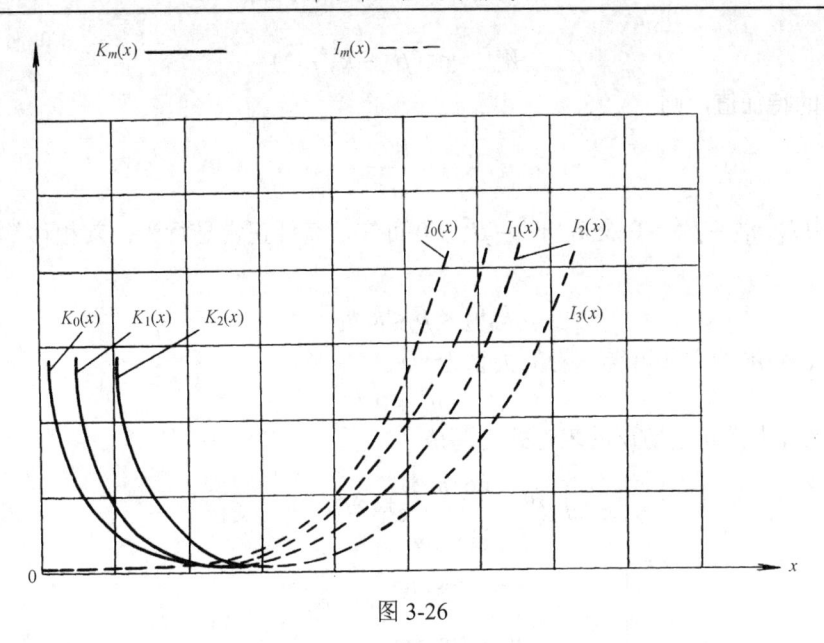

光纤正常导行光，在截面半径为 a 的芯线中，$r \leq a$，$n = n_1$，ψ 幅值在 r 方向应呈驻波型分布；且在 $r = 0$ 即轴线处场幅为有限值，$R(r)$ 的解式应取

$$R(r) = A_1 J_m(k_c r), \quad r \leq a \tag{3-113}$$

$$k_c^2 = k_0^2 n_1^2 - \beta^2 > 0 \tag{3-114}$$

在包层中场应为消逝型，即当 $r \to \infty$ 时场幅应为零，故 $R(r)$ 的解式应取

$$R(r) = A_4 K_m(k_c' r), \quad r \geq a \tag{3-115}$$

$$k_c'^2 = \beta^2 - k_0^2 n_2^2 > 0 \tag{3-116}$$

这样，我们便可以写出 ψ 的解式如下

$$\psi = \begin{cases} A_1 B J_m(k_c r) \begin{matrix} \cos m\varphi \\ \sin m\varphi \end{matrix} e^{j(\omega t - \beta z)}, & r \leq a \\ A_4 B K_m(k_c' r) \begin{matrix} \cos m\varphi \\ \sin m\varphi \end{matrix} e^{j(\omega t - \beta z)}, & r \geq a \end{cases} \tag{3-117}$$

2. 归一化参量

为便于分析讨论，引入几个新的参量。令

$$V^2 = (k_0 a)^2 (n_1^2 - n_2^2) \tag{3-118}$$

称 V 为**归一化频率**。其中 a 为光纤芯线半径。

在光纤芯线中，$r < a$，$k_c^2 = k_0^2 n_1^2 - \beta^2 > 0$。令

$$u^2 = a^2(k_0^2 n_1^2 - \beta^2) \tag{3-119}$$

称 u 为**芯线的特征值**，由式（3-119）可得

$$k_c^2 = \frac{u^2}{a^2} \tag{3-120}$$

在光纤包层中，$r > a$，$k_c'^2 = \beta^2 - k_0^2 n_2^2 > 0$。令

$$W^2 = a^2(\beta^2 - k_0^2 n_2^2) \tag{3-121}$$

称 W 为**包层的特征值**，则

$$k_c'^2 = \frac{W^2}{a^2} \tag{3-122}$$

显然，由 $k_0^2 n_1^2 - \beta^2 > 0$ 及 $k_0^2 n_2^2 - \beta^2 < 0$ 可知，光纤正常导行光，其相移常数 β 的取值范围为

$$k_0 n_2 < \beta < k_0 n_1 \tag{3-123}$$

同时，由 V, u 和 W 的定义可得三者的关系为

$$V^2 = u^2 + W^2 \tag{3-124}$$

这样，光纤中横向电场 ψ 的表达式可写成

$$\psi = \begin{cases} A_1 B J_m\left(\dfrac{u}{a} r\right) \begin{matrix} \cos m\varphi \\ \sin m\varphi \end{matrix} e^{j(\omega t - \beta z)} , & r < a \\ A_4 B K_m\left(\dfrac{W}{a} r\right) \begin{matrix} \cos m\varphi \\ \sin m\varphi \end{matrix} e^{j(\omega t - \beta z)} , & r > a \end{cases} \tag{3-125}$$

3. 边界条件及特征方程

在光纤芯线与包层的边界，即 $r = a$ 时，横向电场 ψ 及其径向导数应连续，因此

$$A_1 B J_m(u) \begin{matrix} \cos m\varphi \\ \sin m\varphi \end{matrix} = A_4 B K_m(W) \begin{matrix} \cos m\varphi \\ \sin m\varphi \end{matrix}$$

$$U A_1 B J'_m(u) \begin{matrix} \cos m\varphi \\ \sin m\varphi \end{matrix} = W A_4 B K'_m(W) \begin{matrix} \cos m\varphi \\ \sin m\varphi \end{matrix}$$

两式相除，得

$$\frac{u J'_m(u)}{J_m(u)} = \frac{W K'_m(W)}{K_m(W)} \tag{3-126}$$

由贝塞尔函数的递推公式

$$u J_{m-1}(u) - u J'_m(u) = m J_m(u)$$
$$-W K_{m-1}(W) - W K'_m(W) = m K_m(W)$$

从中解出 $u J'_m(u)$ 及 $W K'_m(W)$，代入式（3-126）得

$$\frac{u J_{m-1}(u)}{J_m(u)} = \frac{-W K_{m-1}(W)}{K_m(W)} \tag{3-127}$$

此式称为弱导光纤标量解的**特征方程**。从特征方程我们可以确定弱导光纤中的模式及其截止值和传输特性。

4. 线偏振模及其存在条件

由上面的分析可知，弱导光纤正常导行光时，包层中场量沿径向其场幅应按第二类修正贝塞尔函数 $k_m(k_c' r)$ 律衰减直至消逝，这就要求 $k_0^2 n_2^2 - \beta^2 < 0$，或

$$W^2 = a^2(\beta^2 - k_0^2 n_2^2) > 0 \tag{3-128}$$

上式的临界值为
$$W = 0 \tag{3-129}$$
把作为临界条件的 $W = 0$，代入特征方程（3-127），则该方程右部为零，从而得到方程
$$J_{m-1}(u) = 0 \tag{3-130}$$
此方程的根 u_c，就是函数 $J_{m-1}(u)$ 的曲线与横轴交点处的自变量值，有无穷多个。

（1）$m = 0$，方程式（3-130）即为 $J_{-1}(u) = 0$。由贝塞尔函数性质
$$J_{-n}(u) = (-1)^n J_n(u)$$
这样当 $m = 0$ 时，方程式（3-130）可改写成
$$J_1(u) = 0 \tag{3-131}$$
它的根 $u_{c1} = 0$，$u_{c2} = 3.832$，$u_{c3} = 7.016$，…。

那么对于每一组 m（阶数）及 n（根序数）的取值，就决定了一个模式，称为**线偏振模**，记做 LP_{mn}，并可求出其截止条件。例如：

LP_{01} 模　　$u_{c1} = 0$，$V^2 = u_{c1}^2 + W^2 = 0$，从而 $V^2 = (k_0 a)^2 (n_1^2 - n_2^2) = \omega_c^2 \mu_0 \varepsilon_0 a^2 (n_1^2 - n_2^2) = 0$，$\omega_c = 0$。这就是说 LP_{01} 模的截止角频率为零，即无截止问题，光纤中只要有导行光 LP_{01} 模就存在。显然 LP_{01} 模是弱导光纤中的主模。

LP_{02} 模　　$u_{c2} = 3.832$，即 $V^2 = u_{c2}^2 + W^2 = (3.832)^2$，从中解出 $\omega_c = \dfrac{3.832}{a\sqrt{\mu_0 \varepsilon_0}\sqrt{n_1^2 - n_2^2}}$。该模式的存在条件是 $\omega > \omega_c$，因为此时由 $V^2 = u_{c2}^2 + W^2$，则需要 $W^2 > 0$，包层中为消逝模；若 $\omega < \omega_c$，则 $V^2 = u_{c2}^2 + W^2$，需要 $W^2 < 0$，这就不满足光纤正常导光的条件了。

（2）$m = 1$，方程式（3-130）即为
$$J_0(u) = 0 \tag{3-132}$$
它的根 $u_{c1} = 2.405$，$u_{c2} = 5.520$，…。

LP_{11} 模　　$u_{c1} = 2.405$，$\omega_c = \dfrac{2.405}{a\sqrt{\mu_0 \varepsilon_0}\sqrt{n_1^2 - n_2^2}}$。

LP_{12} 模　　$u_{c2} = 5.520$，$\omega_c = \dfrac{5.520}{a\sqrt{\mu_0 \varepsilon_0}\sqrt{n_1^2 - n_2^2}}$。

（3）$m = 2$，方程式（3-130）即为
$$J_1(u) = 0 \tag{3-133}$$
它的根中第一个根不能取 0 值，$u_{c1} = 3.382$，$u_{c2} = 7.016$，…。可见 LP_{21} 模与 LP_{02} 模具有相同的截止条件，它们是简并模。

这样我们便可逐一求出 LP_{mn} 模的 u_c，并确定它们各自的截止条件，见下表：

$u_c \rightarrow$	0	2.405	3.832	5.136	5.520	7.016	…
$m = 0$	LP_{01}		LP_{02}			LP_{03}	
$m = 1$		LP_{11}			LP_{12}		
$m = 2$			LP_{21}			LP_{22}	
$m = 3$				LP_{31}			
…							

由表中可见，与主模 LP_{01} 模最靠近的高次模为 LP_{11} 模，以 LP_{01} 模单模传输的条件是（因 LP_{01} 模截止频率为零）：

$$\omega < \frac{2.405}{a\sqrt{\mu_0 \varepsilon_0}\sqrt{n_1^2 - n_2^2}}$$

或

$$\frac{2\pi a}{\lambda}(NA) < 2.405 \tag{3-134}$$

由于弱导光纤数值孔径 NA 值已很小，所以其芯线半径 a 也很小。这在图 3-25 所示的三种典型光纤结构中已经表示出，单模光纤的芯线半径 a 最小。

以上对于单模光纤在弱导条件下的标量近似分析，所确定的 LP_{mn} 线偏振模，实际上是对阶跃折射率光纤严格求解矢量波动方程所得正规模（TE_{mn} 和 TM_{mn}）的混合模，可以找到它们之间的对应关系。

LP_{mn} 模式的标数，表示相应模式场幅横向分布规律，因而具有明确的物理含义。m 表示圆周方向光的场幅出现 m 对最大值的数（因为有 $\cos m\varphi$ 和 $\sin m\varphi$），n 则表示芯线中沿半径方向光的场幅过零的次数。这与前面圆截面金属波导中的情况是一样的。

由石英玻璃制成的单模光纤，是如今光纤通信系统中作为光传输线的基本型式。根据石英玻璃的损耗和色散特性，综合考虑，在光波段中有三个最佳波长窗口（低损耗和低色散）分别是 0.85 μm 区、1.31 μm 区及 1.55 μm 区，其中后二者合称**长波长区**性能更优，如 1.55 μm 区的损耗为 0.2 dB/km，1.31 μm 区的色散可为零。

本 章 小 结

（1）本章分析讨论了电信工程中最常使用的高频和超高频（微波）传输线，即平行双线、同轴线、微带线、矩形截面和圆截面波导。分析了它们的传输特性和场量分布规律及它们的应用范围和特点。在最后一节中介绍了应用越来越广泛的光波导的基本形式、导光机理等基本概念，并对其中目前应用最多的单模光纤进行了标量近似分析，得出了基本结论。

（2）平行双线是应用最早也是最为简便的传输线。通过对平行双线的简要分析和应用特点的讨论，会使我们深刻理解传输电信号的传输线与传送低频（单频）电能的电力传输线的根本区别。平行双线传输线导行 TEM 模（平面电磁波），无截止条件限制。但因工作频率增高时损耗急剧增大（趋表效应使导体损耗增大及辐射损耗等），平行双线工作频率较低。平行双线导行电磁波的相速度和相波长与自由空间传播的电磁波相同。

（3）同轴线特别是软结构的同轴电缆，其适用频率范围极宽，可从零频率（直流）到万余兆赫。而且由于其外导体包围内导体的结构特点，同轴线抗信号泄漏及抗干扰能力均较好。同轴线的基本工作模式是导行 TEM 模，但也可存在 TE 和 TM 模，同轴线工作于 TEM 模的条件是 $\lambda > \frac{\pi}{2}(D+d)$。从衰减最小的角度出发可导出同轴线最佳外导体内径与内导体外径之比（$\frac{D}{d} = 3.6$），这样同轴线的波阻抗值较低（典型产品值为 75 Ω、60 Ω 及 50 Ω 等）。在 TEM 模式下，同轴线内外导体间导行的电磁波是场幅分布不均匀的平面波。由于内外导体间填充介质（同时也是为支撑内导体），同轴线中波的相速度为 $v_p = \frac{v_0}{\sqrt{\varepsilon_r}}$，相波长 $\lambda_p = \frac{\lambda_0}{\sqrt{\varepsilon_r}}$。

（4）微带传输线是一种半开放式结构的平面传输线，其工作的基本模式可近似为 TEM 模（称为准 TEM 模）。由于微带线周围空间为空气和介质基片构成的混合介质，因此对微带线的分析引入了等效相对介电常数 ε_{rc} 和填充系数 q，并据此根据工程曲线或数据表，确定微带线波阻抗 Z_0、填充系数 q 与微带尺寸 $\dfrac{W}{h}$ 之间的关系。微带线也可以存在高次模和表面波模，抑制高次模的条件是 $\lambda_{\min} > 2w\sqrt{\varepsilon_r}$，抑制表面波模的条件是 $\lambda_{\min} > 4h\sqrt{\varepsilon_r - 1}$。微带线中准 TEM 模的相速度为 $v_p = \dfrac{v_0}{\sqrt{\varepsilon_{rc}}}$，相波长 $\lambda_p = \dfrac{\lambda_0}{\sqrt{\varepsilon_{rc}}}$，它们都比电磁波在自由空间传播时的相应值变小。微带线因其结构特点，不适合于大功率和用于长距离作传输线，它更适合于构成各种微波元件和微波集成电路。

（5）金属波导管已从根本上改变了传输线作为电路组成部分的结构。波导中不能导行以往传输线导行的 TEM 模，而只能导行正规模即 TE 和 TM 模和混合模（它们可以看做是 TEM 模经波导壁面反射后的合成波）。波导中的正规模可同时存在多种模式，它们都有各自的截止条件，其中矩形截面和圆截面波导的截止波长为

$$\lambda_c = \begin{cases} \dfrac{2}{\sqrt{(\dfrac{m}{a})^2 + (\dfrac{n}{b})^2}}, & \text{矩形截面波导} \\ \dfrac{2\pi R}{P_{mn}}, & \text{圆截面波导TM}_{mn}\text{模} \\ \dfrac{2\pi R}{P'_{mn}}, & \text{圆截面波导TE}_{mn}\text{模} \end{cases}$$

金属波导中各模式波存在条件是 $\lambda < \lambda_c$。在波导中导行波场幅横向分布规律，矩形截面波导中为正弦或余弦律；圆截面波导中圆周方向为正弦或余弦律，半径方向为第一类贝塞尔函数律。金属波导中导行波的相速度、相波长不同于自由空间中的电磁波，它们都与 λ_c 有关

$$v_p = \dfrac{v_0}{\sqrt{1 - (\dfrac{\lambda_0}{\lambda_c})^2}}, \quad \lambda_p = \dfrac{\lambda_0}{\sqrt{1 - (\dfrac{\lambda_0}{\lambda_c})^2}}$$

金属波导适用频率范围从数百兆赫到数十万兆赫。金属波导作为传输线一般只用做馈线而不用于长距离传输信号。且一般只工作于主模（矩形截面波导主模 TE_{10}，圆截面波导主模 TE_{11}），即单模传输。

（6）光纤属介质波导，是光波导的主要型式。其导光机理是光在芯线和包层界面上的全反射。目前通信工程中使用的光纤是以石英玻璃材料制作的，广泛应用的单模光纤因其 $n_1 \approx n_2$ 而称为弱导光纤。对阶跃折射率分布的弱导光纤，采用标量近似法分析，得出了光纤内场幅横向分布规律，及单模条件：$\dfrac{2\pi a(\text{NA})}{\lambda} < 2.405$。光纤的工作频带极宽，在现代通信技术中具有不可替代的作用。

习 题 三

3-1 微带线坯料的介质基片厚度 0.8 mm，介质基片的相对介电常数 $\varepsilon_r = 9$，设计波阻抗 $Z_0 = 75\,\Omega$ 的微带传输线（求导带宽度 W）。

3-2 设计一个 $\dfrac{\lambda_p}{4}$ 微带阻抗变换器，使 $Z_L = 20\,\Omega$ 的负载与 $Z_{01} = 50\,\Omega$ 的微带线匹配。已知微带线坯料介质基片厚度 0.8 mm，介质基片的相对介电常数 $\varepsilon_r = 9.6$，信号中心频率 $f_0 = 3\,\text{GHz}$。

3-3 简述微带线和同轴线导行电磁波的工作模式。信号进入微带线或同轴线后，电磁波的相速度 v_p 和波长 λ_p 怎样变化？

3-4 金属波导管作为传输线有哪些特点？矩形截面波导和圆截面波导的主模各是什么模式？试画出它们的场结构。

3-5 波导管导行电磁波的模式决定于截止波长 λ_c，而截止波长 λ_c 由哪些因素决定？模式的标数 m, n 有何物理意义？

3-6 矩形截面波导为什么不做成正方形截面？什么是简并？矩形截面波导与圆截面波导的简并有哪些异同？

3-7 拟用 BJ-100 型波导作为馈线（$a \times b = 22.86\,\text{mm} \times 10.16\,\text{mm}$），若信号中心频率分别为 5 GHz、10 GHz 和 15 GHz，那么对于这三种信号波导各能传输哪些模式？求出 BJ-100 型波导以 TE_{10} 模单模传输信号的频带宽度。

3-8 圆截面波导中 TE_{11}、TM_{01} 及 TE_{01} 模各有何特点？画出这三种模式在横截面上电磁场的分布。

3-9 空气介质的同轴线外导体内直径为 7 mm，内导体直径为 3.04 mm，若要求此同轴线只导行 TEM 模，其最高工作频率是多少？

3-10 信号波长 5 cm，欲用圆截面波导传输且以 TE_{11} 模单模传输，选择圆波导半径。

3-11 波导壁面上的电流分布是与波导内导行电磁波的模式相关的，当矩形截面波导工作在 TE_{10} 模时，图中波导壁上开的哪些隙缝会对传输模产生影响？

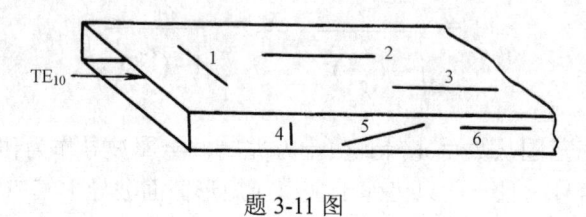

题 3-11 图

第4章 微波元件及微波网络理论概要

要组成一个微波系统，除了微波传输线之外还应有具有各种功能的元件和器件。微波波段一般是指 300 MHz～3 000 GHz 的频率范围。在这样高的频率上，如前所述，传输线不能简单地看做连接导线，而必须考虑信号沿线传输时的时延（波动性）与损耗及电磁量的横向分布；作为电路基本元件，比如构成一个谐振频率为 1 GHz 的谐振电路，可计算出其电感和电容的值分别为纳亨（nH）级和小于 1 pF，已与传输线的分布电路参量相当。因此，微波段的电路元件已经不能用简单的集总概念去构成及描述其功能和参量。

微波元件泛指能够控制导行电磁波的模式、极化方向、幅值、相位及频率等的无源装置。其各种控制作用是通过装置的边界（形状和尺寸）、填充媒质的变化——不均匀或不连续来实现的。即构成微波元件的基础是微波传输线（同轴线、波导和微带线等），因此也可以把微波元件称做**不规则波导**，以示与微波传输线的区别和联系。

分析微波元件的工作原理及确定其参数，严格的方法是分析元件内部的场结构，进而确定其外特性，这是典型的边值型问题。但是由于微波元件复杂和不规则的边界情况，完整准确地求解电磁场方程将遇到极大的困难。因此了解元件的工作机理，我们采用定性和类比的方法。而微波元件在微波系统中的作用，是通过它对信号的传输特征来表征的，这样我们就可以用网络理论中的外特性来描述微波元件的特性，把微波元件等效为相应的电路，从而不必去求元件内部的场解。对于大多数微波元件的分析与设计，都可以采用微波网络的方法，网络的外特性参量可用网络参量来表示，而网络参量是可以实验测定的。但是对于有些元件，如空腔谐振器、波导激励器和不同类型传输线间的转接器等的分析，仍然要用场的分析方法。

微波元件的种类很多，我们不可能逐一讨论它们的工作原理和特性，只能选择一些典型的元件来介绍。本章的前面部分讲授典型微波元件的基本原理、基本结构和用途，不过多涉及这些元件的设计计算。在本章的后面部分集中讲述微波网络的基本概念和应用。

4.1 连 接 元 件

4.1.1 波导抗流连接

由于制作工艺的限制，金属波导总是做成一段一段的，使用时靠两段波导端头的法兰盘作机械连接。在两段波导的连接处应保证良好的电接触，使沿传输方向的壁电流（纵向电流）的阻抗尽可能小。同时还要求连接点处对导行电磁波不产生反射，这就要求波导的机械加工精度非常严格，并保证良好的互换性。

两段波导连接处的良好电接触可通过抗流连接来实现。图 4-1 所示为抗流连接的示意图。是由一个带圆形抗流槽的法兰盘和一个不带抗流槽的平法兰盘对接而成的，两段连接波导的内口并不直接接触，而是留有一很小的缝隙。圆槽的深度 l_2 为四分之一波长，圆槽与波导宽壁内表面的距离 l_1 也为四分之一波长。这样对于导行波的中心频率，圆槽底部为四分之一波长同轴线的短路终端，由槽口向心则为四分之一波长径向传输线，那么波导宽壁内口处则是二分之一波长短路线的输入端,其输入阻抗为零从而实现了良好的电连接。矩形截面波导工作于 TE_{10} 模时,其窄壁面上不存在纵向壁电流,因此对窄壁电连接的要求可以低些。

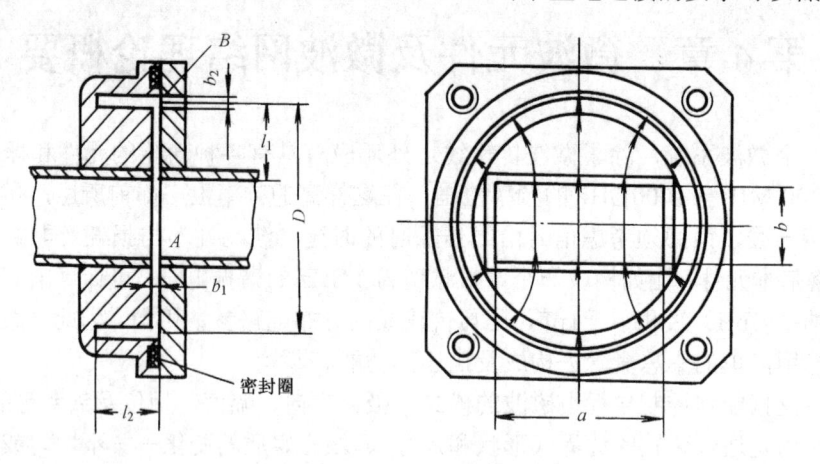

图 4-1

抗流连接装接方便,允许一定的装配偏差,而且有利于波导密封(有些使用情况下,要求波导密封充气)。但是抗流连接的原理是基于波长关系,因而其工作频带较窄。

相比之下,波导端口为平法兰盘,用机械连接(接触式连接)方法使两段波导连接,对频率不敏感,即这种连接的工作频带宽。但是这种连接要求口径严格对准,不得有稍许错位,这就要求波导端头法兰盘上安装孔的位置和尺寸要十分精确,否则将导致系统损耗增加并引起反射。图 4-2 即为端口为平法兰盘的矩形截面波导结构示意图。

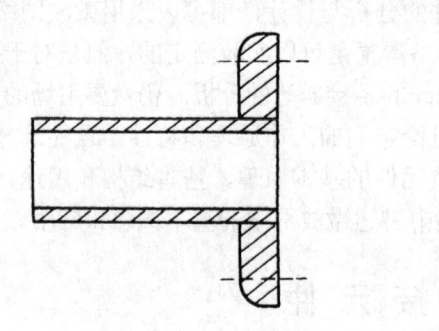

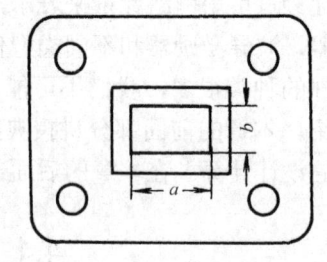

图 4-2

以波导为传输线构成的微波系统,波导与各种元件的连接和对波导与波导连接的要求是相同的,可以采用抗流连接和接触式连接,它们各有利弊,可视具体情况而定。

4.1.2 同轴线——波导转接器

这是一种连接同轴线与波导的元件。图 4-3 所示为连接同轴线与矩形截面波导的连接器示意图。通过它来实现同轴线中 TEM 模与矩形截面波导中 TE_{10} 模的相互转换。它是把同轴线内导体延伸适当长度 h,作为探针在矩形截面波导宽壁中心线的位置上插入波导内腔,同轴线的外导体则与波导壁面可靠地电连接。探针的远端在波导内形成近似于 TE_{10} 模磁场和电场分布的场结构,由于波导对模式的**自滤性**,抑制掉高次模,这样就可以实现两种传输线导行波的模式转换。为使导行波在波导中单方向传输，将距探针 D 处的波导短截。为减小两种传输线阻抗不连续产生的反射，可调整 h 和 D 的尺寸，这要靠实际使用中积累的经验来确定。

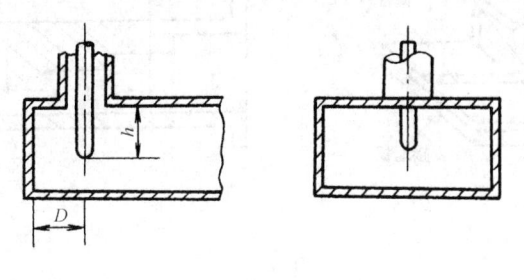

图 4-3

4.1.3 同轴线——微带线转接器

同轴线与微带线之间的转接器，实现同轴线中 TEM 模与微带线中准 TEM 模之间的转换。连接这两种传输线的转接器，一般有两种方式，如图 4-4 所示。图 4-4（a）为平行转换，图 4-4（b）为垂直转换，同轴线内导体的直径要根据微带线的波阻抗（导带宽度）来选择，同轴线的外导体要与微带线的金属接地底板可靠地电连接。

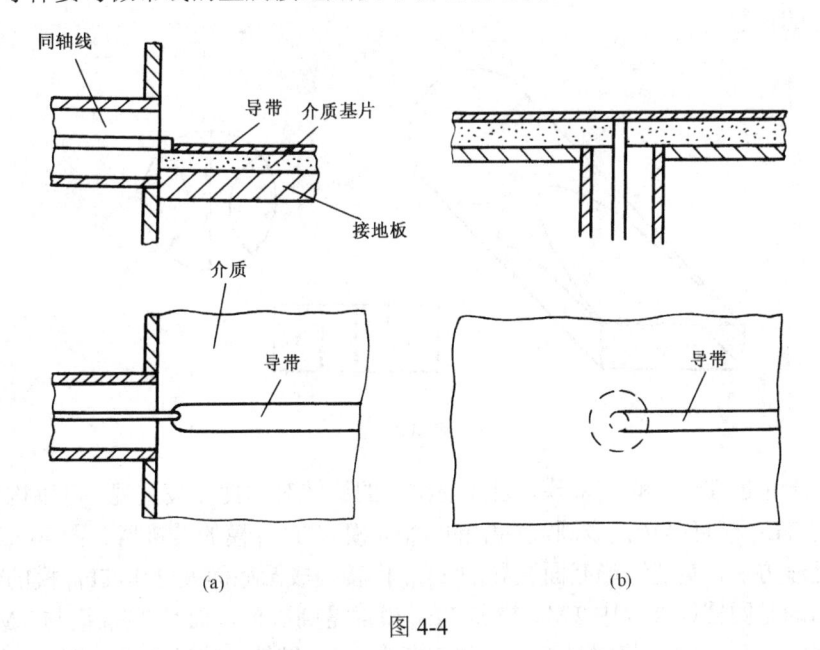

图 4-4

4.1.4 波导——微带线转接器

图 4-5 所示为实现矩形截面波导中 TE_{10} 模与微带线中准 TEM 模之间转换的转接器结构示意图。由于波导等效阻抗在 400～500 Ω 之间，而微带线准 TEM 模的波阻抗为 50 Ω 左右，因此采用单脊波导过渡方法可较好地消除连接引起的反射。这种单脊波导过渡，实质上可理解为连续的阻抗变换。连接处取波导脊与相对宽壁的间隙等于微带介质基片厚度 h，波导脊的宽度等于微带线导带宽度 W，波导脊的高度可阶梯改变或连续改变（渐变）。波导脊最高时等效阻抗为 80～90 Ω，为了更完善匹配，可在脊波导与微带线之间加入一段空气微带线过渡。

(a)　　　　　　　　　　　　　　　　(b)

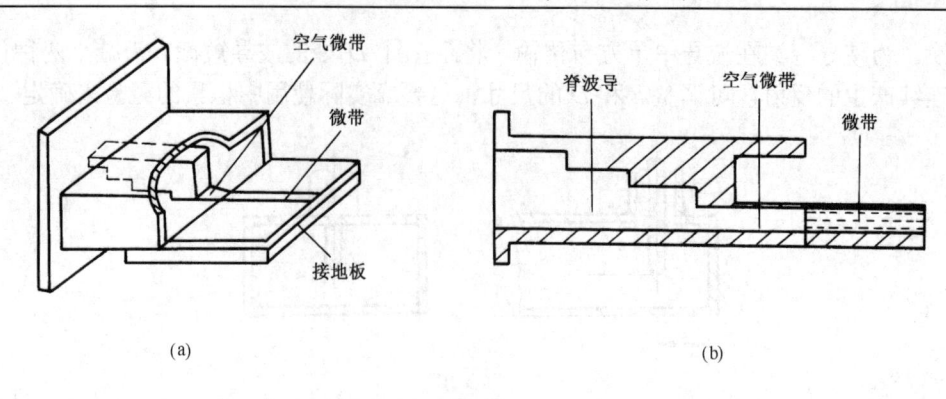

图 4-5

4.1.5 矩形截面波导——圆截面波导转接器

矩形截面波导中的 TE_{10} 模和圆截面波导中的 TE_{11} 模都是主模,而且它们的场结构很相似,因此可以采用图 4-6 所示的波导横截面渐变过渡的结构,实现矩形截面波导与圆截面波导的连接,同时完成两种截面波导主模的相互转换。由于波导横截面的渐变过渡,也减小了因两种波导连接引起的反射。

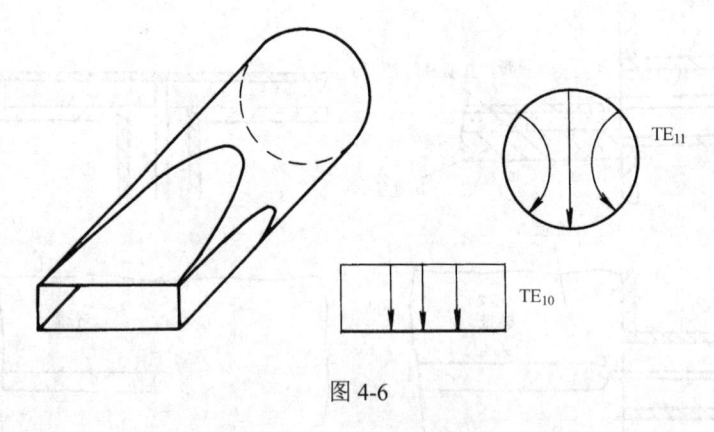

图 4-6

圆截面波导中的 TM_{01} 和 TE_{01} 模,因其场结构的旋转对称性而被重视。可以构造直接由矩形截面波导的 TE_{10} 模直接转换成圆波导中的 TM_{01} 模和 TE_{01} 模的转接器。图 4-7 是采用波导横截面渐变过渡方法,实现矩形截面波导的 TE_{10} 模转换成圆截面波导中 TE_{01} 模的转接器示意图。需要指出的是圆截面波导中 TM_{01} 模和 TE_{01} 模都是高次模,而且 TE_{01} 模与 TM_{11} 模简并,因此在转换 TM_{01} 模和 TE_{01} 模时还要考虑如何抑制 TE_{11} 模等模式的存在。图 4-7 中的矢量线为电力线。

从以上不同种类传输线连接,即不同传输模的转换中可以看出,要转换成哪一种模式就必须激励出与该模式相似的场结构。这种与该模式相似的场结构则是该模式与高次模的混合,由波导的自滤性,这些伴生的高次模因不满足存在条件而距激励点不远即行消逝。再就是不同种类传输线连接,因其形状、尺寸(即边界)的突变而必然引起反射,而采用横截面渐变过渡的结构则可大大减小因连接而造成的对导行波的反射。

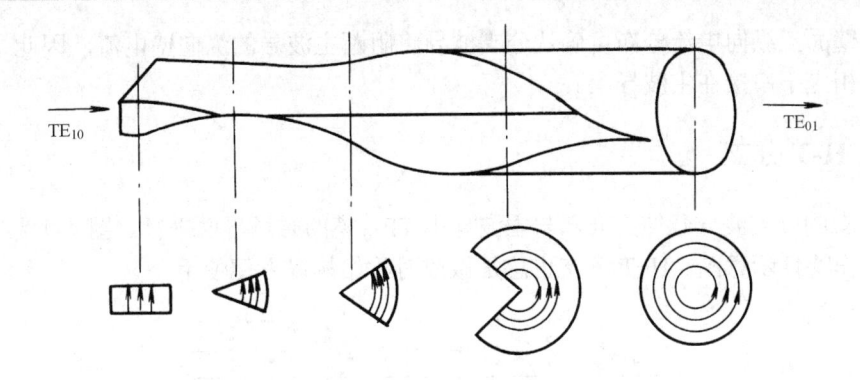

图 4-7

4.2 波导分支接头

对于普通双线传输线，把一路信号分送两路或多路，即在主传输线上向外串接或并接引出信号是非常容易的事。但是对于微波段的传输线，尤其是金属波导，分支不仅遇到结构上的问题，而且还会带来电性能上的一些特性。本节讨论矩形截面波导的分支及其工作特性。普通波导分支是三端口微波元件，形如字母"T"，因此又称 T 形接头。

4.2.1 E-T 分支

如图 4-8 所示，E-T 分支的分支波导延伸方向与主波导中 TE_{10} 模的电场平面平行。

把主波导两臂端口令为①和②，分支臂端口为③。为了使用方便，E-T 分支的结构总是做成对称的，即主波导的两臂长相等。我们可以由矩形截面波导中导行 TE_{10} 模时的电场在各臂间的关系（参照图 4-8 中标示的电力线），确认这种分支具有如下工作特性：

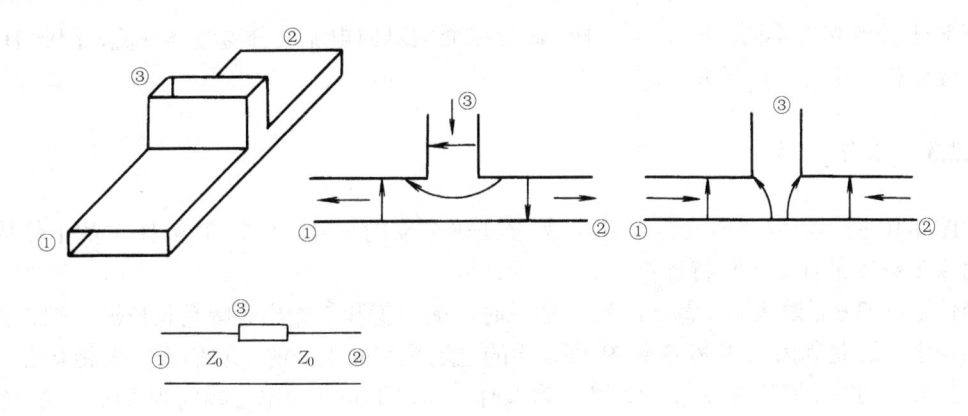

图 4-8

当 TE_{10} 模从端口③输入时，①和②两端口输出等幅反相波。

当信号以 TE_{10} 模从①和②端口等幅同相输入时，端口③无输出，主波导内呈驻波场，引出分支的对称平面为电场的波腹位置。

当信号以 TE_{10} 模从①和②端口等幅反相输入时，端口③有最大输出，对称面为电场波节位置。

由波导壁面上纵向电流分布可确认分支波导将阻断主波导的纵向壁电流,因此 E-T 分支中分支波导相当于串接在主波导上。

4.2.2　H-T 分支

H-T 分支的分支波导延伸方向,与主波导中 TE_{10} 模的磁场平面平行。图 4-9 为 H-T 分支的结构及工作特性示意图。H-T 分支也总是做成对称结构以方便使用。

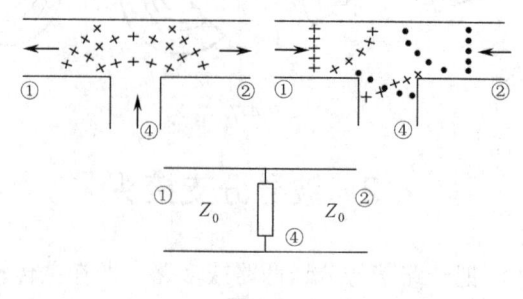

图 4-9

仍把主波导两臂端口令为①和②,分支端口令为④。图中以"×"和"·"表示方向相反的电力线,我们同样可以根据矩形截面波导中导行 TE_{10} 模时,其电场在各臂间的关系,来确认 H-T 分支的工作特性:

当信号以 TE_{10} 模从端口④输入时,①和②的两端口输出等幅同相波。

当信号以 TE_{10} 模从端口①和②等幅同相输入时,端口④有最大输出,主波导中呈现驻波,在主波导引出分支的对称面处为电场驻波波腹。

当信号以 TE_{10} 模从端口①和②等幅反相输入时,端口④无输出,对称面处为电场驻波的波节。

与 E-T 分支接头不同,H-T 分支中主波导壁面的纵向电流被分支波导分流,因此 H-T 分支中的分支相当于与主波导并接。

4.2.3　双 T 分支

如图 4-10 所示,双 T 分支是 E-T 分支与 H-T 分支的组合。由 E-T 和 H-T 的工作特性,可得出双 T 分支的如下工作特性:

当信号以 TE_{10} 模从端口③(E 臂)输入时,端口①和②输出等幅反相位波,端口④(H 臂)无输出,这是因为 E 臂和 H 臂的 TE_{10} 模的电场是空间正交的,它们不可能相互激励。

当信号以 TE_{10} 模从端口④(H 臂)输入时,端口①和②输出等幅同相位波,端口③(E 臂)则无输出。

当从端口①和②同时输入等幅同相信号时(TE_{10} 模),端口④有输出而端口③无输出;若端口①和②同时输入等幅反相信号时,端口③有输出而端口④无输出。

这样,双 T 分支中的两个分支臂相对于主波导而言,相当于在主波导的同一位置处同时开了一个串联口和一个并联口。而对于两分支臂相互隔离的性质,双 T 接头可等效为图 4-11 所示的普通电路中的平衡桥电路。

图 4-10

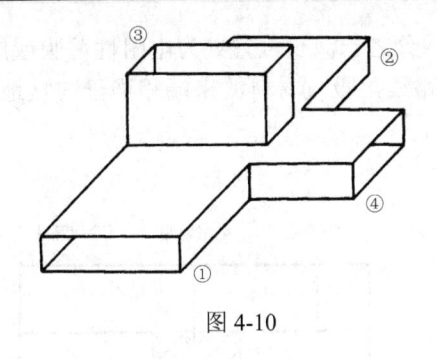

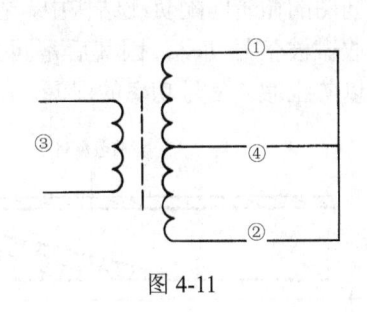

图 4-11

双 T 分支在波导系统中可作为功率分配器或功率合成器。它的两分支臂相互隔离的性质很有用，当两分支臂各自接通一个信源时，在主波导的两个端口①和②可分别得到两信源信号的和或差，而两信源则互不影响。

4.3 波导 R, L, C 元件

与普通电路一样，波导系统中需要有电阻（R）、电感（L）和电容（C）性元件，用以实现对传输信号幅值、相位的调控及对信号频率的选择等。对它们的基本要求除了各自的功能外，还要求因它们的接入而引起的反射小，它们可正常工作的频带要宽。

4.3.1 匹配负载和衰减器

匹配负载和衰减器分别相当于普通电路中的电阻（R）和可变电阻。

1. 匹配负载

匹配负载是接于系统终端的单端口元件，要求它能够全部吸收入射波功率。匹配负载是由一段波导和能够吸收微波功率的材料组合而成的。匹配负载是微波系统中不可缺少的元件，它在实现系统某一部分呈现行波状态的同时，还可吸收无用的或泄漏的信号。比如定向耦合器的隔离端就要接匹配负载，环流器的非输入输出端也要接匹配负载。在微波测量系统中，也经常需要匹配负载建立系统的行波状态。

图 4-12 是用于低功率的波导匹配负载结构示意图。尖劈形吸收体一般是以高频陶瓷片或石英玻璃片，用真空镀膜技术在其表面形成碳化硅薄膜、镍铬合金薄膜、钽薄膜等电阻性材料，吸收片置于波导内电场幅值最大的位置（TE_{10} 模），吸收片前端作为尖劈形状，是为了减少反射。为了有效地吸收通过吸收片的微波信号能量，吸收片的表面应与波导内 TE_{10} 模的电场方向平行。

在以同轴线或微带线为传输线的微波系统中，也同样要用到匹配负载，它们具有多种结构型式。

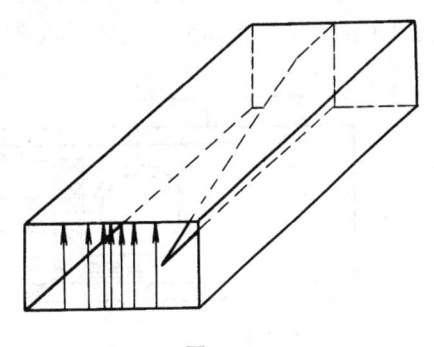

图 4-12

如图 4-13 所示为相应于同轴线和微带线的典型匹配负载结构示意图。同轴线式匹配负载，将吸收材料填充于内外导体之间并做成锥形结构而实现渐变过渡，终端短路以防止信号功率泄

漏。在同图的微带匹配负载结构中，在距开路终端四分之一波长位置处为电阻性薄膜或厚膜，用来吸收微波信号功率，因其后是四分之一波长开路线，吸收材料的末端相当于与接地底板短路，以防止微波信号功率的泄漏。

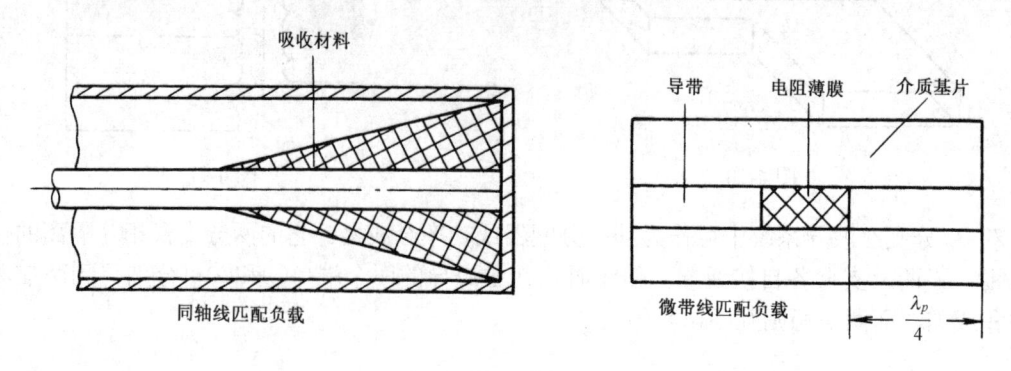

图 4-13

2. 衰减器

在微波系统中，衰减器用来在一定范围内调整微波信号的幅值（或功率电平），它是通过对传输的微波信号产生一定量值的衰减而实现。以其衰减量固定不变或可在一定范围内调变而分为固定衰减器和可变衰减器。

衰减器依其工作原理，可分为吸收式衰减器、截止波导衰减器和极化衰减器三种类型。

吸收式衰减器是在一段波导内，置放与传输模的电场方向平行的吸收片，用以吸收部分信号功率而实现衰减。因为波导中的传输模场量幅值在波导横向的分布是不均匀的，所以移动吸收片在波导中的位置（或上下或左右），都可以改变衰减量的大小而作为可变衰减器。也可以改变吸收片插入波导的面积（如对于矩形截面波导的 TE_{10} 模，可在波导宽壁面中心的纵槽内插入可调变插入深度的吸收片）来做成可变衰减器。可变衰减器的衰减量，可通过理论计算和实验来标定，并标示于其调节机构上。吸收式衰减器的吸收片，也都做成尖劈或缓变曲线形的边界形状，这一方面是考虑到渐变过渡以减小衰减器引起的反射，另一方面则是考虑其调整机构的刻度变化与衰减量之间的关系（线性关系或对数关系等）。

截止波导衰减器则是利用波导处于截止状态时，截止场量沿波导纵向呈指数率衰减的特性。图 4-14 是一主体为一段处于截止状态的圆截面波导的截止式衰减器的结构简化示意图。

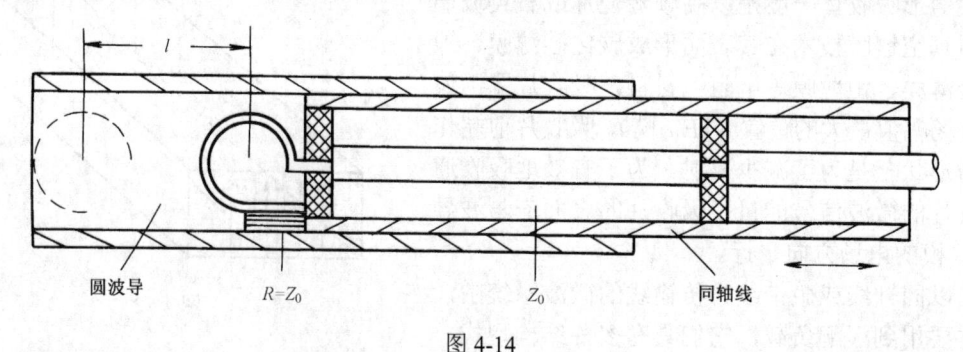

图 4-14

选择这段圆截面波导的截面半径满足截止条件

$$\lambda_c = 3.41R \ll \lambda \tag{4-1}$$

式中，λ_c 为圆截面波导中主模 TE_{11} 模的截止波长，λ 是信号波长。在满足上式条件下，圆截面波导中所有高次模也自然是全部截止了。

由前面 3.4 节对圆截面波导的讨论可知，TE 类模的相移常数 β 为

$$\beta = \sqrt{\omega^2\mu\varepsilon - \left(\frac{P'_{mn}}{R}\right)^2} = \omega\sqrt{\mu\varepsilon}\sqrt{1-\left(\frac{\lambda}{\lambda_c}\right)^2}$$

$$= \frac{2\pi}{\lambda}\sqrt{1-\left(\frac{\lambda}{\lambda_c}\right)^2} \tag{4-2}$$

由于 $\lambda_c \ll \lambda$，此时相移常数 β 为虚数，或者说截止场的衰减常数为

$$\alpha = \frac{2\pi}{\lambda}\sqrt{\left(\frac{\lambda}{\lambda_c}\right)^2-1} \approx \frac{2\pi}{\lambda_c} \tag{4-3}$$

那么在截止圆截面波导始端激励起的 TE_{11} 模截止场量的幅值沿波导纵向按指数率衰减分布，即

$$\dot{F}(r,\varphi,z) = \dot{F}(r,\varphi)e^{-\alpha z} \tag{4-4}$$

截止波导衰减器的输出同轴线通过小环与圆波导作磁耦合，圆波导中的截止场激励小环从而使一部分信号功率进入同轴线中输出。设置调节机构使输出同轴线（及小环）沿波导轴线方向可作纵向移动，这样便可调节输出量而达到可变衰减的目的。令截止状态的圆截面波导的信号输入功率为 P_1，小环起始位置（$z=0$）时耦合到输出同轴线中的信号功率为 P_0，小环于 $z=l$ 位置时耦合到输出同轴线中的信号功率为 P_l，则相对于 P_1 的衰减量以分贝表示为

$$\begin{aligned}L(l) &= 10\lg\frac{P_1}{P_l} = 10\lg\left(\frac{P_1}{P_0}\frac{P_0}{P_l}\right)\\ &= 10\lg\frac{P_1}{P_0} + 10\lg\left[\frac{F(r,\varphi)}{F(r,\varphi)e^{-\alpha l}}\right]^2\\ &= L(0) + 20\lg e^{\alpha l}\\ &= L(0) + 8.686\alpha l \text{(dB)}\end{aligned} \tag{4-5}$$

其中 $L(0) = 10\lg\left(\dfrac{P_1}{P_0}\right)$ 为起始衰减量。

截止波导衰减器的衰减量分贝数与移动距离 l 之间呈线性关系。当 $\lambda_c \ll \lambda$ 时衰减常数 α 值很大，这样移动距离 l 不要很大便可获得很大的衰减量。由于此种衰减器中衰减不是靠吸收物质的损耗所至，而是因反射而引起的，这样其输入和输出端的反射都很大，因而在实际使用的截止波导衰减器中还需采取匹配措施。

图 4-15 是旋转极化式可变衰减器的原理示意图。它是由两个矩形截面波导——圆截面波导转接器（俗称方-圆转接器），与一段可连同内置吸收片一同转动的圆截面波导构成的。在两个方-圆转接器中也各固定一个与矩形截面波导宽壁面平行的吸收片（网）。

(a)

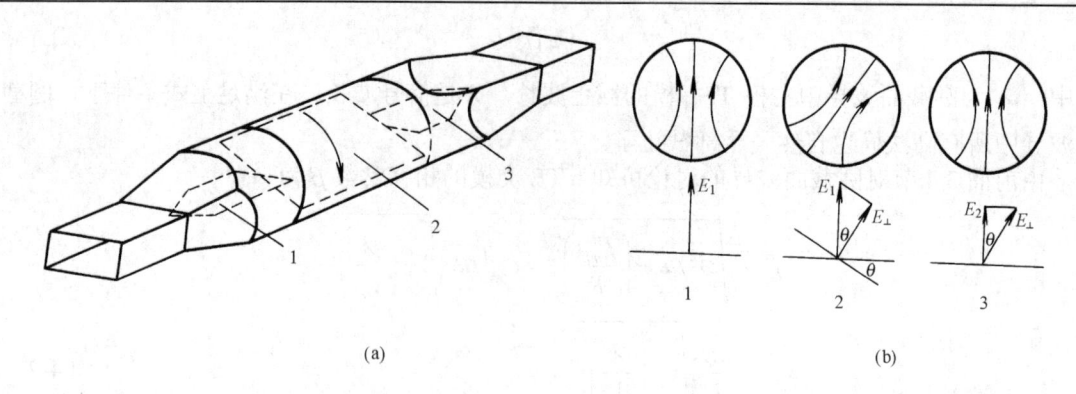

(b)

图 4-15

此衰减器的工作原理是：输入的矩形截面波导中的 TE_{10} 模，经方-圆转接器转换为圆截面波导中的 TE_{11} 模，其电场 E_1 与吸收网 1 垂直而不产生衰减。信号进入到圆截面波导后，若圆截面波导连同吸收网 2 相对于起始水平位置右旋一角度 θ，E_1 平行于吸收网 2 平面的分量被吸收掉，垂直于网 2 平面的分量 $E_\perp$ 无衰减通过，其量值为

$$E_\perp = E_1 \cos\theta \tag{4-6}$$

此 $E_\perp$ 进入到输出端的方-圆转接器后，其平行于吸收网 3 平面的分量被吸收掉，而垂直于网 3 平面的分量无衰减通过，并转换为矩形截面波导中的 TE_{10} 模输出，其量值为

$$E_2 = E_\perp \cos\theta = E_1 \cos^2\theta \tag{4-7}$$

这样，衰减器的衰减量与圆截面波导的旋转角度 θ 有关，其衰减量分贝数为

$$L = 10\lg\frac{P_1}{P_2} = 10\lg\left(\frac{E_1}{E_2}\right)^2 = 10\lg\frac{1}{\cos^4\theta}$$

$$= -40\lg|\cos\theta| \quad (\text{dB}) \tag{4-8}$$

4.3.2 电抗元件

微波系统中的电抗元件，其构成原理都是利用微波传输线的结构、形状及尺寸的不连续性来实现的。电抗元件包括能够集中和储存磁场能量的电感性元件，以及能够集中和储存电场能量的电容性元件。以下选择其中典型和常用的元件介绍。

1. 膜片、销钉和螺钉

在一段波导中一横截面上，上下对称放置金属膜片如图 4-16（a）所示。当波导宽壁面上纵向电流到达膜片时要流向膜片，此电流在到达膜片窗口时被截断，在膜片窗口边缘上聚积电荷。随着波导导行电磁波的传输，壁电流及膜片窗口边缘聚积的电荷也随之变化（相当于交替充放电），因此上下膜片构成了一个并接的电容。这种置于波导宽壁间的膜片称为**电容膜片**。在膜片厚度确定的情况下，膜片宽度直接影响其等效电容的大小。

若膜片置于波导窄壁间如图 4-16（b）所示，则等效于一并联电感。其物理解释是，由于膜片的置入使得 TE_{10} 模的场结构发生局部改变，TE_{10} 模的磁场（由 $\dot{H}_x$ 与 $\dot{H}_z$ 构成的磁力线闭合环）平行于矩形截面波导的宽壁面，在膜片处将造成磁场的密集，这就是电感效应，因而这样置放的膜片称为**电感膜片**。当不考虑膜片厚度的影响时，膜片宽度直接影响等效电感量。

图 4-16

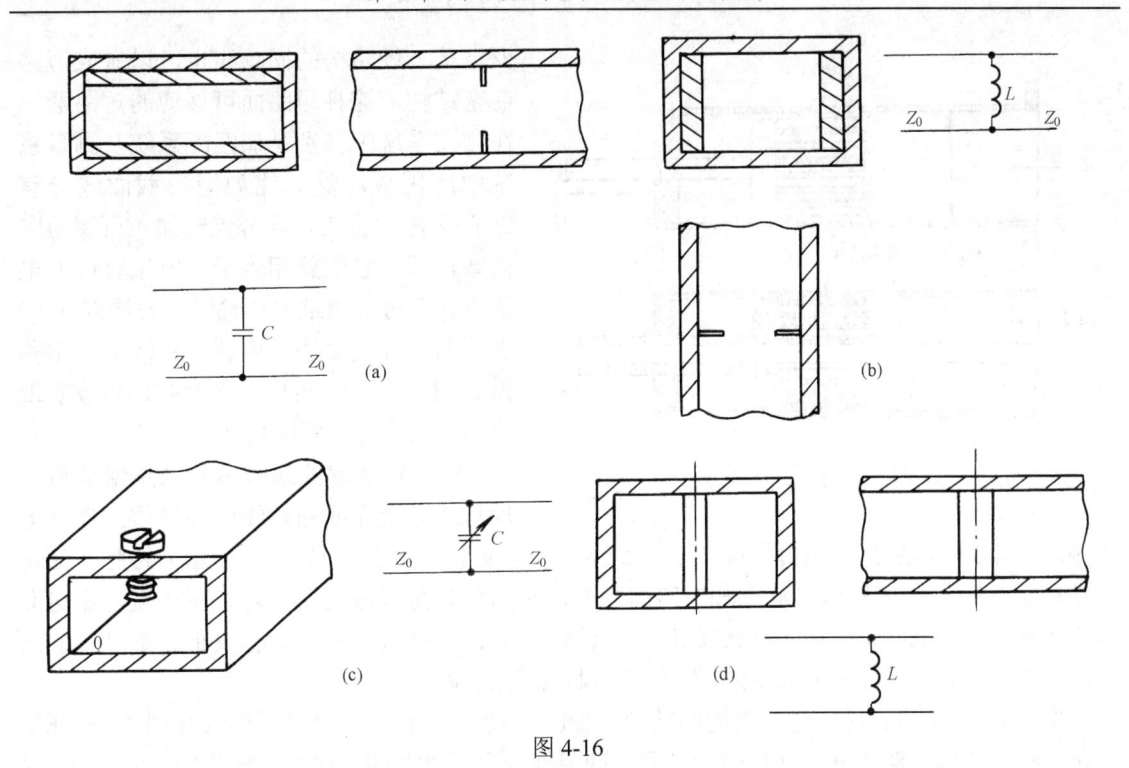

如果在波导的一个横截面上同时置放电容膜片和电感膜片,这样就形成了一个**谐振窗**,它等效为与波导传输线并接的并联谐振回路。当波导传输信号的频率等于窗口的谐振频率时,与波导传输线并联的导纳为零,信号无反射地通过(匹配),显然窗口具有频率选择性。谐振窗的谐振频率决定于窗口尺寸。

在矩形截面波导中置放与波导上下宽壁面连接的金属圆棒,如图 4-16(d)所示,称为电感销钉或电感棒。此销钉可看做电感膜片的变形,因此可等效为与波导传输线并接的电感。其电感量与棒的粗细有关,而且可以放置多根。

以上介绍的膜片和销钉,一旦装置完成后其位置和尺寸都不可调整,故而只能做固定电抗元件使用。若在矩形截面波导宽壁面中心线上装置可调旋入深度的螺钉,就将成为与波导传输线并接的可变电抗。螺钉机构的结构简单,使用方便,是小功率微波系统中最常用的调谐和匹配元件。由于螺钉旋入波导内的深度较浅,因而相当于电容膜片的变形,因此螺钉相当于与波导传输线并接的一可变电容,如图 4-16(c)所示。

关于膜片、销钉及螺钉的电性质,我们只是做了浅显的定性说明。它们的等效电参量与其尺寸的关系,因其边界条件的复杂而难于得到准确的场解,工程实际中一般是采用等效电路方法和实验标定的方法给出计算公式。

2. 波导和同轴短路活塞

由传输线理论可知,终端开路或短路的无损耗传输线,其终端为全反射,且距终端任意远处向终端看去的输入阻抗总是纯电抗。波导传输线终端开路时,因终端口径面向外辐射电磁波而相当于有负载,因而不是全反射。波导终端短截时则相当于普通传输线的终端短路,如果短路面可移动(这就是一个机械活塞),那么从始端向终端看去的等效输入阻抗就是一可变电抗。硬结构的同轴线也可以做成短路活塞结构。这种短路面可移动的短路器，在微波系统中特别是调匹配系统及测量系统中应用很广泛。比如矩形截面波导有 E-T 或 H-T 分支，若分支臂加入可调短路活塞，那么它们就相当于一段串有可变电抗或并有可变电纳的传输线。波导双 T 分支的两个分支臂加入可调短路活塞，则称为 E-H 匹配器，可以对任意有耗负载实现调匹配而不存在匹配盲区。

对短路活塞的最基本要求是保证短路片与波导壁面或同轴线内外导体的良好电接触。图 4-17 是波导型（如图 4-17（a）所示）和同轴型（如图 4-17（b）所示）接触式活塞的结构示意图，它把机械接触点和短路面分开，短路面处是电流波腹，若机械接点与短路面间距为四分之一波长，则机械触点就位于电流波节处，这样接触损耗就会很小。不过接触式短路活塞长期使用会造成机械触点磨损而限制其使用寿命。

图 4-18 所示为目前广泛使用的同轴型（如图 4-18（a）所示）和波导型（如图 4-18（b）所示）抗流结构短路活塞。这种结构是利用两段四分之一波长线的阻抗变换作用，使活塞 a,b 面形成电短路面。以图 4-18（b）中波导型短路活塞为例，c,d 段是四分之一波长短路线，c 点为开路，那么 b,c 段是四分之一波长开路线，a,b 间即为短路。这种抗流活塞短路面与波导壁或同轴线内外导体没有机械接触，因而损耗小，寿命长。但是和其他利用波长关系的元件一样，工作频带较窄。

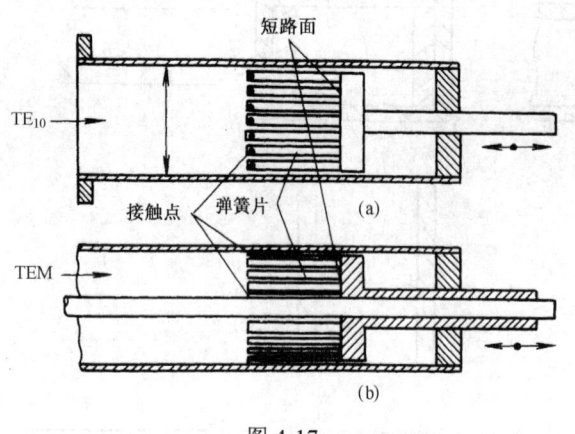

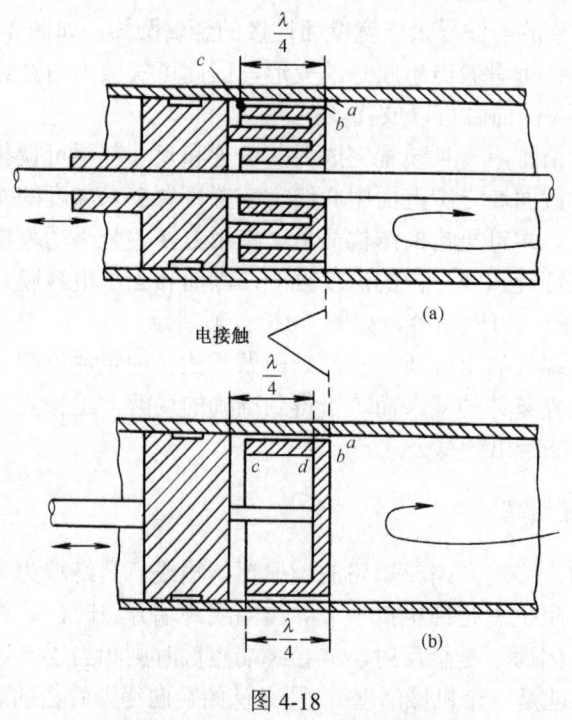

图 4-17

图 4-18

4.4 定向耦合器

定向耦合器又称方向耦合器,它的作用是通过小孔耦合、分支耦合及平行线耦合等耦合方式,把主传输线中一部分信号取出,用于微波系统的监测、信号功率的分配或合成等。定向耦合器在微波技术中有着广泛的应用。

定向耦合器的基本结构,就是由主传输线、副传输线及两者之间的耦合环节所构成。图 4-19 所示为典型的几种定向耦合器结构示意图。

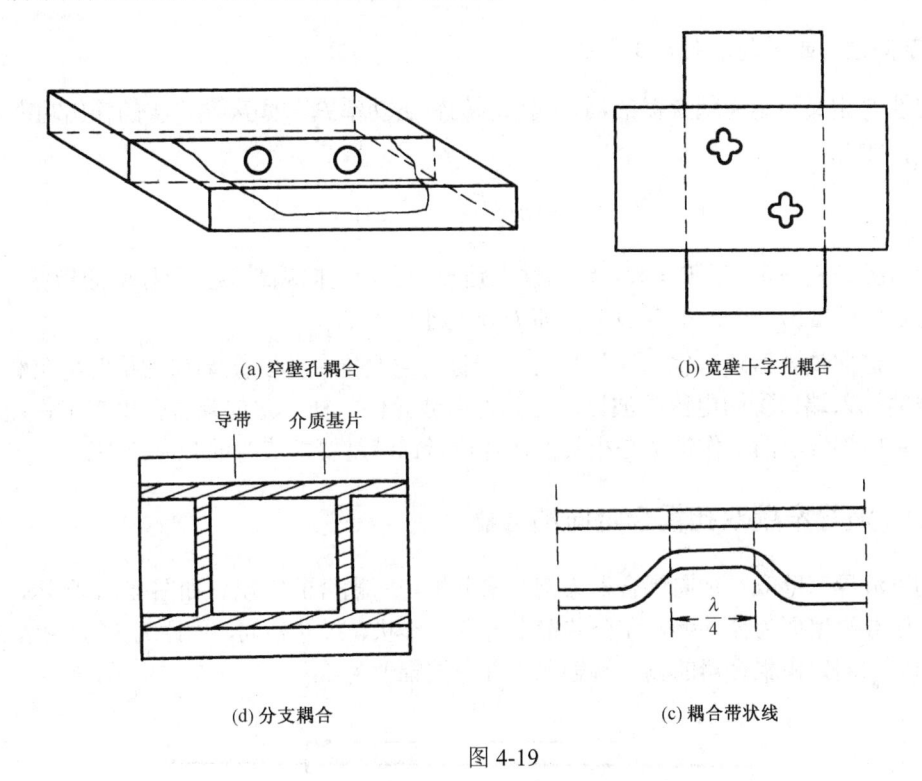

(a) 窄壁孔耦合

(b) 宽壁十字孔耦合

(d) 分支耦合

(c) 耦合带状线

图 4-19

图中依序为波导窄壁孔耦合定向耦合器、正交波导宽壁十字孔耦合定向耦合器、耦合带状线定向耦合器及微带线分支定向耦合器。

4.4.1 定向耦合器的基本指标

定向耦合器是一个四端口网络（如图 4-20 所示）,它有输入端口①、直通端口②、耦合端口③和隔离端口④。

定向耦合器的基本技术指标有如下几种。

1. 耦合度（或过渡衰减）C

耦合度 C 定义为输入端口①的输入功率 P_1 与耦合端口③的输出功率 P_3 之比的分贝数,即

图 4-20

$$C = 10\lg\frac{P_1}{P_3} \quad \text{(dB)} \tag{4-9}$$

2. 隔离度 I

隔离度 I 定义为输入端口①的输入功率 P_1 与隔离端口④的输出（泄漏）功率 P_4 之比的分贝数，即

$$I = 10\lg\frac{P_1}{P_4} \quad \text{(dB)} \tag{4-10}$$

在理想情况下，隔离端口④应无信号功率输出，即 $P_4 = 0$，但实际上隔离端口④总有一些泄漏功率输出。因此隔离度 I 表示定向耦合器的完善程度。

3. 定向性（或方向系数）D

定向性 D 定义为定向耦合器的耦合端口③的输出功率 P_3 与隔离端口④的输出功率 P_4 之比的分贝数，即

$$D = 10\lg\frac{P_3}{P_4} \quad \text{(dB)} \tag{4-11}$$

理想情况时 $P_4 = 0$，即 $D = \infty$。定向性也是一个表示定向耦合器完善程度的指标，实际应用中常对定向性给出一个最小值 $D_{\min}$，即 D 不得小于此 $D_{\min}$。

此外，定向耦合器还有输入驻波比这一指标，它是定义为其余端口均接匹配负载时，定向耦合器的输入端口①的电压驻波比。与其他微波元件一样，定向耦合器也有工作频带宽度的指标，定向耦合器的工作带宽是指其上述各项指标满足要求值时的频率范围。

4.4.2 波导窄壁双孔耦合定向耦合器

我们以波导窄壁双孔定向耦合器为例，来分析定向耦合的实现。如图 4-21 所示，主、副矩形截面波导窄壁面为公共壁，在公共壁上开两个形状、尺寸相同，间距为 l 的小孔。信号由主波导端口①即定向耦合器的输入端输入，并令波幅值为 1。

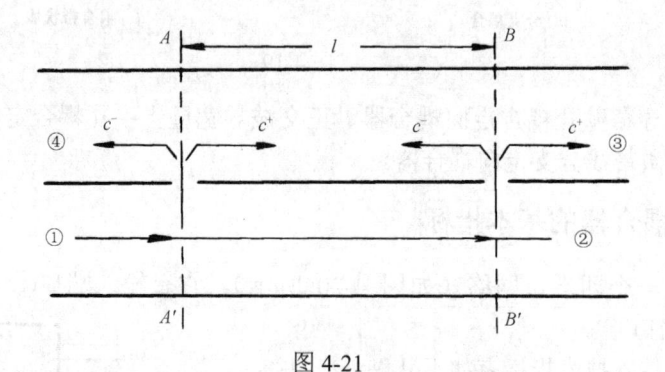

图 4-21

输入波行进至耦合孔 a，b 时，电磁能通过小孔耦合至副波导。电磁能通过小孔耦合、激励的问题，要用小孔绕射理论来分析，这是微波经典理论中的重要内容之一。严格求解电磁波通过小孔的绕射场在数学上是相当困难的，对于尺寸远小于工作波长的小孔，可看做小孔位置处辐射电偶极子与磁偶极子的组合，而其偶极矩则分别与入射波在小孔位置处的法向电场与切向磁场成正比。这样我们姑且用一耦合系数来表示小孔的耦合强度。

参照图 4-21 的原理示意图，端口①输入波行进至小孔 a 处，耦合至副波导中的波以 C^+ 表示向端口③传输的部分，以 C^- 表示向端口④传输的部分，C 为耦合系数。输入波行进至小孔 b 处依然向副波导耦合，分为向端口③的 C^+ 和向端口④的 C^- 两部分。这里假定输入波经过小孔 a,b 后幅值不变（弱耦合）。

在副波导中向端口③传输的耦合波，由小孔 a 和 b 两部分耦合波组成，它们到达 BB' 参考面的延迟量相同，向端口③传输的耦合波为

$$A_3 = C^+ e^{-j\beta l} + C^+ e^{-j\beta l} = 2C^+ e^{-j\beta l}$$

副波导中向端口④传输的波在 AA' 参考面处，由 a 和 b 两个小孔耦合波叠加为

$$A_4 = C^- + C^- e^{-j2\beta l} = 2C^- \cos\beta l\, e^{-j\beta l}$$

那么，耦合度 C 为

$$C = 10\lg\frac{1}{|A_3|^2} = 10\lg\frac{1}{|C^+|^2} - 10\lg 4 \tag{4-12}$$

隔离度 I 为

$$I = 10\lg\frac{1}{|A_4|^2} = 10\lg\frac{1}{|C^- \cos\beta l|^2} - 10\lg 4 \tag{4-13}$$

定向性 D 为

$$D = 10\lg\frac{|A_3|^2}{|A_4|^2} = 10\lg\frac{|C^+|^2}{|C^-|^2} + 10\lg\frac{1}{|\cos\beta l|^2} \tag{4-14}$$

若小孔耦合无方向性，即 $C^+ = C^-$，则

$$D = -20\lg|\cos\beta l| \tag{4-15}$$

此种双孔定向耦合器，通常取 $l = \dfrac{\lambda_p}{4}$，则 $A_4 = 0$，隔离度 I 及定向性 D 均为理想值 ∞。利用波长关系不难作出物理解释：耦合端的输出是两小孔耦合波的同相叠加，而隔离端则是两小孔耦合波的反相叠加而抵消。这种利用波长关系的定向耦合器的工作频带是较窄的，因为两小孔间距 l 偏离 $\dfrac{\lambda_p}{4}$ 时，隔离端来自两小孔的耦合波不再是反相位叠加，隔离端会有输出。

在实际使用中，定向耦合器的隔离端口④都要接有匹配负载，用以吸收传输来的（泄漏）信号功率，以免产生反射而影响其他端口的信号功率分配，而破坏定向耦合器的工作性能。

为了展宽定向耦合器的工作频带宽度，可采用多孔耦合方式。多孔耦合可展宽频带的基本道理是：多个耦合小孔将会在副波导中激励出多个向隔离端传输的有不同相位差的波，它们可在多个频率上叠加抵消（这里所说的抵消只能说是减弱，而一般不可能为零），这样隔离端的输出功率 P_4 虽然不为零，但可在一较宽的频率范围内为很小值，从而实现带宽展宽。

多孔耦合定向耦合器，可做成耦合小孔孔径相同孔距相等，也可做成孔径不同孔距相等。孔径不同则耦合系数不同，可使它们比例于二项式展开式中的系数，或比例于切比雪夫多项式序列等。这种以元件要素拟合确知函数（曲线）的方法，在电子信息技术中屡有运用，如多阶梯阻抗变换器、滤波器设计中寻求所需要的频率特性，天线阵列设计中为获得所希望的方向性等，读者可根据需要参阅相关专著。

4.5 阻抗变换器与阻抗调配器

在微波系统特别是传输系统中，消除或降低反射波的问题一直是微波技术（当然也包括其他各频段的传输系统）中的重要技术课题。

微波系统中造成反射的因素很多，如负载阻抗与传输线的波阻抗不相等（典型例子如天线的输入阻抗与馈线的波阻抗不相等）；同类型不同型号（特别是波阻抗不同）的传输线连接；不同类型的传输线连接；传输线中接入各种必要的元器件等。传输线上反射波的存在使传输线的工作状态变坏；负载得到的信号功率减小；系统的功率容量降低；传输信号的波形也要受到影响。

消除或减小反射波的基本思路，是在传输线的适当位置上加入调配元件或网络，以它们产生的新的反射波去抵消传输线上原有的反射波，从而实现匹配。其基本方法有两种：一是阻抗变换，这种方法的实质是运用**补偿原理**，即造成一个或多个新的反射点，使这些反射点产生的反射波与传输线上原有的反射波叠加相消。另一种是阻抗调配，这种方法的原理就是在传输线上找到输入阻抗电阻部分与传输线波阻抗相等的位置，接入可调电抗性元件以抵消该点输入阻抗的电抗，从而达到匹配。这种方法利用阻抗圆图（或导纳圆图）实现起来较为简便。

4.5.1 阻抗变换器

当负载阻抗与其传输线的波阻抗不相等，或两段波阻抗不同的传输线相连接时，在其间接入阻抗变换器可以消除或减小传输线上的反射波以获得匹配。对某些传输线如金属波导，因其封闭性和制品的标准性，阻抗变换器要做成专用元件；而对于微带线则可根据负载情况设计微带阻抗变换段，并与微带电路一同光刻腐蚀（或真空镀膜的办法）一次形成。阻抗变换器的最基本形式是利用四分之一波长线的阻抗变换特性。

1．一节四分之一波长线阻抗变换器

一节四分之一波长线阻抗变换器如图 4-22 所示。

由无损耗传输线上任一位置处输入阻抗的计算公式（2-24）可得：

$$Z_{in}(d) = Z_0 \frac{Z_L \cos\beta d + jZ_0 \sin\beta d}{Z_0 \cos\beta d + jZ_L \sin\beta d}$$

$$Z_{in}(\frac{\lambda_p}{4}) = \frac{Z_0^2}{Z_L}$$

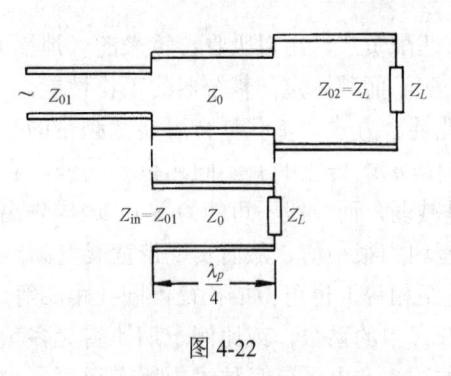

若负载 Z_L 为纯阻，而无损耗线的波阻抗 Z_0 为纯阻，则经波阻抗为 Z_0 的四分之一波长线，便可把 Z_L 变换成另一纯阻 $\frac{Z_0^2}{Z_L}$，选择 Z_0 值可使 $\frac{Z_0^2}{Z_L}$ 与前接传输线的

图 4-22

波阻抗相等，就实现了与前接传输线的匹配，使前接传输线上不再存在反射波。

显然，四分之一波长线阻抗变换器只能匹配纯阻负载。若负载为阻抗时，一种办法是在负载上并接一长度可调短路线，因短路线的输入阻抗为纯电抗，这样可抵消负载阻抗 Z_L 的电抗,如图 4-23（a）所示。另一种办法是把阻抗变换器在传输线的电压波腹或波节点接入,如图 4-23（b）所示。

因为

$$Z_{in}(d) = Z_0 \frac{1+\Gamma(d)}{1-\Gamma(d)} = Z_0 \frac{1+|\Gamma(d)|e^{j\varphi_\Gamma}}{1-|\Gamma(d)|e^{j\varphi_\Gamma}}$$

波腹点处 $\varphi_\Gamma = 0$,波节点处 $\varphi_\Gamma = \pi$,传输线的电压波腹和波节点处的输入阻抗都是纯阻。

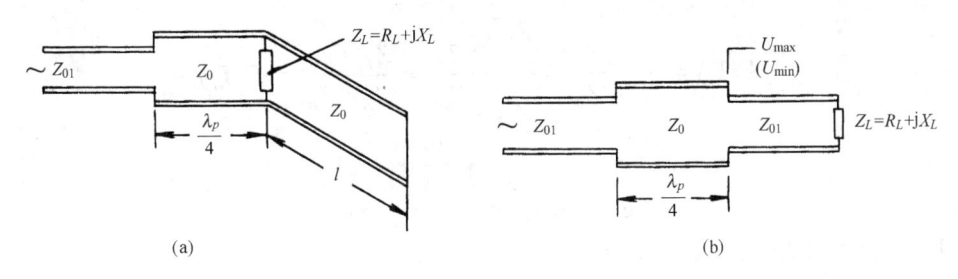

图 4-23

因为四分之一波长阻抗变换器利用了波长关系,所以是窄带匹配元件。在纯阻负载 $Z_L = R_L$ 的情况下,主传输线上电压反射系数的模 $|\Gamma(d)|$ 在不同变换系数 $\frac{R_L}{Z_0}$（或 $\frac{Z_0}{R_L}$）时与信源频率 f 的关系,已在 2.3 节作了讨论。

图 4-24 为同轴线、金属波导（矩形截面波导）及微带线的四分之一波长阻抗变换器的结构示意图。

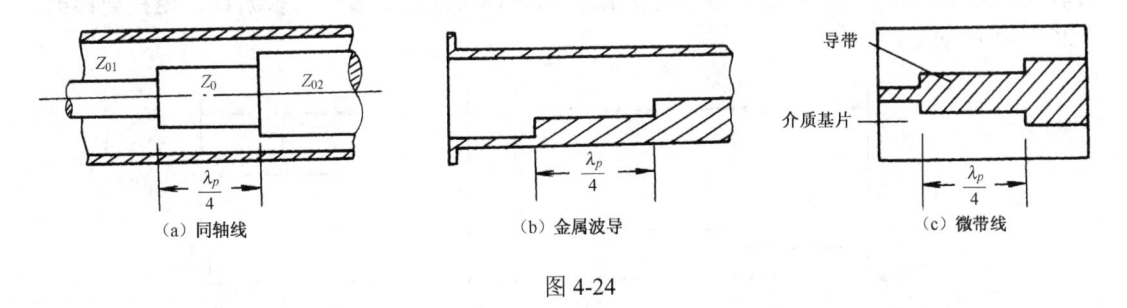

图 4-24

利用阻抗变换器实现传输线匹配,可以应用补偿原理来解释。就是用匹配装置引起的反射波来抵消原来因传输线与其负载不匹配而出现的反射波。一节四分之一波长阻抗变换器的补偿过程可通过图 4-25 来说明。令主传输线的波阻抗为 Z_{01},四分之一波长阻抗变换段传输线波阻抗为 Z_{02},负载 Z_L 为纯阻,且令 $Z_L > Z_{02} > Z_{01}$,那么参考面 T_2 及 T_1 上的局部电压反射系数分别为

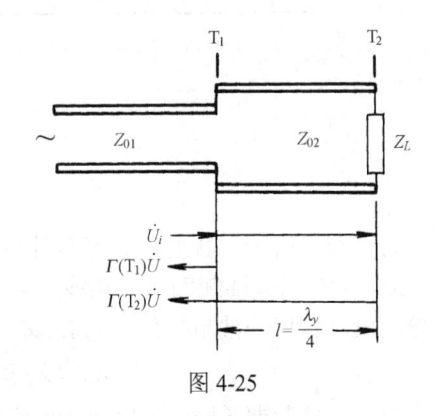

图 4-25

$$\Gamma(T_2) = \frac{Z_L - Z_{02}}{Z_L + Z_{02}}, \qquad \Gamma(T_1) = \frac{Z_{02} - Z_{01}}{Z_{02} + Z_{01}}$$

假定局部电压反射系数 $\Gamma(T_2)$，$\Gamma(T_1)$ 的模值都很小，我们可以近似认为两个参考面上入射波电压幅值相同，T_1 参考面上的总电压反射波只计两参考面上一次电压反射波之和，即

$$\dot{U}_r = \Gamma(T_1)\dot{U}_i + \Gamma(T_2)\dot{U}_i e^{-j2\beta l}$$

因为

$$\Gamma(T_1) = \frac{Z_{02} - Z_{01}}{Z_{02} + Z_{01}} = \frac{Z_{02} - \dfrac{Z_{02}^2}{Z_L}}{Z_{02} + \dfrac{Z_{02}^2}{Z_L}} = \frac{Z_L - Z_{02}}{Z_L + Z_{02}} = \Gamma(T_2)$$

$$e^{-j2\beta l} = e^{-j2\frac{2\pi}{\lambda_p}\cdot\frac{\lambda_p}{4}} = e^{-j\pi} = -1$$

这样，T_1 参考面上的总电压反射波

$$\dot{U}_r = \Gamma(T_2)\dot{U}_i - \Gamma(T_2)\dot{U}_i = 0$$

从而实现了主传输线与其负载的匹配。

2. 多节（多阶梯）阻抗变换器

为了展宽阻抗变换器的工作频带，应用补偿原理可以在需要匹配的主传输线与其负载间设置多个反射面，这些参考面上的反射波经过不同波程引入相位滞后，这些局部反射波合成时有可能在多个频率上抵消，使主传输线与阻抗变换器接口参考面上的总电压反射系数在多个频率点上为零或较小值，从而实现宽带匹配。其具体实现就是**多节（多阶梯）阻抗变换器**，图 4-26 为其示意图。

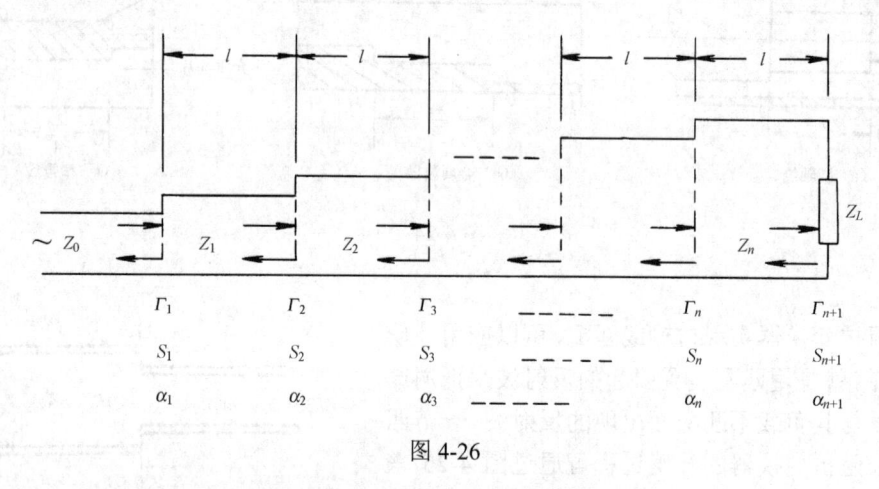

图 4-26

为了简化讨论，我们以如下各种考虑作为讨论的前提：

第一，在需要匹配的主传输线（其波阻抗为 Z_0）与其负载 Z_L 之间，插入 n 段长度均为 l 的传输线段，它们的波阻抗依序为 $Z_1, Z_2, \cdots, Z_i, \cdots, Z_n$，并令

$$Z_0 < Z_1 < Z_2 < \cdots < Z_i \cdots < Z_n < Z_L \tag{4-16}$$

第二，只考虑各插入反射参考面上的一次反射，而略去实际上的多次反射。这样，n 段传

输线段形成 $n+1$ 个反射参考面，每个反射参考面上的局部电压反射系数依序为

$$\Gamma_1 = \frac{Z_1 - Z_0}{Z_1 + Z_0}, \cdots, \Gamma_i = \frac{Z_i - Z_{i-1}}{Z_i + Z_{i-1}}, \cdots, \Gamma_{n+1} = \frac{Z_L - Z_n}{Z_L + Z_n} \tag{4-17}$$

在 Z_0 及各变换段波阻抗 $Z_1 \sim Z_n$ 以及负载 Z_L 均为纯阻的情况下，由式（2-49）可知各反射参考面处的电压驻波比为

$$S_1 = \frac{Z_1}{Z_0}, \cdots, S_i = \frac{Z_i}{Z_{i-1}}, \cdots, S_{n+1} = \frac{Z_L}{Z_n} \tag{4-18}$$

各反射参考面上的局部电压反射系数相对于第一个反射参考面上局部电压反射系数 Γ_1 的比令为

$$\alpha_1 = \frac{\Gamma_1}{\Gamma_1} = 1, \quad \alpha_2 = \frac{\Gamma_2}{\Gamma_1}, \cdots, \alpha_i = \frac{\Gamma_i}{\Gamma_1}, \cdots, \alpha_{n+1} = \frac{\Gamma_{n+1}}{\Gamma_1} \tag{4-19}$$

令 $\theta = \beta l = (\frac{2\pi}{\lambda}) \cdot l$，称为电长度，那么在主传输线末端的第一个参考反射面上反射波的总和，以总反射系数 Γ 表示则为

$$\begin{aligned}\Gamma &= \Gamma_1 + \Gamma_2 e^{-j2\theta} + \Gamma_3 e^{-j4\theta} + \cdots + \Gamma_i e^{-j2(i-1)\theta} + \cdots + \Gamma_{n+1} e^{-j2n\theta} \\ &= \Gamma_1 [1 + \alpha_2 e^{-j2\theta} + \alpha_3 e^{-j4\theta} + \cdots + \alpha_i e^{-j2(i-1)\theta} + \cdots + \alpha_{n+1} e^{-j2n\theta}]\end{aligned} \tag{4-20}$$

总反射系数 Γ 表达式中，各局部反射系数 Γ_i 或其对于 Γ_1 的相对值 α_i，可按某种确知的规律取值，这种做法称为**函数逼近**或拟合，以期达到使总反射系数 Γ 在较宽频带内小于某给定值，即展宽匹配带宽的目的。现在我们以按二项式展开式的系数分布规律取值为例加以讨论。

对任意正整数 n，由二项式定理有

$$\begin{aligned}\cos^n \theta &= \left[\frac{e^{j\theta} + e^{-j\theta}}{2}\right]^n = \frac{e^{jn\theta}}{2^n}\left[1 + e^{-j2\theta}\right]^n \\ &= \frac{e^{jn\theta}}{2^n}\left\{1 + ne^{-j2\theta} + \frac{n(n-1)}{2!}e^{-j4\theta} + \cdots + \right. \\ &\quad \left. \frac{n(n-1)[n-(i-1)]}{i!}e^{-j2(i-1)\theta} + \cdots + e^{-j2n\theta}\right\}\end{aligned} \tag{4-21}$$

令式（4-20）与式（4-21）括号中对应项系数相等，两式中括号因子也就相等，这样

$$\Gamma = 2^n \Gamma_1 \cos^n \theta \, e^{-jn\theta} \tag{4-22}$$

对于不同的 n，二项式展开式的系数（这里就是取代各项系数的 α_i）分布如下：

	α_1	α_2	α_3	α_4	α_5	$\cdots$	$\sum \alpha_i$
$n=1$	1	1					2
$n=2$	1	2	1				4
$n=3$	1	3	3	1			8
$n=4$	1	4	6	4	1		16
			$\cdots$				

可见

$$\sum_{i=1}^{n+1} \alpha_i = 2^n \tag{4-23}$$

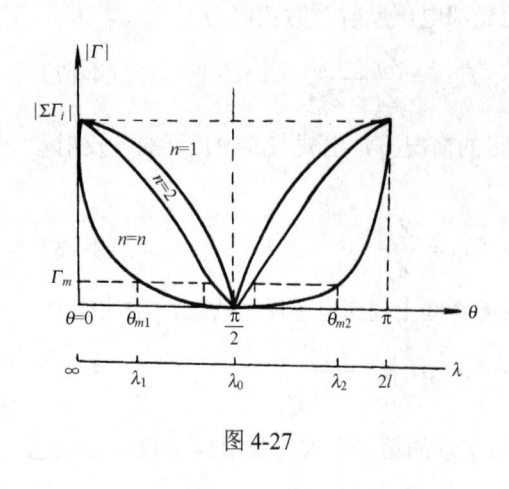

由二项式展开式系数，即 α_i 的分布可见其规律为：相对于中间最大值向两边对称递减。由式（4-22），总反射系数的模为

$$|\varGamma| = 2^n |\varGamma_1| |\cos^n \theta| \tag{4-24}$$

图 4-27 所示为 $|\varGamma|$ 随 θ 变化（亦即随波长变化）的曲线。在中心波长（λ_0，且令 $l = \dfrac{\lambda_0}{4}$）时，$|\varGamma| = 0$，当 n 增大时曲线以 λ_0 为中心向两边渐趋平缓地对称延伸，具有很好的带通响应。图中 $\varGamma_m$ 为设定的总反射系数的最大容许模值，曲线上对应此值的 λ_1 和 λ_2 就是此多节阻抗变换器的匹配波长范围（工作频带）。

图 4-27

下面我们来确定各段传输线的波阻抗值。利用数学展开式

$$\ln x = 2\frac{x-1}{x+1} + \frac{2}{3}\left(\frac{x-1}{x+1}\right)^3 + \frac{2}{5}\left(\frac{x-1}{x+1}\right)^5 + \cdots$$

$$\approx 2\frac{x-1}{x+1} \quad (0.5 < x < 2) \tag{4-25}$$

那么

$$\varGamma_i = \frac{S_i - 1}{S_i + 1} \approx \frac{1}{2}\ln S_i = \frac{1}{2}\ln \frac{Z_i}{Z_{i-1}} \tag{4-26}$$

$$\sum_{i=1}^{n+1} \varGamma_i = \varGamma_1 + \varGamma_2 + \cdots + \varGamma_{n+1}$$

$$\approx \frac{1}{2}\ln \frac{Z_1}{Z_0} + \frac{1}{2}\ln \frac{Z_2}{Z_1} + \cdots + \frac{1}{2}\ln \frac{Z_n}{Z_{n-1}} + \frac{1}{2}\ln \frac{Z_L}{Z_n}$$

$$= \frac{1}{2}\ln \frac{Z_L}{Z_0} = \frac{1}{2}\ln R \tag{4-27}$$

其中 $R = \dfrac{Z_L}{Z_0}$，为阻抗变换系数。

而由式（4-19），有

$$\sum \varGamma_i = \varGamma_1 \sum \alpha_i \tag{4-28}$$

$$\varGamma_1 = \frac{\sum \varGamma_i}{\sum \alpha_i} \approx \frac{1}{2}\frac{\ln R}{\sum \alpha_i} \tag{4-29}$$

$$\varGamma_i = \alpha_i \varGamma_1 \approx \frac{1}{2}\ln R \cdot \frac{\alpha_i}{\sum \alpha_i} \tag{4-30}$$

由式（4-29）及式（4-26）可得

$$\frac{Z_i}{Z_{i-1}} = R^{\left(\frac{\alpha_i}{\sum \alpha_i}\right)} \tag{4-31}$$

对于给定的工作频带内总反射系数的最大容许模值 $|\varGamma| = \varGamma_m$，由式（4-24）、式（4-29）和式（4-23），则

$$\varGamma_m = 2^m |\varGamma_1| |\cos^n \theta_m|$$
$$= \left|\frac{1}{2}\ln R\right| |\cos^n \theta_m| \qquad (4\text{-}32)$$

式中，$\theta_m = \frac{2\pi}{\lambda} \cdot \frac{\lambda_0}{4}$，是对应于 $\varGamma_m$ 的工作频带边界的波长 λ（应有 λ_1 和 λ_2 两个波长值表示频带的上、下边界）时每个变换段的电长度。那么

$$\cos \theta_m = \left|\frac{2\varGamma_m}{\ln R}\right|^{\frac{1}{n}} \qquad (4\text{-}33)$$

$$\begin{cases} \theta_{m1} = \arccos\left|\dfrac{2\varGamma_m}{\ln R}\right|^{\frac{1}{n}} = \dfrac{2\pi}{\lambda_1} \cdot \dfrac{\lambda_0}{4} \\ \theta_{m2} = \pi - \theta_{m1} = \dfrac{2\pi}{\lambda_2} \cdot \dfrac{\lambda_0}{4} \end{cases} \qquad (4\text{-}34)$$

这样我们便可求出与工作频带上、下边界对应的 λ_1 及 λ_2。

综合以上分析，在给出 Z_L，Z_0、节数 n 及 $\varGamma_m$ 的条件下，便可由式（4-31）计算出各节传输线的波阻抗，由式（4-34）计算出其工作频带。

以上我们讨论的以局部电压反射系数拟合二项式展开式系数的多节阻抗变换器，称为**二项式阻抗变换器**或**最平坦通带特性阻抗变换器**。此外还有比较常用的，使总反射系数 $\varGamma$ 随电长度 θ 按切比雪夫（Chebyshev）多项式序列规律变化的**等波纹通带特性多节阻抗变换器**。这种阻抗变换器在工作频带内，其总反射系数 $\varGamma$ 并不是平缓变化而是如切比雪夫函数那样呈波纹状变化。这种多节阻抗变换器在给定工作带宽及其内最大容许总反射系数模 $\varGamma_m$ 的前提下，其变换段总长度最短。或者在 $\varGamma_m$ 和变换段总长度给定的情况下，其工作频带最宽。因此电信工程界常把切比雪夫阻抗变换器称为**最佳阻抗变换器**，其具体拟合设计步骤及相关问题，读者可参阅有关专著。

图 4-28 是切比雪夫阻抗变换器通带内等波纹特性的示例。

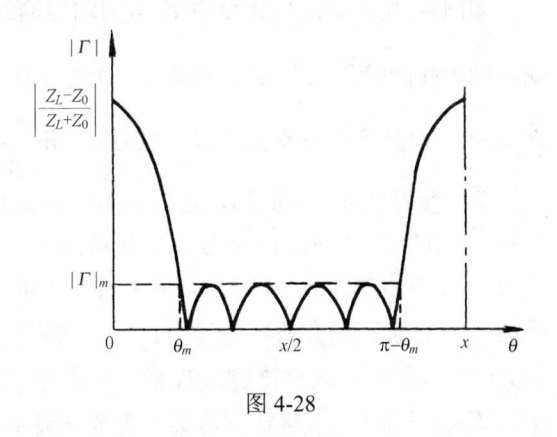

图 4-28

4.5.2 阻抗调配器

阻抗调配是另一种使传输线与其负载匹配的方法，其关键就是在传输线上找到一个特殊的位置，在这个位置处向负载看去的输入阻抗 $Z_{\text{in}}(d_*) = Z_0 + jX_*$，或输入导纳 $Y_{\text{in}}(d_*) = 1/Z_0 + jB_*$，那么在该位置处串入电抗 $-jX_*$ 或并入电纳 $-jB_*$，把 $Z_{\text{in}}(d_*)$ 或 $Y_{\text{in}}(d_*)$ 的电抗或电纳抵消，则该位置处的阻抗（或导纳）便与传输线的波阻抗 Z_0（或波导纳 $Y_0 = 1/Z_0$）相等，从而实现了匹配。但是由于微波波段所用传输线——波导和同轴线的封闭结构，难于

实现这种方式的匹配，一是所确定的调配位置 d_* 难于调整，二是当负载变更后便要确定新的调配位置 d_*，这对于微波传输线尤其是金属波导也是不可行的。于是便构制成专用的调配元件——分支调配器（多用于同轴线）和螺钉调配器（用于波导传输线）。分支调配器和螺钉调配器的调配原理是一样的，把它们接入传输线系统（要保证与所接入传输线具有相同的口径尺寸，即有相同的波阻抗），它们可在一处或多处确定的位置提供可调电纳，用它们引入的反射与原传输线因不匹配而造成的反射相抵消。其不同之处是分支线（可调短路线）即可提供容性电纳又可提供感性电纳，而螺钉只能提供容性电纳。

图 4-29 和图 4-30 分别为同轴线双分支调配器的结构示意图及其接入系统的等效电路图。

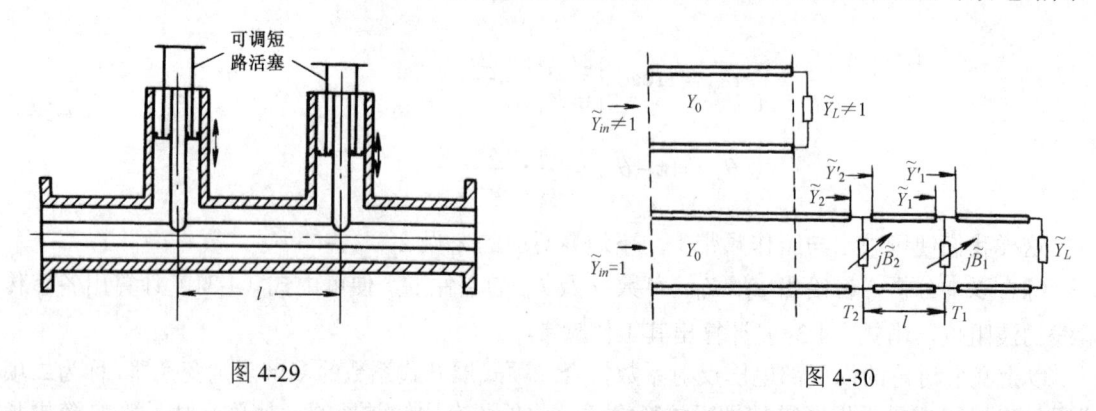

图 4-29

图 4-30

我们以同轴线双分支调配器为例，借助导纳圆图来说明其调配原理及调配过程。

如图 4-30 所示，负载导纳 Y_L 与同轴传输线不匹配，即归一化负载导纳 $\widetilde{Y}_L = \dfrac{Y_L}{Y_0} \neq 1$。在负载与同轴线间接入双分支调配器，两个分支短路线提供的并联可调电纳归一化值分别以 $\widetilde{B}_1$ 和 $\widetilde{B}_2$ 表示。两分支线分支点距离一般取 $\dfrac{\lambda_p}{8}$ 和 $\dfrac{\lambda_p}{4}$，本例中取 $l = \dfrac{\lambda_p}{8}$。

下面参考图 4-30 的等效电路和图 4-31 左边的导纳圆图来说明双分支调配器的调配过程。负载 $\widetilde{Y}_L$ 经过一段传输线（双分支调配器的一个端口段），转换为调配器第一个分支线中心位置参考面 T_1 右边的输入导纳 $\widetilde{Y}_1'$，对应圆图上的位置 a。$\widetilde{Y}_1'$ 加上适当的 $\widetilde{B}_1$ 后等于 $\widetilde{Y}_1$，这对应于导纳圆图上 a 点沿其所在电导圆，向增加容性电纳（减小感性电纳）方向移动。$\widetilde{B}_1$ 值应为多少为好？我们可以向前推测。T_1 参考面左边的输入导纳 $\widetilde{Y}_1$（因为 $\widetilde{B}_1$ 值未确定，$\widetilde{Y}_1$ 值也暂时未定），经过长为 l 的传输线到达第二个分支线中心参考面 T_2 的右边，变换为 $\widetilde{Y}_2'$，这在圆图上应是沿等反射系数模的圆顺时针移动。$\widetilde{Y}_2'$ 的位置应在圆图上的 $\widetilde{G}=1$ 的圆上，这样 $\widetilde{Y}_2'$ 加上适当的 $\widetilde{B}_2$ 后（在 $\widetilde{G}=1$ 的圆上移动至复平面原点）才能达到匹配，即 $\widetilde{Y}_2' + j\widetilde{B}_2 = \widetilde{Y}_2 = 1$。由于 T_1 和 T_2 两参考面距离 $l = \dfrac{\lambda_p}{8}$，即圆图上由 $\widetilde{Y}_1$ 到 $\widetilde{Y}_2'$ 是沿等反射系数模圆顺时针移动 $\dfrac{4\pi}{\lambda_p} \cdot \dfrac{\lambda_p}{8} = \dfrac{\pi}{2}$ 角度后，使 $\widetilde{Y}_2'$ 在 $\widetilde{G}=1$ 圆上。因此我们可以作一辅助圆，即把 $\widetilde{G}=1$ 圆以原点为轴心逆时针转过 $\dfrac{\pi}{2}$ 角度，那么 $\widetilde{Y}_1$ 应在此辅助圆上。这样我们对 $\widetilde{Y}_1'$ 加上 $\widetilde{B}_1$，使之到达辅助圆并相交即可以了，这相当于圆图上由 a 点沿其所在 $\widetilde{G}$ 圆移动到与辅助圆相交的 b 点。由 b 点沿等反射系数模圆顺时

针转过 $\frac{\pi}{2}$ 角度，一定是到达 $\widetilde{G}=1$ 圆上的 c 点，这就是 $\widetilde{Y}_1$ 转换为 $\widetilde{Y}_2'$。由 c 点沿 $\widetilde{G}=1$ 圆向减少容性电纳方向移动至原点，实现匹配，这也就是 $\widetilde{Y}_2' + j\widetilde{B}_2 = \widetilde{Y}_2 = 1$。

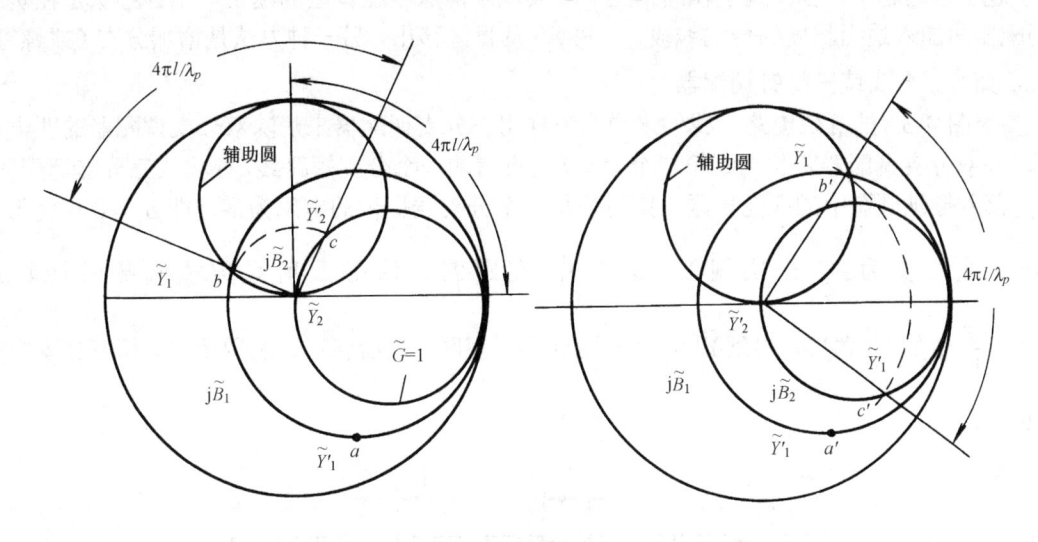

图 4-31

如果把双分支调配器换成双螺钉调配器（对应于波导系统），由于螺钉只能提供容性电纳（增加容性电纳），其调配过程应按图 4-31 右边的导纳圆图所示方案实现。由于 $\widetilde{B}_1$，$\widetilde{B}_2$ 都只能是增加容性电纳，b 必须在辅助圆的右半图上，即为图中 b'，这样 c 方可在 $\widetilde{G}=1$ 圆的下半圆，即圆图中 c'，$\widetilde{Y}_2'$ 加入 $\widetilde{B}_2$ 才能达到原点以实现匹配。

由以上实现匹配的过程可知，对 $\widetilde{Y}_1'$ 的值是有限制的，$\widetilde{Y}_1'$ 加入 $\widetilde{B}_1$ 后（即 $\widetilde{Y}_1$）必须在辅助圆上，否则 $\widetilde{B}_2$ 为何值都不能实现匹配。对于双分支调配器，若 $\widetilde{Y}_1'$ 落入图 4-32 左图的影区（与辅助圆相切的 $\widetilde{G}$ 圆），无论怎样对 $\widetilde{B}_1$ 取值，$\widetilde{Y}_1$ 都不可能落在辅助圆上。对于双螺钉调配器，这个影区又增加了弯角区域如图 4-32 右图所示，因为 $\widetilde{Y}_1'$ 落入此弯角区，加入 $\widetilde{B}_1$ 是增加容性电

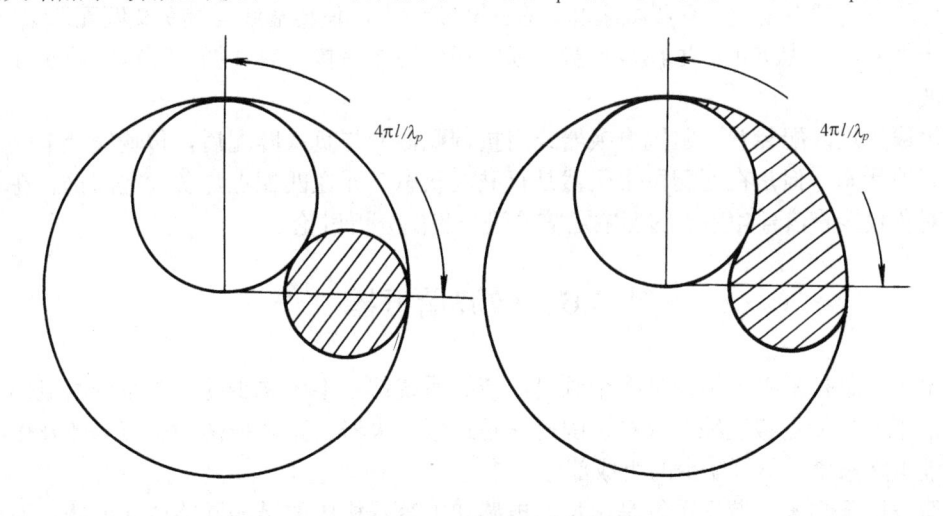

图 4-32

纳而不会与辅助圆有交点。称这个影区为匹配**盲区**。显然，两分支线中心距（或两螺钉中心距）l，决定辅助圆的位置（$\tilde{G}=1$圆以原点为轴心逆时针转过的角度），也影响匹配盲区的大小。l越小盲区越小，但l过小在结构上难于实现。消除匹配盲区的途径，一种办法是在负载与调配器间加入适当长度的传输线段，可将$\tilde{Y}_1'$从盲区移出，另一种办法是增加分支（或螺钉）数目，如有三分支或三螺钉调配器等。

参照图 4-33 的等效电路，我们来说明怎样用三分支调配器来消除双分支调配器的匹配盲区的。在双分支调配器延长端距第二个分支l处再增加一个分支短路线，便构成三分支调配器。若$\tilde{Y}_1'$落入导纳圆图中的匹配盲区，则可使第一个分支线提供的电纳为零，即$\tilde{B}_1=0$（使第一个分支线长度为$\dfrac{\lambda_p}{4}$来实现），这样$\tilde{Y}_1'$在圆图上沿等反射系数模圆顺时针转过$\dfrac{4\pi}{\lambda_p}\cdot l=\dfrac{4\pi}{\lambda_p}\cdot\dfrac{\lambda_p}{8}=\dfrac{\pi}{2}$角度，得到$\tilde{Y}_2'$。$\tilde{Y}_2'$一定转出了盲区，之后就可以利用第二、第三分支完成调配。

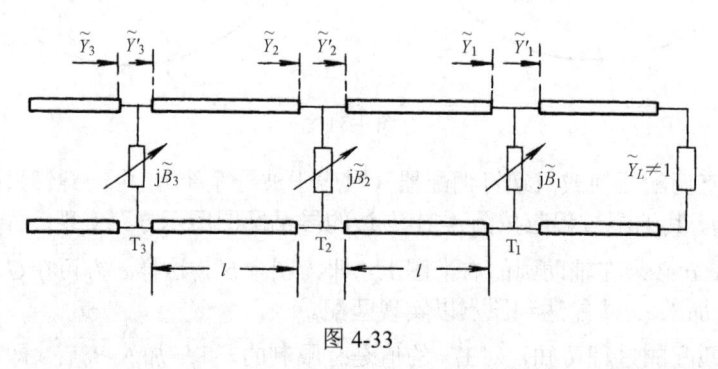

图 4-33

本节中我们讨论了传输线与其负载间的匹配。传输线与信源之间也存在匹配问题，即要求信源内阻与所接传输线的波阻抗相等，即$Z_i=Z_0$。否则在传输线负载端产生的反射波，传播到信源端也将产生反射，这样在整个传输线上产生不断的往复反射，因此传输线上任一位置处的电压和电流都将是一无穷级数之和。在工程实际中，使传输线与其负载匹配即$Z_L=Z_0$是难以完全做到的，为防止产生往复反射，通常在信源之后接有隔离器，用以吸收负载端产生的反射波。

传输线经过匹配装置（阻抗变换器或阻抗调配器）与负载匹配后，传输线上消除了反射波而呈行波状态。但是在匹配段上仍然是行驻波状态，即在匹配点与负载之间仍存在着反射波，其对负载接收信号功率等的影响还需作进一步的分析讨论。

4.6 微波谐振器

在电子信息技术中，不论是哪个频段，谐振系统都是不可缺少的电路系统组成部分。谐振系统的基本功能是实现频率选择，因此它是选频放大器、正弦振荡器、混频器及倍频器等多种功能电路系统中不可缺少的组成部分。

在微波以下频段，谐振系统是由集总电感和电容器构成的谐振回路或滤波器。而进入微波频段构成谐振系统，若用集总的电感L和电容C因其参量值极小而无法从结构上实现，而且因导体损耗、辐射损耗及介质损耗的急剧增加，即便是能够实现也会使谐振系统的**品质因数**很低而选频特性很差。

在 LC 回路谐振中，电场能量集中存储在电容器中，磁场能量集中存储于电感线圈中。电场和磁场的能量随着时间而不停地转换，电场能量达到最大时，磁场能量为零；而磁场能量达到最大时，电场能量为零。这个过程使我们联想到传输线上的驻波，当传输线为驻波状态时，电压波腹位置即电场波腹、磁场的波节，电流波腹位置即磁场波腹、电场波节。而且线上同一位置处电压（即电场）和电流（即磁场）相位差 $\pi/2$，见式（2-37）和式（2-39），就是说随着时间变化电场达到最大时，磁场为零；而磁场达到最大时，电场为零。可见驻波状态的传输线也是谐振系统，其电磁能量转换频率就是谐振频率。与集总的 LC 谐振回路不同的是，驻波传输线的电场磁场能量是空间分布的。再者，微波传输线的驻波状态，对于同轴线特别是金属波导只能用短路（短截）条件实现，因为开路时存在辐射而不能形成所要求的驻波。

4.6.1 角柱腔——从传输模到谐振模

同轴线或波导短截后就形成了封闭的腔。我们以矩形截面波导短截形成**角柱腔**为例，说明由于边界条件的改变，使传输模式转化为谐振模式。

图 4-34 所示为截面内口尺寸 a 和 b，长为 c 的矩形截面波导，导行主模 TE_{10}，其场各分量即入射波表达式为

$$\begin{cases} \dot{H}_{zi} = \dot{H}_0 \cos(\frac{\pi}{a}x) e^{-j\beta z} \\ \dot{H}_{xi} = j\beta\frac{a}{\pi}\dot{H}_0 \sin(\frac{\pi}{a}x) e^{-j\beta z} \\ \dot{E}_{yi} = -j\omega\mu\frac{a}{\pi}\dot{H}_0 \sin\left(\frac{\pi}{a}x\right) e^{-j\beta z} \end{cases} \tag{4-35}$$

波导终端（$z=c$）短截。以 H_z 为例，入射波抵达终端短截面时值为

$$\dot{H}_{zi}(c) = \dot{H}_0 \cos(\frac{\pi}{a}x) e^{-j\beta c}$$

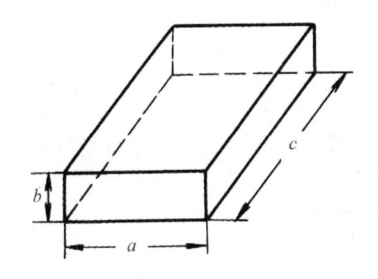

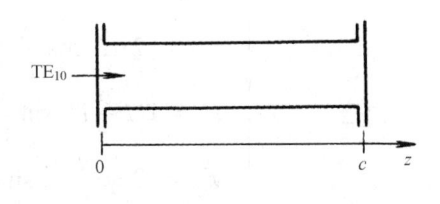

图 4-34

对于短截面，$\dot{H}_{zi}(c)$ 为法向磁场，由理想导体表面的边界条件，得

$$\dot{H}_{zi}(c) + \dot{H}_{zr}(c) = 0$$

其中 $\dot{H}_{zr}(c)$ 是 $z=c$ 处 H_z 的反射波，短截位置处是 $\dot{H}_z$ 的波节。因此

$$\dot{H}_{zr}(c) = -\dot{H}_{zi}(c)$$
$$= -\dot{H}_0 \cos(\frac{\pi}{a}x) e^{-j\beta c}$$

反射波 $\dot{H}_{zr}$ 是以 $z=c$ 为起点，向 $-z$ 方向传播的波：
$$\dot{H}_{zr} = \dot{H}_{zr}(c) e^{j\beta(z-c)}$$
$$= -\dot{H}_0 \cos(\frac{\pi}{a}x) e^{-j2\beta c} e^{j\beta z}$$

波导始端（$z=0$）也短截，矩形截面波导成为角柱形空腔。$\dot{H}_z$ 的反射波 $\dot{H}_{zr}$ 到达始端短截面，同样由边界条件，它与入射波叠加成 $\dot{H}_z$ 的波节。这就要求波导长度 c 应为半波长的整数倍，即
$$c = p\frac{\lambda_p}{2}, \quad p = 0, 1, 2, \cdots \quad (4\text{-}36)$$
$$e^{-j2\beta c} = e^{-j2p\pi} = 1$$

那么 $\dot{H}_z$ 的反射波表达式可写为
$$\dot{H}_{zr} = -\dot{H}_0 \cos(\frac{\pi}{a}x) e^{j\beta z}$$

按同样的步骤，可以求出 TE_{10} 模 $\dot{H}_x$ 及 $\dot{E}_y$ 的反射波表达式，只不过注意到短截面处是 $\dot{E}_y$ 的波节、$\dot{H}_x$ 的波腹。
$$\dot{H}_{xr} = j\beta\frac{a}{\pi}\dot{H}_0 \sin(\frac{\pi}{a}x) e^{j\beta z}$$
$$\dot{E}_{yr} = j\omega\mu\frac{a}{\pi}\dot{H}_0 \sin(\frac{\pi}{a}x) e^{j\beta z}$$

波导短截后即角柱腔的任一 z 位置处的电场和磁场，应是入射波与反射波于该位置处的叠加，取 $p=1$，$\beta c = \frac{2\pi}{\lambda_p} \cdot p\frac{\lambda_p}{2} = \pi$，$\beta = \frac{\pi}{c}$，则

$$\begin{cases} \dot{H}_z = \dot{H}_{zi} + \dot{H}_{zr} = \dot{H}_0 \cos(\frac{\pi}{a}x)\left[e^{-j\beta z} - e^{j\beta z}\right] \\ \qquad = -2j\dot{H}_0 \cos(\frac{\pi}{a}x)\sin(\frac{\pi}{c}z) \\ \dot{H}_x = j2\beta\frac{a}{\pi}\dot{H}_0 \sin(\frac{\pi}{a}x)\cos(\frac{\pi}{c}z) \\ \dot{E}_y = -2\omega\mu\frac{a}{\pi}\dot{H}_0 \sin(\frac{\pi}{a}x)\sin(\frac{\pi}{c}z) \end{cases} \quad (4\text{-}37)$$

这就是长为 $\frac{\lambda_p}{2}$（$c = p\frac{\lambda_p}{2}$，令 $p=1$）的矩形截面波导，短截为角柱腔后原来传输的 TE_{10} 模反射叠加后形成的驻波场。这是一个在腔内空间场量幅值分布确定的谐振模式，显然由不同的原来传输模反射叠加后形成不同场结构的谐振模式。我们所举例的，由 TE_{10} 模反射叠加形成的 p 取值为 1 的谐振模，表示为 TE_{101} 模。模式标数为 m, n 和 p 的取值，表示在腔的 x, y 和 z 方向上场幅分布规律的驻波数（波节至波节或波腹至波腹）。

我们可对所得到的角柱腔中的 TE_{101} 模，与矩形截面波导中的传输模 TE_{10} 模进行对比。可

以看到由于边界条件的变化，腔内空间中场的分布发生了变化。TE_{101} 模的 $\dot{H}_x$ 与 $\dot{H}_z$ 是同相位的，它们共同构成了磁力线回环，磁场集中分布在腔的近壁空间（$x = 0$，a 时 $\dot{H}_z$ 分量幅值最大，$z = 0$，c 时 $\dot{H}_x$ 分量最大）。电场分量只有 $\dot{E}_y$，它与磁场相位差 $\dfrac{\pi}{2}$，电场分布集中于腔的中心区域（$x = \dfrac{a}{2}$，$z = \dfrac{c}{2}$）。随着时间的变化，当电场为最大值时磁场为零，反之当磁场为最大值时电场为零。这种情况与 LC 谐振回路中电磁能存储和相互转换的过程是很相似的。根据 TE_{101} 模的数学表达式，我们可以画出它的场结构，如图 4-35 所示。

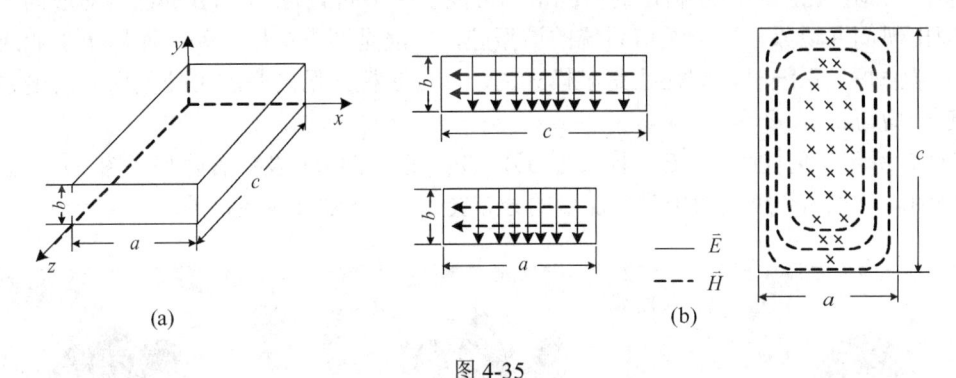

图 4-35

1. 谐振波长

矩形截面波导中有关系式

$$\omega^2 \mu \varepsilon - \beta^2 = \left(\dfrac{m\pi}{a}\right)^2 + \left(\dfrac{n\pi}{b}\right)^2$$

波导 z 方向双端短截后，有

$$\beta c = p\pi$$

$$\beta = \dfrac{p\pi}{c} \tag{4-38}$$

$$\therefore \quad \omega^2 \mu \varepsilon = \left(\dfrac{m\pi}{a}\right)^2 + \left(\dfrac{n\pi}{b}\right)^2 + \left(\dfrac{p\pi}{c}\right)^2$$

从中解出谐振角频率为

$$\omega_0 = \dfrac{1}{\sqrt{\mu\varepsilon}} \sqrt{\left(\dfrac{m\pi}{a}\right)^2 + \left(\dfrac{n\pi}{b}\right)^2 + \left(\dfrac{p\pi}{c}\right)^2} \tag{4-39}$$

用波长表示，则角柱腔的谐振波长 λ_0 为

$$\lambda_0 = \dfrac{2}{\sqrt{\left(\dfrac{m}{a}\right)^2 + \left(\dfrac{n}{b}\right)^2 + \left(\dfrac{p}{c}\right)^2}} \tag{4-40}$$

可见，在尺寸 a，b 和 c 确定的角柱腔中，不同的标数 m，n 和 p 就会确定一个谐振模式。同一腔体可以存在多个谐振模式。

每一个确定的模式，都有其各自的谐振波长。例如我们作为例子讨论的 TE_{101} 模，即 $m = 1$，

$n=0, p=1$，该模式的谐振波长为

$$\lambda_0 = \frac{2}{\sqrt{\left(\frac{1}{a}\right)^2 + \left(\frac{1}{c}\right)^2}} \tag{4-41}$$

即对于确定的模式，腔的尺寸决定该模式的谐振波长 λ_0。显然调变腔的尺寸即可调谐确定模式的谐振波长。对于角柱腔，例如 TE_{101} 模，我们可以把长度 a 或长度 c 做成可调机构（活塞），便可实现腔的调谐。

还要注意到，在腔的尺寸确定的情况下，可能发生不同的 m, n 和 p 的组合对应同一谐振波长，即出现简并现象。用于通信系统的谐振腔，一般是要求单模工作；而用于工业或家电（如家用微波炉）系统时，则往往是多模式的，因为多模式场的叠加可使腔内微波电磁场的分布更趋于均匀。

图 4-36 所示为角柱腔中 TE_{101} 模（图 a），TE_{202} 模（图 b）及二者叠加（图 c）后的电场分布三维图。可见两个模式的场量叠加后的分布要比单一模式时更趋均匀。

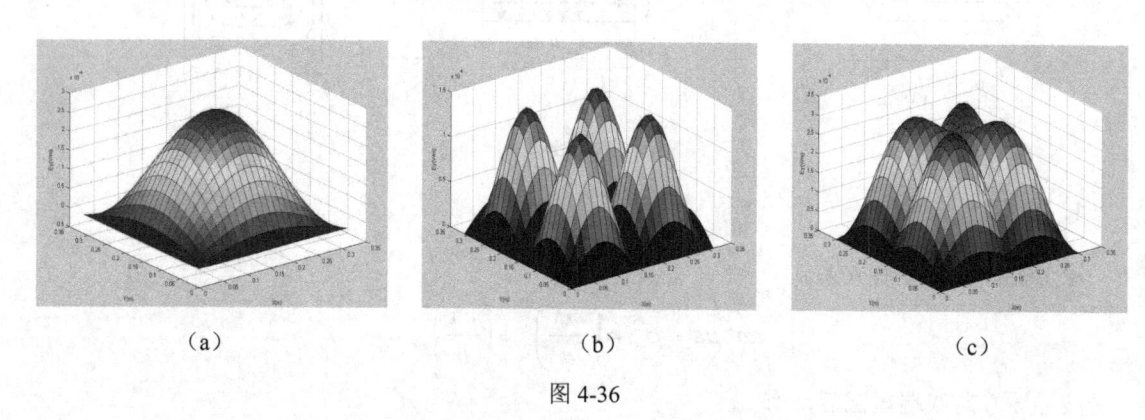

（a） （b） （c）

图 4-36

为减少简并现象的出现，角柱腔的尺寸要防止 $a=b=c$ 的情况。

2. 谐振腔的品质因数

品质因数（Q 值）是谐振系统的基本特性参量，对于 LC 谐振回路和谐振腔都如此。品质因数 Q 与谐振系统的损耗直接相关，对谐振系统品质因数 Q 的定义是：谐振时系统中存储的电能或磁能与一周期内系统损耗的能量之比的 2π 倍。即

$$Q = 2\pi \frac{W_0}{P_R T} = \frac{W_0}{P_R} \omega_0 \tag{4-42}$$

式中，W_0 表示谐振时系统中存储的电场能量或磁场能量。由式（1-68）和式（1-70）可知对于谐变电磁场

$$W_0 = \frac{1}{2}\int_V \boldsymbol{D} \cdot \boldsymbol{E} dV = \frac{\varepsilon}{2}\int_V \dot{E} \cdot E^* dV = \frac{\varepsilon}{2}\int_V |\dot{E}|^2 dV$$

$$= \frac{1}{2}\int_V \boldsymbol{B} \cdot \boldsymbol{H} dV = \frac{\mu}{2}\int_V \dot{H} \cdot H^* dV = \frac{\mu}{2}\int_V |H|^2 dV \tag{4-43}$$

式中，V 为谐振腔的容积，μ 和 ε 分别为腔内空间媒质的导磁系数和介电常数。

谐振系统的损耗一般应包括导体损耗、辐射损耗和介质损耗。对于谐振腔来说因其封闭

结构而无辐射损耗，若考虑介质是无耗的，则谐振腔的损耗只有因腔壁电流引起的热损耗，那么

$$P_R = \frac{1}{2}\oint_S |\boldsymbol{J}_l|^2 R_S \mathrm{d}S \tag{4-44}$$

式中，S 为谐振腔内壁总表面积，R_S 为腔壁导体表面电阻率，$\boldsymbol{J}_l$ 为腔内壁电流线密度。由于 $\boldsymbol{J}_l$ 与腔壁面上切向磁场强度相关，由式（1-67）有

$$\boldsymbol{J}_l = \boldsymbol{n}\times\boldsymbol{H}, \quad \boldsymbol{J}_l = \dot{H}_t \tag{4-45}$$

而腔壁导体表面电阻率

$$R_S = \frac{1}{\delta\sigma} \tag{4-46}$$

式中，σ 为腔壁导体的导电系数；δ 为腔壁导体的透入深度（亦称趋肤深度），由式（1-134）有

$$\delta = \sqrt{\frac{2}{\omega_0\mu\sigma}}, \quad \sigma = \frac{2}{\omega_0\mu\delta^2}$$

$$\therefore \quad R_S = \frac{1}{\delta\sigma} = \frac{\omega_0\mu\delta}{2} \tag{4-47}$$

这样，由式（4-43）、式（4-44）、式（4-45）和式（4-47）便可得出计算谐振腔品质因数 Q 值的公式：

$$Q = \omega_0 \frac{\frac{\mu}{2}\int_V |\dot{H}|^2 \mathrm{d}V}{\frac{1}{2}\oint_S |\boldsymbol{J}|^2 R_S \mathrm{d}S} = \frac{\omega_0\mu\int_V |\dot{H}|^2 \mathrm{d}V}{\frac{1}{2}\omega_0\mu\delta\oint_S |\dot{H}_t|^2 \mathrm{d}S}$$

$$= \frac{2\int_V |\dot{H}|^2 \mathrm{d}V}{\delta\oint_S |\dot{H}_t|^2 \mathrm{d}S} \tag{4-48}$$

若以 $\overline{|\dot{H}|^2}$ 表示腔的容积 V 内磁场强度 $\dot{H}$ 模值平方对 V 的平均值，以 $\overline{|\dot{H}_t|^2}$ 表示磁场强度在腔壁面 S 上切向分量 $\dot{H}_t$ 模值平方对 S 的平均值，则

$$Q = \frac{2}{\delta}\frac{\overline{|\dot{H}|^2}}{\overline{|\dot{H}_t|^2}}\frac{V}{S} \tag{4-49}$$

这样，对于尺寸确定工作模式确定的谐振腔，可由式（4-48）计算在该模式下，腔的品质因数 Q。例如角柱腔中 TE_{101} 模，经过积分运算可得到内廓尺寸为 a, b 和 c 的腔的品质因数为

$$Q = \frac{\lambda_0}{\delta}\frac{\left(\frac{1}{a^2}+\frac{1}{c^2}\right)^{3/2}}{2\left[\left(\frac{2}{a}+\frac{1}{b}\right)\frac{1}{a^2}+\left(\frac{2}{c}+\frac{1}{b}\right)\frac{1}{c^2}\right]} \tag{4-50}$$

可用式（4-49）对腔的品质因数 Q 进行估算。对于腔的确定工作模式，$\dfrac{\overline{|\dot{H}^2|^2}}{\overline{|\dot{H}_t^2|^2}}$ 这个比值是个常数，若以 A 表示这个比值，则

$$Q = 2A\frac{V}{\delta S} \tag{4-51}$$

可见腔的容积 V 与内壁面积 S 之比越大，腔壁导体材料的透入深度 δ 越小（则需导电系数 σ 越大），腔的品质因数 Q 越高。铜为材料的谐振腔一般在工作模式下的 Q 值达到 10 000 并不困难，这远远超过 LC 谐振回路的品质因数（一般可做到 50～300 之间）。

3. 谐振腔的激励

谐振腔作为选频系统总是要与外电路连接。或者说通过合适的机构，由有源器件直接或者通过传输线在腔中激励起所需要的振荡模式。通常在一定的频率范围内，谐振腔都是工作在一个选定的模式上，即单模工作。一般来说模式不同谐振频率也不同，即一种模式对应着一个谐振频率。这一点和传输线的情况是不同的，如波导中的多模性是同一频率时的多种独立存在的场的形态。

在谐振腔中所选定模式之外的其他模式若存在，则统称为**干扰模**。在谐振腔中激励所选定工作模式的同时必须同时考虑对干扰模的抑制，使干扰模不利于被激励产生。因为谐振腔是封闭结构，最基本和常用的激励机构（或称耦合机构）就是腔壁上开槽和孔，通过槽或孔及经过孔进入腔内的耦合针、耦合环，来实现腔与外电路的耦合。

对腔激励的基本考虑是，激励耦合装置必须能够在腔内产生与所选定的谐振模式相近似的场结构，这一点与波导的激励是相同的。同时还要考虑有利于抑制干扰模的出现。这些在选择和设计谐振腔时应视具体情况灵活运用。

需要说明的是，腔与外电路连接后相当于谐振腔带了负载而使损耗增加，因此谐振腔的品质因数 Q 要下降。我们前面讨论的谐振腔品质因数及其计算公式，是谐振腔空载时的情况，故应称之为谐振腔的**固有品质因数**。

4.6.2 圆柱腔

截面内壁圆直径 $D = 2R$ 的圆截面波导，取其长度为 l 并使端面短路即构成**圆柱谐振腔**，如图 4-37 所示。圆柱腔的 V/S 值比角柱腔大，在相同材料时其品质因数要高。而且圆柱腔容易制作，其结构坚固性及尺寸精确性都很好，调谐方便（采用活塞机构调变腔体长 l），因此圆柱腔应用广泛。

1. 圆柱腔中的几个常用模式

在工程实际应用中，了解腔内各种谐振模式的场结构是很重要的，这对于计算谐振腔的品质因数、决定耦合孔的位置，即对谐振腔的设计和使用都是必需的。求解电磁场在谐振腔内的存在形态，根本方法就是在给定的边界条件下求解电磁场方程。但是对于角柱腔和圆柱腔，它们都是由矩形或圆截面波导双端短路而成的，谐振腔内的驻波场可以看做原波导相应的传输模在两个短路端面之间往复反射叠加而成的，这就避免了直接求解电磁场方程的复杂数学过程。

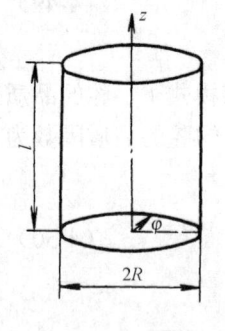

图 4-37

由圆截面波导中 TM_{mn} 及 TE_{mn} 类模的结果可导出圆柱腔中各模式的谐振波长计算公式

$$\lambda_0(\mathrm{TM}_{mnp}) = \frac{1}{\sqrt{\left(\dfrac{P_{mn}}{2\pi R}\right)^2 + \left(\dfrac{p}{2l}\right)^2}} \tag{4-52}$$

$$\lambda_0(\mathrm{TE}_{mnp}) = \frac{1}{\sqrt{\left(\dfrac{P'_{mn}}{2\pi R}\right)^2 + \left(\dfrac{p}{2l}\right)^2}} \tag{4-53}$$

式中，P_{mn} 为 m 阶第一类贝塞尔函数的第 n 个根，P'_{mn} 为 m 阶第一类贝塞尔函数导函数的第 n 个根。谐振模式标数 m，n，p 则与谐振腔中驻波场，沿腔的角向、径向及轴向的分布规律有关。

圆柱腔中最常用的谐振模式是 TE_{111}，TE_{011} 及 TM_{010} 三个模式，它们可看做由圆截面波导中相对应的 TE_{11}，TE_{01} 及 TM_{01} 三个传输模式在轴向反射叠加而生成的。

TE_{111} 模 TE_{111} 模的场结构见图 4-38。将 $P'_{11} = 1.841$，$p = 1$ 代入式（4-53），可得到 TE_{111} 模的谐振波长计算公式：

$$\lambda_0(\mathrm{TE}_{111}) = \frac{1}{\sqrt{\left(\dfrac{1}{3.413R}\right)^2 + \left(\dfrac{1}{2l}\right)^2}} \tag{4-54}$$

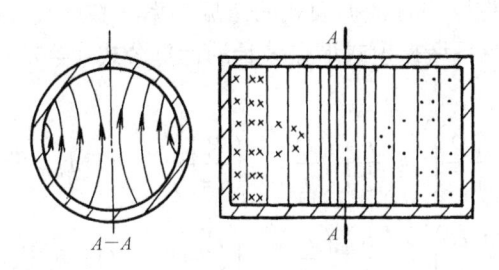

图 4-38

当腔的长度 $l > 2.1R$ 时，TE_{111} 模是圆柱腔中谐振波长最长的模式，有利于避免干扰模的影响。这样在相同谐振波长 λ_0 的情况下，工作于 TE_{111} 模的圆柱腔的腔体较小，无干扰模调谐范围较宽。但是 TE_{111} 模具有极化简并模，而且固有品质因数 Q 值较低，可在技术要求不甚严格的情况下使用。

TE_{011} 模 将 $P'_{01} = 3.832$，$p = 1$ 代入式（4-54），可得 TE_{011} 模谐振波长计算公式

$$\lambda_0(\mathrm{TE}_{011}) = \frac{1}{\sqrt{\left(\dfrac{1}{1.640R}\right)^2 + \left(\dfrac{1}{2l}\right)^2}} \tag{4-55}$$

TE_{011} 模的场结构如图 4-39 所示。该模式显然不是圆柱腔中谐振波长最长的模式。TE_{011} 模的特点是场结构稳定，不存在极化简并模，在侧壁和端壁内表面上只有角向壁电流，固有品质因数 Q 值较高。而且由于在此种模式下腔侧壁与端壁间没有壁电流流过，故可使用非接触式活塞进行调谐（调变腔的长度 l），这样既可避免调谐时的腔体磨损，又有利于抑制某些干扰模。圆柱腔的 TE_{011} 模式广泛使用于要求高 Q 值的情况下，如谐振式波长计及稳频标准腔等。

TM_{010} 模 此种模式的场结构如图 4-40 所示。将 $P_{01} = 2.405$，$p = 0$ 代入式（4-53）得出

TM_{010} 模的谐振波长为

$$\lambda_0(TM_{010}) = 2.613R \qquad (4-56)$$

可见 TM_{010} 模的谐振波长 λ_0 与腔的长度 l 无关，因此无法通过改变腔的长度 l 实现调谐。由图 4-40 可见圆柱腔中 TM_{010} 模的场结构特别简单，谐振腔中此种模式中的电场与磁场的集中空间区域特别明显，常用做参量放大器的振荡腔及谐振式波长计等。

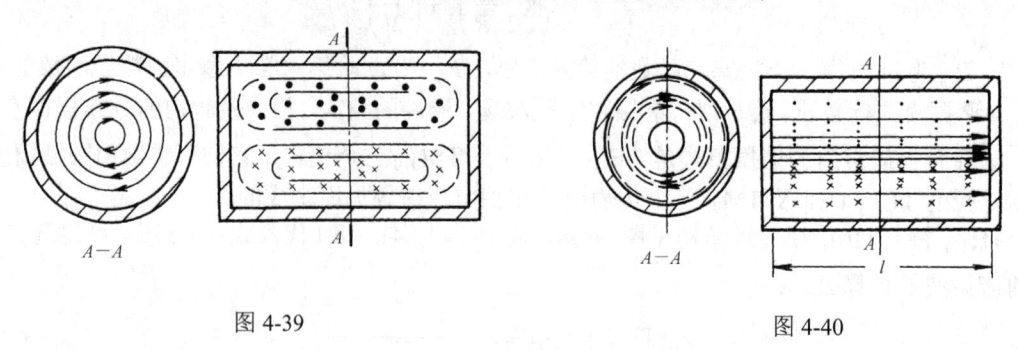

图 4-39

图 4-40

2. 模式图

为了更直观地表示圆柱腔中各谐振模式的谐振频率与腔体尺寸间的关系，我们可以作出圆柱腔的模式图。将圆柱腔各谐振模式谐振波长的计算公式（4-52）和式（4-53）稍加整理可得

$$\left(\frac{f_0 D}{v_0}\right)^2 = \left(\frac{p}{2}\right)^2 \left(\frac{D}{l}\right)^2 + \left(\frac{P_{mn}}{\pi}\right)^2 \qquad (TM_{mnp} \text{模}) \qquad (4-57)$$

$$\left(\frac{f_0 D}{v_0}\right)^2 = \left(\frac{p}{2}\right)^2 \left(\frac{D}{l}\right)^2 + \left(\frac{P'_{mn}}{\pi}\right)^2 \qquad (TE_{mnp} \text{模}) \qquad (4-58)$$

式中，v_0 为电磁波在自由空间中的传播速度，即光速。根据式（4-57）及式（4-58）便可作出以 $\left(\frac{D}{l}\right)^2$ 为变量，$\left(\frac{f_0 D}{v_0}\right)^2$ 为函数的图像。这是一组直线方程图像，称为圆柱腔的**模式图**，如图 4-41 所示。模式图中每一直线表示一种谐振模在 D 确定的情况下，谐振频率 f_0 与腔长度 l 的关系，故称为该模式的**调谐曲线**。可见同一模式在不同的腔长度 l 时有不同的谐振频率 f_0；多根调谐曲线相交，表明在相同的腔尺寸时多个模式会谐振于同一谐振频率上。

下面说明一下圆柱腔模式图的使用。首先，一圆柱腔的尺寸 D 和 l 已给定，那么由 $\left(\frac{D}{l}\right)^2$ 值在模式图的横坐标上找到对应值点，由该点作垂线与各模式调谐曲线相交，由交点所对应的纵坐标值 $\left(\frac{f_0 D}{v_0}\right)^2$，便可算出各模式的谐振频率 f_0，反之若给定谐振频率 f_0 及腔内圆直径 D，在模式图纵轴上找到相应 $\left(\frac{f_0 D}{v_0}\right)^2$ 值点，由该点作与横轴平行的直线，与各谐振曲线的交点即可确定各相应模式的腔长度 l。

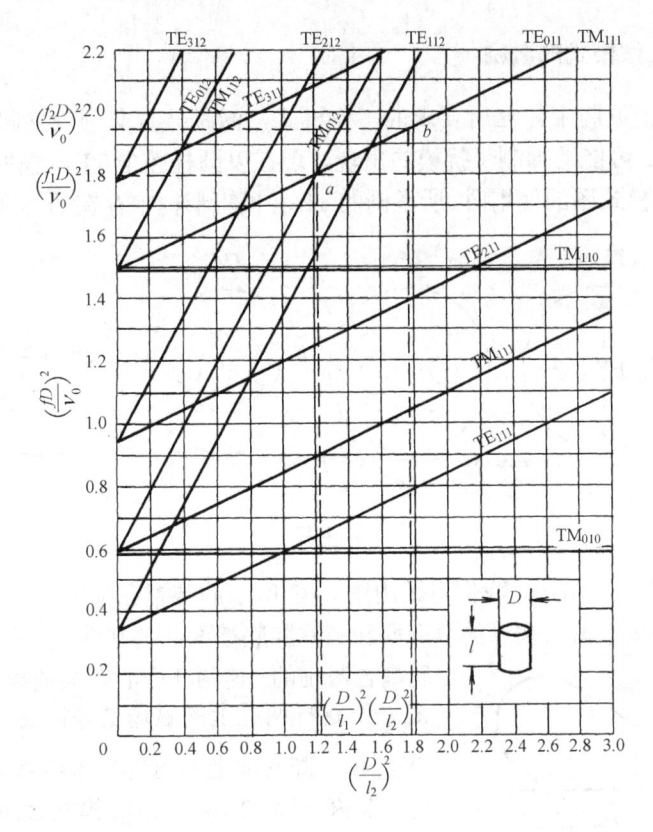

图 4-41

在微波通信技术中，一般要求在工作频带范围内，谐振腔只工作在一个选定模式上，即单模腔。因此在设计可调谐的圆柱腔时，避免干扰模是一个很重要的问题，这可借助于模式图来进行谐振腔的设计。例如，要求设计一个工作频率范围为 $f_1 \sim f_2$ 之间、工作于 TE_{011} 模的圆柱腔，要最大限度地抑制干扰模，可先选定一个腔内圆直径 D 值，算出 $\left(\dfrac{f_1 D}{v_0}\right)^2$ 及 $\left(\dfrac{f_2 D}{v_0}\right)^2$ 值，在模式图的纵轴上找到对应值点，并过这两点作与横轴平行的直线与 TE_{011} 模调谐曲线交于 a，b 两点。由 a，b 二点对应的横坐标值便可算出相应的腔体长度 l_1 和 l_2。以 a，b 为对角线作出一个矩形框，凡调谐曲线通过此矩形框的，除 TE_{011} 之外都是干扰模。干扰模可分为四类：与工作模 TE_{011} 横向场分布相同的 TE_{012}、TE_{013} 等模式称为**自干扰模**，在此例矩形框中不存在；与 TE_{011} 模调谐曲线相交的，如本例中的 TE_{112}、TM_{012} 模称为**交叉干扰模**；与 TE_{011} 模共有同一调谐曲线的 TM_{111} 模（简并模）称为**伴生干扰模**；若矩形框中存在与 TE_{011} 模调谐曲线平行的模式，即它们的标数 p 与 TE_{011} 相同的，如 TE_{211}，TM_{011} 等称为**一般干扰模**，在此例矩形框中不存在。在我们所举例子中，显然除了工作模式 TE_{011} 外，还同时存在交叉干扰模 TE_{112}，TM_{012} 和伴生干扰模 TM_{111}。其中伴生干扰模（简并模）要采用其他方法消除，其余干扰模可采用重新选择 D 值的办法，建立新的矩形框进行搜寻直至消除，最终使矩形框中只有工作模 TE_{011} 的调谐曲线穿越。

3. 圆柱腔中工作模式的激励

如前所述，在谐振腔中建立所要求的工作模式，激励装置必须建立起与所要求模式相近的场结构，同时要尽可能地抑制干扰模的出现。现在以圆柱腔中 TE_{011} 模的激励为例来说明。图 4-42 为我们讨论模式图的使用时，所举例的 TE_{011} 模矩形框中存在的几种模式在腔底面上的

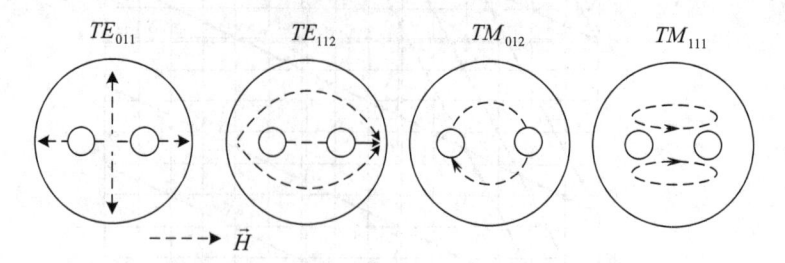

图 4-42

磁场分布。根据这些分布情况，我们可采用图 4-43 所示的装置在圆柱腔中激励起 TE_{011} 模。它是由传输 TE_{10} 模的矩形截面波导的窄壁面和圆柱腔底壁面的公共壁上开的两个耦合圆孔来实现耦合激励的。使两孔中心距为波导中 TE_{10} 模的半波长 $\lambda_p/2$，这样两孔上的磁场是等幅反相的，刚好与圆柱腔 TE_{011} 模在腔底面上的磁场分布相吻合，因此 TE_{011} 模将建立起来。而 TE_{112}、TM_{111} 模在底面两耦合孔上磁场是同相，不会被激励。TM_{012} 模的磁场虽然在两耦合孔位置上反相，但它们的方向是角向而不是径向的，也不会被激励。这样就实现了 TE_{011} 模的激励，同时有效地抑制了干扰模。

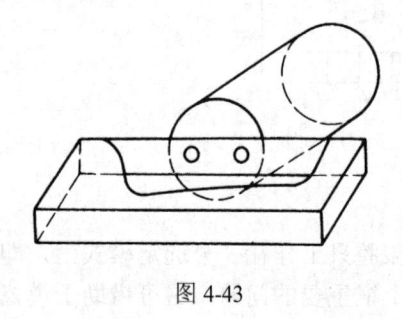

图 4-43

4.7 微波铁氧体元件

4.7.1 微波铁氧体的物理特性

铁氧体是铁和其他元素构成的具有铁磁性的复合氧化物，是电信技术中广泛应用的磁性材料。它的主要化学成分是 $FeOFe_2O_3$，其中二价铁也可以是其他二价金属，如锰（Mn）、镁（Mg）、镍（Ni）、锌（Zn）等。铁氧体呈黑褐色，其机械性能类似于陶瓷硬而脆，具有很高的电阻率（达 $10^8\ \Omega/cm$），是一种低损耗的介质材料。因趋表效应，微波段的电磁波不能穿透金属材料（透入深度小于 $1\ \mu m$），一般金属铁磁性材料如铁、镍及其合金等不能用于微波波段。因此铁氧体是微波段重要的磁性材料，微波电磁波可以深入其中。

铁氧体在恒定磁场 H_0 及与 H_0 方向垂直的高频左旋或右旋圆极化磁场的作用下，铁氧体中的电子不仅作自旋运动和轨道运动，还将环绕恒定磁场作旋转运动，这种双重旋转运动称为**电子进动**。由于高频左旋和右旋圆极化磁场与电子进动的方向相反或相同，铁氧体对这两种圆极化磁场的导磁系数 μ 也不相同，而且此导磁系数值还会随恒定磁场 H_0 的变化而变化。所

谓左旋，即顺 H_0 正方向看去逆时针旋转；若顺 H_0 正方向看去为顺时针旋转则为右旋。我们令铁氧体对左旋圆极化磁场的导磁系数为 μ_-，对右旋圆极化磁场的导磁系数为 μ_+，如图 4-44 所示为铁氧体对两种高频圆极化的磁场的导磁系数 μ_- 和 μ_+ 随所加恒定磁场 H_0 不同而变化的规律。

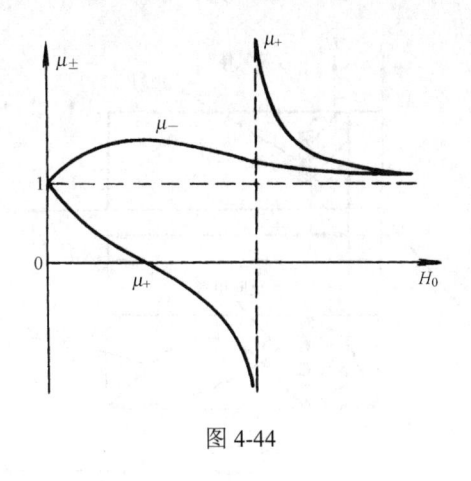

4.7.2 场移式隔离器

场移式隔离器是一种微波铁氧体非互易元件，它具有对正向传输波几乎无衰减，而对反向传输波衰减很大的传输特性，因此它在微波系统中的应用很广泛。隔离器俗称为**单向器**，在微波系统中经常把隔离器接在信源输出端，由于它对来自负载的反射波具有很大的衰减，从而可以起到很好的去耦作用，使信号源的输出功率保持稳定，同时也最大限度地抑制了因信源（内阻）与传输线匹配不好而引起的信源端的反射。

图 4-44

现在我们回顾矩形截面波导中 TE_{10} 模的场结构。TE_{10} 模的磁场分量 $\dot{H}_x$ 和 $\dot{H}_z$ 是空间正交的，它们在波导腔内空间同一位置处相位差 $\pi/2$，见式 (3-47)。若选择适当位置如图 4-45 中 P，可使 $\dot{H}_x$ 和 $\dot{H}_z$ 幅值相等，那么在 P 点处对于向 z 方向传输的波是右旋圆极化磁场，向 $-z$ 方向传输的波是左旋圆极化磁场。如果把适当厚度的铁氧体片置于 P 位置处，并使 H_0 为较低值以使 μ_+ 为负值，那么铁氧体对右旋圆极化磁场将产生拒斥作用（因为 μ_+ 为负值），使 TE_{10} 模的场结构发生横向（x 方向）位移。对于左旋圆极化磁场，铁氧体导磁系数 $\mu_- > \mu_+$，对磁场产生吸引作用，使反向传输的 TE_{10} 模的场结构发生与前面所述情况相反的横向位移。如果在铁

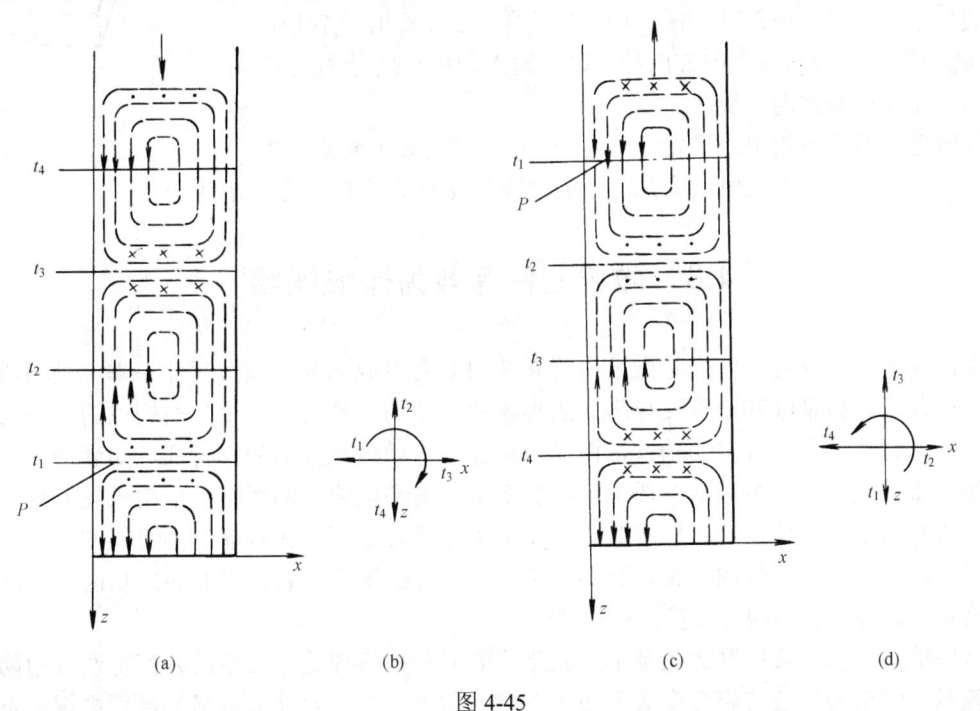

图 4-45

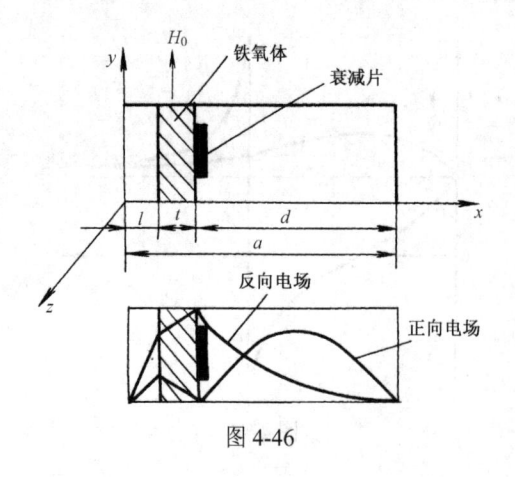

氧体片的表面贴有电阻片,如图4-46所示,那么向 $-z$ 方向传输的被吸引到铁氧体的 TE_{10} 模的电场(E_y,与铁氧体表面平行),被电阻片吸收而使衰减很大;而对向 z 方向传输的被铁氧体拒斥的 TE_{10} 模,因铁氧体表面电阻片处的电场分量很小而衰减很小。可见,利用铁氧体产生的这种非互易性场移效应,就可以实现正向传输波顺利通过而反向传输波被吸收的隔离作用。

我们还可以利用铁氧体工作在恒定磁场 H_0 值较大时的谐振特性,做成**谐振式隔离器**。如图4-44所示,μ_+ 趋于无穷大值时对右旋圆极化磁场谐振吸收,而左旋圆极化磁场则几乎无衰减地通过,这样也同样可以实现单向传输的效果。

图4-46

4.7.3 环流器

利用铁氧体和分支波导构成的**环流器**,是一种在微波系统中广泛使用的具有非互易特性的分支元件。图4-47为环流器的结构及其环流传输特性的示意图。它由三个完全相同的波导互成 $120°$ 配置成 Y 形结,在结中心安置一块圆柱形或圆盘形铁氧体块,在外加恒定磁场 H_0 的作用下,若铁氧体尺寸及恒定磁场 H_0 值选取合适,就构成了环流器。理想的 Y 形结环流器应具有这样的传输特性:当微波信号从端口 1 输入时,端口 2 输出而端口 3 无输出;当微波信号从端口 2 输入时,端口 3 输出而端口 1 无输出;当微波信号从端口 3 输入时,端口 1 输出而端口 2 无输出。若外加磁场 H_0 方向改变为与现在的方向相反时,输入的微波信号环流方向也与现在的环流方向相反。

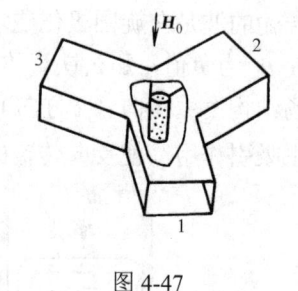

图4-47

环流器是微波系统中的重要元件之一,它可以用做单向器,也可用于微波通信系统中收发天线共用时的接收与发射信号的隔离,等等。

4.8 微波元件等效为微波网络

微波元件林林总总,它们是微波电路系统的重要组成部分。微波元件基本上是由微波传输线(同轴线、微带线和金属波导等)的形状和尺寸的不均匀(突变)而构成的。作为电路元件,微波元件要具有各自的功能,而同时也要注重微波元件的外部特征,如衰减、相移、反射等。微波元件的**外特性**从本质上说应决定于其内部电磁场的形态,但是微波元件因其复杂和不规则的边界,使得严格地求其内部场解十分困难,甚至在目前是不可能的。本章前面各节对各种典型微波元件的讨论,我们多是从定性方面说明了它们具有相应功能的原理,这与严格定量地确定它们的外部特性相距甚远。

这些情况自然使我们联想到基于实验测定的低频网络理论,网络的外部特性可由**网络参量**来表示,网络的连接与组合变成为网络参量的运算,基本元件的网络参量可由规定条件下的实验测定。因此我们有理由把微波元件用类似于低频网络的参量和等效电路来表示，从而确定其外部特性。

4.8.1 构成微波网络必须考虑的一些问题

首先，微波传输线特别是金属波导具有多模性，因此微波网络参量只能是对应于特定的模式而言，对于同轴线和微带线其工作模式为 TEM 模和准 TEM 模，对于矩形截面波导其工作模式一般为 TE_{10}。这样，微波网络及其参量也只适用于一个频率段。

其二，任何微波元件均需外接传输线（相当于普通电路元件的引线），由于传输线的位置效应，外接传输线应是微波元件等效网络的组成部分。如图 4-48 所示的从无耗传输线中截取的一段长为 l 的传输线段，依照式（2-22），其输入电压、电流与输出端电压、电流关系，借助**转移参量**（亦称为**常数参量**）可写成如下矩阵形式：

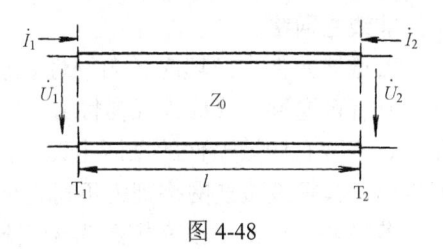

图 4-48

$$\begin{bmatrix} \dot{U}_1 \\ \dot{I}_1 \end{bmatrix} = \begin{bmatrix} \cos\beta l & jZ_0 \sin\beta l \\ j\dfrac{1}{Z_0}\sin\beta l & \cos\beta l \end{bmatrix} \begin{bmatrix} \dot{U}_2 \\ -\dot{I}_2 \end{bmatrix} \quad (4\text{-}59)$$

即一段 l 长无损耗传输线的转移参量为

$$\begin{bmatrix} A_{11} & A_{12} \\ A_{21} & A_{22} \end{bmatrix} = \begin{bmatrix} \cos\beta l & jZ_0 \sin\beta l \\ j\dfrac{1}{Z_0}\sin\beta l & \cos\beta l \end{bmatrix} \quad (4\text{-}60)$$

因此，对于微波元件及其外接传输线，对其等效的微波网络必须确定端口的边界——**参考面**。在确定参考面的位置时必须注意：参考面必须与信号传输方向垂直；在单模传输时参考面应远离元件结构突变区域，这样才可以不考虑参考面处的高次模。当微波网络的参考面确定之后，所定义的微波网络就是参考面界定包围的区域，网络参量即被唯一地确定。如果改变参考面的位置，显然网络的参量也将随之改变。

其三，微波网络端口上输入输出表征量，我们仍然延用低频网络中的电压和电流。而对于输入输出表征量必须用电场和磁场的微波元件（如波导元件），其等效微波网络的输入输出表征量则是模式电压 $\dot{U}(z)$ 与模式电流 $\dot{I}(z)$。模式电压应正比于参考面上的横向电场，模式电流应正比于参考面上的横向磁场。

其四，若微波元件内部填充媒质是线性的，则应用于元件内部的麦克斯韦方程组为线性微分方程组。那么相应的微波网络各参考面上的模式电压和模式电流之间关系的方程也是线性方程，此微波网络即为**线性网络**。线性网络满足**叠加原理**。例如对有 n 个端口的线性微波网络，若各端口参考面上都作用有模式电流 $\dot{I}_1, \dot{I}_2, \cdots, \dot{I}_n$，那么任一参考面上的模式电压即为各参考面上的模式电流分别作用时在该参考面上引起的电压响应之和，即

$$\begin{cases} \dot{U}_1 = Z_{11}\dot{I}_1 + Z_{12}\dot{I}_2 + \cdots + Z_{1n}\dot{I}_n \\ \dot{U}_2 = Z_{21}\dot{I}_1 + Z_{22}\dot{I}_2 + \cdots + Z_{2n}\dot{I}_n \\ \quad\quad\quad \cdots \\ \dot{U}_n = Z_{n1}\dot{I}_1 + Z_{n2}\dot{I}_2 + \cdots + Z_{nn}\dot{I}_n \end{cases} \quad (4\text{-}61)$$

或写成矩阵方程

$$\begin{bmatrix} \dot{U}_1 \\ \dot{U}_2 \\ \vdots \\ \dot{U}_n \end{bmatrix} = \begin{bmatrix} Z_{11} & Z_{12} & \cdots & Z_{1n} \\ Z_{21} & Z_{22} & \cdots & Z_{2n} \\ & & \cdots & \\ Z_{n1} & Z_{n2} & \cdots & Z_{nn} \end{bmatrix} \begin{bmatrix} \dot{I}_1 \\ \dot{I}_2 \\ \vdots \\ \dot{I}_n \end{bmatrix} \tag{4-62}$$

一般地说，无源微波元件的等效微波网络为线性网络，而有源微波网络（含微波器件）则为**非线性网络**。

若微波元件内部填充各向同性媒质，则其等效微波网络端口参考面上的模式电压、模式电流具有**可逆性**（或称为**互易性**），称为**可逆网络**或**互易网络**。一般地，不含有铁氧体的微波元件、不含有微波器件的微波电路，可等效为**可逆微波网络**。那么微波铁氧体元件和有源微波电路，其等效微波网络则为**不可逆微波网络**。

若微波元件内部填充媒质为无损耗媒质，导体为理想导体，其等效微波网络的输出功率与输入功率相等，即网络无自身损耗，这种微波网络称为**无耗网络**。反之则称为**有耗网络**。

若微波元件的端口结构具有对称性（端口形状、尺寸及外接传输线长度均相同），其等效微波网络称为**对称网络**，反之则为**非对称网络**。

微波网络的有耗与否，可逆与否，对称与否，将反映在网络参量的某些性质上。作为对微波网络的基本认识，我们只限于对线性、无耗、可逆、对称微波网络基本原理的讨论。

4.8.2 二端口微波网络

二端口微波网络是最基本的微波网络，在微波电路系统中的很多元件，如衰减器、移相器、阻抗变换器、一段加膜片波导、螺钉调配器及微波滤波器等，它们的等效微波网络均为二端口微波网络。对于线性二端口微波网络，运用叠加原理，可以写出表征网络端口参考面上模式电压与模式电流间关系的不同线性代数方程组。

1. 阻抗参量

如图 4-49 所示的二端口微波网络，若用 T_1，T_2 两个参考面上的模式电流来表示这两个参考面上的模式电压，我们运用叠加原理可写出以阻抗为参量的网络方程

$$\begin{cases} \dot{U}_1 = Z_{11}\dot{I}_1 + Z_{12}\dot{I}_2 \\ \dot{U}_2 = Z_{21}\dot{I}_1 + Z_{22}\dot{I}_2 \end{cases} \tag{4-63}$$

写成矩阵形式则为

$$\begin{bmatrix} \dot{U}_1 \\ \dot{U}_2 \end{bmatrix} = \begin{bmatrix} Z_{11} & Z_{12} \\ Z_{21} & Z_{22} \end{bmatrix} \begin{bmatrix} \dot{I}_1 \\ \dot{I}_2 \end{bmatrix} \tag{4-64}$$

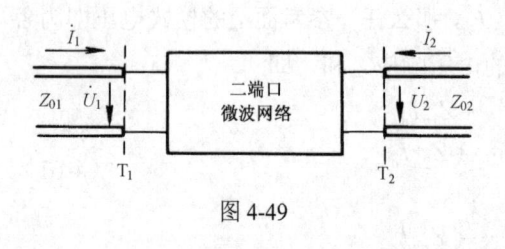

式中的 Z 各参量具有明确的物理意义，Z_{11} 和 Z_{22} 分别为端口①和端口②的**输入阻抗**，Z_{12} 和 Z_{21} 分别为端口①和端口②之间的**转移阻抗**。

由于微波网络端口外接传输线具有各自的波阻抗，如图 4-49 中端口①外接波阻抗为 Z_{01} 的传输线，端口②的为 Z_{02}，针对微波网络的这一特点，

图 4-49

为便于网络分析而通常把参考面上的模式电压、模式电流对所接传输线的波阻抗进行**归一化**。对如图 4-49 所标示的情况，T_1 和 T_2 参考面上的归一化电压和归一化电流分别为

$$\begin{cases} \widetilde{U}_1 = \dfrac{\dot{U}_1}{\sqrt{Z_{01}}} & \widetilde{I}_1 = \dot{I}_1 \sqrt{Z_{01}} \\ \widetilde{U}_2 = \dfrac{\dot{U}_2}{\sqrt{Z_{02}}} & \widetilde{I}_2 = \dot{I}_2 \sqrt{Z_{02}} \end{cases} \tag{4-65}$$

为使归一化后的电压、电流之间的关系仍保持式（4-64）的形式，即

$$\begin{bmatrix} \widetilde{U}_1 \\ \widetilde{U}_2 \end{bmatrix} = \begin{bmatrix} \widetilde{Z}_{11} & \widetilde{Z}_{12} \\ \widetilde{Z}_{21} & \widetilde{Z}_{22} \end{bmatrix} \begin{bmatrix} \widetilde{I}_1 \\ \widetilde{I}_2 \end{bmatrix} \tag{4-66}$$

那么该归一化网络方程中的**归一化阻抗参量**，与未归一化的阻抗参量之间具有如下关系

$$\begin{cases} \widetilde{Z}_{11} = \dfrac{Z_{11}}{Z_{01}} & \widetilde{Z}_{12} = \dfrac{Z_{12}}{\sqrt{Z_{01}Z_{02}}} \\ \widetilde{Z}_{21} = \dfrac{Z_{21}}{\sqrt{Z_{01}Z_{02}}} & \widetilde{Z}_{22} = \dfrac{Z_{22}}{Z_{02}} \end{cases} \tag{4-67}$$

2. 导纳参量

对于图 4-49 的二端口微波网络，若用 T_1、T_2 两参考面上的模式电压来表示这两个参考面上的模式电流，则运用叠加原理可写出以导纳为参量的网络方程

$$\begin{cases} \dot{I}_1 = Y_{11}\dot{U}_1 + Y_{12}\dot{U}_2 \\ \dot{I}_2 = Y_{21}\dot{U}_1 + Y_{22}\dot{U}_2 \end{cases} \tag{4-68}$$

写成矩阵形式则为

$$\begin{bmatrix} \dot{I}_1 \\ \dot{I}_2 \end{bmatrix} = \begin{bmatrix} Y_{11} & Y_{12} \\ Y_{21} & Y_{22} \end{bmatrix} \begin{bmatrix} \dot{U}_1 \\ \dot{U}_2 \end{bmatrix} \tag{4-69}$$

式中 Y_{11} 和 Y_{22} 分别为端口①和端口②的**输入导纳**，Y_{12} 和 Y_{21} 则分别为端口①和端口②之间的**转移导纳**。与阻抗参量一样，导纳参量同样具有由网络方程所规定的条件下的物理意义，如

$$Y_{11} = \dfrac{\dot{I}_1}{\dot{U}_1}\bigg|_{\dot{U}_2=0}$$

即为端口②短路时，端口①的输入导纳。这个由网络方程式（4-68）所规定的条件，也是测定导纳参量 Y_{11} 的测试条件。再如阻抗参量中的 Z_{21}，根据式（4-63）

$$Z_{21} = \dfrac{\dot{U}_2}{\dot{I}_1}\bigg|_{\dot{I}_2=0}$$

即为端口②开路时，端口②对端口①的转移阻抗。如为波导元件，其终端开口面会向外辐射电磁波而不是纯电抗负载，即波导不存在传输线理论意义上的开路概念。故实测波导元件的阻抗参量 Z_{11} 和 Z_{21} 时，应在 T_2 参考面外 $\dfrac{\lambda_p}{4}$ 处短截外接波导传输线来实现测试条件。

若网络 T_1 和 T_2 参考面外接传输线的波阻抗分别为 Z_{01} 和 Z_{02}，波导纳则分别为 $Y_{01} = \dfrac{1}{Z_{01}}$，$Y_{02} = \dfrac{1}{Z_{02}}$，参考面上归一化电压和归一化电流仍按式（4-65）所规定，那么网络归

一化导纳矩阵方程为

$$\begin{bmatrix} \tilde{I}_1 \\ \tilde{I}_2 \end{bmatrix} = \begin{bmatrix} \tilde{Y}_{11} & \tilde{Y}_{12} \\ \tilde{Y}_{21} & \tilde{Y}_{22} \end{bmatrix} \begin{bmatrix} \tilde{U}_1 \\ \tilde{U}_2 \end{bmatrix} \tag{4-70}$$

网络的归一化导纳参量与未归一化导纳参量之间的关系为

$$\begin{cases} \tilde{Y}_{11} = \dfrac{Y_{11}}{Y_{01}}, & \tilde{Y}_{12} = \dfrac{Y_{12}}{\sqrt{Y_{01}Y_{02}}} \\ \tilde{Y}_{21} = \dfrac{Y_{21}}{\sqrt{Y_{01}Y_{02}}}, & \tilde{Y}_{22} = \dfrac{Y_{22}}{Y_{02}} \end{cases} \tag{4-71}$$

3. 转移参量（常数参量）

对于图 4-49 的二端口微波网络，若用 T_2 参考面上的模式电压、模式电流来表示 T_1 参考面上的模式电压和模式电流，运用转移参量 A 则可写出转移参量的网络方程。由于规定进入网络为模式电流的正方向，所以网络方程为

$$\begin{cases} \dot{U}_1 = A_{11}\dot{U}_2 - A_{12}\dot{I}_2 \\ \dot{I}_1 = A_{21}\dot{U}_2 - A_{22}\dot{I}_2 \end{cases} \tag{4-72}$$

写成矩阵形式则为

$$\begin{bmatrix} \dot{U}_1 \\ \dot{I}_1 \end{bmatrix} = \begin{bmatrix} A_{11} & A_{12} \\ A_{21} & A_{22} \end{bmatrix} \begin{bmatrix} \dot{U}_2 \\ -\dot{I}_2 \end{bmatrix} \tag{4-73}$$

由转移参量网络方程式（4-72），可导出转移参量的定义条件及物理意义：

$A_{11} = \dfrac{\dot{U}_1}{\dot{U}_2}\bigg|_{\dot{I}_2=0}$，即为 T_2 参考面开路时由 T_2 到 T_1 参考面的**反向电压传输系数**（或称**电压转移系数**）；

$A_{12} = \dfrac{\dot{U}_1}{-\dot{I}_2}\bigg|_{\dot{U}_2=0}$，表示 T_2 参考面短路时，T_1 参考面对 T_2 参考面的**转移阻抗**；

$A_{21} = \dfrac{\dot{I}_1}{\dot{U}_2}\bigg|_{\dot{I}_2=0}$，表示 T_2 参考面开路时，T_1 参考面对 T_2 参考面的**转移导纳**；

$A_{22} = \dfrac{\dot{I}_1}{-\dot{I}_2}\bigg|_{\dot{U}_2=0}$，表示当 T_2 参考面短路时，由 T_2 到 T_1 参考面的**反向电流传输系数**（或称**电流转移系数**）。

网络参考面上归一化电压和归一化电流仍按式（4-65）的规定，我们可以写出网络的归一化转移参量矩阵方程，并导出**归一化转移参量**与**未归一化转移参量**的关系：

$$\begin{bmatrix} \tilde{U}_1 \\ \tilde{I}_1 \end{bmatrix} = \begin{bmatrix} \tilde{A}_{11} & \tilde{A}_{12} \\ \tilde{A}_{21} & \tilde{A}_{22} \end{bmatrix} \begin{bmatrix} \tilde{U}_2 \\ -\tilde{I}_2 \end{bmatrix}$$

$$\begin{cases} \tilde{A}_{11} = \sqrt{\dfrac{Z_{02}}{Z_{01}}} A_{11}, & \tilde{A}_{12} = \dfrac{A_{12}}{\sqrt{Z_{01}Z_{02}}} \\ \tilde{A}_{21} = A_{21}\sqrt{Z_{01}Z_{02}}, & \tilde{A}_{22} = \sqrt{\dfrac{Z_{01}}{Z_{02}}} A_{22} \end{cases} \tag{4-74}$$

例 4-1 如图 4-50 所示，两个具有不同波阻抗 Z_{01} 和 Z_{02} 的传输线的连接界面（称阻抗阶跃面），求该界面的归一化转移参量。

解：阻抗阶跃面处非归一化电压相等，非归一化电流也相等，即 $\dot{U}_1 = \dot{U}_2$，$\dot{I}_1 = \dot{I}_2$。

∴
$$\begin{bmatrix} A_{11} & A_{12} \\ A_{21} & A_{22} \end{bmatrix} = \begin{bmatrix} 1 & 0 \\ 0 & 1 \end{bmatrix}$$

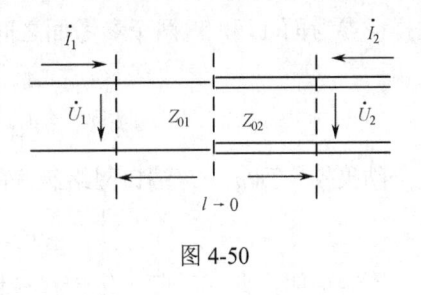

图 4-50

按式（4-74），阻抗阶跃面的归一化转移参量为

$$\begin{bmatrix} \tilde{A}_{11} & \tilde{A}_{12} \\ \tilde{A}_{21} & \tilde{A}_{22} \end{bmatrix} = \begin{bmatrix} \sqrt{Z_{02}/Z_{01}} & 0 \\ 0 & \sqrt{Z_{01}/Z_{02}} \end{bmatrix} \quad (4\text{-}75)$$

例 4-2 求一段长为 l，相移常数为 β，波阻抗为 Z_0 的无耗传输线段的归一化转移参量。

解：参考图 4-48 及式（4-60），且考虑到传输线段的两端外延线的波阻抗与线段 l 相同，即 $Z_{01} = Z_{02} = Z_0$，则按式（4-74）

$$\begin{bmatrix} \tilde{A}_{11} & \tilde{A}_{12} \\ \tilde{A}_{21} & \tilde{A}_{22} \end{bmatrix} = \begin{bmatrix} \cos\beta l & j\sin\beta l \\ j\sin\beta l & \cos\beta l \end{bmatrix} \quad (4\text{-}76)$$

以上所述是二端口微波网络两个参考面上的模式电压、模式电流，两两互为表示所得到的三种网络方程及相应的[Z], [Y]和[A]三种网络参量。考虑到网络端口参考面外接传输线波阻抗这一因素，我们又对网络方程及其参量对传输线波阻抗作了归一化处理，这是微波网络不同于低频网络的特点之一。不同的网络参量之间可以相互导出。就是说当我们已知网络的某一参量后，便可导出其他的参量。不同的网络参量对于分析处理不同组合方式的网络问题会很便利。例如解决多个二端口网络的**级联**问题，这在传输系统中是很常见的，此时应用转移参量[A]就很方便，如对于图 4-51 所示的网络系统，它是由两个二端口网络**级联（链接）**而成的。网络 N_1, N_2 各参考面上的模式电压、模式电流方向标示如图，则网络 N_1 和 N_2 的转移矩阵方程分别是

$$\begin{bmatrix} \dot{U}_1 \\ \dot{I}_1 \end{bmatrix} = \begin{bmatrix} A_{11} & A_{12} \\ A_{21} & A_{22} \end{bmatrix}_{\mathrm{I}} \begin{bmatrix} \dot{U}_2 \\ -\dot{I}_2 \end{bmatrix}$$

$$\begin{bmatrix} \dot{U}_2 \\ -\dot{I}_2 \end{bmatrix} = \begin{bmatrix} A_{11} & A_{12} \\ A_{21} & A_{22} \end{bmatrix}_{\mathrm{II}} \begin{bmatrix} \dot{U}_3 \\ -\dot{I}_3 \end{bmatrix}$$

那么
$$\begin{bmatrix} \dot{U}_1 \\ \dot{I}_1 \end{bmatrix} = \begin{bmatrix} A_{11} & A_{12} \\ A_{21} & A_{22} \end{bmatrix}_{\mathrm{I}} \begin{bmatrix} A_{11} & A_{12} \\ A_{21} & A_{22} \end{bmatrix}_{\mathrm{II}} \begin{bmatrix} \dot{U}_3 \\ -\dot{I}_3 \end{bmatrix} \quad (4\text{-}77)$$

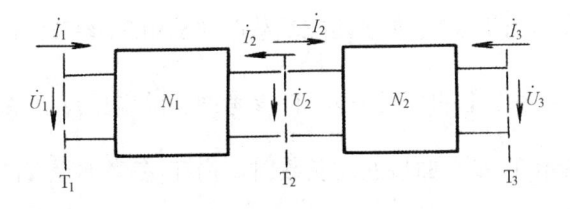

图 4-51

这样，参考面 T_1 和 T_3 两个参考面之间的组合网络的转移参量矩阵即为

$$\begin{bmatrix} A_{11} & A_{12} \\ A_{21} & A_{22} \end{bmatrix}_\Sigma = \begin{bmatrix} A_{11} & A_{12} \\ A_{21} & A_{22} \end{bmatrix}_\mathrm{I} \begin{bmatrix} A_{11} & A_{12} \\ A_{21} & A_{22} \end{bmatrix}_\mathrm{II} \tag{4-78}$$

这一结果推广到 n 个二端口网络级联的情况，组合网络的转移参量矩阵即为

$$[A]_\Sigma = [A]_\mathrm{I} [A]_\mathrm{II} \cdots [A]_n \tag{4-79}$$

不难证明，此式对归一化转移参量也成立。

4.9 微波网络的散射参量与传输参量

在微波网络的理论和实际应用中，除了反映参考面上模式电压和模式电流之间关系的阻抗参量、导纳参量及转移参量外，还定义了反映参考面上归一化入射波电压和归一化反射波电压之间关系的**散射参量**和**传输参量**。散射参量和传输参量为微波网络所特有，它们在分析解决微波系统问题时的应用更为广泛。

4.9.1 散射参量

参照图 4-52，把微波网络端口参考面上的入射波电压（规定方向为进入网络）和反射波电压（规定方向为离开网络）分别对该参考面外接传输线波阻抗进行归一化，即

$$\begin{cases} \widetilde{U}_{i1} = \dfrac{\dot{U}_{i1}}{\sqrt{Z_{01}}}, & \widetilde{U}_{r1} = \dfrac{\dot{U}_{r1}}{\sqrt{Z_{01}}} \\ \widetilde{U}_{i2} = \dfrac{\dot{U}_{i2}}{\sqrt{Z_{02}}}, & \widetilde{U}_{r2} = \dfrac{\dot{U}_{r2}}{\sqrt{Z_{02}}} \end{cases} \tag{4-80}$$

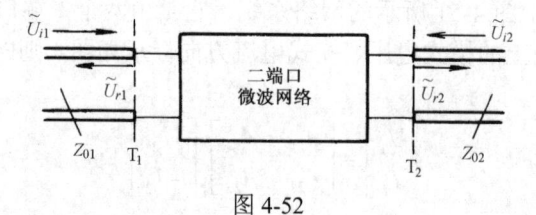

图 4-52

那么，运用叠加原理可写出参考面上**归一化反射波电压**与**归一化入射波电压**关系的网络方程：

$$\begin{cases} \widetilde{U}_{r1} = S_{11} \widetilde{U}_{i1} + S_{12} \widetilde{U}_{i2} \\ \widetilde{U}_{r2} = S_{21} \widetilde{U}_{i1} + S_{22} \widetilde{U}_{i2} \end{cases} \tag{4-81}$$

方程中的参量 S 称做**散射参量**，它们的定义如下：

$S_{11} = \dfrac{\widetilde{U}_{r2}}{\widetilde{U}_{i1}} \bigg|_{\widetilde{U}_{i2}=0}$，表示当 T_2 参考面接匹配负载时（从由 T_1 参考面向 T_2 参考面传输的方向上看，$\widetilde{U}_{i2}$ 实际上是 T_2 参考面上的反射波），T_1 参考面上的电压反射系数；

$S_{12} = \dfrac{\widetilde{U}_{r1}}{\widetilde{U}_{i2}} \bigg|_{\widetilde{U}_{i1}=0}$，表示 T_1 参考面接匹配负载时，由 T_2 参考面至 T_1 参考面的反向电压传输系数；

$S_{21} = \dfrac{\widetilde{U}_{r2}}{\widetilde{U}_{i1}}\bigg|_{\widetilde{U}_{i2}=0}$，表示 T_2 参考面接匹配负载时，由 T_1 参考面至 T_2 参考面的正向电压传输系数；

$S_{22} = \dfrac{\widetilde{U}_{r2}}{\widetilde{U}_{i2}}\bigg|_{\widetilde{U}_{i1}=0}$，表示 T_1 参考面接匹配负载时，信号从端口②输入时 T_2 参考面上的电压反射系数。

可见，散射参量表示了微波网络端口参考面上的电压反射系数和不同参考面之间的传输系数，因此散射参量是微波网络中非常重要和最常用的参量。

式（4-81）的微波网络散射参量方程可写成如下矩阵方程形式：

$$\begin{bmatrix} \widetilde{U}_{r1} \\ \widetilde{U}_{r2} \end{bmatrix} = \begin{bmatrix} S_{11} & S_{12} \\ S_{21} & S_{22} \end{bmatrix} \begin{bmatrix} \widetilde{U}_{i1} \\ \widetilde{U}_{i2} \end{bmatrix} \tag{4-82}$$

4.9.2 传输参量

对于图 4-52 所示的二端口微波网络，我们还可以写出用 T_2 参考面上的归一化入射波电压和反射波电压来表示 T_1 参考面上的归一化入射波电压和反射波电压的线性方程组。该方程组中的系数 $T_{11}, T_{12}, T_{21}, T_{22}$ 称为**传输参量**，见式（4-83）：

$$\begin{cases} \widetilde{U}_{i1} = T_{11}\widetilde{U}_{r2} + T_{12}\widetilde{U}_{i2} \\ \widetilde{U}_{r1} = T_{21}\widetilde{U}_{r2} + T_{22}\widetilde{U}_{i2} \end{cases} \tag{4-83}$$

写成矩阵形式：

$$\begin{bmatrix} \widetilde{U}_{i1} \\ \widetilde{U}_{r1} \end{bmatrix} = \begin{bmatrix} T_{11} & T_{12} \\ T_{21} & T_{22} \end{bmatrix} \begin{bmatrix} \widetilde{U}_{r2} \\ \widetilde{U}_{i2} \end{bmatrix} \tag{4-84}$$

由网络传输参量方程可知，传输参量中的 T_{12} 和 T_{21} 及 T_{22} 都不具有明显的物理意义。只有 T_{11} 表示当 T_2 参考面接匹配负载时，由 T_1 参考面到 T_2 参考面的电压传输系数的倒数，即

$$T_{11} = \dfrac{\widetilde{U}_{i1}}{\widetilde{U}_{r2}}\bigg|_{\widetilde{U}_{i2}=0} = \dfrac{1}{S_{21}} \tag{4-85}$$

微波网络的传输参量 $[T]$，除了在讨论二端口微波网级级联问题时比较方便而外，在微波网络分析和应用的其他场合远不如散射参量 $[S]$ 应用得那样广泛。

4.10 二端口微波网络参量

4.10.1 二端口微波网络参量的相互转换

微波网络的归一化阻抗参量 $[\widetilde{Z}]$、导纳参量 $[\widetilde{Y}]$ 和转移参量 $[\widetilde{A}]$，称为微波网络的**电路参量**；而散射参量 $[S]$ 和传输参量 $[T]$ 则称为微波网络的**波参量**。这五种网络参量是从不同角度来描述同一微波网络的特性的，因而它们之间具有内在联系。这样，这五种网络参量之间可以相互转换，即在已知一种网络参量时便可以导出另外一种网络参量来。推导网络参量间相互转换的原理很简单，但其具体过程较为烦琐，这里我们只给出它们相互表示的结果，列于表 4-1（见后页）。要说明的是为使表格明晰简要，表中 $[z], [y], [a]$ 分别表示 $[\widetilde{Z}], [\widetilde{Y}], [\widetilde{A}]$；行列式

$|z| = z_{11}z_{22} - z_{12}z_{21}$, $|y| = y_{11}y_{22} - y_{12}y_{21}$, $|a| = a_{11}a_{22} - a_{12}a_{21}$.

例 4-3 图 4-53 所示为存在两个阻抗阶跃变化的无耗传输线系统，阶跃点（取为参考面）间距 l，求系统输入端阶跃参考面处的电压反射系数。

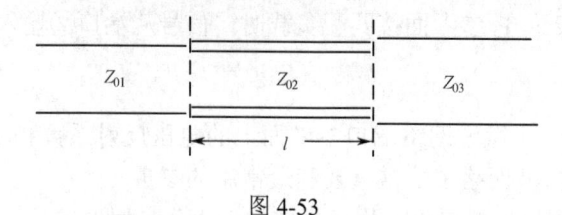

图 4-53

解：系统 T_1、T_2 两个阻抗阶跃面，及阶跃面间的传输线段 l，构成级联二端口网络。由式（4-75）、式（4-76）及式（4-79）可求得级联网络的归一化转移参量：

$$\begin{bmatrix} \tilde{A}_{11} & \tilde{A}_{12} \\ \tilde{A}_{21} & \tilde{A}_{22} \end{bmatrix} = \begin{bmatrix} \sqrt{Z_{02}/Z_{01}} & 0 \\ 0 & \sqrt{Z_{01}/Z_{02}} \end{bmatrix} \begin{bmatrix} \cos\beta l & j\sin\beta l \\ j\sin\beta l & \cos\beta l \end{bmatrix} \begin{bmatrix} \sqrt{Z_{03}/Z_{02}} & 0 \\ 0 & \sqrt{Z_{02}/Z_{03}} \end{bmatrix}$$

$$= \begin{bmatrix} \sqrt{Z_{03}/Z_{02}}\cos\beta l & j\left(Z_{02}/\sqrt{Z_{01}Z_{03}}\right)\sin\beta l \\ j\left(\sqrt{Z_{01}Z_{03}}/Z_{02}\right)\sin\beta l & \sqrt{Z_{01}/Z_{03}}\cos\beta l \end{bmatrix}$$

由网络转移参量与散射参量之间的关系（见表 4-1），可求得级联网络的 S_{11} 即 T_1 参考面的电压反射系数

$$S_{11} = \frac{\tilde{A}_{11} + \tilde{A}_{12} - \tilde{A}_{21} - \tilde{A}_{22}}{\tilde{A}_{11} + \tilde{A}_{12} + \tilde{A}_{21} + \tilde{A}_{22}}$$

$$= \frac{\left(\sqrt{Z_{03}/Z_{01}} - \sqrt{Z_{01}/Z_{03}}\right)\cos\beta l + j\left(\dfrac{Z_{02}}{\sqrt{Z_{01}Z_{03}}} - \dfrac{\sqrt{Z_{01}Z_{03}}}{Z_{02}}\right)\sin\beta l}{\left(\sqrt{Z_{03}/Z_{01}} + \sqrt{Z_{01}/Z_{03}}\right)\cos\beta l + j\left(\dfrac{Z_{02}}{\sqrt{Z_{01}Z_{03}}} + \dfrac{\sqrt{Z_{01}Z_{03}}}{Z_{02}}\right)\sin\beta l}$$

考察所得结果，当 $Z_{01} = Z_{02} = Z_{03}$，l 为任意长，即系统不存在阻抗阶跃变化时，$S_{11} = 0$；若 $l = \dfrac{\lambda}{4}$，$Z_{02} = \sqrt{Z_{01}Z_{03}}$，即 l 段为四分之一波长阻抗变换器，则此时 $S_{11} = 0$。

4.10.2 特定情况下二端口微波网络参量的性质

二端口微波网络的五种网络参量，每种参量通常都是四个独立的参量。但是在特定情况下（网络为某种特殊结构时），网络的独立参量数会减少。

1. 可逆网络

可逆网络即互易网络。可逆二端口微波网络的两个参考面间的因果关系具有互易性，这是线性网络的一个重要性质。网络的互易性表现在网络参量上，即

$$\begin{cases} Z_{12} = Z_{21} & \text{或} \quad \tilde{Z}_{12} = \tilde{Z}_{21} \\ Y_{12} = Y_{21} & \text{或} \quad \tilde{Y}_{12} = \tilde{Y}_{21} \end{cases} \tag{4-86}$$

表 4-1

	[z]	[y]	[a]	[S]	[T]
[z]	$\begin{bmatrix} z_{11} & z_{12} \\ z_{21} & z_{22} \end{bmatrix}$	$\dfrac{1}{|y|}\begin{bmatrix} y_{22} & -y_{12} \\ -y_{21} & y_{11} \end{bmatrix}$	$\dfrac{1}{a_{21}}\begin{bmatrix} a_{11} & |a| \\ 1 & a_{22} \end{bmatrix}$	$\dfrac{1}{(1+S_{11})(1-S_{22})-S_{12}S_{21}} \times \begin{bmatrix} (1+S_{11})(1-S_{22})+ & 2S_{12} \\ S_{12}S_{21} & \\ 2S_{21} & (1-S_{11})(1+S_{22})+ \\ & S_{12}S_{21} \end{bmatrix}$	$\dfrac{1}{T_{11}+T_{12}-T_{21}-T_{22}}\times\begin{bmatrix} T_{11}+T_{12}+T_{21}+T_{22} & 2|T| \\ 2 & T_{11}-T_{12}-T_{21}+T_{22} \end{bmatrix}$
[y]	$\dfrac{1}{|z|}\begin{bmatrix} z_{22} & -z_{12} \\ -z_{21} & z_{11} \end{bmatrix}$	$\begin{bmatrix} y_{11} & y_{12} \\ y_{21} & y_{22} \end{bmatrix}$	$\dfrac{1}{a_{12}}\begin{bmatrix} a_{22} & |a| \\ -1 & a_{11} \end{bmatrix}$	$\dfrac{1}{(1+S_{11})(1+S_{22})-S_{12}S_{21}}\times\begin{bmatrix} (1-S_{11})(1+S_{22})+ & -2S_{12} \\ S_{12}S_{21} & \\ -2S_{21} & (1+S_{11})(1-S_{22})+ \\ & S_{12}S_{21} \end{bmatrix}$	$\dfrac{1}{T_{11}-T_{12}+T_{21}-T_{22}}\times\begin{bmatrix} T_{11}-T_{12}-T_{21}+T_{22} & -2|T| \\ -2 & T_{11}+T_{12}+T_{21}+T_{22} \end{bmatrix}$
[a]	$\dfrac{1}{z_{21}}\begin{bmatrix} z_{11} & |z| \\ 1 & z_{22} \end{bmatrix}$	$\dfrac{-1}{y_{21}}\begin{bmatrix} y_{22} & 1 \\ |y| & y_{11} \end{bmatrix}$	$\begin{bmatrix} a_{11} & a_{12} \\ a_{21} & a_{22} \end{bmatrix}$	$\dfrac{1}{2S_{21}}\begin{bmatrix} (1+S_{11})\times & (1+S_{11})\times \\ (1-S_{22})- & (1+S_{22})- \\ S_{12}S_{21} & S_{12}S_{21} \\ (1-S_{11})\times & (1-S_{11})\times \\ (1-S_{22})- & (1+S_{22})+ \\ S_{12}S_{21} & S_{12}S_{21} \end{bmatrix}$	$\dfrac{1}{2}\begin{bmatrix} T_{11}+T_{12}+ & T_{11}-T_{12}+ \\ T_{21}+T_{22} & T_{21}-T_{22} \\ T_{11}+T_{12}- & T_{11}-T_{12}- \\ T_{21}-T_{22} & T_{21}+T_{22} \end{bmatrix}$
[S]	$\dfrac{1}{(1+z_{11})(1+z_{22})-z_{12}z_{21}}\times \begin{bmatrix} (1+z_{11})(1-z_{22})- & 2z_{12} \\ z_{12}z_{21} & \\ 2z_{21} & (1+z_{11})(z_{22}-1)- \\ & z_{12}z_{21} \end{bmatrix}$	$\dfrac{1}{(1+y_{11})(1+y_{22})-y_{12}y_{21}}\times\begin{bmatrix} (1-y_{11})(1+y_{22})+ & -2y_{12} \\ y_{12}y_{21} & \\ -2y_{21} & (1+y_{11})(1-y_{22})+ \\ & y_{12}y_{21} \end{bmatrix}$	$\dfrac{1}{a_{11}+a_{12}+a_{21}+a_{22}}\begin{bmatrix} a_{11}+a_{12}-a_{21}-a_{22} & 2|a| \\ 2 & -a_{11}+a_{12}-a_{21}+a_{22} \end{bmatrix}$	$\begin{bmatrix} S_{11} & S_{12} \\ S_{21} & S_{22} \end{bmatrix}$	$\dfrac{1}{T_{21}}\begin{bmatrix} T_{11} & |T| \\ 1 & -T_{22} \end{bmatrix}$
[T]	$\dfrac{1}{2z_{21}}\begin{bmatrix} (1+z_{11})\times & (1+z_{11})\times \\ (1+z_{22})- & (1-z_{22})- \\ z_{12}z_{21} & z_{12}z_{21} \\ (z_{11}-1)- & (z_{11}-1)- \\ (1+z_{22})- & (1-z_{22})- \\ z_{12}z_{21} & z_{12}z_{21} \end{bmatrix}$	$\dfrac{-1}{2y_{21}}\begin{bmatrix} -y_{12}y_{21} - & y_{12}y_{21} - \\ (1+y_{11})\times & (1-y_{11})\times \\ (1+y_{22})- & (1-y_{22})- \\ y_{12}y_{21} & y_{12}y_{21} \\ (1-y_{11})\times & (1+y_{11})\times \\ (1+y_{22})- & (1-y_{22})- \\ y_{12}y_{21} & y_{12}y_{21} \end{bmatrix}$	$\dfrac{1}{2}\begin{bmatrix} a_{11}+a_{12}+ & a_{11}-a_{12}+ \\ a_{21}+a_{22} & a_{21}-a_{22} \\ a_{11}+a_{12}- & a_{11}-a_{12}- \\ a_{21}-a_{22} & a_{21}+a_{22} \end{bmatrix}$	$\dfrac{1}{S_{21}}\begin{bmatrix} 1 & -S_{22} \\ S_{11} & -|S| \end{bmatrix}$	$\begin{bmatrix} T_{11} & T_{12} \\ T_{21} & T_{22} \end{bmatrix}$

根据网络参量之间的转换公式,可以导出其余三种网络参量互易特性的表述式:

$$A_{11}A_{22} - A_{12}A_{21} = 1 \quad 或 \quad \widetilde{A}_{11}\widetilde{A}_{22} - \widetilde{A}_{12}\widetilde{A}_{21} = 1 \tag{4-87}$$

$$S_{12} = S_{21} \tag{4-88}$$

$$T_{11}T_{22} - T_{12}T_{21} = 1 \tag{4-89}$$

因此,可逆二端口微波网络的每种网络参量只有三个独立参量。

2. 对称网络

对称微波网络因其结构的对称性,其网络参量具有如下性质:

$$\begin{cases} \widetilde{Z}_{11} = \widetilde{Z}_{22} & (Z_{01} = Z_{02}) \\ \widetilde{Y}_{11} = \widetilde{Y}_{22} & (Z_{01} = Z_{02}) \\ \widetilde{A}_{11} = \widetilde{A}_{22} & (Z_{01} = Z_{02}) \\ S_{11} = S_{22} \\ T_{12} = -T_{21} \end{cases} \tag{4-90}$$

可见,可逆且对称的二端口微波网络,其每种网络参量只有两个独立参量。

3. 无耗网络

无耗网络的阻抗参量和导纳参量均为虚数,这可以从电磁能量守恒的原理去理解,也可以从纯电抗网络的阻抗和导纳参量的求取中得以验证。用数学式表示即为

$$\begin{cases} Z_{ij} = jX_{ij} \\ Y_{ij} = jB_{ij} \end{cases} \quad (i,j=1,2) \tag{4-91}$$

由网络参量相互转换不难得到转移参量 A 和传输参量 T 的无耗特性分别为

$$\begin{cases} A_{11}和A_{22}为实数 \\ A_{12}和A_{21}为虚数 \end{cases} \tag{4-92}$$

$$\begin{cases} T_{11} = T_{22}^* \\ T_{12} = T_{21}^* \end{cases} \tag{4-93}$$

式中,T_{22}^*,T_{21}^* 分别为 T_{22},T_{21} 的共轭复数。

对于无耗微波网络,它的散射参量矩阵满足以下关系(可通过微波网络参考面上归一化电压、电流与网络内部电磁场能量关系——复功率定理及矩阵运算加以证明)

$$[S]^T[S^*] = [1] \tag{4-94}$$

式中,$[S]^T$ 为 $[S]$ 的转置矩阵,$[S^*]$ 为 $[S]$ 的共轭矩阵,$[1]$ 为单位矩阵。以二端口微波网络来具体实现则为

$$\begin{bmatrix} S_{11} & S_{21} \\ S_{12} & S_{22} \end{bmatrix} \begin{bmatrix} S_{11}^* & S_{12}^* \\ S_{21}^* & S_{22}^* \end{bmatrix} = \begin{bmatrix} 1 & 0 \\ 0 & 1 \end{bmatrix} \tag{4-95}$$

微波网络的 S 参量均为复数,令

$$\begin{cases} S_{11} = |S_{11}|e^{j\varphi_{11}} & S_{12} = |S_{12}|e^{j\varphi_{12}} \\ S_{21} = |S_{21}|e^{j\varphi_{21}} & S_{22} = |S_{22}|e^{j\varphi_{22}} \end{cases} \tag{4-96}$$

把式(4-95)展开,可得如下四个关系式:

$$\begin{cases} |S_{11}|^2 + |S_{21}|^2 = 1 \\ S_{11}S_{12}^* + S_{21}S_{22}^* = 0 \\ S_{12}S_{11}^* + S_{22}S_{21}^* = 0 \\ |S_{12}|^2 + |S_{22}|^2 = 1 \end{cases} \quad (4\text{-}97)$$

那么，对于无耗可逆二端口微波网络，$S_{12} = S_{21}$，由式（4-97）的第一、四式可得

$$\begin{cases} |S_{11}| = |S_{22}| \\ |S_{12}| = \sqrt{1 - |S_{11}|^2} \end{cases} \quad (4\text{-}98)$$

把式（4-96）代入式（4-97）的第二、三式可得

$$\varphi_{12} = \frac{1}{2}(\varphi_{11} + \varphi_{22} \pm \pi) \quad (4\text{-}99)$$

4.10.3 基本单元二端口微波网络的参量

在利用微波网络理论来分析研究微波电路系统时，复杂的网络可以分解为若干简单网络的组合，我们把最具典型和代表性的简单网络称为**基本单元微波网络**。如果基本单元微波网络的参量为已知，那么由基本单元微波网络组合成的复杂微波网络的参量，便可通过矩阵运算而求得。

我们把几种基本单元二端口微波网络的归一化电路参量和波参量汇集于表 4-2。所列基本单元二端口微波网络分别为：串联阻抗、并联导纳、一段均匀传输线（线长为 l，电长度 $\theta = \beta l$）和理想变压器。它们是微波电路系统中最为常见的。这些基本单元二端口微波网络，其内部结构为确知而且简单，可以根据网络参量的定义及条件直接求得其中一种网络参量，之后再根据网络参量相互转换的公式求得其他多种网络参量。

表 4-2

电 路	[z]	[y]	[a]	[s]	[T]
(a) 串联阻抗 Z		$\begin{bmatrix} \dfrac{1}{z} & -\dfrac{1}{z} \\ -\dfrac{1}{z} & \dfrac{1}{z} \end{bmatrix}$	$\begin{bmatrix} 1 & z \\ 0 & 1 \end{bmatrix}$	$\begin{bmatrix} \dfrac{z}{2+z} & \dfrac{2}{2+z} \\ \dfrac{2}{2+z} & \dfrac{z}{2+z} \end{bmatrix}$	$\begin{bmatrix} 1+\dfrac{z}{2} & -\dfrac{z}{2} \\ \dfrac{z}{2} & 1-\dfrac{z}{2} \end{bmatrix}$
(b) 并联导纳 Y	$\begin{bmatrix} \dfrac{1}{y} & \dfrac{1}{y} \\ \dfrac{1}{y} & \dfrac{1}{y} \end{bmatrix}$		$\begin{bmatrix} 1 & 0 \\ y & 1 \end{bmatrix}$	$\begin{bmatrix} \dfrac{-y}{2+y} & \dfrac{2}{2+y} \\ \dfrac{2}{2+y} & \dfrac{-y}{2+y} \end{bmatrix}$	$\begin{bmatrix} \dfrac{2+y}{2} & \dfrac{y}{2} \\ \dfrac{-y}{2} & \dfrac{2-y}{2} \end{bmatrix}$
(c) 传输线 θ	$\begin{bmatrix} -\text{jcot}\theta & \dfrac{1}{\text{jsin}\theta} \\ \dfrac{1}{\text{jsin}\theta} & -\text{jcot}\theta \end{bmatrix}$	$\begin{bmatrix} -\text{jcot}\theta & -\dfrac{1}{\text{jsin}\theta} \\ -\dfrac{1}{\text{jsin}\theta} & -\text{jcot}\theta \end{bmatrix}$	$\begin{bmatrix} \cos\theta & \text{jsin}\theta \\ \text{jsin}\theta & \cos\theta \end{bmatrix}$	$\begin{bmatrix} 0 & e^{-\varphi} \\ e^{-j\varphi} & 0 \end{bmatrix}$	$\begin{bmatrix} e^{j\varphi} & 0 \\ 0 & e^{-j\varphi} \end{bmatrix}$
(d) 理想变压器 $1:n$			$\begin{bmatrix} \dfrac{1}{n} & 0 \\ 0 & n \end{bmatrix}$	$\begin{bmatrix} \dfrac{1-n^2}{1+n^2} & \dfrac{2n}{1+n^2} \\ \dfrac{2n}{1+n^2} & \dfrac{n^2-1}{1+n^2} \end{bmatrix}$	$\begin{bmatrix} \dfrac{1+n^2}{2n} & \dfrac{1-n^2}{2n} \\ \dfrac{1-n^2}{2n} & \dfrac{1+n^2}{2n} \end{bmatrix}$

注：表中 [z]、[y] 和 [a] 均为归一化矩阵，分别代表 $[\tilde{Z}]$、$[\tilde{Y}]$ 和 $[\tilde{A}]$ 矩阵。

4.10.4 微波网络参量的测定

同一微波网络可以用几种网络参量来表述，由于网络参量之间可以相互转换，因而只要能测定其中一种网络参量，便可得到其他任一种网络参量。微波网络理论的实际意义，正是在于微波网络参量可以直接由实验测定。

散射参量[S]是微波网络参量中应用最为广泛的网络参量，下面介绍用"三值法"测定二端口微波网络[S]参量的原理。

图 4-54 所示的二端口微波网络，其负载在参考面 T_2 处的电压反射系数为 $\varGamma_2$。由网络散射参量方程

$$\begin{cases} \widetilde{U}_{r1} = S_{11}\widetilde{U}_{i1} + S_{12}\widetilde{U}_{i2} \\ \widetilde{U}_{r2} = S_{21}\widetilde{U}_{i1} + S_{22}\widetilde{U}_{i2} \end{cases}$$

以及

$$\varGamma_2 = \frac{\widetilde{U}_{i2}}{\widetilde{U}_{r2}}, \quad \varGamma_1 = \frac{\widetilde{U}_{r1}}{\widetilde{U}_{i1}}$$

我们便可以写出此网络输入端参考面 T_1 处的电压反射系数为

$$\varGamma_1 = S_{11} + S_{12}\frac{\widetilde{U}_{i2}}{\widetilde{U}_{i1}} = S_{11} + S_{12}^2 \frac{\widetilde{U}_{i2}}{S_{12}\widetilde{U}_{i1}}$$

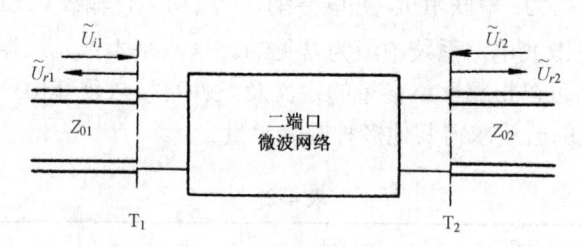

图 4-54

由于该网络为可逆网络（无源网络），$S_{12} = S_{21}$，则

$$S_{12}\widetilde{U}_{i1} = S_{21}\widetilde{U}_{i1} = \widetilde{U}_{r2} - S_{22}\widetilde{U}_{i2}$$

因此

$$\varGamma_1 = S_{11} + S_{12}^2 \frac{\widetilde{U}_{i2}}{\widetilde{U}_{r2} - S_{22}\widetilde{U}_{i2}} = S_{11} + S_{12}^2 \frac{\dfrac{\widetilde{U}_{i2}}{\widetilde{U}_{r2}}}{1 - S_{22}\dfrac{\widetilde{U}_{i2}}{\widetilde{U}_{r2}}}$$

$$= S_{11} + S_{12}^2 \frac{\varGamma_2}{1 - S_{22}\varGamma_2} \tag{4-100}$$

这样，若在 T_2 参考面分别接三个特定的负载——匹配负载、短路和开路，那么 T_2 参考面的反射系数 $\varGamma_2$ 相应为 0，−1 和 1，则测得的 $\varGamma_1$ 分别为 $\varGamma_{11}$、$\varGamma_{10}$ 和 $\varGamma_{1\infty}$。总结如下：

T_2 参考面接匹配负载时，$\Gamma_2 = 0$，可测得 $\Gamma_1 = \Gamma_{11}$；

T_2 参考面短路时，$\Gamma_2 = -1$，可测得 $\Gamma_1 = \Gamma_{10}$；

T_2 参考面开路（或等效开路）时，$\Gamma_2 = 1$，可测得 $\Gamma_1 = \Gamma_{1\infty}$。

这里 Γ_{11}，Γ_{10} 及 $\Gamma_{1\infty}$ 就是三次测得的值——三值，代入式（4-100）便可得到三个方程，从而求出 S_{11}, S_{22} 及 S_{12}。对于可逆网络（无源网络）$S_{12} = S_{21}$，则

$$\begin{cases} \Gamma_{11} = S_{11} \\ \Gamma_{10} = S_{11} - \dfrac{S_{12}^2}{1 + S_{22}} \\ \Gamma_{1\infty} = S_{11} + \dfrac{S_{12}^2}{1 - S_{22}} \end{cases} \quad (4\text{-}101)$$

从而求得

$$\begin{cases} S_{11} = \Gamma_{11} \\ S_{22} = \dfrac{(\Gamma_{10} + \Gamma_{1\infty}) - 2\Gamma_{11}}{\Gamma_{1\infty} - \Gamma_{10}} \\ S_{12}^2 = \dfrac{2\Gamma_{11}(\Gamma_{10} + \Gamma_{1\infty} - \Gamma_{11}) - 2\Gamma_{10}\Gamma_{1\infty}}{\Gamma_{1\infty} - \Gamma_{10}} \end{cases} \quad (4\text{-}102)$$

这样，只需三种情况下的三个测量值，便可得到二端口可逆微波网络的散射参量[S]，方法相当简单，但要求测量准确性要高，否则将会产生较大误差。

4.11 微波网络的外特性参量

把微波元件等效为微波网络的最终目的是求取其外特性参量，也称为**工作特性参量**。对于二端口微波网络，最常用的特性参量有：**电压传输系数** T、**插入衰减** L、**插入相移** θ 及**输入驻波比** ρ。微波网络的外特性参量与网络参量密切相关，外特性参量可用网络参量（特别是散射参量）来表示。

4.11.1 电压传输系数 T

电压传输系数 T，定义为微波二端口网络输出端口参考面 T_2 接匹配负载时，输出端参考面 T_2 上的反射波电压 $\widetilde{U}_{r2}$（实际上 $\widetilde{U}_{r2}$ 是朝向负载方向的）与输入端参考面 T_1 上的入射波电压 $\widetilde{U}_{i1}$ 之比，即

$$T = \dfrac{\widetilde{U}_{r2}}{\widetilde{U}_{i1}}\bigg|_{\widetilde{U}_{i2}=0} \quad (4\text{-}103)$$

作为传输系统的一个组成部分，显然网络的电压传输系数 T 是一很具工程实际意义的参量。由散射参量[S]的定义可知：

$$T = S_{21} \quad (4\text{-}104)$$

对于可逆二端口微波网络：

$$T = S_{21} = S_{12} \quad (4\text{-}105)$$

4.11.2 插入衰减 L

顾名思义,二端口微波网络的插入衰减,是因该网络接入系统(不管该网完成什么样的功能)而引起的信号功率损耗。插入衰减 L 定义为网络输出端参考面 T_2 接匹配负载时,网络输入端参考面上入射波功率 P_i 与网络负载吸收功率 P_L 之比,即

$$L = \frac{P_i}{P_L}\bigg|_{\widetilde{U}_{i2}=0} \tag{4-106}$$

因为 $P_i = \frac{1}{2}\left|\widetilde{U}_{i1}\right|^2$,$P_L = \frac{1}{2}\left|\widetilde{U}_{r2}\right|^2$,所以

$$L = \frac{\left|\widetilde{U}_{i1}\right|^2}{\left|\widetilde{U}_{r2}\right|^2}\bigg|_{\widetilde{U}_{i2}=0} = \frac{1}{\left|S_{21}\right|^2} \tag{4-107}$$

对于可逆网络(无源网络)$S_{12} = S_{21}$,式(4-107)可改写为

$$L = \frac{1-\left|S_{11}\right|^2}{\left|S_{12}\right|^2} \frac{1}{1-\left|S_{11}\right|^2} \tag{4-108}$$

若网络无耗,由式(4-98),$1-\left|S_{11}\right|^2 = \left|S_{12}\right|^2$,则上式中第一个因子值为 1;若网络有耗,$1-\left|S_{11}\right|^2 \neq \left|S_{12}\right|^2$,则该项因子值不等于 1。可见,式(4-108)中的第一个因子

$$L_1 = \frac{1-\left|S_{11}\right|^2}{\left|S_{12}\right|^2} \tag{4-109}$$

表示网络的**吸收衰减**(即网络有损耗)。而 L 表达式(4-108)中的第二个因子

$$L_2 = \frac{1}{1-\left|S_{11}\right|^2} \tag{4-110}$$

则表示网络输入端与外接传输线不匹配而引起的**反射衰减**。如果网络输入端匹配,则 $S_{11} = 0$,$L_2 = 1$。因此,对于输入端不匹配的有耗网络,网络的插入衰减 L 等于网络的吸收衰减 L_1 与反射衰减 L_2 之积。

对于由具体微波元件等效的二端口微波网络,对其插入衰减的两方面构成因素有不同考虑。衰减器,则要求它具有所要求值的吸收衰减,而反射衰减要尽量小。阻抗变换器、调配器和移相器等,则要求其吸收衰减和反射衰减都要尽量小。而对于滤波器,因为它是利用了反射衰减的频率选择性,所以在阻带内应具有尽可能大的反射衰减,在通带内反射衰减和吸收衰减都要尽量小。

4.11.3 插入相移 θ

网络输出端参考面接匹配负载时,输出参考面 T_2 上的反射波 $\widetilde{U}_{r2}$ 与输入参考面 T_1 上的入射波 $\widetilde{U}_{i1}$ 的相位差,定义为网络的插入相移,记做 θ。显然网络的插入相移 θ 就是网络电压传输系数 T 的相角。

对于可逆网络,$T = S_{21} = S_{12}$,因此

$$T = |T|e^{j\theta} = |S_{12}|e^{j\varphi_{12}} = |S_{21}|e^{j\varphi_{21}}$$

$$\therefore \quad \theta = \varphi_{12} = \varphi_{21} \tag{4-111}$$

4.11.4 输入驻波比 ρ

网络的输入驻波比，定义为网络输出端参考面 T_2 接匹配负载时网络输入端参考面 T_1 上的驻波比，记做 ρ。因为网络输入端电压反射系数的模 $|\varGamma|$ 等于散射参量 $|S_{11}|$，所以

$$\rho = \frac{1+|S_{11}|}{1-|S_{11}|} \tag{4-112}$$

对于无耗网络，只存在反射衰减，即其插入衰减为

$$L = L_2 = \frac{1}{1-|S_{11}|^2}$$

由式（4-112）解出 $|S_{11}|$，代入上式则得无耗二端口微波网络的插入衰减 L 与输入驻波比的关系为

$$L = \frac{(\rho+1)^2}{4\rho} = \frac{1}{|S_{12}|^2} \tag{4-113}$$

可见，所定义的四个外特性参量均与网络的散射参量有关，如果网络参量能够确定，那么该网络的外特性参量即可由以上各相关公式随之确定。还需要指出的是，对于不同用途的微波元件，对其等效微波网络的四个外特性参量要求的程度（主次地位）各不相同，有时还可能出现矛盾。因此要根据工程实际来统筹考虑。

本 章 小 结

（1）微波（电路）系统由微波传输线、微波元件（无源）和微波器件（有源）组成。微波元件的作用是对导行电磁波的模式、极化、振幅、相位、频率等进行调控，其种类繁多是微波系统中的重要组成部分。

在微波波段，电路元件与普通电路中的元件无论在形体上还是构成原理上都发生了巨大的变化。微波元件一般都是由微波传输线的结构（形状、尺寸及填充介质等）突变而构成。对微波元件的严格理论分析，因其边界形状的复杂和不规则而难于求出场解。通常采用定性说明实现功能的原理，基于微波网络理论确定其外特性参量的方法。

（2）不同类型的微波传输线的连接，实质上是完成导行电磁波的模式转换，因此需要由专用的连接元件（亦称转接器）来实现。这就要求读者必须切实了解不同类型微波传输线的工作模式及该模式的场结构。连接元件的接入除了要求其完成模式转换而外，还要求其引入的损耗和反射（二者合起来就是插入衰减）要尽可能小。

（3）在微波系统尤其是波导系统中，元件的接入（如普通的电路中的并接和串接等）必须由分支元件来实现。E-T 分支，分支波导相当于与主波导串联；H-T 分支，分支波导相当于与主波导并联；双 T 分支则是 E-T 分支与 H-T 分支的组合。当信号从分支端输入时，E-T 分支中信号向主波导两端等值反相位传输，所以可作为 3 dB 反相功率分配器用（$10\lg\dfrac{P_3}{P_1} = 10\lg\dfrac{P_3}{P_2} = 10\lg 2 = 3\,\text{dB}$）；那么 H-T 分支可以作为 3 dB 同相功率分配器用；双 T 分

支作为功率分配器用,其最重要的性质是两个分支的相互隔离,这在微波系统中是非常有用的电性能。

(4) 微波系统中的电阻、电感和电容元件,一般不再具有集总性。电阻性元件则主要是具有吸收电磁波能量的功能,而感性及容性元件则分别具有集中磁场和电场的功能,微波电路中的 R, L 和 C 元件正是基于这一主导思想设计实现的。微波电抗元件中最常用的是螺钉和短路活塞,螺钉相当于波导上并联的可调电容,短路活塞则是用于波导和同轴线系统中的可变电抗(长度可变终端短路传输线),它们广泛地用于系统的调匹配及微波测量中。

(5) 定向耦合器是微波系统的监控系统中的重要元件,它是一个四端口元件,具有耦合信号定向传输的特点。定向耦合器信号由主传输线向副传输线耦合的方式有孔耦合(波导)、分支线耦合(微带线及波导)及平行耦合线耦合(微带线)等。定向耦合器耦合信号定向传输往往是通过两种以上路径的耦合波叠加,即通过波长关系来实现,这样它的工作频带受限。与耦合度 C、隔离度 I 和方向系数 D 等指标一样,工作频带宽度也是定向耦合器的重要技术指标,这个工作频带实际上也就是 C, I 和 D 等参量保持要求值的频率范围。拓宽定向耦合器工作频带的途径则是增多耦合波的耦合传输路径——采用多孔或多分支结构,通过函数逼近的方法来实现。

(6) 阻抗匹配是导行波系统的重要技术内容,系统匹配程度直接决定系统的工作状态,直接影响传输质量。对于同轴线及波导系统,因其结构的封闭性,无论是阻抗变换还是调配方式都要使用专用的元件。

从本质上讲,阻抗变换器和阻抗调配器都是利用补偿原理,使不同界面产生的反射波能够最大限度地相互抵消。阻抗变换器由单节到多节的演化也同样是为拓宽阻抗变换器的工作频带宽度,其原理是把反射波分解成由多个界面产生的,且能在多个频率值上有抵消效果的反射波。因而多节阻抗变换器也通过函数逼近的方法,使总反射系数的频率特性与一已知函数(如二项式系数分布、切比雪夫函数等)拟合来实现。阻抗调配器最常用的有分支调配器(用于同轴线及波导系统)和螺钉调配器(用于波导系统),利用阻抗或导纳圆图进行分析与调配最为方便。

(7) 谐振腔是微波波段的选频和存储电磁能的元件,可由工作于驻波状态(短截的波导或同轴线)的传输线构成。谐振腔具有多模性,每种模式都与相应的传输模相对应,都有自己的电磁场分布形态。与传输线中传输模不同的是,每种模式具有各自的谐振频率(而传输线中多模式是对应同一信号频率)。模式标数表示相应方向上场幅分布的驻波数,在模式(标数)确定的情况下,其谐振频率由腔的尺寸决定。与普通电路的谐振系统(谐振回路)一样,谐振腔的重要参量除谐振频率(或谐振波长)外,还有品质因数 Q。品质因数 Q 与腔的容积和内壁面积之比成正比,因此工程上用于通信系统的谐振腔多为圆柱腔。圆柱腔的模式图是表示腔的谐振频率与腔的尺寸间关系的曲线族,它是圆柱腔设计与调谐时的方便工具。

(8) 微波铁氧体元件是一类具有不可逆性的微波元件,它是利用微波铁氧体材料在恒定磁场作用下对高频左旋和右旋圆极化电磁波呈现不同导磁系数的特性制做成的。最有代表性的微波铁氧体元件有场移式隔离器和环流器,它们分别具有传输单向性和传输端口的顺序性,因而在微波系统中得到广泛的应用。

(9) 微波元件因其结构形状的复杂而难于求出其内部严格精确的场解,因而运用网络方法进行微波元件的分析和研究,就变得非常重要和有效了。我们可以把微波元件等效为一网络，网络端口上的电磁表征量（模式电压和模式电流）之间的关系可由网络参量来表述，由网络参量则可求得网络的外特性参量，而网络参量可以直接由实验测定，这正是微波网络理论的实际意义之所在。

微波网络理论是基于低频网络理论，但是必须考虑到微波段元件的一些特点。其一是微波段的位置效应，必须对微波元件的等效网络规定端口界面即参考面。参考面位置不同，网络参量也会不同，因为端口传输线段也是一微波网络（具有确定的参量），不能如低频网络那样把端口引线视为连接线。其二是微波网络端口外接传输线的波阻抗 Z_o，它直接影响网络的工作特性，同时为了使网络理论具有普遍性，我们把网络端口参考面上的模式电压和模式电流对参考面外接传输线的波阻抗归一化。这样，网络方程中的参量即为归一化参量。其三是针对微波网络端口参考面的入射波与反射波问题，在微波网络理论中定义了散射参量和传输参量。参考面、归一化和散射参量为微波网络所特有。

微波网络参考面上的模式电压和模式电流可以相互表示，因而可写出不同形式的网络方程，从而得到不同的网络参量。这些不同的网络参量可以相互表示。不同的网络参量便于不同形式的网络组合的分析和综合。

（10）二端口微波网络是微波网络中最常见的网络结构，因为多数微波元件都具有输入、输出两个端口。二端口微波网络中重要和特殊的情况是可逆网络、无耗网络和对称网络，它们的网络参量具有以下的性质：

可逆网络：$Z_{12} = Z_{21}$，$Y_{12} = Y_{21}$，$A_{11}A_{22} - A_{12}A_{21} = 1$，$S_{12} = S_{21}$，$T_{11}T_{22} - T_{12}T_{21} = 1$；

对称网络：$Z_{11} = Z_{22}$，$Y_{11} = Y_{22}$，$A_{11} = A_{22}$，$S_{11} = S_{22}$，$T_{12} = -T_{21}$；

无耗网络：$Z_{ij} = jX_{ij}$，$Y_{ij} = jB_{ij}$ $(i, j = 1, 2)$，A_{11} 和 A_{22} 为实数，A_{12} 和 A_{21} 为虚数，$T_{11} = T_{22}^*$，$T_{12} = T_{21}^*$，$[S]^T[S^*] = [1]$。

这些特殊的二端口微波网络的性质，可使网络参量的独立参量数减小，大大简化了网络的分析与综合。

网络理论用以分析研究微波元件的最终目的，是求取网络的外特性参量。网络的外特性参量由网络参量特别是散射参量所决定。网络的外特性参量有如下几种（以二端口微波网络为例）：

电压传输系数：$T = S_{21}$；

插入衰减：$L = \dfrac{1}{|S_{21}|^2} = L_1 \cdot L_2 = \dfrac{1-|S_{11}|^2}{|S_{12}|^2} \cdot \dfrac{1}{1-|S_{11}|^2}$；

插入相移：$\theta = \varphi_{21}$；

输入驻波比：$\rho = \dfrac{1+|S_{11}|}{1-|S_{11}|}$。

习 题 四

4-1 微波元件完成哪些功能？微波元件是怎样构成的？为什么微波波段不可以用集总参数元件？

4-2 用半径 2 cm 的圆截面波导做截止波导衰减器，若使波长为 10 cm 的信号幅值衰减 20 dB，圆截面波导的长度应是多少？

4-3 用圆截面波导做截止波导衰减器，信号频率为 10 GHz，要求经过 10 cm 长度的波导使信号幅值衰减 80 dB，求波导的直径。

4-4 微波元件通常是由传输线的结构突变来实现的，但是为什么很多元件往往采取渐变过渡方式（如吸收式衰减器的吸收片做成尖劈状结构，矩形截面波导——圆截面波导转接器做成横截面渐变结构等）？

4-5 在微波元件中欲建立起所要求的传输模（模式转换）或谐振模，要遵循什么基本原则？

4-6 微波元件接入系统时除了完成它自身的功能（作用）外，还要考虑哪些附加的因素和后果？

4-7 定向耦合器为什么要做成四端口元件而不做成三端口元件？定向耦合器实现定向耦合一般是通过什么原理实现的？使用时为什么定向耦合器的隔离端总要接上匹配负载？

4-8 对单阶梯阻抗变换器实现匹配作用作出物理解释。利用补偿原理说明多阶梯阻抗变换器（相应的多孔或多分支定向耦合器）拓宽工作频带的道理。

4-9 图示的以矩形截面波导为馈线的天线馈电系统，作为负载的喇叭天线的输入导纳 $Y_L = G_L + \mathrm{j}B_L$，波导的波阻抗为 Z_0，用二螺钉调配器实现匹配。

(1) 在圆图上标示调配过程；

(2) 在圆图上标示相对于 N 点的匹配盲区；

(3) 匹配盲区的大小与哪些因素有关？螺钉间的距离是大些好还是小些好？

(4) 提出克服盲区的对策。

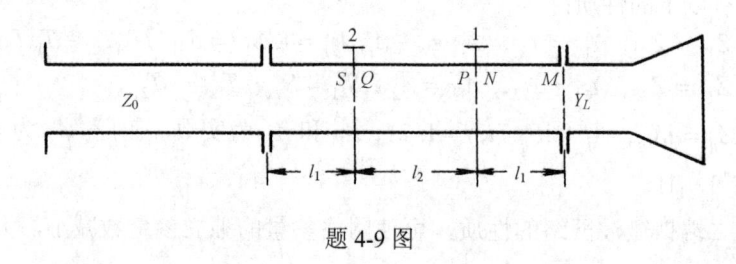

题 4-9 图

4-10 角柱腔的尺寸为 $a = 5\,\mathrm{cm}$，$b = 3\,\mathrm{cm}$，$c = 6\,\mathrm{cm}$，工作模式为 TE_{101} 模，求谐振波长 λ_0 是多少？

4-11 工作于 TE_{011} 模的圆柱腔其 $\left(\dfrac{D}{l}\right)^2 = 1.5 \sim 3$，求其谐振频率的调谐范围，在此频率范围内还会出现哪些干扰模式？

4-12 谐振腔与外界传输线怎样实现耦合？在谐振腔的耦合（激励）实现中要考虑哪些因素？为什么谐振腔与外接传输线建立耦合后会对其品质因数产生影响？

4-13 铁氧体材料在恒定磁场和微波电磁场的作用下，具有什么样的物理性质？简述微波铁氧体场移式隔离器与谐振式隔离器实现不可逆传输特性的原理。

4-14 微波网络理论在低频网络理论的基础上作了哪些发展？写出微波网络的散射方程并说明二端口微波网络散射参量[S]的物理意义。

4-15 分别求出如下二端口网络系统的网络参量：

(1) 图（a）电路的阻抗参量；

(2) 图（b）电路的导纳参量；

(3) 图（c）所示一段 l 长无耗传输线的转移参量。

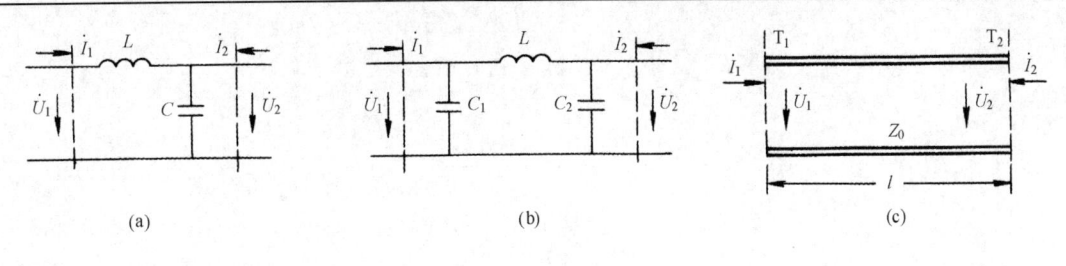

题 4-15 图

4-16 已测知二端口微波网络的散射参量矩阵为

$$[S]=\begin{bmatrix} 0.2e^{j270°} & 0.98e^{j180°} \\ 0.98e^{j180°} & 0.2e^{j270°} \end{bmatrix}$$

求此二端口微波网络的电压传输系数 T、插入相移 θ、插入衰减 L 及输入驻波比 ρ。

4-17 已知二端口微波网络的转移参量矩阵为

$$[A]=\begin{bmatrix} 0 & jZ_0 \\ \dfrac{j}{Z_0} & 0 \end{bmatrix}$$

两端口参考面外接传输线的波阻抗均为 Z_0,求此网络的散射参量 $[S]$、电压传输系数 T 及输入驻波比 ρ。

4-18 简要说明什么是可逆网络,什么是对称网络,什么是无耗网络?以二端口微波网络为例说明可逆、对称及无耗网络的网络参量各具什么样的性质?

4-19 微波网络的阻抗参量 $[\tilde{Z}]$、导纳参量 $[\tilde{Y}]$ 及转移参量 $[\tilde{A}]$,各适合于什么样的组合网络的分析和化简?

4-20 试由微波网络的转移参量 $[\tilde{A}]$ 导出散射参量 $[S]$。

4-21 举一实际例子说明微波网络参考面的移动对网络参量的影响。

下 篇

天线基本原理与技术

提要： 无线电信是以辐射传播的电磁波作为信息的载体而实现的通信。在无线电信的实现中，天线具有至关重要的作用：在发送端天线把载有信息的导行电磁波转换为辐射电磁波；在接收端则完成相反的过程，即把载有信息的辐射电磁波转换为导行电磁波。也就是说，天线完成导行电磁波与辐射电磁波的相互转换。就天线本身而言，它是由传输线演变而成的。

无论是理论上还是工程实际中，天线问题的核心则是求取辐射电磁波在空间存在的规律，特别是求取其场量幅值的空间分布规律，这称之为天线的方向性。从易于理解和研究问题的方便考虑，研究辐射波的问题都是从辐射源的分布求其辐射场的分布，即分析研究发射天线的辐射问题。而其基本思想则是因辐射波传播的空间充斥线性媒质而适用叠加原理，因而求分布源（不同形状的天线及不同结构的天线阵列）的辐射问题就成为不同矢量方向、幅值及相位的矢量求和问题（空间中场的干涉）。这一基本思想贯穿天线理论的始终。基于电路理论中的互易定理，确立了发射天线与接收天线（或同一天线发射与接收状态时）电性能的关系，这样在分析并得出发射天线的结论和相关参量之后，也就得到了接收天线的基本参量。这也是我们不去基于电磁感应原理去专门分析接收天线并得出相应结果的原因所在。

本篇关于天线的基本原理与技术，共分为两部分（两章）来讨论。第一部分讲述天线问题的基本理论。通过对发射天线辐射场的分析，总结出天线方向性增强原理，进而导出求取天线方向函数、增益及阻抗等基本技术指标和参量的原理和方法。关于天线综合（由要求的方向图等技术指标求天线或天线阵列的结构）问题，则不作为本书的研究内容。

本篇的第二部分内容，则是依据天线的基本理论及不同频率的电磁波在自然环境中传播的规律，从工程应用的角度讨论各频率段的典型天线的构成及其基本性能。

第5章 天线理论基础

在以电磁波的辐射方式传送信息的无线电信系统中，天线是至关重要的环节。天线是辐射或接收电磁波的装置。因此，天线有完成由场源产生辐射电磁波的发射天线，也有从载有信息的电磁波中还原出原发信息的接收天线。或者说天线具有发射和接收两种工作状态。

显然，天线的问题首先是要分析研究发射天线所产生的辐射电磁波（辐射场）在空间的分布规律，这对实现不同目的的无线电信是非常重要的。例如，移动通信的基站天线应具有辐射最强方向沿地表且在水平方向上各方向辐射强度相同的辐射波分布。而对于点对点的无线电信，辐射波应具有"针状波束"的分布，这既节省了发射功率，同时也减少了对其他无线电信系统的干扰（连续波干扰）。求解发射天线的辐射场问题，属于电磁场理论中由已知场源分布求其场在空间的分布问题，符合人们分析研究问题的习惯和规律（顺向思维），因此我们讨论天线问题应从求解发射天线的辐射场入手并作为讨论的重点。至于接收天线问题，则是在研究发射天线的基础上，借助于电路理论中的互易定理建立天线发射与接收状态之间的关系而获得所需要的结果。由空间一点处电磁场的规律，即麦克斯韦方程的微分形式：

$$\begin{cases} \text{rot}\boldsymbol{H} = \boldsymbol{J} + \dfrac{\partial \boldsymbol{D}}{\partial t} \\ \text{rot}\boldsymbol{E} = -\dfrac{\partial \boldsymbol{B}}{\partial t} \\ \text{div}\boldsymbol{D} = \rho \\ \text{div}\boldsymbol{B} = 0 \end{cases}$$

可知，作为场源的存在形式有传导电流密度 $\boldsymbol{J}$、电荷密度 ρ（在时变的情况下，它是与 $\boldsymbol{J}$ 相关的），还有时变的电场 $\dfrac{\partial \boldsymbol{D}}{\partial t}$（位移电流密度）和时变的磁场 $\dfrac{\partial \boldsymbol{B}}{\partial t}$（对应于电场的情况，也可称之为位移磁流密度）。那么，流有时变电流的金属导线就是一种发射天线；而内有时变电场或时变磁场分布的口径面（如波导壁面上开槽、波导终端开口面等）也是一种发射天线形式。

从直观和更为具体的角度考虑，我们研究发射天线的辐射场分布问题，从载有时变电流的金属导线——线状天线入手。

5.1 电流元的辐射场

在 1.6 节我们讨论了流有正弦时变电流的电流元所产生的场。正弦时变是最基本并具有普遍意义的时变规律。线状天线可以看做是无穷多的电流元的连接组合，那么空间任一点处这无穷多电流元所产生的场之和（一般地说这是不同矢量方向、不同幅值和相位的矢量之和），就是该线状天线的场。这也正是我们研究电流元辐射场的意义所在。

电流元是为分析线状天线而设想的一个物理模型，它是一段具有微分长度、截面尺寸更小于其长度并流有正弦时变电流的天线微分段，这样在其长度范围内我们可以认为其电流的幅值和相位都是恒定的。电流元也称为**基本电振子**或**元电辐射体**，因为它是为研究线天线而抽象出来的天线最小构成单元。电流元也被称为**电偶极子**，因为在正弦时变电流的情况下，它相当于位于两端面位置上的一对电量相等极性相反且随时间极性交变的点电荷。

讨论天线辐射场问题宜采用球坐标系，图 5-1 就是把电流元置于球坐标系原点时，空间（球面上）任一点处其电磁场矢量的球坐标分量的表示。

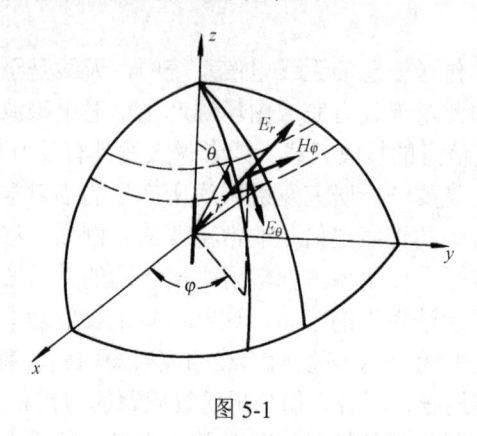

图 5-1

由式（1-101）及式（1-102）可得电流元在其周围空间区域产生的电磁波的表达式为

$$\begin{cases} \dot{E}_r = -\mathrm{j}\dfrac{\dot{I}\mathrm{d}l}{2\pi\omega\varepsilon}\cos\theta\left(\dfrac{1}{r^3}+\mathrm{j}\dfrac{\beta}{r^2}\right)\mathrm{e}^{-\mathrm{j}\beta r} \\ \dot{E}_\theta = -\mathrm{j}\dfrac{\dot{I}\mathrm{d}l}{4\pi\omega\varepsilon}\sin\theta\left(\dfrac{1}{r^3}+\mathrm{j}\dfrac{\beta}{r^2}-\dfrac{\beta^2}{r}\right)\mathrm{e}^{-\mathrm{j}\beta r} \\ \dot{H}_\varphi = \dfrac{\dot{I}\mathrm{d}l}{4\pi}\sin\theta\left(\dfrac{1}{r^2}+\mathrm{j}\dfrac{\beta}{r}\right)\mathrm{e}^{-\mathrm{j}\beta r} \end{cases} \quad (5\text{-}1)$$

可见其场量幅值与距离 r 的关系是很复杂的。我们分析天线的远区场（距离 $r \gg \lambda$ 的空间区域）——辐射场更具有实际意义。当场点至天线的距离 r 远远大于波长 λ 时，式（5-1）中与 $\dfrac{1}{r}$ 项比较，$\dfrac{1}{r^2}$ 及 $\dfrac{1}{r^3}$ 项均可略去，这样便得到电流元辐射场的足够精确的表达式即式（1-103）。可知，电流元辐射场只有 $\dot{E}_\theta$ 和 $\dot{H}_\varphi$ 两个场分量，它们相互垂直、相位相同，幅值与距离成反比，它们所构成的坡印廷矢量 $\boldsymbol{S}_{cp} = \mathrm{Re}\left[\dfrac{1}{2}\boldsymbol{E}\times\boldsymbol{H}^*\right] = \boldsymbol{a}_r\dfrac{1}{2}E_\theta H_\varphi$，即电磁波的能量向 r 方向传播。研究天线问题，应熟记电流元的辐射场表达式

$$\begin{cases} \dot{E}_\theta = \mathrm{j}\dfrac{\dot{I}\mathrm{d}l}{2\lambda r}\sqrt{\dfrac{\mu_0}{\varepsilon_0}}\sin\theta\,\mathrm{e}^{-\mathrm{j}\beta r} = \mathrm{j}\dfrac{60\pi\dot{I}\mathrm{d}l}{\lambda r}\sin\theta\,\mathrm{e}^{-\mathrm{j}\beta r} \\ \dot{H}_\varphi = \mathrm{j}\dfrac{\dot{I}\mathrm{d}l}{2\lambda r}\sin\theta\,\mathrm{e}^{-\mathrm{j}\beta r} \end{cases} \quad (5\text{-}2)$$

下面我们可根据式（5-2）来进一步分析电流元产生的远区场即辐射场的一些性质：

（1）电流元辐射场的电场与磁场空间方向正交（相互垂直），且垂直于波的传播方向；它们在时间上同相位；幅值比为 $\eta = \dfrac{E_\theta}{H_\varphi} = \sqrt{\dfrac{\mu_0}{\varepsilon_0}} = 120\pi\,\Omega$ ——辐射波的波阻抗。这样当电流元在

空间任一位置处的辐射场的电场 $\dot{E}_\theta$ 为已知时，这一点处的磁场 $\dot{H}_\varphi$ 的方向、幅值和相位也就确定了。

（2）电流元辐射场的相位随 r 的增大而不断滞后，其等相位面是以 r 为半径的球面，即电流元的辐射波是球面波。在 r 值极大的局部空间区域，电流元的辐射波可近似为平面波而且是 TEM 波。

（3）辐射波的强度即场量的幅值 E_θ 或 H_φ 与比值 $\dfrac{\mathrm{d}l}{\lambda}$ 正比。就是说载流导线即天线的长度（这里是 dl）能与波长相比拟时才能产生有效的辐射。这就告诉我们，一般地说天线的工作频率越高其尺寸越小；低频信号难于建立有效的辐射，因为难于构造与其波长尺寸相当的天线。因此，在无线电信中对所欲传送的信号进行频谱搬移（调制），不只是为了信道复用，也是为了实现有效的辐射。

（4）电流元辐射场的幅值 E_θ（或 H_φ）具有方向性，即电流元向不同空间方向辐射电磁波的强度不同。由式（5-2）可知，电流元辐射场的幅值在 r 确定的情况下与方位角 φ 无关（从对称关系考虑这是不难理解的），与俯仰角 θ 有关。我们把天线辐射场表达式中幅值与方向有关的因子定义为天线的**方向函数**，记做 $F(\theta,\varphi)$。那么电流元的方向函数为

$$F(\theta,\varphi) = \sin\theta \tag{5-3}$$

方向函数的图像就是天线的**方向图**，方向图更直观形象地表示出天线辐射的方向性。图 5-2(a) 和(b)分别是用直角坐标（即标高图）和用极坐标做出的电流元的方向图。前者因角度坐标不受限而可以细化，后者则更为形象和直观地表示辐射的方向性。在天线理论分析中更多的是采用极坐标方向图。

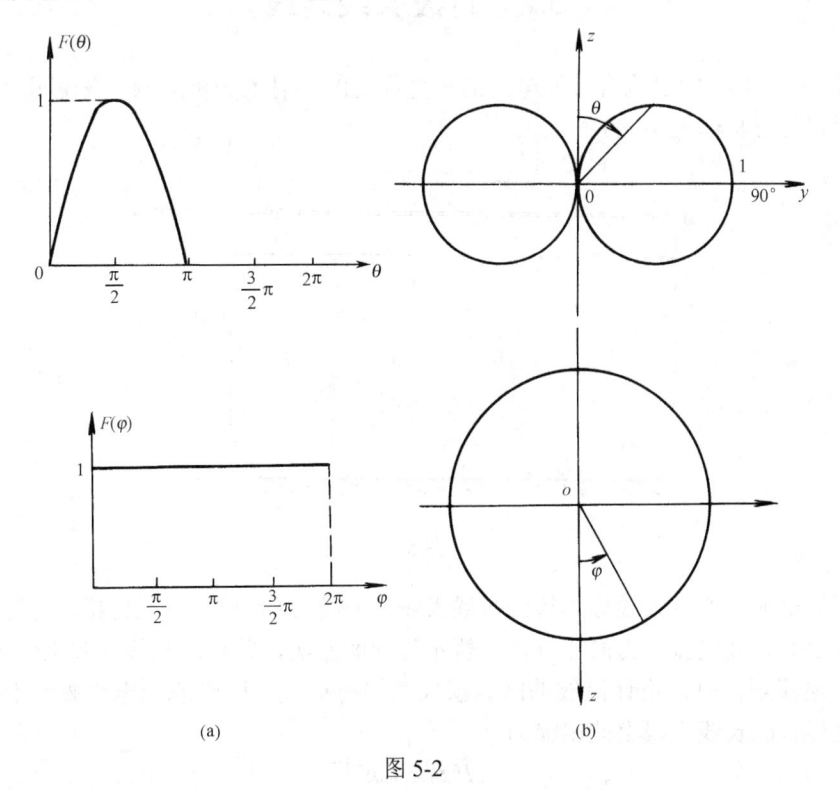

(a)

(b)

图 5-2

图 5-3 则是电流元的三维（全景）极坐标方向图，要指出的是三维方向图形象直观，但对于复杂天线是很难绘制的。

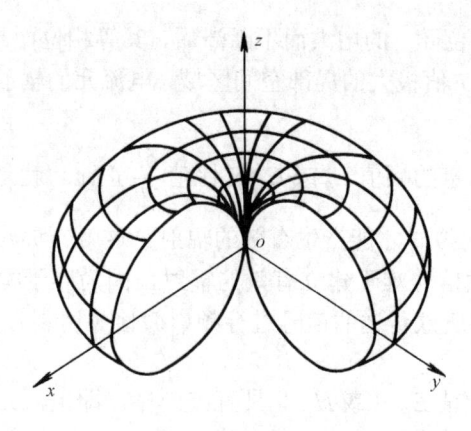

图 5-3

我们把天线辐射最强的方向定义为天线的**主向**，也就是天线方向函数为最大值的方向。电流元的主向为 $\theta_m = 90°$，即与电流元轴线垂直的方向。由于电流元的辐射场为旋转对称分布，因此其主向不是单一方向而是环绕电流元轴线一周与其轴线垂直的所有方向。显然，若电流元垂直于地面（暂不考虑地面的影响），它的方向图则与广播发射天线、电视发射天线及移动通信基站天线所要求的方向图大体上是吻合的。

5.2 行波长线天线

如图 5-4 所示，我们以流有行波电流的长直导线的辐射场分析为例，来说明电流元是怎样应用于线天线的分析研究中的。

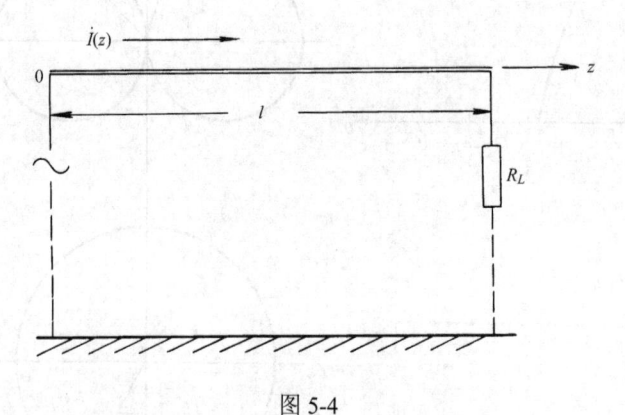

图 5-4

载有行波电流的长直天线称为**行波长线天线**，令线长 l 长可与波长比拟，线终端接匹配负载以保证线上为行波电流。为简化分析，暂不计地面影响，即行波长线天线工作于自由空间；在确定线上电流规律时，不计沿线的欧姆损失和辐射损失，即沿线长电流幅值不变而只有相位滞后。这样行波长线天线上的电流为

$$\dot{I}(z) = \dot{I}_0 e^{-j\beta z} \tag{5-4}$$

其相移常数 β 与自由空间中电磁波的相移常数相同。

把行波长线天线看做是无穷多的电流元沿天线轴线连接而成，如图 5-5。取线上任一位置 z 处的 dz 线段，我们把它看做电流元（在 dz 内线上电流幅值、相位均为恒定），它在空间任一点 p 处产生的辐射场（这里只写出电场记做 $d\dot{E}_\theta$，而无须再写出磁场）为

$$d\dot{E}_\theta = j\frac{60\pi \dot{I}(z)dz}{\lambda r}\sin\theta e^{-j\beta r} \tag{5-5}$$

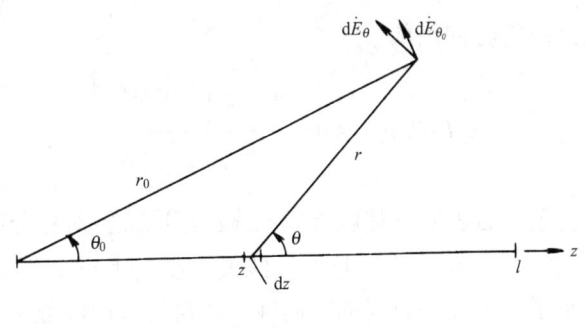

图 5-5

整个 l 长天线中无穷多个这样的电流元都要在 p 点处产生各自的辐射场，它们叠加的结果就是整个行波长线天线的辐射场。

现在我们以行波长线天线的始端为基准并取一电流元 dz，考察它与前面我们在天线上任取的电流元 dz 在空间 p 点产生的辐射场的叠加。

首先，它们到场点 p 的距离不同（r_0 与 r），观察线与天线轴线 z 的夹角不同（θ_0 与 θ），因此它们在 p 点产生的辐射场 $d\dot{E}_{\theta_0}$ 与 $d\dot{E}_\theta$ 的矢量方向、幅值和相位也不同，但是 $d\dot{E}_{\theta_0}$ 与 $d\dot{E}_\theta$ 的叠加是在由 z，r_0 与 r 确定的平面上的矢量求和。考虑到 r_0 与 r 都很大（$r \gg \lambda$），我们有理由认为 r_0 与 r 平行，这样 $\theta = \theta_0$，因此 $d\dot{E}_{\theta_0}$ 与 $d\dot{E}_\theta$ 的方向一致，矢量求和就变为标量求和。显然这种近似是足够精确的。那么整个 l 长天线上所有的电流元在 p 点产生的辐射场的求和就简化为标量求和了。

其次，因各电流元到场点 p 的距离 r 不同，但是这种差异对各电流元辐射场的幅值影响是可以不计的（因为 r 很大），但是不同位置处的电流元的辐射场相位因 r 不同引起的差异是不能忽略的。因此，场点 p 处各电流元辐射场的求和应是等幅而不同相位的场量之和——复数和。由于我们把天线全长 l 看做是无穷多连接电流元的组合，因此场点 p 处天线的辐射场应是如下积分

$$\dot{E}_\theta = \int_0^l d\dot{E}_\theta = \int_0^l j\frac{60\pi \dot{I}(z)dz}{\lambda r_0}\sin\theta e^{-j\beta r}$$

相位因子中的 r 由几何关系可表示为

$$r = r_0 - z\cos\theta \tag{5-6}$$

因此有：

$$\begin{cases}\dot{E}_\theta = \int_0^l j\dfrac{60\pi \dot{I}_0}{\lambda r}\sin\theta\, e^{-j\beta r_0} e^{-j\beta z(1-\cos\theta)}dz = j\dfrac{60\pi l \dot{I}_0}{\lambda r_0}\sin\theta\dfrac{\sin\left[\dfrac{\beta l}{2}(1-\cos\theta)\right]}{\dfrac{\beta l}{2}(1-\cos\theta)}e^{-j\beta\left[r_0+\dfrac{l}{2}(1-\cos\theta)\right]}\\ \dot{H}_\varphi = \dfrac{\dot{E}_\theta}{120\pi}\end{cases}$$

(5-7)

从中可以得出行波长线天线的方向函数

$$F(\theta,\varphi) = \sin\theta\dfrac{\sin\left[\dfrac{\beta l}{2}(1-\cos\theta)\right]}{\dfrac{\beta l}{2}(1-\cos\theta)} \tag{5-8}$$

所得方向函数与 φ 无关，这表明它是以天线轴线为基准旋转对称分布，这是不难理解的。方向函数在 $\theta=0°,180°$ 方向为零值，表示行波长线天线在天线长度方向（轴线）上无辐射，这也不难理解，这是继承了电流元辐射场的方向性。所得的方向函数是一个多零、极点函数，天线长 l 作为一个参量直接影响行波长线天线的方向函数，当 l 值越大时方向函数的零、极点越多，而主向越向轴线靠拢。图 5-6 所示为 $l = \lambda, 1.5\lambda, 3\lambda, 6\lambda$ 的行波长线天线的方向图。行波长线天线的主向与天线轴线的夹角 θ_m 与天线长 l 的关系可用如下公式求算：

$$\theta_m = \arccos(1-\dfrac{\lambda}{2l}) \tag{5-9}$$

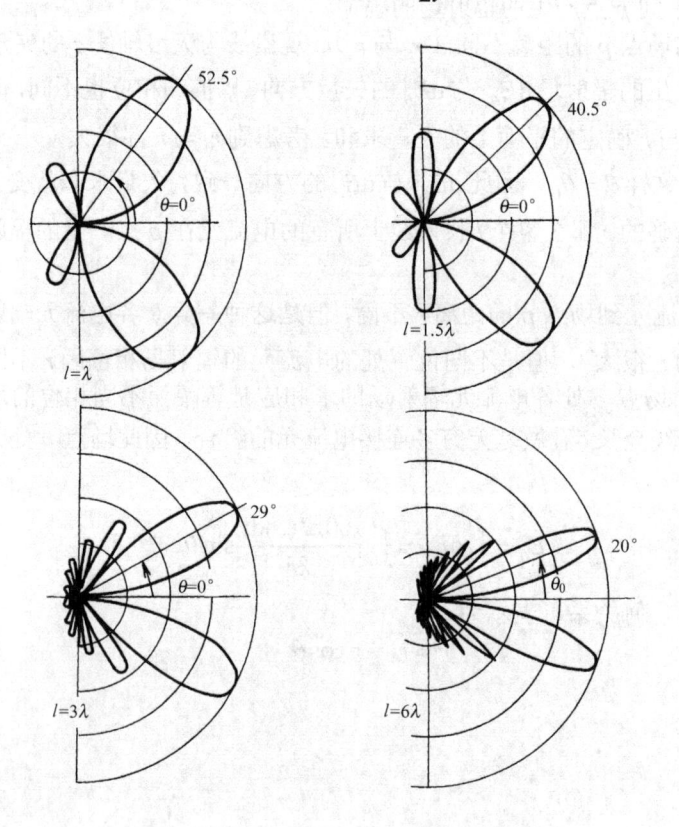

图 5-6

画出曲线如图 5-7 所示,图中横轴坐标为行波长线天线长,纵轴坐标为主向与天线轴线夹角 θ_m。

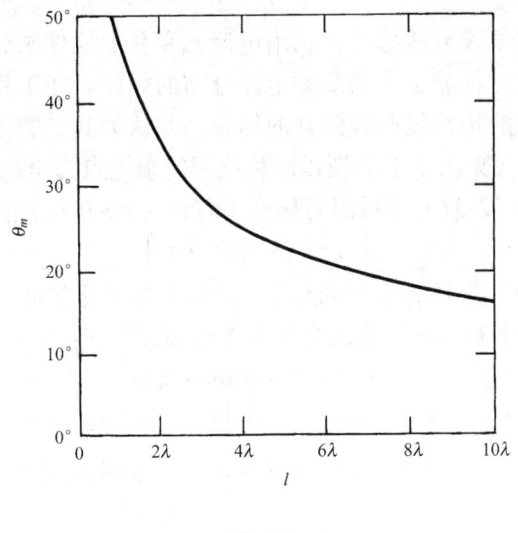

图 5-7

行波长线天线可作为独立的天线使用,工作于地面架设高度一定的行波长线天线称为**贝佛拉奇(Beverage)天线**。它也可以作为其他实用天线的组成部分,如**行波 V 形天线**和**菱形天线**等就可看做是由行波长线天线所构成的。

从本节对行波长线天线的分析中,可以看出电流元这一辐射物理模型的重要作用。我们可以把任何形状的天线看做是无穷多个电流元的有序连接来进行分析研究,从而得出该天线的辐射特性,这是天线理论研究中的一个非常重要和实用的方法。它充分地体现了天线理论中分布元的辐射场在空间叠加(干涉)这一基本思想。

5.3　自由空间中的对称振子天线

两段长度相同、截面相同且均匀的长直导线,在中间两个端点间馈以高频电流,这就构成了**对称振子**,如图 5-8 所示。振子,是我们中国人对它的称谓,就是产生电磁波的**电磁扰动**之意。

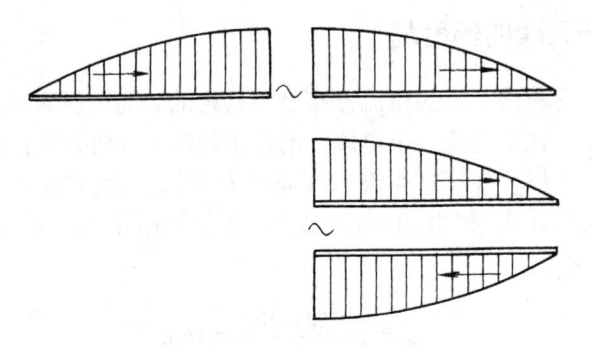

图 5-8

5.3.1 对称振子上的电流

我们仍然如分析行波长线天线那样，利用电流元和叠加原理来分析对称振子天线的辐射特性。为此必须首先确定对称振子上的高频电流分布的规律。在工程上采取近似的方法，把对称振子看成是终端开路的传输线两线张开的结果，并认为其上的电流分布规律仍和张开前的终端开路线的规律一样（见图 5-8）。现以对称振子的馈电点为坐标原点（参照图 5-10），由终端开路线上电流分布式（2-37）可写出对称振子右臂（$z>0$）上的电流表达式：

$$\dot{I}(z) = \dot{I}_n \sin[\beta(l-z)]$$

对称振子左臂（$z<0$）张开前其上电流与右臂反相位（反方向），张开后空间方向上电流方向与右臂相同，这样整个对称振子上的电流分布可写成下式：

$$\dot{I}(z) = \dot{I}_n \sin[\beta(l-|z|)] \tag{5-10}$$

式中，$\dot{I}_n$ 是波腹电流，l 为对称振子一臂长，相移常数 $\beta = 2\pi/\lambda$ 与自由空间辐射波的相移常数相同。图 5-9 为对称振子一臂为不同长度时对称振子上的电流分布，图中细实线为 $l=\lambda/4$，虚点线为 $l=\lambda/2$，等等。

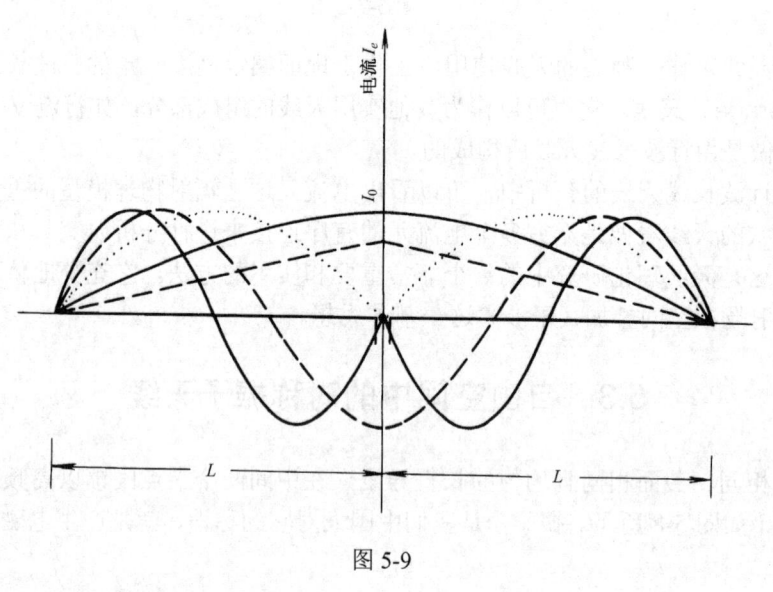

图 5-9

5.3.2 对称振子天线的辐射场

由以上分析可知，对称振子上的电流分布是不均匀的。为分析对称振子天线的辐射特性，我们同样地把对称振子看做是无穷多个电流元沿振子轴线 z 方向有序排列连接而成，如图 5-10 所示。在对称振子两臂上取对称位置 z 和 $-z$ 处的一对电流元 $\mathrm{d}z_1$ 和 $\mathrm{d}z_2$，由于对称振子结构及电流分布的对称性，电流元 $\mathrm{d}z_1$ 和 $\mathrm{d}z_2$ 的电流幅值、相位是相同的，它们在空间任一点 p 处的辐射场分别为 $\mathrm{d}\dot{E}_{\theta 1}$ 和 $\mathrm{d}\dot{E}_{\theta 2}$：

$$\begin{cases} \mathrm{d}\dot{E}_{\theta 1} = \mathrm{j}\dfrac{60\pi \dot{I}(z)\mathrm{d}z_1}{\lambda r_1} \sin\theta_1 \mathrm{e}^{-\mathrm{j}\beta r_1} \\ \mathrm{d}\dot{E}_{\theta 2} = \mathrm{j}\dfrac{60\pi \dot{I}(z)\mathrm{d}z_2}{\lambda r_2} \sin\theta_2 \mathrm{e}^{-\mathrm{j}\beta r_2} \end{cases} \tag{5-11}$$

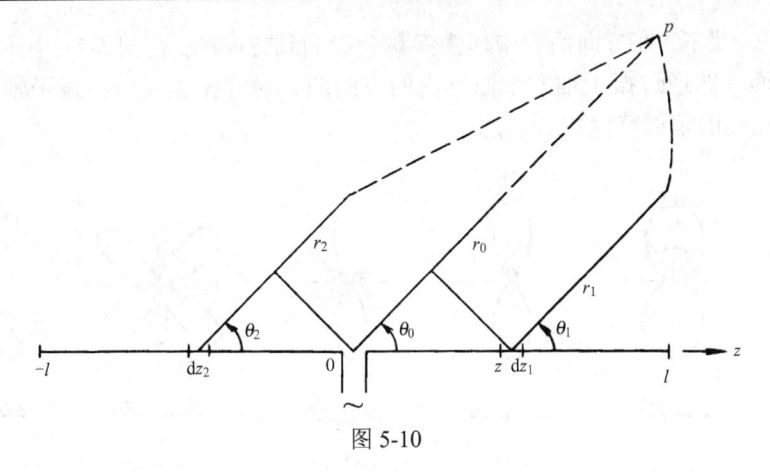

图 5-10

$\mathrm{d}\dot{E}_{\theta 1}$ 和 $\mathrm{d}\dot{E}_{\theta 2}$ 在 p 点的叠加,是在观察线 r_1,r_2 和振子轴线 z 所构成的平面内的两矢量求和。考虑到 r_1,r_2 都很大,可以认为它们平行,这样 $\mathrm{d}\dot{E}_{\theta 1}$ 和 $\mathrm{d}\dot{E}_{\theta 2}$ 即为矢量方向相同的**共线矢量**,矢量求和则简化为标量和。而且因为 $r_1 // r_2$,$\theta_1 = \theta_2 = \theta$;对称位置的电流元长度一样即 $\mathrm{d}z_1 = \mathrm{d}z_2 = \mathrm{d}z$;在场量叠加时 r_1,r_2 的差异对场量幅值的影响可以忽略不计(均取 r_0),但对场量相位的影响则必须考虑。以对称振子原点的观察线 r_0 为基准,则有

$$\begin{cases} r_1 = r_0 - |z|\cos\theta \\ r_2 = r_0 + |z|\cos\theta \end{cases} \tag{5-12}$$

于是我们可以得到对称振子两臂对称位置的电流元在空间任一点 p 处的辐射场叠加的结果 $\mathrm{d}\dot{E}_\theta$:

$$\begin{aligned} \mathrm{d}\dot{E}_\theta &= \mathrm{d}\dot{E}_{\theta 1} + \mathrm{d}\dot{E}_{\theta 2} \\ &= \mathrm{j}\frac{60\pi \dot{I}_n \sin[\beta(l-|z|)]\mathrm{d}z}{\lambda r_0}\sin\theta\,[\mathrm{e}^{-\mathrm{j}\beta r_1} + \mathrm{e}^{-\mathrm{j}\beta r_2}] \\ &= \mathrm{j}\frac{120\pi \dot{I}_n \sin[\beta(l-|z|)]\mathrm{d}z}{\lambda r_0}\sin\theta\cos(\beta|z|\cos\theta)\mathrm{e}^{-\mathrm{j}\beta r_0} \end{aligned} \tag{5-13}$$

对称振子天线在空间任一点 p 处的辐射场,应是构成它的无穷多电流元在 p 点辐射场的叠加结果(矢量积分,积分时 r_0 为常数),即

$$\begin{cases} \dot{E}_\theta = \int_0^l \mathrm{d}\dot{E}_\theta = \mathrm{j}\dfrac{60\dot{I}_n}{r_0}\cdot\dfrac{\cos(\beta l\cos\theta) - \cos\beta l}{\sin\theta}\mathrm{e}^{-\mathrm{j}\beta r_0} \\ \dot{H}_\varphi = \dfrac{\dot{E}_\theta}{120\pi} \end{cases} \tag{5-14}$$

从中可以得到对称振子天线的方向函数

$$F(\theta,\varphi) = \frac{\cos(\beta l\cos\theta) - \cos\beta l}{\sin\theta} \tag{5-15}$$

式中,θ 为以对称振子的轴线为基准的角度,l 为对称振子的一臂长,$\beta = 2\pi/\lambda$ 为相移常数。

对称振子天线的方向函数与方位角 φ 无关,这表明其方向图是以振子轴线为基准的旋转对称图形,这是由对称振子的结构所决定的,因而对称振子天线的辐射场分布是旋转对称分布

的。对称振子的一臂长 l 在方向函数中作为参量会影响到方向图。在图 5-11 中示出不同臂长的对称振子**子午面**（即通过振子轴的平面）内的方向图。对称振子天线在振子轴线方向上零辐射，这是与电流元的辐射特性相一致的。

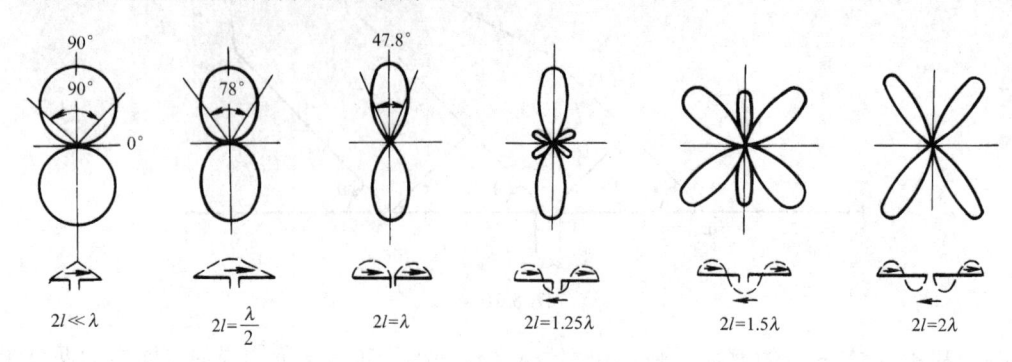

图 5-11

对称振子天线是线状天线中的最基本的单元天线，其中 $2l = \lambda/2$ 的**半波振子天线**和 $2l = \lambda$ 的**全波振子天线**应用最为广泛。对称振子天线既可作为独立的天线使用，又是复杂**天线阵列**的组成单元，它的其他特性我们在本书后面的相关部分还要进行讨论。

从对对称振子天线辐射场的分析中，我们再次看到电流元和场量空间叠加的分析方法对于研究天线辐射问题的重要作用。同时我们还看到分析天线的辐射问题，运用上述方法必须首先确定天线上的高频电流的分布规律——它直接影响到天线的辐射特性。

5.4 发射天线的电特性参量

通过对电流元、行波长线天线和对称振子天线的分析，使我们对天线辐射问题有了初步和具体的认识，在此基础上我们来定义和讨论发射天线的电特性参量（以下简称天线特性参量）。天线特性参量是评价天线技术性能，和定量分析研究、选择及设计天线的依据。

5.4.1 天线的方向性特性参量

天线的方向性，直接反映天线辐射场的幅值或辐射功率的空间分布，无疑这是天线最重要的特性参量。

方向函数　天线方向性的数学表示，就是天线的辐射强度与空间坐标之间的函数关系，称为方向函数，因此有**场强（幅值）方向函数** $F(\theta,\varphi)$ 和**功率方向函数** $P(\theta,\varphi)$。我们已经定义天线的场强方向函数 $F(\theta,\varphi)$ 是天线辐射场表达式的幅值中与方向（仰俯角 θ、方位角 φ）有关的因子。

天线的功率方向函数 $P(\theta,\varphi)$ 可由 r 方向的（辐射波传播方向）坡印廷矢量与方向的关系求得。对于天线的辐射场我们只考虑横向场分量，因为只有它们才能构成 r 方向的坡印廷矢量，对于正弦时变场

$$S_r = \frac{1}{2}\mathrm{Re}\left[\dot{E}_T \times \overset{*}{H}_T\right] = \frac{1}{2}\mathrm{Re}\left[\dot{E}_\theta \overset{*}{H}_\varphi - \dot{E}_\varphi \overset{*}{H}_\theta\right]$$

而由平面电磁波的关系式（1-117）、式（1-120）、式（1-122）及式（1-123）可知

$$\dot{H}_\varphi = \frac{\dot{E}_\theta}{\eta}$$

$$\dot{H}_\theta = -\frac{\dot{E}_\varphi}{\eta}$$

式中，η 为自由空间中电磁波的波阻抗，$\eta = 120\pi\Omega$。因此，

$$S_r = \frac{1}{2\eta}[\ |\dot{E}_\theta|^2 + |\dot{E}_\varphi|^2\ ]$$

即天线的功率方向函数正比于场强方向函数的平方：

$$P(\theta,\varphi) = |F(\theta,\varphi)|^2 \tag{5-16}$$

天线的场强方向函数 $F(\theta,\varphi)$ 和功率方向函数 $P(\theta,\varphi)$，分别表示在以天线为中心距天线 r 远的球面各点上辐射场的幅值和功率密度的相对比较。

方向图　方向函数的图像就是天线的方向图。前面已经说到天线的方向图可采用标高图（把球面扯成平面的直角坐标图）和极坐标图的方式。图 5-12 及前面的图 5-3 分别是天线的标高图形式和极坐标形式的三维方向图。三维方向图形象、直观，尤其是三维极坐标方向图的方向感与空间实际完全一致。但对于工程实际应用，我们常是做出天线在几个主要平面上的方向图（三维方向图的特定剖面图），这样已经足够表示天线的方向性和给出必要和有用的数据，同时也大大减少了绘制天线方向图的工作量。

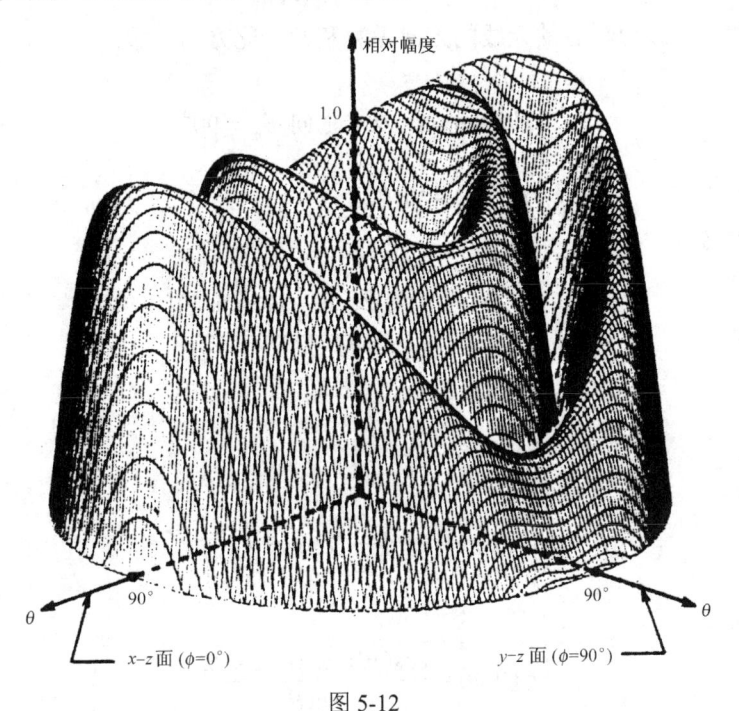

图 5-12

图 5-13（a）所示为极坐标形式的半波振子三维方向图，图 5-13（b）所示为十元均匀端射阵（$d = \lambda/4$，$\varphi_i = \beta d$——实线，$\varphi_i = -\beta d$——虚线）阵函数在其子午平面上的方向图。

(a)

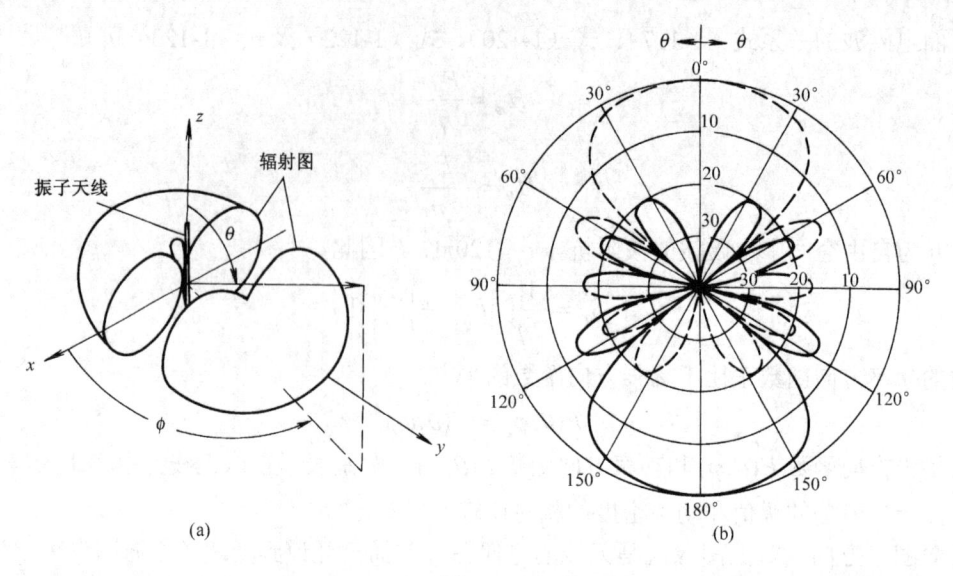

(b)

图 5-13

归一化方向函数 为了对不同天线按同一尺度进行方向性的比较，把天线的方向函数对其最大值归一化，即

$$f(\theta,\varphi) = \frac{F(\theta,\varphi)}{F_m(\theta,\varphi)} \tag{5-17}$$

下面列出我们已经分析过的天线的方向函数和归一化方向函数。

电流元

$$\begin{cases} F(\theta,\varphi) = \sin\theta, \quad 主向 \ \theta_m = 90° \\ f(\theta,\varphi) = \sin\theta \end{cases} \tag{5-18}$$

行波长线天线

$$\begin{cases} F(\theta,\varphi) = \dfrac{\sin\theta \sin[\dfrac{\beta l}{2}(1-\cos\theta)]}{\dfrac{\beta l}{2}(1-\cos\theta)} \\ \cos\theta_m \approx (1-\dfrac{\lambda}{2l}) \\ f(\theta,\varphi) \approx \sin[\dfrac{\beta l}{2}(1-\cos\theta)] \end{cases} \tag{5-19}$$

对称振子天线

$$\begin{cases} F(\theta,\varphi) = \dfrac{\cos(\beta l \cos\theta) - \cos\beta l}{\sin\theta} \\ 当 \dfrac{l}{\lambda} \leq 0.65 时, \quad \theta_m = 90° \\ f(\theta,\varphi) = \dfrac{\cos(\beta l \cos\theta) - \cos\beta l}{\sin\theta(1-\cos\beta l)} \end{cases} \tag{5-20}$$

对称振子天线中两种最常应用的情况为半波振子和全波振子。

半波振子（$2l = \dfrac{\lambda}{2}$）

$$\begin{cases} F(\theta,\varphi) = \dfrac{\cos\left(\dfrac{\pi}{2}\cos\theta\right)}{\sin\theta} \\ 主向 \quad \theta_m = 90° \\ f(\theta,\varphi) = \dfrac{\cos\left(\dfrac{\pi}{2}\cos\theta\right)}{\sin\theta} \end{cases} \quad (5\text{-}21)$$

全波振子（$2l = \lambda$）

$$\begin{cases} F(\theta,\varphi) = \dfrac{\cos[\pi\cos\theta]+1}{\sin\theta} \\ 主向 \quad \theta_m = 90° \\ f(\theta,\varphi) = \dfrac{\cos[\pi\cos\theta]+1}{2\sin\theta} \end{cases} \quad (5\text{-}22)$$

主向、主瓣、副瓣电平 对于天线的方向图也规定了一些参量。天线的方向图通常都是零极点相间的圆滑曲线，我们把其相邻两零点间的曲线部分称为**波瓣**，这对于极坐标形式的方向图就更为形象，如图 5-14 所示。把天线辐射最强方向即主向所在的波瓣称为**主瓣**（或称**波束**），显然它界定了天线辐射最强的空间区域。主瓣以外的其余波瓣统称为**副瓣**或**旁瓣**，把主向场强与副瓣中的最大场强之比用分贝表示，定义为**副瓣电平**，记做 L_s（或 SLL dB）：

$$L_s = 20\lg\dfrac{F_m(\theta,\varphi)}{F_e(\theta,\varphi)} = -20\lg f_e(\theta,\varphi) \quad (5\text{-}23)$$

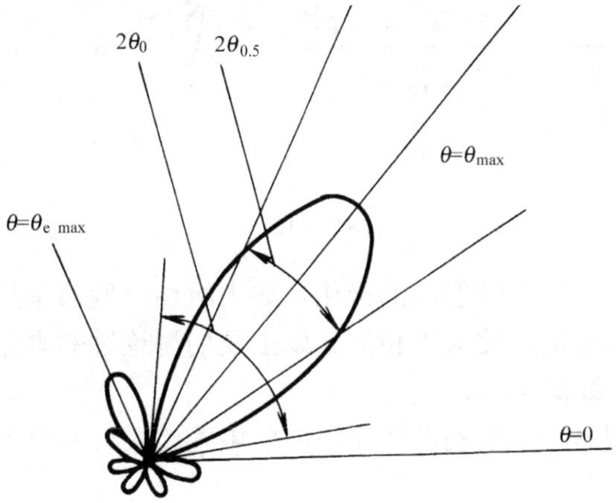

图 5-14

主瓣宽度 主向向两侧辐射场强下降为主向时值的 $\sqrt{2}/2$ 的方向界定的夹角定义为主瓣宽度，记做 $2\theta_{0.5}$，因为它是主瓣半功率点间的夹角。天线方向图的主瓣宽度 $2\theta_{0.5}$ 定量地反映了天线主向上辐射场集束的程度。

主瓣张角 主向两侧主瓣零辐射方向间的夹角定义为主瓣张角，记做 $2\theta_0$。

某些天线主向不只一个方向，主瓣也就不只一个，把所用主瓣之外的主瓣称为**栅瓣**。

5.4.2 天线辐射波的极化

极化一般是指在给定方向上天线辐射波电场的矢量方向。一般的天线辐射波因在远区且只有横向场分量，可视为电磁波的电场和磁场都是在一个平面内的平面波。我们定义辐射波主向的电场矢量方向为天线辐射波的极化方向。

若辐射波的电场矢量端点的轨迹为直线，则称为**线极化**。图 5-15（a）所示为线极化中以地面为参照系的垂直极化和水平极化。天线辐射波的极化与电磁场理论中关于波的极化的定义（见本书 1.8 节）是完全一致的。天线辐射波的极化除了线极化还有**圆极化**和**椭圆极化**，即辐射波电场矢量端点随时间变化的轨迹分别为圆或椭圆。按右手螺旋规则，若旋向轨迹与波的传播方向符合右手螺旋关系，则为右旋圆极化或右旋椭圆极化波。图 5-15（b）、（c）则是波的传播方向指向读者时，右旋圆极化和右旋椭圆极化波，及左旋圆极化和左旋椭圆极化波。图 5-15（d）则是右旋圆极化和水平极化波的时空图。

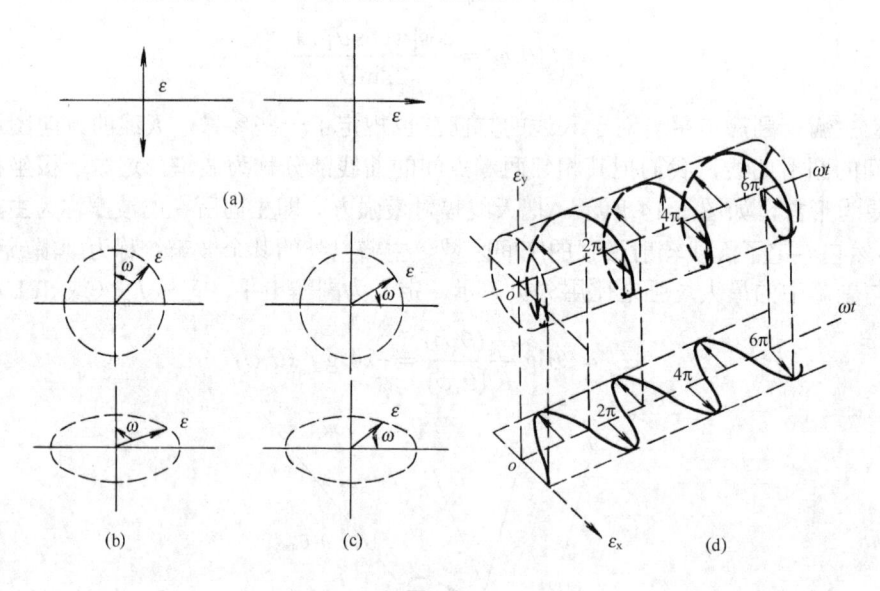

图 5-15

天线的极化是在确定方向上辐射波的极化，如上所述一般都是指天线主向上的极化。某些天线在不同方向上辐射波的极化大不相同。以上我们讨论过的电流元、行波长线天线和对称振子天线的辐射波都是线极化的。

极化对于天线的应用是很重要的，在无线电信中发、收天线显然要主向对准，极化方向一致。

5.4.3 天线的辐射功率与辐射电阻

天线辐射出去电磁波不再能返回的耗散功率即为天线的**辐射功率**，记做 P_r。从电磁能守恒的角度上说，输入到天线上的功率 P_{in} 应等于天线的辐射功率 P_r 与天线导体上的损耗功率（线损）P_l 之和，即

$$P_{in} = P_r + P_l \tag{5-24}$$

那么天线效率即为

$$\eta = \frac{P_r}{P_{in}} \times 100\% \tag{5-25}$$

天线的辐射功率显然应是包围该天线的闭合面的电磁功率流的总和。这样在已求得天线辐射场的数学表达式之后，便可以用天线辐射波的坡印廷矢量在包围天线的闭合面上的积分求得。当然该闭合面内媒质应无损耗，闭合面内不存在其他辐射源，同时为避免天线近区束缚场的影响，闭合面应取到远区。为了简化积分，积分的闭合面通常取以天线为中心半径 r 足够大的球面，如图 5-16 所示。这样

$$P_r = \oint \boldsymbol{S}_{cp} \cdot \mathrm{d}\boldsymbol{s} = \oint_s \mathrm{Re}\left[\frac{1}{2}\boldsymbol{E} \times \boldsymbol{H}^*\right]\mathrm{d}s = \int_0^{2\pi}\mathrm{d}\varphi\int_0^{\pi}\mathrm{Re}\left[\frac{1}{2}\boldsymbol{E} \times \boldsymbol{H}^*\right]r^2\sin\theta\mathrm{d}\theta \tag{5-26}$$

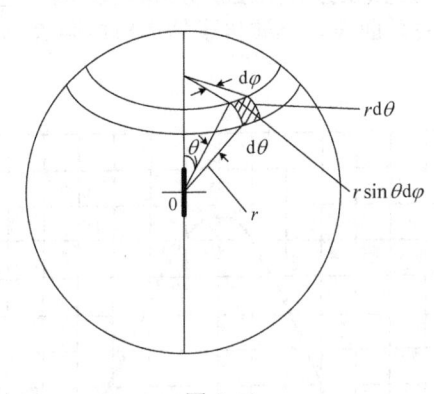

图 5-16

对于我们所讨论过的电流元、行波长线天线及对称振子天线，$\boldsymbol{E} = \boldsymbol{a}_\theta \dot{E}_\theta$，$\boldsymbol{H} = \dfrac{\boldsymbol{a}_\varphi \dot{E}_\theta}{\eta}$，因而

$$P_r = \int_0^{2\pi}\mathrm{d}\varphi\int_0^{\pi}\frac{E_\theta^2}{2\eta}r^2\sin\theta\mathrm{d}\theta \tag{5-27}$$

例 5-1 求电流元 $I\mathrm{d}l$ 的辐射功率。

解：对于电流元

$$E_\theta = \frac{60\pi I\mathrm{d}l}{\lambda r}\sin\theta$$

$$P_r = \int_0^{2\pi}\mathrm{d}\varphi\int_0^{\pi}\left[\frac{60\pi I\mathrm{d}l}{\lambda r}\sin\theta\right]^2\frac{1}{2\eta}r^2\sin\theta\mathrm{d}\theta = 40\pi^2 I^2\left(\frac{\mathrm{d}l}{\lambda}\right)^2$$

可见，天线的辐射功率与天线结构、尺寸及馈电电流有关。

天线的辐射功率是天线辐射到远区空间的有功功率，可等效为在一电阻元件上的损耗功率，据此我们可定义天线的辐射电阻 R_r，以 R_r 上的损耗功率代表天线的辐射功率，这在许多情况下对于分析研究天线问题更为方便。定义

$$R_r = \frac{P_r}{I^2/2} = \frac{2P_r}{I^2} \tag{5-28}$$

式中，I 为辐射源的电流幅值。那么电流元的辐射电阻为

$$R_r = 80\pi^2 \left(\frac{\mathrm{d}l}{\lambda}\right)^2 \tag{5-29}$$

因为天线的辐射电阻表示着天线的辐射功率，可以说天线的辐射电阻表示了天线辐射电磁波的能力。

下面我们来求取对称振子天线的辐射电阻。由于对称振子上的电流分布是不均匀的，因此求其辐射电阻必须首先确定以哪一位置的电流为基准。通常取其**波腹电流幅值** I_n 为基准，也有取其**输入电流幅值** I_0 为基准的，对于半波振子 I_n 和 I_0 是相同的。我们取对称振子波腹电流幅值 I_n 为基准，将式（5-14）代入式（5-27），则对称振子的辐射电阻为

$$R_r = \frac{2P_r}{I_n^2} = \frac{1}{I_n^2 \eta} \int_0^{2\pi} \mathrm{d}\varphi \int_0^\pi E_\theta^2 r^2 \sin\theta \mathrm{d}\theta = 60 \int_0^\pi \frac{1}{\sin\theta} \left[\cos(\beta l \cos\theta) - \cos\beta l\right]^2 \mathrm{d}\theta$$

这个积分结果比较复杂，含有**正弦积分**和**余弦积分**等。图 5-17 是根据积分结果作出的对称振子天线辐射电阻 R_r 与 l/λ 的关系曲线，半波振子的辐射电阻 $R_r = 73.1\Omega$，全波振子的辐射电阻 $R_r = 199\Omega$。

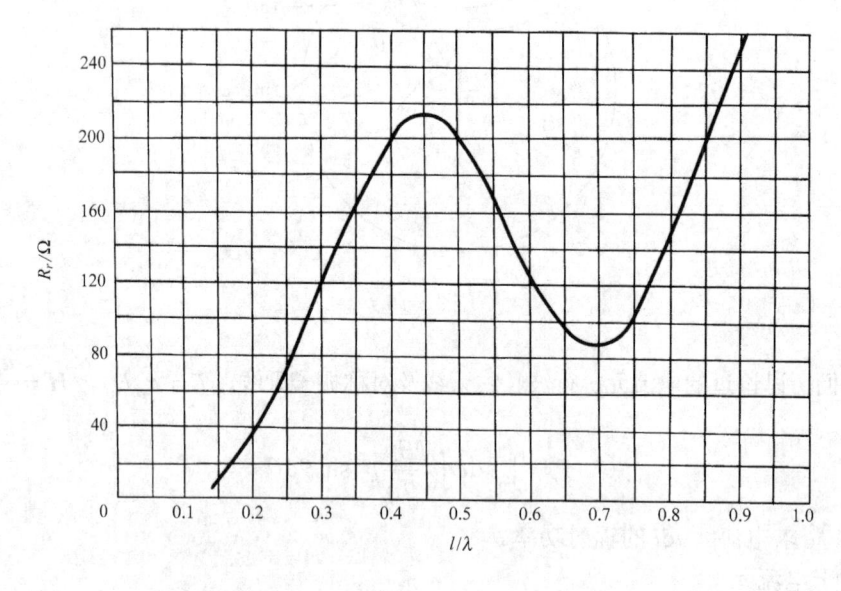

图 5-17

天线的辐射电阻表示了天线的辐射能力，与馈电电流的大小无关，是天线自身具有的属性。对于一些复杂的天线，因其方向函数复杂，用积分运算求其辐射功率进而求辐射电阻是十分困难的。

5.4.4 天线的方向系数和增益

从工程实用的角度上说，很多情况下更注意天线主向上辐射功率集中的程度。因为在辐射功率相同的情况下，天线主向辐射功率集中程度越好，较之天线向周围空间均匀辐射电磁波（无方向性天线），则可以更有效地利用发射机向天线输送的功率。

定义天线的**方向系数**为天线在主向 r 远处的辐射功率密度与相同辐射功率平均分配时该点处的辐射功率密度之比，记做 D。按此定义，有

$$D = \frac{S_m}{S} = \frac{\text{Re}\left[\frac{1}{2}\boldsymbol{E}_m \times \boldsymbol{H}_m^*\right]}{\frac{P_r}{4\pi r^2}}$$

$$= \frac{4\pi |E(\theta_m, \varphi_m)|^2}{\int_0^{2\pi} d\varphi \int_0^{\pi} |E(\theta, \varphi)|^2 \sin\theta d\theta}$$

$$= \frac{4\pi}{\int_0^{2\pi} d\varphi \int_0^{\pi} f^2(\theta, \varphi) \sin\theta d\theta} \tag{5-30}$$

若天线的方向图是旋转对称的，上式分母中 φ 方向的积分值为 2π，则方向系数为

$$D = \frac{2}{\int_0^{\pi} f^2(\theta, \varphi) \sin\theta d\theta} \tag{5-31}$$

天线方向系数表示了在同样距离上主向辐射强度与平均辐射强度之比，即天线主向上辐射功率集中的程度（倍数）。因此天线方向系数 D 与天线归一化方向函数 $f(\theta, \varphi)$ 相关，由式（5-30）及式（5-31）可知，天线方向图主瓣越窄即主瓣波束越集中，则式中分母的积分值越小，则 D 值越大，这是很自然的事。

例 5-2 求电流元 Idl 的方向系数。

解：电流元的归一化方向函数 $f(\theta, \varphi) = \sin\theta$，方向图是旋转对称的，所以

$$D = \frac{2}{\int_0^{\pi} \sin^2\theta \sin\theta d\theta} = \frac{2}{\int_0^{\pi} \sin^3\theta d\theta} = 1.5$$

也可以由方向系数的定义，由电流元的辐射功率和辐射电阻来求方向系数：

$$D = \frac{S_m}{S} = \frac{\dfrac{E_{\theta m}^2}{2\eta}}{\dfrac{\frac{1}{2} I^2 R_r}{4\pi r^2}} = \frac{\left[\dfrac{60\pi Idl}{\lambda r}\right]^2 \times 4\pi r^2}{\dfrac{1}{2} I^2 \times 80\pi^2 \left(\dfrac{dl}{\lambda}\right)^2 \times 240\pi} = 1.5$$

按定义式（5-30）或式（5-31）求算方向系数对于方向函数比较复杂一些的天线，将遇到积分的困难。如果已经知道该天线的辐射电阻，则可如上面那样由辐射电阻表示辐射功率来求方向系数。对称振子天线，由于辐射电阻已经求出并作出曲线，就可以利用辐射电阻来求方向系数，而避免再做一次积分。

下面我们就推导利用辐射电阻 R_r 来求对称振子天线方向系数 D 的公式。依定义有

$$D = \frac{S_m}{S} = \frac{\dfrac{E_{\theta m}^2}{2\eta}}{\dfrac{\frac{1}{2} I_n^2 R_r}{4\pi r^2}} = \frac{\left[60 I_n \dfrac{1}{r} F_m(\theta, \varphi)\right]^2 \times 4\pi r^2}{\dfrac{1}{2} I_n^2 \times R_r \times 2 \times 120\pi}$$

$$= 120 \frac{1}{R_r} F_m^2(\theta, \varphi) \tag{5-32}$$

半波振子，$F_m(\theta, \varphi) = F(\theta_m, \varphi_m) = 1$，$R_r = 73.1$，因此由上式求得 $D = 1.64$；

全波振子，$F_m(\theta,\varphi) = F(\theta_m,\varphi_m) = 2$，$R_r = 199$，因此由式（5-32）求得 $D = 2.41$。

可见，半波振子天线的方向系数与电流元相差无几，全波振子天线稍好一些，这是因为他们的方向图类同，只不过全波振子天线的主瓣要窄一些。

天线的方向系数是天线的一个重要技术指标，应该说方向系数也是表述天线方向性的特性参量，只不过是表示了天线辐射场在特定方向上的集中程度，而天线的方向函数和方向图则表示出天线在各方向上辐射的相对大小。

在工程实际中更习惯用**增益** G 来表示天线在主向上辐射功率的集中程度。天线增益的定义是：天线在主向 r 远处的辐射功率密度与相同输入功率平均分配时该点处功率密度之比：

$$G = \frac{\mathrm{Re}\left[\frac{1}{2}\boldsymbol{E}_m \times \boldsymbol{H}_m^*\right]}{\dfrac{P_{\mathrm{in}}}{4\pi r^2}} \tag{5-33}$$

与式（5-30）对比，显然增益 G 与方向系数 D 相差在天线效率 η，即

$$G = \eta D \tag{5-34}$$

对于天线效率 η 值高的天线，增益 G 与方向系数 D 常为人们混用。

在已知天线增益 G 和输入功率 P_{in} 时，可直接求算出天线主向上 r 远处的场强。由天线增益的定义

$$G = \frac{\dfrac{E_m^2}{2\eta}}{\dfrac{P_{\mathrm{in}}}{4\pi r^2}}$$

$$\therefore E_m = \frac{1}{r}\sqrt{60 G P_{\mathrm{in}}} \quad (\mathrm{V/m}) \tag{5-35}$$

式中，E_m 为天线主向 r 远处电场强度的幅值，距离 r 的单位为 m，输入功率 P_{in} 的单位为 W。

5.4.5 天线的输入阻抗

输入阻抗是发射天线的一个重要参量，因为发射天线是发射机末级的负载，天线的输入阻抗就是发射机末级的负载阻抗，它将直接关系到天线与传输线的匹配，影响到发射机末级的工程设计与工作。但是在天线理论中，分析计算天线的输入阻抗，还不能如分析天线的方向性那样，有一个完整统一的理论和方法可循，只能是对具体的天线作具体的研究。

对称振子天线是线状天线中最典型和应用最广泛的天线，下面我们就来分析对称振子天线的输入阻抗。在分析对称振子天线方向性时，我们是把对称振子看做张开的终端开路传输线从而确定振子上的电流分布的。那么分析其输入阻抗时，我们仍可按着这个思路把对称振子近似为终端开路的双线传输线，但是必须注意到以下几点。

第一，对称振子作为传输线是有损耗的终端开路线，由式（2-25）并考虑 $Z_L \to \infty$，可写出其输入阻抗为

$$Z_{\mathrm{in}} = Z_0' \,\mathrm{cth}\,\gamma l = Z_0' \,\mathrm{cth}(\alpha + \mathrm{j}\beta)l$$

利用 $\mathrm{cth}\,x = \dfrac{(\mathrm{e}^x + \mathrm{e}^{-x})}{(\mathrm{e}^x - \mathrm{e}^{-x})}$，将 $x = (\alpha + \mathrm{j}\beta)l$ 代入后整理化简，则

$$Z_{\text{in}} = Z_0' \frac{\text{sh}2\alpha l - j\sin 2\beta l}{\text{ch}2\alpha l - \cos 2\beta l} \tag{5-36}$$

式中 $\gamma = \alpha + j\beta$，是有损耗传输线的传播常数，Z_0' 是有损耗传输线的波阻抗，l 为对称振子一臂之长。由式（2-7）得

$$\gamma = \sqrt{(R_0 + j\omega L_0)(G_0 + j\omega C_0)} = j\omega\sqrt{L_0 C_0}(1 + \frac{R_0}{j\omega L_0})^{\frac{1}{2}}(1 + \frac{G_0}{j\omega C_0})^{\frac{1}{2}}$$

考虑到在天线中 $G_0 \ll \omega C_0$，可将 G_0 略去，则

$$\gamma = j\omega\sqrt{L_0 C_0}(1 + \frac{R_0}{j\omega L_0})^{\frac{1}{2}}$$

同样，考虑到在天线中 $\frac{R_0}{j\omega L_0} \ll 1$，将上式中括号内的求和用二项式公式展开，并略去 $(\frac{R_0}{j\omega L_0})$ 的高幂次项，则上式简化为

$$\gamma = j\omega\sqrt{L_0 C_0}(1 + \frac{1}{2}\frac{R_0}{j\omega L_0}) = \frac{R_0}{2\sqrt{\frac{L_0}{C_0}}} + j\omega\sqrt{L_0 C_0} \tag{5-37}$$

其中 $\sqrt{\frac{L_0}{C_0}} = Z_0$ 为无耗传输线的波阻抗。这样便可写出可用于工程计算的有耗传输线的衰减常数 α 和相移常数 β 的表达式

$$\begin{cases} \alpha = \frac{R_0}{2Z_0} \\ \beta = \omega\sqrt{L_0 C_0} \end{cases} \tag{5-38}$$

有耗传输线的波阻抗 Z_0'，也可做近似处理，由式（2-8）得

$$Z_0' = \sqrt{\frac{R_0 + j\omega L_0}{G_0 + j\omega C_0}} \approx \sqrt{\frac{R_0 + j\omega L_0}{j\omega C_0}} = Z_0(1 - j\frac{R_0}{\omega L_0})^{\frac{1}{2}} \approx Z_0(1 - j\frac{R_0}{2\omega L_0})$$

$$= Z_0(1 - j\frac{\alpha}{\beta}) \tag{5-39}$$

第二，对称振子作为传输线是分布参数不均匀的线，这样在用式（5-36）求算输入阻抗时所要用到的波阻抗 Z_0'、衰减常数 α 及相移常数 β 等都要考虑取平均值，要进行必要的计算。

式（3-2）给出无耗平行双线传输线的波阻抗计算公式：

$$Z_0 = 120\ln\left(\frac{D}{R_0}\right)$$

式中，D 为双线中心线距离，R_0 为线截面半径。转为张开的对称振子时，D 不为常数而是振子两臂对称位置的距离，如图 5-18 所示。取坐标 z 处的对应元，间距为 $2z$，相应于 z 位置的波阻抗为

$$Z_0 = 120\ln\left(\frac{2z}{R_0}\right)$$

那么不计损耗时对称振子的波阻抗平均值为

$$\overline{Z}_0 = \frac{1}{l}\int_0^l 120\ln\frac{2z}{R_0}\,\mathrm{d}z = 120\left(\ln\frac{2l}{R_0} - 1\right) \tag{5-40}$$

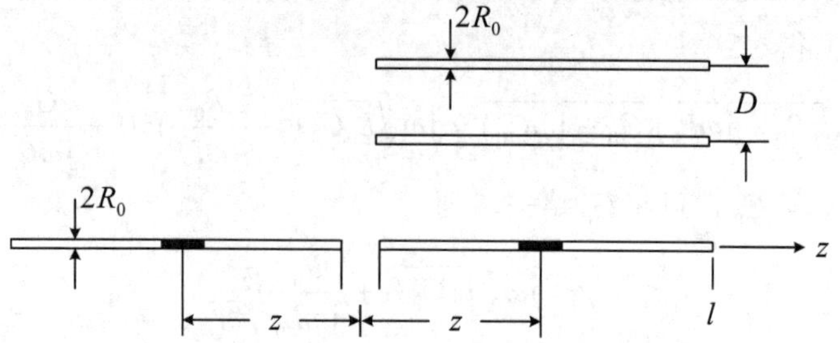

图 5-18

我们再来看对称振子的衰减常数，由式（5-38）来计算时，波阻抗应取 $\overline{Z}_0$，而单位线长的损耗电阻主要应考虑辐射电阻而且应按振子臂长平均。振子导体的欧姆损耗与辐射损耗相比则可不予考虑。

令振子两臂单位长度上的辐射电阻为 R_Δ，则可以写出关于对称振子辐射功率的等式

$$P_r = \frac{1}{2}I_n^2 R_r = \int_0^l \frac{1}{2}I^2(z)R_\Delta\,\mathrm{d}z$$

$$\therefore \quad R_\Delta = \frac{I_n^2 R_r}{\int_0^l I^2(z)\,\mathrm{d}z}$$

式中的 $I(z) = I_n\sin\beta(l-z)$，R_r 是振子的辐射电阻。把 $I(z)$ 式代入 R_Δ 式中积分后得到

$$R_\Delta = \frac{2R_r}{l\left(1 - \dfrac{\sin 2\beta l}{2\beta l}\right)} \tag{5-41}$$

至此我们可由式（5-40）和式（5-41），按式（5-38）写出对称振子的衰减常数 $\overline{\alpha}$ 为

$$\overline{\alpha} = \frac{R_r}{\overline{Z}_0 l\left(1 - \dfrac{\sin 2\beta l}{2\beta l}\right)} = \frac{R_r}{120\left(\ln\dfrac{2l}{R_0} - 1\right) l\left(1 - \dfrac{\sin 2\beta l}{2\beta l}\right)} \tag{5-42}$$

对称振子的相移常数 $\overline{\beta}$ 仍可近似取为 β，即

$$\overline{\beta} = \omega\sqrt{L_0 C_0} \approx \frac{2\pi}{\lambda} = \beta \tag{5-43}$$

那么考虑辐射损耗时对称振子的波阻抗 $\overline{Z}_0'$ 可按式（5-39）求得

$$\overline{Z}_0' = \overline{Z}_0\left(1 - \mathrm{j}\frac{\overline{\alpha}}{\overline{\beta}}\right) \tag{5-44}$$

用以上所得对称振子的 $\overline{Z}_0'$，$\overline{\alpha}$ 替代式（5-36）中的 Z_0'，α，最终得到求臂长为 l 的对称振子天线输入阻抗的公式

$$Z_{\mathrm{in}} = \overline{Z}_0\frac{\mathrm{sh}(2\overline{\alpha}l) - \dfrac{\overline{\alpha}}{\beta}\sin(2\beta l)}{\mathrm{ch}(2\overline{\alpha}l) - \cos(2\beta l)} - \mathrm{j}\overline{Z}_0\frac{\dfrac{\overline{\alpha}}{\beta}\mathrm{sh}(2\overline{\alpha}l) + \sin(2\beta l)}{\mathrm{ch}(2\overline{\alpha}l) - \cos(2\beta l)} = R_{\mathrm{in}} + \mathrm{j}X_{\mathrm{in}} \tag{5-45}$$

按式（5-45），以 $\overline{Z}_0$ 为参量作出的 $R_{in} \sim \dfrac{l}{\lambda}$ 的关系曲线、$X_{in} \sim \dfrac{l}{\lambda}$ 的关系曲线，如图 5-19 及图 5-20 所示。由于 λ 与 f 成反比，这两组曲线也就是 R_{in}、X_{in} 的频率特性曲线。

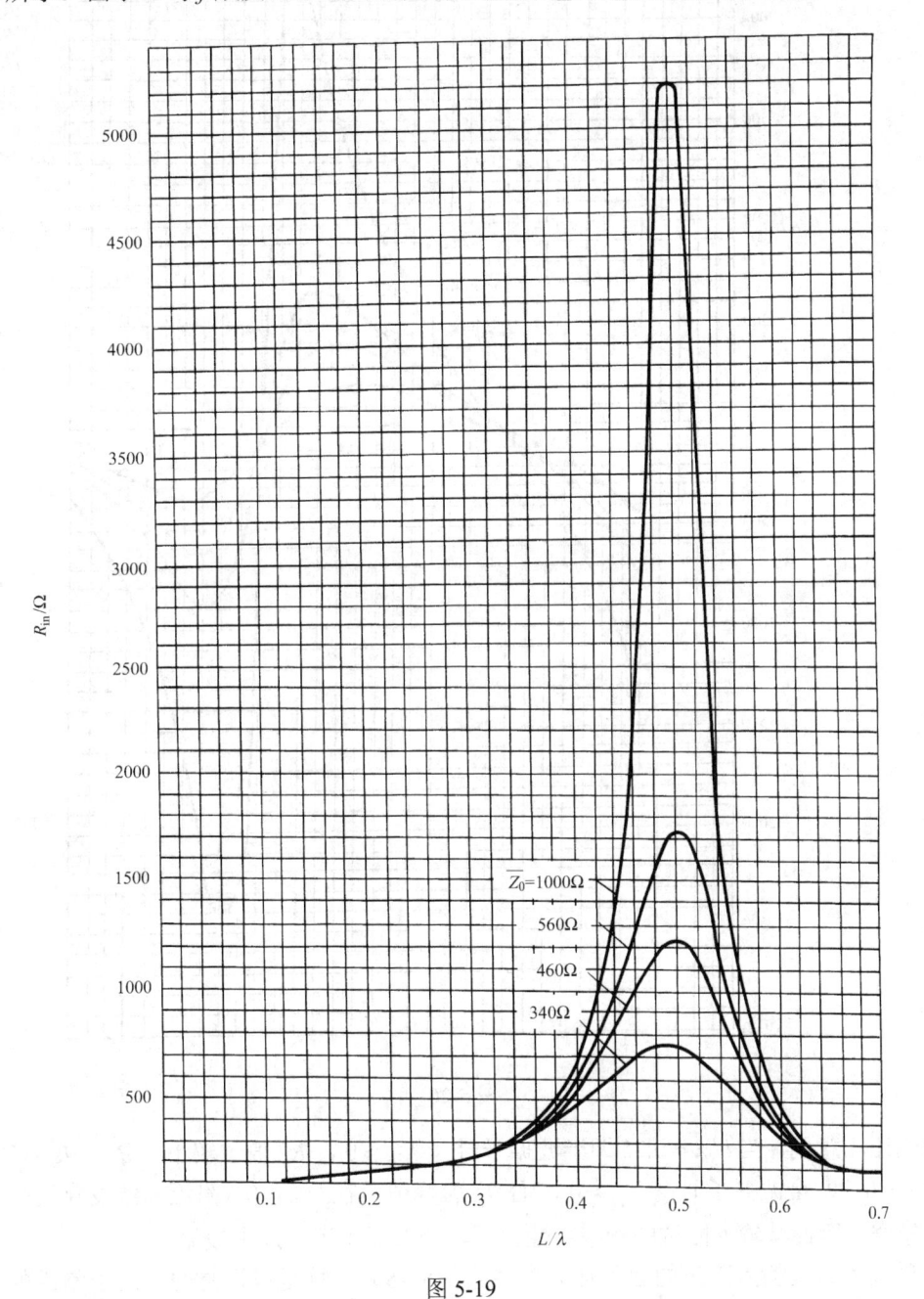

图 5-19

这两组曲线都是以对称振子不计损耗的平均波阻抗 $\overline{Z}_0$ 为参量的，由式（5-40）可知，振子越粗 $\overline{Z}_0$ 值越小，R_{in} 与 X_{in} 随 l/λ 的变化越平缓，则天线工作在较宽频带内时输入阻抗变化不大，易于与馈线在较宽频带内匹配。

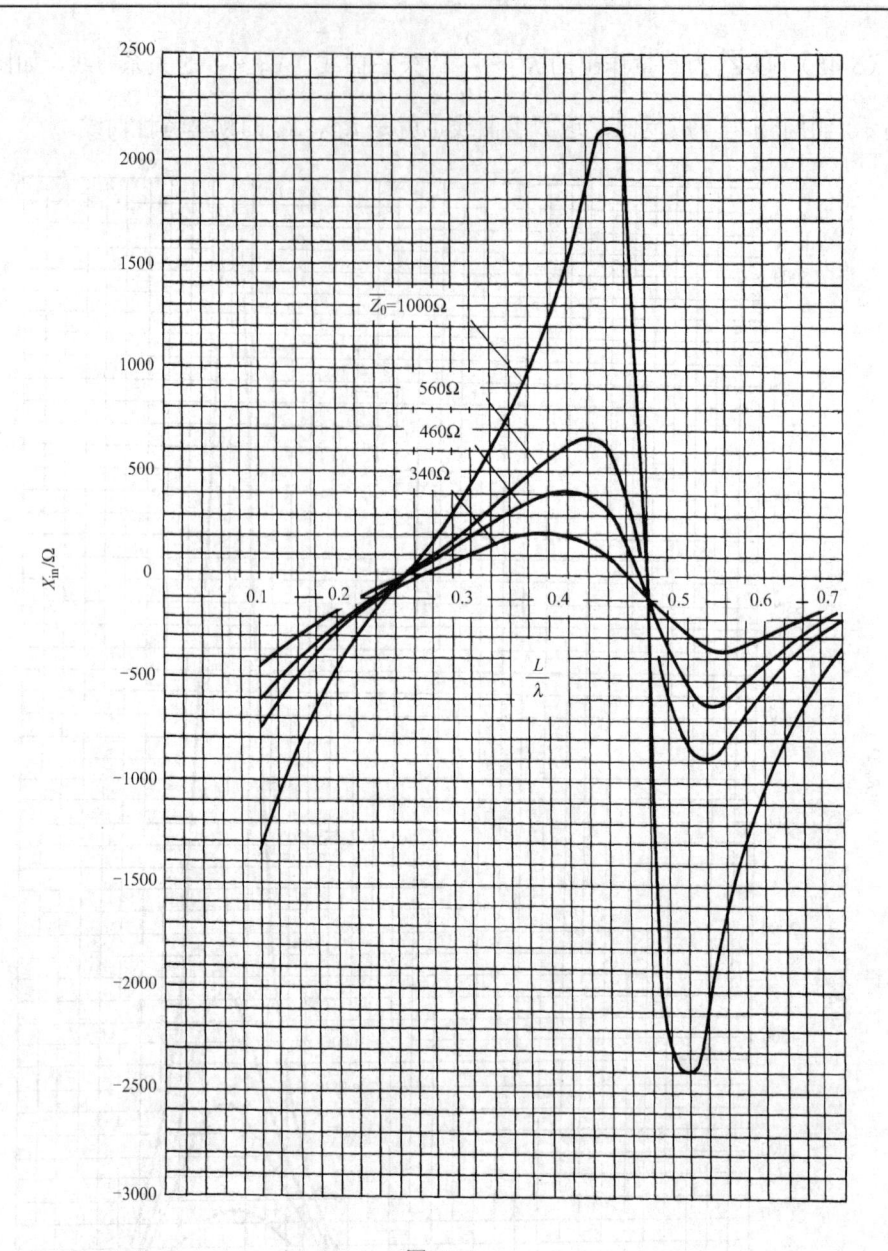

图 5-20

我们还注意到,当 $l/\lambda = 0.25$ 即半波振子时,$X_{in} \approx 0$,R_{in} 值也较小,$R_{in} \approx R_r = 73.1\Omega$。而当 $l/\lambda = 0.5$ 即全波振子时,$X_{in} \approx 0$,而 R_{in} 为峰值,在 $l/\lambda \approx 0.5$ 附近曲线变化陡峭,即工作频带较窄。因此从输入阻抗的频率特性上看,全波振子远不及半波振子。

对称振子天线输入阻抗的数值计算,按式(5-45)计算是很繁复的,对于常用的一臂长 $l = \lambda/4$ 左右的对称振子,工程实际中可按如下简化公式计算输入阻抗

$$Z_{in} = \frac{R_r}{\sin^2 \beta l} - j\overline{Z}_0 \cot \beta l \qquad (5\text{-}46)$$

5.4.6 天线的有效长度

天线的**有效长度**是线状天线的特性参量之一，它是用来衡量天线辐射或接受电磁波能量效果的参量。有效长度原本是对发射天线提出来的，即当天线上电流幅值分布不均时（比如常用的对称振子天线），在保持天线主向辐射场强值不变的条件下，把电流分布折算成均匀（如电流元那样）后的天线长度。这不仅便于不同电流分布规律的线天线辐射效果的比较，而且在某些情况下可简化线天线阵列的分析研究。而在计算接收天线上的感生电势时，应是来波场强与天线有效长度的乘积。

根据上述关于天线有效长度的概念，可以推导出计算天线有效长度 L_e 的数学式。电流元在主向上 r 远处的场强为

$$\frac{60\pi I L_e}{\lambda r}, \qquad \theta_m = 90°, \qquad F_m(\theta, \varphi) = 1$$

令所要折算有效长度的天线，其主向 r 远处的场强为 $E(\theta_m, \varphi_m)$，则要

$$\frac{60\pi I L_e}{\lambda r} = E(\theta_m, \varphi_m)$$

$$\therefore \quad L_e = \frac{\lambda r}{60\pi I} E(\theta_m, \varphi_m) \tag{5-47}$$

对称振子天线是典型的电流分布不均匀而又广泛应用的天线，常要求其有效长度 L_e，作为一个实例我们来计算对称振子天线的有效长度，参照图 5-21。首先考虑一般情况，对称振子臂长 $l \leqslant 0.65\lambda$ 时主向为 $\theta_m = 90°$，主向 r 远处场强幅值

$$E_{\theta m} = \frac{60 I_n}{r} \frac{\cos(\beta l \cos\theta_m) - \cos\beta l}{\sin\theta_m} = \frac{60 I_n}{r}(1 - \cos\beta l)$$

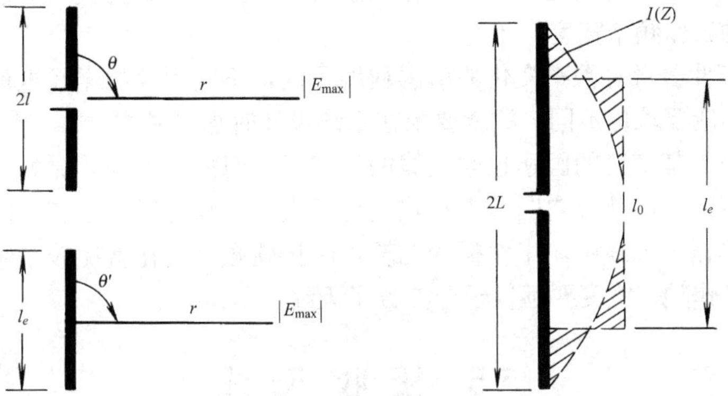

图 5-21

把波腹电流 I_n 用输入电流 I_0 表示，$I_0 = I_n \sin\beta l$，则

$$E_{\theta m} = \frac{60 I_0 (1 - \cos\beta l)}{r \sin\beta l} = \frac{60 I_0}{r} \tan\frac{\beta l}{2}$$

运用式（5-47），并令 $I_0 = I$，则

$$L_e = \frac{\lambda}{\pi} \tan\frac{\beta l}{2} \tag{5-48}$$

这是归于对称振子输入电流 I_0 的有效长度。

例 5-3 求半波振子和短振子的有效长度。

解：（1）半波振子即 $l = 0.25\lambda$，则 $\frac{1}{2}\beta l = \frac{\pi}{4}$，所以

$$L_e = \frac{\lambda}{\pi}$$

（2）短振子就是臂长 l 远小于波长的对称振子，这在中波及短波波段是很常见的，因为此时波长比较长，一般简易对称振子天线的臂长都做不到半波长，即可视为短振子，其 βl 值很小：

$$\tan\frac{\beta l}{2} \approx \frac{\beta l}{2}$$

$$\therefore \quad L_e \approx \frac{\lambda}{\pi}\frac{\beta l}{2} = l$$

需要指出的是，全波振子天线不能直接运用式（5-48）来求有效长度，因为按无损耗线的电流分布规律，全波振子的输入端为电流波节即 $I_0 = 0$。所以求全波振子天线的有效长度时，必须用有损耗线的电流分布表达式（双曲函数表达式）来确定输入端电流值。

5.4.7 天线的工作频带宽度

在电信系统中，工作频带宽度无论是对于整个通信系统还是系统的各个组成部分都是一个硬指标，对于天线也不例外。天线的方向函数（方向图）、方向系数（增益）及输入阻抗等特性参量都是与天线的工作频率有关的。当天线的工作频率偏离中心频率时，天线的上述技术指标将会发生变化（变坏），这就要看指标变化的程度是否在容许的范围之内了。

把天线的特性参量（特别是方向图和输入阻抗）保持在规定的技术要求范围之内的频带宽度定义为**天线的工作频带宽度**。

天线的不同特性参量对频率变化的敏感程度不同，不同用途的无线电信系统对天线不同特性参量的频率响应要求也不同，这就要求在系统设计时加以考虑。

限制天线工作频带宽度的因素也因天线的形式不同而有所不同。比如对称振子天线，在臂长 $l \leqslant 0.65\lambda$ 的范围内，其方向图基本形式变化不大，只是主瓣宽度和方向系数在一定范围内变化。再如对称振子天线中，半波振子的输入阻抗随频率变化就比较平缓，从这个角度上说，半波振子的工作频带宽度要远优于全波振子天线。

5.5 接收天线

接收天线的作用是把到达接收点处的电磁波能量转换为导行电磁波或高频电流，并由馈线（传输线）传送给接收机，因此接收天线是接收机的**信源**。接收天线完成的物理过程与发射天线刚好相反，或者说是完成发射天线的逆过程。

5.5.1 接收天线接收电磁波的物理过程

如图 5-22 所示，以一长直金属导体作为接收天线，置于到来电磁波之中。由电磁场理论可知，只有与导体表面长度方向相切的电场分量才能在天线上产生感应电动势及感生电流，

而与天线导体表面垂直的电场分量则不能。

在天线导体的一微分段 dz 上,来波电场的 z 向(切向)分量 $\dot{E}_t$ 所产生的感应电动势为 $-\dot{E}_t \mathrm{d}z$。这是根据理想导体表面的边界条件,这个感应电动势的方向与来波电场切向分量方向相反,那么全长为 l 的天线上的感应电势则为

$$\varepsilon = -\int_l \dot{E}_t \mathrm{d}z \tag{5-49}$$

式中的积分长度 l 应取天线的有效长度 L_e。由于天线上各微元 dz 接收来波时存在波程差,这个波程差与来波方向有关,所以接收天线也是有方向性的且同样以方向函数来描述。

求解接收天线的问题,一般都是借助于电路理论中线性无源二端口网络的互易原理而得到的**天线的互易定理**来分析,这样便可由天线发射状态时的特性参量得到天线接收状态时的相应特性参量。

5.5.2 天线的互易定理

参照图 5-23,在线性无源二端口网络 1-1 端接入电势 e_1,则在接于 2-2 端的负载 Z_2 上产生电流 $\dot{I}_{21}$;反之在 2-2 端接入电势 e_2,则在接于 1-1 端的负载 Z_1 上产生电流 $\dot{I}_{12}$。那么两种情况下的电势 e_1 与 e_2,与相对应的电流 $\dot{I}_{21}$ 和 $\dot{I}_{12}$ 间有如下关系:

$$\frac{e_1}{\dot{I}_{21}} = \frac{e_2}{\dot{I}_{12}} \tag{5-50}$$

图 5-22

在电路理论中,由式(5-50)所表述的关系被称为**互易定理**。

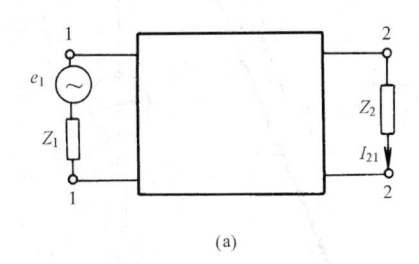

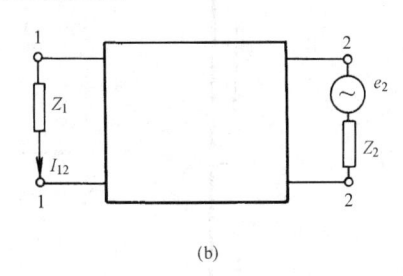

图 5-23

现在有一组两个天线(以对称振子为例),相隔一定远的距离并以任意相对位置设置。令天线间电磁波的传输媒质是线性各向同性的,天线间也不存在其他辐射源。这样从发射天线的输入端口到接收天线的输出端口之间的天线及媒质空间,也可以看做是一线性无源二端口网络。当然这个网络空间是很巨大的,这里只不过是借用了电路理论的概念来分析接收天线的问题。

为使讨论形象和具体,我们令所讨论的发射与接收天线都是对称振子天线,其结果并不失普遍意义。

1. 天线 1#发射天线 2#接收的过程和结果

参照图 5-24（a）。e_1 和 Z_{i1} 分别是天线 1# 的馈源电势和内阻；Z_{A1}，L_{e1} 及 $F_1(\theta,\varphi)$ 分别是天线 1# 的输入阻抗、有效长度和方向函数；$\dot{I}_1$ 是天线 1# 产生辐射场的电流。同时令 $\dot{E}_{21}$ 为天线 2# 位置处天线 1# 的辐射场；$\dot{I}_{21}$ 是在 $\dot{E}_{21}$ 作用下作为接收天线的天线 2# 上的感生电流。则有如下关系：

$$\dot{I}_1 = \frac{e_1}{Z_{i1} + Z_{A1}}$$

$$\dot{E}_{21} = \frac{60\pi \dot{I}_1 L_{e1} F_1(\theta,\varphi)}{\lambda r}$$

这里为简化数学式，我们令二天线间距 r 为波长的整数倍，这样 $\dot{E}_{21}$ 表达式中省去了相位因子。

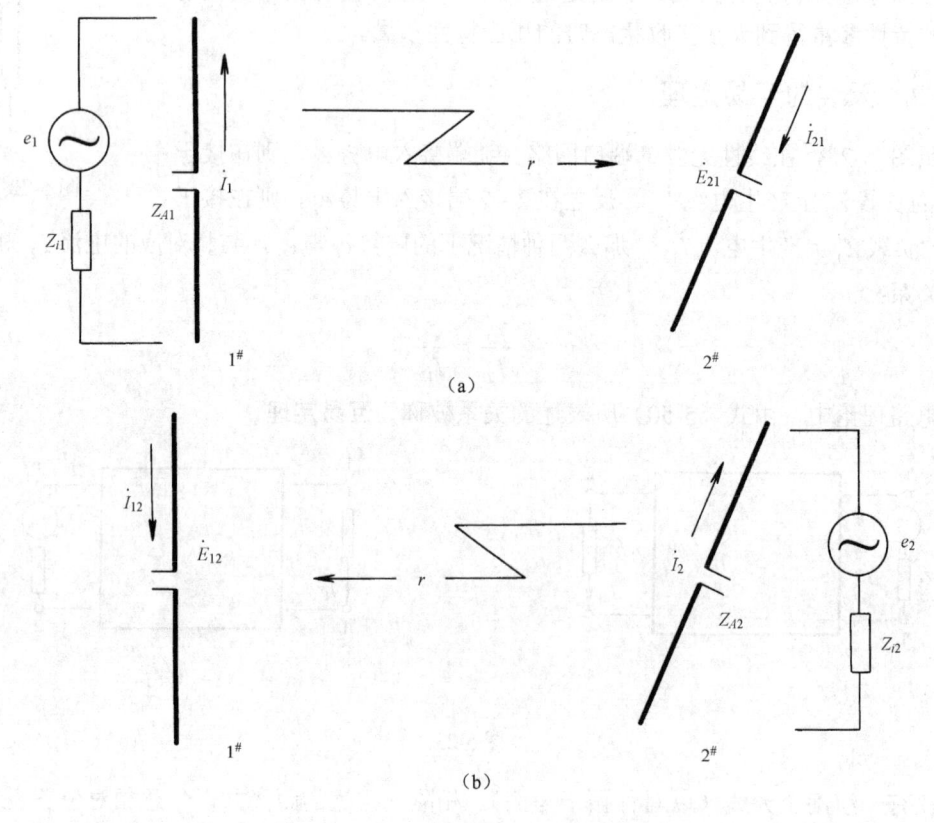

图 5-24

由 $\dot{I}_1$ 和 $\dot{E}_{21}$ 的表达式解出

$$e_1 = \frac{\lambda r \dot{E}_{21}(Z_{i1} + Z_{A1})}{60\pi L_{e1} F_1(\theta,\varphi)} \tag{5-51}$$

2. 天线 2#发射天线 1#接收的过程和结果

参照图 5-24（b）。e_2 和 Z_{i2} 分别是天线 2# 的馈源电势和内阻；Z_{A2}，L_{e2} 及 $F_2(\theta,\varphi)$ 则分别是天线 2# 的输入阻抗、有效长度和方向函数；$\dot{I}_2$ 是天线 2# 产生辐射场的电流。$\dot{E}_{12}$ 是天线 2# 在

天线1#位置处的辐射场，$\dot{I}_{12}$是在$\dot{E}_{12}$作用下作为接收天线的天线1#的感生电流。则我们同样可以写出以下式子：

$$\dot{I}_2 = \frac{e_2}{Z_{i2} + Z_{A2}}$$

$$\dot{E}_{12} = \frac{60\pi \dot{I}_2 L_{e2} F_2(\theta, \varphi)}{\lambda r}$$

由以上二式解出

$$e_2 = \frac{\lambda r \dot{E}_{12}(Z_{i2} + Z_{A2})}{60\pi L_{e2} F_2(\theta, \varphi)} \tag{5-52}$$

3. 天线的互易定理

将所得的式（5-51）和式（5-52）代入式（5-50），得

$$\frac{\lambda r \dot{E}_{21}(Z_{i1} + Z_{A1})}{60\pi L_{e1} F_1(\theta, \varphi) \dot{I}_{21}} = \frac{\lambda r \dot{E}_{12}(Z_{i2} + Z_{A2})}{60\pi L_{e2} F_2(\theta, \varphi) \dot{I}_{12}}$$

整理之后可得

$$\frac{Z_{i1} + Z_{A1}}{L_{e1} F_1(\theta, \varphi)} \cdot \frac{\dot{I}_{12}}{\dot{E}_{12}} = \frac{Z_{i2} + Z_{A2}}{L_{e2} F_2(\theta, \varphi)} \cdot \frac{\dot{I}_{21}}{\dot{E}_{21}} = C$$

其中$\frac{\dot{I}_{12}}{\dot{E}_{12}}$是天线1#处的来波场强在天线1#上的感生电流与来波场强之比，是完全由天线1#所决定的；同样，$\frac{\dot{I}_{21}}{\dot{E}_{21}}$则完全由天线2#自身因素所决定。这样，上面的等式两边各对应一个天线，因此它们应恒等于一个常数C，这样对于天线1#有

$$\dot{I}_{12} = \frac{C L_{e1} F_1(\theta, \varphi)}{Z_{i1} + Z_{A1}} \dot{E}_{12} \tag{5-53}$$

此式说明：天线1#处于接收状态时，天线上的感生电流$\dot{I}_{12}$与该天线处于发射状态时的方向函数$F_1(\theta, \varphi)$成正比；天线发射状态时的输入阻抗Z_{A1}相当于接收电路的信源内阻，而Z_{i1}则为负载。当然$\dot{I}_{12}$与来波场强$\dot{E}_{12}$及天线1#的有效长度正比，这是必然的。这对于接收天线来说是一个非常重要的结论，就是说同一天线用于发射和接收状态时，方向函数、阻抗、有效长度并推广到方向系数（增益）都是相同的。这被称为**互易性**，也就是**天线的互易定理**。

对于天线2#，由上面的恒等式可以导出同样的结果，结论是完全相同的。

5.5.3 天线的有效接收面积

前面定义了天线的有效长度L_e，它是由天线的发射状态定义的，但实际上更是天线接收状态时的重要参量，在计算接收天线效果（感应电动势、感生电流）时要用到它。现在我们再从能量的角度定义天线的**有效接收面积**，用以表示接收天线吸收到来电磁波的能力。

把接收天线与某方向的来波极化一致时，天线的匹配接收功率与来波能流密度之比，定义为该接收天线在这个方向上的有效接收面积，记做A_e。根据这一定义，有

$$A_e = \frac{P_{re}(\theta, \varphi)}{S_{cp}} \tag{5-54}$$

天线的匹配接收功率 $P_{re}(\theta,\varphi)$，就是接收天线的阻抗 Z_A 与接收机输入阻抗 Z_L 共轭匹配（$R_A = R_L, X_A + X_L = 0$）时，接收到的某方向来波的功率。由式（5-49），来波在接收天线上的感应电动势为

$$e = -\int_l \dot{E}_t \mathrm{d}z = -\dot{E}L_e F(\theta,\varphi)$$

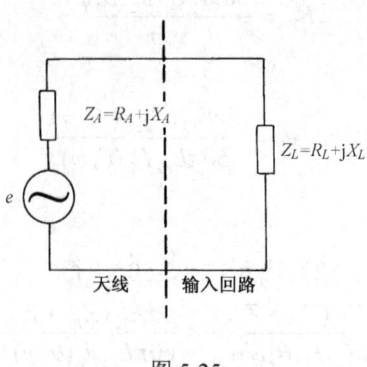

图 5-25

那么

$$P_{re}(\theta,\varphi) = \frac{1}{2}\left[\frac{EL_e F(\theta,\varphi)}{R_A + R_L}\right]^2 R_L = \frac{E^2 L_e^2 F^2(\theta,\varphi)}{8R_A} \tag{5-55}$$

来波（正弦时变场）的能流密度 S_{cp} 为

$$S_{cp} = \frac{E^2}{2\eta} \tag{5-56}$$

式中，$\eta = 120\pi\,\Omega$ 为来波波阻抗。将式（5-55）和式（5-56）代入 A_e 定义式（5-54），则

$$A_e = \frac{\eta L_e^2 F^2(\theta,\varphi)}{4R_A} \tag{5-57}$$

5.5.4 付里斯（Friis）传输公式

天线的某方向有效接收面积 A_e 也可以用接收天线的增益 G_2 来表示。天线增益是由天线发射状态时定义的，由式（5-33）

$$G_2 = \frac{\dfrac{E_m^2}{2\eta}}{\dfrac{P_{in}}{4\pi r^2}} = \left[\frac{60\pi I L_e F_m(\theta,\varphi)}{\lambda r}\right]^2 \cdot \frac{4\pi r^2}{2\eta \dfrac{1}{2} I^2 R_A} = \frac{120\pi^2 L_e^2 F_m^2(\theta,\varphi)}{\lambda^2 R_A}$$

代入到 A_e 表达式（5-57），则

$$A_e = \frac{\lambda^2}{4\pi} G_2 f_2^2(\theta,\varphi) \tag{5-58}$$

现在我们用天线在某方向的有效接收面积 A_e，来计算天线在该方向上的匹配接收功率，由定义式（5-54）

$$P_{re}(\theta,\varphi) = S_{cp} A_e \tag{5-59}$$

而从物理意义上说，任意方向来波能流密度 S_{cp} 可写成

$$S_{cp} = \frac{P_{in}}{4\pi r^2} G_1 f_1^2(\theta,\varphi) \qquad (5\text{-}60)$$

其中 P_{in} 为发射方天线的输入功率（发射机的发射功率）；G_1 和 $f_1(\theta,\varphi)$ 是发射方天线的增益和归一化方向函数；r 为收、发天线距离。

把式（5-58）和式（5-60）代入到式（5-59），得

$$P_{re}(\theta,\varphi) = \left[\frac{\lambda}{4\pi r}\right]^2 G_1 G_2 f_1^2(\theta,\varphi) f_2^2(\theta,\varphi) P_{in} \qquad (5\text{-}61)$$

若发射与接收天线主向对准，即 $f_1(\theta,\varphi) = f_2(\theta,\varphi) = 1$，则上式简化为

$$P_{re}(\theta,\varphi) = \left[\frac{\lambda}{4\pi r}\right]^2 G_1 G_2 P_{in} \qquad (5\text{-}62)$$

式（5-61）及式（5-62）称为**付里斯传输公式**，它是进行无线电信系统总体设计的一个重要公式。当已确定一个无线电信系统发射机输出功率 P_{in} 后，可根据信号波长 λ，距离 r 和所要求方向上的接收点的匹配接收功率 $P_{re}(\theta,\varphi)$，来分配发射和接收天线的增益指标 G_1 和 G_2。

5.5.5 接收天线的等效噪声温度

当接收天线接收微弱信号时（如超远程雷达、空间通信系统中），天线的噪声功率输出就显得突出了，成为影响整个接收系统灵敏度的一个重要因素。此时便不能仅用天线增益来衡量接收天线的性能，同时还要考虑天线向接收机输出的噪声功率来表示天线的品质。

1. 用噪声温度表示噪声功率

在讨论电路的噪声问题时，电阻 R 因其中自由电子的热运动，在电阻两端要产生热噪声电势 ε_n。依热力学定律，有

$$\overline{\varepsilon_n^2} = 4KTR\Delta f \qquad (5\text{-}63)$$

式中，$\overline{\varepsilon_n^2}$ 是热噪声电势的均方值；$K = 1.38 \times 10^{-23}$ J/K 为玻耳兹曼常数；T 是电阻 R 的热力学温度（K），$T/K = 273 + t/℃$，其中 t 为电阻 R 的摄氏温度；Δf 是与噪声电阻 R 相连接的网络频带宽度。

假定与噪声电阻 R 相连接的网络，其输入阻抗只有电阻且也等于 R，即网络与噪声电阻 R 匹配，网络将获得最大噪声功率

$$P_n = \frac{\overline{\varepsilon_n^2}}{4R} = KT\Delta f \qquad (5\text{-}64)$$

此式表明，网络匹配接收的噪声功率 P_n 与噪声电阻 R 无关，只取决于噪声电阻 R 的绝对温度 T 和网络带宽 Δf。这样在网络带宽确定的情况下，是可以用 T 来表示 R 产生的噪声功率的，称 T 为 R 的**噪声温度**。

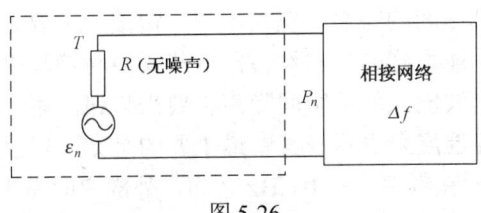

图 5-26

对于接收天线，它把自身产生的噪声功率及其从空间接收到的噪声功率输送给接收机的过程，与上述的噪声电阻 R 把噪声功率 P_n 输送给相接网络的过程是一样的。我们可以把接收天线输出的噪声功率等效为一个绝对温度为 T_A 的电阻产生的噪声功率，它向接收机输送的匹配噪声功率 P_n 可用式（5-64）计算。

这里 T_A 不是接收天线本身的物理温度，而是等效其噪声的**天线等效噪声温度**：

$$T_A = \frac{P_n}{K\Delta f} \tag{5-65}$$

2. 天线及馈线系统的等效噪声温度

如上所述，接收天线的噪声温度 T_A 取决于天线外部空间噪声源的分布与强度，这显然与天线的方向性密切相关。虽然由于接收系统的带宽限制及频率选择性，可以一定程度上抑制临近工作频率附近的无线电干扰，但对噪声的抑制主要还是要靠天线自身的品质。为使通过天线进入接收机的噪声小，天线主向应避开强噪声源，同时要尽量减少或压低天线方向图的副瓣。另外，天线的等效噪声温度 T_A 还将取决于天线及馈线自身的热损耗，它和天线由外部空间接收的噪声一同进入接收机。

我们先来看来自天线外部空间的噪声源的等效噪声温度 T_{Ai}。从理论上说 T_{Ai} 可表示为下式：

$$T_{Ai} = \frac{D}{4\pi}\int_0^{2\pi}\int_0^\pi T(\theta,\varphi)f^2(\theta,\varphi)\sin\theta d\theta d\varphi \tag{5-66}$$

式中，D 是天线的方向系数，$f(\theta,\varphi)$ 是天线的归一化方向函数，$T(\theta,\varphi)$ 是以噪声温度表示的噪声源空间分布函数。

若馈线的传输效率为 η_L，则接收机输入端的等效噪声温度 T'_{Ai} 为

$$T'_{Ai} = \eta_L T_{Ai} \tag{5-67}$$

我们再来看天线及馈线系统自身的噪声温度 T_{Ao}。设天线及馈线系统的总损耗电阻为 R_o，则它产生的噪声电势均方值为

$$\overline{\varepsilon_n^2} = 4KT_{Ao}R_o\Delta f$$

式中，T_{Ao} 就是天线及馈线产生的噪声功率的等效噪声温度。若天线的馈线系统与接收机匹配，设接收机的输入阻抗为纯阻 R_L，则天线馈线系统在接收机输入端造成的噪声功率 P_n 为

$$P_n = \frac{\overline{\varepsilon_n^2}}{4R_L} = \frac{4KT_{AO}R_o\Delta f}{4R_L} = KT_{Ao}\left(\frac{R_o}{R_L}\right)\Delta f = KT'_{AO}\Delta f \tag{5-68}$$

这个 T'_{Ao} 就是天线及馈线系统自身（热损耗）在接收机输入端的等效噪声温度。

那么在接收机输入端总的等效噪声温度 T_A 就由两部分构成：

$$T_A = T'_{Ai} + T'_{Ao} = \eta_L T_{Ai} + \frac{R_o}{R_L}T_{AO} \tag{5-69}$$

要指出的是，来自外部空间的噪声，在长、中、短波段主要是工业干扰，雷电干扰和其他电台的干扰，对于选频性能很好的接收设备，这些噪声与接收机内部的噪声相比较是比较小的。在米波段特别是厘米波段，外部空间噪声主要来自银河系、河外星系及地球大气层和地面的热辐射等，统用**亮度温度**来表示，其中最主要的是太阳辐射（因其距地球最近，辐射强度最大）。研究结果表明，在频率 1～10 GHz 之间，外部空间噪声最小，因此卫星通信的工

作频率取在这个区间，这是一个重要原因。

3. 接收天线的品质因数

把接收机输入端处天线增益与噪声温度之比，定义为接收天线的品质因数。

天线增益为 G，在接收机输入端处天线增益为 G_L，即
$$G_L = \eta_L G$$

那么天线的品质因数为

$$\frac{G_L}{T_A} = \frac{G}{\eta_L^2 T_{Ai} + \eta_L \frac{R_0}{R_L} T_{AO}} \tag{5-70}$$

天线的品质因数越大，其接收微弱信号的性能越好。因此用于接收微弱信号的接收设备，必须选用高增益、方向性强、副瓣低少的天线，尽量减少馈线损耗，接收机的前置（低噪声）放大器要尽量靠近天线安装。

5.6 天线阵列

在天线的诸多特性参量中，天线的方向性无疑是第一位的，因为不同用途的无线电信系统要求不同的辐射场分布。单一个天线靠改变尺寸及天线上的高频电流分布，对方向图的调控是极其有限的。但是我们从利用电流元来分析对称振子、行波长线天线的方向性的过程中看到，利用不同位置不同振幅和相位的辐射源的辐射场在空间的叠加，是可以使空间某些方向和区域的辐射场增强，而使另外的空间区域和方向上的辐射场削弱。这启发我们可以用多个天线（单元天线）组成一个天线系统，实现对天线辐射方向性的调控，获得所需要的方向图。

定义若干相同类型的天线，按一定的规律排列和馈电所组成的天线系统称之为**天线阵列**。由单元天线组成天线阵列的目的是实现是天线方向性的调控，以期获得所要求的方向性。

5.6.1 二元天线阵列

我们先从最简单的情况，即只有两个单元天线组成的**二元阵列**的讨论开始。作为**阵元**的单元天线我们取半波振子天线。把两个半波振子中心的连线称为**阵轴线**，而阵的排列也只考虑规则的情况：振子轴线要么与阵轴线垂直，要么与阵轴线重合，如图 5-27 所示。

现在我们考虑图 5-28 所示的**二元半波振子阵**，图中 δ,φ 为阵的空间坐标变量（其中 φ 与对称振子方向函数中的 φ 所指不同）。振子 $1^\#$ 上的电流波腹值令为 $\dot{I}_{n1}$，方向函数为

$$F_0(\theta,\varphi) = \frac{\cos(\frac{\pi}{2}\cos\theta)}{\sin\theta}$$

振子 $2^\#$ 的方向函数与振子 $1^\#$ 相同，其电流波腹值令为 $\dot{I}_{n2}$，且令 $\dot{I}_{n2} = M\dot{I}_{n1}e^{j\varphi_i}$，即振子 $2^\#$ 上的电流幅值为振子 $1^\#$ 上电流的 M 倍且相位超前 φ_i。

考察在空间任一点 p 处它们辐射场的叠加，考虑到 r_1,r_2 值很大，在远区可以认为 $r_1//r_2$，从而观察线 r_1,r_2 与振子轴的夹角 $\theta_1 = \theta_2 = \theta$，或 r_1,r_2 与阵轴的夹角 $\delta_1 = \delta_2 = \delta$。这样便可以写出振子 $1^\#$ 和振子 $2^\#$ 在 p 点的辐射场

$$\dot{E}_1 = j\frac{60\dot{I}_{n1}}{r_1}F_0(\theta,\varphi)e^{-j\beta r_1}$$

$$\dot{E}_2 = j\frac{60\dot{I}_{n2}}{r_2}F_0(\theta,\varphi)e^{-j\beta r_2} = j\frac{60\dot{I}_{n1}}{r_2}F_0(\theta,\varphi)Me^{-j\beta r_1}e^{j(\varphi_i+\beta d\cos\delta)}$$

在相位因子中，$r_2 = r_1 - d\cos\delta$。它们在 p 点的叠加场强为 $\dot{E}$，则在不计 r_1、r_2 差异对场幅值影响时，

$$\dot{E} = \dot{E}_1 + \dot{E}_2 = j\frac{60\dot{I}_{n1}}{r_1}F_0(\theta,\varphi)e^{-j\beta r_1}\left[1+Me^{j(\varphi_i+\beta d\cos\delta)}\right]$$

图 5-27

图 5-28

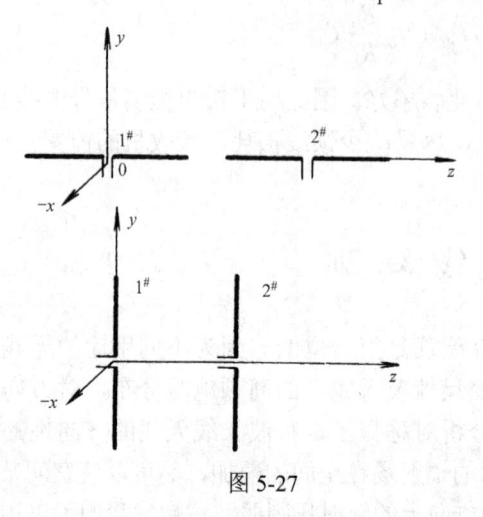

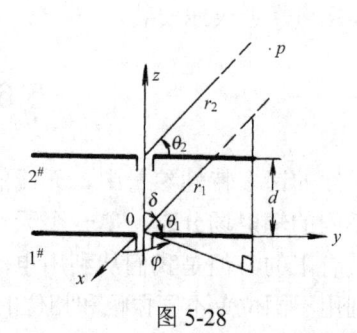

可见，组阵的结果使在 p 点的辐射场较之单元天线对称振子 $1^\#$ 增加了一个因子，即上式中的方括号部分。现在我们转而讨论这个因子，令

$$\psi = \varphi_i + \beta d\cos\delta \tag{5-71}$$

其中 ψ 是两单元天线在 p 点辐射场的**总相位差**，φ_i 是由电流相位差所引起的相位差，$\beta d\cos\delta$ 是由**波程差**所引起的相位差，则

$$1+Me^{j\psi} = 1+M\cos\psi+jM\sin\psi$$

取其模值，并令为 $F(\delta)$ 称为**阵函数**，则

$$F(\delta) = |1+e^{j\psi}| = \sqrt{1+M^2+2M\cos\psi} \tag{5-72}$$

$$\therefore \dot{E} = j\frac{60\dot{I}_{n1}}{r_1}F_0(\theta,\varphi)F(\delta)e^{-j(\beta r_1-\alpha)}$$

$$\alpha = \arctan\frac{M\sin\psi}{1+M\cos\psi}$$

于是我们可得到阵列天线的方向函数 $F(\theta,\varphi)$ 为

$$F(\theta,\varphi) = F_0(\theta,\varphi)F(\delta) \tag{5-73}$$

式（5-73）的意义是：组成天线阵列的结果是阵列天线的方向函数等于阵元天线的方向函数与阵函数的乘积。这个结论称之为**天线的方向函数乘积定理**。

阵函数的 $F(\delta)$ 是只与阵的结构（如阵元间距 d、阵元间馈电电流幅值比 M 及相位差 φ_i 等）有关的函数。显然我们可以通过改变阵结构而改变阵函数 $F(\delta)$，最终达到调控阵列天线方向

函数的目的。

实际工程中经常遇到阵元等幅馈电的情况，即 $M=1$。将 $M=1$ 代入式（5-72），就得到**等幅二元阵**的阵函数

$$F(\delta)=\sqrt{2(1+\cos\psi)}=2\cos\frac{\psi}{2} \tag{5-74}$$

下面我们通过实例来说明阵结构对阵列天线方向函数（方向图）的调控作用。

例 5-4 等幅同相二元半波振子阵，阵元中心距 $d=\lambda$，求作阵列天线在如图 5-29 所示坐标系中 yoz，xoz 及 xoy 平面上的方向图。

解：由题中所给条件，$M=1$，$\varphi_i=0$，$d=\lambda$，则总相位差及阵函数分别为

$$\psi=\varphi_i+\beta d\cos\delta=2\pi\cos\delta$$

$$F(\delta)=2\cos\frac{\psi}{2}=2\cos(\pi\cos\delta)$$

单元天线为半波振子，其方向函数为

$$F_0(\theta,\varphi)=\frac{\cos(\frac{\pi}{2}\cos\theta)}{\sin\theta}$$

图 5-29

那么此二元阵列天线的方向函数为

$$F(\theta,\varphi)=F_0(\theta,\varphi)F(\delta)$$

用归一化值表示：

$$f(\theta,\varphi)=f_0(\theta,\varphi)f(\delta)$$

分别以 θ,δ（它们有各自的基准轴）为变量，画出半波振子归一化方向函数 $f_0(\theta,\varphi)$、归一化阵函数 $f(\delta)$ 的极坐标图如图 5-30 所示。它们都是环绕各自基准轴的旋转对称图形。

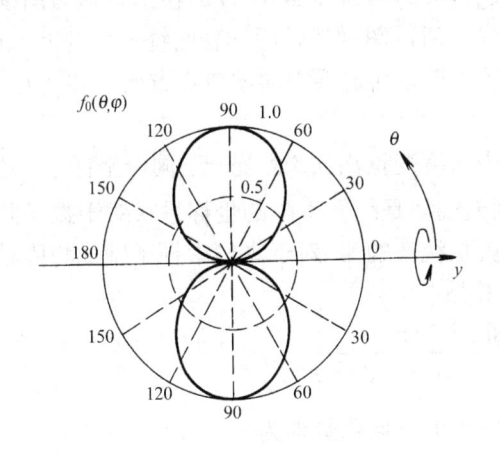

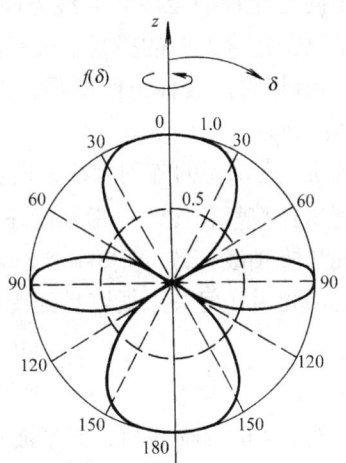

图 5-30

由图 5-30 很容易得到 $f_0(\theta,\varphi)$ 与 $f(\delta)$ 在三个主坐标面上的图形，用极坐标模拟乘法（称为**图乘**）便可得到相应坐标面上阵列天线的方向图，如图 5-31 所示。

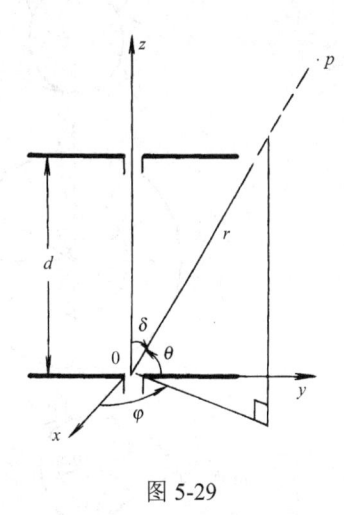

图 5-31

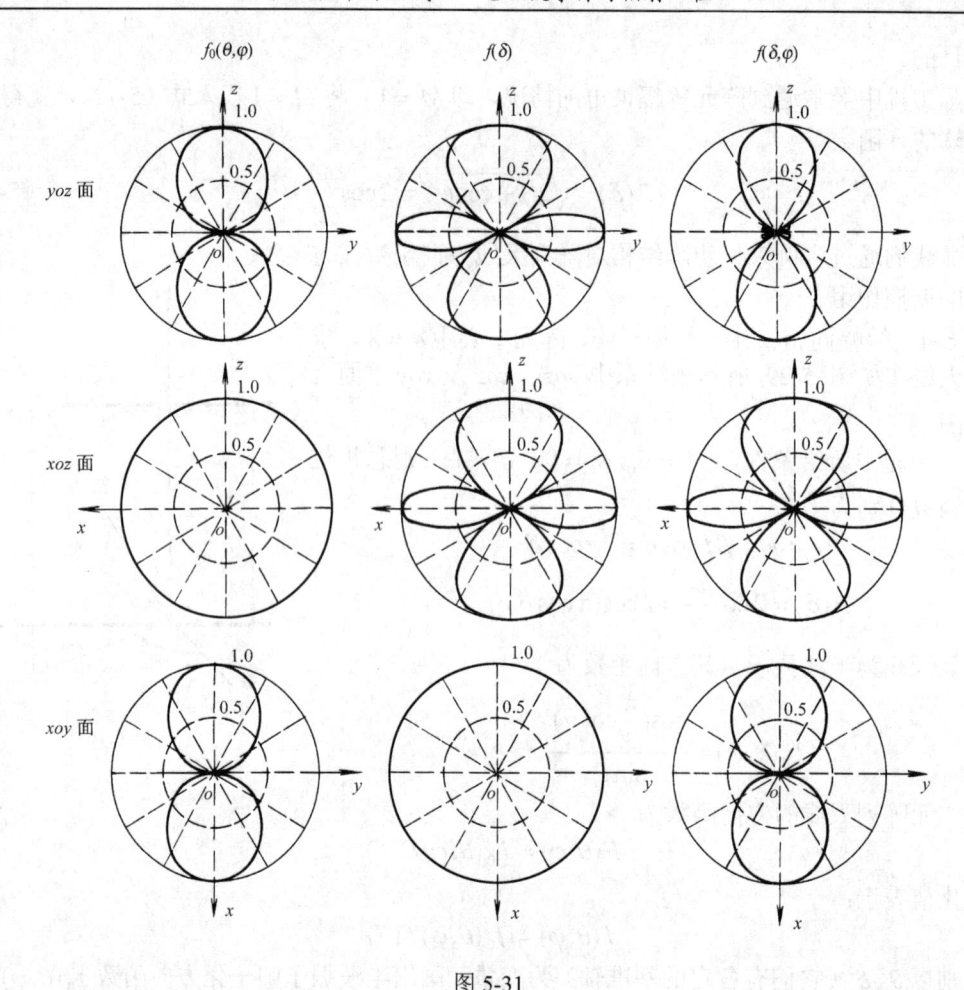

此例中同一坐标面上单元天线方向函数 $f_0(\theta,\varphi)$ 与阵函数 $f(\delta)$ 的模拟乘即为图乘。因为极坐标图是以一角度方向的极径值表示函数值，所以图乘就是同一表面统一角度上 $f_0(\theta,\varphi)$ 与 $f(\delta)$ 的极径值相乘，故称为模拟乘。在图乘时应先判定乘积的零值点方向，即 $f_0(\theta,\varphi)$ 或者 $f(\delta)$ 的零值方向。

严格地讲，在求得的阵列天线方向函数中角度变量 θ,φ,δ 应统一于同一坐标系，这样更便于分析和利用计算机作图。一般情况下阵列天线都是统一于阵的坐标系（对于振子阵列，如果振子轴线与阵轴线一致，则 $\theta=\delta$，本身就是统一的）。对于本例中振子轴线与阵轴线相互垂直的情况，利用几何关系很容易证明如下关系

$$\begin{cases} \cos\theta = \sin\delta\sin\varphi \\ \sin\theta = \sqrt{1-\sin^2\delta\sin^2\varphi} \end{cases} \quad (5-75)$$

这样，例 5-4 的等幅同相二元半波振子阵列的方向函数即为

$$F(\delta,\varphi) = \frac{\cos(\frac{\pi}{2}\sin\delta\sin\varphi)}{\sqrt{1-\sin^2\delta\sin^2\varphi}} \cdot 2\cos(\pi\cos\delta)$$

做归一化处理，则此二元半波振子阵列的归一化方向函数为

$$f(\delta,\varphi) = \frac{\cos(\frac{\pi}{2}\sin\delta\sin\varphi)\cos(\pi\cos\delta)}{\sqrt{1-\sin^2\delta\sin^2\varphi}}$$

例 5-5 作出图 5-32（a）所示的等幅反相二元半波振子阵的方向图（要求三个主坐标平面 yoz、xoz、xoy 上的图乘结果），阵元间距 $d = 2\lambda$。

解：由题设条件，$M = 1$，$\varphi_i = \pi$，$d = 2\lambda$。可求出：

总相位差 $\quad\quad\quad\quad\quad\quad\quad \psi = \pi + \beta d\cos\delta = \pi + 4\pi\cos\delta$

阵函数 $\quad\quad\quad\quad\quad\quad\quad F(\delta) = 2\cos\frac{\psi}{2} = 2\sin(2\pi\cos\delta)$

据此可画出阵元天线及阵函数的方向图（均取归一化函数的极坐标图），如图 5-32（b）和（c）所示。

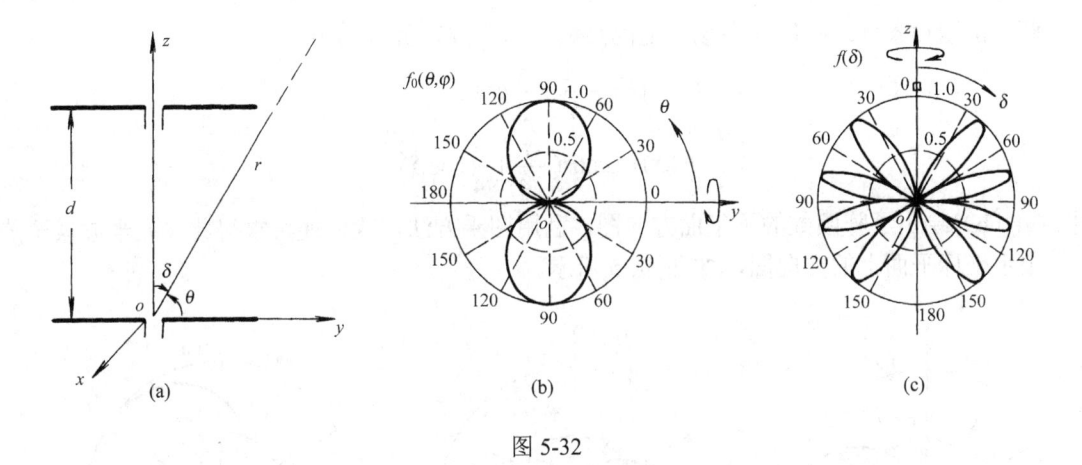

图 5-32

该阵列天线在三个主坐标平面（yoz, xoz 及 xoy）上的方向图，可通过图乘方法获得，如图 5-33 所示。

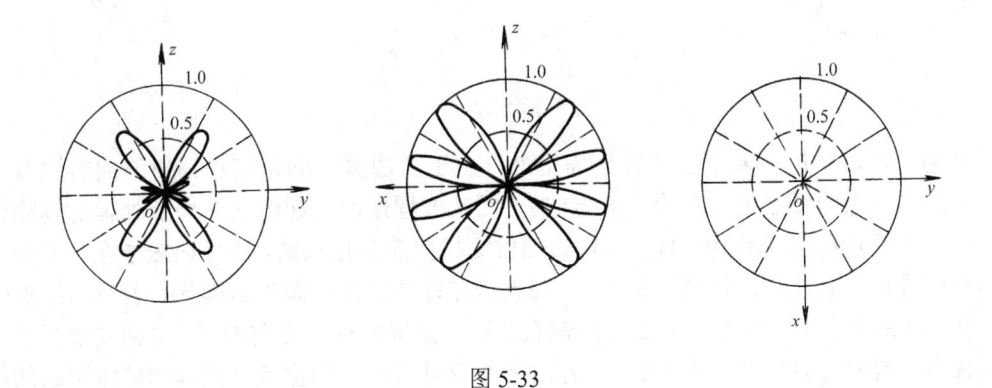

图 5-33

例 5-6 分析并绘出如图 5-34（a）所示二元半波振子阵的方向图。阵列结构参数为 $M=1$，$\varphi_i = -\pi/2$，$d = \lambda/4$。

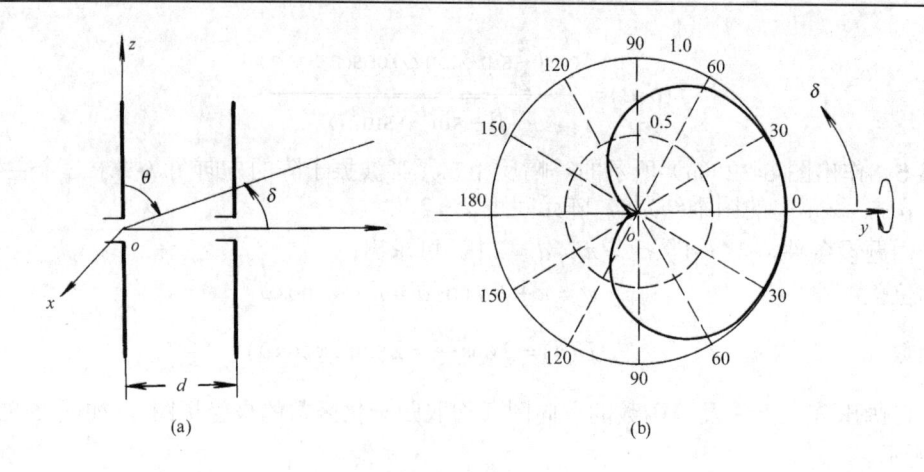

图 5-34

解：由题设条件求得阵元在场点处的总相位差及阵函数分别为

$$\psi = -\frac{\pi}{2} + \frac{\pi}{2}\cos\delta$$

$$F(\delta) = 2\cos(-\frac{\pi}{4} + \frac{\pi}{4}\cos\delta)$$

图 5-34（b）绘出了阵函数的子午面方向图。利用图乘方法，我们便可求得此二元半波振子阵在三个主坐标平面上的方向图，如图 5-35 所示。

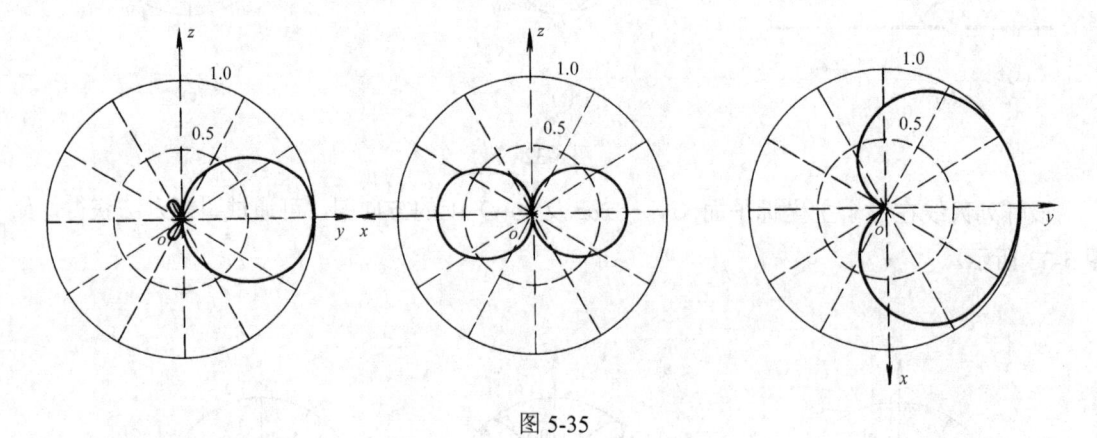

图 5-35

从此例中可以看出，若以左边振子为基准，由于右边振子的存在使辐射波向右边方向导引。这是因为在右边振子的方向上（y 方向），因其波程短而引起的它在场点处辐射场相位超前，刚好与其因电流滞后而引起的在该点处辐射场相位滞后相抵偿，致使两振子在 y 方向上辐射场同相位叠加（表现为阵函数之最大）。因此这样设置的振子即为**引向器**。若以右边振子为基准，也可以说是由于左边振子的设置而使右边振子的辐射向 y 方向增强，可称左边振子为**反射器**。读者不难自行判定两个振子在 $-y$ 方向上的辐射场的总相位差（波程和电流引起的场点处的辐射场相位差）为 π，即反相位。

由以上通过对二元阵列的分析可知，我们可以通过调控阵元间位置距离，调控阵元馈电电流的幅值与相位差，在单元天线方向图的基础上有可能获得所期望的方向图。

5.6.2 N 元均匀直线阵列

由两个阵元组成的天线阵列比较简单，它所实现的方向性调控也比较简单，但它使我们总结出天线方向函数乘积定理这一重要结果，为我们通过阵列的手段调控天线方向图展开了思路。

现在我们转入由更多（设为 N）阵元组成的天线阵列的方向性的讨论。为简化讨论我们先只分析规范的情况即 N 元均匀直线阵列：N 个阵元等间距排列在一条直线上，各振元电流幅值相同而相位依序递增 φ_i，如图 5-36 所示。

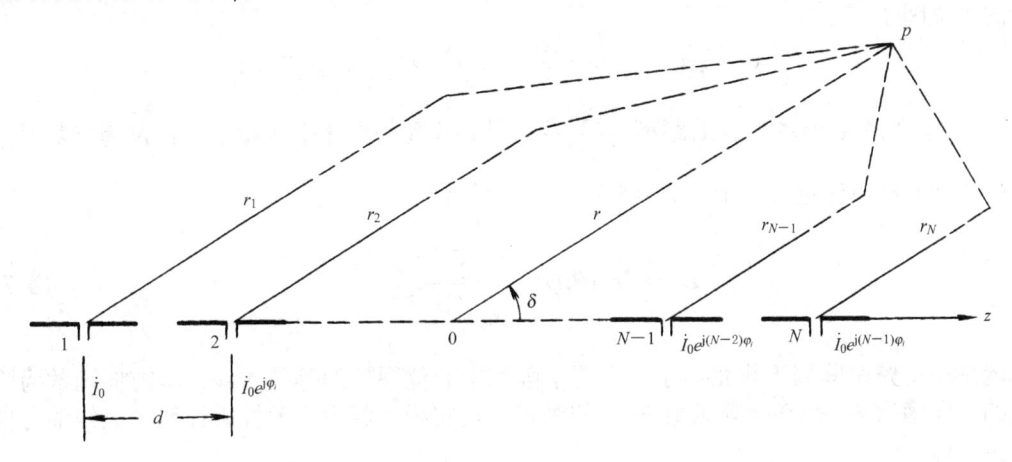

图 5-36

先求此阵列在远区的辐射场表达式。考虑到场点 p 与阵列中心的距离 r 极大，那么可认为各阵元至场点 p 的观测线平行，所有这些观测线与阵轴线夹角相同令为 δ，则场点 p 处各阵元的辐射场叠加为共线矢量和（即标量和）。

为方便分析，以阵列中第一个单元天线作为相位基准，它在场点 p 处的辐射场为

$$\dot{E}_1 = \dot{E}F_0(\theta,\varphi)\mathrm{e}^{-\mathrm{j}\beta r_1} \tag{5-76}$$

第二个单元天线在场点 p 处的辐射场与第一个单元天线的辐射场的幅值差异不计，相位差为

$$\psi = \varphi_i + \beta d\cos\delta$$

依次类推，第 k 个单元天线在场点 p 处的辐射场较之第一个单元天线的辐射场，幅值差异同样不计而相位差异为

$$(k-1)\psi = (k-1)(\varphi_i + \beta d\cos\delta)$$

那么第 N 个单元天线与第一个单元天线在 p 点的辐射场相位差为

$$(N-1)\psi = (N-1)(\varphi_i + \beta d\cos\delta)$$

设定各阵元为**相似元**，即为具有相同方向函数的单元天线，那么 N 个阵元在场点 p 处的辐射场叠加可表示为

$$\dot{E}_\Sigma = \sum_{k=1}^{N} \dot{E}_k = \dot{E}F_0(\theta,\varphi)\mathrm{e}^{-\mathrm{j}\beta r_1}\left[1+\mathrm{e}^{\mathrm{j}\psi}+\mathrm{e}^{\mathrm{j}2\psi}+\cdots+\mathrm{e}^{\mathrm{j}(N-1)\psi}\right]$$

上式中括号内是一个公比为 $\mathrm{e}^{\mathrm{j}\psi}$ 的 N 项**等比级数**，其 N 项和为

$$\frac{1-e^{jN\psi}}{1-e^{j\psi}} = e^{j\frac{N-1}{2}\psi} \frac{\sin(\frac{N\psi}{2})}{\sin(\frac{\psi}{2})}$$

于是可写出 p 点处阵列天线的辐射场表达式为

$$\dot{E}_\Sigma = \dot{E}F_0(\theta,\varphi) \frac{\sin(\frac{N\psi}{2})}{\sin(\frac{\psi}{2})} e^{-j(\beta r_1 - \frac{N-1}{2}\psi)} \tag{5-77}$$

其中的相位因子

$$e^{-j(\beta r_1 - \frac{N-1}{2}\psi)} = e^{-j(\beta r_1 - \frac{N-1}{2}d\cos\delta)} e^{j\frac{N-1}{2}\varphi_i} = e^{-j\beta r} \cdot e^{j\frac{N-1}{2}\varphi_i}$$

式中，r 是阵列中心至场点 p 的距离；$\frac{N-1}{2}\varphi_i$ 是各阵元的电流平均相位，若 N 为奇数时则为阵列中心阵元的电流相位。于是式（5-77）又可写为

$$\dot{E}_\Sigma = \dot{E}F_0(\theta,\varphi) \frac{\sin(\frac{N\psi}{2})}{\sin(\frac{\psi}{2})} e^{-j(\frac{N-1}{2}\varphi_i - \beta r)} \tag{5-78}$$

就是说，整个阵列天线相当于一个置于阵列中心位置处的等效天线，其方向函数为阵元天线的方向函数 $F_0(\theta,\varphi)$ 与阵函数 $F(\delta)$ 的乘积。这实际上就更一般性地证明了天线的方向函数乘积定理。

由式（5-78）可知，N 元均匀直线阵列的阵函数 $F(\delta)$ 为

$$F(\delta) = \frac{\sin\left[\frac{N\psi}{2}\right]}{\sin\left[\frac{\psi}{2}\right]} = \frac{\sin\left[\frac{N}{2}(\varphi_i + \beta d\cos\delta)\right]}{\sin\left[\frac{1}{2}(\varphi_i + \beta d\cos\delta)\right]} \tag{5-79}$$

式中，$\psi = \varphi_i + \beta d\cos\delta$，是相邻阵元至场点 p 的辐射场总相位差。当各阵元的辐射场同相位叠加，即 $\psi=0$ 时，应有阵函数的最大值，即

$$F_m(\delta) = \lim_{\psi \to 0} \frac{\sin\left[\frac{N\psi}{2}\right]}{\sin\left[\frac{\psi}{2}\right]} = N \tag{5-80}$$

因此，N 元均匀直线阵列的归一化阵函数为

$$f(\delta) = \frac{\sin\left[\frac{N\psi}{2}\right]}{N\sin\left[\frac{\psi}{2}\right]} = \frac{\sin\left[\frac{N}{2}(\varphi_i + \beta d\cos\delta)\right]}{N\sin\left[\frac{1}{2}(\varphi_i + \beta d\cos\delta)\right]} \tag{5-81}$$

这个阵函数是一个多零、极点函数，如图 5-37 所示为 N 元均匀直线阵列归一化阵函数模值 $|f(\psi)|$ 与相邻阵元总相位差 ψ 的关系曲线。图中给出了阵元数 $N=2,3,4,5,10$ 的函数曲线。这里函数的自变量 $\psi = \varphi_i + \beta d\cos\delta$，可运用于 φ_i 和 d 取不同值的情况，因此这些不同 N 的曲线又被称为 N 元均匀直线阵列**归一化阵函数的通用曲线**。

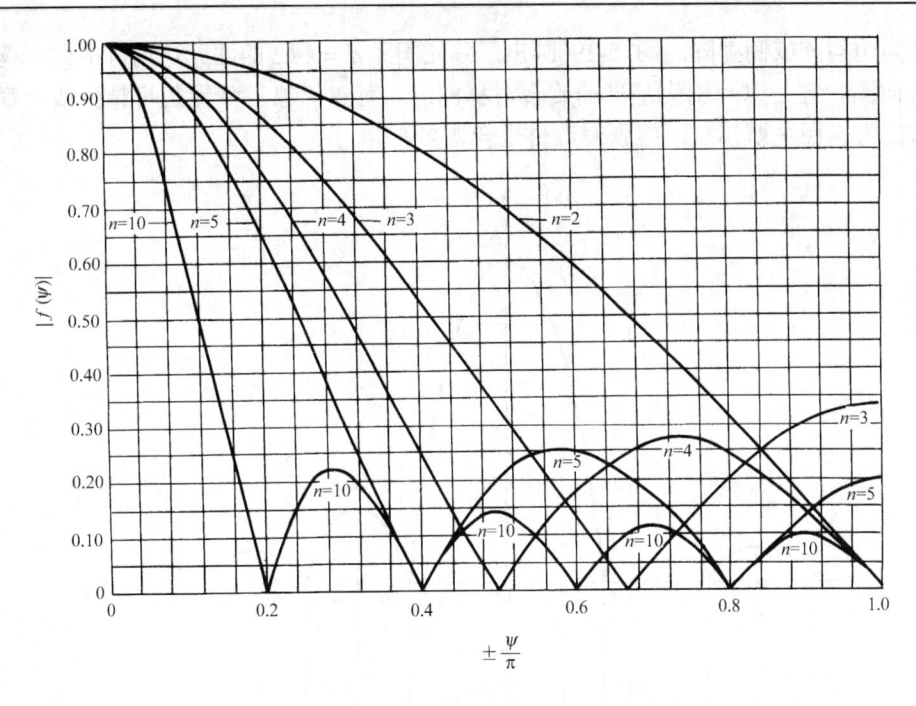

图 5-37

在实际应用中更要求得到阵函数 $|f(\psi)|$ 与观察角 δ 之间的极坐标函数图——阵方向图，这就需要把图 5-37 的以 ψ 为自变量的标高函数图转换为以 δ 为自变量的极坐标方向图。

下面以十元均匀直线阵（$N=10$）为例，由以 ψ 为自变量的标高函数图转换为以 δ 为自变量的极坐标方向图。令 $\varphi_i = -20°$，$d = \lambda/4$。

取图 5-37 中 $N=10$ 的 $|f(\psi)| \sim \psi$ 的曲线，这种函数曲线是以 $\pm 2m\pi$ 为周期的周期函数曲线，除在 $\psi = 0$ 时出现最大值外，在 $\psi = \pm 2m\pi$ ($m = 1,2,\cdots$) 时也出现最大值。$\psi = 0$ 时所在的波瓣为阵函数图的主瓣，与 $\psi = \pm 2m\pi$ 对应的波瓣则为栅瓣。为避免阵函数图出现栅瓣，阵元间电流相位差 φ_i 及阵元间距 d 的取值都应限定范围。

把归一化阵函数通用曲线转换成极坐标方向图的步骤如下：

首先在通用曲线横轴以下作一与横轴（ψ 轴）平行且有相同位置标度的直线，即为阵轴线。其次在阵轴线上取 $\psi = \varphi_i$ 点为圆心，以 βd 为半径画圆。然后在 z 轴该圆直径长的阵轴线段内，由通用曲线的极、零点作垂直于 ψ 轴的直线与所画出的圆相交，圆周上的这些交点向圆心的连线就是阵函数极坐标方向图的极值与零值方向。极值方向的极坐标值，可由圆上对应交点垂直向上与通用曲线的交点值所决定。不同 δ 角的极坐标值，可利用类似的对应关系确定，这样就得到了阵函数的极坐标方向图，如图 5-38 所示。

现在我们来讨论 N 元均匀直线阵的几种最重要的应用情况。

1. 边射阵（侧射阵）

如果 N 元均匀直线阵各阵元同相馈电，即 $\varphi_i = 0$，则由 $\psi = \varphi_i + \beta d\cos\delta$ 可知，在 $\delta = 90°$ 的方向上各阵元的总相位差 $\psi = 0$，就是说在 $\delta = 90°$ 方向上各阵元的辐射场是同相位叠加的，阵函数为最大值 N。由于阵函数的最大值 $f_m(\delta)$ 发生在与阵轴线垂直的方向即 $\delta_m = 90°$ 方向上，故称为**边射阵**或**侧射阵**。图 5-39 画出了阵元间距 $d=\lambda/2$ 的四元边射阵的归一化阵函数极坐标方向图，它是以阵轴为基准的旋转对称图形。可以想象，阵元数目越大或者说阵越长则阵函数的方向图主瓣越窄，但副瓣数目也会增多。

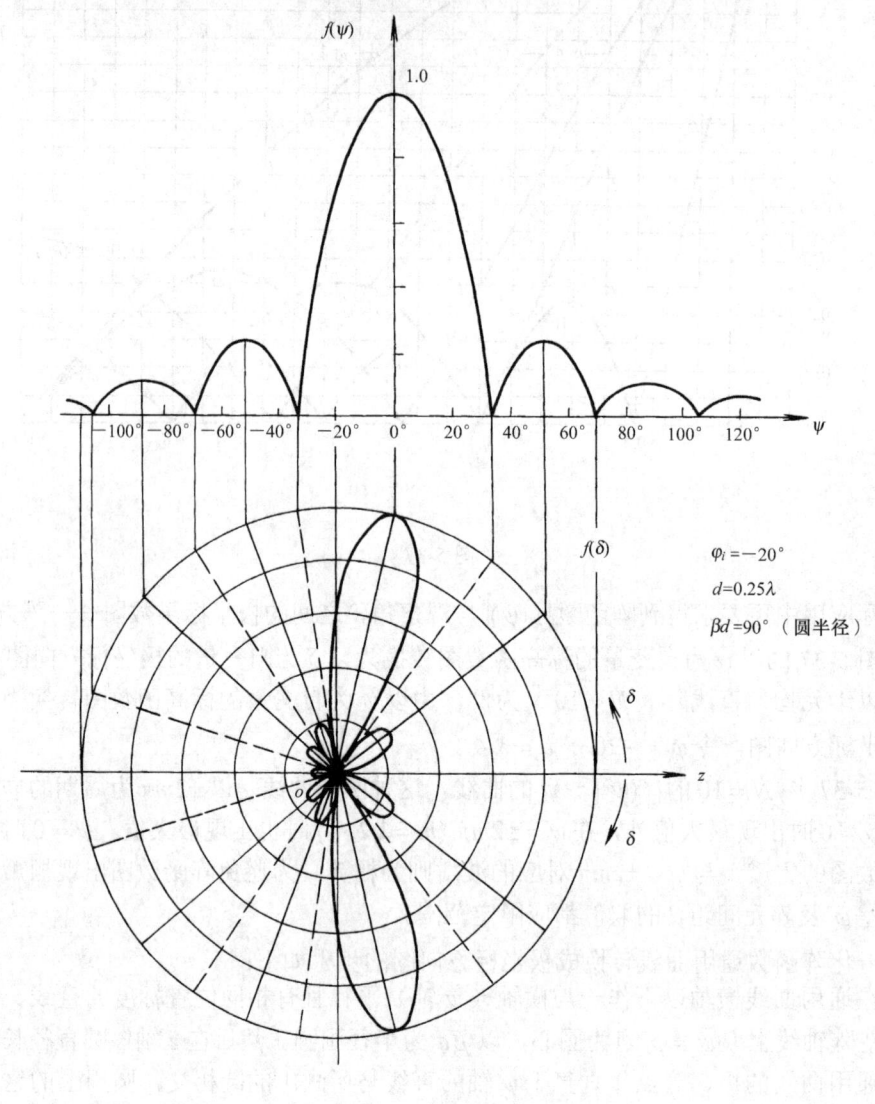

$\varphi_i = -20°$
$d = 0.25\lambda$
$\beta d = 90°$（圆半径）

图 5-38

在电视发射中心或移动通信基站台这样一些应用场合，要求发射天线主向沿地表而且在水平面天线的方向图应是全向（无方向性），这样就可以采用阵轴与地表垂直的各阵元同相位馈电的边射阵。只要阵元天线具有水平面全向的方向图，便可通过边射阵使发射天线铅垂面的方向图为主瓣很窄、主向沿地表的方向图。

2. 端射阵（顶射阵）

这是 N 元均匀直线阵的又一种重要应用情况。端射即阵函数最大值发生在阵轴线方向，即 $\delta_m = 0°$，显然由 $\psi = \varphi_i + \beta d \cos\delta_m = 0$，为使各阵元间总相位差为零，则需 $\varphi_i = -\beta d$。这就是说在阵轴线方向上用电流相位差补偿波程相位差，以使各阵元在振轴线方向上的辐射场同相位叠加，使阵函数为最大值 N。

图 5-40 画出 $d=\lambda/4$ 及 $d=\lambda/2$ 两种情况下的四元端射阵的归一化极坐标阵函数图。它们是环绕阵轴旋转对称的方向图。

我们前面在例 5-6 中所讨论的具有引向作用（或反射作用）的二元半波振子阵，实际上就是二元端射阵。式（5-79）的 N 元均匀直线阵阵函数，当 $N=2$ 时即为

$$F(\delta)=\frac{\sin\psi}{\sin(\frac{\psi}{2})}=2\cos\frac{\psi}{2}$$

显然等幅二元阵（$M=1$）是 N 元均匀直线阵的一种特定情况。而在例 5-6 中，$\varphi_i=-\pi/2$，$d=\lambda/4$，$\beta d=-\pi/2$，刚好是 $\varphi_i=-\beta d$，是二元均匀端射阵。

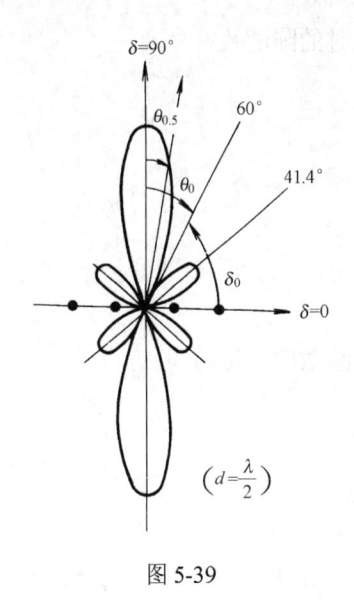

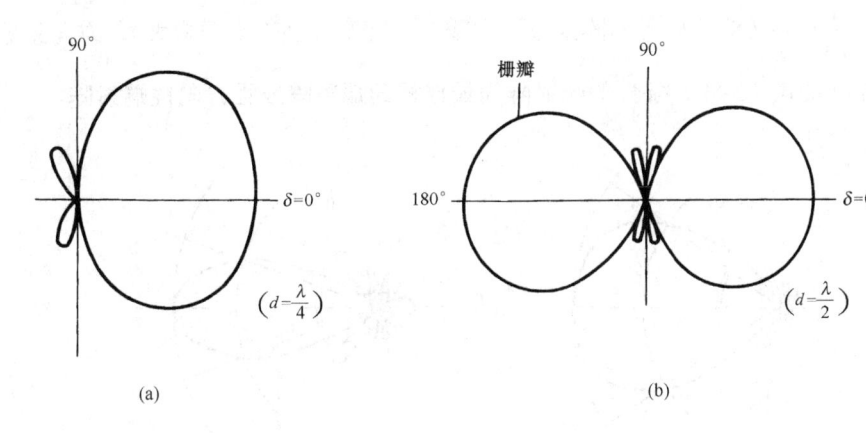

图 5-39

图 5-40

3. 最佳相速端射阵与振幅不均匀分布直线阵

以上讨论的 N 元均匀直线阵的最大值方向问题，都是基于以馈电电流相位差补偿波程相位差，从而使各阵元辐射场同相位叠加这一思想。但是按此思想设计的端射阵，由于主瓣比较宽而致使方向系数（增益）并不是最大值。

由方向系数的分析计算表明，端射阵的最大方向系数条件是：$\delta=\delta_m=0°$ 时，$\psi=-\pi/N$，或者说要求端射阵末端阵元较之始端阵元的总相位差，除了馈电电流和波程引起的相位差之外还要滞后 π。那么两相邻阵元之间的总相位差应为

$$\psi=\varphi_i+\beta d\cos\delta-\frac{\pi}{N}$$

而对于端射阵，$\varphi_i=-\beta d$，因此端射阵最大方向系数条件（称为 Hansen-Woodyard 条件）是

$$\psi=\beta d(\cos\delta-1)-\frac{\pi}{N} \tag{5-82}$$

此时的阵函数

$$F(\delta) = \frac{\sin\left\{\dfrac{N}{2}\left[\beta d(\cos\delta - 1) - \dfrac{\pi}{N}\right]\right\}}{\sin\left\{\dfrac{1}{2}\left[\beta d(\cos\delta - 1) - \dfrac{\pi}{N}\right]\right\}} \tag{5-83}$$

$$F_m(\delta) = \lim_{\delta \to 0} F(\delta) = \frac{1}{\sin(\dfrac{\pi}{2N})} \tag{5-84}$$

阵函数归一化后为

$$f(\delta) = \sin(\frac{\pi}{2N}) \frac{\sin\left\{\dfrac{N}{2}\left[\beta d(\cos\delta - 1) - \dfrac{\pi}{N}\right]\right\}}{\sin\left\{\dfrac{1}{2}\left[\beta d(\cos\delta - 1) - \dfrac{\pi}{N}\right]\right\}} \tag{5-85}$$

图 5-41 为 $d = \dfrac{\lambda}{4}$ 的十元等幅端射阵的阵函数图，其中图 5-41（a）为 $\varphi_i = -\beta d = -90°$，图 5-41（b）为 $\varphi_i = -(\beta d + \dfrac{\pi}{10}) = -108°$。后者的阵函数图主瓣明显变窄（副瓣电平增大），方向系数将明显提高。一般称满足式（5-82）条件的端射阵为**最佳相速端射阵**或**强方向性端射阵**。

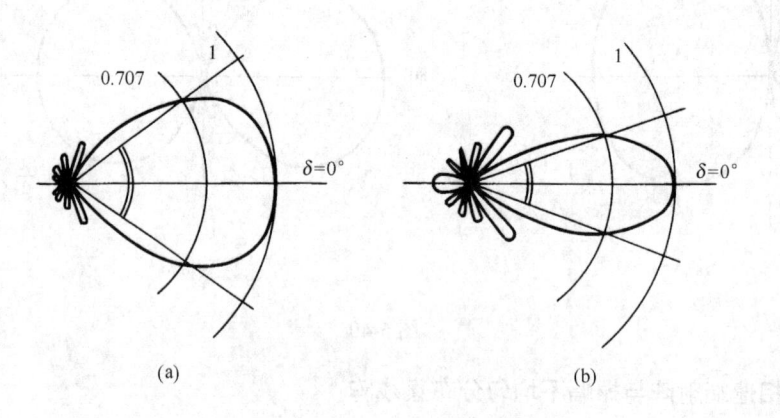

图 5-41

以上讨论的 N 元均匀直线阵，各阵元天线的馈电电流都是等幅即均匀分布的。这使天线系统的馈电要简便得多，但其突出缺点是副瓣电平高。于是人们在寻找主瓣宽度和副瓣电平之间能够折中兼顾的电流振幅分布方案。图 5-42 所示为几种典型阵元电流振幅分布情况下，$d = \lambda/2$ 的五元边射阵的阵函数图，可与电流均匀分布情况下的阵函数图进行比较。此外还有切比雪夫分布、泰勒分布等电流振幅分布，以及非均匀间距直线阵列的研究结果。

从以上讨论可知，若干同类天线（单元天线）规则地组成阵列，并按一定规律给各阵元天线馈电的振幅及相位赋值（加权），是调控天线阵列方向性形成所要求的波束（主瓣）的基本手段。这实质上就是置于空间不同位置不同电性能（电流幅值和相位）的辐射源，它们的辐射场在空间叠加（干涉）形成不同的场分布的结果。

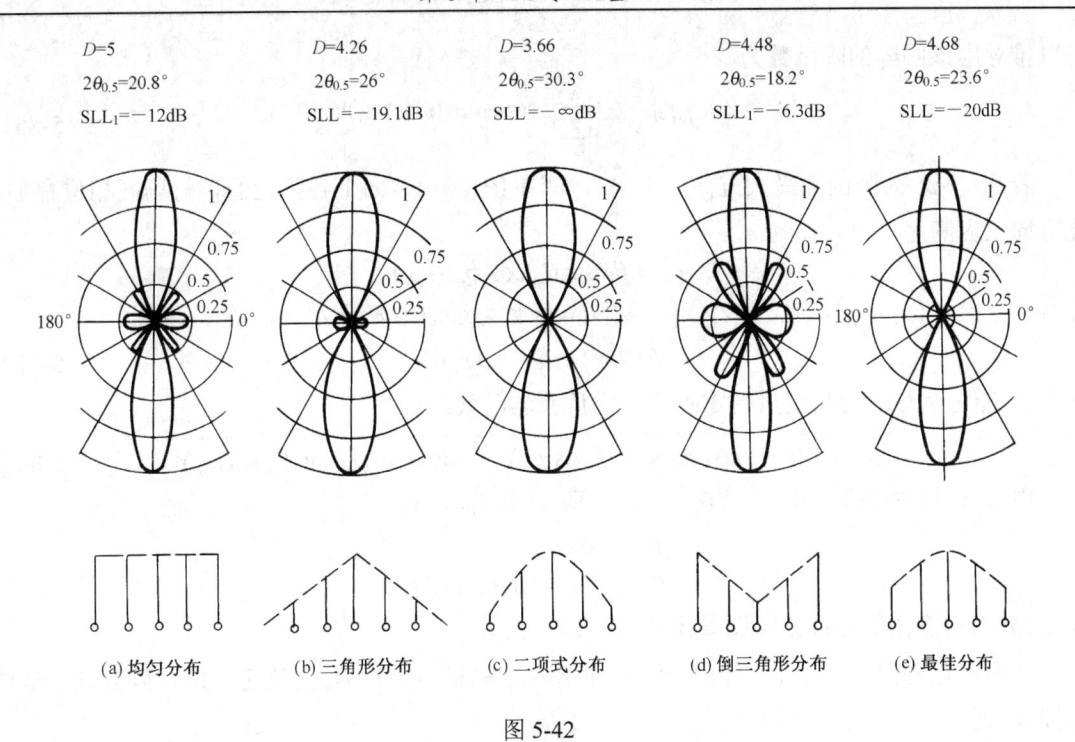

$D=5$	$D=4.26$	$D=3.66$	$D=4.48$	$D=4.68$
$2\theta_{0.5}=20.8°$	$2\theta_{0.5}=26°$	$2\theta_{0.5}=30.3°$	$2\theta_{0.5}=18.2°$	$2\theta_{0.5}=23.6°$
$SLL_1=-12dB$	$SLL=-19.1dB$	$SLL=-\infty dB$	$SLL_1=-6.3dB$	$SLL=-20dB$

(a) 均匀分布　　(b) 三角形分布　　(c) 二项式分布　　(d) 倒三角形分布　　(e) 最佳分布

图 5-42

5.6.3 圆阵

当直线阵列的阵元数 N 很大时，天线的尺寸（称为**天线口径**）将非常大，尤其是在频率较低时。如果把阵元排列在一圆周上，天线的口径就会小得多。

圆阵就是把阵元天线在半径为 R 的圆周上等间隔排列的天线阵列。图 5-43 所示即为由 N 个单元天线组成的圆阵。

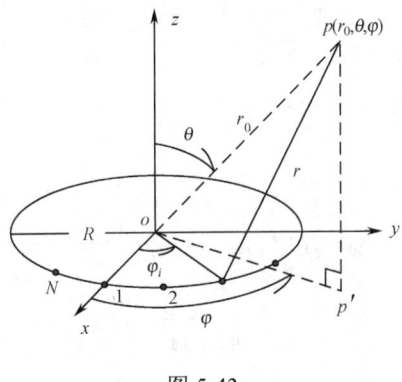

图 5-43

设各阵元电流幅值相等（均为 I），第 i 个阵元的电流 $\dot{I}_i = Ie^{-j\psi_i}$，第 i 个阵元（令为点源）距观察点 $p(r_0,\theta,\varphi)$ 的距离为 r，阵中心 O 距观察点 p 的距离为 r_0，第 i 个阵元的方位角 $\varphi_i = \dfrac{2\pi}{N}i$，那么有关系式

$$r_0 - r = R\sin\theta\cos\left(\varphi - \frac{2\pi}{N}i\right)$$

可以推导出该圆阵的阵函数为

$$F(\theta,\varphi) = \left| \sum_{i=1}^{N} e^{j(\beta R \sin\theta \cos(\varphi-\varphi_i) - \psi_i)} \right| \tag{5-86}$$

若 θ_m，φ_m 为阵函数最大方向（主向），即在 (θ_m,φ_m) 方向上各阵元的辐射场同相位叠加，此方向上应满足

$$\psi_i = \beta R \sin\theta_m \cos(\varphi_m - \varphi_i)$$

那么在主向为 (θ_m,φ_m)，且 N 较大时，圆阵阵函数可近似地表示为

$$F(\theta,\varphi) \approx N \cdot |J_0(\beta\rho)| \tag{5-87}$$

式中，$J_0(x)$ 为以 x 为自变量的零阶第一类贝塞尔函数；

$$\rho = R\sqrt{(\sin\theta\cos\varphi - \sin\theta_m\cos\varphi_m)^2 + (\sin\theta\sin\varphi - \sin\theta_m\sin\varphi_m)^2} \tag{5-88}$$

现以 $N=10$ 的圆阵为例，当 $\theta_m = 0$ 时，即 z 轴方向，有

$$\rho = R\sin\theta$$

$$F(\theta,\varphi) \approx NJ_0(\beta R \sin\theta)$$

其以 $\beta\rho$ 为自变量的标高方向图如图 5-44（a）所示。

当设定阵主向在 xoy 面（阵平面），即 $\theta = \theta_m = 90°$（此时 φ_m 无规定，应从阵方向函数中去掉），则

$$\rho = 2R\sin\frac{\varphi}{2}$$

$$F(\theta,\varphi) \approx NJ_0\left(2\beta R\sin\frac{\varphi}{2}\right)$$

其以 $\beta\rho$ 为自变量的标高方向图如图 5-44（b）所示。

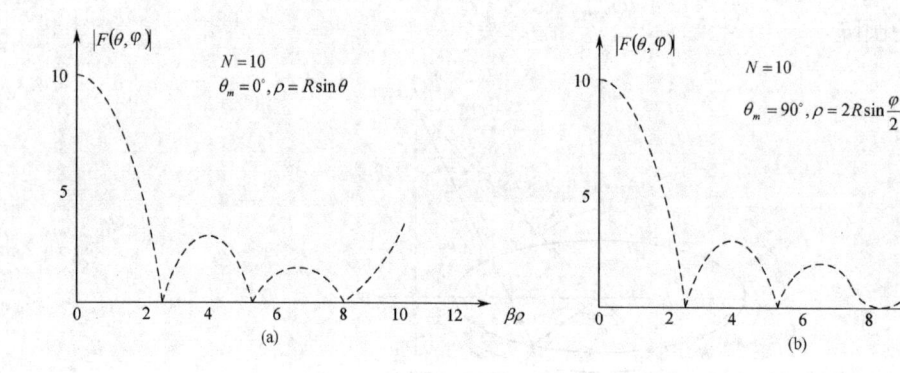

图 5-44

以上我们只是简要地给出了圆阵的基本概念，由于圆阵的空间关系远较直线阵列复杂，其分析计算也较为繁琐。

5.6.4 面阵、体阵和连续元阵

从直线阵列分析中导出的天线方向函数乘积定理完全可以推广到面阵和体阵的分析和设计之中。图 5-45 为均匀分布于同一平面 xoy 上的，由相同阵元半波振子组成的 M 行×N 列的

平面阵列。它的每一行（或列）都是一直线阵列，可等效为置于此线阵中心位置处的等效天线（子阵）；若各子阵的方向函数相同，则这些子阵作为阵元又构成新的直线阵（超阵）。那么整个 M 行 $\times N$ 列平面阵列的方向函数则为

$$F_\Sigma = F_0(\theta,\varphi) \cdot F_M(\delta_M) \cdot F_N(\delta_N) \tag{5-89}$$

如果在与此平面阵列平行的面上，设置一结构完全相同的 M 行 $\times N$ 列元平面阵列（对应阵元位置有相同的 x,y 位置坐标），那么这两个平面阵列就将构成一新的阵列，它们的阵轴方向与 z 轴平行，这就形成了三维空间中的体阵。

这样我们便可把天线方向函数乘积定理应用于更多阶的阵列中，它的总方向函数可表示为

$$F_\Sigma = F_0(\theta,\varphi) \prod_{i=1}^{m} F_i(\delta_i) \tag{5-90}$$

式中，$F_0(\theta,\varphi)$ 为单元天线的方向函数，$F_i(\delta_i)$ 是第 i 阶阵列的阵函数，δ_i 是以该阶阵列阵轴为基准的观察角。方向函数乘积定理或式（5-90）成立的前提是阵元的均一性和空间取向的同一性，否则只能通过逐元辐射场叠加的办法来求算总辐射场和总方向函数。

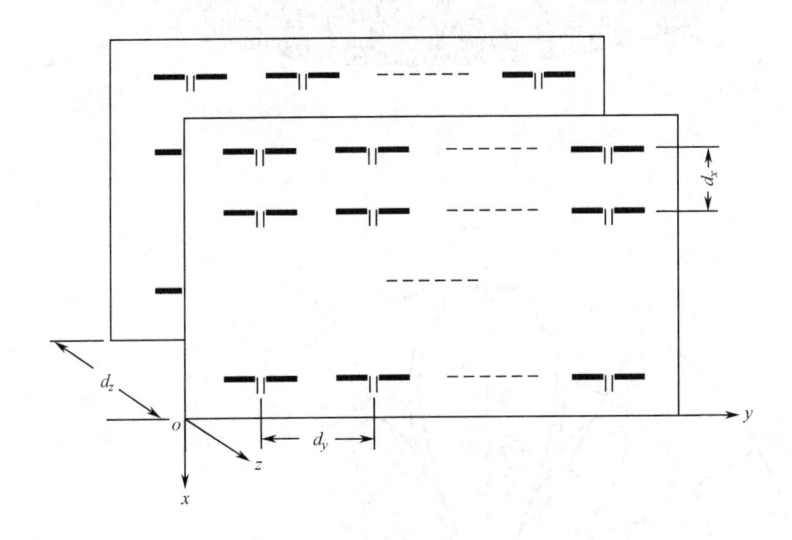

图 5-45

图 5-46 所示为置于图 5-45 xoy 面上的阵元纵横间距 $d_x = d_y = \lambda/2$，同相馈电的 5 行 $\times 5$ 列，阵元及其空间取向均一的平面阵列三维标高阵函数图。图 5-47 则是以极坐标画出的该平面阵列在 xoz 面（$\varphi=0°$）和 yoz 面（$\varphi=90°$）的阵函数图，阵函数在这两个子午面上的方向图相同，在图中以实线表示，图中用虚线画出了 $\varphi=45°$ 的子午面的阵函数图。该图中极坐标标度是以阵函数的最大值作为 0 dB。

以上所讨论的天线阵列及阵元都是离散分布的，称为**离散元阵列**，它们的阵函数是由 N 项（离散阵元数）多项式求和得出的。如果天线阵列的阵元为连续分布，那么它的阵函数则需由积分式求得。

$d_x=d_y=\lambda/2$
$\beta_x=\beta_y=0$
$M=N=5$

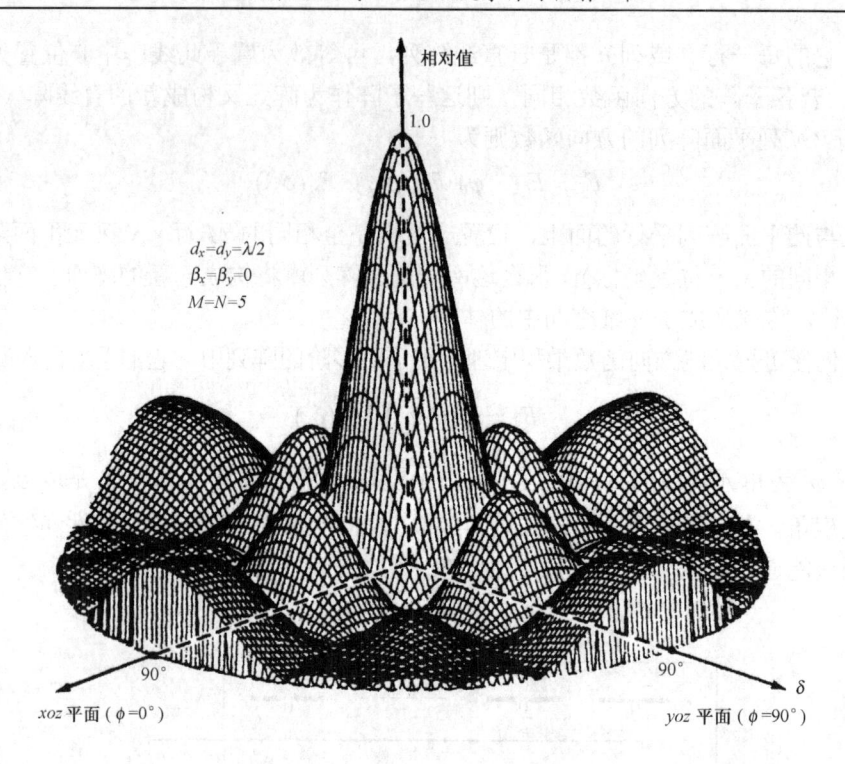

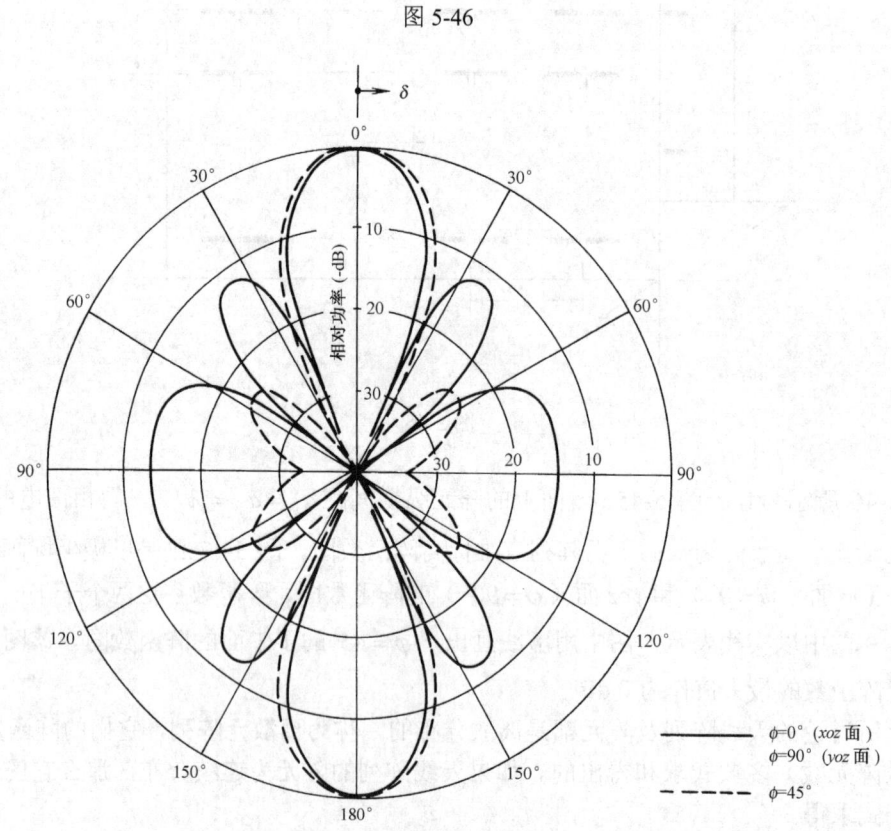

图 5-46

$\phi=0°$ (xoz 面)
$\phi=90°$ (yoz 面)
$\phi=45°$

图 5-47

在本书 5.2 节分析过的行波长线天线，实际上就是一个连续元直线阵列，它的阵元是电流幅值相同的电流元。式（5-8）给出的行波长线天线的方向函数

$$F(\theta,\varphi) = \sin\theta \cdot \frac{\sin\left[\dfrac{\beta l}{2}(1-\cos\theta)\right]}{\dfrac{\beta l}{2}(1-\cos\theta)}$$

其中就含有作为阵元的电流元的方向函数 $F_0(\theta,\varphi)=\sin\theta$，而后面的分数因子就是该连续元直线阵列的阵函数。随着天线长度 l 的不同，也可以理解为阵元数目的不同，这个连续元直线阵列的方向函数也会发生变化。

本书后面关于微波天线的讨论，是以口径面上的内场作为辐射源的，而口径面（如波导终端开口面）上的内场分布是连续的，因此口径面天线也可以看做是连续元阵列天线。

5.6.5 对称振子阵列的输入阻抗

一个独立存在的天线，它的阻抗的电阻部分主要取决于其辐射损耗，而电抗部分则主要取决于天线近区的束缚场（也称为电抗场），所以讨论天线的阻抗问题必须分析研究天线的近区场。而在分析阵列天线的阻抗时，由于阵元相距很近，阵元之间存在很强的相互耦合，因此阵列中的单元天线阻抗，与该天线独立存在时的阻抗是不同的。可见研究天线的阻抗问题，即便是对称振子天线的阻抗问题，也是十分复杂和困难的。

1. 对称振子的辐射阻抗

把天线的总辐射功率 $P_F = P_r + jP_x$ 按照电路的方法与天线的特定电流（对称振子的波腹电流 $\dot{I}_n$ 或输入电流 $\dot{I}_0$）相联系，看成是一等效阻抗所吸收的功率。这就是天线的**辐射阻抗**。

归于波腹电流 $\dot{I}_n$ 的对称振子辐射阻抗为

$$Z_{rn} = \frac{2P_F}{|\dot{I}_n|^2} \tag{5-91}$$

而归于输入电流 $\dot{I}_0$ 的对称振子辐射阻抗为

$$Z_{r0} = \frac{2P_F}{|\dot{I}_0|^2} \tag{5-92}$$

对于半波振子天线 $\dot{I}_0 = \dot{I}_n, Z_{rn} = Z_{r0} = Z_r$，则

$$Z_r = R_r + jX_r \tag{5-93}$$

其实部 R_r 就是我们在前面用天线辐射场的坡印廷矢量积分得到的天线**辐射功率**（是平均功率或有用功率）之后得到的辐射电阻。而**辐射电抗**可由天线近区场用感应电动势法求得复辐射功率，之后求得 X_r。这个计算过程比较复杂，其结果用曲线给出如图 5-48 所示。图中以对称振子截面半径 ρ_0 为参量，这里的辐射电抗 X_r 是以波腹电流定义的。

图 5-48

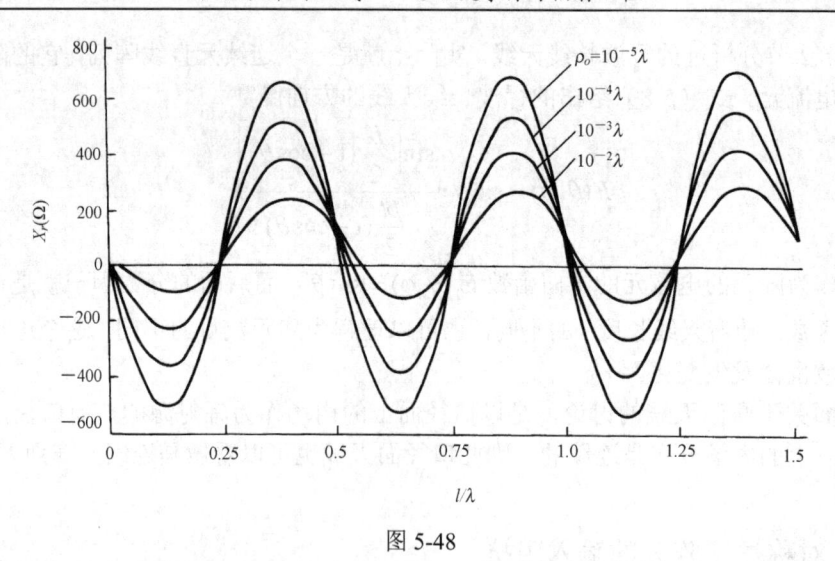

2. 耦合对称振子的等效网络方程及互阻抗

因为振子阵列所在空间为线性均一媒质（空气），相互耦合的两天线端口之间可视为一线性网络，所以可写出以天线端口电压、电流为表征量的线性网络方程，以二元对称振子阵为例，参照图 5-49 可写出网络阻抗方程：

$$\begin{cases} \dot{U}_1 = \dot{I}_1 Z_{11} + \dot{I}_2 Z_{12} \\ \dot{U}_2 = \dot{I}_1 Z_{21} + \dot{I}_2 Z_{22} \end{cases} \quad (5\text{-}94)$$

式中 Z_{11}, Z_{22} 是振子$1^\#$和振子$2^\#$的自辐射阻抗，可近似认为是振子独立存在时归于输入电流的辐射阻抗，因为振子存在耦合的情况下振子上的电流分布要发生变化。Z_{12} 和 Z_{21} 是振子间的**互辐射阻抗**，因为线性网络满足可逆定理，故

$$Z_{12} = Z_{21} \quad (5\text{-}95)$$

关于对称振子的互辐射阻抗 $Z_{12} = R_{12} + jX_{12}$ 的计算是很繁复的，工程上给出了一些实用的计算结果曲线。参照图 5-50 标定的参量，d 为二对称振子轴线距离，H_1 为二对称振子高度差，l 为振子一臂长。图 5-51 所示为二平行半波振子高度差 $H_1 = 0$ 时 R_{12}、X_{12} 与二振子轴线距离 d 的关系曲线（即二振子齐平平行排列）。

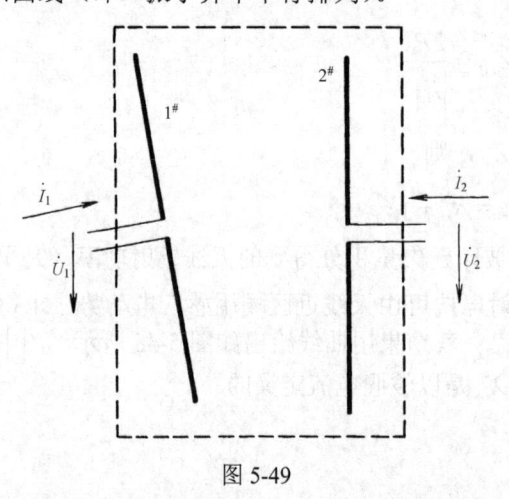

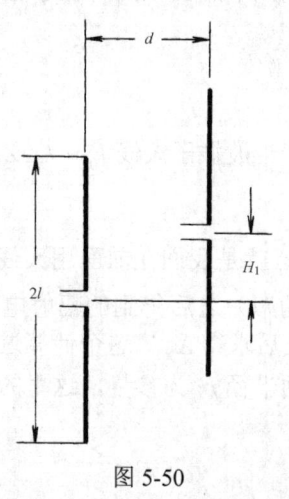

图 5-49

图 5-50

(a)

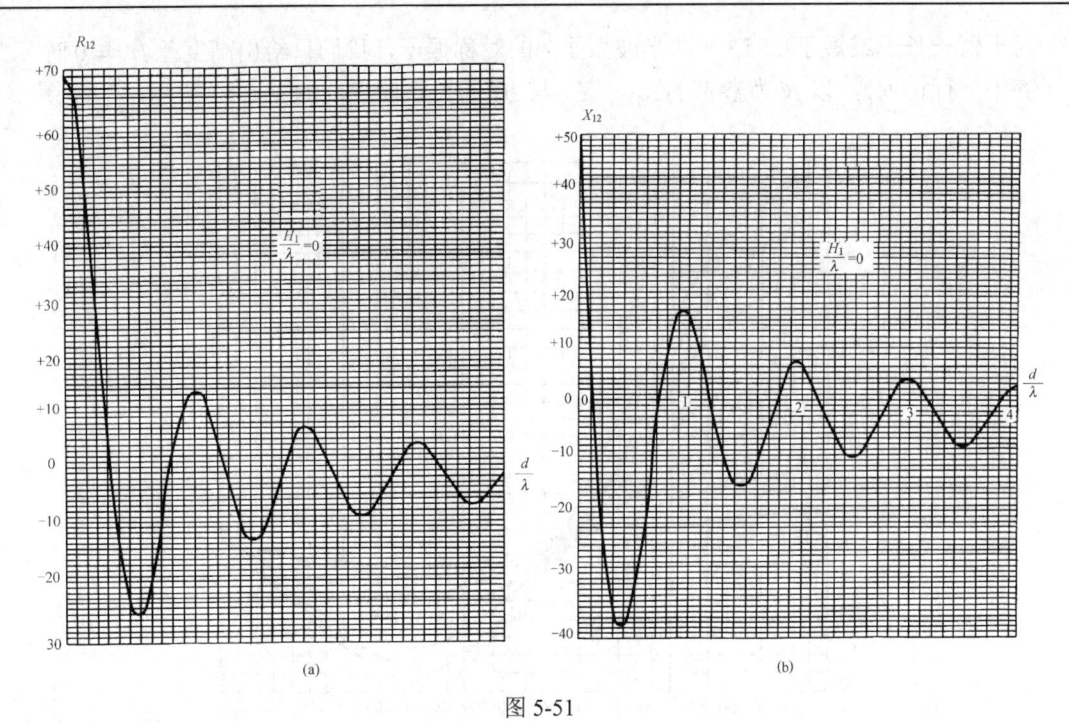

(b)

图 5-51

图 5-52 为二平行半波振子高度差 $H_1 = 0.5\lambda$ 时，R_{12}，X_{12} 与 d 的关系曲线。

(a)

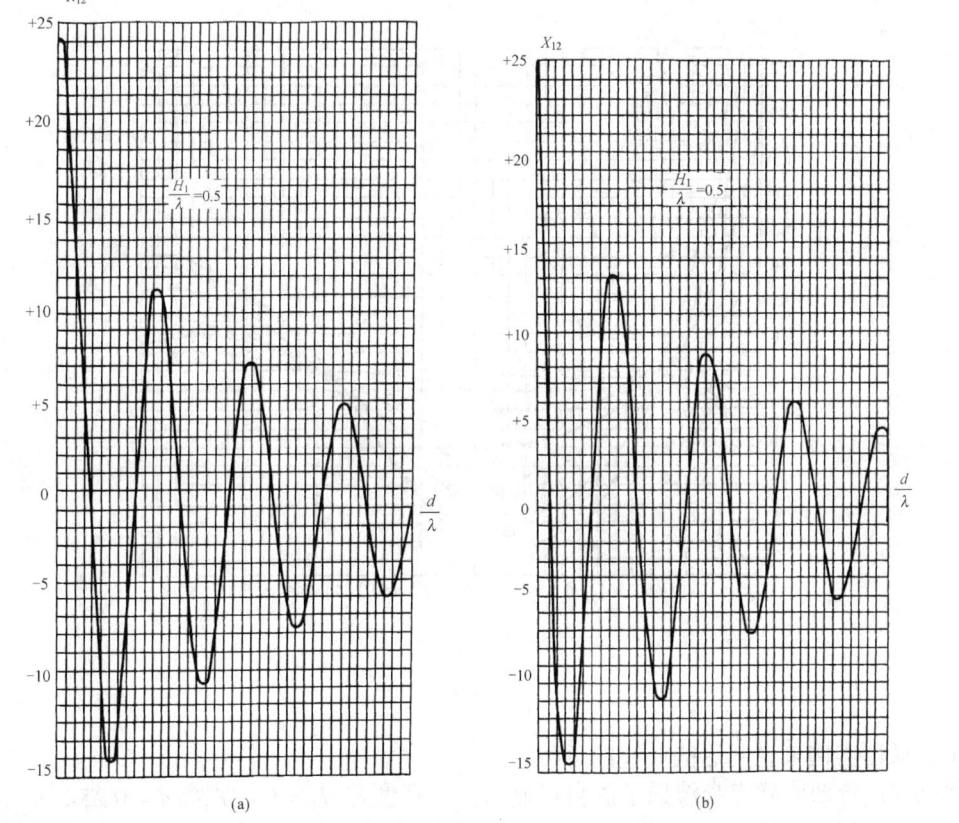

(b)

图 5-52

对于臂长长于或短于 0.25λ（即半波振子）的对称振子，我们只给出高度差 $H_1 = 0$ 时（二振子齐平平行排列），以 βl 为参量的 R_{12}、X_{12} 与 βd 的关系曲线，如图 5-53 所示。

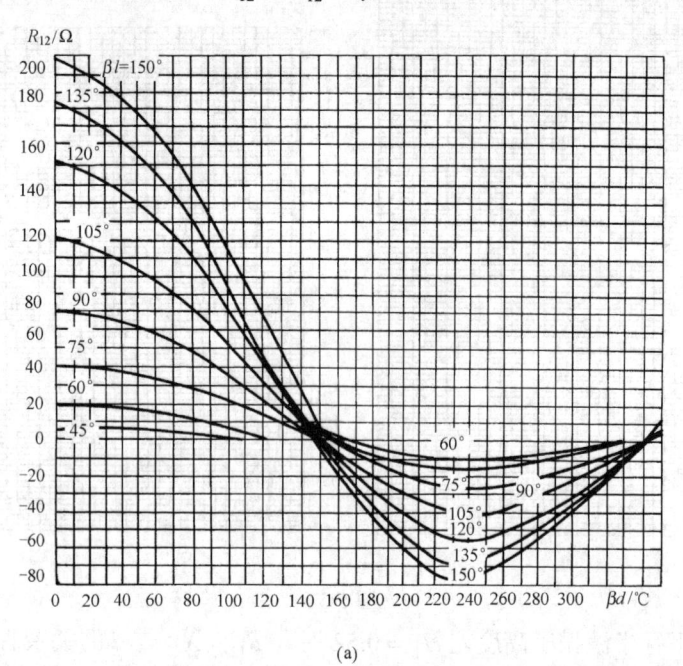

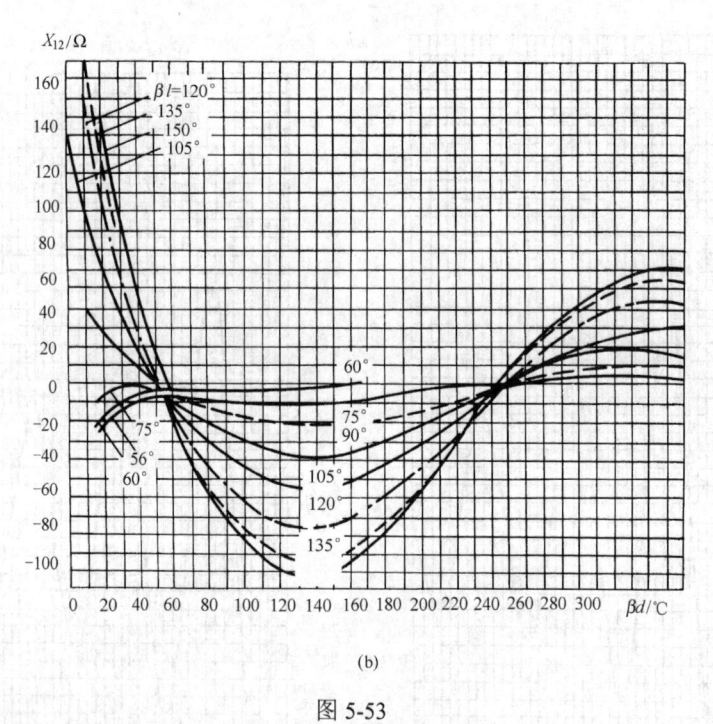

图 5-53

下面通过实例来说明这些曲线的运用。

例 5-7 查曲线确定半波振子的自辐射阻抗。高度差 $H_1 = 0$，距离 $d = 0.25\lambda$ 的二齐平平行排列的半波振子互阻抗；高度差 $H_1 = 0.5\lambda$，距离 $d = 0$ 的二半波振子共线排列时的互阻抗。

解： 由图 5-17 的对称振子辐射电阻 R_r 与 l/λ 之间关系曲线，查得半波振子（$l/\lambda = 0.25$）的辐射电阻 $R_r = 73.1\,\Omega$；由图 5-48 的对称振子辐射电抗 X_r 与 l/λ 之间关系曲线，考虑振子截面半径 ρ_0 很小（取 $\rho_0 = 10^{-3}\lambda$），查得 $X_r = 42.5\,\Omega$。也可以利用图 5-51 的曲线查得半波振子的辐射阻抗，因为当高度差 $H_1 = 0$，距离 $d = 0$ 时半波振子的互阻抗就是它的自辐射阻抗，即

$$Z_r(l = 0.25\lambda) = (73.1 + j42.5)\,\Omega$$

二齐平平行排列距离 $d = 0.25\lambda$ 的半波振子，求其互辐射阻抗可查图 5-51 的 R_{12}，X_{12} 与 d/λ 之间的关系曲线，查得

$$Z_{12} = (40 - j28)\,\Omega$$

二高度差 $H_1 = 0.5\lambda$ 的共线半波振子，求其互辐射阻抗可查图 5-52 的 R_{12}、X_{12} 与 d/λ 之间的关系曲线，查得

$$Z_{12} = (27 + j20)\,\Omega$$

3. 阵列中的对称振子的总辐射阻抗

通常总是把对称振子的辐射阻抗归算于振子的波腹电流，那么天线阵列中第 i 个对称振子归于波腹电流 $\dot{I}_n$ 的总辐射阻抗 $Z_{rn(i)}$，参照式（5-91）和式（5-94）可写成

$$Z_{rn(i)} = \frac{2P_{F(i)}}{|\dot{I}_{n(i)}|^2} = \frac{\dot{U}_i}{\dot{I}_{n(i)}} = \sum_{k=1}^{N} \frac{\dot{I}_{n(k)}}{\dot{I}_{n(i)}} Z_{ik} = Z_{ii} + \sum_{\substack{k=1\\(k\neq i)}}^{N} Z'_{ik} \tag{5-96}$$

式中 $Z'_{ik} = \left[\dfrac{\dot{I}_{n(k)}}{\dot{I}_{n(i)}}\right] Z_{ik}$，称为阵列中第 k 个振子对第 i 个振子的**感应互辐射阻抗**。显然振子间的感应互辐射阻抗与它们的互辐射阻抗（或简称为互阻抗）相差一**电流比系数**。只有当阵列中振子的电流等幅同相位时，上式中才有 $Z'_{ik} = Z_{ik}$。

现在我们以一个二元对称振子阵为例，来分析其中每一个阵元振子的总辐射阻抗。令两对称振子的电流关系为 $\dot{I}_{n2} = M\dot{I}_{n1}e^{j\varphi_i}$，它们的自辐射阻抗 $Z_{11} = R_{11} + jX_{11}$ 及 $Z_{22} = R_{22} + jX_{22}$，它们的互辐射阻抗 $Z_{12} = Z_{21} = R_{12} + jX_{12}$，则每一振子的总辐射阻抗分别为

$$\begin{aligned}Z_{rn(1)} &= Z_{11} + Me^{j\varphi_i}Z_{12}\\&= [R_{11} + M(R_{12}\cos\varphi_i - X_{12}\sin\varphi_i)] + j[X_{11} + M(R_{12}\sin\varphi_i + X_{12}\cos\varphi_i)]\end{aligned} \tag{5-97}$$

$$\begin{aligned}Z_{rn(2)} &= Z_{22} + \frac{1}{M}e^{-j\varphi_i}Z_{12}\\&= \left[R_{22} + \frac{1}{M}(R_{12}\cos\varphi_i + X_{12}\sin\varphi_i)\right] + j\left[X_{22} + \frac{1}{M}(X_{12}\cos\varphi_i - R_{12}\sin\varphi_i)\right]\end{aligned} \tag{5-98}$$

例 5-8 求如图 5-54 所示二元半波振子端射阵的两个阵元半波振子的总辐射阻抗。$d = 0.25\lambda$，$\dot{I}_{n2} = \dot{I}_{n1}e^{-j\frac{\pi}{2}}$。

解： 前面已经查得此二元半波振子阵列中阵元振子的自辐射阻抗及互辐射阻抗分别为

$$Z_{11} = Z_{22} = (73.1 + j42.5)\,\Omega$$
$$Z_{12} = Z_{21} = (40 - j28)\,\Omega$$

此二半波振子阵的电流比：$M = 1$，$\varphi_i = -\dfrac{\pi}{2}$，由式（5-97）、（5-98）可求得

$$Z_{rn(1)} = (45.1 + j2.5)\,\Omega$$
$$Z_{rn(2)} = (101.1 + j82.5)\,\Omega$$

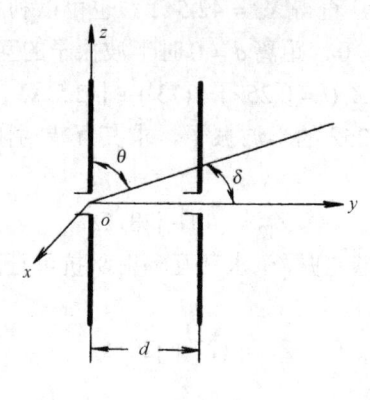

图 5-54

4. 阵列中的对称振子的输入阻抗

独立存在的对称振子天线，已由式（5-45）及式（5-46）给出了计算其输入阻抗的公式和近似计算公式。当对称振子组成阵列时，其中每一阵元振子的输入阻抗都因受振子间相互耦合的影响而发生改变。即必须考虑因振子间的耦合对阵元振子的辐射电阻、平均波阻抗及相移常数等产生的影响，对计算对称振子输入阻抗所需的这些参量加以修正。

阵列中的对称振子辐射电阻的变化，已由上面分析的阵列中的对称振子总辐射阻抗的结论解决，即 R_r 应改写成 $R_{\Sigma i}$：

$$R_{\Sigma i} = R_{ii} + \sum R'_{ik} \tag{5-99}$$

对阵列中对称振子平均波阻抗 $\overline{Z}_0$ 的修正，我们考虑到无耗平行双线传输线的波阻抗为

$$Z_0 = \sqrt{\frac{L_0}{C_0}} = \sqrt{\frac{\omega L_0}{\omega C_0}}$$

如有单位长度上的附加电抗 X_Δ 作用时，此波阻抗应修正为

$$Z'_0 = \sqrt{\frac{\omega L_0 + X_\Delta}{\omega C_0}} = Z_0 \sqrt{1 + \frac{X_\Delta}{\beta Z_0}} \tag{5-100}$$

对于阵列中的振子，应考虑感应辐射电抗 $\sum X'_{ik}$ 的影响。仿照式（5-41）求对称振子单位长度辐射电阻的公式，可以写出阵列中振子单位长度感应辐射电抗 $\left(\sum X'_{ik}\right)_\Delta$ 为

$$\left(\sum X'_{ik}\right)_\Delta = \frac{2\sum X'_{ik}}{l\left(1 - \dfrac{\sin 2\beta l}{2\beta l}\right)} \tag{5-101}$$

那么阵列中的对称振子的平均波阻抗，仿照式（5-100）可写成为

$$\overline{Z}_{0i} = \sqrt{\frac{\omega L_0 + (\sum X'_{ik})_\Delta}{\omega C_0}} = \overline{Z}_0 \sqrt{1 + \frac{(\sum X'_{ik})_\Delta}{\beta \overline{Z}_0}} \tag{5-102}$$

对称振子平均波阻抗由 $\overline{Z}_0$ 修正为 $\overline{Z}_{0i}$，是因为阵列中感应辐射电抗所引起的。由式（5-40）给

出 $\overline{Z}_0 = 120\left[\ln(\frac{2l}{R_0}) - 1\right]$，这种变化也可看成是振子截面半径 R_0 的变化所引起的，即可把振子间的耦合作用折算为振子截面半径的变化来处理。

关于阵列中的振子相移常数 β 的修正，作为工程应用可以不去考虑，即仍然认为是自由空间中电磁波的相移常数。以近于半波振子的对称振子为单元的阵列中，第 i 个振子的输入阻抗则可按下式计算：

$$Z_{\text{in}(i)} = \frac{R_{ii} + \sum R'_{ik}}{\sin^2 \beta l} - j\overline{Z}_{0i}\cot\beta l \tag{5-103}$$

从以上分析讨论中可以看出，求阵列天线中的一个单元天线的输入阻抗是很复杂的。而且我们还只是讨论了对称振子组成的阵列天线。求阵列天线中阵元天线的输入阻抗，是阵列天线系统设计与实现的重要内容，因为它直接关系到阵元天线与其馈电传输线的匹配问题。

下面我们把求对称振子阵列中的一个阵元对称振子（令为第 i 个）输入阻抗的步骤总括理顺，这些阵元振子必须是方向函数、空间取向都具有同一性（比如都是半波振子、空间平行排列等）。

第一步，求取作为阵元的对称振子的辐射阻抗——自阻抗。$Z_{ii} = R_{ii} + jX_{ii}$。

第二步，求取这第 i 个阵元振子与阵列中其他阵元振子间的互辐射阻抗——互阻抗。$Z_{ki} = R_{ik} + jX_{ik}, k = 1, 2, \cdots, N, k \neq i$。

第三步，求取这第 i 个阵元振子的总辐射阻抗。$Z_{rn(i)} = \sum\left(\frac{I_{n(k)}}{I_{n(i)}}\right)Z_{ik}$，$k = 1, 2, \cdots, N$，或进一步写成 $Z_{rn(i)} = Z_{ii} + \sum Z'_{ik}$，$k = 1, 2, \cdots, N, k \neq i$。

第四步，用第 i 个阵元振子的总辐射阻抗的实部对该对称振子原辐射电阻进行修正；用总辐射阻抗的虚部对该对称振子的平均波阻抗进行修正。然后用修正后的第 i 个阵元振子的辐射电阻和平均波阻抗，运用求对称振子输入阻抗的公式，求出这第 i 个阵元振子的输入阻抗。

5.7 相控阵与智能天线的基本原理

5.7.1 相控天线阵列

我们再回到图 5-36 所示的 N 元均匀直线阵列的讨论，N 元均匀直线阵在相邻阵元的总相位差 ψ 为零时阵函数为最大值，这是因为 $\psi = 0$ 时各阵元的辐射场同相位叠加。由

$$\psi = \varphi_i + \beta d \cos\delta_m = 0$$

得

$$\varphi_i = -\beta d \cos\delta_m \tag{5-104}$$

则式（5-81）给出的 N 元均匀直线阵归一化阵函数可写成为

$$f(\delta) = \frac{\sin\left[\dfrac{N\beta d}{2}(\cos\delta - \cos\delta_m)\right]}{N\sin\left[\dfrac{\beta d}{2}(\cos\delta - \cos\delta_m)\right]} \tag{5-105}$$

或者可以写出

$$\delta_m = \arccos\left[-\frac{\varphi_i}{\beta d}\right] \quad (5\text{-}106)$$

这样在阵元间距 d 确定的情况下，改变阵元馈电相位差 φ_i，即可获得阵函数的主向 δ_m 的变化。边射阵和端射阵只不过是上述情况的两个特例，端射阵和边射阵之外的一般情况即为**斜射阵**。

从以上分析中可知，按式（5-106），只要改变阵元之间的馈电相位差，就可改变阵函数的主向 δ_m；若控制阵元间馈电相位差连续改变，就可以使阵函数的主向连续改变——实现天线**波束扫描**。因波束扫描是通过调变馈电相位差来实现，故称为**电扫描**，以区别通过天线机械运动来实现的**机械扫描**。显然，由于电扫描避免了天线的机械运动，简化了天线机械设备而且具有隐蔽性，因而从原理上讲电扫描优越于机械扫描。由于电扫描是通过馈电相位差 φ_i 的变化而实现，电扫描阵列天线又称为**相控阵天线**。

图 5-55 是 $N=10$，$d=\lambda/4$ 的均匀直线阵列，在相邻阵元馈电相位差 φ_i 取不同值时，绘出的阵函数图。可以看出 φ_i 变化 δ_m 也随之变化，若 φ_i 连续变化就可实现阵函数主向的扫描。本例中阵函数主向的扫描，形象地说如同雨伞伞面的张合，若要获得单一波束的扫描，还需考虑选择阵元天线及其方向性，以及其他技术措施。例如，给阵列加装反射器，或组成更复杂的天线阵列（如面阵和体阵等）。

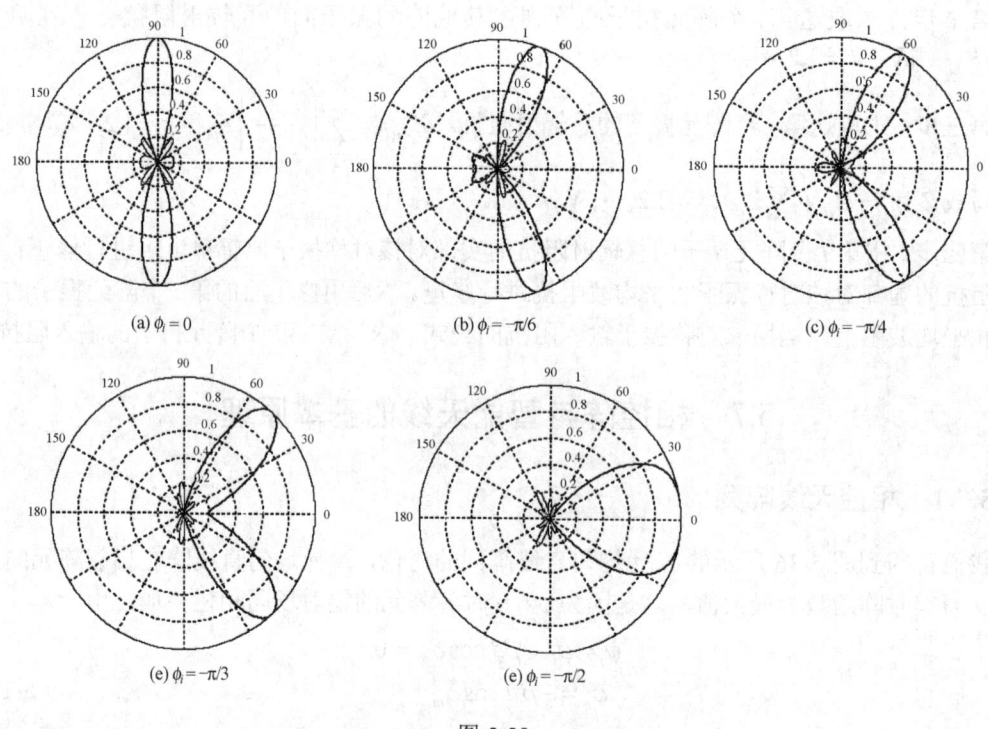

(a) $\phi_i = 0$

(b) $\phi_i = -\pi/6$

(c) $\phi_i = -\pi/4$

(e) $\phi_i = -\pi/3$

(e) $\phi_i = -\pi/2$

图 5-55

相控阵天线在主向 δ_m 变化过程中，其主瓣宽度要发生变化，而且根据要求的扫描轨迹，对阵元的方向函数 $F_0(\theta,\varphi)$ 也要提出相应的要求。

图 5-56 是相控阵天线的基本构成原理示意图。它的核心部分就是**电控移相器**，用以控制各阵元的馈电相位，从而实现对阵函数主向 δ_m 移动的控制。这里的电控移相器通常是数字式移相器，根据设定的**扫描轨迹**来确定相位变化规律，之后设定相位控制程序。一个实际应用

的相控阵天线就是一个技术复杂的电子系统，它的设计和调试是一个很复杂的过程。

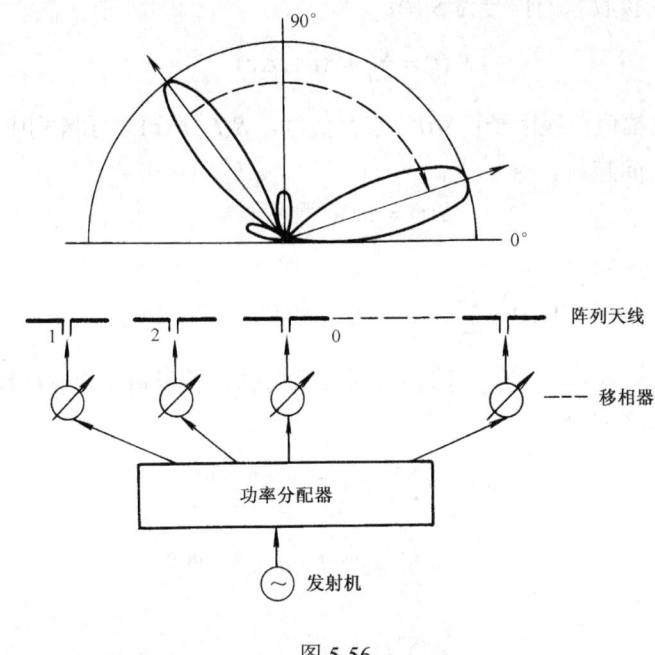

图 5-56

5.7.2 智能天线的基本原理——波束形成

图 5-57 是一最基本的智能天线构成原理图。它是由 N 个同一性单元天线组成的等间隔直线阵列，阵列中的单元天线经天线分配网络后，连接 M 个**幅相加权网络**，之后下接 M 个接收机（用户）。这样通过对阵列天线中的 N 个阵元输出信号的幅值相位加权，从而获得 M 个所需天线波束指向，实现 M 个接收机的**空间分割**（SDMA），使它们可以使用相同的频率、时隙和编码序列而互不干扰。这种用幅相加权调控方法实现的多波束天线系统，即称之为**智能天线**。

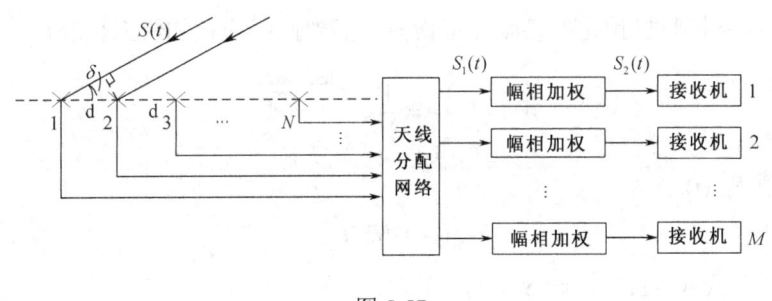

图 5-57

下面我们就通过这个 N 元均匀直线阵列，来说明如何经过对天线接收来的信号幅相加权，形成所要求方向指向的波束的。

设来波入射方向与阵轴线夹角为 δ，那么相邻阵元信号到达的时间差为

$$\Delta \tau = \frac{d\cos\delta}{v} \tag{5-107}$$

式中，v 为电磁波速。

阵列天线拾取（接收）的信号为 $S_1(t)$：

$$S_1(t) = \sum_{i=1}^{N} AS(t+i\Delta\tau) \tag{5-108}$$

式中，A 为天线接收幅值转换因子；$S(t)$ 为来波信号，$S(t+i\Delta\tau)$ 表示阵列中第 i 个阵元到来信号较之第 1 阵元的时间超前。令

$$S(t) = a(t)e^{j[\omega t + \varphi(t)]} \tag{5-109}$$

则

$$S_1(t) = \sum_{i=1}^{N} Aa(t+i\Delta\tau)e^{j[\omega(t+i\Delta\tau)+\varphi(t+i\Delta\tau)]} \tag{5-110}$$

式中，$a(t)$ 及 $\varphi(t)$ 分别表示来波信号的幅值和角度调制。考虑 $a(t)$ 和 $\varphi(t)$ 相对于 $\Delta\tau$ 为缓变信号时，式（5-110）可简化为

$$\begin{aligned} S_1(t) &= \sum_{i=1}^{N} Aa(t)e^{j[\omega t + i\omega\Delta\tau + \varphi(t)]} \\ &= \sum_{i=1}^{N} Ae^{ji\omega\Delta\tau} \cdot a(t)e^{j[\omega t + \varphi(t)]} \\ &= \sum_{i=1}^{N} C_i S(t) \end{aligned} \tag{5-111}$$

式中，$C_i = Ae^{ji\omega\Delta\tau}$，把式（5-107）的 $\Delta\tau$ 值代入，并注意 $\omega\Delta\tau = 2\pi f \dfrac{d\cos\delta}{v} = \dfrac{2\pi d\cos\delta}{\lambda}$，则

$$C_i = Ae^{j\frac{2i\pi d\cos\delta}{\lambda}} \tag{5-112}$$

现在对 $S_1(t)$ 作幅值相位加权，加权系数为 W_i（这里 i 表示对应阵列 N 个阵元的第 i 阵元），加权处理后的信号 $S_2(t)$ 送往 M 个接收机中的指定第 m 号机：

$$S_2(t) = \sum_{i=1}^{N} W_i S_1(t) = \sum_{i=1}^{N} W_i C_i S(t) = S(t) \sum_{i=1}^{N} W_i C_i \tag{5-113}$$

令 δ_m 为第 m 号接收机预定的接收波束指向，显然此时应使加权系数取 $W_{im} = 1/C_{im}$，即

$$W_{im} = \frac{1}{C_{im}} = \frac{1}{A}e^{-j\frac{2i\pi d\cos\delta_m}{\lambda}} \tag{5-114}$$

则 $S_2(t)$ 取最大值 $S_{2m}(t)$

$$S_{2m}(t) = NS(t) \tag{5-115}$$

把 W_{im} 值代入式（5-113），则 $S_2(t)$ 为

$$\begin{aligned} S_2(t) &= S(t) \sum_{i=1}^{N} W_{im} C_i \\ &= S(t) \sum_{i=1}^{N} e^{j\frac{2i\pi d}{\lambda}(\cos\delta - \cos\delta_m)} \end{aligned} \tag{5-116}$$

从中可以得到阵列天线归一化阵函数 $f(\delta)$：

$$f(\delta) = \left| \frac{1}{N} \sum_{i}^{N} e^{j\frac{2i\pi d}{\lambda}(\cos\delta - \cos\delta_m)} \right|$$

$$= \left| \frac{\sin[\frac{N\pi d}{\lambda}(\cos\delta - \cos\delta_m)]}{N\sin[\frac{\pi d}{\lambda}(\cos\delta - \cos\delta_m)]} \right| \tag{5-117}$$

所得 $f(\delta)$ 的表达式，与讨论相控阵列时得到的式（5-105）极其相似，所画的阵函数图也应类似，只不过这里的 δ_m 是第 m 个用户接收机预先指定的波束指向。这样，我们可对 M 个用户接收机分别预定一个波束指向方向，即对每一用户接收信号按式（5-114）作加权处理，便可获得 M 个不同指向的波束（当然尚需考虑阵元天线的方向性），从而实现了空分多址。

显然在智能天线的波束形成中，其关键是幅相加权这一环节，这可以通过模拟方法实现，也可以通过数字方法实现。也就是说多波束的形成有模拟方法和数字方法。随着微电子技术和数字信号处理技术的发展，多波束形成的数字方法已经成为主流，波束形成的算法研究及实现也成为现代通信技术中的热点课题。

5.8 地面对天线特性的影响

以上我们分析和讨论的发射天线或天线阵列，都是假定它们是处于自由空间这一前提之下的。而实际上绝大多数天线都是架设在地面上，它们的周边会有这样那样的金属物体和建筑物等。地面及金属物等势必对天线的工作特性（方向性、阻抗等）产生影响，对这方面问题的研究是不能回避的。

严格地分析地面等对天线工作特性的影响并给出准确的数学关系式十分困难。因为天线架离地面的高度，天线与地面的相对位置（垂直地面还是平行地面架设），地面的几何形状及地面的电磁参数等都会对天线的工作特性产生影响。为了简化对这一问题的研究，在天线理论研究和工程实际中都是把地面看成是无限大理想导体平面，虽然这样的假设与实际情况相差甚远（不排除在某些情况下对实际地面的电磁参数进行人为的改造），但这仍不失为解决地面对天线特性影响的一种行之有效的方法。那么以下的分析讨论就是基于把地面看做是无限大理想导体平面这一前提的。

5.8.1 远离地面架设的天线

在天线和微波传输线问题中，尺寸和距离总是用波长来度量的。远离地面架设就是指天线架离地面的高度 $h \gg \lambda$ 的情况（一般是指 $h > 20\lambda$），这对于微波波段乃至超短波段的天线是必须（比如要求架设高度以保证实现天线的覆盖半径，或超越障碍物等）而且是很容易做到的。

超短波段和微波段的天线方向图的主瓣较窄、增益较高，由于远离地面架设，因此可以不去考虑地面对天线方向图（特别是当天线主向与朝向地面方向的夹角远大于天线主瓣张角时）及阻抗特性的影响。但是在计算接收点处的场强时，则必须考虑经地面反射后到达接收点处的辐射场，即对远离地面架设的天线，其接收点处的辐射场，是由直射波（一般应是发射天线主向方向）和地面反射波的叠加。

图 5-58 是把地面看做是无限大理想导电平面时，高架天线辐射波至接收点的电磁波传播

路径图。图中 h_1, h_2 分别为发射与接收天线的架设高度；L 为发射与接收天线的地表距离；α 为发射天线主向（对准接收天线）与地平面的夹角；δ 为地面反射点处辐射波的入射线或反射线与地平面的夹角。我们分两种情况来讨论由发射天线 A 辐射的电磁波在接收点 B 处直射波和经地面反射波的叠加情况。

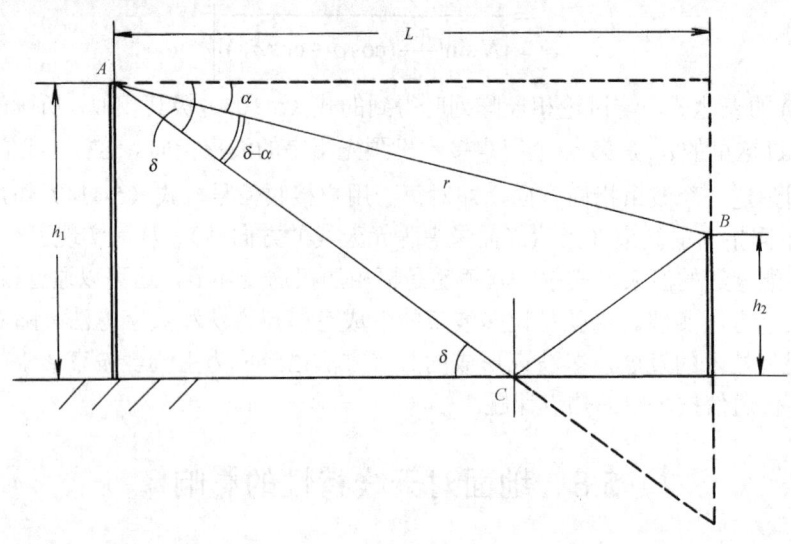

图 5-58

1. 辐射波为水平极化波时的情况

此种情况是发射天线 A 辐射的电磁波的电场矢量方向与地面平行。直射到 B 点的辐射波因是主向方向上，场强幅值可用式（5-35）计算

$$E_m = \frac{1}{r}\sqrt{60GP_{\text{in}}} \tag{5-118}$$

式中，P_{in} 为发射天线的输入功率，G 为发射天线增益，r 为发射与接收天线的实际距离。

经地面反射传播的波，辐射方向偏开主向的角度为 $\delta - \alpha$，若以发射天线主向为方向函数的基准，则地面反射点 C 点处辐射场强为 $E_m \cdot f(\delta - \alpha)$。水平极化波的电场矢量方向与入射面垂直，即前面 1.8 节中讨论的垂直极化（入射波电场垂直于入射面）波斜入射到理想导体平面的情况，反射系数 $\dot{R} = -1$。这样我们便可写出接收天线 B 点处辐射波叠加的总场强幅值

$$E = \left| E_m - E_m f(\delta - \alpha) \mathrm{e}^{-\mathrm{j}\beta\Delta r} \right|$$

式中，$f(\delta - \alpha)$ 是发射天线以主向为基准的归一化方向函数；Δr 是反射波与直射波的波程差，我们可以对它做进一步推导：

$$\Delta r = \sqrt{L^2 + (h_1 + h_2)^2} - \sqrt{L^2 + (h_1 - h_2)^2} = L\sqrt{1 + \left(\frac{h_1 + h_2}{L}\right)^2} - L\sqrt{1 + \left(\frac{h_1 - h_2}{L}\right)^2}$$

$$\approx L\left[1 + \frac{1}{2}\left(\frac{h_1 + h_2}{L}\right)^2\right] - L\left[1 + \frac{1}{2}\left(\frac{h_1 - h_2}{L}\right)^2\right] = \frac{2h_1 h_2}{L}$$

这样，便可得到计算接收天线 B 处辐射场强的表达式为

$$E = \frac{\sqrt{60GP_{\text{in}}}}{r}\left|1 - f(\delta - \alpha)\mathrm{e}^{-\mathrm{j}\frac{2\beta h_1 h_2}{L}}\right| \tag{5-119}$$

2. 辐射波为垂直（地面）极化波时的情况

由于接收与发射天线存在高度差，严格地讲接收天线所在的 B 点处，直射来的辐射波的电场矢量并不与地表面垂直，但是 $L \gg h_1$ 和 h_2，这个偏差是完全可以不计的。同样，对于经地表面反射的辐射波，也可以不计在接收点 B 处波的极化方向的变化。

在地面反射点处，垂直地面极化的辐射波的电场矢量与入射面平行，即在 1.8 节中讨论过的平行极化波斜入射到理想导电平面的情况，反射系数 $\dot{R} = 1$。因此，在垂直（地面）极化情况下，接收点处的辐射波场强为

$$E = \frac{\sqrt{60GP_{in}}}{r} \left| 1 + f(\delta - \alpha) e^{-j\frac{2\beta h_1 h_2}{L}} \right| \tag{5-120}$$

以上的式（5-119）、式（5-120）被称为计算接收点场强的反射公式，是计算地与地间超短波和微波电磁波传播（称为空间波传播）的依据。

5.8.2 近地架设的天线

近地架设的天线，在天线辐射的电磁波作用下，地面作为具有一定导电系数和介电常数的媒质（即真实地面）将会产生感应电流，包括传导电流和位移电流：传导电流密度 $\boldsymbol{J} = \sigma \boldsymbol{E}$，$\sigma$ 为地面导电系数；位移电流密度 $\boldsymbol{J}_d = \varepsilon \dfrac{\partial \boldsymbol{E}}{\partial t}$，$\varepsilon$ 为地面介电常数。

所产生的感应电流作为场源也要在空间建立相应的辐射场，称为**二次辐射**。因此，一个近地架设的发射天线，它的空间辐射场应是天线自身的辐射波与地面感应电流的二次辐射波的叠加。这样，近地架设的天线的方向性、阻抗特性等在地面影响下都要发生改变。

对于地面的二次辐射问题，在把地面看做是无限大理想导体平面的前提下，可以采用电磁学理论中的镜像法来处理。

第一，把地面的二次辐射波看做天线向地面直射的电磁波在地面的反射波，地面反射的电磁波的量值及极化方向由理想导体表面电磁场的边界条件确定。

第二，地面反射波又可以用原天线的镜像的直射波来代替，原天线与镜像天线满足对偶（空间相对位置关系，电量的大小与极性等）关系。

第三，远区空间任一点处的辐射场，即为原天线及其镜像天线的直射波的叠加，这实际上就变为二元阵列天线的问题，也就是说镜像的作用（或者说地面的存在）相当于在原天线的基础上再考虑一个阵列效应。图 5-59 所示为原天线 A（设为点源）的理想地面反射波用镜像点源的直射波替代的关系。

1. 垂直地面近地架设的天线

参照图 5-60(a)以半波振子天线为例，垂直地面架设高度（即振子中心距地面高度）为 H，它在空间远区一点 p 处的辐射场应为它的直射波与地面反射波的叠加。在地面反射点 C 处半波振子产生的入射波为 $\dot{E}_{\theta i}$ 与入射面平行，即为平行极化波，则由如下的反射波与入射波的关系：

$$\theta_r = \theta_i$$
$$\dot{R} = 1, \text{ 即 } \dot{E}_{\theta r} = \dot{E}_{\theta i}$$

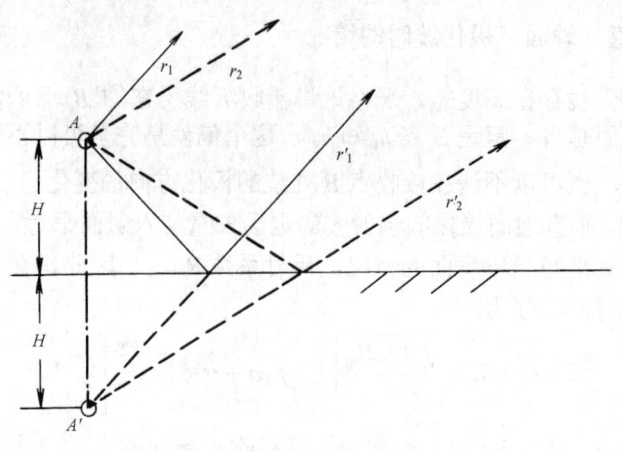

可知在反射点 C 处 $\dot{E}_{\theta i}$ 与 $\dot{E}_{\theta r}$ 之和没有与地面相切的分量。而要使位于与半波振子对称位置处的镜像天线在 C 点处产生的辐射波等于 $\dot{E}_{\theta r}$，镜像振子上的电流必须与原振子上的电流等值同相位。关于镜像天线上的电流与原天线上的电流关系，我们可以用一简单方法来判定：设想原天线上的电流为一正电荷由振子下端向上端移动所致，那么镜像天线上的电流就是以等值负电荷由镜像振子的上端向下端移动的结果，这样镜像天线上的电流方向与原天线的电流方向是一致的，即二者的电流是等值同相位的。由图 5-60(b)可知，若天线长为半波振子长的奇数倍时，镜像天线与原天线的电流有相同分布（等幅同相位），即为**正像**；若天线长为半波振子长的偶数倍时，镜像天线上的电流则与与原天线上的电流等值反相位，即为**负像**。

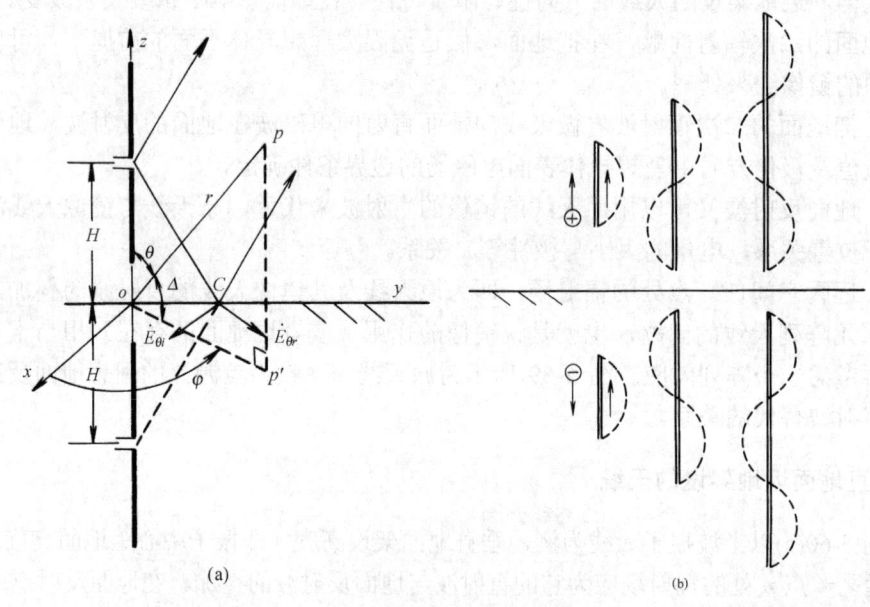

图 5-60

例 5-9 半波振子天线垂直架设在地表面上，架设高度 $H = 0.25\lambda, 0.5\lambda, 0.75\lambda, 1\lambda$，作出这四种情况下天线子午面（过振子轴线与地面垂直的剖面）的方向图。

解： 参照图 5-61，地面对半波振子的影响，可用该振子的镜像天线替代。其镜像电流与

半波振子上的电流等值同相位，则半波振子与其镜像构成 $d=2H$ 的等幅同相二元阵，此阵列的归一化方向函数为

$$f(\theta,\varphi) = \frac{\cos\left[\dfrac{\pi}{2}\cos\theta\right]}{\sin\theta}\cos(\beta H\cos\delta)$$

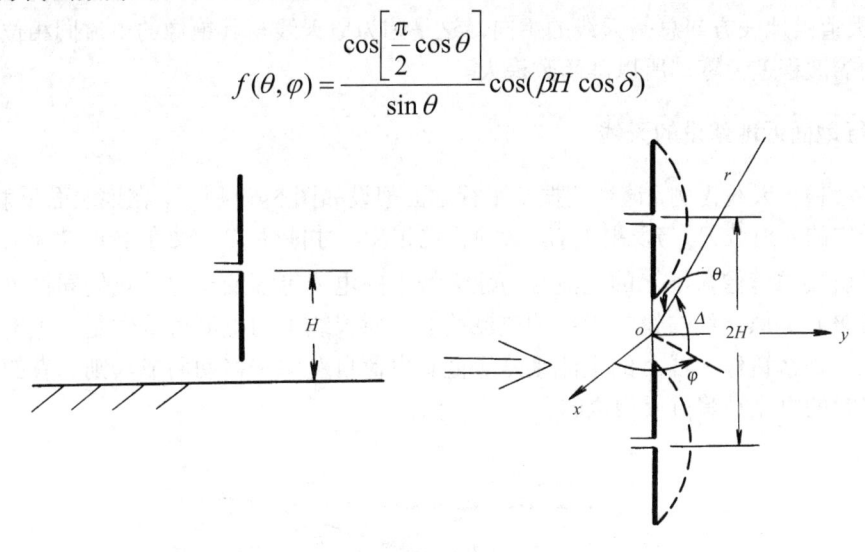

图 5-61

本例中半波振子与其镜像构成的阵列，其阵轴与振子轴重合，故 $\delta=\theta$，若用观察射线与地表面的夹角表示，因 $\Delta=90°-\theta$，所以阵列的归一化方向函数为

$$f(\Delta,\varphi) = \frac{\cos\left[\dfrac{\pi}{2}\sin\Delta\right]}{\cos\Delta}\cos(\beta H\sin\Delta) \tag{5-121}$$

其方向图是以半波振子轴线为轴的旋转对称图形（与方位角 φ 无关），带入题给的 H 不同的值，作出四种情况下天线子午面的方向图，如图 5-62 所示。

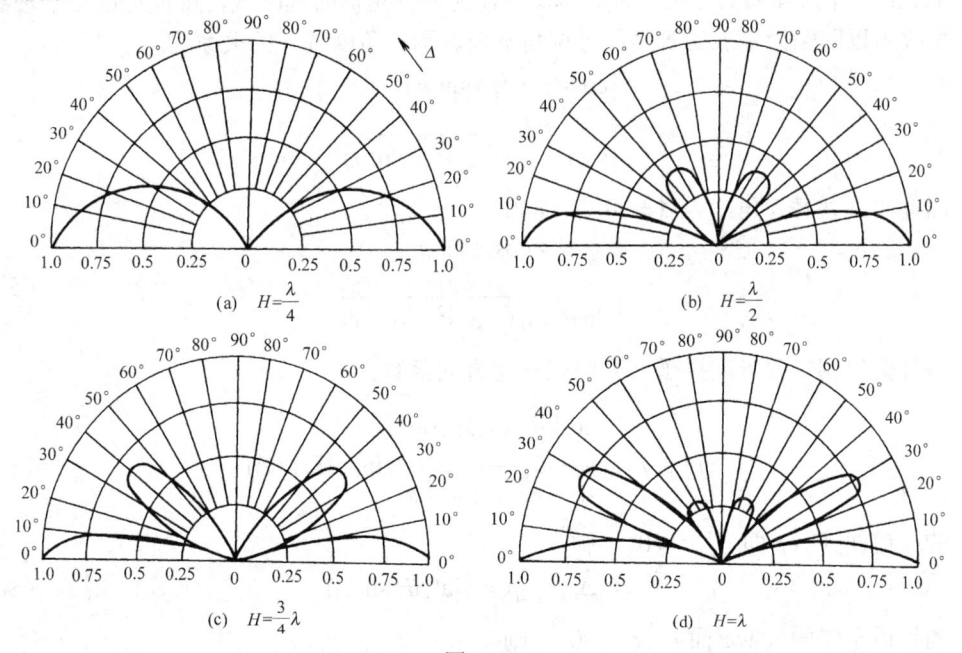

(a) $H=\dfrac{\lambda}{4}$

(b) $H=\dfrac{\lambda}{2}$

(c) $H=\dfrac{3}{4}\lambda$

(d) $H=\lambda$

图 5-62

可见架设高度对天线方向性的影响,地面以下空间场强为零,故方向图只画出地表面以上空间部分。由这个例题还可以看出,随着架设高度 H 的增加方向图的波瓣数也增多,但不管 H 为多大值沿地表方向总是天线的主向,这是因为原天线与其镜像的电流同相位,而沿地表方向它们的波程差为零,所以阵函数最大。

2. 平行地面近地架设的天线

仍以半波振子天线为例,该半波振子平行地面架设如图 5-63 所示。在地表面反射点 C 处,半波振子产生的入射波 $\dot{E}_{\theta i}$ 与反射波 $\dot{E}_{\theta r}$ 必须相位相反,才能使 C 点处的合成波无与地面相切的电场,这就要求镜像振子上的电流应与原天线上的电流等幅反相位。我们同样可以用电荷移动的方法来判定原天线与镜像天线的电流关系:原天线上的电流可看做是一正电荷自左向右移动而成,那么镜像天线上的电流则是等值负电荷自左向右移动而成,则二者的电流方向相反,即二者的电流是等值反相位的。

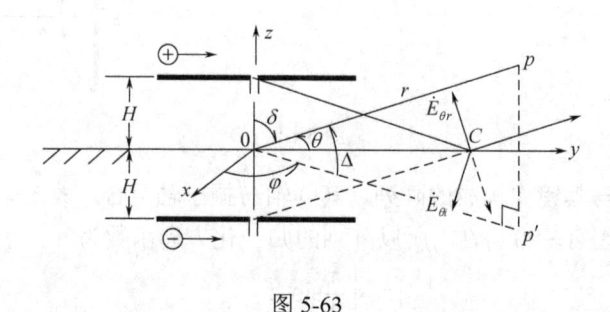

图 5-63

这样,平行地面架设的对称振子与其镜像便组成为等幅反相二元阵,由方向函数乘积定理可以写出这个二元阵列的方向函数。但此种情况下的阵轴与振子轴是相互垂直的,若以地平面(xoy 面)作为阵列的方位平面,以 x 轴作为方位角 φ 的基准线,可以把以振子轴线为基准的 θ 角改用以阵轴为基准的 δ 角和方位角 φ 来表示,角度统一的关系为

$$\begin{cases} \cos\theta = \sin\delta\sin\varphi \\ \sin\theta = \sqrt{1-\sin^2\delta\sin^2\varphi} \end{cases} \tag{5-122}$$

若用地面仰角 Δ 代替 δ 角,因 $\Delta = 90° - \delta$,则

$$\begin{cases} \cos\theta = \cos\Delta\sin\varphi \\ \sin\theta = \sqrt{1-\cos^2\Delta\sin^2\varphi} \end{cases} \tag{5-123}$$

那么,该等幅反相二元半波振子阵列的归一化方向函数为

$$f(\Delta,\varphi) = \frac{\cos\left[\dfrac{\pi}{2}\cos\Delta\sin\varphi\right]}{\sqrt{1-\cos^2\Delta\sin^2\varphi}}\sin(\beta H\sin\Delta) \tag{5-124}$$

在振子的赤道面(xoz 面),$\varphi = 0°$,则

$$f(\Delta,\varphi)_{\varphi=0°} = \sin(\beta H\sin\Delta) \tag{5-125}$$

在振子的铅锤子午面(yoz 面),$\varphi = 90°$,则

$$f(\Delta,\varphi)_{\varphi=90°} = \frac{\cos\left[\dfrac{\pi}{2}\cos\Delta\right]\sin(\beta H\sin\Delta)}{\sin\Delta}$$

例 5-10 半波振子天线平行于地面架设，架设高度 $H = 0.25\lambda, 0.5\lambda, 0.75\lambda, 1\lambda$，画出这四种高度时半波振子赤道面内的方向图。

解： 可参照图 5-63，并用相同的坐标系。地面的影响，对于水平架设的半波振子可用负镜像振子来代替。这样在考虑地面影响时平行地面架设的振子赤道面内的方向函数为

$$f(\Delta,\varphi)_{\varphi=0°} = \sin(\beta H\sin\Delta)$$

也就是归一化的等幅反相二元阵的阵函数。根据题给的 H 值作出方向图如图 5-64 所示。

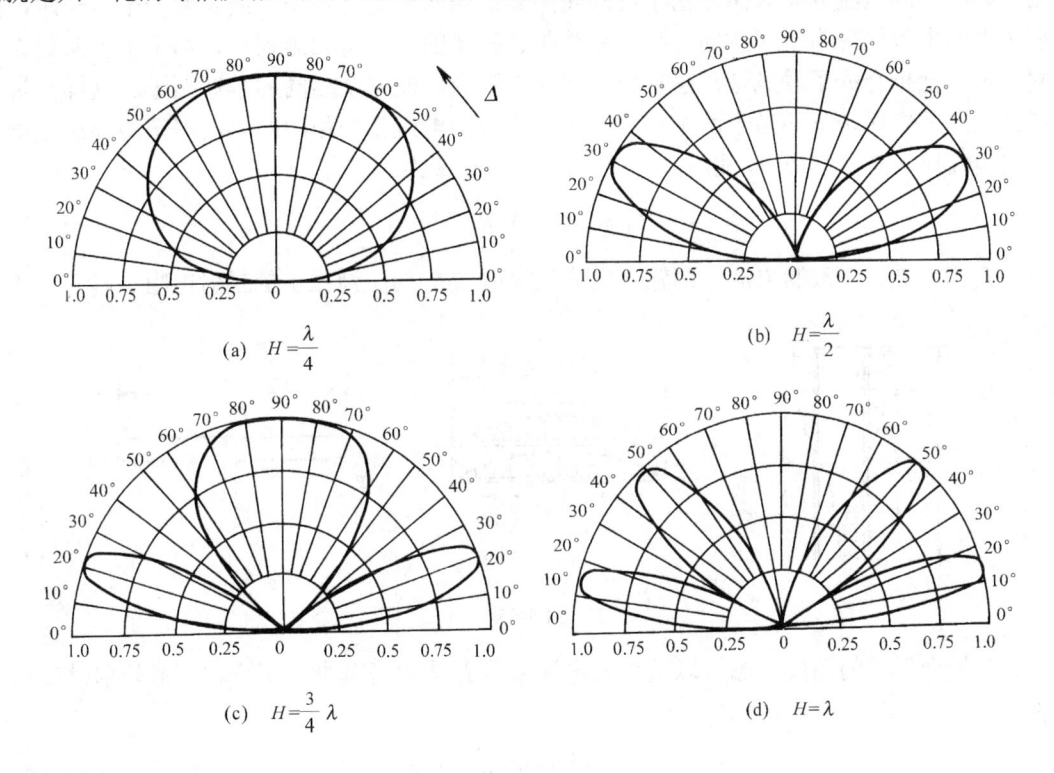

(a) $H = \dfrac{\lambda}{4}$

(b) $H = \dfrac{\lambda}{2}$

(c) $H = \dfrac{3}{4}\lambda$

(d) $H = \lambda$

图 5-64

这个例题同样让我们看到，随着架设高度的增高平行于地面架设的振子天线的波瓣数也是增加的，而且其方向图从地面往上数的第一个波瓣的仰角也越小。而且无论平行地面架设的天线架设高度是多少，它沿地表方向的辐射总是零。

总括以上对近地架设天线的讨论可知，垂直近地架设的天线，地面的影响可以用等幅同相二元阵的阵函数来表示，即

$$f(\Delta)_\perp = \cos(\beta H\sin\Delta) \tag{5-126}$$

式中 H 为天线架设高度，Δ 为以地面仰角。

平行地面架设的天线，地面影响可以用等幅反相二元阵的阵函数来表示，即

$$f(\Delta)_{//} = \sin(\beta H\sin\Delta) \tag{5-127}$$

$f(\Delta)_\perp$ 与 $f(\Delta)_{//}$ 均为归一化阵函数。

5.9 离散阵列中其他常用单元线状天线

5.9.1 折合振子

折合振子的结构示意图如图 5-65 所示。折合振子是一种常用的线状天线,它常被用做引向天线的有源振子。由图 5-65 可以看出,它是一扁环形结构,扁环周长约为一个波长。如果说对称振子天线是由终端开路的平行双线传输线演变而来的,则天线必须是一个开放的结构,以避免像平行双线传输线那样使双线在空间的辐射效果因双线上电流的反相(也可以说反向)而相抵消。折合振子则可看做是以上臂中点为终端的终端短路线,我们可以按终端短路线画出振子导线上的电流分布规律。由于终端短路线的结构改变,若振子线长为一个波长时,折合振子上的电流就变为空间方向一致。如果折合振子的上下臂间距很小,由于上下两臂完全相同,可以把折合振子看成是几乎重叠在一起的两个电流完全相同的半波振子。这样,折合振子在远区的辐射场就相当于两个放置于同一位置的电流完全相同的半波振子的辐射效果,即方向函数与半波振子相同,辐射强度加倍,辐射功率为

$$P'_r = \frac{1}{2}(2I_n)^2 R_r \tag{5-128}$$

式中,I_n 为半波振子波腹电流(即输入电流)幅值,R_r 为半波振子的辐射电阻。

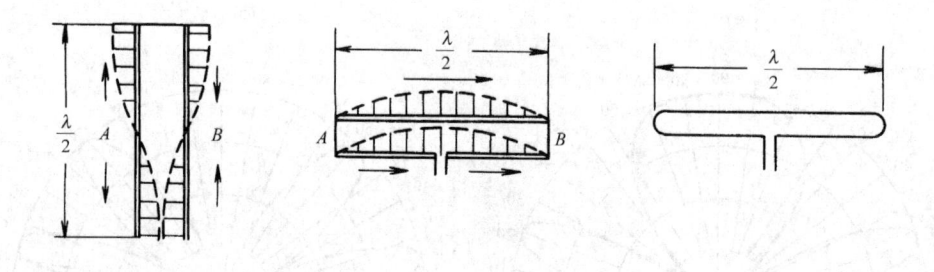

图 5-65

若从折合振子的角度考虑,以其输入电流幅值 I_0 为参考基准,折合振子的辐射功率又可写成

$$P'_r = \frac{1}{2}I_0^2 R'_r = \frac{1}{2}I_0^2 R'_{in} \tag{5-129}$$

式中,R'_r 和 R'_{in} 分别表示折合振子的辐射电阻和输入电阻,那么

$$P'_r = \frac{1}{2}I_0^2 R'_{in} = \frac{1}{2}I_0^2 R'_r = \frac{1}{2}(2I_n)^2 R_r \tag{5-130}$$

而折合振子的输入电流 $I_0 = I_n$,因此折合振子的输入电阻和辐射电阻

$$R'_r = R'_{in} = 4R_r = 4R_{in} \tag{5-131}$$

就是说折合振子的输入电阻为半波振子输入电阻的四倍,即 $R'_{in} = 292.4\ \Omega$。半波振子的输入阻抗近似为纯阻(即等于输入电阻 R_{in}),折合振子的输入阻抗也近似为纯阻,即 $R'_{in} = 4R_{in}$。

折合振子是超短波段最常用的线状天线。改变折合振子的线径可以调整它的阻抗特性,而且为了进一步展宽折合振子天线的工作频带宽度,提高它的输入阻抗,一些研究者提出了

如图 5-66 所示的各种变形折合振子方案。

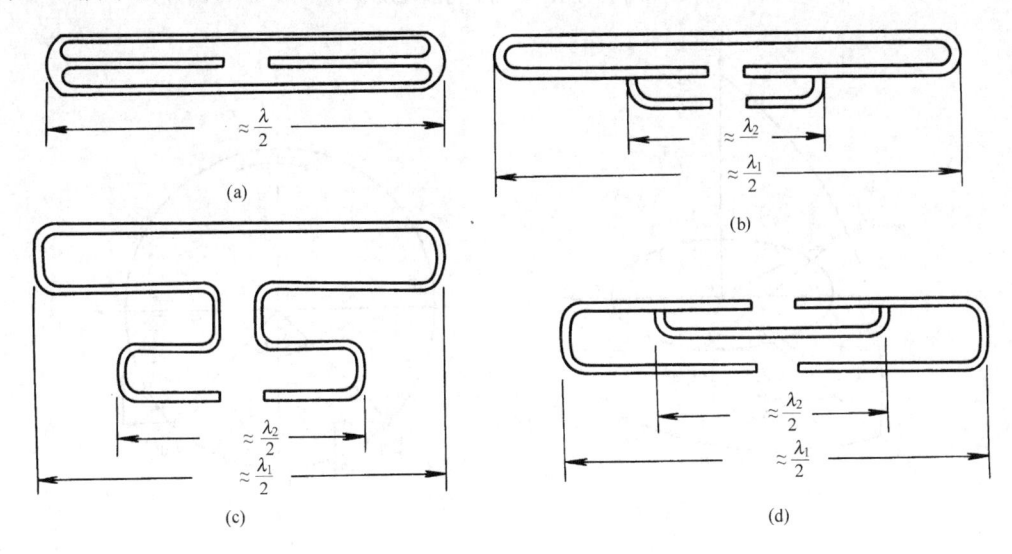

图 5-66

5.9.2 圆环天线

馈电的金属导体圆环，即**圆环天线**，不仅可以作为独立天线使用，而且它又是某些组合天线的构成基础，是一类重要的线状天线。以其形体尺寸的可实现性，圆环天线适合于工作在超短波段。和其他线状天线一样，圆环天线的辐射特性决定于圆环的尺寸（环半径 R）和圆环上的高频电流分布规律。

分析圆环天线的辐射问题比较复杂，数学结果比较冗长，对于某些情况和条件下的圆环天线，我们只给出结论或数学结果。

1. 尺寸极小的圆环天线——磁流元

将一馈以高频电流 $\dot{I}_p$ 的尺寸极小（$R \ll \lambda$）的空心圆环，置于 xoy 平面。由于圆环尺寸极小，可以认为整个环上的电流处处幅值相同，相位相同。由于电流 $\dot{I}_p$ 相对于坐标 z 轴为旋转对称分布，因而其产生的场也必定是旋转对称分布的，这样我们只需分析方位角 φ 为某任意值的子午面（即过 z 轴的平面，z 轴也称为**圆环轴线**）上的场分布情况就可以了，这里我取 xoz 平面来分析讨论。

参照图 5-67，考察 xoz 面上的任意点 $p(r,\theta,0)$ 处的辐射场。为此我们取圆环上相对于 xoz 面对称的两个电流元 $\dot{I}_p dl$ 与 $\dot{I}_p dl'$，它们到空间 p 点的距离相等。对称位置 dl 与 dl' 的电流 x 分量等值反方向，因此在求两电流元在 p 点处的矢量磁位时它们的作用抵消，只需考虑两个 y 向电流分量即可。由式(1-99)，电流元于空间产生的矢量磁位与电流具有一致的矢量方向，则 $2\dot{I}_{py}$ 在 p 点处产生的矢量磁位(dA_φ)为

$$dA_\varphi = \frac{\mu_0 (2\dot{I}_{py})dl}{4\pi r'} e^{-j\beta r'} \tag{5-132}$$

式中 r' 是所取电流元至 p 点的距离，由余弦定理可求出 r' 与 r 的关系为

$$r' = \sqrt{r^2 + R^2 - 2rR\sin\theta\cos\varphi}$$

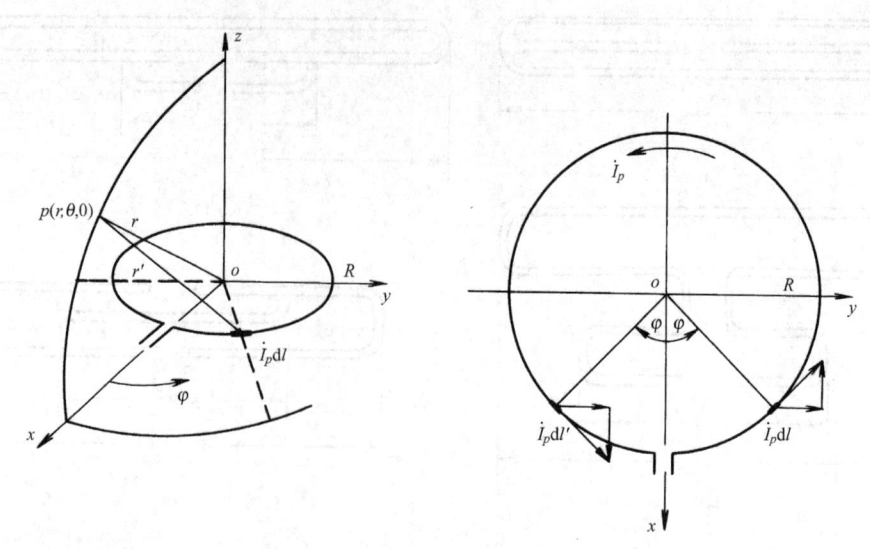

图 5-67

在 $r \gg R$ 的情况下,将上式按二项式定理展开并略去高位项,则

$$r' \approx r - R\sin\theta\cos\varphi \tag{5-133}$$

把上式之第二项视为 r 的增量,把 $\dfrac{\mathrm{e}^{-\mathrm{j}\beta r'}}{r'}$ 按泰勒级数展开并略去高阶项,则

$$\frac{\mathrm{e}^{-\mathrm{j}\beta r'}}{r'} \approx \frac{\mathrm{e}^{-\mathrm{j}\beta r}}{r}\left[1 + R\sin\theta\cos\varphi\left(\mathrm{j}\beta + \frac{1}{r}\right)\right] \tag{5-134}$$

那么整个圆环上的电流在 xoz 面上的 p 点产生的矢量磁位为

$$A_\varphi = \frac{\mu_0}{4\pi}\int_0^\pi 2\dot{I}_p\cos\varphi\frac{\mathrm{e}^{-\mathrm{j}\beta r'}}{r'}R\mathrm{d}\varphi = \frac{\mu_0\pi R^2 \dot{I}_p}{4\pi}\sin\theta\left(\frac{\mathrm{j}\beta}{r}+\frac{1}{r^2}\right)\mathrm{e}^{-\mathrm{j}\beta r} \tag{5-135}$$

式中,$\pi R^2 = S$ 为小圆环面积。

将 $\boldsymbol{H} = \dfrac{1}{\mu}\nabla\times\boldsymbol{A}$ 在球坐标系展开,并将式(5-135)的结果代入,则得到小圆环在 p 点处产生的磁场 $\boldsymbol{H}$;再由 $\nabla\times\boldsymbol{H} = \mathrm{j}\omega\varepsilon\boldsymbol{E}$ 求得 p 点处的 $\boldsymbol{E}$。

最后结果是,流有均匀高频电流 $\dot{I}_p$ 的小圆环的远区辐射场只有 $\dot{E}_\varphi$ 和 $\dot{H}_\theta$ 两个场分量,它们的表达式为

$$\begin{cases}\dot{E}_\varphi = \dfrac{\beta S\dot{I}_p}{2\lambda r}\eta\sin\theta\mathrm{e}^{-\mathrm{j}\beta r} \\ \dot{H}_\theta = -\dfrac{\beta S\dot{I}_p}{2\lambda r}\sin\theta\mathrm{e}^{-\mathrm{j}\beta r}\end{cases} \tag{5-136}$$

从所得到的结果可知,尺寸极小的圆环天线的辐射特性与电流元的辐射特性完全一致,只不过是两者的电场与磁场互换。在高频电流 $\dot{I}_p$ 的激励下,小圆环就像是在其轴线上的一对交变的磁荷的作用,因此把载流小圆环称做**磁偶极子**或**磁流元**。

关于载有高频电流的小圆环的场解,也可以用电磁场的对偶性,直接用电流元的场解得

到。这实质上是一种数理逻辑推理的过程。

对偶性原理也称为**二重性原理**，它是说若表述两种不同现象的方程具有同样的数学形式，那么它们的解也具有相同的数学形式。具有同样形式的两个方程称为**对偶方程**，而在方程中处于同样位置的量称为**对偶量**。如果对偶方程中的一个方程中的解式是已知的，那么把这个方程的解乘以适当的常数，就是另一个方程中对偶量的解。

回顾正弦时变条件下的麦克斯韦方程组，即式（1-48），我们对它稍加补充便可得到关于电磁场的对偶关系：

$$\begin{cases} \nabla \times \boldsymbol{H} = \boldsymbol{J} + \mathrm{j}\omega\varepsilon\boldsymbol{E} \\ \nabla \times \boldsymbol{E} = -\boldsymbol{J}_m - \mathrm{j}\omega\mu\boldsymbol{H} \\ \nabla \cdot \boldsymbol{E} = \dfrac{\rho}{\varepsilon} \\ \nabla \cdot \boldsymbol{H} = -\dfrac{\rho_m}{-\mu} \end{cases} \tag{5-137}$$

对应于位移电流密度 $\mathrm{j}\omega\varepsilon\boldsymbol{E}$，可把 $\mathrm{j}\omega\boldsymbol{H}$ 定义为**位移磁流密度**。而补充的 $\boldsymbol{J}_m$ 和 ρ_m 则可称之为**传导磁流密度和磁荷密度**。如同 $\boldsymbol{J}$ 与 ρ 在时变情况下是相关的一样，$\boldsymbol{J}_m$ 和 ρ_m 也是相关的。在自然界中并不存在独立的磁荷，但是我们可以找到可以替代它的物理模型，比如流有高频电流的极小圆环就可看做是与电流元对偶的磁流元，如图 5-68 所示。

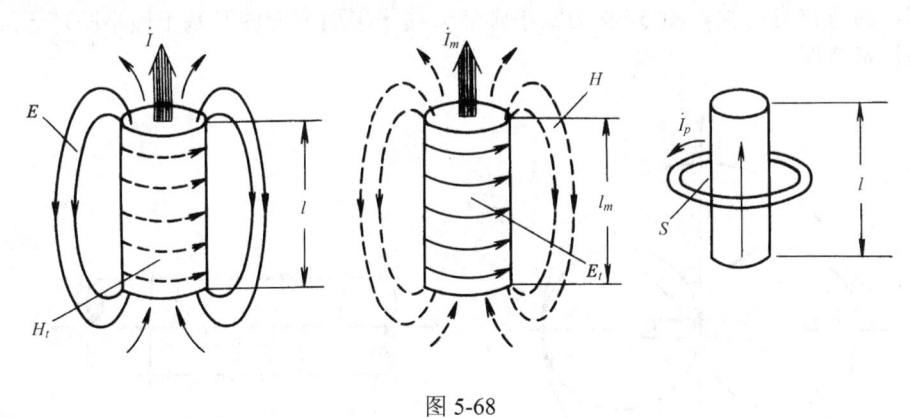

图 5-68

由于麦克斯韦方程解的定解条件包含边界条件，因此对偶性互换必须包括边界条件。我们把式（5-134）的麦克斯韦方程组中，电与磁及相关参量的对偶关系表述如下

$$\text{电源场解式中} \begin{cases} \boldsymbol{E} \leftrightarrow \boldsymbol{H} \\ \boldsymbol{H} \leftrightarrow -\boldsymbol{E} \\ \boldsymbol{J} \leftrightarrow \boldsymbol{J}_m \\ \rho \leftrightarrow \rho_m \\ \varepsilon \leftrightarrow \mu \\ \mu \leftrightarrow \varepsilon \end{cases} \text{磁源场解式中} \tag{5-138}$$

对于我们要讨论的问题，$\boldsymbol{J}$ 的具体化形式电流元 $\dot{I}\mathrm{d}l$ 与 $-\boldsymbol{J}_m$ 的具体化形式（流有高频电流的极小圆环）是对偶的，现在电流元的场解是确知的，那么就可以按式（5-138）进行对偶代换写出极小圆环的场解。

由式（5-2），电流元的辐射场解式为

$$\begin{cases} \dot{E}_\theta = j\dfrac{\dot{I}dl}{2\lambda r}\eta \sin\theta e^{-j\beta r} \\ \dot{H}_\varphi = j\dfrac{\dot{I}dl}{2\lambda r}\sin\theta e^{-j\beta r} \end{cases} \quad (5\text{-}139)$$

则由式（5-138）的对偶关系，把上式中相应量代之以对偶量，就得到磁流元——尺寸极小圆环的辐射场解式

$$\begin{cases} \dot{H}_\theta = j\dfrac{\dot{I}_m dl_m}{2\lambda r}\dfrac{1}{\eta}\sin\theta e^{-j\beta r} \\ \dot{E}_\varphi = -j\dfrac{\dot{I}_m dl_m}{2\lambda r}\sin\theta e^{-j\beta r} \end{cases} \quad (5\text{-}140)$$

这个结果与式（5-136）是完全一致的，注意到 $\beta = \omega\sqrt{\mu_0\varepsilon_0}$，$\eta = \sqrt{\dfrac{\mu_0}{\varepsilon_0}}$，则磁流元为

$$\dot{I}_m dl_m = j\omega\mu_0 \dot{I}_p S \quad (5\text{-}141)$$

为增强小圆环的辐射能力，可以用多匝圆环或在圆环内置入铁氧体磁棒来实现。用于中波及短波接收机的接收天线就是采用多匝磁芯结构的圆环天线。由于广播发射机的辐射波是垂直极化波，所以接收圆环天线的环平面应与地面垂直（磁棒与地面平行），这样这个接收天线具有明显的方位方向性。图 5-69 为极小圆环天线子午面方向图及基于极小圆环天线的磁性天线的结构示意图。

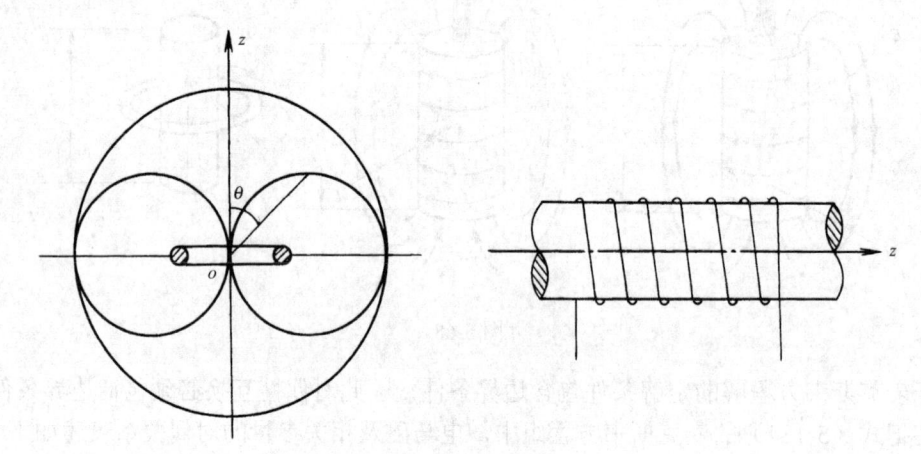

图 5-69

2. 驻波电流分布的圆环天线[18]

如图 5-70 所示的导体圆环，对于馈电点而言相当于终端短路的双线传输线。按图中表示的尺寸，环半径为 R，环周长为 l，则环上的电流呈驻波分布可近似表示为

$$\dot{I}(\varphi_l) = \dot{I}_0 \cos(\dfrac{l}{2} - R\varphi_l) \quad (5\text{-}142)$$

这种驻波电流圆环结构简单，馈电方便，而且研究表明周长为一个波长的驻波电流圆环天线具有很好的轴向辐射特性。

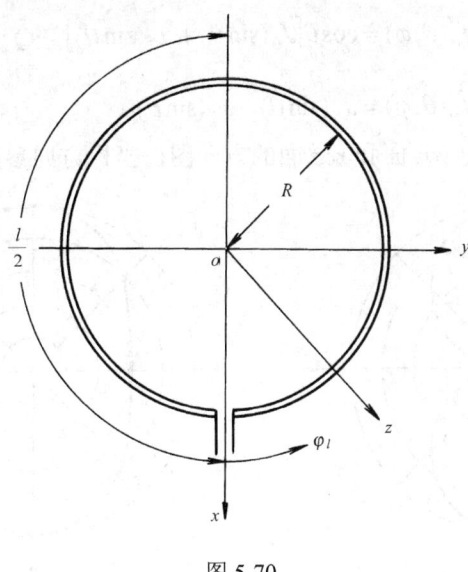

图 5-70

分析驻波电流分布的圆环辐射方向性时，仍是把环圆周上各圆弧段视为电流元，整个圆环则是无穷多电流元的集合，那么整个圆环的辐射场就是电流元辐射场的矢量积分求和。不过这个积分求解十分复杂，环上任一位置处至空间场点 p 的距离 r' 与环心 o 至 p 点的距离 r，不能如尺寸极小的圆环那样简化为式（5-133）那样的关系；而且圆环上任一位置处的电流元在 p 点的辐射场与电流元之间的角度关系，统一于圆环的坐标系也很复杂，见图 5-71（a）。不过在进行分析演算过程中，可以利用馈电点两侧半圆环对称位置上电流的对称性（等幅反相位），使分析过程得到一定的简化。

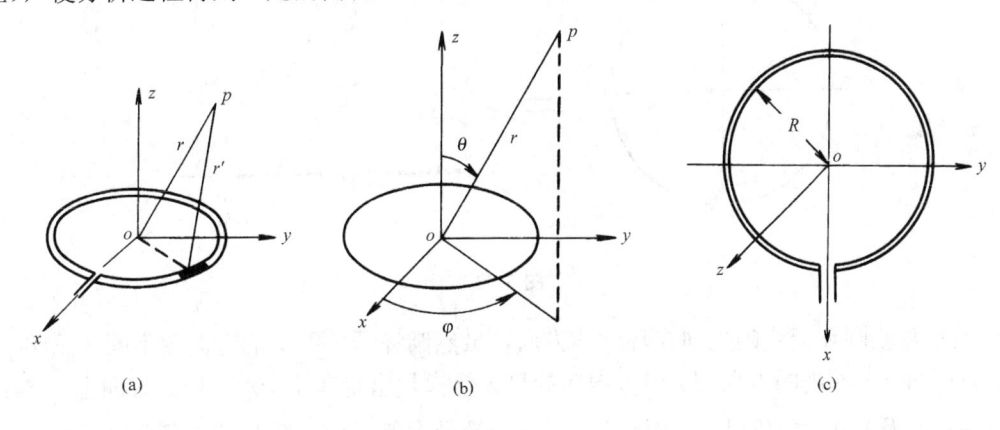

图 5-71

对于圆环周长为一个波长的情况，即**一波长环**，可得出比较准确的方向函数。为使方向函数表达式清晰简短，采用图 5-71（b）的圆环的坐标系分别表示 $\dot{E}_\theta, \dot{E}_\varphi$ 的归一化方向函数为

$$\begin{cases} f_\theta(\theta,\varphi) = \sin\varphi\cos\theta[J_0(\sin\theta) + J_2(\sin\theta)] \\ f_\varphi(\theta,\varphi) = \cos\varphi[J_0(\sin\theta) - J_2(\sin\theta)] \end{cases} \quad (5\text{-}143)$$

对于圆环的坐标系中两个特殊平面，yoz 面（$\varphi = 90°$）和 xoz 面（$\varphi = 0°$），有

$$\begin{cases} yoz: & f_\theta(\theta,\varphi) = \cos\theta[J_0(\sin\theta) + J_2(\sin\theta)], \quad f_\varphi(\theta,\varphi) = 0 \\ xoz: & f_\varphi(\theta,\varphi) = J_0(\sin\theta) - J_2(\sin\theta), \quad\quad\quad f_\theta(\theta,\varphi) = 0 \end{cases} \quad (5\text{-}144)$$

图 5-72 画出一波长环的 yoz 面和 xoz 面的方向图，坐标方向参照图 5-71（c）。

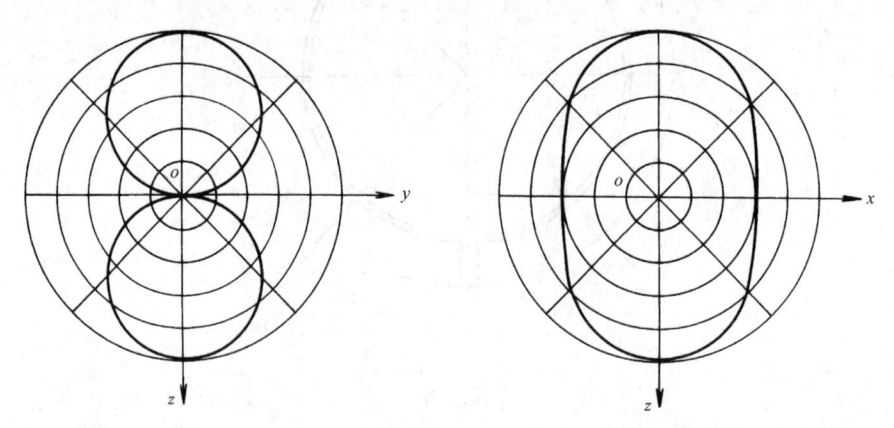

图 5-72

一波长驻波电流圆环，从其方向图及环上电流分布，可等效为置于环平面的一个二元同相半波振子阵列，其阵结构参数为：$M=1, \varphi_i=0, d\approx 0.27\lambda$。在要求不十分严格的工程实际场合，可按此等效阵列进行方向性估算。一波长驻波圆环及其等效二元阵列的位置关系如图 5-73 所示。

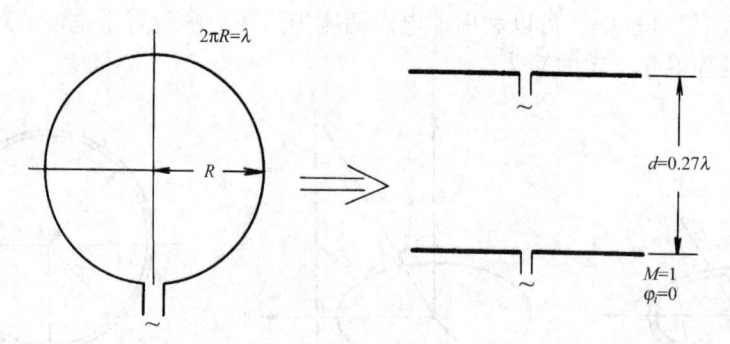

图 5-73

一波长驻波圆环天线的主向在环轴线方向，虽然圆环子午面上的方向图不同（见图 5-72 所示 yoz 面与 xoz 面内的方向图）但方向图的最大值都是出现在 $\theta=0°$ 及 $180°$ 方向上。(5-144) 式中当 $\theta=0°$ 及 $180°$ 时零阶贝塞尔函数 $J_0(0)=1$ 为最大值，而二阶贝塞尔函数 $J_2(0)=0$。而且在主向上辐射波的电场方向，即极化方向为 y 轴方向，对于图 5-71（c）的圆环设置情况则为水平极化。一波长驻波圆环的方向性及极化方向，很适于组合成电视发射天线，或加反射器（反射板）组合成定向发射天线。

3. 行波电流分布的圆环天线[19]

具有行波电流分布的圆环天线，是特高频段构造高增益天线的基本单元天线之一。对于如图 5-74 所示的圆环坐标系，以 x 轴为圆环始点电流为 $\dot{I}_0$，则圆环上的行波电流可表示为

$$\dot{I}(\xi) = \dot{I}_0 e^{-j\beta R\xi} \tag{5-145}$$

我们仍然可以把圆环看做是无穷多电流元的集合,通过这些电流元的辐射场的空间叠加来求出行波电流分布的圆环天线的辐射场。这样推导出的任意周长(与波长比较)的行波电流圆环天线辐射场及从中得到的方向函数表达式复杂而且很长,但是对于周长为一个波长的圆环($2\pi R = \lambda$ 或 $\beta R = 1$),其数学结果则大为简化,空间场点 p 处辐射场的电场可表示为 $\dot{E}_\theta$ 和 $\dot{E}_\varphi$ 两个坐标方向分量

$$\begin{cases} \dot{E}_\theta = j\dot{E}F_\theta(\theta,\varphi)e^{-j\beta r_0} \\ \dot{E}_\varphi = j\dot{E}F_\varphi(\theta,\varphi)e^{-j\beta r_0} \end{cases} \tag{5-146}$$

它们各自的方向函数 $F_\theta(\theta,\varphi)$ 与 $F_\varphi(\theta,\varphi)$ 则为

$$\begin{cases} F_\theta(\theta,\varphi) = \pi\cos\theta\sin\varphi[J_0(\sin\theta) + J_2(\sin\theta)] + j\pi\cos\theta\cos\varphi[J_0(\sin\theta) + J_2(\sin\theta)] \\ F_\varphi(\theta,\varphi) = \pi\cos\varphi[J_0(\sin\theta) - J_2(\sin\theta)] - j\pi\sin\varphi[J_0(\sin\theta) - J_2(\sin\theta)] \end{cases}$$
$$\tag{5-147}$$

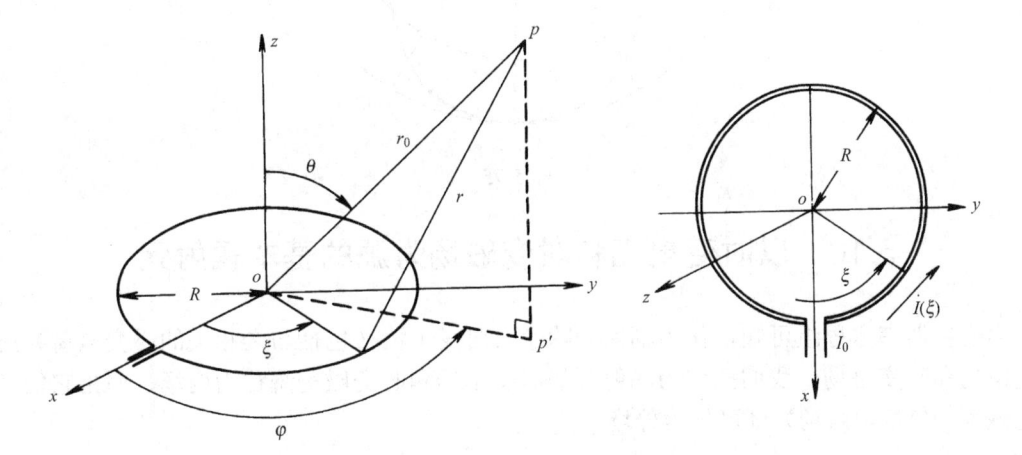

图 5-74

它们的模值为

$$\begin{cases} |F_\theta(\theta,\varphi)| = \left|\pi\cos\theta[J_0(\sin\theta) + J_2(\sin\theta)]\right| \\ |F_\varphi(\theta,\varphi)| = \left|\pi[J_0(\sin\theta) - J_2(\sin\theta)]\right| \end{cases} \tag{5-148}$$

显然,$|F_\theta(\theta,\varphi)|$,$|F_\varphi(\theta,\varphi)|$ 及总方向函数模值 $|F(\theta,\varphi)| = \sqrt{|F_\theta(\theta,\varphi)|^2 + |F_\varphi(\theta,\varphi)|^2}$ 都与 φ 无关,即以圆环轴为旋转对称,这从圆环上载有行波电流的物理概念上也是容易理解的。图 5-75 即为一波长行波电流圆环天线子午面(即过环轴线的剖面)内的归一化方向图。

下面我们考察在圆环轴线方向(即 z 轴方向)上,一波长行波电流圆环天线的辐射情况。将 $\theta = 0$ 代入到(5-147),并将结果代入式(5-146),则在该方向上辐射电场的两个分量分别为

$$\begin{cases} \dot{E}_\theta = \pi\dot{E}(-\cos\varphi + j\sin\varphi)e^{-j\beta r_0} \\ \dot{E}_\varphi = \pi\dot{E}(\sin\varphi + j\cos\varphi)e^{-j\beta r_0} \end{cases} \tag{5-149}$$

它们空间正交,幅值相等,相位差 90°,合成一个圆极化波。这样,一波长行波电流圆环天线在环轴线方向为主向且辐射圆极化波,其方向图为以环轴线为旋转对称的图形,这是一个很

有用的辐射特性。

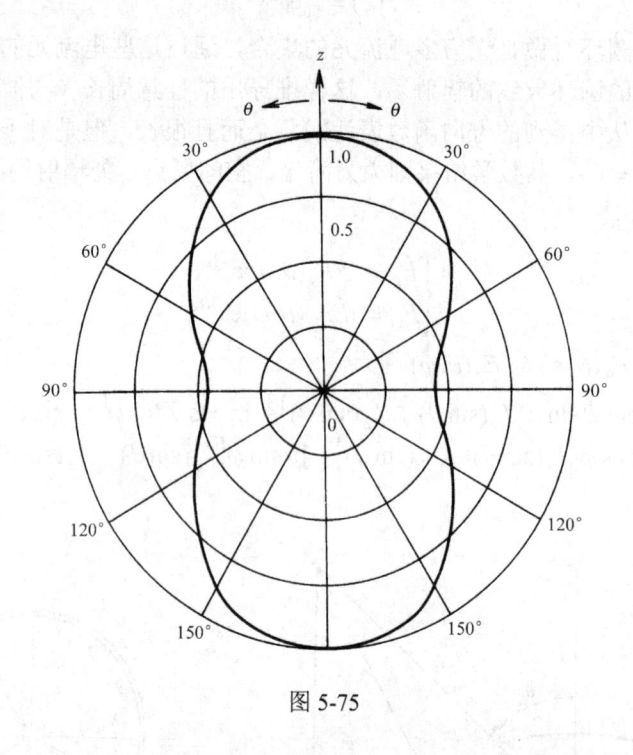

图 5-75

5.10 以时变电场和时变磁场为源的基本辐射元

由麦克斯韦方程组可知,作为辐射源除了有时变电流(包括与之相关的时变电荷)还有时变电场和时变磁场。我们把作为辐射源的时变电场和时变磁场统称为**内场**,而由它们产生的电磁场(包括辐射场)则可称为**外场**。

5.10.1 基本口径面辐射源——惠更斯(Huygens)元

在我们前面讨论过的基本辐射元,如电流元、磁流元(尺寸极小的载流圆环)等属于原场源;而在天线中诸如波导终端开口面,波导壁面上的细长槽(隙缝),电磁喇叭等,它们的辐射场可以由特定面上的电磁场——内场来求算。后一种情况属于**次级场源**的辐射问题。

我们把具有确定的内场分布的特定面称为**口径面**。为了分析研究口径面的辐射问题,从口径面中抽象出一充分小的面积单元(可以把它看做平面),在此面积单元中具有规则均匀的内场分布,称为**惠更斯元**。

对惠更斯元的规定是:其边长为远小于波长的 dx 和 dy,在此矩形平面上分布有空间正交的电场 $\boldsymbol{E}_{sx}$, $\boldsymbol{H}_{sy}$,它们幅值均匀分布,相位相同且均匀分布,且电场与磁场的量值比固定。按图 5-76 的坐标,则

$$\boldsymbol{E}_{sx} = \boldsymbol{a}_x \dot{E}_{sx}, \quad \boldsymbol{H}_{sy} = \boldsymbol{a}_y \dot{H}_{sy}, \quad \frac{\dot{E}_{sx}}{\dot{H}_{sy}} = Z_s$$

惠更斯元面积元上的磁场 $\boldsymbol{H}_{sy}$ 可等效为一电流元,而电场 $\boldsymbol{E}_{sx}$ 可等效为一磁流元,这被称之为**等效原理**。电磁场的等效原理的广义说法是:一个场的边值问题的解可用另一个边值问

题的解来代替。那么用以等效 H_{sy} 的电流元的电流密度为

$$\boldsymbol{J}_s = \boldsymbol{n} \times \boldsymbol{H}_{sy} = -\boldsymbol{a}_x \dot{H}_{sy} \tag{5-150}$$

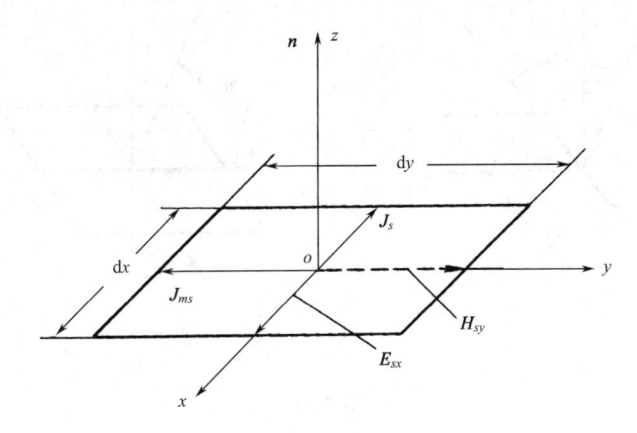

图 5-76

等效电流则为

$$\dot{I} = \boldsymbol{J}_s \mathrm{d}y = -\boldsymbol{a}_x \dot{H}_{sy} \mathrm{d}y \tag{5-151}$$

惠更斯元上的电场 $\boldsymbol{E}_{sx}$ 可等效为磁流元，由扩展了磁流线密度 $\boldsymbol{J}_{ms}$ 的麦克斯韦第二方程

$$\nabla \times \boldsymbol{E} = -\boldsymbol{J}_{ms} - \frac{\partial \boldsymbol{B}}{\partial t}$$

考虑它与麦克斯韦第一方程的对偶关系，则

$$\boldsymbol{J}_{ms} = -\boldsymbol{n} \times \boldsymbol{E}_{sx} = -\boldsymbol{a}_y \dot{E}_{sx}$$

等效磁流则为

$$\dot{I}_m = \boldsymbol{J}_{ms} \mathrm{d}x = -\boldsymbol{a}_y \dot{E}_{sx} \mathrm{d}x \tag{5-152}$$

这样，我们便可将惠更斯元看做是在其平面上正交的电流元和磁流元，惠更斯元的辐射场就是这电流元和磁流元各自辐射场的叠加，为说明问题清楚，我们考察惠更斯元的两个特殊子午面 xoz 面（$\varphi = 0°$）及 yoz 面（$\varphi = 90°$）上电流元与磁流元的辐射场叠加情况。

xoz 面（$\varphi = 0°$），是电流元的子午面，磁流元的赤道面，参照图 5-77（a），可以写出以 $-x$ 轴为基准的电流元在 xoz 面上远区 p' 处的辐射场表达式，记做 $\dot{E}_{\theta'1}$（俯仰角为 θ'）：

$$\dot{E}_{\theta'1} = \mathrm{j} \frac{\dot{H}_{sy} \mathrm{d}y \mathrm{d}x}{2\lambda r} \eta \sin \theta' \mathrm{e}^{-\mathrm{j}\beta r}$$

统一于以面元法线（z 轴）为基准的角度 θ，$\theta' = \theta + 90°$，则

$$\dot{E}_{\theta 1} = \mathrm{j} \frac{\dot{H}_{sy} \mathrm{d}y \mathrm{d}x}{2\lambda r} \eta \sin(90° + \theta) \mathrm{e}^{-\mathrm{j}\beta r} \tag{5-153}$$

参照图 5-77（b），磁流元的基准轴为 $-y$，观察线与其基准轴夹角 θ''，在 xoz 面上 $\theta'' = 90°$，利用对偶原理（磁流元与电流元对偶）写出磁流元辐射场的电场 $\dot{E}_{\theta 2}$ 的表达式为

$$\dot{E}_{\theta 2} = -\mathrm{j} \frac{\dot{E}_{sx} \mathrm{d}x \mathrm{d}y}{2\lambda r} \sin 90° \mathrm{e}^{-\mathrm{j}\beta r} \tag{5-154}$$

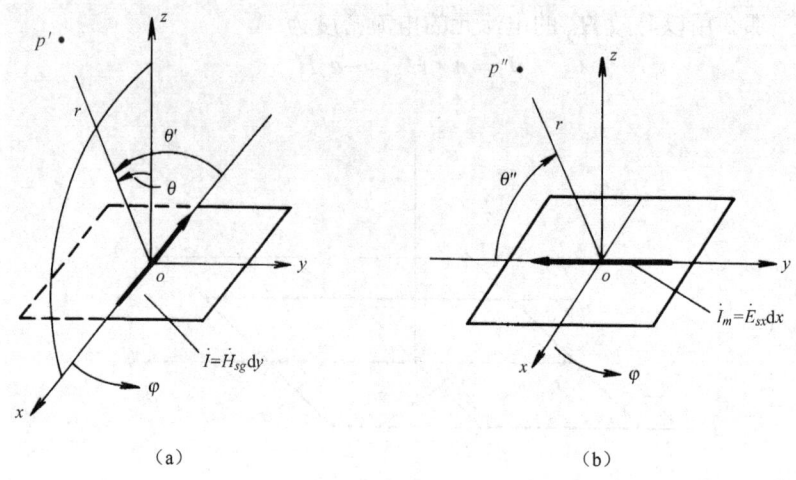

图 5-77

在 xoz 面上的 p' 点处，$\dot{E}_{\theta1}$ 与 $\dot{E}_{\theta2}$ 是共线矢量的合成，则 $\dot{E}_{xoz} = \dot{E}_{\theta1} + \dot{E}_{\theta2}$，考虑 $\dot{E}_{sx} = Z_s\dot{H}_{sy} = \eta\dot{H}_{sy}$，则在 xoz 面等效电流元和磁流元产生的辐射场的合成电场 $\dot{E}_{xoz}$ 为

$$\dot{E}_{xoz} = -j\frac{\dot{E}_{sx}\mathrm{d}x\mathrm{d}y}{2\lambda r}(1+\cos\theta)\mathrm{e}^{-j\beta r} \tag{5-155}$$

合成电场 $\dot{E}_{xoz}$ 的方向是垂直于传播方向 r 的。由式（5-155）可知其最大值出现在 $\theta = 0°$，即面元的法线 z 轴方向，$\dot{E}_{xoz}$ 的方向与内场 $\dot{E}_{sx}$ 方向即 x 方向一致。

yoz 面（$\varphi = 90°$），是等效电流元的赤道面，磁流元的子午面。同样，我们可以分别求出电流元和磁流元在 yoz 面上远区场点 p'' 处各自的辐射场，然后叠加求得合成电场为

$$\dot{E}_{yoz} = -j\frac{\dot{E}_{sx}\mathrm{d}x\mathrm{d}y}{2\lambda r}(1+\cos\theta)\mathrm{e}^{-j\beta r} \tag{5-156}$$

合成电场 $\dot{E}_{yoz}$ 的方向是垂直于 yoz 面的，即垂直于传播方向 r 的方向。$\dot{E}_{yoz}$ 的最大值也是出现在 $\theta = 0°$ 的方向，$\dot{E}_{yoz}$ 的方向也是与内场 $\dot{E}_{sx}$ 的方向一致。

从以上对惠更斯元在两个子午面内的辐射情况的分析及其结果可以看出：惠更斯元的辐射场的矢量方向与辐射波的传播方向垂直，即为横波（球面波）；辐射波的强度与内场强度及面元尺寸 $\mathrm{d}s = \mathrm{d}x\mathrm{d}y$ 成正比；在这两个子午面内惠更斯元的方向函数相同，都是 $1+\cos\theta$，辐射具有单向性，面元的法线方向即 z 轴方向辐射最强。辐射波的极化方向与内场的电场方向一致。

在远区空间任一点处 $p(r,\theta,\varphi)$ 处，可以证明惠更斯元辐射场的电场可表示为 $\dot{E}_\theta$ 和 $\dot{E}_\varphi$ 两个分量，分别是

$$\begin{cases}\dot{E}_\theta = -j\dfrac{\dot{E}_{sx}\mathrm{d}s}{2\lambda r}(1+\cos\theta)\cos\varphi\mathrm{e}^{-j\beta r} \\ \dot{E}_\varphi = -j\dfrac{\dot{E}_{sx}\mathrm{d}s}{2\lambda r}(1+\cos\theta)\sin\varphi\mathrm{e}^{-j\beta r}\end{cases} \tag{5-157}$$

它们的方向函数分别为

$$\begin{cases}F_\theta(\theta,\varphi) = (1+\cos\theta)\cos\varphi \\ F_\varphi(\theta,\varphi) = (1+\cos\theta)\sin\varphi\end{cases} \tag{5-158}$$

总方向函数的模值为

$$|F(\theta,\varphi)| = \sqrt{|F_\theta(\theta,\varphi)|^2 + |F_\varphi(\theta,\varphi)|^2} = 1 + \cos\theta \tag{5-159}$$

图 5-78 画出了惠更斯元的方向图，它是以面元法线为轴的旋转对称图形，具有单向方向性，其主向就是面元的法线（参照图 5-76 的坐标系中的 z 轴）方向。

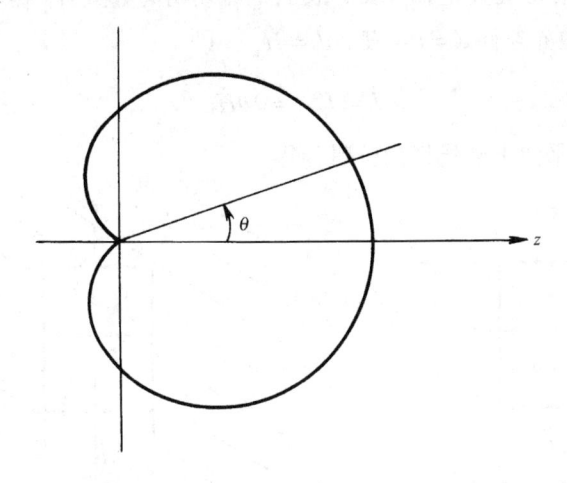

图 5-78

5.10.2 基本隙缝辐射元

在一无限大无限薄的理想导体平板上开一长槽，其宽度 d 极小，长度 $l \ll \lambda$，这就是**基本隙缝**。由加于槽长中心位置的电势激励起垂直于槽宽边的电场，略去槽两端的边缘效应且因槽长 $l \ll \lambda$，可以认为隙缝各点的电场振幅和相位都是均一分布的，见图 5-79（a）。

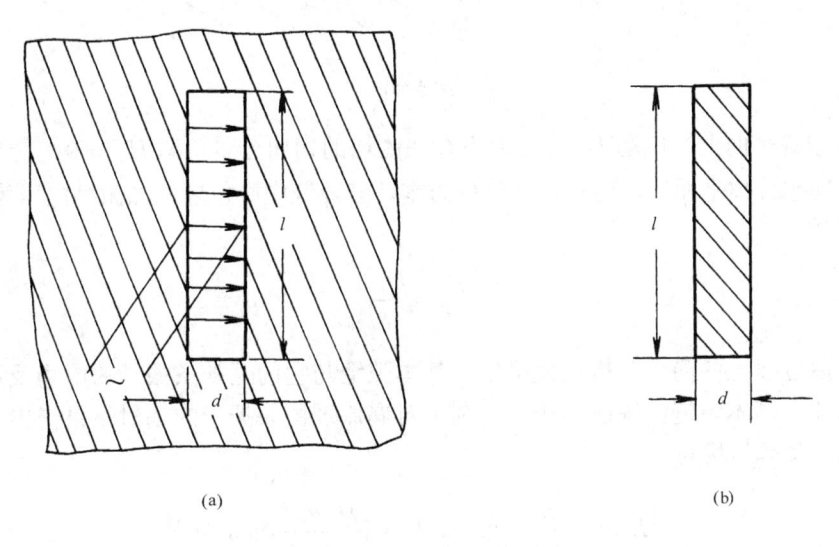

图 5-79

严格精确的分析计算基本隙缝的辐射问题是很困难的，因为这要考虑电磁波的绕射。在天线理论中处理基本隙缝这种特殊的内场辐射问题，一种方法是借助于光学中的巴俾涅（Babinet's）原理，建立基本隙缝和与其尺寸相同的条形理想导体片之间的互补关系，在激励元对偶互换的条件下，基本隙缝在空间建立的电磁场可以从与之互补的条形振子的散射场求得；另一种方法则是利用与基本隙缝互补的条形振子，与基本隙缝的场分布的对偶性，由电磁场的对偶原理来求解。后一种方法要比前一种方法简单、具体、直观。

下面我们来观察基本隙缝与其互补条振子的内场的对偶性。参照图 5-80，流有电流 $\dot{I}$ 的互补条振子，其表面上电场切向分量 $\dot{E}_{1t}=0$；表面上磁场切向分量 $\dot{H}_{1t}$ 存在，条振子截面周长为 $2d$，由理想导体表面边界条件 $\boldsymbol{J}=\boldsymbol{n}\times\boldsymbol{H}$，$\dot{J}=\dot{H}_{1t}$，则

$$\dot{I}=\dot{J}2d=2d\dot{H}_{1t}$$

而在条振子平面的外延平面上磁场切向分量为零。

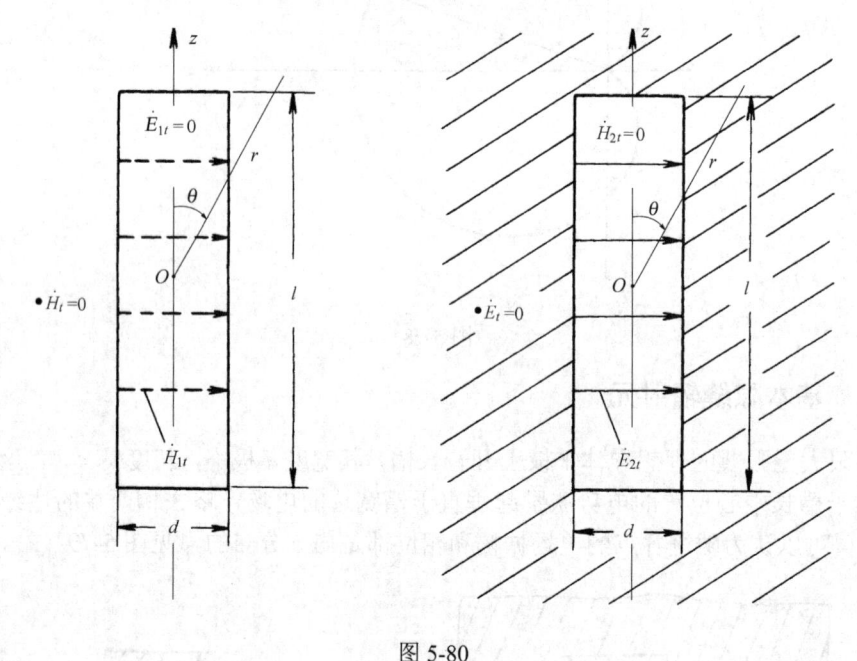

图 5-80

在基本隙缝平面上的电场为 $\dot{E}_{2t}$，但不存在磁场的切向分量，即 $\dot{H}_{2t}=0$。隙缝外延的无限大无限薄理想导体平面上，电场切向分量为零。若隙缝中心位置所加激励电压为 $\dot{U}_0$，则隙缝中的电场

$$\dot{E}_{2t}=\frac{\dot{U}_0}{d}$$

这样，通过以上的简单分析比较可知，基本隙缝与它的互补条振子的内场及边界条件都为对偶。因此，基本隙缝的辐射问题，可利用对偶原理由条振子的辐射结果得出。条振子可视为电流元，其辐射场为

$$\begin{cases}\dot{E}_{\theta 1}=\mathrm{j}\dfrac{\dot{I}l}{2\lambda r}\eta\sin\theta\mathrm{e}^{-\mathrm{j}\beta r}=\mathrm{j}\dfrac{\dot{H}_{1t}d\cdot l}{\lambda r}\eta\sin\theta\mathrm{e}^{-\mathrm{j}\beta r}\\ \dot{H}_{\varphi 1}=\dfrac{\dot{E}_{\theta 1}}{\eta}=\mathrm{j}\dfrac{\dot{H}_{1t}d\cdot l}{\lambda r}\sin\theta\mathrm{e}^{-\mathrm{j}\beta r}\end{cases} \quad (5\text{-}160)$$

利用对偶关系可写出基本隙缝的辐射场为

$$\begin{cases} \dot{H}_{\theta 2} = \mathrm{j}\dfrac{\dot{H}_{2t}d \cdot l}{\lambda r} \cdot \dfrac{1}{\eta}\sin\theta \mathrm{e}^{-\mathrm{j}\beta r} = \mathrm{j}\dfrac{\dot{U}_0 l}{\lambda r} \cdot \dfrac{1}{\eta}\sin\theta \mathrm{e}^{-\mathrm{j}\beta r} \\ \dot{E}_{\varphi 2} = -\mathrm{j}\dfrac{\dot{H}_{2t}d \cdot l}{\lambda r}\sin\theta \mathrm{e}^{-\mathrm{j}\beta r} = -\mathrm{j}\dfrac{\dot{U}_0 l}{\lambda r}\sin\theta \mathrm{e}^{-\mathrm{j}\beta r} \end{cases} \quad (5\text{-}161)$$

比较式（5-161）与式（5-140）可知，基本隙缝相当于一磁流元，其辐射方向性与电流元的辐射方向性相同。但是由于电场与磁场对偶换位，基本隙缝的子午面是磁场平面，赤道面是电场平面，与电流元的情况刚好对换。

在天线工程实际中，在金属波导或谐振腔壁面上开长窄槽，或者在飞行器金属外壳上开缝隙，加上激励源后就是隙缝天线，当然也可以用来接收电磁波。基本隙缝辐射元则是隙缝天线的组成基本单元，是分析研究隙缝天线的基础。

本 章 小 结

（1）天线在无线电信系统中的作用就是实现由导行电磁波向辐射电磁波的转换（发射天线），及其逆过程实现辐射电磁波向导行电磁波的转换（接收天线）。这是一对相反的物理过程，二者之间密切相关，这具体表现在天线工作于发射状态和接收状态时，一些重要的特性参量之间的互易性质。

（2）求解发射天线的问题主要是求其辐射电磁波的幅值（其平方值与电磁波的功率正比）在空间的分布规律。我们称天线辐射波幅值的空间分布规律为天线的方向性，它对无线电信具有十分重要的意义。求解天线的辐射场问题，是电磁学理论中典型的由已知场源求场分布问题；从数学角度上说是典型的边值型微分方程求解，其重要特征是具有分布源。

（3）对于形形色色的天线，我们不是逐一通过解微分方程来求解它们的场幅分布规律，而是从实际天线中抽象出基本辐射元，然后利用这些基本辐射元的辐射场的数学结果，运用不同位置规律的辐射源在空间场点处辐射场叠加（干涉）来求解各种天线的辐射方向性。这种辐射场空间叠加是贯穿于整个天线理论的基本思路，它不仅用来对具体天线的分析研究，而且也是我们用阵列方法调控天线方向性的思想基础。

（4）天线理论研究中的基本辐射元有：电流元（电偶极子）、磁流元（磁偶极子）、基本隙缝和惠更斯元。它们都是从具体天线中抽象出来的物理模型，对它们的几何尺寸和电磁量（电流的幅值相位、内场的结构等）都有相应的规定。其中电流元又是分析其他几种基本辐射元的基础，电流元的场解是直接求解麦克斯韦方程得到的。

电流元、磁流元和基本隙缝的方向函数为 $F(\theta,\varphi) = \sin\theta$，但后两者的辐射场的 E, H 要与电流元时的情况换位。惠更斯元的方向函数为 $F(\theta,\varphi) = 1+\cos\theta$。这些基本辐射元的方向函数、方向图都是旋转对称的。

（5）天线特性参量是评价天线工作性能的基本技术指标，是设计和使用天线的基本依据。天线特性参量中最为重要的是方向性，它包含有方向函数（形象直观表示即方向图）、增益（方向系数）等；另一重要特性参量则是天线阻抗，它包含辐射阻抗和输入阻抗，两者含义不同但密切相关。此外关于天线的极化方向、工作频带宽度、有效长度、有效接收面积等也都是天线设计和使用时的重要依据。

（6）基本单元天线是既可独立使用，又可用做天线阵列单元的天线。我们先后运用叠加原理，对偶原理等分析了行波长线天线、对称振子天线、折合振子天线以及不同电流分布规律的圆环天线。其中最重要的是对称振子天线,我们除了对它的方向性进行了深入研究还对它的阻抗特性进行了分析。至于极化、工作频带宽度和有效长度、有效接收面积等也都是以对称振子为实例进行讨论的。

(7) 构造天线阵列是调控天线方向性的基本手段,其最重要的结论就是方向函数乘积定理。二元阵列是最基本和最简单的天线阵列,它几乎涉及天线阵列理论的所有方面。N 元均匀直线阵、面阵和体阵则是阵列思想的进一步扩展。边射阵和端射阵是直线阵列天线中最重要的应用形式。比较而言圆阵具有较小的天线口径,但其分析计算稍嫌复杂。从对阵列天线方向性的分析研究中可以看出阵的结构参数 (M, φ_i, d, R, N) 对阵列天线方向性的影响。其中单元天线馈电相位差 φ_i 对阵列天线方向性的影响,是我们构造相控电扫描天线阵列和分波束天线阵列的思想基础。而对阵列天线中的阵元天线馈电振幅和相位的综合调控(幅相加权),实现所期望指向的波束,则是智能天线的基本思路。

(8) 地面对天线工作特性的影响,是一个很实际的问题。对于近地架设的天线,地面的影响最终会转化为二元阵列问题。把地面设想为无限大理想导体平面,是一个大胆也多少有些无奈的办法,但对于解决近地架设天线问题仍不失为一种有效的方法。

(9) 对于接收天线的研究,我们并未按照天线接收电磁波的物理过程的思路进行,而是通过互易原理建立起天线发射与接收状态基本特性参量的互易性,得到关于接收天线的基本结论的。

习 题 五

5-1 用同一极坐标系画出电流元、半波振子和全波振子的子午面方向图,并由方向图直接测出它们各自的主瓣宽度。

5-2 利用等效传输线法画出一臂长 $l = 0.25\lambda, 0.5\lambda, 0.75\lambda, 1\lambda$ 的对称振子上的电流幅值分布,并以电流空间方向为基准表示电流相位。

5-3 天线的主向,主瓣、栅瓣和副瓣都是什么含义?

5-4 举例说明不同目的的通信对天线方向图的基本要求。

5-5 天线的辐射电阻是个什么样的概念?天线辐射电阻值的大小说明什么?

5-6 天线的方向系数是怎样定义的?方向系数值的大小说明了什么?根据方向系数的定义推导用天线归一化方向函数表示的求天线方向系数的公式。

5-7 根据定义推导出用辐射电阻表示的求对称振子天线方向系数的公式,并求出半波振子和全波振子的方向系数。

5-8 两个半波振子组成二元阵列天线,排列方向与振子轴线方向垂直,按以下给定的数据求出阵函数,并画出三个主坐标面内此二元半波振子阵列天线的方向图。

(1) $M = 1$, $\varphi_i = 0$, $d = 0.5\lambda$;

(2) $M = 1$, $\varphi_i = 0$, $d = 1\lambda$;

(3) $M = 1$, $\varphi_i = \pi$, $d = 0.5\lambda$;

(4) $M = 1$, $\varphi_i = \pi$, $d = 1\lambda$;

(5) $M = 1$, $\varphi_i = \pi/2$, $d = 0.25\lambda$;

(6) $M = 1$, $\varphi_i = -\pi/2$, $d = 0.5\lambda$。

（7）$M = 0.5$，$\varphi_i = 0$，$d = 0.5\lambda$；

（8）$M = 0.5$，$\varphi_i = \pi$，$d = 0.5\lambda$。

5-9 半波振子天线一臂长为 1 m，求其有效长度 L_e。

5-10 一发射天线输入功率 100 W，天线增益为 3，求距天线 15 km 远处天线主向方向的辐射电场。

5-11 半波振子天线近地架设，它的辐射电阻会发生怎样的变化？

5-12 半波振子天线水平架设在距地面 0.5λ 的高度上，画出该天线三个主坐标面上的方向图，并回答以下问题：

（1）该天线的主向方位及与地面夹角是多少？

（2）如何消除栅瓣使天线具有单一主向？

5-13 画出折合振子天线以下情况下的电流分布，并说明其辐射特性。

（1）两折合点之间的距离为 0.5λ；

（2）两折合点之间的距离为 1λ。

5-14 利用 N 元均匀直线阵的归一化阵函数通用曲线，求作以下情况时的阵函数极坐标方向图：

（1）$N = 5$，$\varphi_i = -30°$，$d = 0.25\lambda$；

（2）$N = 10$，$\varphi_i = -60°$，$d = 0.25\lambda$。

5-15 总结比较四种基本辐射元（电流元、磁流元、基本隙缝和惠更斯元）的设定条件、分析方法和方向性。

5-16 简述接收天线工作的物理过程，说明接收天线的方向函数、方向系数和（输入）阻抗的具体含义。

第 6 章 工程中常用的典型天线

在第 5 章的内容中，我们集中讲述了天线的基本理论，建立了关于天线的一些重要概念，讨论了研究天线辐射与接收电磁波的基本分析方法。本章利用天线的基本理论来阐述和分析一些在工程实际中常用的典型天线。

在我们分析天线的工作机理和工作特性时，信号波长是一个重要的物理量。天线及天线阵列的几何尺寸都是用波长来度量的，而且我们已经建立起这样的概念：只有当天线的尺寸能与波长相比拟时它才能建立起有效的辐射。这从另一个方面告诉我们，不同的电磁波波段的天线，其几何尺寸乃至形体结构将会发生很大的变化。

辐射传输的电磁波，在发射与接收天线之间要经过相当长距离的自然环境。那么在分析介绍工程中常用典型天线之前，先概括地介绍电磁波在自然环境中传播时发生的现象和规律。

6.1 电磁波在自然环境中的传播

电磁波在自然环境中传播时，受媒质情况的影响可能出现绕射、反射、折射及散射等现象，波的传播方向将会发生改变；电磁波在传播过程中，随着其传播距离的变远而使其能量变得越加分散，而且媒质也不同程度地吸收电磁波的能量，因此在传播过程中电磁波的强度将不可避免地发生衰减。对于电磁波传播过程中出现的这些问题和现象，道理好讲而定量分析则相当困难，它要涉及到很多其他学科领域的知识。

电磁波在自然环境中的传播有以下几种基本传播方式。

1. 地表面波（地波）传播

天线辐射的电磁波沿地表面传播向远方。长、中、短波段的电磁波，地表面波是主要的传播方式。图 6-1（a）为地表面波传播的示意图。

2. 电离层反射（天波）传播

发射天线辐射向高空的电磁波，因高空中电离层的反射而返回地面到达接收点，如图 6-1（b）所示。由于高空电离层对不同波段的电磁波的吸收和折射的情况不同，电离层反射传播电磁波的方式主要用于中波和短波波段。

3. 散射波传播

向高空辐射的电磁波在对流层和电离层下缘遇到不均匀介质团时会发生散射，一部分散射波可以到达接收点而实现通信。图 6-1（c）为散射传播电磁波的示意图。散射传播主要是在超短波段。

4. 直视（空间波）传播

即电磁波的似光传播，也称为直接波传播。此种情况下电磁波的传播路径就是发射与接收天线的连接直线。直视传播的示意图见图 6-1（d），（e）和（f）。直视传播是超短波和微波的基本传播方式。

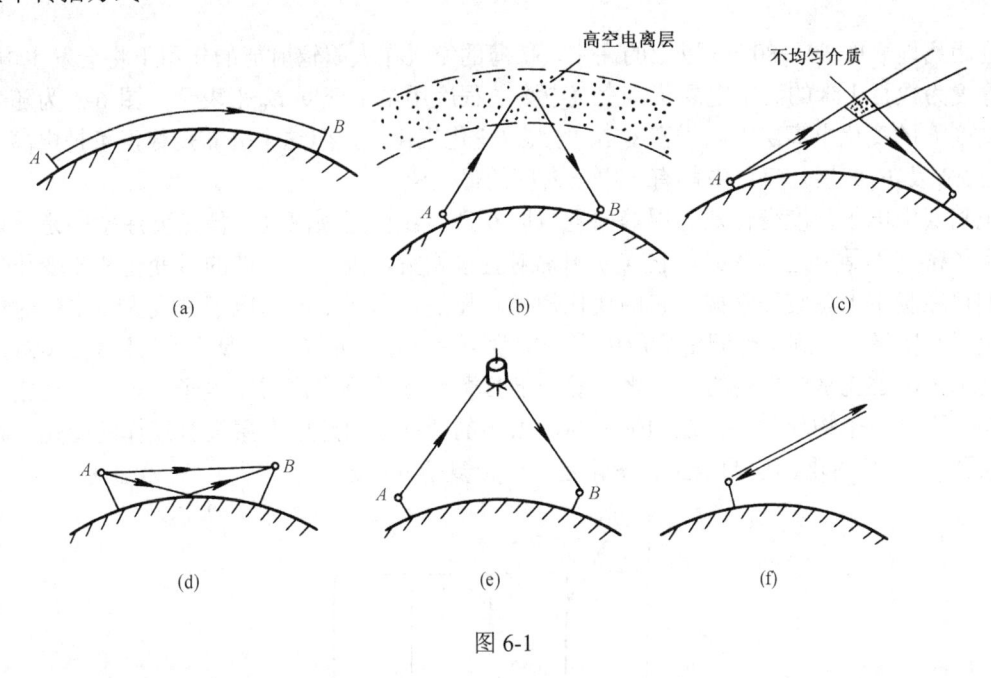

图 6-1

6.1.1 地表面波（地波）传播

地球表面的物理性质是很复杂的而且是不均一的，地表具有一定的导电能力（用导电系数或电阻率来表示）和介电常数。可以把沿地表传播的电磁波看做是对地面入射角 $\theta_i = 90°$ 的入射波（如图 6-2 所示），那么根据式（1-161）可知进入地面折射波的折射角为

$$\sin\theta_t = \frac{n_0}{n} = \frac{1}{n} \qquad (6-1)$$

这就是说**地表面波**传播的过程中有向地表下传播的波。其后果是分流了地表面波的能量而增大了传输衰减；同时由于向地表以下传播的波的存在，使原来地表面波的等相位面向前倾斜。

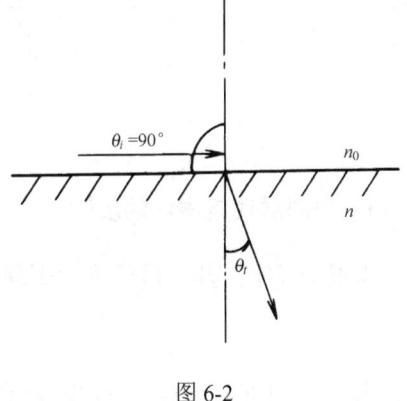

至于地表面对沿地表面传播的电磁波的吸收，可以作这样的物理解释：电磁波沿地面传播时，在地表面产生感应电荷，感应电荷随电磁波的传播而移动形成电流，它所造成的欧姆损耗就是地表面对地表面波的吸收衰减。地表面波的频率越高，因趋表效应增大了地表对感应电流的电阻，则地表对地表面波吸收越严重。大地对地表面波的吸收问题，这样解释是很准确的，但计算起来却是相当复杂和困难。

图 6-2

大地表面是比较稳定的媒质，地表面波传播很稳定，地表面波主要用于长波、中波波段的电磁波传播，而且沿海面传播时的衰减要比沿陆地传播时小得多，或者说沿海面传播时通信距离要远得多。

6.1.2 电离层反射（天波）传播

在距离地表面 60~80 km 以上的高空，稀薄的空气在太阳辐射能的作用下将会发生电离，形成厚度为数百千米的高空电离层。空气电离的程度用电子密度 N_e 来表示，图 6-3 为随着距地面高度 h 的变化电离层中电子密度 N_e 的大致变化规律。按照这个分布规律，可把电离层分为 D, E, F_1 及 F_2 各层，每层中都有一电子密度的最大值。

电离层中电子密度变化及分层等问题成因复杂，我们无须深究。但是要注意的是，电离层中电子密度不是恒定不变的，它与太阳辐射直接相关，因此有所谓的日变化和年变化。对此人们已经基本上总结和掌握了它的变化规律。显然，白天电离层电子密度大，中午时电离层中电子密度最大，到了晚间电离层中电子密度下降（部分正负离子复合），距太阳最远的 D 层将会消失，这就是电离层的日变化。就一年四季来说，夏季电离层中电子密度大。要指出的是太阳并不是一个物理状态稳定的辐射体，太阳的活动会引起电离层没有规律的变化（称为电离层骚动）。可见电离层的产生、变化是一个很复杂的问题。

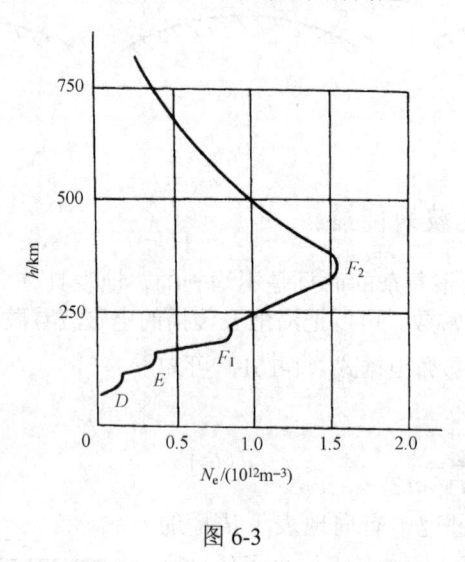

图 6-3

1. 电离层对电磁波的反射

由电动力学可知，**自由电子密度**为 N_e 的各向同性均匀媒质的相对介电常数为

$$\varepsilon_r = 1 - 80.8 \frac{N_e}{f^2}$$

由式（3-100），电子密度为 N_e 的电离层的折射率

$$n = \sqrt{1 - 80.8 \frac{N_e}{f^2}} < 1 \tag{6-2}$$

式中，f 为电磁波频率。

我们可以把电子密度不均一的电离层分为许多电子密度均一的小薄层，见图 6-4。令各薄

层的电子密度：$N_{e1} < N_{e2} < N_{e3}\cdots$，则折射率相应为 $n_1 > n_2 > n_3 > \cdots$。当电磁波由空气进入电离层时，由于电离层的折射率小于空气的折射率，则折射角 $\theta_t > \theta_i$（θ_i 为电磁波由空气进入电离层的入射角），由斯涅尔定律，可写出各薄层中电磁波传播方向的变化关系为

$$n_0 \sin\theta_i = n_1 \sin\theta_{t1} = n_2 \sin\theta_{t2} = \cdots \tag{6-3}$$

式中，n_0 为空气的折射率，$n_0 = 1$。

如图 6-5 所示，若电磁波进入第 k 层时到达顶点（$\theta_{tk} = 90°$），然后即折回地面。由式（6-3）可写出

$$n_0 \sin\theta_i = n_k \sin\theta_{tk}$$

$$\therefore \sin\theta_i = n_k = \sqrt{1 - 80.8 \frac{N_{ek}}{f^2}}$$

$$\begin{cases} f = \dfrac{9\sqrt{N_{ek}}}{\cos\theta_i} \\ N_{ek} = \left[\dfrac{f\cos\theta_i}{9}\right]^2 \end{cases} \tag{6-4}$$

图 6-4

图 6-5

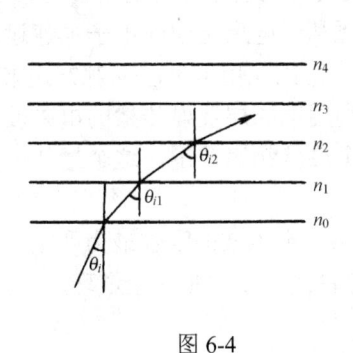

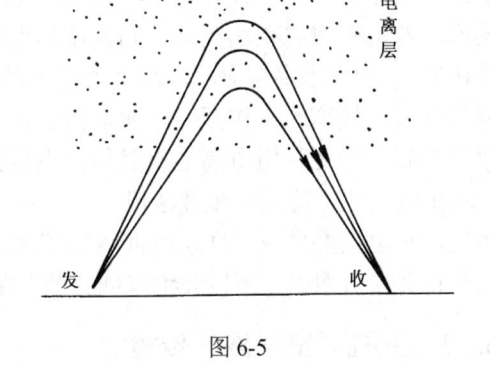

以上讨论告诉我们，电磁波进入**电离层的反射**实质上是一种连续折射的结果。而式（6-4）给出的电磁波经电离层反射传播时，电磁波频率 f、电磁波进入电离层的入射角 θ_i 和电磁波在电离层中折返点的电子密度 N_{ek} 三者之间的关系。此式又告诉我们：若已知电离层的最大电子密度 $N_{ek} = N_{\max}$，则在电磁波以 θ_i 角度入射电离层时，电磁波的**最高可用频率** $f_{\max}$ 为

$$f_{\max} = \frac{9\sqrt{N_{\max}}}{\cos\theta_i} \tag{6-5}$$

若电磁波频率 $f > f_{\max}$，因电离层中不存在比 $N_{\max}$ 更大的电子密度，电磁波则不能返折回地面。这也正是超短波、微波段的电磁波不能由电离层反射回到地面的原因。

在已知电离层最大电子密度 $N_{\max}$，电磁波频率 f 时，可以求出能使电磁波返折回地面的最小入射角 $\theta_{\min}$：

$$\theta_{\min} = \arcsin\sqrt{1 - \frac{80.8 N_{\max}}{f^2}} \tag{6-6}$$

因为不可能存在比 $N_{\max}$ 更大的电子密度。显然电磁波的频率越高，这个 $\theta_{\min}$ 越大。这就是说

利用电离层反射传播电磁波时,在以发射天线为中心的一个区域内经电离层反射回来的电磁波不能到达地面被接收,这一区域称为天波传播的盲区。

还要注意到发射天线主向指向电离层而取得电离层反射传播时,天线有一定的主瓣宽度,这样入射到电离层的电磁波可视为入射角不同的多径射线。这些射线以偏开θ_i的角度入射到电离层,并在各自高度上被反射回来,这样在接收点将可能收到经多条路径传播来的同一原发信号,这就是利用天波通信时的**多径效应**。而且由于电离层的电子密度不断变化(电离、复合的动态过程),将最终使接收点合成场强发生变化,称之为**衰落现象**。抗衰落问题,是利用天波通信中必须认真解决的一个重要技术问题。

2. 电离层对电磁波的衰减

天线辐射的电磁波进入电离层后,电离层中的自由电子受电磁波电场力的作用而获得加速,受到电场力的加速而运动的电子与电离层中的离子和中性分子碰撞,把能量传递给它们,并不断从电磁波中获得能量。这就是电离层吸收电磁波的能量,是经电离层反射传播的电磁波产生衰减的直接原因。

首先,若电离层中的离子和中性分子的密度越大,发生上述碰撞的概率和次数也越大,对电磁波的吸收也越严重。电离层之 D 层、E 层虽然电子密度不是最大(见图 6-3),但是离子特别是中性分子和原子的密度大,因此电离层对电磁波的吸收主要发生在 D 层和 E 层。

其次,若电磁波的频率较低,则振荡周期较长,更利于电离层中的电子加速运动(也可解释为谐振),因而电离层对较高频率电磁波的吸收要小。因此用电离层反射方式来传播电磁波,要尽量采用较高的工作频率。而前面的讨论中对利用电离层反射传播的电磁波有最高工作频率的限制,因此利用电离层反射传播电磁波有一个最佳频率范围,这个最佳频率范围就是中波和短波波段,特别是短波波段。

再次,对电离层来说,D 层晚间将会消失。而 D 层对电磁波的吸收最为严重,因此晚间天波信号将会大大增强,所以我们晚间接收到的短波电台非常多就是这个道理。

6.1.3 直视(空间波)传播

电磁波的**直视传播**就是沿发射点与接收点间的直线传播的方式。

1. 地面两点间的最大视距

我们把地球理想化为标准圆球体(地球的平均半径 $R = 6370$ km),若发射天线和接收天线的高度分别为 h_1 和 h_2,那么借助图 6-6 很容易求出 h_1 和 h_2 顶点连线的最大可能值(与地表相切时),即**最大视距**。令最大视距为 r_{max},则

$$r_{max} = \sqrt{(R+h_1)^2 - R^2} + \sqrt{(R+h_2)^2 - R^2} \approx \sqrt{2R}(\sqrt{h_1} + \sqrt{h_2}) \qquad (6\text{-}7)$$

把地球平均半径 $R = 6370$ km 代入上式,h_1 及 h_2 以 m 为单位,则

$$r_{max} = 3.57(\sqrt{h_1} + \sqrt{h_2}) \text{ (km)} \qquad (6\text{-}8)$$

借助光学上的用语,$r < r_{max}$ 的区域称为**可视区**或**照明区**,$r > r_{max}$ 的区域称为**非可视区**或**阴影区**。需要指出的是式(6-8)是由 h_1 及 h_2 求 r_{max},而不可由给出的 r_{max} 值和 h_1 值求 h_2 值。

图 6-6

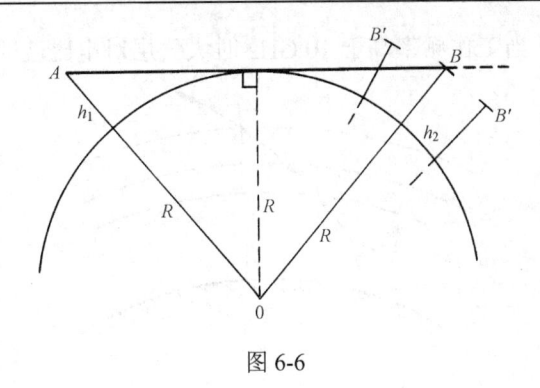

2. 地面反射波对接收点场强的影响

在 5.8 节讨论地面对天线特性的影响时，曾指出远离地面架设的天线（视距传播），除了从发射天线到接收天线的直接辐射波外，在接收点处还必须考虑从发射天线经由地面反射到达接收点处的反射波。接收点的叠加场强模值为

$$E = \frac{\sqrt{60GP_{in}}}{r}\left|1 + pf(\delta-\alpha)e^{-j\frac{2\beta h_1 h_2}{r}}\right| \quad (6-9)$$

式中，G 为发射天线增益；P_{in} 为发射天线输入功率；$f(\delta-\alpha)$ 是发射天线以主向为基准的方向函数，$\delta-\alpha$ 是发射天线向地面辐射方向偏离主向的角；p 为地面反射系数，当把地面近似为理想导体平面时，对于水平极化波 $p \approx -1$。

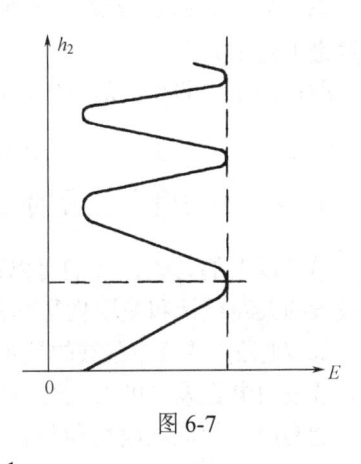

图 6-7

由式（6-9）可知，在 r 与 h_1 确定的情况下，接收点场强模值 E 与接收天线高度 h_2 有关，其关系曲线如图 6-7 所示。可见接收天线高度 h_2 的取值并不是越高越好。

3. 大气层对电磁波的折射与衰减

地表以上的大气层并不是一种均匀媒质，它的温度、湿度和压力都是随高度变化的。地球物理学的研究表明，标准大气层的相对介电常数随着其距地表面高度的增加而逐渐减少并趋近于 1。因此大气层对电磁波的折射率，随着距地面高度的增加而逐渐减小并趋近于 1。

参照图 6-8，我们同样可把大气层分成折射率恒定的若干薄层，则 $n_1 > n_2 > n_3 > \cdots$。那么电磁波通过每一分层界面时，其传播方向都要向地表面方向偏折一次，宏观地看，电磁波在大气层中的传播路径是一条向下弯曲的弧线。这样直视波的传播会更远些，因此式（6-8）的最大视距公式可修正为

$$r_{max} = 4.12(\sqrt{h_1} + \sqrt{h_2}) \quad (km) \quad (6-10)$$

这个式子就是工程上求最大视距的公式，其中 h_1 和 h_2 的单位为 m，它也是计算电视发射中心及移动通信基站台发射天线覆盖半径的公式。微波中继通信中确定站距也是按此式计算的。

大气层对电磁波造成衰减的原因是云、雾、雨等的水珠对电磁波的吸收，同时云、雾、雨中的水珠还会对电磁波产生散射。研究表明，对于工作频率低于 3 GHz 的电磁波可不考虑

大气层对电磁波的衰减,当工作频率高于 10 GHz 时大气层对电磁波的衰减就很显著了。

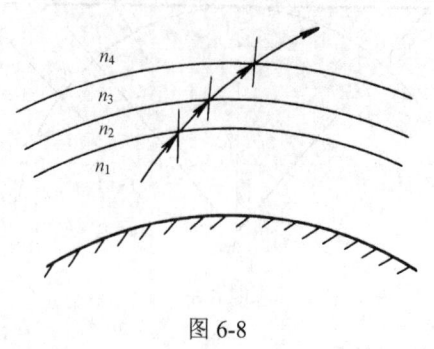

图 6-8

例 6-1 发射天线高度 $h_1 = 60\,\text{m}$,接收天线高度 $h_2 = 1\,\text{m}$,计算发射天线的覆盖半径(即计算最大视距)。

解:把 $h_1 = 60\,\text{m}$, $h_2 = 1\,\text{m}$ 代入式(6-10),得

$$r_{\max} = 4.12(\sqrt{60} + \sqrt{1})\,\text{km} = 36\,\text{km}$$

6.1.4 各波段电磁波的传播

总结以上的讨论,我们可以确定各波段的电磁波各以哪种传播方式传播最为适宜,这对各波段的天线设计和使用也是非常重要的。

长波波段 由于电磁波的频率低,以地表面波传播最为适宜,传播距离可达 1 000~2 000 km。长波波段的电磁波也可用天波传播,传播距离可以更远,但是白天由于电离层 D 层吸收严重而不能利用。长波波段可用频带宽度很窄,但其传播稳定,通常用于海上救援通信和发送标准时间(授时台)等。

中波波段 中波波段电磁波的频率较低,适合于地表面波传播,传播距离可以达数百千米。也可采用天波传播,传播距离远得多,也是由于电离层的 D 层吸收严重,所以也不能白天工作。中波波段电磁波以地波方式传播稳定,因此中波波段的很大部分频带宽度被广播电台占用。

短波波段 适合采用天波传播方式,通信距离可达数千千米。在卫星通信出现之前,地-地间超远程通信就是靠短波天波传播实现。短波波段电磁波也可用地表面波方式传播,但因其频率较高,地面衰减较大,传输距离不超过数十千米,可作近距离通信用。

超短波段和微波段 这两个波段的电磁波频率高,用地表面波传播时衰减严重,只能传播较近的距离(超短波时不超过几千米,微波波段距离更近而不能用)。天波传播也不可能。因此超短波段和微波段是采用空间波传播,若实现地-地间通信就必须考虑视距问题和地面反射波的干涉问题。但是它们可以穿越电离层,这使得卫星通信等与外层空间目标的联系必须使用超短波段和微波段。超短波段还可以利用散射传播方式实现散射通信。

6.2 直立天线

长波和中波波段,采用地表面波传播方式,电磁波的传播稳定且距离远。地表面波要求天线辐射垂直极化波,因为地面对水平极化波的衰减大(水平极化波在地面产生的感生电流

大)。这就要采用垂直地面的**直立架设的天线**。如图 6-9 所示为几种典型的直立天线,如用于广播发射的**塔杆天线**图 6-9(a),用于中小功率通信电台的**伞形天线**图 6-9(b)和"T"形天线图 6-9(c),用于移动通信台的**鞭状天线**图 6-9(d)等。

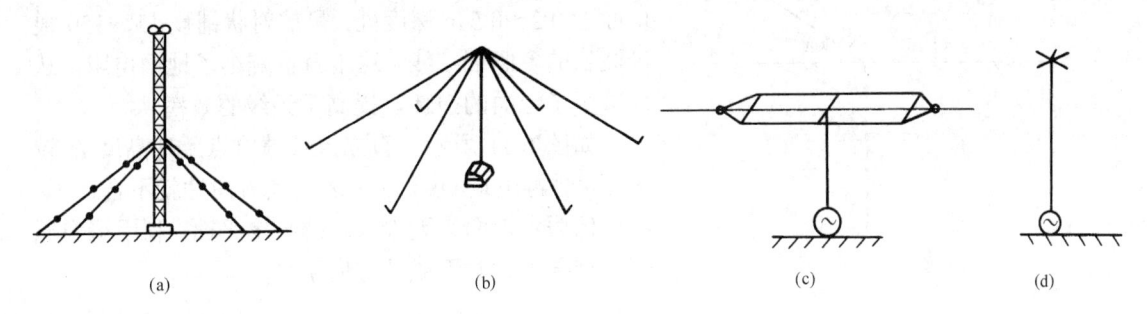

图 6-9

6.2.1 直立天线的辐射场与方向性

如果把地表面看做理想导电平面,那么直立天线与其镜像(正像)刚好构成为一个对称振子。直立天线高度 h 就是振子一臂长 l,再把计算对称振子辐射场公式(5-14)中的 θ 角换作观察线与地面的夹角 Δ(Δ 与 θ 互为余角),则可写出直立天线辐射场的表达式:

$$\dot{E} = j\frac{60\dot{I}_n}{r} \cdot \frac{\cos(\beta h \sin \Delta) - \cos \beta h}{\cos \Delta} e^{-j\beta r} \qquad (6-11)$$

在工程实际的计算中,往往因天线高度 $h < 0.25\lambda$ 而不能出现波腹电流 $\dot{I}_n$,这时采用天线输入电流更方便。输入电流 $\dot{I}_0 = \dot{I}_n \sin \beta h$。式(6-11)可改写为

$$\dot{E} = j\frac{60\dot{I}_0}{r \sin \beta h} \cdot \frac{\cos(\beta h \sin \Delta) - \cos \beta h}{\cos \Delta} e^{-j\beta r} \qquad (6-12)$$

从式(6-12)可得到直立天线的方向函数:

$$F(\Delta, \varphi) = \frac{\cos(\beta h \sin \Delta) - \cos \beta h}{\cos \Delta} \qquad (6-13)$$

其方向图就是直立的对称振子的方向图,不过地面以下没有意义,见图 6-10。

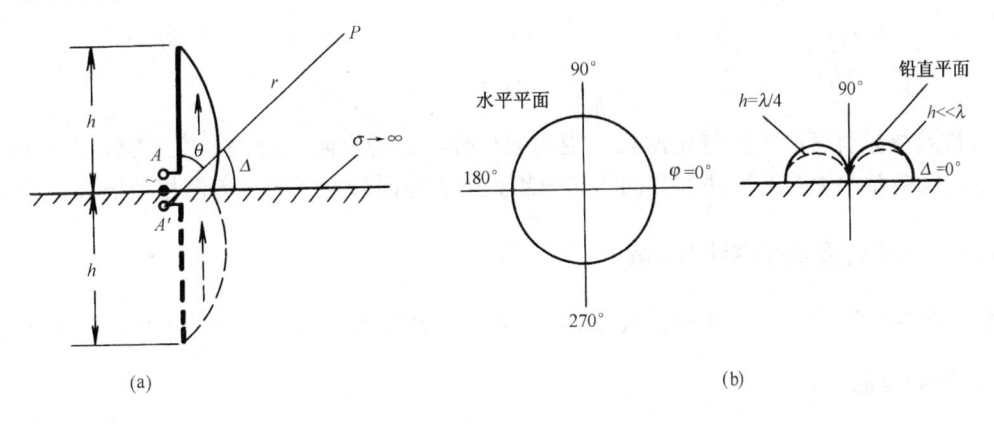

图 6-10

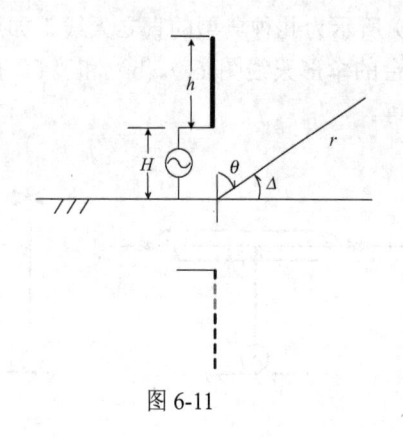

对于用于广播发射台的塔杆天线，因其辐射功率很大（可达数十千瓦，乃至数百千瓦），为改善地面导电性能，一般要铺设金属地网。一般是在天线底端地面下 0.2～0.5 m 深度处，呈放射状铺设 15～150 根半波长的多股铜绞线。这本身也减小了地面电阻，从而减少了地面的损耗，提高了天线的效率。

如图 6-11 所示，直立天线馈电点距地高度 H 较大，此时再用式（6-13）来表述其方向性就不合适了。我们仍假定地面为无限大理想导电平面，利用镜像原理可推导出此时天线的方向函数为

图 6-11

$$F(\Delta,\varphi) = \frac{1}{\cos\Delta}\{\cos(\beta H \sin\Delta)[\cos(\beta h \sin\Delta) - \cos\beta h] - \sin(\beta H \sin\Delta)[\sin(\beta h \sin\Delta) - \sin\Delta\sin\beta h]\} \qquad (6-14)$$

图 6-12 是按式（6-14）绘出的 h 为 $\lambda/4$ 时，H 分别为 $\lambda/2$，λ，2λ 时直立天线的方向图（地表以上有意义）。这虽然是一理想化后得出的结果，但是它至少说明：若考虑直立天线（特别是鞭状天线）馈电点距地高度 H，则天线方向图与直立对称振子的方向图差异很大（向高空辐射加大）。

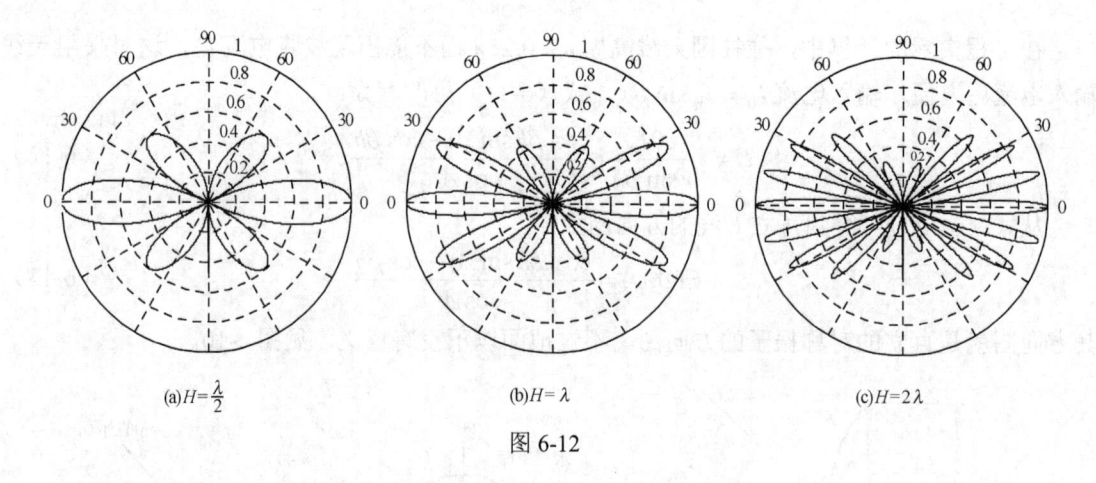

(a) $H = \frac{\lambda}{2}$　　(b) $H = \lambda$　　(c) $H = 2\lambda$

图 6-12

鞭状天线只有有限大的导电底板，也与理论分析时的无限大理想导电平面相差甚远，由于导电底板绕射的影响，也使其方向图与理想无限大地面情况下的方向图相差很大。

6.2.2 直立天线的特性参量

我们同样可以借助于对称振子天线的相关结论，求得直立天线的各项工作特性参量。

1．辐射电阻

把地面看做是无限大的理想导体平面时，直立天线的辐射情况与自由空间中的对称振子的辐射情况相同，只不过对于直立天线只考虑地表面以上空间。因此直立天线的辐射电阻应

为相应对称振子的一半（因为辐射功率求算时的积分区间只计算一半）。例如，当直立天线 $h = 0.25\lambda$ 时，它的辐射电阻为

$$R_r = \frac{1}{2} \times 73.1 \ \Omega = 36.6 \ \Omega$$

2. 方向系数

可利用由辐射电阻来求方向系数的公式，由式（5-32）

$$D = 120 \frac{1}{R_r} F_m^2(\Delta, \varphi) \tag{6-15}$$

仍以 $h = 0.25\lambda$ 的直立天线为例，其辐射主向沿地表面（$\Delta = 0°$），方向函数最大值 $F_m(\Delta, \varphi) = 1$，因此方向系数为

$$D = 120 \times \frac{1}{36.6} \times 1^2 = 3.28$$

一般鞭状天线很难做到 $h = 0.25\lambda$，当 $h \ll \lambda$ 时，即极短鞭状天线的方向系数 $D \approx 3$。

直立天线的方向系数为相应对称振子方向系数的 2 倍，这是因为二种情况主向 r 远处的能流密度相同，而辐射功率均分的能流密度，对于直立天线辐射功率为相应对称振子的一半。

3. 有效高度

天线的有效高度（长度）是一个等效概念，它是把天线不均一的电流分布折算成均一分布时天线的等效长度，其前提是天线的主向及主向辐射强度不变。有效高度是直立天线，特别是鞭状天线的重要参量。参照图 6-13，以直立天线的输入电流 $\dot{I}_0$ 作为折算基准，天线上任意位置处的电流 $\dot{I}(z)$ 为

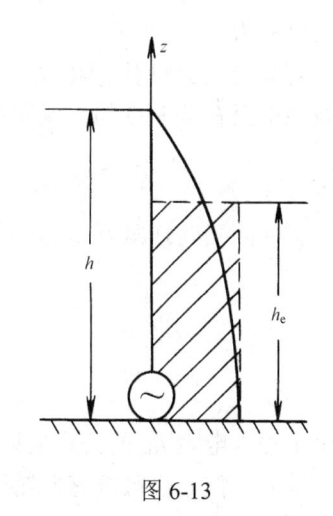

图 6-13

$$\dot{I}(z) = \dot{I}_n \sin\beta(h-z) = \frac{\dot{I}_0}{\sin\beta h} \sin\beta(h-z) \tag{6-16}$$

根据有效高度的折算概念，以 $\dot{I}_0$ 为基准：

$$I_0 h_e = \int_0^h I(z)\mathrm{d}z \tag{6-17}$$

把式（6-16）代入到式（6-17）积分后得有效高度

$$h_e = \frac{1}{\beta} \cdot \frac{1 - \cos\beta h}{\sin\beta h} \tag{6-18}$$

式中相移常数 $\beta = 2\pi/\lambda$。若直立天线的高度，特别是鞭状天线 $h \ll \lambda$，对式（6-18）中三角函数作级数展开并略去高幂项，则得

$$h_e \approx \frac{1}{2} h \tag{6-19}$$

用于广播发射的塔杆天线不能用式（6-18）来计算有效高度，因为辐射功率很大，天线导体的损耗功率不能忽略，天线上的电流分布不能按式（6-16），而要用有损线的双曲函数规律

来表示。为减弱广播发射用塔杆天线向高空的辐射，以免接收点场强因天波分量的干涉产生衰落现象，通常取塔杆天线高度

$$h = 0.53\lambda \tag{6-20}$$

这样使主瓣更窄。工程上称之为**抗衰落天线**。

4．输入阻抗

输入到天线的功率，除去辐射部分外其余部分就是损耗功率。这个损耗功率包括天线导体的欧姆损耗，天线附近其他导体及介质引起的损耗，还有相当一部分是地面上的感生电流（从传输线的角度可看做是大地回路电流）的损耗。可见，严格地分析计算天线的损耗电阻是相当复杂和困难的。下面给出的估算损耗电阻的经验公式，是归于输入电流 $\dot{I}_0$ 的：

$$R_{D0} = A_D \frac{\lambda}{4h} \tag{6-21}$$

式中系数 A_D 主要决定于地表面的情况，地面较潮湿时 A_D 值较小可取为 2，地面干燥时 A_D 值较大可取为 7。

直立天线的辐射电阻 R_r，我们是按相应对称振子的辐射电阻折半计算的，该辐射电阻是以波腹电流 $\dot{I}_n$ 为基准的。现在我们把辐射电阻也归于输入电流，记为 R_{r0}，则

$$R_{r0} = \frac{R_r}{\sin^2 \beta h} \tag{6-22}$$

天线的输入功率 P_{in} 应为天线辐射功率 P_r 与损耗功率 P_D 之和，即

$$P_{in} = P_r + P_D$$

$$\frac{1}{2}I_0^2 R_{in} = \frac{1}{2}I_0^2 R_{r0} + \frac{1}{2}I_0^2 R_{D0}$$

$$\therefore \quad R_{in} = R_{r0} + R_{D0} \tag{6-23}$$

这个求输入电阻 R_{in} 的公式也只能作为估算用。

输入电抗，仍可按有损耗传输线来处理，当 $h < 0.35\lambda$ 时，可按下式估算。

$$X_{in} = -j\frac{1}{2}\overline{Z}_0 \cot \beta h \tag{6-24}$$

对于一般情况（$h > 0.35\lambda$），应按式（5-45）计算出对称振子的输入电抗后取半，即

$$X_{in} = -j\frac{1}{2}\overline{Z}_0 \frac{\frac{\overline{\alpha}}{\beta}\operatorname{sh}(2\overline{\alpha}h) + \sin(2\beta h)}{\operatorname{ch}(2\overline{\alpha}h) - \cos(2\beta h)} \tag{6-25}$$

式中，$\overline{Z}_0 = 60\left(\ln\frac{2h}{R_0} - 1\right)$，$R_0$ 为天线截面半径；$\overline{\alpha} = \dfrac{R_{r0}}{\overline{Z}_0 h\left(\dfrac{1-\sin 2\beta h}{2\beta h}\right)}$。

6.2.3 直立天线性能的改善

直立天线的高度 h，因天线工作于长波、中波波段时波长很长，难于做到 h 与波长 λ 相当。用于超短波段的鞭状天线，为了使天线小巧便携也远小于工作波长。这样它们的辐射电阻 R_{r0} 较小，损耗电阻 R_{D0} 较大，天线效率很低。改善直立天线性能的途径则是提高辐射电阻和减小损耗电阻。具体办法一种是给天线加顶负载；另一种办法则是给天线中间加感，这种方法多

用于鞭状天线。

1. 加顶负载

如图 6-14 所示，在鞭状天线的顶端加金属球、金属圆盘或金属辐射叶等，均称为**顶负载**。天线加顶负载后增加了天线顶端与地的分布电容，使天线顶端电流不再为零。这相当于天线的高度 h 增高，增加了天线的有效高度 h_e，从而提高了天线的辐射电阻。

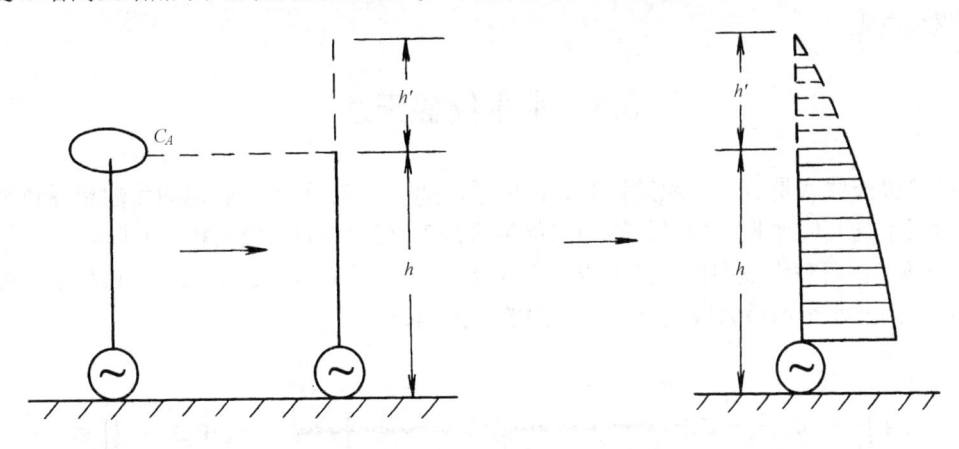

图 6-14

对于辐射功率比较大的固定电台的天线，顶负载可以做大些，如图 6-9（a）中塔杆天线顶端的金属网状结构，T 形天线和倒 L 形天线水平部分的一根或多根金属线，伞形天线的金属伞股等（它们不是天线的辐射效果的产生部分）。

天线加顶负载后的等效增长部分 h' 可按以下方法估算

$$\because \quad \overline{Z}_0 \cot\beta h' = \frac{1}{\omega C_A}$$

$$\therefore \quad h' = \frac{1}{\beta}\text{arccot}\left[\frac{1}{\overline{Z}_0 \omega C_A}\right] \quad (6\text{-}26)$$

式中，$\overline{Z}_0$ 为直立天线的平均波阻抗，它应为相应对称振子平均波阻抗的一半。C_A 是顶负载对地的电容。

加顶负载后，天线的有效长度可按如下经验公式估算

$$h_e = h\left[1 - \frac{h}{2(h+h')}\right] \quad (6\text{-}27)$$

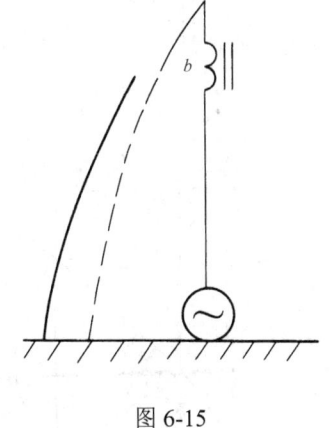

图 6-15

2. 加感

对于鞭状天线，按传输线理论，当 $h < 0.25\lambda$ 时，天线任一点处的输入阻抗都呈容性。如果在天线任一点处断开串入量值合适的电感，则可抵消从该点向天线顶端看去阻抗中的电容性电抗或其中一部分，使该点以下部分的天线上电流增大，如图 6-15 所示。从这个角度上说，加电感处离天线顶端越近效果越好。但从终端开路传输线的阻抗特性（参照图 2-6）可知，越近天线顶端容抗值越大（这样所加电感要大，需加磁芯），这不仅加大重量使天线头重脚轻，而且增加了损耗。因此，天线加感点的位置有一个优化问题。经验表明，天线加感位置选在

天线中间位置为好，此时天线辐射电阻增加最多。天线加顶负载或者加感，统称为**天线加载**。以上对天线加载是用集总参数元件实现的，也可以用把加载电抗分布于整个天线的方法来实现，比如用直径很小的螺旋线代替长直导线做成鞭状天线，就可以理解为分布式加载。

前面已经说到对于大功率固定电台的发射天线，可以通过铺设地网的方法来降低地面损耗电阻。而对于移动电台（主要是车载电台）则可以在发射天线与地面之间，铺设多根金属棒或导线，也可以铺设金属板（也可以是车体金属壳），这些统称为**平衡器**，也可以有效地减少地面损耗电阻。

6.3 水平偶极天线

水平偶极天线就是水平近地架设的对称振子，如图 6-16 所示。若地面为理想导体平面，水平对称振子与其镜像振子构成间距为二倍架设高度（$2H$）的等幅反相二元阵。调整架设高度 H 为合适值，可使天线主向以所要求的仰角指向高空，以天波传播方式实现地-地间的短波远程通信。因此水平偶极天线是一种很重要的短波天线。

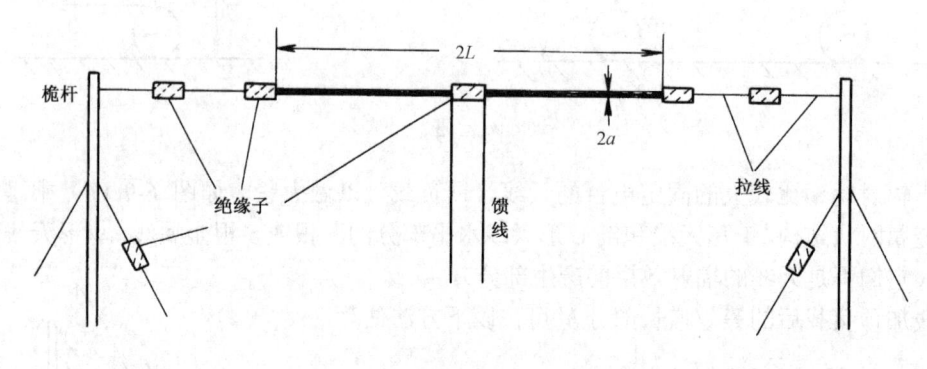

图 6-16

6.3.1 方向函数与方向图

参照如图 6-17 所示水平对称振子的坐标系，把观察线与振子轴线之间的夹角 θ 与仰角 Δ 和方位角 φ 之间的关系统一起来。按照图 6-17 的几何关系不难证明

$$\begin{cases}\cos\theta = \cos\Delta\sin\varphi \\ \sin\theta = \sqrt{1-\cos^2\Delta\sin^2\varphi}\end{cases} \quad (6-28)$$

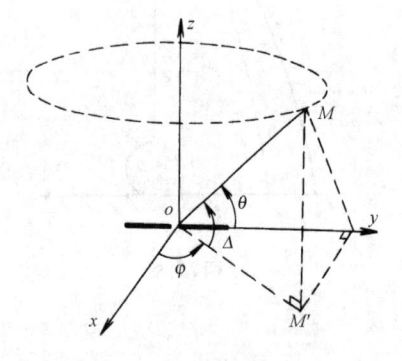

图 6-17

根据方向函数乘积定理，可写出水平偶极天线的方向函数 $F(\Delta,\varphi)$，它等于自由空间对称振子的方向函数与等幅反相二元阵的阵函数之积，即

$$F(\Delta,\varphi) = \frac{\cos(\beta l \cos\Delta\sin\varphi) - \cos\beta l}{\sqrt{1-\cos^2\Delta\sin^2\varphi}} 2\sin(\beta H \sin\Delta) \quad (6-29)$$

方向函数的最大值，即水平偶极天线的主向在 $\varphi = 0°$ 的 xoz 面内，也就是振子的赤道面内。把 $\varphi = 0°$ 代入式（6-29）得到水平偶极天线主向所在铅垂面即 xoz 面内方向函数

$$F(\Delta,0°) = 2(1-\cos\beta l)\sin(\beta H \sin\Delta) \qquad (6-30)$$

根据式（6-30）很容易画出 xoz 面内的方向图，它与图 5-64（方向函数归一化处理）是相同的。为讨论方便，我们取 $H=0.25\lambda$，0.5λ 和 λ 三种情况的归一化方向图，如图 6-18 所示。

(a) $H=\dfrac{1}{4}\lambda$

(b) $H=\dfrac{1}{2}\lambda$

(c) $H=\lambda$

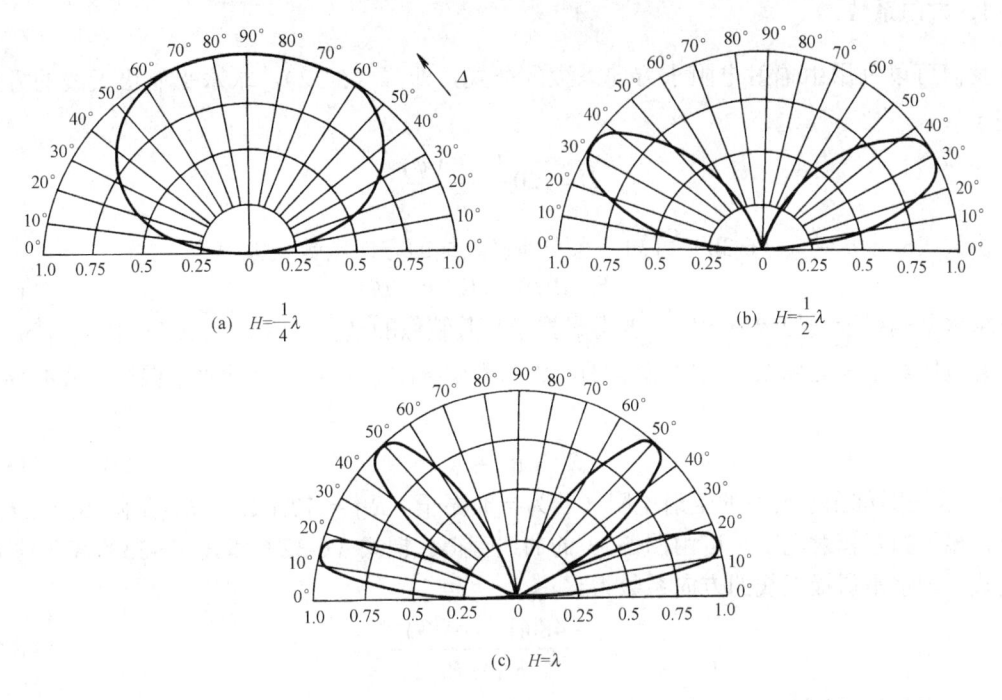

图 6-18

在 xoz 面内，只要对称振子的一臂长 $l \leqslant 0.65\lambda$，对称振子的方向图恒为极坐标圆，所以 xoz 面上的方向图就是阵函数的方向图。它是以架设高度 H 为参量以仰角 Δ 为自变量的函数图像。

由图 6-18 的方向图可见，随架设高度与波长比 $\dfrac{H}{\lambda}$ 取值不同，天线的主向会改变。但不管 $\dfrac{H}{\lambda}$ 为何值，沿地表面方向（$\Delta=0°$）始终无辐射。

$\dfrac{H}{\lambda} \leqslant 0.25$ 时，天线的主向在 $\Delta=90°$ 方向上，但在 $\Delta=60°\sim 90°$ 范围内辐射强度变化不大，即天线具有高仰角辐射特性，可实现 300 km 范围内的天波通信。

随着 $\dfrac{H}{\lambda}$ 值的增大，天线方向图的主瓣数增多，靠近地面的主瓣的主向与地面之间的仰角 Δ_{m1} 随 $\dfrac{H}{\lambda}$ 值的增大而减小，那么利用天波通信的距离越远。由式（6-30）可以求出

$$\begin{cases} \Delta_{m1} = \arcsin\left(\dfrac{\lambda}{4H}\right) \\ H = \dfrac{\lambda}{4\sin\Delta_{m1}} \end{cases} \qquad (6-31)$$

根据通信距离、电离层高度可决定天线主向仰角 Δ_{m1}，之后由式（6-31）可确定天线架设高度 H。显然，随着水平偶极天线架设高度 H 的增高，方向图中出现不止一个栅瓣，为获得

单一主向还要采取必要的技术措施，比如加引向器或反射器（网）等。

6.3.2 基本特性参量

1. 方向系数

我们可以利用由辐射电阻求方向系数的公式，即式（5-32），求水平偶极天线的方向系数 D：

$$D = 120\frac{F_m^2(\Delta,\varphi)}{R_r}$$

由式（6-29）或式（6-30）可知，水平偶极天线的方向函数最大值为

$$F_m(\Delta,\varphi) = 2(1-\cos\beta l) \tag{6-32}$$

求水平偶极天线的辐射电阻，要考虑振子与其镜像的耦合，取式（5-97）中 $Z_{rn(1)}$ 的实部，并注意镜像振子与对称振子的电流等幅反相（即 $M = 1$，$\varphi_i = \pi$），因此水平偶极天线的辐射电阻为

$$R_r = R_{11} - R_{12} \tag{6-33}$$

式中，R_{11} 是对称振子自身的辐射电阻（若为半波振子，$R_{11} = 73.1\ \Omega$）；R_{12} 是两相距 $2H$ 的齐平对称振子的互辐射电阻，可由图 5-53 的曲线查得。把式（6-32）和式（6-33）代入求 D 的表达式，则水平偶极天线的方向系数为

$$D = \frac{480(1-\cos\beta l)^2}{R_{11} - R_{12}} \tag{6-34}$$

若水平偶极天线为半波振子，则

$$D = \frac{480}{R_{11} - R_{12}} \tag{6-35}$$

例 6-2 半波振子平行地面架设距地面 0.75λ 高处，求此水平偶极天线的方向系数 D。

解：半波振子的自辐射电阻 $R_{11} = 73.1\ \Omega$，振子与其镜像的中心距 $d = 2H = 1.5\lambda$，查图 5-51（a）二半波振子互辐射电阻曲线（振子高度差为零，振子与其镜像齐平排列）得到 $R_{12} = -1.5\ \Omega$，则由式（6-35）计算出方向系数：

$$D = \frac{480}{73.1 + 1.5} = 6.43$$

2. 输入阻抗

计算水平偶极天线的输入阻抗，要用镜像天线取代地面的作用，然后利用耦合振子理论，求出此二元阵列中对称振子的输入阻抗，详见本书 5.6 节。这种理论计算是很复杂的，而且由于具体地面导电性能的差异，往往计算结果与实际情况偏差较大。因此在工程实际中一定要通过测试来验证和修正输入阻抗的计算结果。

6.3.3 天线架设参数的选择

1. 振子臂长 l

架设的水平偶极天线应能在一确定的较宽频率范围内主向保持不变。而我们知道对称振

子在其一臂长 $l \leqslant 0.65\lambda$ 时主向不变（其主向在振子赤道面内，即图 6-17 的 *xoz* 面内）。若天线工作的波长范围最小波长为 $\lambda_{\min}$，则应使 $l \leqslant 0.65\lambda_{\min}$。

而对称振子臂长过短，则辐射能力太差，而且由于地面损耗存在，天线效率将会很低。因此在工程实际中，水平偶极天线的振子臂长 $l > 0.2\lambda$（即应接近于半波振子）。这样，若天线工作的波长范围的最大波长为 $\lambda_{\max}$，应使 $l > 0.2\lambda_{\max}$。则 l 的取值范围

$$0.2\lambda_{\max} < l \leqslant 0.65\lambda_{\min} \tag{6-36}$$

若工作频带要求过宽，l 难于满足上项条件，那就不得不选用两副臂长不同的天线，让它们各负责一段频带宽度。当然对它们的方向图、主向等的要求则是完全一样的。

2. 天线架设高度 H

从对水平偶极天线的方向图分析可知，在对称振子臂长 l 符合式（6-36）条件的情况下，天线辐射主向仰角唯一决定于天线架设高度与波长之比 $\dfrac{H}{\lambda}$。因此水平偶极天线的架设高度是一个很重要的天线设计参数。

若通信距离在 300 km 以内，适宜采用高仰角发射的天线，可取 $\dfrac{H}{\lambda} = 0.1 \sim 0.3$。如果通信距离更远，则可由通信距离和电离层高度（一般多用 E 层，距离地面高度 100~120 km，比其他层稳定）确定天线辐射主向仰角，然后由式（6-31）计算出天线架设高度。

水平偶极天线作为一种结构简单、架设方便，用于短波段天波通信的天线，要求它具有较宽的工作频带宽度，一个重要的原因是为适应电离层高度的变化。为了保证远方接收点处在电离层高度变化时仍能可靠地接收到发射信号，发射天线的主向仰角必须随电离层高度的变化而作相应调整。显然这不能通过改变架设高度 H 来实现，而是通过切换发射信号的载波频率，改变 $\dfrac{H}{\lambda}$ 来实现。

天线的工作频带宽度，主要体现在天线的方向图和阻抗这两个方面，在工作频带宽度内，天线的方向图和阻抗的变化不应很大（或者说应在规定的范围内）。为了展宽振子的工作频带宽度（主要是从阻抗角度考虑），可把振子的截面加粗，如图 6-19 所示的以多根金属导体组成的笼形结构作为振子臂，就是工程中加粗振子臂以展宽天线工作频带宽度的有效方法。

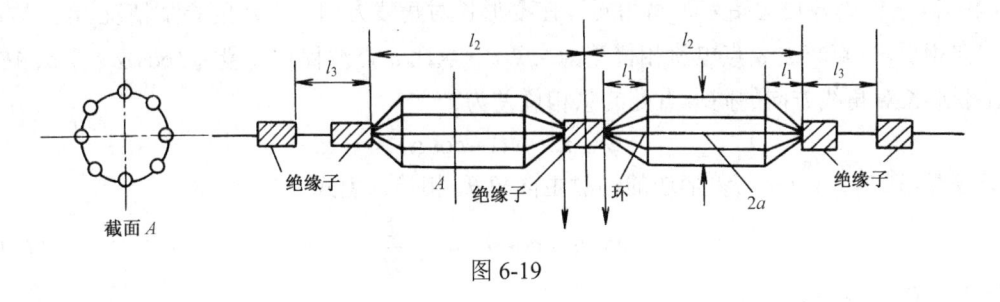

图 6-19

6.4 菱形天线

菱形天线是用天波传播实现远距离通信的短波专用发射天线，它的工作频带宽，一般与大功率发射机配套使用。图 6-20 是菱形天线的结构示意图。

图 6-20

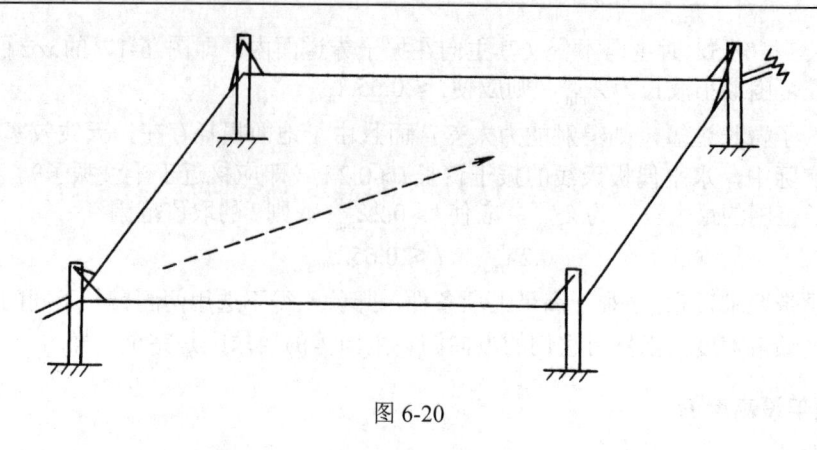

6.4.1 菱形天线的构成及基本工作原理

菱形天线是由四根等长（均为 l）的金属导线组成，菱形平面与地平面平行并悬挂在绝缘支柱上。在菱形的一个锐角端接馈线与发射机相连，在另一个锐角端接匹配负载。

这样的结构可以看做是中间撑开的一段接匹配负载的传输线。因此菱形天线导线上的电流可视为行波电流，所以菱形天线属于行波天线。菱形的每一个边都相当于本书 5.2 节中分析讨论过的行波长线天线。严格精确地推导菱形天线的方向函数并作出方向图是比较复杂和困难的。这里我们只借助于图 6-21 来说明，在满足一定条件下，菱形天线的辐射主向与它的长对角线一致。

取图 6-21（a）中菱形上下对称位置的两个边如同图 6-21（b）。考察这两个边上对称位置的 a,b 两点在菱形长对角线方向上辐射场的叠加情况。$\mathrm{d}\dot{E}_a$ 与 $\mathrm{d}\dot{E}_b$ 矢量方向相反，因电流相位相反而致使 $\mathrm{d}\dot{E}_a$ 与 $\mathrm{d}\dot{E}_b$ 相位相反，在菱形长对角线方向上 $\mathrm{d}\dot{E}_a$ 与 $\mathrm{d}\dot{E}_b$ 无波程差，这样 $\mathrm{d}\dot{E}_a$ 与 $\mathrm{d}\dot{E}_b$ 在这个方向上是共线同相位叠加的。那么整个这两个边上的对应点在此方向上的辐射场也都是共线同相位叠加。如果选取合适的边长与波长的关系（参照 5.2 节的讨论），则可使每一个边上各点源的辐射在这个方向上叠加最佳（即方向图的主向）。那么菱形长对角线方向就是这两个边辐射的主向。同样道理，另外两对称边的辐射叠加情况也如此。

再取图 6-21（a）中菱形左右对称位置的两个边如同图 6-21（c）。考察这两个边上对应位置 a,c 两点（它们距各自边始端距离相同），在菱形长对角线方向辐射场的叠加情况。$\mathrm{d}\dot{E}_c$ 与 $\mathrm{d}\dot{E}_a$ 矢量方向相反，c 点较之 a 点电流相位差为 $-\beta l$，c 点比 a 点波程超前量为 $l\cos\alpha$，那么 $\mathrm{d}\dot{E}_c$ 与 $\mathrm{d}\dot{E}_a$ 在菱形长对角线方向的同一点处的总相位差为

$$\psi = \pi - \beta l(1-\cos\alpha)$$

若使菱形的半锐角 α 与菱形边的辐射主向角 θ_m 相等，由式（5-9），即

$$\cos\alpha = \cos\theta_m = 1 - \frac{\lambda}{2l} \tag{6-37}$$

则代入总相位差 ψ 的表达式

$$\psi = \pi - \beta l\left(1 - 1 + \frac{\lambda}{2l}\right) = 0$$

即在满足式（6-37）的条件下，$\mathrm{d}\dot{E}_c$ 与 $\mathrm{d}\dot{E}_a$ 在菱形长对角线方向上是共线同相位叠加。那么整个这两个边上的这样位置对应点在此方向上的辐射场也都是共线同相位叠加。而在满足

式（6-37）的条件时，另两个边中每一边上的点源的辐射，在此方向上也是最佳叠加。

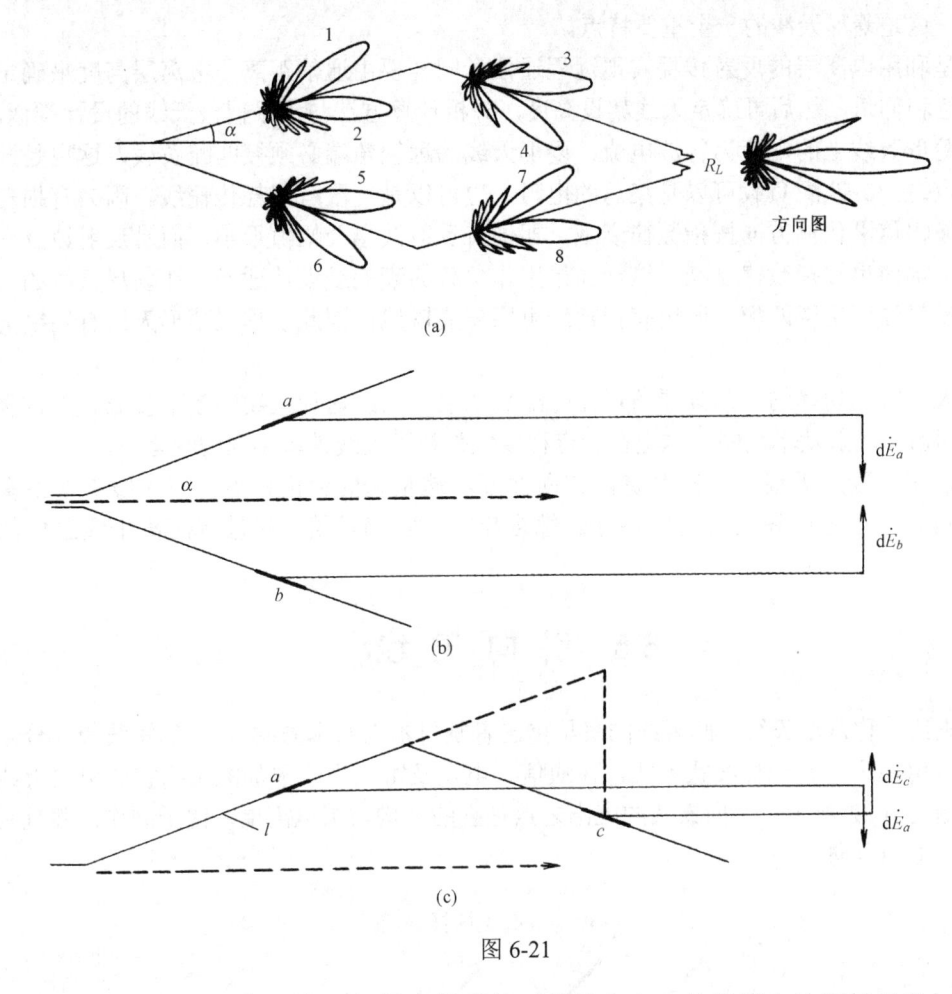

图 6-21

由以上分析，我们实际上已经得出菱形长对角线方向，是其四个边辐射场叠加最佳的方向，也就是菱形天线的主向的结论。

图 6-21（a）为菱形每边长 $l=6\lambda$ 时，每边的方向图及其合成情况。此时菱形半锐角 $\alpha=\theta_m=23.6°$，由图可见四个边的四个主瓣 2, 3, 5, 8 是同一方向相互增强的，图中右方就是四边方向图合成得到的菱形天线的方向图（$l=6\lambda$，$\alpha=\theta_m$）。

6.4.2 菱形天线的架设

以上对菱形天线方向性的讨论未考虑地面作用，即菱形天线置于自由空间的情况。菱形天线平行地面架设，地面的作用同样可用一镜像菱形天线取代，那么考虑地面作用，菱形天线的方向图要乘以一个等幅反相二元阵的阵函数。而且在过菱形长对角线的与地垂直平面内，天线主向与地面的仰角基本上由架设高度与波长比 $\dfrac{H}{\lambda}$ 来决定，阵函数

$$F(\Delta,0°)=2\sin(\beta H\sin\Delta) \tag{6-38}$$

这里我们以菱形长对角线方向为方位角 φ 的基准，过长对角线的铅垂面 $\varphi=0°$。由于菱形

天线自身的方向图为单一主向，因而因地面作用菱形天线指向高空的主向也是单一方向的，即无栅瓣。这是菱形天线的一个重要特点。

因为是利用电离层的反射传播实现远程通信，同样要由通信距离、电离层高度来确定天线主向方位和仰角，然后再确定天线架设高度，分析计算方法与水平偶极天线的设计类似。

为使菱形天线上的电流为行波电流，菱形天线的远锐角端必须接匹配负载，这也是此种天线的特点之一。匹配负载可以是集总的电阻，也可以是一段有损耗传输线。因为有损耗线上的入射波幅值沿传输方向按指数律衰减，即便有反射波也会幅值很小，而且反射波反向传输的过程中幅值也按指数律衰减。这样如果用作负载的衰耗线设计适当，在菱形天线的负载端将会无反射波而实现匹配。所用有损耗线可用普通铁线，因此工程上菱形天线有**铜铁天线**的俗称。

菱形天线输入功率的一部分要消耗在匹配负载上，因此这种天线的效率较低。不过菱形天线没有栅瓣，辐射功率集中，这也在一定程度上弥补了天线效率不高的缺陷。

总括起来，菱形天线工作频带宽，方向性好，这是它的突出特点；而天线效率不高，方向图副瓣多，占地面积大是它的不足。综合起来，它仍是用于短波远距离干线通信的重要天线。

6.5 引向天线

引向天线又称**八木天线**（此天线的最早提出者是日本人八木秀次），是超短波段（分米波与米波）应用极广泛的一种线状天线，在通信、电视及雷达系统中都能见到它。引向天线的基本结构如图 6-22 所示。引向天线的突出之点是它的结构与馈电简单，便于制作，并且具有较好的单一主向方向性。

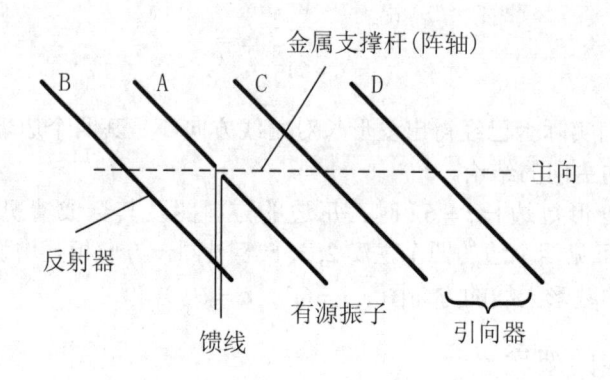

图 6-22

6.5.1 引向天线的工作原理

引向天线与其他线状天线的最大不同之处，是除了一个馈电振子外大量使用**无源振子**。无源振子在**有源振子**场的作用下（也可以说是耦合）产生感生电流，这样无源振子就成为新的辐射源。它们因电流相位关系、至远区场点的波程差异，使它们与有源振子的辐射场在远区空间干涉，形成所要求的天线方向性。

如图 6-22 所示，所有振子都排列在同一平面上并与垂直于它们的金属杆连接。由于金属杆通过无源振子的中心（电压波节点）且与振子的电场垂直，它对天线的场结构的影响很小而只起固定和支撑的作用。各无源振子的感应辐射电阻多为负值，致使有源振子的输入阻抗下降而难于与其馈线匹配，因而很多引向天线的有源振子采用折合振子（其输入电阻或辐射电阻约为半波振子的四倍，见 5.9 节）。引向天线一般用一根无源振子作反射器，多根无源振子作引向器，但引向器数目过多时由于它们之间的相互耦合而难以调整，一般用做引向器的无源振子数目不超过 12 个。有源振子和每个无源振子都作为引向天线的一个单元，比如说五单元引向天线，就是指除有源振子外还有一个作为反射器和三个作为引向器的无源振子。

我们在 5.6 节讨论二元阵列天线时，曾给出了引向器和反射器的概念并说明了它们的作用。在例 5-6 所举的二元阵列中，右振子在阵轴线 y 方向波程超前（近）左振子 $\frac{\lambda}{4}$，它所产生的辐射场相位超前为 $\beta d = \frac{2\pi}{\lambda} \cdot \frac{\lambda}{4} = \frac{\pi}{2}$；而其电流相位滞后左振子刚好是 $\frac{\pi}{2}$，这就使得两个振子的辐射场在 y 方向上是同向同相位叠加的。所以右振子作为引向器，是由其位置和电流相位的合适配置来实现的。

下面我们借助图 6-23 所示的三单元引向天线来定性说明无源振子是怎样实现引向器或反射器的作用的。图 6-23（a）中有源振子 A 上电流为 $\dot{I}_A$，在距 A 为 $\frac{\lambda}{4}$ 的左、右两侧各放一个无源振子（金属导体棒）。我们先说 B 处的情况。有源振子 A 在无源振子 B 处产生的场为

$$\dot{E}_A = j\frac{60\dot{I}_A}{r} F_A(\theta,\varphi) e^{-j\beta r}$$

$$= j\frac{60\dot{I}_A}{r} F_A(\theta,\varphi) e^{-j\frac{2\pi}{\lambda} \cdot \frac{\lambda}{4}} = \frac{60\dot{I}_A}{\lambda/4} F_A(\theta,\varphi) \tag{6-39}$$

即 $\dot{E}_A$ 与 $\dot{I}_A$ 同相位，表示它们相位关系的矢量图见图 6-23（b）。无源振子 B 在外电场 $\dot{E}_A$ 作用下，产生感生电场 e_B（即电压）。由导体表面边界条件可知，在长为 l 的无源振子上，有

$$e_B = \int_l -\dot{E}_A dl$$

这个感应电势 e_B 与 $\dot{E}_A$ 反相位。

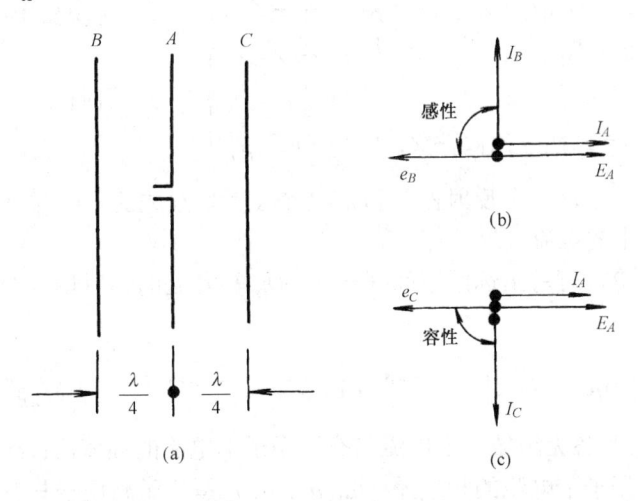

图 6-23

如果使用无源振子 B 做反射器，即使它与振子 A 的合成场向 A 方向增强，则需要合适地配置 B 与 A 的场的总相位差。现在向 A 方向振子 B 的波程长 $\frac{\lambda}{4}$，波程引起的相位滞后为 $\frac{\pi}{2}$。那么电流 $\dot{I}_B$ 就应较 $\dot{I}_A$ 的相位超前 $\frac{\pi}{2}$。这样由矢量图可知，无源振子 B 上的电流 $\dot{I}_B$ 相位应滞后电压 e_B 相位 $\frac{\pi}{2}$，即振子 B 的阻抗应为纯感抗。

从无源振子中间看去，它相当于张开的终端开路线。由传输线理论可知，终端开路线长在 $\frac{\lambda}{4} \sim \frac{\lambda}{2}$ 间时输入阻抗为感抗（参见本书 2.2 节的图 2-6），那么无源振子 B 的全长 l（相当于开路线长的二倍）应大于 $\frac{\lambda}{2}$。

以上只是一种粗线条的定性讨论，就是说置于有源振子 A 左侧的距离为 $\frac{\lambda}{4}$ 的无源振子 B，只要其长度为 $\frac{\lambda}{2} < l < \lambda$，它就可以起到反射器的作用。用同样的分析过程分析，我们可以定性说明置于有源振子 A 右侧相距 $\frac{\lambda}{4}$ 的无源振子 C，其长度 $l < \frac{\lambda}{2}$，就可以起到引向器的作用。图 6-23（c）为讨论振子 C 的作用的矢量图。

6.5.2 辐射特性的分析计算方法

当引向天线的单元数增多时，振子间的相互耦合和相互影响十分复杂，无源振子上电流的幅值、相位和阻抗的计算也非常困难。

从原理上讲，我们可以用天线阵列理论来分析计算引向天线的辐射特性。当已知引向天线的结构和尺寸（即振子数、振子长度、截面直径和间距等）时，可以求出振子的自阻抗和互阻抗。令振子上电流均按正弦律分布，则可写出引向天线的阻抗方程

$$\begin{cases} 0 = Z_{11}\dot{I}_1 + Z_{10}\dot{I}_0 + Z_{12}\dot{I}_2 + \cdots + Z_{1n}\dot{I}_n & \text{反射器} \\ \dot{U}_0 = Z_{01}\dot{I}_1 + Z_{00}\dot{I}_0 + Z_{02}\dot{I}_2 + \cdots + Z_{0n}\dot{I}_n & \text{有源振子} \\ 0 = Z_{21}\dot{I}_1 + Z_{20}\dot{I}_0 + Z_{22}\dot{I}_2 + \cdots + Z_{2n}\dot{I}_n \\ \vdots \\ 0 = Z_{n1}\dot{I}_1 + Z_{n0}\dot{I}_0 + Z_{n2}\dot{I}_2 + \cdots + Z_{nn}\dot{I}_n \end{cases} \text{引向器}$$

这是由一个有源振子，一个反射器，和 $n-1$ 个反射器组成的 $n+1$ 单元的引向天线。解此方程组可求得各振子上的电流 $\dot{I}_0, \dot{I}_1, \dot{I}_2, \cdots, \dot{I}_n$。

根据天线阵列理论，可写出远区空间任一点 $p(r, \theta, \varphi)$ 处的辐射场（令各振子均为半波振子）$\dot{E}$，即

$$\dot{E} = j\frac{60\dot{I}_0}{r}F_0(\theta, \varphi)e^{-j\beta r}\left[M_1 e^{j(\varphi_{i1} - \beta d_1 \cos\delta)} + 1 + M_2 e^{j(\varphi_{i2} + \beta d_2 \cos\delta)} + \cdots + M_n e^{j(\varphi_{in} + \beta d_n \cos\delta)}\right] \quad (6\text{-}40)$$

式中，$M_1, M_2, \cdots, M_n$ 是各无源振子上电流与有源振子上电流的幅值比；$\varphi_{i1}, \varphi_{i2}, \cdots, \varphi_{in}$ 是个无源振子上电流与有源振子上电流的相位差；$d_1, d_2, \cdots, d_n$ 是各无源振子与有源振子的距离，如图 6-24 所示。

图 6-24

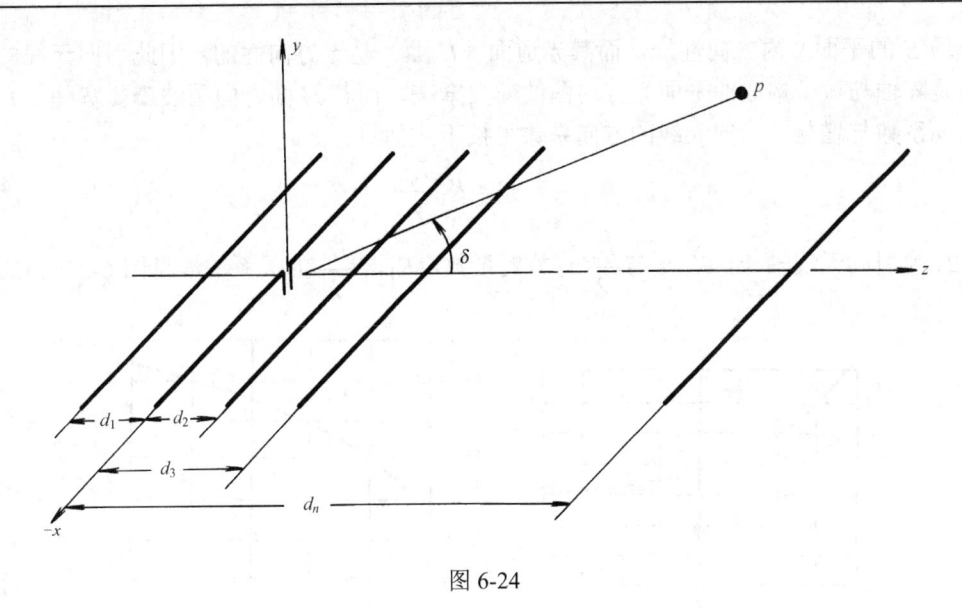

由式（6-40）可得到这个阵列天线的阵函数 $F(\delta)$，那么引向天线的方向函数即为

$$F(\theta,\varphi) = F_0(\theta,\varphi)F(\delta) \tag{6-41}$$

导出引向天线的阵函数比较困难，因为引向天线各振子上电流幅值、相位及振子间的距离都不相同，归算到有源振子的规律复杂。因此引向天线是一个不均匀的直线阵列（端射）。

显然，以上的分析计算是很复杂的，只能说是根据天线阵列理论提供的对引向天线进行理论分析计算的一个根本思路。在工程实际中，往往是对以上分析计算再增加一些近似条件，使计算简化，并得出一些近似公式（一般就称为**经验公式**）。

引向天线的辐射主向即阵轴线方向，其方向系数的计算，可按由辐射电阻求方向系数的公式求算：

$$D = 120 \frac{F_{\max}^2(\theta,\varphi)}{R_r} \tag{6-42}$$

其中 R_r 为有源振子归于波腹电流的总辐射电阻，它应等于有源振子的自辐射电阻 R_{oo} 与它和各无源振子的感应互辐射电阻之和，即

$$R_r = R_{oo} + \sum_{n=1}^{n} R'_{ok} \tag{6-43}$$

关于振子间感应互辐射电阻 R'_{ok}，它是振子间互辐射电阻 R_{ok} 再乘以振子间的复数电流比 $\dfrac{\dot{I}_{n(k)}}{\dot{I}_{n(0)}}$，可回顾并参照式（5-96）和式（5-99）。

6.5.3 引向天线特性参量的近似计算

在引向天线的工程实际应用中，一般是依据一些近似公式（经验公式）和曲线、数据表来进行天线的设计和使用的，这些公式、曲线和数据是在理论分析基础上结合实际测试修正总结出来的，很有实用价值。

方向图 引向天线的方向图一般是在天线调试过程中进行实测的。从理论分析中可知，引向天线是一不均匀端射直线阵，它的方向图主要决定于阵函数图。由于对称振子的子午平

面（电场 E 的平面）内方向性好，而其赤道面（H 面）是无方向性的，因此引向天线的 E 面（也就是阵轴与振子构成的平面）方向图波瓣要窄些，而其 H 面方向图波瓣要宽些。

方向系数与增益 引向天线的方向系数可按下式估算：

$$D = K_1 \frac{L_a}{\lambda} \tag{6-44}$$

式中，L_a 为引向天线轴长，K_1 是与 $\frac{L_a}{\lambda}$ 有关的系数，K_1 与 $\frac{L_a}{\lambda}$ 的关系曲线见图 6-25（a）。

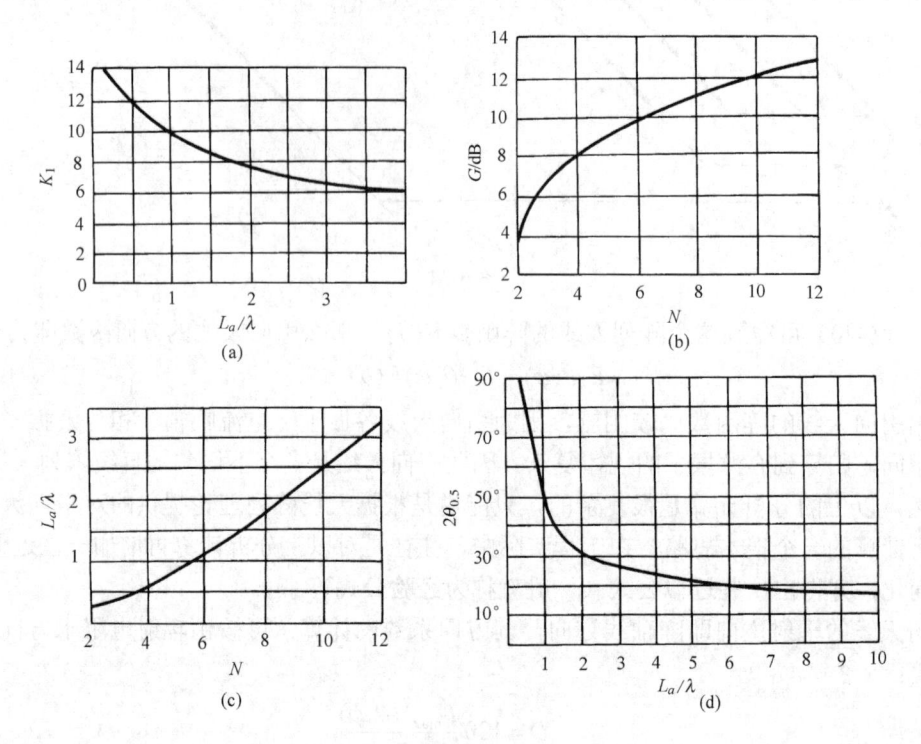

图 6-25

引向天线架离地面较高，地面损耗很小，因而天线效率很高（可达 90% 以上），引向天线的增益 G 与其方向系数 D 很接近：

$$G = \eta D \approx D \tag{6-45}$$

增益 G 随引向天线的单元数增加，也就是随阵轴长度而增加，G 与阵的单元数 N 之间的关系如图 6-25（b）的曲线所示。其阵轴长 L_a 与单元数 N 关系曲线如图 6-25（c）所示。

引向天线方向图的主瓣宽度 $2\theta_{0.5}$ 可按以下公式估算：

$$2\theta_{0.5} = 55° \times \sqrt{\frac{\lambda}{L_a}} \tag{6-46}$$

则作出的关系曲线如图 6-25（d）所示。

表 6-1 则给出经常使用的引向天线的增益 G 与天线的单元数 N 之间的关系，可供参考。而引向天线的结构参数（振子长短、粗细、单元间距离等）的数据表格在天线工程手册及相关专著中都可以查到，这些都是长期工程实践中摸索和总结出来的。

表 6-1 引向天线的增益与天线单元数的关系

单元数 N	反射器数	引向器数	可达增益 G/dB	备注
2	1	0	3~4.5	
2	0	1	3~4.5	
3	1	1	6~8	
4	1	2	7~9	
5	1	3	8~10	
6	1	4	9~11	
7	1	5	9.5~11.5	
8	1	6	10~12	
9	1	7	10.5~12.5	
10	1	8	11~13	
2×5	2×1	2×3	11~13	双层五单元

6.6 螺 旋 天 线

螺旋天线是用金属导线绕成的螺旋状结构的天线，在结构尺寸选择合适的情况下，可使螺旋轴向为辐射主向且辐射圆极化波，它的工作频带相对来说较宽，是超短波段（米波、分米波段）的典型天线之一，多用于遥测、气象雷达和通信系统中。

6.6.1 螺旋天线的结构与辐射模式

螺旋天线的结构示意如图 6-26 所示。由金属导线绕制的 N 匝圆柱螺线为辐射体，其一端与馈电同轴线芯线连接，另一端呈自由状态或与同轴线外导体的延伸部分相连。同轴线终端外导体横向延伸成直径 0.8~1.5 倍工作波长的金属圆盘，以减弱同轴线外导体外表面的感应电流和有效抑制天线的背向辐射。

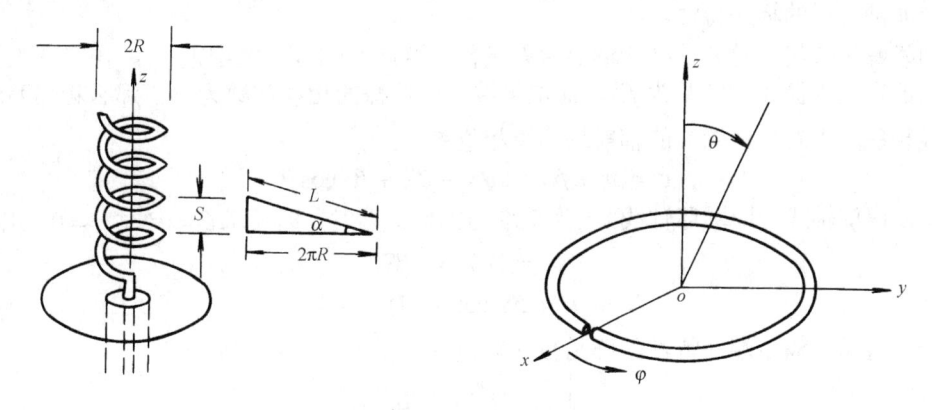

图 6-26

螺旋天线上既存在沿螺旋线导行的电磁波，也存在着因各匝间耦合传输的波，因此螺旋线上的电流分布规律相当复杂。螺旋天线上的电流分布规律及其辐射特性与螺线一匝长 L 关系很大。当 L 值较小时（$L<0.5\lambda$），螺线的每匝可近似为尺寸极小的圆环，其辐射主向与螺旋轴线垂直，称为**法向辐射模式**。当 $L=(0.8\sim1.3)\lambda$ 时，天线上的电流近似于行波分布，此时天线的辐射主向沿螺旋轴线方向，称为**轴向辐射模式**。因此轴向辐射模式螺旋天线也属于行波天线。当 L 长为其他值时（如 $L>1.3\lambda$），天线辐射主向与螺线轴线成斜射角度，称为**圆锥辐射模式**。螺旋天线的三种辐射模式的辐射方向性示意图如图 6-27 所示。

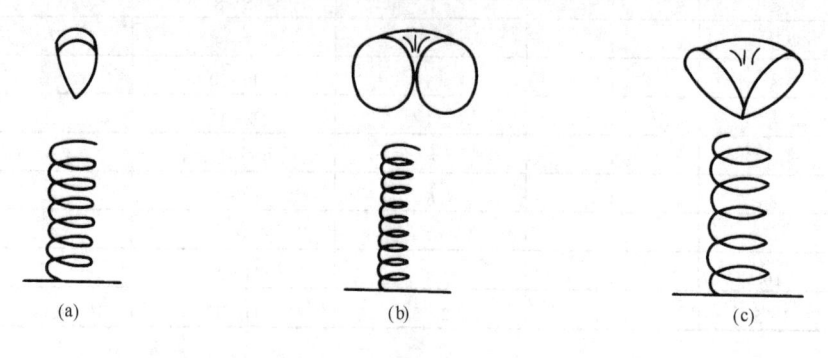

图 6-27

6.6.2 轴向辐射模式螺旋天线的方向性[20]

螺旋天线的轴向辐射模式最有应用价值。对螺旋天线的辐射特性进行严格的数学分析十分困难。作为一种近似方法，可以把 N 匝螺线辐射体看做是由 N 个平面圆环组成的沿螺线轴线方向均匀排列的直线阵列。这样便可利用天线阵列理论对螺旋天线的辐射特性进行分析和计算了。

那么作为直线阵列单元的一匝螺线，我们用与螺旋半径 R 相同半径的平面圆环去替代，同时假定此圆环上为行波电流。这样便可利用本书 5.9 节关于行波电流分布的圆环天线讨论的结果。当圆环周长为一个波长（$2\pi R=\lambda$，或 $\beta R=1$）时，它的方向函数如式（5-148）和式（5-149）所示，其归一化方向图如图 5-75 所示。可见一波长圆环天线的方向图具有轴向特性（主向为圆环轴向），而且没有副瓣。更为突出的是一波长行波电流圆环天线的辐射主向为圆极化波，这是一个非常有用的辐射特性。

轴向模螺旋天线的等效阵列应满足端射条件，这就对螺旋线的螺距 S 提出了要求。假定螺旋线上的行波电流相移常数为 β'，而电磁波空间传播的相移常数为 β，那么相邻两环（也就是螺线相邻匝上对应位置）的辐射场的总相位差为

$$\psi=\varphi_i+\beta S\cos\theta=-\beta'L+\beta S\cos\theta$$

角度 θ 是以螺旋轴线（即圆环轴线）z 为基准的视角。端射，即要求 $\theta=0°$ 时 $\psi=0$，则

$$\varphi_i=-\beta'L=-\beta S$$

$$\therefore\quad \psi=\beta S(\cos\theta-1) \tag{6-47}$$

这样便可写出满足端射特性的阵函数（取模）：

$$F(\theta)=\left|\frac{\sin\left[\dfrac{N\beta S}{2}(\cos\theta-1)\right]}{\sin\left[\dfrac{\beta S}{2}(\cos\theta-1)\right]}\right| \tag{6-48}$$

为获得最佳相速端射阵，由 Hansen-Woodyard 条件，应使

$$\psi = \beta S(\cos\theta - 1) - \frac{\pi}{N} \qquad (6\text{-}49)$$

则满足此最大方向系数端射阵条件的阵函数为

$$F(\theta) = \left| \frac{\sin\left[\frac{1}{2}N\beta S(\cos\theta - 1) - \frac{\pi}{2}\right]}{\sin\left[\frac{1}{2}\beta S(\cos\theta - 1) - \frac{\pi}{2N}\right]} \right|$$

此时阵函数的最大值 $F_m(\theta) = \dfrac{1}{\sin\left(\dfrac{\pi}{2N}\right)}$，则归一化阵函数为

$$f(\theta) = \left| \sin\left(\frac{\pi}{2N}\right) \frac{\sin\left[\frac{1}{2}N\beta S(\cos\theta - 1) - \frac{\pi}{2}\right]}{\sin\left[\frac{1}{2}\beta S(\cos\theta - 1) - \frac{\pi}{2N}\right]} \right| \qquad (6\text{-}50)$$

那么把此阵函数与式（5-149）给出的一波长行波电流圆环的方向函数相乘，即可得出螺旋天线的方向函数。

图 6-28（a）为 $N = 10$ 的满足最大方向系数端射阵条件的螺旋天线归一化阵函数图，图 6-28（b）为满足端射阵条件时的归一化阵函数图。对比两个阵函数图可知，满足最大方向系数条件的端射阵的阵函数图的主瓣显著变窄，因而方向系数增加，其缺点是副瓣增大。

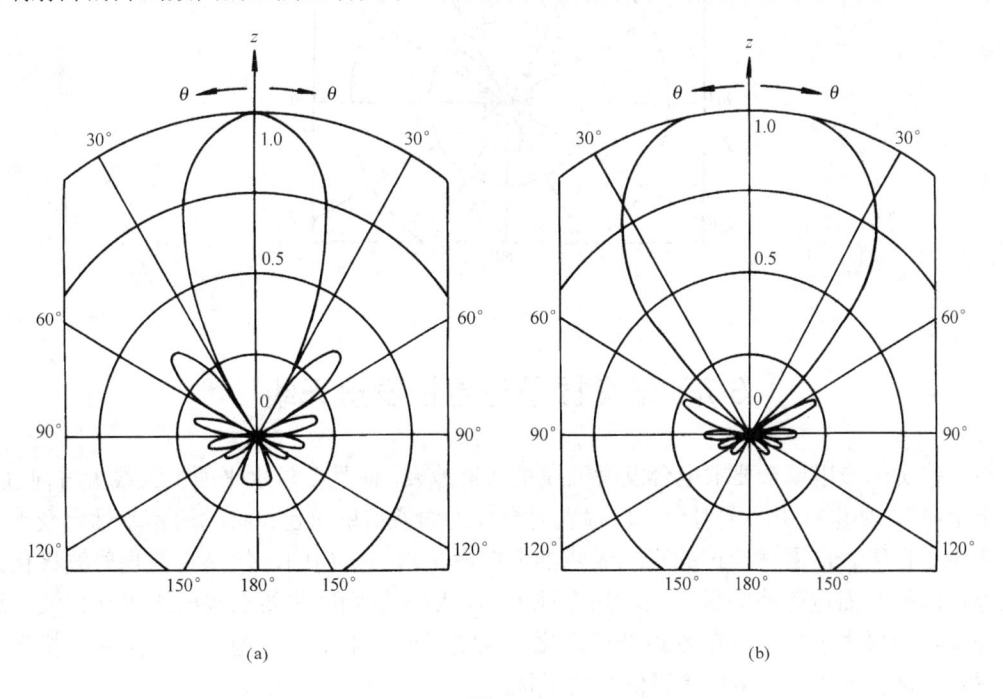

图 6-28

图 6-29 为匝数 $N = 10$，螺距 $S = 0.25\lambda$，$2\pi R = \lambda$ 的螺旋天线轴向模辐射的子午面方向图。主瓣宽度 $2\theta_{0.5} = 36°$。

在给定轴向模螺旋天线的基本特性参量来确定其几何尺寸时，可利用以下经过多次实测

得到的经验公式估算,式中 N 为匝数,L 为螺线一匝长,S 为螺距,λ 为波长。

天线的方向系数

$$D = 15 \left(\frac{L}{\lambda}\right)^2 \frac{S}{\lambda} N \tag{6-51}$$

主瓣宽度

$$2\theta_{0.5} = \frac{52°}{\left(\frac{L}{\lambda}\sqrt{\frac{NS}{\lambda}}\right)} \tag{6-52}$$

输入阻抗

$$Z_{\text{in}} \approx R_{\text{in}} = 140 \frac{L}{\lambda} (\Omega) \tag{6-53}$$

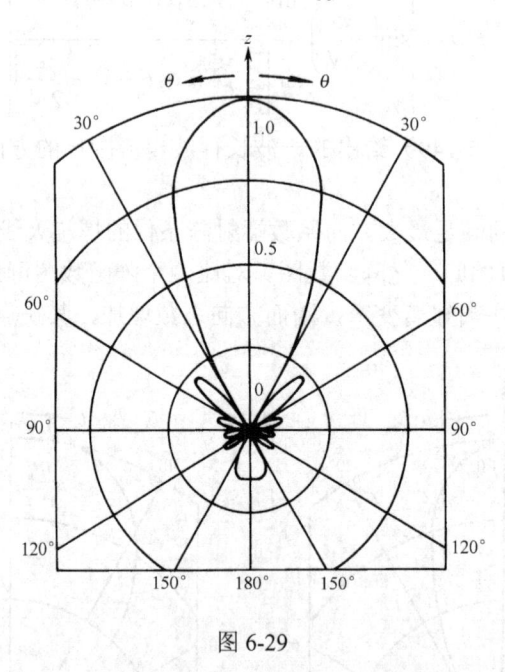

图 6-29

6.7 正交振子与电视发射天线

在一些实际应用场合要求电台发射天线主向沿地表,而且要求水平面上天线无方向性(或称水平全向),如电视中心发射台、广播发射台、地面通信枢纽台、移动通信基站台及地面多点遥测中心台等。前面讨论过的直立天线的方向图是水平全向的,但是它的辐射波极化方向是垂直地面的。而对有些应用情况,如电视中心发射天线则往往要求辐射水平极化波,这样可以在接收端极大可能地避免各种垂直极化干扰波(如天电干扰及绝大多数工业干扰等都可视为垂直极化波干扰)对用户接受信号的干扰。

电视中心发射天线的基本要求可以概括为:工作频率较高,为超短波段;要求天线工作频带宽度很宽(每个节目频道带宽 8 MHz);要求足够的架设高度,以保证覆盖区域;要求方向图水平面无方向性,主向沿地表;辐射水平极化波。因此,在设计使用电视中心发射天线时,要充分考虑到这些基本要求。

6.7.1 正交振子的辐射

获得水平全向方向图且又为水平极化波的一个简单而又易于实现的方案,就是把两个振子相互垂直(**空间正交**)放置,等幅相位差 90° 馈电(**时间正交**),并使他们构成的平面与地面平行。下面我们取两个半波振子正交,分析它们在正交平面内辐射场的叠加情况,为简化分析我们用有效长度的概念,即把振子等效为电流元来讨论。

参考图 6-30 中所标振子电流的方向,在振子构成的平面内即 xoy 面内远区一点 p 处,它们各自的辐射场为

$$E_1 = j\frac{60\pi \dot{I}_1 L_e}{\lambda r}\sin\varphi_1 e^{-j\beta r}$$

$$E_2 = j\frac{60\pi \dot{I}_2 L_e}{\lambda r}\sin\varphi_2 e^{-j\beta r}$$

令 $\dot{I}_2 = \dot{I}_1 e^{j\frac{\pi}{2}}$ 且 $\varphi_2 = 90° - \varphi_1$,则 E_2 的表达式可改为

$$E_2 = -\frac{60\pi \dot{I}_1 L_e}{\lambda r}\cos\varphi_1 e^{-j\beta r}$$

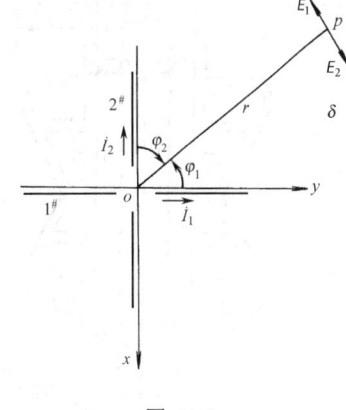

图 6-30

在 p 点处

$$\boldsymbol{E} = \boldsymbol{E}_1 + \boldsymbol{E}_2$$

$\boldsymbol{E}_1$ 与 $\boldsymbol{E}_2$ 为共线矢量,它们的叠加就比较简单了。写成瞬时值形式,令 $E_1 = \frac{60\pi I_1 L_e}{\lambda r}$,并令 $\beta r = \frac{\pi}{2}$ 以使式子简单且不失一般性,则

$$\begin{aligned}e &= e_1 - e_2 \\ &= E_1 \sin\varphi_1 \cos\omega t + E_1 \cos\varphi_1 \cos\left(\omega t - \frac{\pi}{2}\right) \\ &= E_1 \sin(\omega t + \varphi_1)\end{aligned} \qquad (6-54)$$

这个结果表明,p 点的合成场幅值 $E_1 = \frac{(60\pi I_1 L_e)}{\lambda r}$ 是与方位无关的,即合成场在振子平面的方向图为极坐标圆(无方向性)。其次,合成场的瞬时最大值是随时间而改变方向的,即

$$\varphi_{1m} = \frac{\pi}{2} - \omega t \qquad (6-55)$$

因合成场瞬时最大值随时间 t 的增长而改变方位方向,称为**旋转场**。而合成场的矢量方向是在振子平面内,因此是水平极化的,这就实现了水平面内无方向性且又为水平极化波的要求。

为了实现铅垂面内方向图主瓣沿地表且使主瓣宽度更窄,可采用沿天线高度方向排列的多层正交振子组成边射阵,这要求各层要同相位馈电。但为了保证发射天线高度(或多组天线共用同一高塔),一般层数 $N \leq 4$。天线铅垂面内的方向图,基本上由边射阵的阵函数所决定。

6.7.2 翼面振子

对于传送电视信号，正交振子使用普通振子是满足不了带宽要求的，电视发射天线中广泛采用的**翼面振子**如图 6-31 所示。它可以看做是对称振子加粗截面，且又减小高空风阻的一种变形。这种结构的两翼相当于对称振子的两臂，图中 $A\text{—}A$ 为馈电点，$D\text{—}D$ 点短接（与金属支撑立柱连接），因此沿 $D\text{—}A\text{—}D$ 形成驻波，D 为电压波节点。A,B,C,D 横向延伸又可看做多组对称振子，它们的电流大小取决于 A,A,B,B 等的输入阻抗。这样，A,B,C,D 各点馈电电压不等，输入阻抗大小不一（因为长短不同），$A\text{—}A$ 点横向尺寸向内收缩的结构可使各振子电流趋向均一。

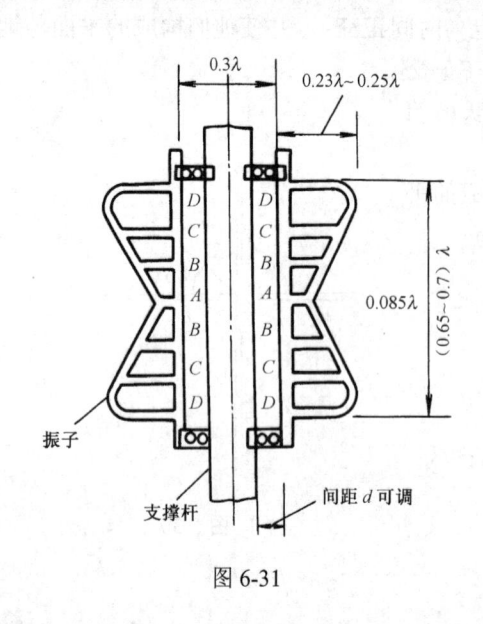

另取一副翼面振子，使之与这副翼面振子空间正交，时间正交，这样就获得了旋转场的效果，在水平面上获得近于无方向性的方向图且为水平极化波。垂直面的方向图主要由多层正交翼面振子组成的边射阵阵函数来决定。图 6-32（a）所示为翼面振子水平面上的位置及馈电相位示意图。图中，馈电相位为 0° 和 180° 的两翼为一副振子，馈电相位 90° 和 270° 的两翼为另一副振子，这两副振子空间正交时间也正交。

对于米波段的电视信号发射，可以用四个带有反射面的**双环天线**（相当于两个驻波圆环，如图 6-32（b）），或带有反射面的截面较粗的对称振子（这种结构的对称振子称为**超增益天线**，如图 6-32（c）），东西南北各置一个，并按 90° 相位差递增等幅值馈电，同样可以获得水平极化和水平全向的方向图。

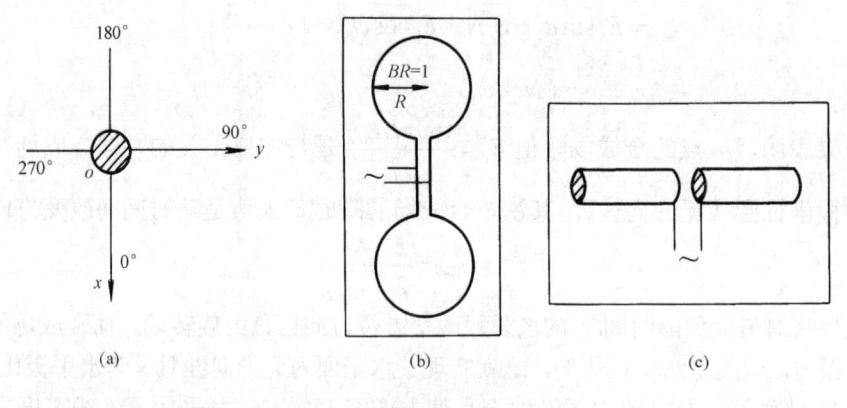

图 6-31

图 6-32

6.8 移动通信用天线

近些年来，网络与通信技术的发展，尤其是移动通信的发展速度极快。如同衣、食、住、行一样，移动通信已经成为人们工作和生活中须臾不可缺少的要件。我们国家无论从服务区域之辽阔，还是用户数目之多，都已经成为名副其实的世界移动通信第一大国。

天线是移动通信系统的重要组成部分。对移动通信系统天线的基本要求是：工作频率高，目前我国移动通信系统载波频率多为 900 MHz 附近频域，为超短波高端频段；占用频带宽度不宽；方向图无论是对基站台（四方联系）还是手持机、车载机（位置随机）都要求水平面全向，垂直面主向沿地表；辐射波的极化方向应与地表垂直，因为手持机的天线都是与地面垂直使用的；基站台的架设高度不必如电视中心发射天线那样高，因为蜂窝制的小区半径一般不超过 15 km。

6.8.1 手持机（移动台）用天线

手持机（移动台）小巧携带方便是其首要考虑因素，因而其所用天线在满足技术要求的前提下，必须做得小、轻、便。方向图要求天线水平面全向，垂直面主向沿地表，且为垂直极化。因此天线自然要选用鞭状天线或其变形最为合适。

目前移动通信工作在 900 MHz 频域，波长已比较短（30 cm 多），但用于手持机还是嫌长。现今手持机天线外露部分已经作的很短小，甚至采用内藏式天线，因此天线的增益和效率都很低。不过在构成移动通信系统时，这方面的因素已经转嫁给基站台，基站台的发射功率，天线增益及接收灵敏度等指标，应能保证手持机正常工作。

6.8.2 基站台用天线

小区制（即蜂窝制）是现今移动通信的基本实现方式。基站是小区的核心和实现移动通信的关键。基站的无线电台位置固定，天线有较大安装空间，可采取的技术措施也就多一些。由于基站的覆盖面积和工作频带宽度都远比电视发射中心的要求低，因此基站台天线只需侧重考虑方向图和垂直极化这两方面的要求就可以了。当然天线制作的标准化更有利于日常维护和互换，因为移动通信系统中要大量使用基站及其设备。

目前移动通信基站使用的典型天线，是由三个板形振子构成的三扇区 GSM 900 天线，图 6-33 是该型天线的构成示意图。组合天线的每一单元即板形振子，是置于封闭罩内带有反射板的 4 元半波振子边射阵。板形振子的具体结构示如图 6-34。内中 4 个半波振子同相馈电取得边射（阵函数主向为垂直阵轴线的平行地面方向）效果，由阵函数图、半波振子方向图及反射板的作用，板形振子垂直面方向图主向与地面平行其主瓣宽度约30°左右。

三个板形振子在水平面圆周上间隔120°安置，它们各自的三个扇形波束在水平面合成近似于圆的方向图（即水平全向）。图 6-35 所示为单个振子水平面上的扇形波束及三个扇形波束的合成示意。

(a)   (b)

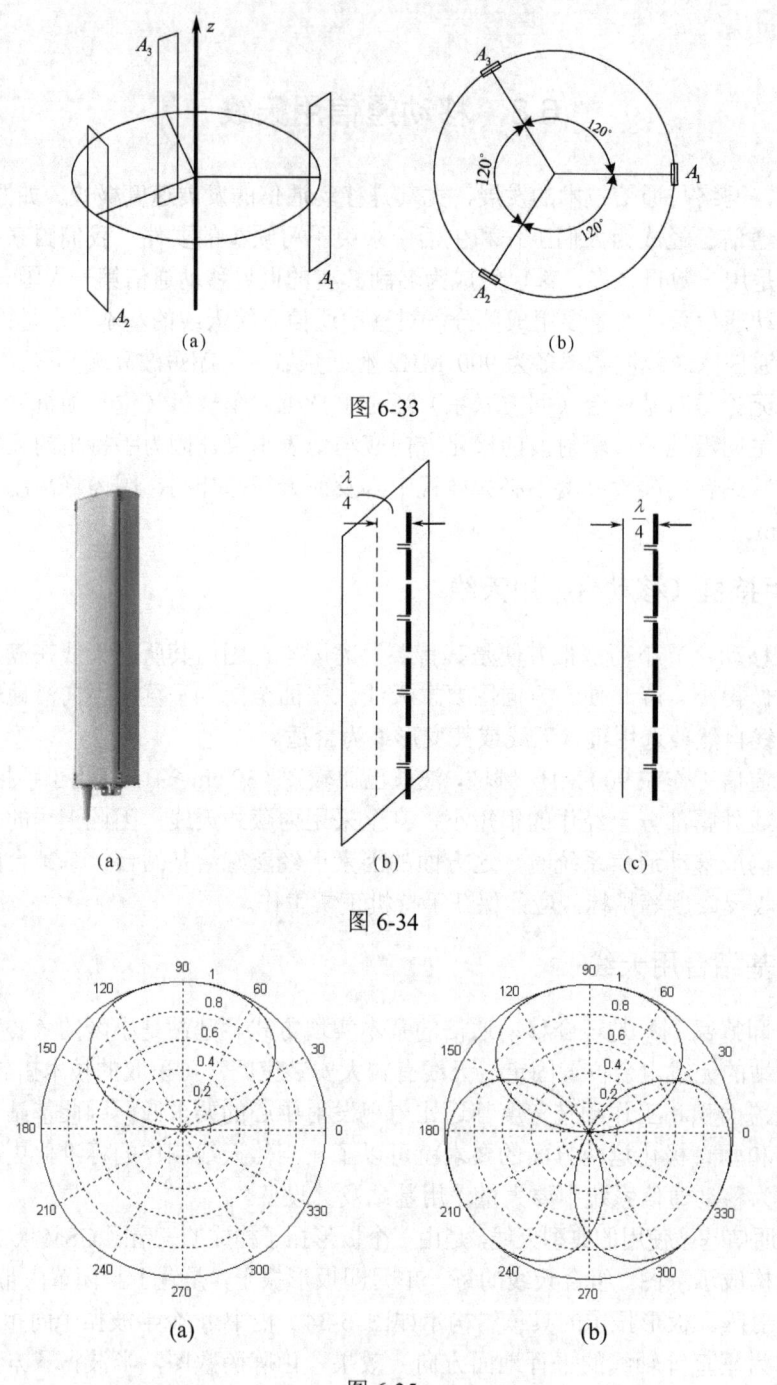

图 6-33

(a)   (b)   (c)

图 6-34

(a)   (b)

图 6-35

6.9 波导隙缝阵列天线

在本书 5.10 节，我们运用电磁场的对偶原理，分析了无限大无限薄理想导电平面上受激励的隙缝的辐射问题。而实际的隙缝只能是开在有限尺寸的金属导体面上，如在金属波导或谐振腔的壁面上开的隙缝，也可以用来辐射或接收电磁波。

6.9.1 隙缝天线

金属导体面上的隙缝辐射或接收电磁波属于电磁波的小孔绕射问题。而我们利用对偶原理来分析，则直接把隙缝辐射问题与载流导线的辐射联系起来。尺寸很小的基本隙缝与电流元具有相同的辐射场分布特性（方向图），但其电场与磁场的位置互换。那么半波长的隙缝在理想情况下应与半波振子具有相同的方向图和方向系数。图 6-36 即为理想情况下半波长隙缝的方向图，E_φ^m，H_θ^m 表示隙缝的辐射场的电场和磁场。

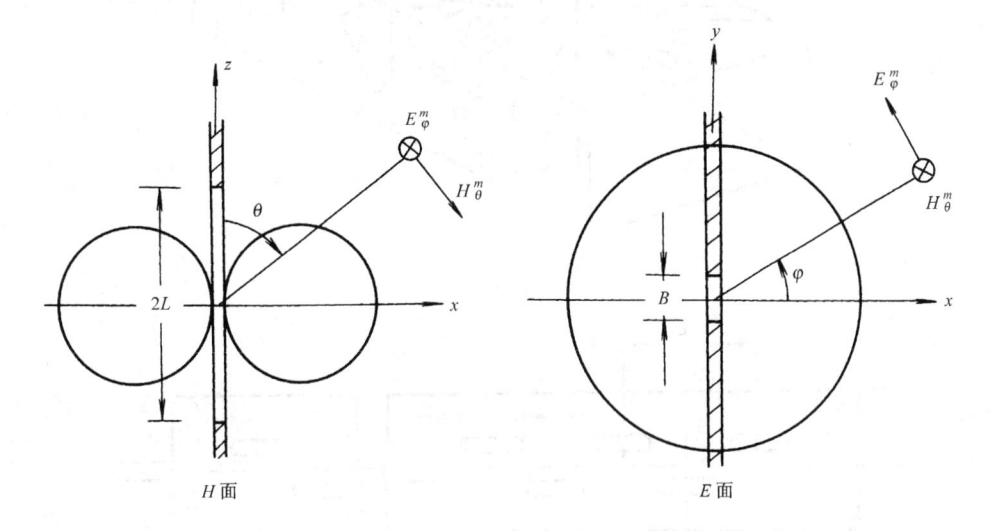

图 6-36

金属波导壁面开出隙缝，当隙缝切断了波导壁面上的壁电流时，隙缝受到激励就成为隙缝天线。但是波导壁面尺寸有限，致使边界条件发生变化。注意到沿隙缝长度（图 6-36 中轴线 z）方向没有辐射，因此沿该方向金属面的尺寸受限对辐射特性影响不大；但是与隙缝垂直方向金属面的尺寸受限时，其方向图与理想情况下该面上的方向图会有明显差别。

6.9.2 波导隙缝天线阵列

单一隙缝的辐射能力和方向性都比较差，可以在波导壁面上按一定规律开出多个隙缝组成隙缝阵列。而且隙缝天线与馈线（波导）合为一体，不必像普通阵列天线那样需要复杂的馈线系统。合适地安排波导壁面上隙缝的位置，可以获得所需要的阵元隙缝激励的幅值和相位分布规律，组成所要求方向图的隙缝阵列天线。

为切断波导壁面上的壁电流使隙缝受到激励，对如矩形截面波导，隙缝可以开在宽壁面上也可以开在窄壁面上，如图 6-37 所示。

实际使用的波导隙缝阵列天线可制做成谐振阵列和非谐振阵列。谐振阵列是使波导短截，沿波导长度方向传输模 TE_{10} 全反射后呈驻波分布，若隙缝间距离为 λ_p，则它们获得等幅同相激励时就构成了边射直线阵列。但要注意波导宽壁面中线一侧切断横向壁电流的隙缝间距为 λ_p 时才能获得同相激励，而中线两侧对称位置的壁电流反向（反相位）。这样便可沿中线两侧间隔 $\dfrac{\lambda_p}{2}$ 交叉开隙缝，以获得等幅同相激励，同时使阵列长度缩短。图 6-38（a）为宽壁纵向隙缝同相谐振天线阵；图 6-38（b）则为波导宽壁横向隙缝同相谐振天线阵，它的相邻隙缝间距应为 λ_p。它们的辐射主向为隙缝所在壁面的外法线方向。

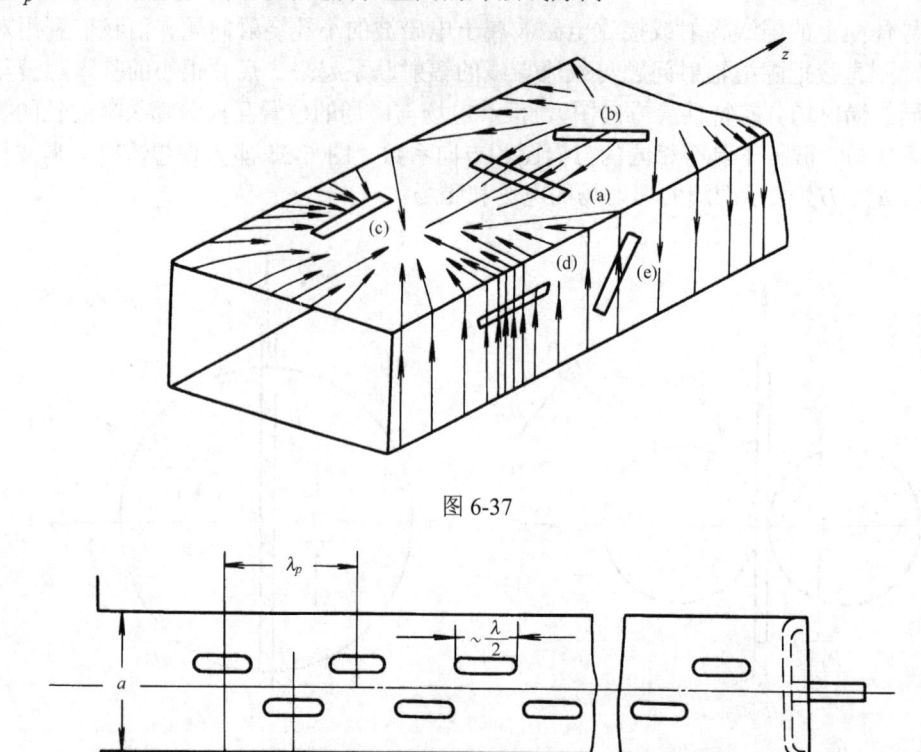

图 6-37

图 6-38

(a)纵向隙缝的同相谐振天线阵

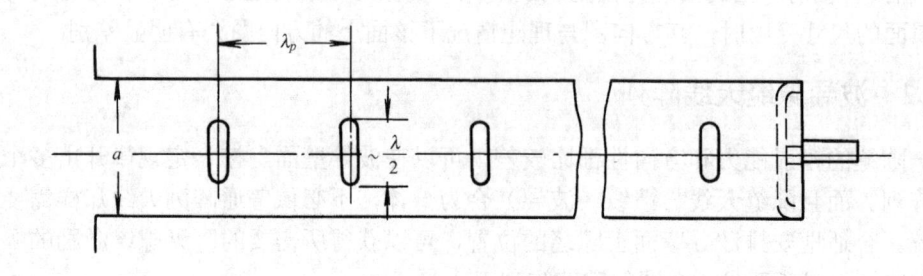

(b)横向隙缝的同相谐振天线阵

隙缝也可以开在矩形截面波导的窄壁面上，可以开纵向隙缝也可以是斜向隙缝，隙缝必须切断壁面电流才能获得激励，隙缝阵列各单元的位置要根据壁电流的分布，也就是要根据波导内导行的 TE_{10} 模的场结构来安排。

如图 6-39 所示为非谐振波导隙缝阵列天线示意图。波导终端接匹配负载，因此阵列隙缝由行波激励，隙缝的相邻间距 d 可以不等于 $\dfrac{\lambda_p}{2}$。由于此时各阵元隙缝不是同相位激励，阵列的主向与所在壁面的法线方向呈一定角度，这个偏角可通过改变阵元隙缝的间距或改变载波频率来调控。

波导隙缝阵列天线，因无向外凸出的结构，馈电简便，最适合用于高速运动的设备和场合，如飞机、火箭和导弹上面。它不影响这些飞行器的空气动力特性，结构牢固机械强度高等都是其突出的优点。但是这种隙缝阵列天线的工作频带不宽则是它的缺点。

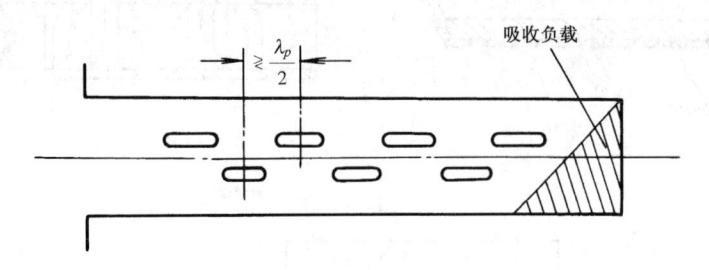

(a)纵向隙缝的非谐振式天线阵

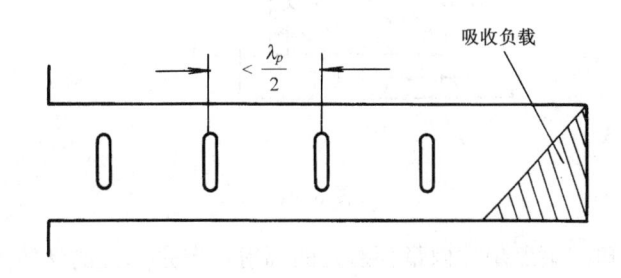

(b)横向隙缝的非谐振式天线阵

图 6-39

6.10 微带贴片天线的基本原理

微带贴片天线是在微带坯片上通过光刻或真空镀膜技术形成相当于导带变形的天线辐射单元及其馈电网络。其典型结构（矩形贴片）如图 6-40 所示。

微带贴片天线的辐射机理实质上是**高频电磁泄漏**。微带贴片天线是近二十年来逐渐发展起来的新的天线类型，它为天线微小型化并与微波电路集成一体，开辟了新的途径。

6.10.1 矩形贴片微带辐射元

参照图 6-40，与馈线导带相连接的长约为半个微带线波长 $\lambda_p/2$ 宽为 W 的矩形贴片，实际上是一段半波长低阻微带线。在它的输入端与终端形成如图 6-40（b）所示的电场分布。由于两端相距半波长，因此它们的电力线方向相反，电场的法向分量反向（相位相反），而切向分量同向（相）。法向电场分量辐射作用抵消；切向分量则相当于两个相位相同，长为 W 宽约 h 间距为 $\lambda_p/2$ 的隙缝天线，它们组成了等幅同相二元边射阵列。

图 6-40

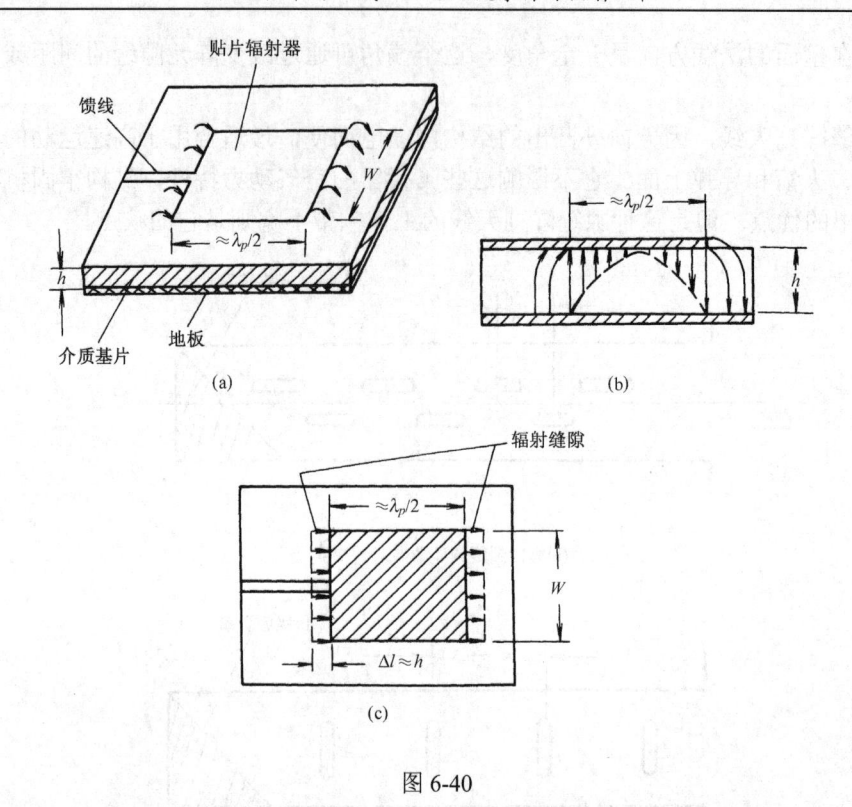

从以上的分析可知，矩形贴片微带辐射元的辐射主向是贴片的法线方向；其辐射场的电场平面（E 面）为隙缝的赤道面，即通过贴片长度方向与贴片垂直的平面；其辐射场的磁场平面（H 面）为隙缝子午面，即通过贴片宽度方向与贴片垂直的平面。如图 6-41 所示为矩形贴片微带辐射元的 H 面与 E 面的实测方向图，图中辐射强度标度是以主向值为 0dB。

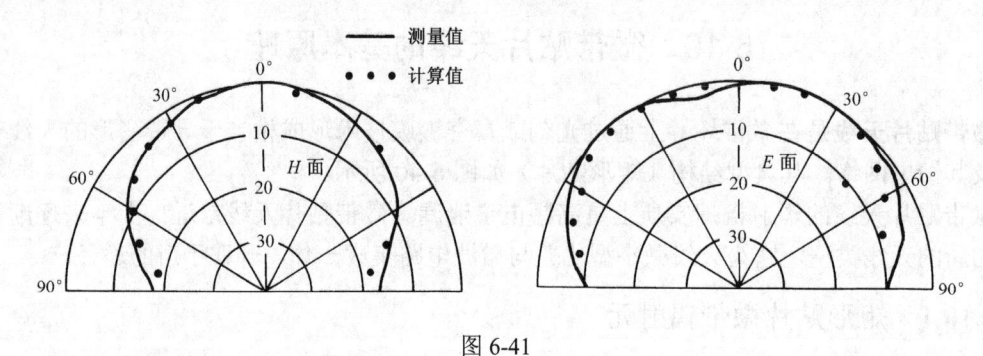

图 6-41

6.10.2 微带贴片天线的馈电

微带贴片天线的馈电有两种基本方式，如图 6-42 所示。一种是利用微带馈电网络，它可与辐射贴片刻制在同一微带坯片上，称为**侧面馈电**（如图 6-42（a）所示）。另一种称为**底馈**方式，它是以同轴线芯线穿过介质基片层与辐射贴片相连（如图 6-42（b）所示）。

矩形贴片是微带贴片天线的一种实际使用形式，贴片形状还可以做成其他多种形状。

图 6-42

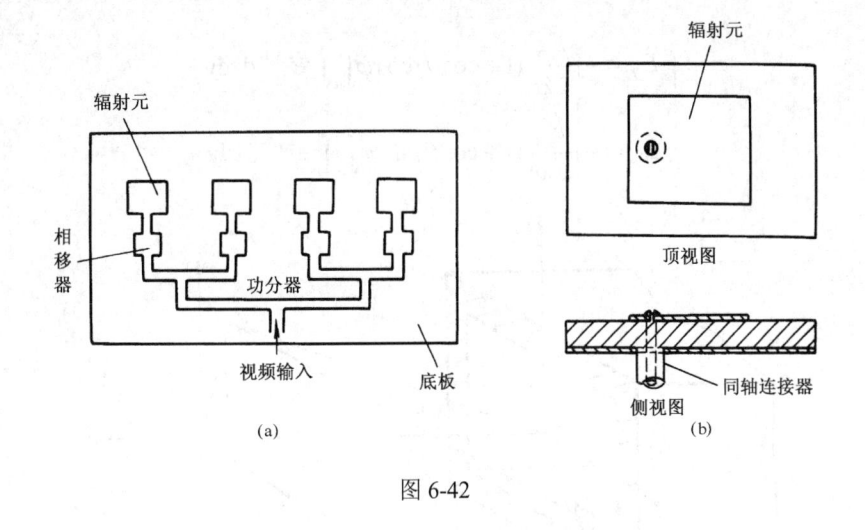

6.11 口径面天线

以内场作为辐射源的**面状天线**和自由空间的分界面称为**口径面**，或者说面状天线的辐射面就是口径面。

面状天线不能像载有高频电流的金属导体那样以传导电流作为辐射源来分析，它的辐射源是分布在口径面上的时变电磁场，我们称之为内场以区别于辐射场。面状天线是微波天线中应用最普遍的天线，它的典型实例如**电磁喇叭**，**抛物反射面天线**及由双反射面构成的**卡赛格仑（Cassegrain）**天线等。

6.11.1 波导终端口径面的辐射特性

波导终端空载，其终端开口面将把波导导行电磁波的一部分，通过这个开口面向自由空间辐射，另一部分将由波导终端反射向信源（波导终端空载不等同于传输线理论中的终端开路线）。因此波导终端开口面实际上就是一种最简单的面状天线。

分析面状天线的辐射特性，仍要按照天线阵列的思路把按一定规律分布内场的口径面，分割成无穷多基本辐射元——惠更斯元，那么整个口径面的辐射就是这无穷多惠更斯元的辐射场在空间叠加的结果。我们现以矩形截面波导终端开口面为例，来分析口径面的辐射，参照图6-43的坐标系，矩形截面波导终端的矩形口径面尺寸为 $a \times b$，在波导传输主模 TE_{10} 的情况下，口径面上的 $\dot{E}_y$、$\dot{H}_x$ 相位相同，幅值比固定且具有相同分布规律，分割口径面而得的微小面积元 $dxdy$ 上的内场 $\dot{E}_{sy}$、$\dot{H}_{sx}$（可用 $\dot{E}_{sy}$ 表示）符合惠更斯元的规定。我们可按口径面上内场为 $\dot{E}_{sy}$ 不同分布规律来进行讨论，求算口径面的辐射方向性。

1. 内场幅值均匀分布

即 $\dot{E}_{sy} = \dot{E}_0$，就是假定在口径面 $a \times b$ 内 $\dot{E}_{sy}$ 处处振幅相同，相位相同。

由本书 5.10 节对惠更斯元辐射的分析结果，即式（5-157），口径面的辐射场应为口径面内无穷多惠更斯元的辐射场在空间场点的叠加，即

$$\begin{cases} \dot{E}_\theta = -\mathrm{j}\dfrac{\dot{E}_{sy}}{2\lambda r}(1+\cos\theta)\cos\varphi\int_a\int_b \mathrm{e}^{-\mathrm{j}\beta r}\mathrm{d}x\mathrm{d}y \\ \dot{E}_\varphi = -\mathrm{j}\dfrac{\dot{E}_{sy}}{2\lambda r}(1+\cos\theta)\sin\varphi\int_a\int_b \mathrm{e}^{-\mathrm{j}\beta r}\mathrm{d}x\mathrm{d}y \end{cases} \quad (6\text{-}56)$$

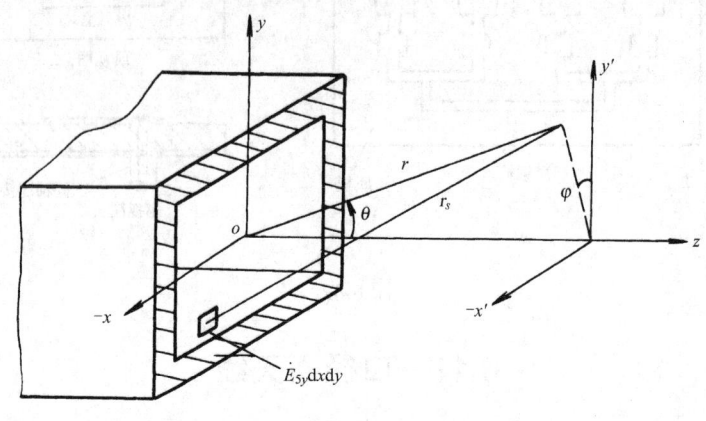

图 6-43

在各惠更斯元的辐射场叠加时，可认为各面元 $\mathrm{d}s$ 到 p 的观察线 r_s 与 r 平行，在积分求和时 r_s 与 r 的差异，在计算场强幅值时可不计，但对相位的影响不能忽略。这已在讨论离散天线阵列问题时说明过必须这样处理的理由。

式（6-56）积分号外是惠更斯元的辐射场，式中积分的物理意义则是由惠更斯元沿口径面构成的面阵的阵函数，即

$$F_S(\theta,\varphi) = \int_a\int_b \mathrm{e}^{-\mathrm{j}\beta r}\mathrm{d}x\mathrm{d}y \quad (6\text{-}57)$$

若将 $\dot{E}_\theta$ 与 $\dot{E}_\varphi$ 合成，则口径面的方向函数为

$$F(\theta,\varphi) = F_0(\theta,\varphi)F_S(\theta,\varphi) = (1+\cos\theta)\int_a\int_b \mathrm{e}^{-\mathrm{j}\beta r}\mathrm{d}x\mathrm{d}y \quad (6\text{-}58)$$

当口径面 $a\times b$ 的内场 $\dot{E}_{sy}$ 为均匀分布时，阵函数表达式（6-57）的积分结果为

$$F_S(\theta,\varphi) = A_1\frac{\sin u}{u}，\quad A_1 \text{为常数} \quad (6\text{-}59)$$

$$u = \beta l \sin\frac{\theta}{2}，\quad l = a \text{或} b$$

以 u 为自变量（$l=a$ 或 b 分别表示 xoz 和 yoz 两个坐标面）作出的归一化阵函数图如图 6-44 中的实线所示。

2. 内场幅值为余弦分布

即 $\dot{E}_{sy} = \dot{E}_0\cos\left(\dfrac{\pi}{a}x\right)$，这刚好是矩形截面波导中 TE_{10} 模电场的横向幅值分布（沿宽壁 x）规律。求阵函数 $F_S(\theta,\varphi)$ 时，因口径面内各惠更斯面元内场幅值沿 x 方向不均一，因此式（6-57）中的积分式被积函数应增加一因子 $A(x)$，则

$$F_S(\theta,\varphi) = \int_a\int_b A(x)\mathrm{e}^{-\mathrm{j}\beta r}\mathrm{d}x\mathrm{d}y \quad (6\text{-}60)$$

$$\frac{\cos u}{1-\left(\frac{2}{\pi}u\right)^2} \quad (\text{矩形口径余弦})$$

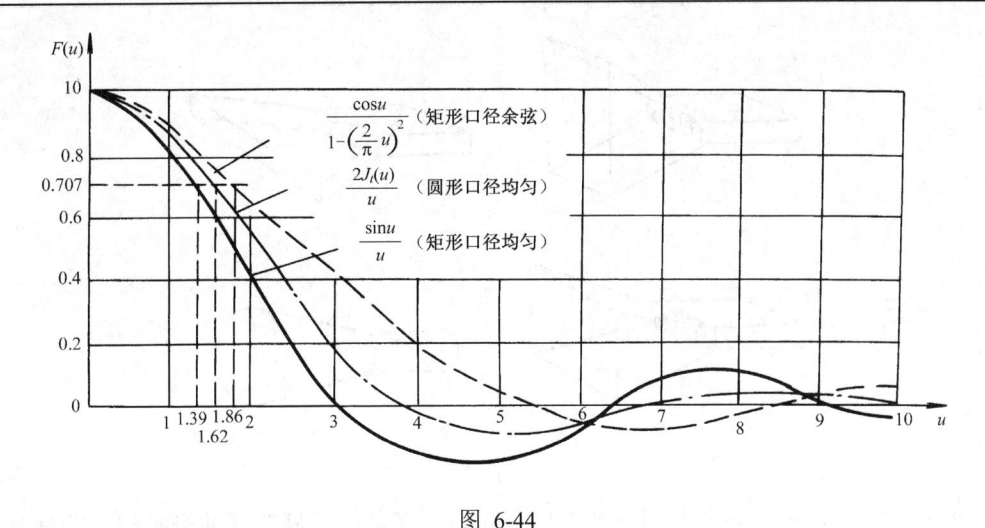

$$\frac{2J_1(u)}{u} \quad (\text{圆形口径均匀})$$

$$\frac{\sin u}{u} \quad (\text{矩形口径均匀})$$

图 6-44

积分结果，yoz 平面阵函数与均匀分布时相同，这是因为 $A(x)$ 与 y 无关；xoz 面内阵函数

$$F_S(\theta,\varphi) = A_2 \frac{\cos u}{1-\left(\frac{2}{\pi}u\right)^2}, \quad A_2 \text{为常数} \tag{6-61}$$

此阵函数归一化的函数图如图 6-44 虚线所示。

从以上两种不同内场幅值分布规律的口径面阵函数图可以看出，因为口径面内各惠更斯面元内场相位相同，阵函数的最大值出现在口径面法线方向（即 $u=0, \theta=0$）。余弦律内场幅值分布时主瓣较之均匀分布时宽，但副瓣电平明显下降。

我们仅以这两种分布实例的阵函数求取来说明内场分布对辐射方向性的影响，其他分布情况的分析方法一样，不再讨论。同图中还绘出圆口径（相当于圆截面波导终端口径面）面内场幅值，相位都均一时的归一化阵函数图，可进行比较。

6.11.2 电磁喇叭

波导终端口径面实际上是一种最简单的面状天线。矩形截面波导或圆截面波导，当它们工作在单一主模的情况下，波导终端口径面的内场是相位相同（波导横截面是等相位面）而幅值按一定规律分布。因为内场是同相位分布，而在口径面法线方向（即波导轴线方向）上各面元无波程差，那么从阵列各元辐射场空间叠加这一基本观点上说，该方向是阵列（现在的情况则是口径面）的主向，这是不难理解的。

但是波导终端口径面处，由于波导导行电磁波在此转换为辐射波，条件的突变引起很大的反射，从整个系统来说是很不利的。而且波导终端口径面的方向性也不够理想，因此它一般不能作为实际天线来使用。为减小反射和增强辐射能力，可采用渐变开放的结构，即波导的截面逐渐扩大，把它的壁面张开，这就成为电磁喇叭，或称喇叭天线。

图 6-45 为由矩形截面波导和圆截面波导形成的电磁喇叭的结构示意图。由矩形截面波导扩展成的喇叭又有 **H 面喇叭**（磁场平面扩展）、**E 面喇叭**（电场平面扩展）和**角锥喇叭**（E, H 面同时扩展），由圆波导扩展成的**圆锥喇叭**。这些喇叭壁面都是按直线展开的，为了拓宽工作频带也有按某种函数曲线展开的。

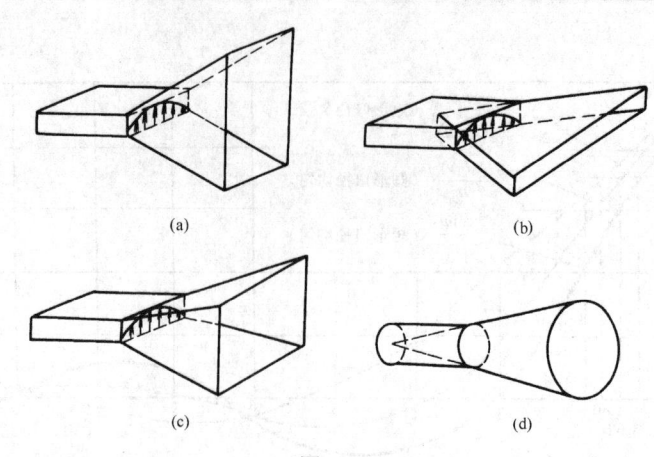

图 6-45

由于电磁喇叭是由波导横截面逐渐扩展开而成,在截面扩展段(即喇叭中)的导行波的波阵面(等相位面)不再是横截平面,而是变成圆柱面或球面。这样,电磁喇叭终端的口径面的内场分布规律,特别是各面元上内场的相位不再相同。如我们所知,阵列天线中阵元之间的相位关系对阵列天线的方向性影响极大。不同位置的辐射源产生的辐射波,矢量方向、馈电相位和振幅、波程是辐射波空间叠加结果的直接决定因素。口径面上内场相位的不均匀分布,将使其方向图发生变化,主瓣会变宽,副瓣电平会提高。这是电磁喇叭带来的新问题。

图 6-46 为角锥喇叭的坐标系(图中 x',y',z',表示把坐标基准移至口径面,各坐标方向未变),及各相关部位尺寸。图 6-46(a)的喇叭口径面上表示出相位规律为双重圆柱面分布。图 6-46(b)、(c)中喇叭侧壁轮廓线的延长线在波导内的交点,称为喇叭的**虚顶点**,是口径面上圆柱面波的波源位置。图 6-47 所示为角锥喇叭的三维标高方向图。具体参数是喇叭口径 $a_1 = 5.5\lambda$,$b_1 = 2.75\lambda$;波导口径 $a = 0.5\lambda$,$b = 0.25\lambda$;虚顶点至口径面距离 $\rho_1 = \rho_2 = 6\lambda$。

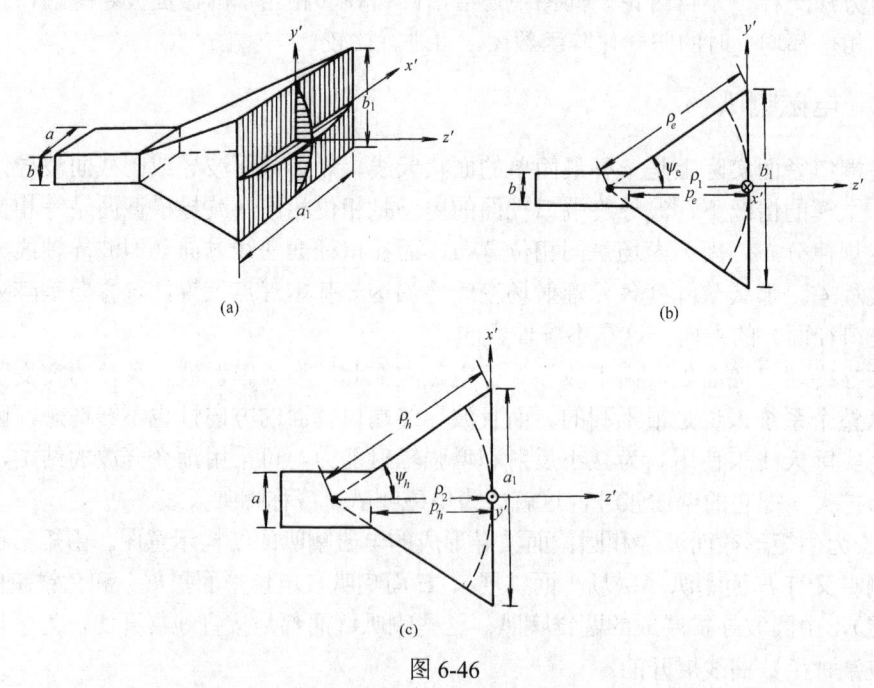

图 6-46

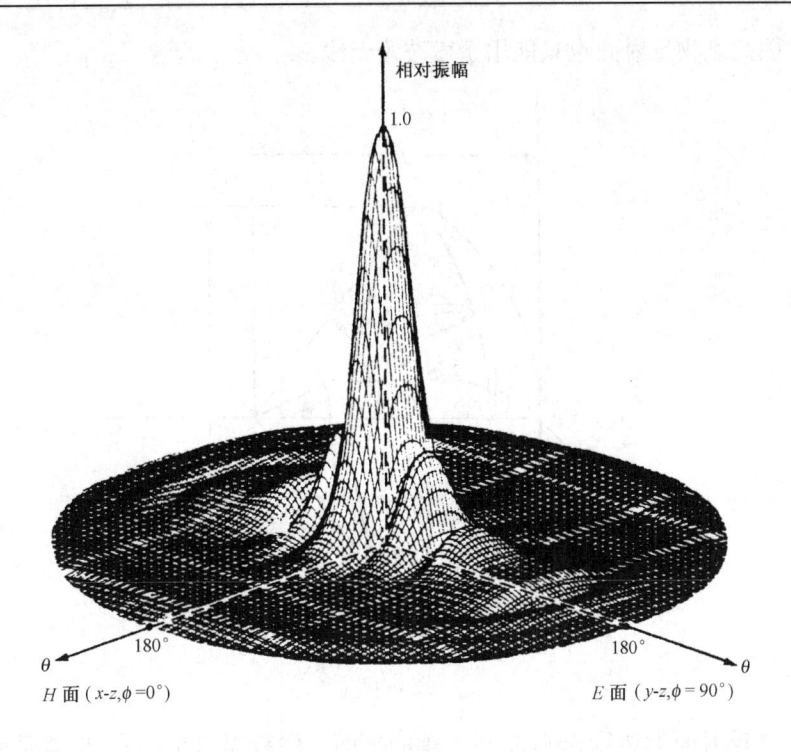

图 6-47

工程上常用的喇叭天线是角锥喇叭因其匹配较好而效率接近 100%（$G \approx D$）。但是由于其口径场的幅值、相位不是均匀分布，虽然其辐射主向仍是口径面法线方向（波导轴线方向），但是主瓣宽度、方向系数的计算很复杂。可用以下公式进行估算：

E 面（yoz 面）主瓣宽度

$$2\theta_{0.5E} = 53° \frac{\lambda}{b_1} \tag{6-62}$$

H 面（xoz 面）主瓣宽度

$$2\theta_{0.5H} = 80° \frac{\lambda}{a_1} \tag{6-63}$$

方向系数（最佳尺寸的角锥喇叭）

$$D = 0.51 \frac{4\pi a_1 b_1}{\lambda^2} \tag{6-64}$$

6.11.3 抛物反射面天线

如果能对电磁喇叭的口径面上的内场相位规律（不均一）加以校正，则在保持喇叭天线与馈电波导匹配好这一特点的同时，可使其辐射特性得到改善。这使我们联想到旋转抛物面对光的聚束作用。

旋转抛物面是抛物线环绕其轴线旋转而成的。它有如下两个重要的光学性质：

（1）由**焦点** F 发出的光射线，经旋转抛物面反射后的反射光射线都平行于 z 轴（参照图 6-48）。但是用于通信的电磁波的波长远大于光波长，为了基本满足这一特性，抛物面反射点处的曲率半径应远大于信号波长，这样反射点附近的抛物面可近似为平面而应用几何光学的反射定律。因此抛物反射面也只能用于微波段天线。

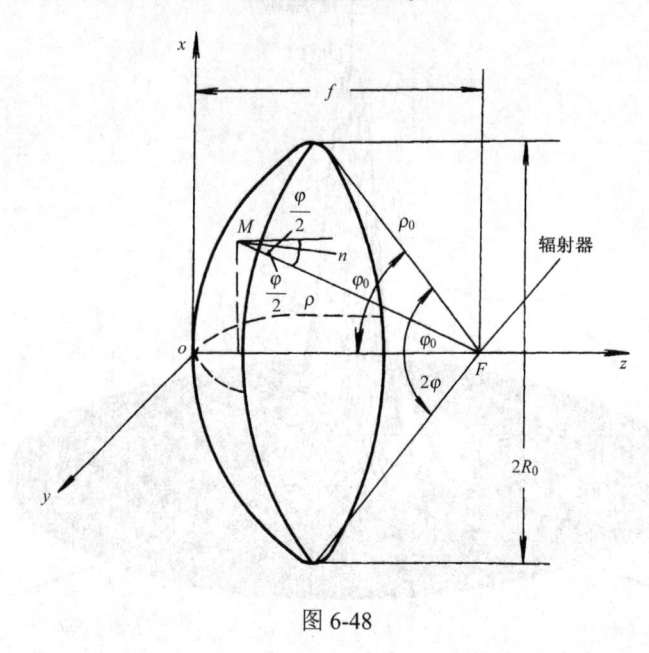

图 6-48

(2) 过抛物反射面的边缘作垂直于 z 轴的平面（俗称锅口平面），也就是抛物反射面的口径面，由焦点 F 处的点光源发出的各条光射线，经抛物面反射后到达该平面的全路径长度相等。

那么，把辐射球面波的辐射源放置在抛物反射面的焦点 F，抛物反射面的口径面又足够大，则抛物反射面就把球面波变成为平面波，且只沿 z 轴方向传播而向其他方向无辐射，实现了理想的单一方向辐射。但实际上所用的辐射源（称为**馈源**）不是理想的辐射球面波的点源，抛物反射面的口径尺寸总是有限，与理想的结果总会有差距，不过还是可以得到主瓣很窄的方向图。

实际的**抛物反射面天线**，可以用角锥喇叭或圆锥喇叭作为馈源，将它们的虚顶点置于抛物面的焦点，抛物面口径的大小可根据具体的应用情况作选择。

抛物反射面天线的方向系数（增益）很高，很容易做到 10 000 以上。图 6-49 给出抛物反射面天线增益（dB 数）与反射面口径直径 D 和波长 λ 之比的关系。其中系数 $g = \gamma\eta_s$，γ 为口径面利用系数（$\gamma < 1$），η_s 为漏失效率（$\eta_s < 1$）。估算增益的公式为

$$G = g\left(\frac{\pi D}{\lambda}\right)^2 \tag{6-65}$$

主瓣宽度 $2\theta_{0.5}$ 可按以下公式估算：

$$2\theta_{0.5} \approx (70° \sim 75°)\frac{\lambda}{D} \tag{6-66}$$

也可以更粗略地按下式估算：

$$(2\theta_{0.5})D = 1.8 \tag{6-67}$$

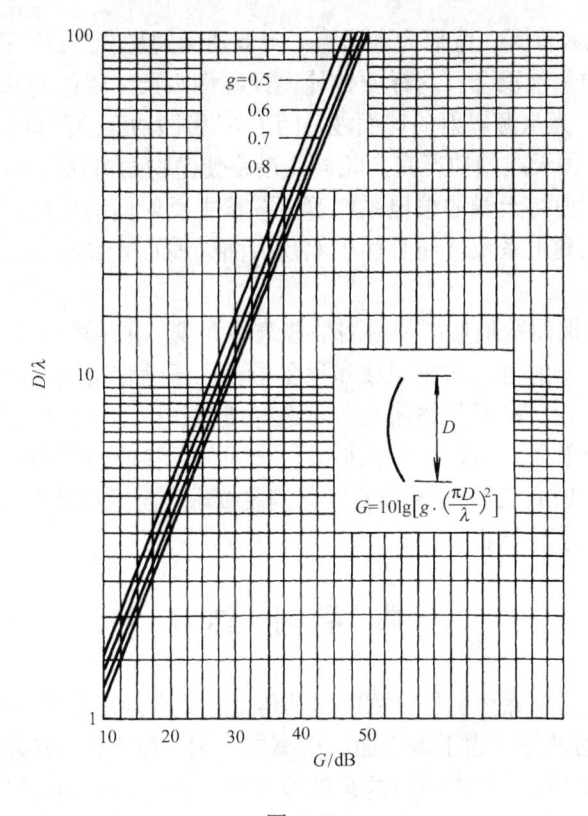

图 6-49

6.11.4 双反射面天线

抛物反射面天线的馈源及馈电波导等均置于天线前端，它们对反射面口径的遮挡使天线口径面的利用系数 γ 下降，最终影响天线的性能。针对这些情况，受光学望远镜的启发，又出现了双反射面天线，其中应用最普遍的是卡赛格仑天线。图 6-50 是卡赛格仑天线的工作原理图，图中标示出辐射波的传播路径。

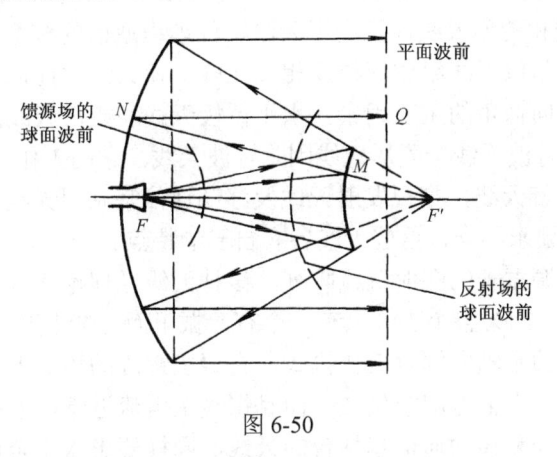

图 6-50

卡赛格仑天线由**主反射面**（旋转抛物面）、**副反射面**（旋转双曲面）和馈源（图中为喇叭天线）三部分组成。抛物面的焦点与双曲面的一个焦点（称**虚焦点 F'**）重合，馈源喇叭的相位中心（即球面波的点源位置，近似为虚顶点）与双曲面的另一焦点（称**实焦点** F）重合，双曲面的**焦轴**与抛物面的焦轴重合。这样安排使得馈源喇叭天线辐射的球面电磁波，经双曲面反射后成为以虚焦点 F' 为点源辐射的球面波，因为 F' 为抛物面的焦点，后面的波传播路径则与前面讨论的抛物反射面天线的情况完全相同。最终使抛物面口径面上的内场相位相同。

副反射面的设置，使得天线的馈电系统等可置于主反射面的背后，系统结构更为合理，改善了主反射面的口径利用系数，而且由于双反射面天线尺寸参数多，使天线设计的回旋余地更大。

双反射面天线是微波波段最典型和应用最普遍的天线，在地面微波中继通信，卫星通信，航天测控及通信，雷达及射电天文等领域和设备中都广泛地使用它。反射面天线的设计和尺寸参数基本上已经规范化，根据具体需要即可选择或制作。由于具体使用要求的性能参量不同，其反射面（或主反射面）口径差异也很大，个人使用接收卫星电视信号的天线口径（直径）可以是 1 m 或小于 1 m，这样便于设置且能满足要求；而卫星通信地面枢纽站及航天测量船上装置的天线口径可达数十米。

本 章 小 结

（1）辐射电磁波是在自然环境中传播的，其传播方式有地表面波（地波）、电离层反射波（天波）、空间波和散射波等。由于地表面、电离层、大气层等传播环境对不同频率的电磁波的作用（如传播方向的改变、对电磁波能量的吸收等）不同，不同波段的电磁波的基本传播方式也不同，而这是不同波段的天线设计和使用的重要依据。

简要地说，长波和中波及短波近距离通信采用地波传播方式；短波远程通信采用天波传播方式；超短波及微波是直视传播（空间波）方式。

（2）地波传播方式要采用直立天线，可以获得主向沿地表的方向图和垂直极化波。直立天线尺寸大者如塔杆，尺寸小者如便携的鞭状天线，对它们的理论分析方法相同，以镜像替代地面的作用，直立天线和它的镜像刚好构成一垂直架设的对称振子。

加载和铺设地网是改善直立天线辐射特性，减少地面损失提高天线效率的基本手段。

（3）水平偶极天线和菱形天线，是利用天波实现远程通信的典型天线。他们是利用平行地面架设天线的负镜像与原天线组成等幅反相二元阵，使天线主向以一定的仰角指向高空。架设高度是决定天线主向仰角的主要因素。水平偶极天线和菱形天线的电流分布规律不同，它们分别为驻波天线和行波天线，菱形天线因是行波天线，它的工作频带宽。

（4）引向天线，螺旋天线，电视发射天线及移动通信基站用天线等，都属于直视传播的超短波天线。对它们的要求不同，这些天线各有自己的特点。

引向天线是采用无源振子的端射直线阵列，该种天线经理论研究及实际经验总结，其结构尺寸设计已经规范化，因为整个阵列只有一个有源振子而使馈电系统特别简便。

螺旋天线中最重要的是轴向辐射工作模式，它要求螺旋的周长近于一个波长，轴向模螺旋天线在主向（即轴向）上辐射圆极化波，而且螺线上电流近于行波电流，所以工作频带较宽。电视中心的发射天线和移动通信基站台的天线，同样要求水平全向、主向沿地表的方向图，这是由于它们的服务对象由千家万户决定。但是因为它们传送的信号对频带宽度、极化方向及覆盖区域大小等的要求不同，电视发射天线要复杂得多。

（5）波导隙缝阵列天线，微带贴片天线和口径面天线都是微波段的天线。它们的辐射源已不能用传导电流来表征（必要时可用传导电流来等效），而是要用时变的电场和时变的磁场（内场）作为辐射源来进行分析研究。

利用对偶原理，隙缝的辐射问题即可转为电流元或对称振子的辐射问题，利用波导传输模或谐振腔的振荡模相应的壁电流的幅值、相位和方向，可以构造出不同激励规律的隙缝阵列天线。隙缝阵列的最大特点是天馈线合一，结构简单适宜于高速运动的环境。

微带贴片天线的辐射原理是微波电磁场的泄漏，并可等效为受激励的隙缝。贴片可以做成多种形状，而且容易构成阵列。微带贴片天线为天线微小型化，天线、馈线和电路一体化展现了很好的前景。但是这种天线不可能承受较大的功率。

口径面天线是最典型和应用最广泛的重要微波天线。口径面天线可以看做是无穷多的惠更斯元组成的连续平面阵列（对于平面口径面）。因此它的辐射方向图、方向系数（增益）等辐射特性，决定于口径面上内场（即口径场）的幅值和相位的分布规律，及口径面的形状和尺寸。对它们的分析方法与分析线天线时的思路完全相同。分布源的辐射场叠加，方向函数乘积定理，是天线理论中分析研究天线方向性的根本思路。从波导终端口径面到电磁喇叭，再到反射面天线的演变过程，我们可以看到口径面上内场的分布规律，特别是内场相位分布规律及其校正对调整和改善天线方向性的重要作用。

习 题 六

6-1 在自然环境中传播的电磁波有哪几种基本传播方式？它们各适用于什么波段的电磁波？

6-2 地表面、大气层和电离层对电磁波产生什么样的作用？

6-3 电离层是怎样对电磁波反射传播的？为什么夜晚接收到的短波电台（信号）多？

6-4 根据总相位差判断图示二元半波振子阵在各坐标方向（$x, -x, y, -y, z, -z$）上的辐射情况。

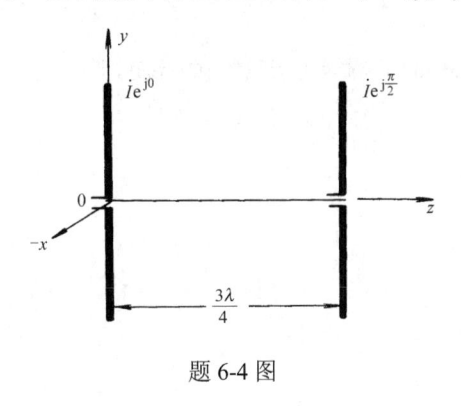

题 6-4 图

6-5 根据图中标注的参数，求天线的总方向函数，并用图乘方法画出三个主坐标平面上天线的方向图。

6-6 为什么直立天线加顶负载后，可以改善天线的性能？

6-7 利用电离层的 E 层（距地面高度为 100～120 km）来实现短波远程通信，通信距离为 400 km，采用水平偶极天线（半波振子），计算天线应架设的高度。若为适应电离层高度的变化（范围为 100～120 km），将如何调整信号波长以保持通信的不中断？

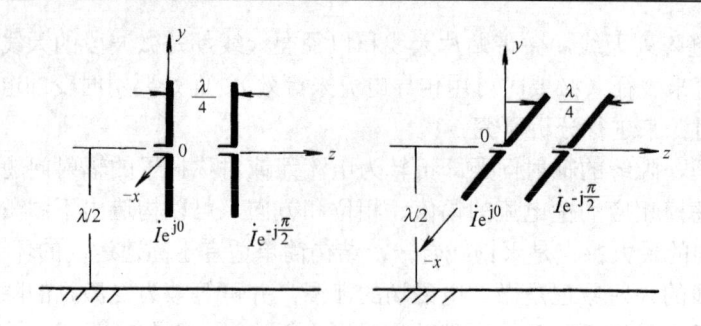

题 6-5 图

6-8 利用相关曲线试计算 6-4 题中每个单元振子（半波振子）的输入阻抗。

6-9 试对水平偶极天线和菱形天线作出综合比较。

6-10 引向天线可以看成是什么样的阵列天线？为什么多用折合振子作有源振子？

6-11 轴向模螺旋天线的主向辐射圆极化波，怎样解释可以用这种天线干扰或接收线极化天线的系统及其信号？

6-12 试对电视中心的发射天线和移动通信基站台的天线，从对它们的要求上和具体天线的构成上进行比较。

6-13 写出四种基本辐射源，即电流元、磁流元、基本缝隙和惠更斯元的方向函数，并画出它们的辐射方向图。

6-14 对谐振式和非谐振式波导缝隙天线阵列进行比较。

6-15 试定性说明微带贴片天线中，贴片的几何形状和尺寸对天线辐射特性的影响。

6-16 从阵列天线阵函数形成的角度，说明口径面天线的口径场幅值和相位分布规律对天线辐射方向性的影响。

6-17 试从波导终端口径面到电磁喇叭，到抛物反射面天线，再到卡赛格仑天线的演变过程，说明演变的理由和口径场对天线辐射特性的影响。

6-18 估算口径 1 m, 15 m, 30 m 的卡赛格仑天线的半功率角。

附　　录

附录 A　矢量运算公式

1. 矢量代数运算

$A \cdot (B \times C) = B \cdot (C \times A) = C \cdot (A \times B)$

$A \times (B \times C) = (A \cdot C)B - (A \cdot B)C$

2. 微分公式

$\nabla \cdot \nabla u = \nabla^2 u$

$\nabla \cdot \nabla \times F = 0$

$\nabla \cdot \nabla u = 0$

$\nabla \times (\nabla \times F) = \nabla(\nabla \cdot F) - \nabla^2 F$

$\nabla(uv) = (\nabla u)v + (\nabla v)u$

$\nabla \cdot (uF) = (\nabla u) \cdot F + u(\nabla \cdot F)$

$\nabla \times (uF) = (\nabla u) \times F + u(\nabla \times F)$

$\nabla \cdot (F \times G) = G \cdot (\nabla \times F) - F(\nabla \times G)$

$\nabla \times (F \times G) = (\nabla \cdot G)F - (\nabla \cdot F)G + (G \cdot \nabla)F - (F \cdot \nabla)G$

$\nabla(F \cdot G) = (F \cdot \nabla)G + F \times (\nabla \times G) + (G \cdot \nabla)F + G \times (\nabla \times F)$

3. 常用正交从标中的矢量微分公式

（1）直角坐标系

$\nabla u = a_x \dfrac{\partial u}{\partial x} + a_y \dfrac{\partial u}{\partial y} + a_z \dfrac{\partial u}{\partial z}$

$\nabla \cdot A = \dfrac{\partial A_x}{\partial x} + \dfrac{\partial A_y}{\partial y} + \dfrac{\partial u A_z}{\partial z}$

$\nabla \times A = \begin{vmatrix} a_x & a_y & a_z \\ \dfrac{\partial}{\partial x} & \dfrac{\partial}{\partial y} & \dfrac{\partial}{\partial z} \\ A_x & A_y & A_z \end{vmatrix} = a_x\left(\dfrac{\partial A_z}{\partial y} - \dfrac{\partial A_y}{\partial z}\right) + a_y\left(\dfrac{\partial A_x}{\partial z} - \dfrac{\partial A_z}{\partial x}\right) + a_z\left(\dfrac{\partial A_y}{\partial x} - \dfrac{\partial A_x}{\partial y}\right)$

$\nabla^2 u = \dfrac{\partial^2 u}{\partial x^2} + \dfrac{\partial^2 u}{\partial y^2} + \dfrac{\partial^2 u}{\partial z^2}$

$\nabla^2 A = a_x \nabla^2 A_x + a_y \nabla^2 A_y + a_z \nabla^2 A_z$

（2）圆柱坐标系

$$\nabla u = \boldsymbol{a}_r \frac{\partial u}{\partial r} + \boldsymbol{a}_\varphi \frac{\partial u}{r \partial \phi} + \boldsymbol{a}_z \frac{\partial u}{\partial z}$$

$$\nabla \cdot \boldsymbol{A} = \frac{1}{r} \frac{\partial (rA_r)}{\partial r} + \frac{1}{r} \frac{\partial A_\phi}{\partial \phi} + \frac{\partial A_z}{\partial z}$$

$$\nabla \times \boldsymbol{A} = \begin{vmatrix} \dfrac{\boldsymbol{a}_r}{r} & \boldsymbol{a}_\phi & \dfrac{\boldsymbol{a}_z}{r} \\ \dfrac{\partial}{\partial r} & \dfrac{\partial}{\partial \phi} & \dfrac{\partial}{\partial z} \\ A_r & rA_\phi & A_z \end{vmatrix} = \boldsymbol{a}_r \left(\frac{1}{r} \frac{\partial A_z}{\partial \phi} - \frac{\partial A_\phi}{\partial z} \right) + \boldsymbol{a}_\varphi \left(\frac{\partial A_r}{\partial z} - \frac{\partial A_z}{\partial r} \right) + \boldsymbol{a}_z \left(\frac{1}{r} \frac{\partial (rA_\phi)}{\partial r} - \frac{1}{r} \frac{\partial A_r}{\partial \phi} \right)$$

$$\nabla^2 u = \frac{1}{r} \frac{\partial}{\partial r} \left(r \frac{\partial u}{\partial r} \right) + \frac{1}{r^2} \frac{\partial^2 u}{\partial \phi^2} + \frac{\partial^2 u}{\partial z^2}$$

$$\nabla^2 \boldsymbol{A} = \boldsymbol{a}_r \left[\nabla^2 A_r - \frac{A_r}{r^2} - \frac{2}{r^2} \frac{\partial A_\phi}{\partial \phi} \right] + \boldsymbol{a}_\phi \left[\nabla^2 A_\phi - \frac{A_\phi}{r^2} + \frac{2}{r^2} \frac{\partial A_r}{\partial \phi} \right] + \boldsymbol{a}_z \nabla^2 A_z$$

（3）球坐标系

$$\nabla u = \boldsymbol{a}_r \frac{\partial u}{\partial r} + \boldsymbol{a}_\theta \frac{1}{r} \frac{\partial u}{\partial \theta} + \boldsymbol{a}_\phi \frac{1}{r \sin \theta} \frac{\partial u}{\partial \phi}$$

$$\nabla \cdot \boldsymbol{A} = \frac{1}{r^2} \frac{\partial (r^2 A_r)}{\partial r} + \frac{1}{r \sin \theta} \frac{\partial (\sin \theta A_\theta)}{\partial \theta} + \frac{1}{r \sin \theta} \frac{\partial A_\phi}{\partial \phi}$$

$$\nabla \times \boldsymbol{A} = \begin{vmatrix} \dfrac{\boldsymbol{a}_r}{r^2 \sin \theta} & \dfrac{\boldsymbol{a}_\theta}{r \sin \theta} & \dfrac{\boldsymbol{a}_\phi}{r} \\ \dfrac{\partial}{\partial r} & \dfrac{\partial}{\partial \theta} & \dfrac{\partial}{\partial \phi} \\ A_r & rA_\theta & r \sin \theta A_\phi \end{vmatrix} = \boldsymbol{a}_r \frac{1}{r \sin \theta} \left[\frac{\partial}{\partial \theta} (\sin \theta A_\phi) - \frac{\partial A_\theta}{\partial \phi} \right]$$

$$+ \boldsymbol{a}_\theta \frac{1}{r} \left[\frac{1}{\sin \theta} \frac{\partial A_r}{\partial \phi} - \frac{\partial}{\partial r} (rA_\phi) \right] + \boldsymbol{a}_\varphi \frac{1}{r} \left[\frac{\partial (rA_\theta)}{\partial r} - \frac{\partial A_r}{\partial \theta} \right]$$

$$\nabla^2 u = \frac{1}{r^2} \frac{\partial}{\partial r} \left(r^2 \frac{\partial u}{\partial r} \right) + \frac{1}{r^2 \sin \theta} \frac{\partial}{\partial \theta} \left(\sin \theta \frac{\partial u}{\partial \theta} \right) + \frac{1}{r^2 \sin^2 \theta} \frac{\partial^2 u}{\partial \phi^2}$$

$$\nabla^2 \boldsymbol{A} = \boldsymbol{a}_r \left[\nabla^2 A_r - \frac{2}{r^2} \left(A_r + \frac{1}{\sin \theta} \frac{\partial}{\partial \theta} (\sin \theta A_\theta) + \frac{1}{\sin \theta} \frac{\partial A_\phi}{\partial \phi} \right) \right]$$

$$+ \boldsymbol{a}_\phi \left[\nabla^2 A_\theta + \frac{2}{r^2} \left(\frac{\partial A_r}{\partial \theta} - \frac{A_\theta}{2 \sin^2 \theta} - \frac{\cos \theta}{\sin^2 \theta} \frac{A_\phi}{\partial \phi} \right) \right]$$

$$+ \boldsymbol{a}_\phi \left[\nabla^2 A_\theta + \frac{2}{r^2 \sin \theta} \left(\frac{\partial A_r}{\partial \phi} + \operatorname{ctg} \theta \frac{\partial A_\theta}{\partial \phi} - \frac{A_\phi}{2 \sin \theta} \right) \right]$$

附录 B 矩形截面波导参数

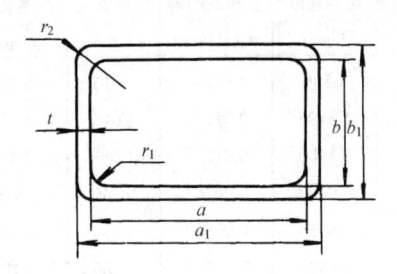

型号名称	主模频率范围 /GHz 起	主模频率范围 /GHz 止	内截面 基本宽度 a/mm	内截面 基本高度 b/mm	内截面 宽和高的偏差(±)/mm	基本厚度 t/mm	外截面 基本宽度 a_1/mm	外截面 基本高度 b_1/mm	衰减/(dB·m^{-1}) 频率/GHz	衰减/(dB·m^{-1}) 理论值
BJ3	0.32	0.49	584.2	292.10					0.385	0.00078
BJ4	0.35	0.53	533.4	266.70					0.422	0.00090
BJ5	0.41	0.63	457.2	228.60					0.49	0.00113
BJ6	0.49	0.75	381.0	190.50					0.59	0.00149
BJ8	0.64	0.98	292.10	146.05					0.77	0.00221
BJ9	0.76	1.15	247.65	123.82					0.91	0.00283
BJ12	0.96	1.46	195.58	97.79					1.15	0.00405
BJ14	1.13	1.73	165.10	82.55	0.33	2.030	169.16	86.61	1.36	0.00522
BJ18	1.45	2.20	129.54	64.77	0.26	2.030	133.60	68.83	1.74	0.00748
BJ22	1.72	2.61	109.22	54.61	0.22	2.030	113.28	58.67	2.06	0.00967
BJ26	2.17	3.30	86.36	43.18	0.17	2.030	90.42	47.24	2.60	0.00138
BJ32	2.60	3.95	72.14	34.04	0.14	2.030	76.20	38.10	3.12	0.0188
BJ40	3.22	4.90	58.17	29.08	0.12	1.625	61.42	32.33	3.87	0.0249
BJ48	3.94	5.99	47.549	22.149	0.095	1.625	50.80	25.40	4.37	0.0354
BJ58	4.64	7.05	40.386	20.193	0.081	1.625	43.64	23.44	5.57	0.0430
BJ70	5.38	8.17	34.849	15.799	0.070	1.625	38.10	19.05	6.45	0.0575
BJ84	6.57	9.99	28.499	12.624	0.057	1.625	31.75	15.88	7.89	0.0791
BJ100	8.20	12.5	22.860	10.160	0.046	1.270	25.40	12.70	9.84	0.110
BJ120	9.84	15.0	19.050	9.525	0.038	1.270	21.59	12.06	11.8	0.133
BJ140	11.9	18.0	15.799	7.899	0.031	1.015	17.83	9.93	14.2	0.176
BJ180	14.5	22.0	12.954	6.477	0.026	1.015	14.99	8.51	17.4	0.236
BJ220	17.6	26.7	10.668	4.318	0.021	1.015	12.70	6.35	21.1	0.368
BJ260	21.7	33.0	8.636	4.318	0.020	1.015	10.67	6.35	26.0	0.436
BJ320	26.3	40.0	7.112	3.556	0.020	1.015	9.14	5.59	31.6	0.583
BJ400	32.9	50.1	5.690	2.845	0.020	1.015	7.72	4.88	39.5	0.815
BJ500	39.2	59.6	4.775	2.388	0.020	1.015	6.81	4.42	47.1	1.058

续表

型号名称	主模频率范围/GHz		内截面			基本厚度 t/mm	外截面		衰减/(dB·m⁻¹)	
	起	止	基本宽度 a/mm	基本高度 b/mm	宽和高的偏差(±)/mm		基本宽度 a_1/mm	基本高度 b_1/mm	频率/GHz	理论值
BJ620	49.8	75.8	3.759	1.880	0.020	1.015	5.79	3.91	59.8	1.52
BJ740	60.5	91.9	3.0988	1.5494	0.0127②	1.015	5.13	3.58	72.6	2.02
BJ900	73.8	112	2.5400	1.2700	0.0127②	1.015	4.57	3.30	88.5	2.73
BJ1200	92.2	140	2.0320	1.0160	0.0076②	0.760	3.556	2.540	110.7	3.81
BJ1400	113	173	1.6510	0.8255	0.0064②	0.760	3.175	2.350	136.2	5.21
BJ1800	145	220	1.2954	0.6477	0.0064②	0.760	2.819	2.172	173.6	7.49
BJ2200	172	261	1.0922	0.5461	0.0051②	0.760	2.616	2.070	205.9	9.68
BJ2600	217	330	0.8636	0.4318	0.0051②	0.760	2.388	1.956	260.2	13.76

注：① 型号中第一个字母 B 表示波导，第二个字母 J 表示矩形截面；
② 波导用黄铜制作，内壁面镀银，尺寸以 mm 计；
③ 型号中数字表示该型号波导主模工作频带中心频率是 0.1 GHz 的多少倍。

附录C 圆截面波导参数

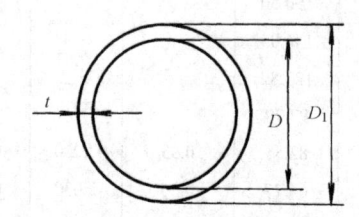

型号名称	频率范围/GHz	各模的截止频率/GHz			内截面			外截面	在 $TE_{11}(H_{11})$ 模时的衰减	
	TE_{11} (H_{11})	TE_{11} (H_{11})	TM_{01} (E_{01})	TE_{01} (H_{01})	基本直径 D/mm	偏差(±)/mm	椭圆率	基本直径 D_1/mm	频率/GHz	理论值/(dB·m⁻¹)
BY3.3	0.312~0.427	0.27	0.35	0.56	647.9	0.65	0.001		0.325	0.00067
BY4	0.365~0.500	0.32	0.41	0.66	553.5	0.55	0.001		0.380	0.00085
BY4.5	0.427~0.586	0.37	0.48	0.77	472.8	0.47	0.001		0.446	0.00108
BY5.3	0.500~0.686	0.43	0.57	0.90	403.9	0.40	0.001		0.522	0.00137
BY6.2	0.586~0.803	0.51	0.66	1.06	345.1	0.35	0.001		0.611	0.00174
BY7	0.686~0.939	0.60	0.78	1.24	294.79	0.30	0.001		0.715	0.00219
BY8	0.803~1.100	0.70	0.91	1.45	251.84	0.25	0.001		0.838	0.00278
BY10	0.939~1.290	0.82	1.07	1.70	215.41	0.22	0.001		0.980	0.00352
BY12	1.100~1.510	0.96	1.25	1.99	183.77	0.18	0.001		1.147	0.00447
BY14	1.290~1.760	1.12	1.46	2.33	157.00	0.16	0.001		1.343	0.00564
BY16	1.510~2.070	1.31	1.71	2.73	134.11	0.13	0.001		1.572	0.00715
BY18	1.760~2.420	1.53	2.00	3.19	114.58	0.11	0.001	121.20	1.841	0.00906

续表

型号名称	频率范围 /GHz	各模的截止频率 /GHz			内截面			外截面	在 $TE_{11}(H_{11})$ 模时的衰减	
	TE_{11} (H_{11})	TE_{11} (H_{11})	TM_{01} (E_{01})	TE_{01} (H_{01})	基本直径 D/mm	偏差 (±)/mm	椭圆率	基本直径 D_1/mm	频率 /GHz	理论值 /(dB·m^{-1})
BY22	2.070~2.830	1.79	2.34	3.74	97.87	0.10	0.001	104.50	2.154	0.0115
BY25	2.420~3.310	2.10	2.74	4.37	83.62	0.08	0.001	90.20	2.521	0.0140
BY30	2.830~3.880	2.46	3.21	5.21	71.42	0.07	0.001	78.030	2.952	0.0184
BY35	3.310~4.540	2.88	3.76	5.99	61.04	0.06	0.001	67.640	3.455	0.0233
BY40	3.890~5.330	3.38	4.41	7.03	51.99	0.05	0.001	57.070	4.056	0.0297
BY48	4.540~6.230	3.95	5.16	8.23	44.450	0.044	0.001	49.530	4.744	0.0375
BY56	5.300~7.270	4.61	6.02	9.60	38.100	0.038	0.001	42.160	5.534	0.0473
BY65	6.210~8.510	5.40	7.05	11.2	32.537	0.033	0.001	36.600	6.480	0.0599
BY76	7.270~9.970	6.32	8.26	13.2	27.788	0.028	0.001	31.090	7.588	0.0759
BY89	8.490~11.60	7.37	9.03	15.3	23.825	0.024	0.001	27.127	8.850	0.0956
BY104	9.97~13.700	8.68	11.3	18.1	20.244	0.020	0.001	22.784	10.42	0.1220
BY120	11.600~15.900	10.0	13.1	20.9	17.415	0.017	0.001	20.015	12.07	0.1524
BY140	13.400~18.400	11.6	15.2	24.2	15.088	0.015	0.001	17.120	13.98	0.1893
BY165	15.900~21.800	13.8	18.1	28.8	12.700	0.013	0.001	14.732	16.61	0.2459
BY190	18.200~24.900	15.8	20.6	32.9	11.125	0.010	0.001	13.157	18.95	0.3003
BY220	21.200~29.100	18.4	24.1	38.4	9.525	0.010	0.0011	11.049	22.14	0.3787
BY255	24.300~33.200	21.1	27.5	43.9	8.331	0.008	0.0011	9.855	25.31	0.4620
BY290	28.300~38.200	24.6	32.2	51.2	7.137	0.008	0.0011	8.661	29.54	0.5834
BY330	31.300~43.000	27.7	36.1	57.6	6.350	0.008	0.0013	7.366	33.20	0.6938
BY380	36.400~19.800	31.6	41.5	65.7	5.563	0.008	0.0015	6.579	37.91	0.8486
BY430	42.400~58.100	36.8	48.1	76.6	4.775	0.008	0.0017	5.791	44.16	1.0650
BY495	46.300~63.500	40.2	52.5	83.7	4.369	0.008	0.0019	5.385	48.26	1.2190
BY580	56.600~77.500	49.1	64.1	102	3.581	0.008	0.0022	4.597	58.88	1.643
BY660	63.500~87.200	55.3	72.3	115	3.175	0.008	0.0025	3.937	66.41	1.967
BY765	72.700~99.700	63.5	82.9	132	2.769	0.008	0.0030	3.531	76.15	2.413
BY890	84.800~116.000	73.6	96.1	153	2.388	0.008	0.0035	3.150	88.30	3.011

注：型号中第二个字母 Y 表示圆截面，其他同附录 B 表注。

附录 D 平行双线与同轴线的分布参数

	平行双线	同轴线
$R_0\left(\dfrac{\Omega}{M}\right)$	$\dfrac{2}{\pi d}\sqrt{\dfrac{\omega\mu_1}{2\sigma_1}}$	$\sqrt{\dfrac{f\mu_1}{4\pi\sigma_1}}\left(\dfrac{2}{D}+\dfrac{2}{d}\right)$
$G_0\left(\dfrac{S}{M}\right)$	$\dfrac{\pi\sigma_2}{\ln\dfrac{2D}{d}}$	$\dfrac{2\pi\sigma_2}{\ln\dfrac{D}{d}}$
$L_0\left(\dfrac{H}{M}\right)$	$\dfrac{\mu_2}{\pi}\ln\dfrac{2D}{d}$	$\dfrac{\mu_2}{2\pi}\ln\dfrac{D}{d}$
$C_0\left(\dfrac{F}{M}\right)$	$\dfrac{\pi\varepsilon_2}{\ln\dfrac{2D}{d}}$	$\dfrac{2\pi\varepsilon_2}{\ln\dfrac{D}{d}}$

注：μ_1, σ_1 分别为导体的导磁系数、导电系数；μ_2, ε_2 及 σ_2 分别为介质的导磁系数、介电常数和导电系数。

附录 E 常用硬同轴线参数

波阻抗	型号	外导体 外径/mm 尺寸	外导体 外径/mm 允差	外导体 内直径/mm 尺寸	外导体 内直径/mm 允差	标准壁厚/mm	内导体 外直径/mm	内导体 内径/mm 尺寸	内导体 内径/mm 允差	空气介质传输线 $H_{11}(TE_{11})$ 模截止频率/GHz
50Ω	YX50-155-1	155.6	±0.2	151.92	±0.2	1.83	66	64	±0.1	0.90
	YX50-125-1	123.2	±0.2	120	±0.15	1.60	52.1	50.1	±0.08	1.13
	YX50-105-1	106	±0.2	103	±0.15	1.50	44.8	42.8	±0.08	1.32
	YX50-80-1	79.4	±0.1	76.8	±0.1	1.25	33.4	31.3	±0.07	1.77
	YX50-40-1	41.3	±0.07	38.8	±0.07	1.25	16.9	15	±0.05	3.50
	YX50-22-1	22.23	±0.05	20	±0.05	1.15	8.7	7.4	±0.05	6.28
75Ω	YX75-80-1	79.4	±0.1	76.8	±0.1	1.25	22.1	20.3	±0.05	1.93
	YX75-40-1	41.3	±0.07	38.8	±0.07	1.25	11.1	9.6	±0.05	3.82
	YX75-22-1	22.3	±0.05	20	±0.05	1.15	5.8	4.5	±0.05	7.44

注：① 表中数据按 $\varepsilon_r = 1$，导体为纯铜计算出。
② 最短安全波长，指只导行 TEM 模而不出现高次模的信号最短波长。理论值为 $\lambda_{\min} = \pi\left(\dfrac{D}{2}+\dfrac{d}{2}\right)$，这里取 $\lambda_{\min} = 1.1\pi\left(\dfrac{D}{2}+\dfrac{d}{2}\right)$。

附录 F 常用射频同轴电缆参数

序号	型号	内导体 材料	内导体 根数×直径	内导体 标称外径	绝缘 最小厚度	绝缘 外径	外导体 材料 内层	外导体 材料 外层	外导体 单线直径
1	SYV-50-2-1	软铜线	7×0.16	0.48	0.44	1.50±0.10	软铜线	—	0.09～0.11
2	SYV-50-3-1		7×0.32	0.90	0.80	2.59±0.13		—	0.13～0.15
3	SYV-50-5-1		1×1.40	1.40	1.30	4.80±0.20		—	0.13～0.15
4	SYV-50-7-1		7×0.75	2.25	2.00	7.25±0.25		—	0.18～0.20
5	SYV-75-4-1		7×0.21	0.63	1.25	3.70±0.13		—	0.13～0.15
6	SYV-75-4-2		7×0.21	0.63	1.40	3.70±0.10		软铜线	0.13～0.15
7	SYV-75-4-3		1×0.59	0.59	1.25	3.70±0.13		—	0.13～0.15
8	SYV-75-5-5		1×0.75	0.75	1.60	4.80±0.20		软铜线	0.13～0.15
9	SYV-75-7-1		7×0.40	1.20	2.40	7.25±0.25		软铜线	0.18～0.20
10	SYV-75-7-4		1×1.15	1.15	2.77	7.25±0.15		—	0.18～0.20
11	SYV-100-7-41		1×1.60	0.60	2.80	7.25±0.25		—	0.18～0.20

注：型号中第一个字母 S 表示射频同轴电缆；第二个字母表示绝缘材料，Y 为聚乙烯；第三个字母表示护套材料，V 为聚氯乙稀，Y 为聚乙烯；第一段数字表示波阻抗（Ω）；第二段数字表示内导体绝缘外直径；第三段数字表示结构序号。

附录 G 常用金属导体材料性能

材料	$\sigma\left(\dfrac{S}{m}\right)$	$\mu\left(\dfrac{H}{m}\right)$	$\delta(m)$	$R_s\left(\dfrac{\Omega}{m^2}\right)$
银	6.17×10^7	$4\pi\times10^{-7}$	$0.0642/\sqrt{f}$	$2.5246\times10^{-7}\sqrt{f}$
铜	5.80×10^7	$4\pi\times10^{-7}$	$0.0660/\sqrt{f}$	$2.6100\times10^{-7}\sqrt{f}$
金	4.10×10^7	$4\pi\times10^{-7}$	$0.0786/\sqrt{f}$	$3.1801\times10^{-7}\sqrt{f}$
铝	3.72×10^7	$4\pi\times10^{-7}$	$0.0882/\sqrt{f}$	$3.2701\times10^{-7}\sqrt{f}$
黄铜（90%）	2.41×10^7	$4\pi\times10^{-7}$	$0.1025/\sqrt{f}$	$4.0486\times10^{-7}\sqrt{f}$
钨	1.78×10^7	$4\pi\times10^{-7}$	$0.1193/\sqrt{f}$	$4.7081\times10^{-7}\sqrt{f}$
钼	1.76×10^7	$4\pi\times10^{-7}$	$0.1200/\sqrt{f}$	$4.7348\times10^{-7}\sqrt{f}$
锌	1.70×10^7	$4\pi\times10^{-7}$	$0.1221/\sqrt{f}$	$4.8170\times10^{-7}\sqrt{f}$
黄铜（70%）	1.45×10^7	$4\pi\times10^{-7}$	$0.1322/\sqrt{f}$	$5.2576\times10^{-7}\sqrt{f}$
镍	1.28×10^7	$4\pi\times10^{-7}$	$0.1407/\sqrt{f}$	$5.5556\times10^{-7}\sqrt{f}$
铁	0.9999×10^7		$0.1592/\sqrt{f}$	$6.2814\times10^{-7}\sqrt{f}$
钢	$(0.5\sim1.0)\times10^7$		$(0.2251\sim0.1592)/\sqrt{f}$	$(8.8810\times6.2814)\times10^{-7}\sqrt{f}$
铂	0.94×10^7	$4\pi\times10^{-7}$	$0.1642/\sqrt{f}$	$6.4809\times10^{-7}\sqrt{f}$
锡	0.87×10^7		$0.1706/\sqrt{f}$	$6.7385\times10^{-7}\sqrt{f}$
铬	0.77×10^7		$0.1814/\sqrt{f}$	$7.1582\times10^{-7}\sqrt{f}$
钽	0.64×10^7	$4\pi\times10^{-7}$	$0.1989/\sqrt{f}$	$7.2886\times10^{-7}\sqrt{f}$
石墨	0.01×10^7	$4\pi\times10^{-7}$	$1.5915/\sqrt{f}$	$62.8931\times10^{-7}\sqrt{f}$

注：①表面电阻率 $R_s=\dfrac{1}{\sigma\delta}$，表示透入深度为 δ 金属导体表面每平方米的电阻；

②频率 f 的单位为 Hz。

附录 H 常用介质材料性能

特性 材料	$f = 3$ GHz ε_r	$\tan\delta$	$f = 10$ GHz ε_r	$\tan\delta$	热传导率（25℃）W/(cm·℃)	热膨胀系数 /(10^{-6}/℃)
聚四氟乙烯	2.08	0.4×10^{-3}	2.1	0.4×10^{-3}		
聚乙烯	2.26	0.4×10^{-3}	2.26	0.5×10^{-3}		
聚苯乙烯	2.55	0.5×10^{-3}	2.55	0.7×10^{-3}		
夹布胶木			3.67	60×10^{-3}		
石英	3.78	0.1×10^{-3}	3.80	0.1×10^{-3}	0.0008	0.55
氧化铍（99.5%）			6.0	0.3×10^{-3}	0.13	6.0
氧化铍（99%）			6.1	0.1×10^{-3}		
氧化铝（96%）			8.9	0.6×10^{-3}	0.02	6.0
氧化铝（99%）			9.0	0.1×10^{-3}		
氧化铝（99.6%）			9.5~9.6	0.2×10^{-3}	0.02	
氧化铝（99.9%）			9.9	0.025×10^{-3}	0.02	
尖晶石			9	10^{-3}~10^{-4}	0.01	7
蓝宝石			9.3~11.7	0.1×10^{-3}	0.02	5.0~6.6
石榴石铁氧体			13~16	0.2×10^{-3}	0.03	
砷化钛			73.3	1.6×10^{-3}		
二氧化钛			85	0.4×10^{-3}	0.002	8.3
金红石			100	0.4×10^{-3}		

附录 I 电离层的基本参数

层名	离开地面高度(h)/km	电子密度/cm^{-3}	备注
D	70~90	10^3~10^4	夜间消失
E	100~120	2×10^5	稳定
F_1	160~180	3×10^5	夏季白天出现
F_2	300~450	1×10^5	夏 季
	250~350	2×10^5	冬 季

附录 J 电磁波频谱划分

名称	习惯名称	符号	频率范围	波长范围
甚低频	长波	VLF	3~30 kHz	100~10 km
低频	长波	LF	30~300 kHz	10~1 km
中频	中波	MF	300~3000 kHz	1000~100 m
高频	短波	HF	3~30 MHz	100~10 m
甚高频	超短波	VHF	30~300 MHz	10~1 m
特高频	超短波	UHF	300~3000 MHz	100~10 cm
超高频	微波	SHF	3~30 GHz	10~1 cm
极高频	微波	EHF	30~300 GHz	10~1 mm

附录 K 微波波段划分

波段	频率范围/GHz	波段	频率范围/GHz
UHF	0.3~1.12	Ka	26.5~40.0
L	1.12~1.7	Q	33.0~50.0
LS	1.7~2.6	U	40.0~60.0
S	2.6~3.95	M	50.0~75.0
C	3.95~5.85	E	60.0~90.0
XC	5.85~8.2	F	90.0~140.0
X	8.2~12.4	G	140.0~220.0
Ku	12.4~18.0	R	220.0~325.0
K	18.0~26.5		

附录 L 民用电磁波频率

名称		频率范围	名称		频率范围
调幅广播		535~1605 kHz	电视	6~12 频道	167~223 MHz
		3~30 MHz		13~24 频道	470~566 MHz
调频广播		88~108 MHz		25~68 频道	606~958 MHz
电视	1~3 频道	48.5~72.5 MHz	移动通信		25~1000 MHz
	4~5 频道	76~92 MHz	家用微波炉		2450 MHz

参 考 文 献

[1] 毕德显. 电磁场理论. 北京：电子工业出版社，1985.
[2] 林志瑗，杨铨让，沙玉钧. 电磁场工程基础. 北京：高等教育出版社，1983.
[3] 谢处方，饶克谨. 电磁场与电磁波（第二版）. 北京：高等教育出版社，1987.
[4] 吴明英，毛秀华. 微波技术. 西安：西安电子科技大学出版社，1985.
[5] 沈志远，等. 微波技术. 北京：国防工业出版社，1980.
[6] 闫润卿，李英惠. 微波技术基础（第二版）. 北京：北京理工大学出版社，1997.
[7] 杨恩耀，杜加聪. 天线. 北京：电子工业出版社，1984.
[8] 刘克成，宋学诚. 天线原理. 长沙：国防科技大学出版社，1989.
[9] C. A. 巴拉尼斯. 天线原理——分析与设计. 于志远、钟顺时，等，译. 北京：电子工业出版社，1988.
[10] 康行健. 天线原理与设计. 北京：北京理工大学出版社，1993.
[11] 万伟，王季立. 微波技术与天线. 西安：西北工业大学出版社，1986.
[12] 盛振华. 电磁场微波技术与天线. 西安：西安电子科技大学出版社，1995.
[13] 王新稳，李萍. 微波技术与天线. 北京：电子工业出版社，2003.
[14] I. J. 鲍尔，P. 布尔蒂亚. 微带天线. 梁联倬，寇廷耀，等，译. 北京：电子工业出版社，1985.
[15] 遠藤敬二，佐藤原貞，永井淳. アンテナ工学. 総合電子出版社，1979.
[16] 章文勋. 无线电技术中的微分方程. 北京：国防工业出版社，1982.
[17] 杨小牛，楼才义，徐建良. 软件无线电原理与应用. 北京：电子工业出版社，2001.
[18] 远藤敬二，等. 特高频电视广播用双环天线. 广播与电视技术，1975，3（4）.
[19] 殷际杰. 行波电流圆环的辐射方向性. 电信科学，1986，2（9）.
[20] 殷际杰，等. 轴向模螺旋天线方向图的工程计算. 电信科学，1992，8（6）.